“十二五”国家重点图书出版规划项目

高等量子力学

井孝功　郑仰东　编著

哈爾濱工業大學出版社

内 容 简 介

本书是在现有高等量子力学教学大纲界定的范围之内编写而成的，内容包括：量子力学纲要，量子力学的形式理论，定态的递推与迭代解法，量子多体理论，量子体系的对称性与守恒量，量子散射理论，相对论性量子力学和量子信息学基础等。在所介绍的内容上，力求做到简明实用、重点突出和前后呼应；在讲述的方法上，尽量做到由浅入深、循序渐进与平稳过渡；在总体结构的编排上，努力做到层次分明、条理清晰和环环相扣。书中纳入了作者的近30篇教学研究论文的相关成果。

本书是物理系各专业研究生学位课程教材，也可以作为相关专业科技人员的参考书。

图书在版编目(CIP)数据

高等量子力学/井孝功，郑仰东编著. —哈尔滨：哈尔滨工业大学出版社，2012.12

ISBN 978-7-5603-3769-2

Ⅰ.①高… Ⅱ.①井…②郑… Ⅲ.①量子力学-高等学校-教材 Ⅳ.①O 413.1

中国版本图书馆 CIP 数据核字(2012)第196254号

策划编辑　张秀华　杨桦　许雅莹
责任编辑　张秀华
封面设计　卞秉利
出版发行　哈尔滨工业大学出版社
社　　址　哈尔滨市南岗区复华四道街10号　邮编150006
传　　真　0451-86414749
网　　址　http://hitpress.hit.edu.cn
印　　刷　哈尔滨工业大学印刷厂
开　　本　787mm×960mm　1/16　印张21　字数450千字
版　　次　2012年12月第1版　2012年12月第1次印刷
书　　号　ISBN 978-7-5603-3769-2
定　　价　40.00元

前　言

众所周知,相对论与量子论是20世纪的两个最伟大的科学发现,相对论解决了高速运动客体的问题,量子论解决了微观和介观客体的问题,它们为物理学乃至整个自然科学的发展奠定了坚实的理论基础。在能源、激光、超导与材料等领域,量子论已经取得了令人瞩目的实用效果。

量子论的数学架构就是量子力学,所谓高等量子力学是对量子力学内容的深化与拓展。高等量子力学属于基础理论范畴,通常被选作物理系硕士研究生的学位课程。

本书是在原有的《高等量子力学导论》的基础上重新编著的,在讲授的内容与方法上都做了相当大的改进。内容包括:量子力学纲要,量子力学的形式理论,定态的递推与迭代解法,量子多体理论,量子体系的对称性与守恒量,量子散射理论,相对论性量子力学和量子信息学基础等。讲授书中的全部内容大约需要54学时,如果将带“*”的章节作为自学的内容,则可以用36学时完成讲授。

本书的教学理念是,对教师与学生的要求分为如下三个层次:基本的要求是传承知识,即掌握教学大纲所要求的相关内容,了解该领域的最新动态;更高的要求是提升能力,即有意识锻炼逻辑思维的能力、善于创新的能力;最高的要求是培养兴趣,即在不断提出问题和解决问题的过程中,增强自信心,从而产生深入学习和研究的动力。

本书有如下特点:

(1)注意到读者的量子力学基础知识参差不齐的实际情况,在第1章中,对量子力学的基本内容进行了简要的归纳与总结,目的是尽量使读者能站在同一起点上。在后面的章节中,在引入新的概念与理论之前,也会对已经学过的内容进行必要的回顾,尽力做到由浅入深、循序渐进与平稳过渡。

(2)书中纳入了作者多年的教学与科研成果(近30篇关于量子论的教学研究论文),例如,微扰论的递推形式,变分法的迭代形式,透射系数的递推计算,常用基底下算符矩阵元的计算,格林函数方法,含时量子体系的对称性与守恒量等,它们都属于对基础理论的创新,且具有相当高的实际应用价值。

(3)在全书的整体结构上,尽量做到层次分明、条理清晰和前呼后应。对许多公式和定理的推导过程做了较大改进,例如,利用散射算符的矩阵元公式证明光学定理,利用三个 D 函数的积分公式证明维格纳-埃克特定理,利用李普曼-许温格方程导出玻恩近似的散射截面等。

(4)高等量子力学是物理系各专业(例如,粒子物理与原子核物理、凝聚态物理和光学)的共同学位课,书中的内容尽量兼顾了各专业的需求。为保证教学内容的先进性,增加了诸如量子信息学等当今热点内容。

《高等量子力学导论》正式出版之前,曾在两届硕士研究生中试用过,出版之后又为九届学生进行了讲授,学生指出了其中的一些疏漏,提出了一些有益的建议,作者在此表示感谢。另外,长期以来哈尔滨工业大学出版社对作者一直给予大力支持,在此谨表示谢意。

量子理论是一门博大精深的学问,涉及的知识面实在是太广泛了,而且随着理论与实验的发展,不断有新的内容出现。虽然作者长期从事量子理论领域的教学和科研工作,但是所涉猎的内容毕竟还是有限的,所以本书只是对高等量子力学的基础理论与方法的简要介绍,更深入的内容将在相关专业的课程中讲授。

由于作者的水平有限,书中一定有诸多不当之处,恳请读者批评指正。

编著者　井孝功　郑仰东
2012年10月1日
于哈尔滨工业大学

目　录

第1章* 量子力学纲要

相对论与量子论是20世纪的两个最重大的科学发现,量子论的数学架构就是量子力学。量子力学是建立在5个基本原理基础上的,它的正确性已由诸多的实验结果所证实。波函数、算符和薛定谔(Schrödinger)方程是量子力学的3个基本要素,本章将对它们做简要回顾和归纳总结。关于本章涉及的基本概念的引入和重要结论的论证,可参阅井孝功与赵永芳编著的《量子力学》(修订本),哈尔滨工业大学出版社,2012年。

1.1 量子力学概述

本节介绍量子力学的创建过程,主要内容为:量子论的实验基础与理论假说;量子论的3个飞跃;量子力学的5个基本原理。

1.1.1 量子论的实验基础与理论假说

实验结果是理论的出发点和归宿,量子理论的创建过程正是这一基本原则的具体写照,黑体辐射、光电效应与原子光谱的实验结果分别导致了能量子假说、光量子假说及玻尔(Bohr)旧量子论的建立。

1. 黑体辐射和能量子假说

(1) 实验背景

为了深入地研究辐射频率(或波长)与温度的关系,人们设计了一个在任何温度下能吸收所有光(电磁辐射)而无反射的物体,通常称之为黑体。实验结果表明,黑体辐射满足如下的唯象公式。

维恩(Wien)位移公式

$$\lambda_{\max} T = \alpha \tag{1.1.1}$$

式中,$\lambda_{\max}$ 为最强光的波长;T 为绝对温度;α 为实常数,其数值已由实验结果给出。若不再重新说明,则后面符号的含意保持不变(下同)。

斯特藩(Stefan) - 玻尔兹曼(Boltzmann)定律

$$\rho = \beta T^4 \tag{1.1.2}$$

式中,ρ 为单位体积的能量;β 为实常数,其数值已由实验结果给出。

杜龙(Dulong) - 佩替(Petit)定律

$$C_V = 3N_A k_B = 3R = 24.9\ \mathrm{J \cdot mol^{-1} \cdot K^{-1}} \tag{1.1.3}$$

式中，C_V 为固体比热；$R = 8.314\ 5100\ 0\ \mathrm{J \cdot mol^{-1} \cdot K^{-1}}$ 为摩尔(Molar)气体常数；$N_A = 6.022\ 136\ 7 \times 10^{23}\ \mathrm{mol^{-1}}$ 为阿伏伽德罗(Avogadro)常数；$k_B = 1.380\ 658 \times 10^{-23}\ \mathrm{J \cdot K^{-1}}$ 为玻尔兹曼常数，它是热力学与统计物理学的标志性常数。

上式表明，固体的比热是一个与温度无关的常数。在室温和高温下，上式与实验结果相符，但是，在低温时的实验结果是，比热与温度的3次方成正比，即

$$C_V = \gamma T^3 \quad (T \to 0) \tag{1.1.4}$$

式中，γ 为实常数，其数值已由实验结果给出。特别是，当 $T = 0$ 时，$C_V = 0$。

(2) 能量密度的唯象公式

为了解释上述实验结果，人们给出了如下的能量密度的唯象公式。

维恩的唯象公式

$$\rho_\nu \mathrm{d}\nu = c_1 \mathrm{e}^{-c_2 \nu T^{-1}} \nu^3 \mathrm{d}\nu \tag{1.1.5}$$

式中，ν 为频率；ρ_ν 为能量密度(即单位体积单位频率的能量)；c_1 与 c_2 为待定常数。

维恩公式只是在高频情况下与实验结果相符。

瑞利(Rayleigh) - 金斯(Jeans)的唯象公式

$$\rho_\nu \mathrm{d}\nu = 8\pi k_B T c^{-3} \nu^2 \mathrm{d}\nu \tag{1.1.6}$$

式中，$c = 2.997\ 924\ 58 \times 10^8\ \mathrm{m \cdot s^{-1}}$ 为真空中的光速，它是相对论的标志性常数。

瑞利 - 金斯公式只是在低频情况下与实验结果相符。

普朗克(Planck)的唯象公式

$$\rho_\nu \mathrm{d}\nu = c_1 (\mathrm{e}^{c_2 \nu T^{-1}} - 1)^{-1} \nu^3 \mathrm{d}\nu \tag{1.1.7}$$

对上式分别取高频和低频近似，可以得到维恩公式与瑞利 - 金斯公式，所以，普朗克的唯象公式在全频段与实验结果相符。

(3) 普朗克的能量子假说

为了能从理论上导出式(1.1.7)，普朗克假设：对于一定频率 ν 的辐射，物体只能以 $h\nu$ 为能量单位吸收或发射它，此即普朗克的能量子假说。其中的 $h = 6.626\ 075\ 5 \times 10^{-34}\ \mathrm{J \cdot s}$ 是一个普适常数，称之为普朗克常数，它是量子论的标志性常数。能量子假说也可以理解为，物体吸收或发射电磁波时，只能以量子的方式进行，每个量子的能量为 $\varepsilon = h\nu$，说得再具体一些，物体在吸收或发射电磁波时，只能以能量 ε 的整数倍来实现，即

$$E_n = n\varepsilon = nh\nu \quad (n = 0, 1, 2, \cdots) \tag{1.1.8}$$

(4) 能量密度的理论公式

利用能量子假说可以导出普朗克能量密度的理论公式

$$\rho_\nu \mathrm{d}\nu = 8\pi h c^{-3} [\mathrm{e}^{h\nu (k_B T)^{-1}} - 1]^{-1} \nu^3 \mathrm{d}\nu \tag{1.1.9}$$

应该特别说明的是，上式中已不含有任何待定参数，故称之为理论公式。

利用式(1.1.9)可以导出式(1.1.1)、(1.1.2)、(1.1.4)中常数的理论数值，详见井

孝功与赵永芳编著的《量子力学》(修订本)之例题 1.2 与 1.3,它们分别为

$$\alpha = 2.897\,7 \times 10^{-3}\ \mathrm{m \cdot K} \tag{1.1.10}$$

$$\beta = 7.565\,902 \times 10^{-12}\ \mathrm{J \cdot m^{-3} \cdot K^{-4}} \tag{1.1.11}$$

$$\gamma = 2.4\pi^4 T_{\mathrm{D}}^{-3} N_{\mathrm{A}} k_{\mathrm{B}} \tag{1.1.12}$$

式中,$T_{\mathrm{D}} = \hbar\omega_{\mathrm{D}} k_{\mathrm{B}}^{-1}$ 为德拜(Debye)温度;$\hbar = (2\pi)^{-1} h$;$\omega_{\mathrm{D}} = (6\pi^2 N_{\mathrm{A}} V^{-1})^{1/3} C$ 为振动频率上限;C 是一个与纵波和横波速度相关的数。

α、β、γ 的理论数值与实验结果相当接近,说明能量子假说经受住了实验的检验。

2. 光电效应和光量子假说

(1) 实验背景

光电效应的实验现象是,当用紫外光照射到某些金属(例如,钠)的表面上时,立刻就会有电子的发射,于是在电路中有电流通过。

(2) 爱因斯坦光量子假说之一

爱因斯坦(Einstein)假设光是由光量子(简称光子)组成的,每个光子的能量 ε 与辐射频率 ν 的关系是

$$\varepsilon = h\nu \tag{1.1.13}$$

由动能 $T = h\nu - W_0$ 可知,只有当光子的频率 ν 不小于阈值 $\nu_0 = W_0/h$ 时,才有光电子的发射。式中,T 为光电子的动能;W_0 为脱出功。

爱因斯坦的光量子假说不但正确地解释了单光子光电效应,而且预言了双光子光电效应乃至多光子光电效应的存在。

(3) 爱因斯坦光量子假说之二

爱因斯坦假设光量子的动量与波长的关系为

$$p = h/\lambda \tag{1.1.14}$$

利用上述关系式可以解释 X 光被电子散射实验,即康普顿(Compton)散射公式

$$\lambda' - \lambda = 4\pi\hbar(m_0 c)^{-1}\sin^2(\theta/2) \tag{1.1.15}$$

式中,λ、λ' 分别为入射与散射的 X 光的波长;m_0 为电子的静止质量;θ 为散射光与入射光传播方向的夹角,称为散射角。

3. 原子光谱和旧量子论

(1) 实验背景

实验发现,原子光谱是由一条条断续的光谱线构成的,即所谓的线状光谱。

(2) 玻尔的旧量子论

原子在能量分别为 E_n 和 E_m 两个定态之间跃迁时,发射或吸收的电磁辐射的频率 ν 满足关系式$h\nu = E_n - E_m$,光谱项为

$$T(n) = -E_n/h \tag{1.1.16}$$

由于玻尔的量子假说仍然保留了经典物理学中轨道的概念,故被称之为旧量子论。

1.1.2 量子论的3次飞跃

在量子论的建立过程中,经历了如下3次具有历史意义的飞跃。

1. 普朗克的量子假说

$$\varepsilon = h\nu, \quad E_n = n\varepsilon \quad (n = 0,1,2,\cdots) \tag{1.1.17}$$

2. 德布罗意的物质波假说

德布罗意(de Broglie)物质波假说:包括光子在内所有粒子在运动中都既表现出粒子的行为也表现出波动的行为,此即运动粒子的波粒二象性。换句话说,具有能量E和动量$\boldsymbol{p}$的粒子与具有角频率$\omega = 2\pi\nu$和波矢量$\boldsymbol{k}$的物质波相对应,普朗克常数$\hbar$是联系两者的纽带,即

$$E = \hbar\omega, \quad \boldsymbol{p} = \hbar\boldsymbol{k} \tag{1.1.18}$$

此即德布罗意物质波假说的数学形式。

3. 薛定谔方程与玻恩的概率波解释

描述体系状态的波函数$\Psi(\boldsymbol{r},t)$随时间的变化满足薛定谔方程

$$\mathrm{i}\hbar\frac{\partial}{\partial t}\Psi(\boldsymbol{r},t) = \hat{H}(\boldsymbol{r},t)\Psi(\boldsymbol{r},t) \tag{1.1.19}$$

式中

$$\hat{H}(\boldsymbol{r},t) = (2\mu)^{-1}\hat{\boldsymbol{p}}^2 + V(\boldsymbol{r},t) \tag{1.1.20}$$

为哈密顿(Hamilton)算符,其中的$\hat{\boldsymbol{p}}$为动量算符;μ为粒子的质量;$V(\boldsymbol{r},t)$为位势。

玻恩(Born)认为,不论是德布罗意的物质波,还是薛定谔方程中的波函数所描述的波,都不是什么实在物理量的波动,只不过是描述粒子在空间的概率分布的概率波而已。此即玻恩对体系波函数的概率波解释。

1.1.3 量子力学的5个基本原理

1. 波函数的概率波解释

体系的状态用波函数$\Psi(\boldsymbol{r},t)$来描述,$|\Psi(\boldsymbol{r},t)|^2$表示$t$时刻在$\boldsymbol{r}$附近发现粒子的概率密度。

2. 状态叠加原理

若体系具有一系列可能的状态$|\psi_1\rangle, |\psi_2\rangle, |\psi_3\rangle, \cdots, |\psi_n\rangle$,则这些状态的任意线性组合

$$|\psi\rangle = c_1|\psi_1\rangle + c_2|\psi_2\rangle + c_3|\psi_3\rangle + \cdots + c_n|\psi_n\rangle = \sum_{m=1}^{n} c_m|\psi_m\rangle \tag{1.1.21}$$

也一定是该体系的一个可能的状态,其中,$c_1, c_2, c_3, \cdots, c_n$为任意复常数。此即状态叠加原理。

3. 薛定谔方程

体系的状态 $\Psi(\boldsymbol{r},t)$ 随时间的变化满足薛定谔方程

$$\mathrm{i}\hbar\frac{\partial}{\partial t}\Psi(\boldsymbol{r},t)=\hat{H}(\boldsymbol{r},t)\Psi(\boldsymbol{r},t) \tag{1.1.22}$$

4. 算符化规则

经典物理学中的力学量用线性厄米(Hermite)算符来代替,并且上述的替代关系是一一对应的。能量算符与动量算符是两个基本的普适算符

$$\hat{E}=\mathrm{i}\hbar\frac{\partial}{\partial t},\quad \hat{\boldsymbol{p}}=-\mathrm{i}\hbar\nabla \tag{1.1.23}$$

式中,∇ 为梯度算符。需要特别说明的是,虽然能量算符与哈密顿算符都具有能量量纲,但是,它们之间有两点差异,一是能量算符适用于任意体系,而哈密顿算符与具体的体系有关;二是能量算符只与时间相关,而哈密顿算符还与坐标相关。

5. 全同性原理

对于具有 N 个粒子的全同粒子体系,交换任意两个粒子的坐标不改变体系的状态,即

$$\hat{p}_{ij}\psi(x_1,x_2,\cdots,x_i,\cdots,x_j,\cdots,x_N)=\pm\psi(x_1,x_2,\cdots,x_i,\cdots,x_j,\cdots,x_N) \tag{1.1.24}$$

式中,x_i 为第 i 个粒子的坐标;$\hat{p}_{ij}$ 为坐标交换算符。

对于全同费米(Fermi)子体系取负号,即要求其波函数是反对称的,对于全同玻色(Bose)子体系取正号,即要求其波函数是对称的。

综上所述,当经典物理学遇到挑战之时,一批优秀的中青年学者勇于离经叛道、敢于标新立异,在他们的共同努力之下才使得量子理论得以建立与发展。这不禁使人想起我国大学问家王国维,他曾用三句古诗词来形容做学问的三种境界,即"昨夜西风凋碧树,独上高楼,望尽天涯路";"衣带渐宽终不悔,为伊消得人憔悴";"众里寻他千百度,蓦然回首,那人却在灯火阑珊处"。仔细品味普朗克利用能量子假说解决黑体辐射问题的经历,就会发现这种比喻是再恰当不过的了。

1.2 波 函 数

本节的主要内容为:波函数的物理内涵;波函数应满足的条件;具有特殊性质的波函数;状态叠加原理与展开假设;状态随时间的变化。

1.2.1 波函数的物理内涵

1. 波函数的定义

波函数是用来描述状态的,由于它具有矢量的性质,故也称之为态矢。波函数可分为体系的波函数与力学量的波函数两类。

(1) 体系的波函数

体系的波函数 $\Psi(\boldsymbol{r},t)$ 是关于坐标和时间的复函数,它可以描述体系状态,$\Psi(\boldsymbol{r},t)$ 随时间的变化满足薛定谔方程

$$\mathrm{i}\hbar\frac{\partial}{\partial t}\Psi(\boldsymbol{r},t)=\hat{H}(\boldsymbol{r},t)\Psi(\boldsymbol{r},t) \tag{1.2.1}$$

(2) 力学量的波函数

描述某个力学量取值状态的波函数称之为力学量的波函数,特别是使力学量取确定值的波函数,称之为该力学量的本征波函数,它满足该力学量算符的本征方程。例如,动量算符 $\hat{\boldsymbol{p}}$ 的本征方程为

$$\hat{\boldsymbol{p}}\psi_{\boldsymbol{p}}(\boldsymbol{r})=\boldsymbol{p}\psi_{\boldsymbol{p}}(\boldsymbol{r}) \tag{1.2.2}$$

其中,本征值 $\boldsymbol{p}$ 可以在正负无穷之间连续取值,相应的本征波函数为

$$\psi_{\boldsymbol{p}}(\boldsymbol{r})=(2\pi\hbar)^{-3/2}\mathrm{e}^{\mathrm{i}\hbar^{-1}\boldsymbol{p}\cdot\boldsymbol{r}} \tag{1.2.3}$$

2. 波函数的表示

波函数可以在任意表象中写出来,例如,$\Psi(\boldsymbol{r},t)$、$\Phi(\boldsymbol{p},t)$、$C_n(t)$ 分别表示坐标、动量和任意力学量 F 表象中的波函数。对于断续谱表象下的波函数,也可以写成列矩阵的形式。还可以用不涉及表象的狄拉克(Dirac)符号表示为 $|\Psi(t)\rangle$。

3. 波函数的物理内涵

例如,$|\Psi(\boldsymbol{r},t)|^2$、$|\Phi(\boldsymbol{p},t)|^2$、$|C_n(t)|^2$ 分别表示力学量 $\boldsymbol{r}$、$\boldsymbol{p}$、F 的取值概率密度或概率,它们是可观测量。进而可知,波函数是力学量的取值概率密度幅或概率幅,它们是不可观测量。

1.2.2 波函数应满足的条件

1. 模方可积条件

$$\int_{-\infty}^{\infty}\mathrm{d}\tau\ |\Psi(\boldsymbol{r},t)|^2=\int_{-\infty}^{\infty}\mathrm{d}\tau\,\Psi^*(\boldsymbol{r},t)\Psi(\boldsymbol{r},t)=\text{有限值} \tag{1.2.4}$$

2. 自然条件

波函数还应该是单值、有限和连续的函数。

3. 边界条件

(1) 在位势的间断点 a 处,两个相邻波函数 $\psi_i(x)$,$\psi_{i+1}(x)$ 及其一阶导数连续

$$\psi_i(a)=\psi_{i+1}(a),\quad \psi'_i(x)\big|_a/m_i^*=\psi'_{i+1}(x)\big|_a/m_{i+1}^* \tag{1.2.5}$$

式中,m_i^*、m_{i+1}^* 分别为粒子在第 i 和第 $i+1$ 个区域中的有效质量。

当一个区域中的位势为无穷大时,只要求波函数连续。

(2) 狄拉克 δ 函数位势 $V(x)=\pm V_0a\delta(x)$ 要求波函数连续,而波函数的一阶导数应满

足

$$\psi'(0^+) - \psi'(0^-) = \pm 2m\hbar^{-2} V_0 a\psi(0) \tag{1.2.6}$$

式中,m 为粒子的质量;a 具有长度量纲;V_0 具有能量量纲。

1.2.3 具有特殊性质的波函数

1. 本征态

定义:满足本征方程 $\hat{F}|n\rangle = f_n|n\rangle$ 的状态 $|n\rangle$ 称为 $\hat{F}$ 的本征态。

正交归一化条件:

$$\langle m|n\rangle = \delta_{m,n} \tag{1.2.7}$$

封闭关系:

$$\sum_n |n\rangle\langle n| = 1 \tag{1.2.8}$$

测量:在 $\hat{F}$ 的本征态 $|n\rangle$ 上,测量力学量 F 得其本征值 f_n。

2. 定态

定义:定态是能量取确定值的状态。

性质:在定态之下,不显含时间力学量的取值概率与平均值皆不随时间改变。

判据:哈密顿算符不显含时间;体系初始时刻的状态为定态。

3. 束缚态与非束缚态

束缚态:在无穷远处为零的状态为束缚态,束缚态相应的能量本征值是断续的。

非束缚态:在无穷远处不为零的状态为非束缚态,非束缚态相应的能量本征值是连续的。

4. 简并态与无简并态

简并态:一个本征值对应 $f > 1$ 个线性独立的本征态时,称该本征值简并,所对应本征态为简并态,简并度为 f。

无简并态:一个本征值对应一个本征态时,称该本征值无简并,所对应本征态为无简并态,简并度为 1。

5. 正宇称态与负宇称态

正宇称态:将波函数中坐标变量改变符号,若得到的新波函数与原来的波函数相同,则称该波函数描述的状态为正宇称态。

负宇称态:将波函数中坐标变量改变符号,若得到的新波函数与原来的波函数相差一个负号,则称该波函数描述的状态为负宇称态。

6. 耦合波函数与非耦合波函数

以两个自旋为 $\hbar/2$ 的粒子为例,其自旋量子数 $s_1 = s_2 = 1/2$,总自旋量子数 $S = 0,1$。

非耦合波函数为

$$|++\rangle,\ |--\rangle,\ |+-\rangle,\ |-+\rangle \tag{1.2.9}$$

耦合波函数为

$$|00\rangle,\ |10\rangle,\ |11\rangle,\ |1\ -1\rangle \tag{1.2.10}$$

耦合波函数与非耦合波函数的关系为

$$\begin{aligned} &|11\rangle = |++\rangle, && |1\ -1\rangle = |--\rangle \\ &|10\rangle = 2^{-1/2}[\,|+-\rangle + |-+\rangle\,], && |00\rangle = 2^{-1/2}[\,|+-\rangle - |-+\rangle\,] \end{aligned} \tag{1.2.11}$$

其中,$|\pm\rangle_k = |1/2,\ \pm 1/2\rangle$ 为第 $k=1,2$ 个粒子在 s^2, s_z 表象下的单粒子本征态;$|\pm\pm\rangle = |\pm\rangle_1 |\pm\rangle_2$ 表示两个单粒子本征态的直乘积,是非耦合的二体波函数。

7. 反对称波函数与对称波函数

反对称波函数:全同费米子体系的状态用反对称波函数描述,对二体问题而言,有

$$\psi_{\mathrm{a}}(x_1, x_2) = 2^{-1/2}\begin{vmatrix} \varphi_1(x_1) & \varphi_1(x_2) \\ \varphi_2(x_1) & \varphi_2(x_2) \end{vmatrix} = 2^{-1/2}[\varphi_1(x_1)\varphi_2(x_2) - \varphi_1(x_2)\varphi_2(x_1)] \tag{1.2.12}$$

对称波函数:全同玻色子体系的状态用对称波函数描述,对二体问题而言,有

$$\psi_{\mathrm{s}}(x_1, x_2) = 2^{-1/2}[\varphi_1(x_1)\varphi_2(x_2) + \varphi_1(x_2)\varphi_2(x_1)] \tag{1.2.13}$$

式中,$\varphi_i(x_j)$ 为粒子 j 的第 i 个本征态。

1.2.4　状态叠加原理与展开假设

1. 状态叠加原理

若 $|\psi_1\rangle, |\psi_2\rangle, |\psi_3\rangle, \cdots, |\psi_n\rangle$ 为体系可能的状态,则 $|\psi\rangle = \sum_{m=1}^{n} c_m |\psi_m\rangle$ 也是体系可能的状态,其中,$c_1, c_2, c_3, \cdots, c_n$ 为任意复常数。

2. 展开假设

设力学量算符 $\hat{F}$ 满足本征方程

$$\hat{F}|n\rangle = f_n|n\rangle \tag{1.2.14}$$

由于其本征矢是正交归一完备的,故任意具有相同自变量的波函数 $|\psi\rangle$ 可以向 $\{|n\rangle\}$ 展开,即

$$|\psi\rangle = \sum_n c_n |n\rangle \tag{1.2.15}$$

其中,$|c_n|^2$ 为力学量 F 在 $|\psi\rangle$ 状态上取 f_n 值的概率,因此可以把 c_n 视为 F 表象下的波函数。

综上所述,波函数是量子力学的精髓所在,一旦知道了体系的波函数,就可以得到任意力学量的取值概率与平均值,由此可知波函数具有极其丰富的物理内涵。

1.3 算　符

本节的主要内容为：量子力学中的算符；算符的对易关系；对称性与守恒量；两个力学量的取值；算符随时间的变化；算符的矩阵表示。

1.3.1 量子力学中的算符

在量子力学中，算符的作用是对波函数的一种运算或者操作，即将一个波函数变成另外一个波函数。

1. 算符的类型

线性算符：对任意的状态 $|\psi_1\rangle$ 与 $|\psi_2\rangle$ 而言，满足如下条件的算符 $\hat{F}$ 为线性算符

$$\hat{F}(c_1|\psi_1\rangle + c_2|\psi_2\rangle) = c_1\hat{F}|\psi_1\rangle + c_2\hat{F}|\psi_2\rangle \tag{1.3.1}$$

厄米算符：满足如下条件的算符 $\hat{F}$ 为厄米算符

$$\hat{F}^\dagger = \hat{F} \tag{1.3.2}$$

式中的符号"†" 表示取厄米共轭。

幺正算符：满足如下条件的算符 $\hat{F}$ 为幺正算符

$$\hat{F}^\dagger = \hat{F}^{-1} \tag{1.3.3}$$

状态叠加原理要求量子力学中的算符是线性的，此外，由于厄米算符的本征值是实数，故通常要求力学量算符是厄米的，而表象或者绘景之间的变换算符是幺正的。

2. 常用算符

能量算符

$$\hat{E} = \mathrm{i}\hbar\frac{\partial}{\partial t} \tag{1.3.4}$$

动量算符

$$\hat{\boldsymbol{p}} = -\mathrm{i}\hbar\nabla = \hat{p}_x\boldsymbol{i} + \hat{p}_y\boldsymbol{j} + \hat{p}_z\boldsymbol{k};\quad -\infty < \boldsymbol{p} < \infty \tag{1.3.5}$$

其中

$$\hat{p}_x = -\mathrm{i}\hbar\frac{\partial}{\partial x},\quad \hat{p}_y = -\mathrm{i}\hbar\frac{\partial}{\partial y},\quad \hat{p}_z = -\mathrm{i}\hbar\frac{\partial}{\partial z} \tag{1.3.6}$$

自旋($\hbar/2$) 算符

$$\hat{\boldsymbol{s}} = \hat{s}_x\boldsymbol{i} + \hat{s}_y\boldsymbol{j} + \hat{s}_z\boldsymbol{k};\quad s = 1/2 \tag{1.3.7}$$

在 $\boldsymbol{s}^2$、s_z 表象下

$$\hat{s}_x = \frac{\hbar}{2}\begin{pmatrix}0 & 1\\1 & 0\end{pmatrix},\quad \hat{s}_y = \frac{\hbar}{2}\begin{pmatrix}0 & -\mathrm{i}\\\mathrm{i} & 0\end{pmatrix},\quad \hat{s}_z = \frac{\hbar}{2}\begin{pmatrix}1 & 0\\0 & -1\end{pmatrix} \tag{1.3.8}$$

泡利(Pauli) 算符

$$\hat{\boldsymbol{\sigma}} = 2\hbar^{-1}\hat{\boldsymbol{s}} = \hat{\sigma}_x \boldsymbol{i} + \hat{\sigma}_y \boldsymbol{j} + \hat{\sigma}_z \boldsymbol{k} \tag{1.3.9}$$

在泡利表象下

$$\hat{\sigma}_x = \begin{pmatrix} 0 & 1 \\ 1 & 0 \end{pmatrix}, \quad \hat{\sigma}_y = \begin{pmatrix} 0 & -\mathrm{i} \\ \mathrm{i} & 0 \end{pmatrix}, \quad \hat{\sigma}_z = \begin{pmatrix} 1 & 0 \\ 0 & -1 \end{pmatrix} \tag{1.3.10}$$

总自旋算符

$$\hat{S} = \sum_{i=1}^{N} \hat{s}_i \tag{1.3.11}$$

其中 N 为总粒子数。

轨道角动量算符

$$\hat{\boldsymbol{l}} = \boldsymbol{r} \times \hat{\boldsymbol{p}}; \quad l = 0, 1, 2, \cdots \tag{1.3.12}$$

其中

$$\hat{l}_x = y\hat{p}_z - z\hat{p}_y, \quad \hat{l}_y = z\hat{p}_x - x\hat{p}_z, \quad \hat{l}_z = x\hat{p}_y - y\hat{p}_x \tag{1.3.13}$$

总轨道角动量算符

$$\hat{\boldsymbol{L}} = \sum_{i=1}^{N} \hat{\boldsymbol{l}}_i \tag{1.3.14}$$

总角动量算符有如下两种耦合方式

LS 耦合

$$\hat{\boldsymbol{J}} = \hat{\boldsymbol{L}} + \hat{\boldsymbol{S}} \tag{1.3.15}$$

$$J = L + S, L + S - 1, \cdots, |L - S| + 1, |L - S| \tag{1.3.16}$$

其中 $\hat{\boldsymbol{S}}$、$\hat{\boldsymbol{L}}$ 分别为总自旋与总角动量算符,已由式(1.3.11)与式(1.3.14)给出。

jj 耦合

$$\hat{\boldsymbol{J}} = \hat{\boldsymbol{j}}_1 + \hat{\boldsymbol{j}}_2 \tag{1.3.17}$$

$$J = j_1 + j_2, j_1 + j_2 - 1, \cdots, |j_1 - j_2| + 1, |j_1 - j_2| \tag{1.3.18}$$

其中

$$\hat{\boldsymbol{j}}_1 = \hat{\boldsymbol{l}}_1 + \hat{\boldsymbol{s}}_1, \quad \hat{\boldsymbol{j}}_2 = \hat{\boldsymbol{l}}_2 + \hat{\boldsymbol{s}}_2 \tag{1.3.19}$$

宇称算符

$$\hat{\pi}\psi(\boldsymbol{r}) = \psi(-\boldsymbol{r}) \tag{1.3.20}$$

坐标交换算符

$$\hat{p}_{ij}\psi(\cdots, x_i, \cdots, x_j, \cdots) = \psi(\cdots, x_j, \cdots, x_i, \cdots) \tag{1.3.21}$$

投影算符

$$\hat{p}_n = |n\rangle\langle n| \tag{1.3.22}$$

$$\hat{q}_n = 1 - \hat{p}_n \tag{1.3.23}$$

角动量升降算符

$$\hat{j}_{\pm} = \hat{j}_x \pm \mathrm{i}\hat{j}_y \tag{1.3.24}$$

$$\hat{j}_{\pm}|j,m\rangle=[j(j+1)-m(m\pm1)]^{1/2}\hbar|j,m\pm1\rangle \tag{1.3.25}$$

升降算符并非力学量算符,它们不是厄米的,但是,它们互为厄米共轭。

3. 算符函数

以算符 $\hat{A}$ 为自变量的函数 $F(\hat{A})$ 称为算符函数,它的级数形式为

$$F(\hat{A})=\sum_{n=0}^{\infty}(n!)^{-1}F^{(n)}(\hat{A})\big|_{\hat{A}=0}\hat{A}^n \tag{1.3.26}$$

仅以如下两例说明算符函数对波函数的作用。若哈密顿算符 $\hat{H}$ 满足本征方程 $\hat{H}|\varphi_k\rangle=E_k|\varphi_k\rangle$,则有

$$\begin{aligned}\mathrm{e}^{\mathrm{i}\hbar^{-1}\hat{H}t}|\varphi_k\rangle&=\sum_{n=0}^{\infty}(n!)^{-1}(\mathrm{i}\hbar^{-1}\hat{H}t)^n|\varphi_k\rangle=\\&\sum_{n=0}^{\infty}(n!)^{-1}(\mathrm{i}\hbar^{-1}E_kt)^n|\varphi_k\rangle=\mathrm{e}^{\mathrm{i}\hbar^{-1}E_kt}|\varphi_k\rangle\end{aligned} \tag{1.3.27}$$

$$\begin{aligned}(E\pm\hat{H})^{-1}|\varphi_k\rangle&=[E(1\pm E^{-1}\hat{H})]^{-1}|\varphi_k\rangle=E^{-1}[1\mp E^{-1}\hat{H}+(E^{-1}\hat{H})^2\mp\cdots]|\varphi_k\rangle=\\&E^{-1}[1\mp E^{-1}E_k+(E^{-1}E_k)^2\mp\cdots]|\varphi_k\rangle=(E\pm E_k)^{-1}|\varphi_k\rangle\end{aligned} \tag{1.3.28}$$

上述两个公式在后面会经常用到。

1.3.2 算符的对易关系

1. 定义

对易关系

$$[\hat{A},\hat{B}]=\hat{A}\hat{B}-\hat{B}\hat{A} \tag{1.3.29}$$

反对易关系

$$[\hat{A},\hat{B}]_+\equiv\{\hat{A},\hat{B}\}=\hat{A}\hat{B}+\hat{B}\hat{A} \tag{1.3.30}$$

2. 对易子代数

$$\begin{aligned}[\hat{A},\hat{B}\hat{C}]&=\hat{B}[\hat{A},\hat{C}]+[\hat{A},\hat{B}]\hat{C}\\ [\hat{A}\hat{B},\hat{C}]&=\hat{A}[\hat{B},\hat{C}]+[\hat{A},\hat{C}]\hat{B}\end{aligned} \tag{1.3.31}$$

3. 常用对易关系

$$[x,\hat{p}_x]=\mathrm{i}\hbar,\quad[y,\hat{p}_y]=\mathrm{i}\hbar,\quad[z,\hat{p}_z]=\mathrm{i}\hbar \tag{1.3.32}$$

$$[\hat{j}_x,\hat{j}_y]=\mathrm{i}\hbar\hat{j}_z,\quad[\hat{j}_y,\hat{j}_z]=\mathrm{i}\hbar\hat{j}_x,\quad[\hat{j}_z,\hat{j}_x]=\mathrm{i}\hbar\hat{j}_y \tag{1.3.33}$$

1.3.3 对称性与守恒量

1. 守恒量

定义:在体系任意状态下,取值概率与平均值不随时间变化的力学量 F 称为守恒量。

判据:当算符 $\hat{F}$ 满足 $\partial\hat{F}/\partial t=0$ 和 $[\hat{F},\hat{H}]=0$ 时,力学量 F 为守恒量。

2. 对称性

若体系哈密顿算符具有某种对称性,则必有某个守恒量与之对应,同时也存在某个不可观测量。

空间平移对称性:对应动量守恒,空间的绝对原点是不可观测的。

时间平移对称性:对应能量守恒,时间的绝对原点是不可观测的。

空间反演对称性:对应宇称守恒,空间的绝对左右是不可观测的。

空间转动对称性:对应角动量守恒,空间的绝对方向是不可观测的。

1.3.4 两个力学量的取值

1. 同时取确定值

若$[\hat{A},\hat{B}]=0$,则$\hat{A}$与$\hat{B}$有共同完备本征函数系,可同时取确定值。

2. 不确定关系

在任意状态下,力学量A与B的测量误差满足不确定关系

$$\overline{(\Delta A)^2}\ \overline{(\Delta B)^2} \geqslant 4^{-1}\left(\overline{\mathrm{i}[\hat{A},\hat{B}]}\right)^2 \tag{1.3.34}$$

特别是

$$\Delta x\ \Delta p \geqslant \hbar/2,\quad \Delta t\ \Delta E \geqslant \hbar/2 \tag{1.3.35}$$

其中

$$\Delta A = \left[\overline{(\Delta A)^2}\right]^{1/2} = \left[\overline{A^2} - (\overline{A})^2\right]^{1/2} \tag{1.3.36}$$

显然,$[\hat{A},\hat{B}]=0$只是不确定关系的一个特例。

3. 力学量完全集

如果有N个相互对易的力学量算符能惟一地确定体系的状态,称这N个力学量为力学量完全集。

1.3.5 算符随时间的变化

1. 定义

$$\frac{\mathrm{d}\hat{F}}{\mathrm{d}t} = \frac{\partial \hat{F}}{\partial t} + \frac{1}{\mathrm{i}\hbar}[\hat{F},\hat{H}] \tag{1.3.37}$$

2. 坐标

$$\frac{\mathrm{d}}{\mathrm{d}t}\overline{\boldsymbol{r}} = \frac{1}{m}\overline{\boldsymbol{p}} \tag{1.3.38}$$

3. 动量

埃伦费斯特(Ehrenfest)定理:在任意状态下,有

$$\frac{\mathrm{d}}{\mathrm{d}t}\overline{\boldsymbol{p}} = -\overline{\nabla V(\boldsymbol{r})} \tag{1.3.39}$$

4. 动能

位力(Virial)定理:在定态下,有

$$\overline{T} = \overline{\boldsymbol{r} \cdot \nabla V(\boldsymbol{r})}/2 \tag{1.3.40}$$

特别是,当 $V(\boldsymbol{r}) = \alpha x^n + \beta y^n + \gamma z^n$ 时,有

$$\overline{T} = n\,\overline{V(\boldsymbol{r})}/2 \tag{1.3.41}$$

5. 哈密顿量

赫尔曼(Hellmann)-费恩曼(Feynman)定理:在束缚定态下,有

$$\overline{\frac{\partial H}{\partial \lambda}} = \frac{\partial E_n}{\partial \lambda} \tag{1.3.42}$$

其中,λ 是哈密顿算符 $\hat{H}$ 中的任意一个参数;E_n 为 $\hat{H}$ 的第 n 个本征值。

1.3.6 算符的矩阵表示

1. 任意算符

任意算符 $\hat{F}$ 在基底$\{|n\rangle\}$之下的矩阵形式为

$$\hat{F} = \begin{pmatrix} F_{11} & F_{12} & \cdots & F_{1k} & \cdots \\ F_{21} & F_{22} & \cdots & F_{2k} & \cdots \\ \vdots & \vdots & & \vdots & \\ F_{k1} & F_{k2} & \cdots & F_{kk} & \cdots \\ \vdots & \vdots & & \vdots & \end{pmatrix} \tag{1.3.43}$$

其中的矩阵元为

$$F_{mn} = \langle m | \hat{F} | n \rangle \tag{1.3.44}$$

2. 角动量算符

对任意两个角动量算符 $\hat{\boldsymbol{j}}_1$ 与 $\hat{\boldsymbol{j}}_2$,有

$$\begin{aligned} \hat{\boldsymbol{j}} &= \hat{\boldsymbol{j}}_1 + \hat{\boldsymbol{j}}_2 \\ \hat{\boldsymbol{j}}_1 \cdot \hat{\boldsymbol{j}}_2 &= (\hat{\boldsymbol{j}}^2 - \hat{\boldsymbol{j}}_1^2 - \hat{\boldsymbol{j}}_2^2)/2 \end{aligned} \tag{1.3.45}$$

在 $\boldsymbol{j}^2$ 与 j_z 的共同基底$\{|jm\rangle\}$之下

$$\langle j'm' | \hat{\boldsymbol{j}}_1 \cdot \hat{\boldsymbol{j}}_2 | jm \rangle = (\hbar^2/2)[j(j+1) - j_1(j_1+1) - j_2(j_2+1)]\delta_{j',j}\delta_{m',m} \tag{1.3.46}$$

3. 坐标算符

在线谐振子基底$\{|n\rangle\}$之下

$$x_{mn} = \langle m | x | n \rangle = \alpha^{-1}\{(n/2)^{1/2}\delta_{m,n-1} + [(n+1)/2]^{1/2}\delta_{m,n+1}\} \tag{1.3.47}$$

其中

$$\alpha^2 = \mu\omega\hbar^{-1} \tag{1.3.48}$$

4. 两个基底之间的变换

若已知算符 $\hat{F}$ 在基底$\{|n\rangle\}$之下的矩阵元为 F_{mn}，则其在另一基底$\{|i\rangle\}$之下的矩阵元为

$$\tilde{F}_{ij} = \langle i|\hat{F}|j\rangle = \sum_{mn}\langle i|m\rangle\langle m|\hat{F}|n\rangle\langle n|j\rangle = \sum_{mn}\langle i|m\rangle F_{mn}\langle n|j\rangle \tag{1.3.49}$$

综上所述，算符的作用是把一个波函数变成另外一个波函数，或者说，算符是连接两个波函数的桥梁。

1.4 薛定谔方程

量子力学的最基本的任务是求解薛定谔方程，当哈密顿算符不显含时间变量时，如果能求出定态薛定谔方程的解，则容易得到薛定谔方程的解。本节的主要内容为常见定态薛定谔方程的精确求解及近似求解方法。

1.4.1 薛定谔方程与定态薛定谔方程

1. 薛定谔方程

体系状态随时间的变化满足薛定諤方程

$$\mathrm{i}\hbar\frac{\partial}{\partial t}\Psi(\boldsymbol{r},t) = \hat{H}(\boldsymbol{r},t)\Psi(\boldsymbol{r},t) \tag{1.4.1}$$

对于体系的波函数 $\Psi(\boldsymbol{r},t)$ 而言，它是关于时间的一阶偏微分方程。若要得到薛定諤方程的解，除了给定体系的位势外，还需要知道体系初始时刻的状态 $\Psi(\boldsymbol{r},0)$，此即所谓的“审时度势”。

2. 定态薛定谔方程

当哈密顿算符不显含时间时，薛定谔方程(1.4.1)变成

$$\mathrm{i}\hbar\frac{\partial}{\partial t}\Psi(\boldsymbol{r},t) = \hat{H}(\boldsymbol{r})\Psi(\boldsymbol{r},t) \tag{1.4.2}$$

利用分离变数法可以将上式分解成两个方程，具体的做法如下。

设

$$\Psi(\boldsymbol{r},t) = f(t)\psi(\boldsymbol{r}) \tag{1.4.3}$$

将其代入式(1.4.2)，得到

$$\frac{\mathrm{d}}{\mathrm{d}t}f(t) = -\frac{\mathrm{i}}{\hbar}Ef(t) \tag{1.4.4}$$

$$\hat{H}\psi(\boldsymbol{r}) = E\psi(\boldsymbol{r}) \tag{1.4.5}$$

式(1.4.4)与具体的体系无关，它的解为

$$f(t) = C\mathrm{e}^{-\mathrm{i}\hbar^{-1}Et} \tag{1.4.6}$$

式(1.4.5) 与具体的体系有关,称之为定态薛定谔方程。

3. 薛定谔方程的解

设定态薛定谔方程(1.4.5) 具有断续谱,即

$$\hat{H}\psi_n(\boldsymbol{r}) = E_n\psi_n(\boldsymbol{r}) \tag{1.4.7}$$

若其本征解已经求出,且体系的初始状态 $\Psi(\boldsymbol{r},0)$ 已知,则可以得到薛定谔方程(1.4.2) 的解

$$\Psi(\boldsymbol{r},t) = \sum_n c_n(0)\psi_n(\boldsymbol{r})\mathrm{e}^{-\mathrm{i}\hbar^{-1}E_n t} \tag{1.4.8}$$

其中

$$c_n(0) = \int \mathrm{d}\tau \psi_n^*(\boldsymbol{r})\Psi(\boldsymbol{r},0) \tag{1.4.9}$$

应该特别说明的是,$\psi_n(\boldsymbol{r})$ 是能量取 E_n 的状态(定态),方程的特解 $\psi_n(\boldsymbol{r})\mathrm{e}^{-\mathrm{i}\hbar^{-1}E_n t}$ 也是能量取 E_n 的状态(定态),但是,方程的通解 $\Psi(\boldsymbol{r},t)$ 并不是定态,而是一系列定态的线性组合。

总之,当哈密顿算符不显含时间变量时,只要能求出定态薛定谔方程的解,就可以得到薛定谔方程的解。

1.4.2 定态薛定谔方程的常见解析解

1. 自由粒子

$$\begin{aligned} E_{\boldsymbol{p}} &= (2\mu)^{-1}\boldsymbol{p}^2 \\ \psi_{\boldsymbol{p}}(\boldsymbol{r}) &= (2\pi\hbar)^{-3/2}\mathrm{e}^{\mathrm{i}\hbar^{-1}\boldsymbol{p}\cdot\boldsymbol{r}} \end{aligned} \tag{1.4.10}$$

其中, $-\infty < \boldsymbol{p} < \infty$。

2. 阱宽为 a 的非对称无限深方势阱

$$\begin{aligned} E_n &= \pi^2\hbar^2(2\mu a^2)^{-1}n^2 \quad (n = 1,2,3,\cdots) \\ \psi_n(x) &= (2a^{-1})^{1/2}\sin(n\pi a^{-1}x) \end{aligned} \tag{1.4.11}$$

3. 角频率为 ω 的线谐振子

$$\begin{aligned} E_n &= (n + 1/2)\hbar\omega \quad (n = 0,1,2,\cdots) \\ \psi_n(x) &= N_n \mathrm{H}_n(\alpha x)\mathrm{e}^{-\alpha^2 x^2/2} \end{aligned} \tag{1.4.12}$$

式中

$$\begin{aligned} N_n &= \alpha^{1/2}(2^n n!\pi^{1/2})^{-1/2} \\ \mathrm{H}_n(\alpha x) &= \sum_{k=0}^{[n/2]} \frac{(-1)^k n!}{k!\ (n-2k)!}(2\alpha x)^{n-2k} \\ \alpha^2 &= \mu\omega\hbar^{-1} \end{aligned} \tag{1.4.13}$$

其中的 $\mathrm{H}_n(\alpha x)$ 为厄米多项式。

4. 角频率为 ω 的球谐振子

$$E_{nl}=(2n+l+3/2)\hbar\omega$$
$$\psi_{nlm}(r,\theta,\varphi)=R_{nl}(r)\mathrm{Y}_{lm}(\theta,\varphi) \tag{1.4.14}$$

式中

$$R_{nl}(r)=N_{nl}\,(\alpha r)^{l}\mathrm{L}_{n}^{l+1/2}(\alpha^{2}r^{2})\,\mathrm{e}^{-\alpha^{2}r^{2}/2}$$
$$\mathrm{L}_{n}^{l+1/2}(\rho^{2})=\frac{(2n+2l+1)!!}{2^{n}}\sum_{k=0}^{n}\frac{(-2)^{k}\rho^{k}}{k!\,(n-k)!\,(2l+2k+1)!!} \tag{1.4.15}$$
$$N_{nl}=(2^{n+l+2}\alpha^{3}n!)^{1/2}[\pi^{1/2}(2n+2l+1)!!]^{-1/2}$$
$$\alpha^{2}=\mu\omega\hbar^{-1}$$

其中，$\mathrm{Y}_{lm}(\theta,\varphi)$ 为球谐函数；$\mathrm{L}_{n}^{l+1/2}(\rho^{2})$ 是半整阶连带拉盖尔(Laguerre) 多项式。量子数的取值范围是

$$n=0,1,2,\cdots$$
$$l=0,1,2,\cdots \tag{1.4.16}$$
$$m=-l,\,-l+1,\cdots,l-1,l$$

5. 氢原子

$$E_{n}=-\mu\,e^{4}(2\hbar^{2}n^{2})^{-1}$$
$$\psi_{nlm}(r,\theta,\varphi)=R_{nl}(r)\mathrm{Y}_{lm}(\theta,\varphi) \tag{1.4.17}$$

式中

$$R_{nl}(r)=N_{nl}(2rn^{-1}a_{0}^{-1})^{l}\mathrm{L}_{n-l-1}^{2l+1}(2rn^{-1}a_{0}^{-1})\,\mathrm{e}^{-(na_{0})^{-1}r}$$
$$\mathrm{L}_{n-l-1}^{2l+1}(\rho)=\sum_{k=0}^{n-l-1}\frac{(-1)^{k}(n+l)!\,\rho^{k}}{k!\,(n-l-1-k)!\,(k+2l+1)!} \tag{1.4.18}$$
$$N_{nl}=[2^{3}(n-l-1)!]^{1/2}[n^{3}a_{0}^{3}2n(n+l)!]^{-1/2}$$
$$a_{0}=\mu^{-1}e^{-2}\hbar^{2}$$

其中，$\mathrm{L}_{n-l-1}^{2l+1}(\rho)$ 是整阶连带拉盖尔多项式；μ 是电子的约化质量。量子数的取值范围是

$$n=1,2,3,\cdots$$
$$l=0,1,2,\cdots,n-1 \tag{1.4.19}$$
$$m=-l,\,-l+1,\cdots,l-1,l$$

1.4.3 定态薛定谔方程的严格求解方法

1. 直接判断法

(1) 位势平移

当位势平移 $\pm V_0$ 时，即 $\hat{H}=\hat{H}_0\pm V_0$ 时，则 $\hat{H}$ 与 $\hat{H}_0$ 的本征波函数是一样的，若 $\hat{H}_0$ 的本征值为 E_n^0，则 $\hat{H}$ 的本征值变成 $E_n^0\pm V_0$。

(2) 坐标平移

当坐标平移 $\pm a$ 时,即 $x_1 = x \pm a$ 时,则 $\hat{H}$ 的本征值不变,而相应的本征波函数的坐标变量由 x 变为 $x \pm a$。

2. 坐标变换法

如果已知 $\hat{H}_0$ 的能量本征值为 E_n^0,在如下前3种情况下,由坐标变换可以直接得到 $\hat{H}$ 的能量本征值 E_n[1.9](右上角的[1.9]表示请读者参阅井孝功,张井波编著的《高等量子力学习题解答》的第1章第9题,下同)。

(1) 若
$$\hat{H} = (2\mu)^{-1}\hat{p}_x^2 + 2^{-1}\mu\omega^2 x^2 + \lambda x = \hat{H}_0 + \lambda x$$

则
$$E_n = E_n^0 - (2\mu)^{-1}\lambda^2\omega^{-2} \tag{1.4.20}$$

(2) 若
$$\hat{H} = (2\mu)^{-1}\hat{p}_x^2 + 2^{-1}\mu\omega^2 x^2 + \lambda x^2 = \hat{H}_0 + \lambda x^2$$

则
$$E_n = (1 + 2\lambda\mu^{-1}\omega^{-2})^{1/2} E_n^0 \tag{1.4.21}$$

(3) 若
$$\hat{H} = (2\mu)^{-1}\hat{p}_x^2 + V(x) + \lambda\hat{p}_x = \hat{H}_0 + \lambda\hat{p}_x$$

则
$$E_n = E_n^0 - 2^{-1}\mu\lambda^2 \tag{1.4.22}$$

(4) 若
$$\hat{H} = (2I_1)^{-1}(\hat{L}_x^2 + \hat{L}_y^2) + (2I_2)^{-1}\hat{L}_z^2$$

则
$$E_{lm} = \{(2I_1)^{-1}l(l+1) + [(2I_2)^{-1} - (2I_1)^{-1}]m^2\}\hbar^2 \tag{1.4.23}$$

3. 一维分区均匀位势

(1) 束缚定态问题

根据位势的具体形式,将其分为若干个区域,在第 i 个区域内,波函数的一般形式为
$$\psi_i(x) = A_i e^{ik_i x} + B_i e^{-ik_i x} \tag{1.4.24}$$

其中
$$k_i = [2\mu(E - V_i)\hbar^{-2}]^{1/2} \tag{1.4.25}$$

在第 i 个区域内,根据待求能量 E 与 V_i 的关系,可以将波函数按如下两种情况具体的写出来。

当 $E > V_i$ 时,可以取振荡解
$$\psi_i(x) = A_i \sin(k_i x + \delta_i) \tag{1.4.26}$$

或者
$$\psi_i(x) = A_i \sin(k_i x) + B_i \cos(k_i x) \tag{1.4.27}$$

其中
$$k_i = [2\mu(E - V_i)\hbar^{-2}]^{1/2} \tag{1.4.28}$$

当 $E < V_i$ 时,可以取衰减解
$$\psi_i(x) = A_i e^{\alpha_i x} + B_i e^{-\alpha_i x} \tag{1.4.29}$$

其中
$$\alpha_i = [2\mu(V_i - E)\hbar^{-2}]^{1/2} \tag{1.4.30}$$

(2) 势垒隧穿问题

在第 i 个区域内,波函数必须写成一般形式,即

$$\psi_i(x) = A_i e^{ik_ix} + B_i e^{-ik_ix} \tag{1.4.31}$$

其中

$$k_i = [2\mu(E - V_i)\hbar^{-2}]^{1/2} \tag{1.4.32}$$

反射系数 R 与透射系数 T 分别为

$$R = |B_1|^2/|A_1|^2$$
$$T = 1 - R \tag{1.4.33}$$

1.4.4　定态薛定谔方程的近似解法

1. 微扰论

若已知哈密顿算符可以写成 $\hat{H} = \hat{H}_0 + \hat{W}$,其中微扰算符 $\hat{W}$ 的作用远小于无微扰的哈密顿算符 $\hat{H}_0$,并且 $\hat{H}_0$ 的解已知,即

$$\hat{H}_0 |j\beta\rangle^0 = E_j^0 |j\beta\rangle^0 \quad (\beta = 1,2,3,\cdots,f_j) \tag{1.4.34}$$

则可以利用微扰论来逐级求出 $\hat{H}$ 的本征值 $E_{k\gamma}$ 与相应的本征波函数 $|k\gamma\rangle$,即

$$\hat{H}|k\gamma\rangle = E_{k\gamma}|k\gamma\rangle \quad (\gamma = 1,2,3,\cdots,f_k) \tag{1.4.35}$$

(1) 无简并微扰论($f_k = 1$)

$$E_k \approx E_k^0 + W_{kk} + \sum_{j\neq k}\sum_{\beta=1}^{f_j}(E_k^0 - E_j^0)^{-1}|W_{k,j\beta}|^2 \tag{1.4.36}$$

$$|k\rangle \approx |k\rangle^0 + \sum_{j\neq k}\sum_{\beta=1}^{f_j}(E_k^0 - E_j^0)^{-1}W_{j\beta,k}|j\beta\rangle^0 \tag{1.4.37}$$

其中

$$W_{j\beta,k} = {}^0\langle j\beta|\hat{W}|k\rangle^0 \tag{1.4.38}$$

(2) 简并微扰论($f_k > 1$)

在简并子空间中,能量一级修正 $E_{k\gamma}^{(1)}$ 满足的本征方程为

$$\sum_{\alpha=1}^{f_k}[W_{k\beta,k\alpha} - E_{k\gamma}^{(1)}\delta_{\alpha,\beta}]B_{k\beta,k\gamma}^{(0)} = 0 \tag{1.4.39}$$

其中

$$B_{k\beta,k\gamma}^{(0)} = {}^0\langle k\beta|k\gamma\rangle \tag{1.4.40}$$

2. 变分法

(1) 试探波函数

选择含有变分参数 α 的归一化的试探波函数 $|\psi(\alpha)\rangle$。

(2) 能量平均值

在此状态之下导出哈密顿算符的平均值的表达式,即

$$\bar{H}(\alpha) = \langle \psi(\alpha) | \hat{H} | \psi(\alpha) \rangle \tag{1.4.41}$$

(3) 极值条件

利用极值条件

$$\frac{\partial}{\partial \alpha}\bar{H}(\alpha) = 0 \tag{1.4.42}$$

定出变分参数 α_0 的数值。

(4) 基态近似值

将 α_0 代入试探波函数得到 $|\psi(\alpha_0)\rangle$,此即体系基态波函数的近似结果,进而可以得到基态能量的近似值 $E_0 \approx \bar{H}(\alpha_0)$。

本章结束语:物理学是研究物质世界的性质与运动规律的科学,它可以分为实验物理与理论物理两大类。实验物理是以实验和观测为手段来发现新的物理现象,它是理论物理的出发点和归宿;理论物理是立足于全部物理实验的总和,以演绎归纳和逻辑推理方法揭示物质世界的基本规律,预见新现象,推动整个物理学以至自然科学向前发展。

按照所研究对象的不同,理论物理又可以分为经典理论和量子理论两类,经典理论的研究对象是宏观客体,它不适用于微客体(即微观或介观客体),而量子理论的研究对象是微客体,原则上,它也适用于宏观客体。从数学的角度看,经典理论属于决定论,而量子理论属于概率论。实际上,决定论是概率论的一个特例,从这个意义上看,量子理论既不是对经典理论的否定,也不是只对经典理论的简单延拓,而是在更高层面上对经典理论的创造性的发展。

习 题 1

习题1.1 设有一个体重为 $m = 50$ kg 的短跑运动员,以 $v = 10$ m·s^{-1} 的速度做直线运动,求其相应的德布罗意波长。

习题1.2 求出能量为100 eV的自由电子的德布罗意波长。

习题1.3 设有一个功率为0.01 W的光源,发出波长为560 nm的黄光,若一个人站在距光源 $R = 100$ m处,计算每秒钟进入此人一个瞳孔中的光子个数。假设瞳孔的半径约为 $r = 2$ mm。

习题1.4 设一个角频率为 ω、等效质量为 $m^* = \hbar\omega c^{-2}$ 的光子在重力场中垂直向上飞行的距离为 z,求其由引力产生的频率的移动(引力红移)。

习题1.5 求波包的群速度与相速度。

习题1.6 讨论高斯(Gauss)波包的扩散。

习题1.7 导出瑞利-金斯和普朗克的黑体辐射公式。

习题1.8 在量子力学向经典力学过渡时,指出普朗克常数所起的作用。

习题 1.9 利用坐标变换或赫尔曼－费恩曼定理求解下列哈密顿算符的本征值。

(1) $\hat{H}_1 = (2\mu)^{-1}\hat{p}_x^2 + 2^{-1}\mu\omega^2x^2 + \lambda x = \hat{H}_0 + \lambda x$

(2) $\hat{H}_2 = (2\mu)^{-1}\hat{p}_x^2 + 2^{-1}\mu\omega^2x^2 + \lambda x^2 = \hat{H}_0 + \lambda x^2$

(3) $\hat{H}_3 = (2\mu)^{-1}\hat{p}_x^2 + V(x) + \lambda\mu^{-1}\hat{p}_x = \hat{H}_0 + \lambda\mu^{-1}\hat{p}_x$

习题 1.10 求哈密顿算符

$$\hat{H} = (2\mu)^{-1}\hat{p}_x^2 + 2^{-1}\mu\omega^2x^2 + ax + b\hat{p}_x$$

的本征值。其中,a,b 为实常数。

习题 1.11 不顾及自旋时,讨论均匀磁场中自由电子的能级,即朗道(Landau)能级。取磁场为 z 方向,即矢势 $\boldsymbol{A} = (-By,0,0)$。

习题 1.12 设体系哈密顿算符 $\hat{H}$ 在任意状态 $|\psi\rangle$ 上的平均值 $E = \langle\psi|\hat{H}|\psi\rangle$ 有下限而无上限,证明 $\hat{H}$ 的本征函数系 $\{|\varphi_n\rangle\}$ 是完备的。

习题 1.13 设厄米算符 $\hat{F}$ 的本征值谱是由断续谱和连续谱两部分构成的,称之为具有混合谱,即

$$\hat{F}\psi_n(x) = f_n\psi_n(x)$$

$$\hat{F}\psi_\lambda(x) = f_\lambda\psi_\lambda(x)$$

在任意归一化状态 $\psi(x)$ 下,导出 $\psi(x)$ 满足的归一化条件及力学量 F 的平均值公式。

习题 1.14 一个力学量的取值概率与平均值在什么情况下不随时间改变。

习题 1.15 设厄米算符 $\hat{F}$ 满足本征方程

$$\hat{F}|n\rangle = f_n|n\rangle$$

验证算符 $\hat{F}$ 可以写成谱分解的形式,即

$$\hat{F} = \sum_m f_m |m\rangle\langle m|$$

若定义厄米算符 $\hat{F}$ 的开方为

$$\hat{F}^{1/2} = \sum_m f_m^{1/2} |m\rangle\langle m|$$

证明

$$\hat{F}^{1/2}\hat{F}^{1/2} = \hat{F}$$

进而导出 $(1+\hat{\sigma}_z)^{1/2}$、$(1+\hat{\sigma}_x)^{1/2}$ 与 $(1+\hat{\sigma}_y)^{1/2}$ 的表达式。式中,$\hat{\sigma}_x$、$\hat{\sigma}_y$、$\hat{\sigma}_z$ 为泡利算符的分量形式。

习题 1.16 已知厄米算符 $\hat{A}$、$\hat{B}$、$\hat{C}$ 与 $\hat{D}$ 满足如下关系

$$\hat{C} = -\mathrm{i}[\hat{A},\hat{B}]$$

$$\hat{D} = \{\hat{A},\hat{B}\}$$

证明

$$\overline{A^2}\ \overline{B^2} \geqslant 4^{-1}[(\bar{C})^2 + (\bar{D})^2]$$

习题 1.17 证明泡利算符满足

$$\hat{\sigma}_i^2 = \hat{I}$$

$$\hat{\sigma}_i\hat{\sigma}_j + \hat{\sigma}_j\hat{\sigma}_i = 2\delta_{i,j}\hat{I}$$

其中，$\hat{I}$ 为 2×2 的单位矩阵；$i,j = x,y,z$。

习题 1.18 设 $\hat{\boldsymbol{\sigma}}_1$ 与 $\hat{\boldsymbol{\sigma}}_2$ 分别为两个粒子的泡利算符，试将算符 $(\hat{\boldsymbol{\sigma}}_1 \cdot \hat{\boldsymbol{\sigma}}_2)^n$ 用 $(\hat{\boldsymbol{\sigma}}_1 \cdot \hat{\boldsymbol{\sigma}}_2)$ 线性地表示出来。

习题 1.19 设 $\hat{\boldsymbol{A}}$ 和 $\hat{\boldsymbol{B}}$ 是与泡利算符 $\hat{\boldsymbol{\sigma}}$ 对易的两个矢量算符，证明

$$(\hat{\boldsymbol{\sigma}} \cdot \hat{\boldsymbol{A}})(\hat{\boldsymbol{\sigma}} \cdot \hat{\boldsymbol{B}}) = \hat{\boldsymbol{A}} \cdot \hat{\boldsymbol{B}} + \mathrm{i}\hat{\boldsymbol{\sigma}} \cdot (\hat{\boldsymbol{A}} \times \hat{\boldsymbol{B}})$$

习题 1.20 证明角动量算符 $\hat{\boldsymbol{j}}$ 的各分量算符及其升降算符满足下列关系式

$$[\hat{j}_x, \hat{j}_\pm] = \mp \hbar\hat{j}_z; \quad [\hat{j}_y, \hat{j}_\pm] = -\mathrm{i}\hbar\hat{j}_z$$

$$[\hat{j}_z, \hat{j}_\pm] = \pm \hbar\hat{j}_\pm; \quad [\hat{\boldsymbol{j}}^2, \hat{j}_\pm] = 0$$

习题 1.21 证明角动量算符 $\hat{\boldsymbol{j}}$ 的各分量算符及其升降算符满足下列关系式

$$\hat{j}_x^2 + \hat{j}_y^2 = 2^{-1}(\hat{j}_+\hat{j}_- + \hat{j}_-\hat{j}_+)$$

$$\hat{\boldsymbol{j}}^2 = 2^{-1}(\hat{j}_+\hat{j}_- + \hat{j}_-\hat{j}_+) + \hat{j}_z^2$$

$$\hat{j}_-\hat{j}_+ = \hat{\boldsymbol{j}}^2 - \hat{j}_z^2 - \hbar\hat{j}_z$$

$$\hat{j}_+\hat{j}_- = \hat{\boldsymbol{j}}^2 - \hat{j}_z^2 + \hbar\hat{j}_z$$

习题 1.22 在 j^2、j_z 的共同本征矢 $|jm\rangle$ 下，计算矩阵元 $\langle j'm'|\hat{j}_+\hat{j}_-|jm\rangle$ 与 $\langle j'm'|\hat{j}_-\hat{j}_+|jm\rangle$。

习题 1.23 证明封闭关系

$$\sum_n |n\rangle\langle n| = 1$$

与

$$\sum_n \psi_n^*(\boldsymbol{r}')\psi_n(\boldsymbol{r}) = \delta^3(\boldsymbol{r}' - \boldsymbol{r})$$

是等价的。

习题 1.24 粒子在宽度为 a 的非对称一维无限深方势阱中运动，设粒子分别处于状态

$$\psi_1(x) = \begin{cases} Aa & (0 < x < a) \\ 0 & (x \leqslant 0, x \geqslant a) \end{cases}$$

$$\psi_2(x) = \begin{cases} A(a - x) & (0 < x < a) \\ 0 & (x \leqslant 0, x \geqslant a) \end{cases}$$

式中 A 为归一化常数。证明如下无穷级数之求和公式

$$\sum_{n=1,3,5,\cdots}^{\infty} \frac{1}{n^2} = \frac{\pi^2}{8}, \quad \sum_{n=1}^{\infty} \frac{1}{n^2} = \frac{\pi^2}{6}, \quad \sum_{n=2,4,6,\cdots}^{\infty} \frac{1}{n^2} = \frac{\pi^2}{24}$$

习题 1.25　设粒子处于状态

$$\psi(x) = \begin{cases} Aa & (0 < x < a) \\ 0 & (x \leqslant 0, x \geqslant a) \end{cases}$$

利用平面波导出定积分公式

$$\int_{-\infty}^{\infty} \mathrm{d}k k^{-2} [1 - \cos(ka)] = \pi a$$

习题 1.26　讨论 δ 函数势阱与方势阱的能量本征值之间的关系。

习题 1.27　讨论 δ 函数势垒与方势垒的透射系数之间的关系。

习题 1.28　导出曲线坐标系中动能算符的量子化表示。

习题 1.29　利用曲线坐标系中动能算符的量子化表示导出球坐标系的动能算符。

第2章 量子力学的形式理论

作为量子论的数学架构，量子力学可以有多种表述形式，此即量子力学的形式理论。本章的主要内容有：表象与狄拉克符号；绘景与时间演化算符；线谐振子的相干态；纯态、混合态与密度算符；路径积分与格林(Green)函数。

2.1 表象与狄拉克符号

在量子力学建立的过程中，曾经出现过3种形式上不同的理论，即薛定谔的波动力学、海森伯(Heisenberg)的矩阵力学、狄拉克和费恩曼的路径积分方法。实际上，前两种理论只是所选用的表象不同而已，可以证明它们是完全等价的。在此基础上，为了理论推导的方便，狄拉克引入了与表象无关的狄拉克符号表示方法。

本节在引入表象概念的基础上，介绍波函数与算符在不同表象中的表示，主要内容包括：状态的表象；算符的表象；狄拉克符号；投影算符；表象之间的变换。

2.1.1 状态的表象

在量子力学中，**波函数**是用来描述状态的，它是沿用了经典物理中的称谓，虽然名字还是原来的名字，但是物理内涵已经大相径庭，此即“名可名，非常名”。严格说来，将波函数称为**态函数**更为确切。

波函数可以分为两类：一类是描述体系状态的波函数，称之为**体系的波函数**，它满足薛定谔方程，最初引入的体系的波函数是坐标与时间的复函数；另一类是描述某个力学量取值状态的波函数，特别是描述力学量取确定值状态的波函数，称之为该力学量的**本征波函数**，通常情况下，力学量的本征波函数与时间无关。

1. 希尔伯特空间

若干个波函数的线性叠加可以构成一个新的波函数，此即**状态叠加原理**。状态叠加原理也可以用比较严格的数学语言来表述：用来描述状态的所有波函数 $\psi_n(\boldsymbol{r})$ 构成一个**集合** $\{\psi_n(\boldsymbol{r})\}$，该集合对于如下的线性运算

$$\psi(\boldsymbol{r}) = \sum_{n=1}^{m} c_n \psi_n(\boldsymbol{r}) \tag{2.1.1}$$

是封闭的，也就是说，由集合中的一些状态的线性叠加可以得到一个新的状态 $\psi(\boldsymbol{r})$，而这

个新的状态 $\psi(\boldsymbol{r})$ 仍然是此集合中的一个状态。数学上把这样一个集合称之为**线性空间**。

通常情况下,波函数满足模方可积的条件,即要求积分 $\int \mathrm{d}\tau\psi^*(\boldsymbol{r})\psi(\boldsymbol{r})$ 是有限的,数学上把满足上述条件的线性空间称为**希尔伯特(Hilbert)空间**。动量算符的本征函数是单色平面波,坐标算符的本征函数是狄拉克 δ 函数,两者都不是平方可积的,原则上都不属于希尔伯特空间,但是,它们都能描述状态,如果将包含这些特例的希尔伯特空间称为扩展的希尔伯特空间,则每一个物理上允许的波函数都是扩展的希尔伯特空间(以下仍简称为希尔伯特空间)中的一个**元素**。由此可知,状态叠加原理说的是,描述状态的全部波函数张开一个希尔伯特空间,量子力学的全部活动都是在这个空间中进行的。

在希尔伯特空间中,一个波函数类似于几何学中的一个矢量,所以波函数有时也被称为**态矢量**,或者简称为**态矢**。

众所周知,矢量是一个具有长度和方向的量,矢量的长度称为矢量的模。

矢量具有如下的基本性质:

(1) 若一个矢量的模为1,则称之为单位矢量。若一个矢量的模为零,则称之为零矢量;

(2) 若两个矢量长度相等且方向相同,则此两个矢量是相等的;

(3) 若一个矢量在另一个矢量上的投影为零,则称它们是相互正交的;

(4) 在三维空间中,若3个单位矢量是相互正交的,则其构成正交的坐标系。

矢量的运算可以在不同的坐标系下进行,例如,既可以在直角坐标系下进行,也可以在球坐标系下完成,其结果应该是相同的,只不过选择了合适的坐标系会使问题得到简化而已。

希尔伯特空间中的态矢具有完全类似几何学中矢量的性质,若把一组正交、归一和完备的态矢称为**基底**,则基底就相当于几何学中的坐标系,于是,态矢也可以在不同的基底之下表示出来。

为了能方便地引入波函数的概念,当不顾及时间变量时,最初给出的波函数 $\psi(\boldsymbol{r})$ 都是坐标 $\boldsymbol{r}$ 的函数,也就是说波函数是用坐标算符的本征值作为自变量的。自然要问,波函数能否用其他力学量(例如,动量、能量等)算符的本征值作为自变量呢?或者说,波函数能否用其他力学量的本征波函数作为基底呢?回答是肯定的,并且,在不同的基底之下得到的有物理意义的结果是相同的,但是,若选择了合适的基底,则可能使得问题的推导过程变得简单。

通常将量子力学的3个基本要素所选用的基底称之为**表象**。据此可知,前面提到的波函数 $\psi(\boldsymbol{r})$ 是在坐标表象下写出来的,实际上,波函数与算符也可以在任意力学量(例如,动量、能量等)表象中表示出来。总之,量子力学中选择不同的表象类似于几何学中选择不同的坐标系。

2. 任意力学量表象

为了在任意力学量 G 表象中讨论问题，必须事先求出算符 $\hat{G}$ 的本征解，如果其本征值取连续值，则称之为**连续谱表象**，坐标表象与动量表象皆为连续谱表象；如果其本征值是量子化的，则称之为**断续谱表象**，束缚态能量表象为断续谱表象。

以一维问题为例，设 $\Psi(x,t)$ 是任意一个归一化的体系的波函数，下面分别讨论 $\Psi(x,t)$ 在坐标、动量及断续谱表象下的形式。

(1) $\Psi(x,t)$ 在坐标表象中的形式

实际上，波函数 $\Psi(x,t)$ 已经是在坐标表象下的表达式，下面从理论上来说明之。

为了得到 $\Psi(x,t)$ 在坐标表象下的表达式，需要求解坐标算符 $\hat{x}$ 满足的本征方程，即

$$\hat{x}\psi_{x_0}(x) = x_0\psi_{x_0}(x) \tag{2.1.2}$$

由 δ 函数的性质 $x\delta(x)=0$ 可知，坐标算符的本征值及相应的规格化本征函数分别为

$$\begin{aligned} &x_0 \quad (-\infty < x_0 < \infty) \\ &\psi_{x_0}(x) = \delta(x - x_0) \end{aligned} \tag{2.1.3}$$

式中，$\delta(x-x_0)$ 为**狄拉克 δ 函数**。坐标算符的本征值可以连续取值，本征函数系是正交和完备的，但不是归一化的。

对任意的波函数与算符而言，以坐标算符的本征值为自变量（或者以坐标算符的本征矢为基底）的表示称之为**坐标表象**。

波函数 $\Psi(x,t)$ 可以向坐标的本征函数展开，即

$$\Psi(x,t) = \int_{-\infty}^{\infty} \mathrm{d}x_0 c_{x_0}(t)\delta(x - x_0) \tag{2.1.4}$$

其中展开系数

$$c_{x_0}(t) = \int_{-\infty}^{\infty} \mathrm{d}x\delta^*(x - x_0)\Psi(x,t) = \Psi(x_0,t) \tag{2.1.5}$$

由展开假设可知，$|c_{x_0}(t)|^2$ 是 t 时刻在 x_0 附近发现粒子的概率密度（单位长度的概率），或者说，$c_{x_0}(t)$ 为坐标表象下的波函数。由于 $\Psi(x_0,t)=c_{x_0}(t)$，故 $\Psi(x_0,t)$ 就是坐标表象下的波函数。

(2) $\Psi(x,t)$ 在动量表象中的形式

为了得到体系的波函数在动量表象中的形式，既可以在坐标表象下进行推导，也可以在动量表象下进行推导，下面分别讨论之。

在坐标表象下，一维动量算符 $\hat{p}$ 满足的本征方程为

$$-\mathrm{i}\hbar\frac{\mathrm{d}}{\mathrm{d}x}\psi_{p_0}(x) = p_0\psi_{p_0}(x) \tag{2.1.6}$$

它的本征值及相应的规格化本征函数分别为

$$\begin{aligned} & p_0 \quad (-\infty < p_0 < \infty) \\ & \psi_{p_0}(x) = (2\pi\hbar)^{-1/2}\mathrm{e}^{\mathrm{i}\hbar^{-1}p_0 x} \end{aligned} \tag{2.1.7}$$

波函数 $\Psi(x,t)$ 可以向动量的本征函数展开,即

$$\Psi(x,t) = \int_{-\infty}^{\infty} \mathrm{d}p_0 c_{p_0}(t)(2\pi\hbar)^{-1/2}\mathrm{e}^{\mathrm{i}\hbar^{-1}p_0 x} \tag{2.1.8}$$

其中,展开系数

$$c_{p_0}(t) = (2\pi\hbar)^{-1/2}\int_{-\infty}^{\infty} \mathrm{d}x\mathrm{e}^{-\mathrm{i}\hbar^{-1}p_0 x}\Psi(x,t) \tag{2.1.9}$$

由展开假设可知,$|c_{p_0}(t)|^2$ 就是在状态 $\Psi(x,t)$ 上动量取 p_0 值的概率密度,于是,$c_{p_0}(t)$ 就是 $\Psi(x,t)$ 在动量表象下的表示。以动量本征函数为基底的表示称为**动量表象**。

在动量表象下,动量为自变量,类似坐标算符的情况,动量算符 $\hat{p}$ 满足的本征方程为

$$\hat{p}\varphi_{p_0}(p) = p_0\varphi_{p_0}(p) \tag{2.1.10}$$

它的本征值及相应的规格化本征函数分别为

$$\begin{aligned} & p_0 \quad (-\infty < p_0 < \infty) \\ & \varphi_{p_0}(p) = \delta(p - p_0) \end{aligned} \tag{2.1.11}$$

说明动量算符与坐标算符一样,在自身表象中的本征函数也是一个 δ 函数。

在动量表象下,若波函数 $\Psi(x,t)$ 可以表示为 $\Phi(p,t)$,则

$$\Phi(p,t) = \int_{-\infty}^{\infty} \mathrm{d}p_0 b_{p_0}(t)\delta(p - p_0) \tag{2.1.12}$$

其中展开系数

$$b_{p_0}(t) = \int_{-\infty}^{\infty} \mathrm{d}p\delta^*(p - p_0)\Phi(p,t) = \Phi(p_0,t) \tag{2.1.13}$$

上式表明,$b_{p_0}(t) = \Phi(p_0,t)$ 就是 $\Psi(x,t)$ 在动量表象下的表示。

由于 $c_{p_0}(t)$ 也是 $\Psi(x,t)$ 在动量表象下的表示,故 $b_{p_0}(t)$ 与 $c_{p_0}(t)$ 具有相同的物理含意,将式(2.1.9)代入式(2.1.13),并用 p 替换 p_0,立即得到

$$\Phi(p,t) = (2\pi\hbar)^{-1/2}\int_{-\infty}^{\infty} \mathrm{d}x\mathrm{e}^{-\mathrm{i}\hbar^{-1}px}\Psi(x,t) \tag{2.1.14}$$

此即动量表象下的波函数 $\Phi(p,t)$ 与坐标表象下的波函数 $\Psi(x,t)$ 的关系式。显然,利用上式可以由坐标表象下的波函数求出它在动量表象下的表示,而波函数从坐标表象到动量表象的变换正是数学中的傅里叶(Fourier)变换;反之,亦可以由动量表象下的波函数求出它在坐标表象下的表示,相应于傅里叶的逆变换。

如果连续谱的本征矢是正交与完备的，在其表象下的波函数与算符可以写成自变量的函数形式。

(3) $\Psi(x,t)$ 在断续谱表象中的形式

设力学量算符 $\hat{G}$ 具有断续谱，它满足的本征方程为

$$\hat{G}\varphi_n(x)=g_n\varphi_n(x) \tag{2.1.15}$$

如果本征值谱 $\{g_n\}$ 与本征函数系 $\{\varphi_n(x)\}$ 已求出，对任意的一个波函数 $\Psi(x,t)$，则有

$$\Psi(x,t)=\sum_n c_n(t)\varphi_n(x) \tag{2.1.16}$$

其中

$$c_n(t)=\int_{-\infty}^{\infty}\mathrm{d}x\varphi_n^*(x)\Psi(x,t) \tag{2.1.17}$$

因为展开系数 $c_n(t)$ 的物理含意与 $\Psi(x,t)$ 是完全一样的，所以，将其称之为 **G 表象下的波函数**，$\{\varphi_n(x)\}$ 为 G 表象的基底。

若波函数 $\Psi(x,t)$ 已经归一化，则有

$$1=\int_{-\infty}^{\infty}\mathrm{d}x\Psi^*(x,t)\Psi(x,t)=\int_{-\infty}^{\infty}\mathrm{d}x\sum_n c_n^*(t)\varphi_n^*(x)\sum_m c_m(t)\varphi_m(x)=$$

$$\sum_n c_n^*(t)c_n(t)=\sum_n |c_n(t)|^2 \tag{2.1.18}$$

上式表明，当 $\Psi(x,t)$ 是归一化的波函数时，$c_n(t)$ 也一定是归一化的波函数。

3. 波函数的矩阵表示

在希尔伯特空间中，波函数具有矢量的性质，为了运算的方便，通常将断续谱表象下的波函数写成矩阵的形式。在上述 G 表象下，波函数 $\Psi(t)$ 可以写成列矩阵的形式，即

$$\Psi(t)=\begin{pmatrix}c_1(t)\\c_2(t)\\\vdots\\c_n(t)\\\vdots\end{pmatrix} \tag{2.1.19}$$

进而可知，波函数归一化条件的矩阵形式为

$$\begin{pmatrix}c_1^*(t) & c_2^*(t) & \cdots & c_n^*(t) & \cdots\end{pmatrix}\begin{pmatrix}c_1(t)\\c_2(t)\\\vdots\\c_n(t)\\\vdots\end{pmatrix}=\sum_n |c_n(t)|^2=1 \tag{2.1.20}$$

以中心力场为例，在能量表象中，体系的任意一个波函数 $\Psi(\boldsymbol{r},t)$ 总可以向能量的本

征函数系$\{\psi_{nlm}(\boldsymbol{r})\}$展开

$$\Psi(\boldsymbol{r},t)=\sum_{nlm}c_{nlm}(t)\psi_{nlm}(\boldsymbol{r}) \tag{2.1.21}$$

例如,若已知

$$\Psi(r,\theta,\varphi,t)=2^{-1/2}R_{10}(r)\mathrm{Y}_{00}(\theta,\varphi)\mathrm{e}^{-\mathrm{i}\hbar^{-1}E_{10}t}+2^{-1/2}R_{21}(r)\mathrm{Y}_{11}(\theta,\varphi)\mathrm{e}^{-\mathrm{i}\hbar^{-1}E_{21}t} \tag{2.1.22}$$

则有

$$\begin{aligned}c_{nlm}(t)=&\int\mathrm{d}\tau\ R_{nl}^{*}(r)\mathrm{Y}_{lm}^{*}(\theta,\varphi)\Psi(r,\theta,\varphi,t)=\\&2^{-1/2}\delta_{nlm,100}\mathrm{e}^{-\mathrm{i}\hbar^{-1}E_{10}t}+2^{-1/2}\delta_{nlm,211}\mathrm{e}^{-\mathrm{i}\hbar^{-1}E_{21}t}\end{aligned} \tag{2.1.23}$$

从而得到矩阵形式的波函数

$$\begin{pmatrix}c_{100}(t)\\c_{200}(t)\\c_{21-1}(t)\\c_{210}(t)\\c_{211}(t)\\\vdots\end{pmatrix}=\begin{pmatrix}2^{-1/2}\mathrm{e}^{-\mathrm{i}\hbar^{-1}E_{10}t}\\0\\0\\0\\2^{-1/2}\mathrm{e}^{-\mathrm{i}\hbar^{-1}E_{21}t}\\\vdots\end{pmatrix} \tag{2.1.24}$$

2.1.2　算符的表象

1. 任意算符 $\hat{F}$ 的矩阵表示

在断续谱表象中,波函数可以用列矩阵表示,为了满足表象一致性的要求,下面让我们将算符也写成矩阵的形式。

(1)G 表象的基底

仍以一维问题为例,设任意一个力学量算符 $\hat{G}$ 满足本征方程

$$\hat{G}\varphi_n(x)=g_n\varphi_n(x) \tag{2.1.25}$$

若其断续的本征值谱$\{g_n\}$与本征函数系$\{\varphi_n(x)\}$已经求出,则可以导出任意力学量算符 $\hat{F}$ 在 G 表象下的矩阵表示。

(2)G 表象下 $\hat{F}$ 的矩阵形式

在一维坐标表象下,算符 $\hat{F}$ 对任意波函数 $\Psi(x,t)$ 的作用是,将其变成另一个波函数 $\Phi(x,t)$,即满足**算符方程**

$$\hat{F}\Psi(x,t)=\Phi(x,t) \tag{2.1.26}$$

将上式两端的波函数分别向算符 $\hat{G}$ 的本征函数展开,即

$$\Psi(x,t)=\sum_n a_n(t)\varphi_n(x) \tag{2.1.27}$$

$$\Phi(x,t)=\sum_n b_n(t)\varphi_n(x) \tag{2.1.28}$$

其中,展开系数 $a_n(t)$ 与 $b_n(t)$ 分别是 $\Psi(x,t)$ 与 $\Phi(x,t)$ 在 G 表象中的表示。

将上述两式代入式(2.1.26),得到

$$\sum_n a_n(t)\hat{F}\varphi_n(x)=\sum_n b_n(t)\varphi_n(x) \tag{2.1.29}$$

再用 $\varphi_m^*(x)$ 从左作用上式两端并在全空间对 x 做积分,利用 $\varphi_n(x)$ 的正交归一性质,立即得到 G 表象下的算符方程

$$\sum_n F_{mn}a_n(t)=b_m(t) \tag{2.1.30}$$

其中的

$$F_{mn}=\int_{-\infty}^{\infty}\mathrm{d}x\varphi_m^*(x)\hat{F}\varphi_n(x) \tag{2.1.31}$$

称之为算符 $\hat{F}$ 在 G 表象下的**矩阵元**,显然,每一个矩阵元都是一个数值。由于量子数 m 和 n 的可能取值范围是一样的,所以算符 $\hat{F}$ 的矩阵形式是一个方阵

$$\hat{F}=\begin{pmatrix} F_{11} & F_{12} & \cdots & F_{1n} & \cdots \\ F_{21} & F_{22} & \cdots & F_{2n} & \cdots \\ \vdots & \vdots & & \vdots & \\ F_{n1} & F_{n2} & \cdots & F_{nn} & \cdots \\ \vdots & \vdots & & \vdots & \end{pmatrix} \tag{2.1.32}$$

此即算符 $\hat{F}$ 在 G 表象下的矩阵表示。

(3) 厄米矩阵与幺正矩阵

量子力学中用到的力学量算符通常都是厄米的,如果 $\hat{F}$ 为厄米算符,则其必须满足厄米性要求 $\hat{F}^\dagger=\hat{F}$。在 G 表象中,若厄米算符 $\hat{F}$ 的矩阵元由式(2.1.31)定义,则其复共轭为

$$(F_{mn})^*=\int_{-\infty}^{\infty}\mathrm{d}x\varphi_m(x)[\hat{F}\varphi_n(x)]^*=\int_{-\infty}^{\infty}\mathrm{d}x\varphi_n^*(x)\hat{F}^\dagger\varphi_m(x)=$$

$$\int_{-\infty}^{\infty}\mathrm{d}x\varphi_n^*(x)\hat{F}\varphi_m(x)=F_{nm} \tag{2.1.33}$$

于是有

$$(\hat{F}^\dagger)_{mn}=(F_{nm})^*=F_{mn} \tag{2.1.34}$$

根据厄米矩阵的定义,可以确定 F_{mn} 构成一个**厄米矩阵**,厄米矩阵的本征值是实数。显然,实的对称矩阵是厄米矩阵。

同理可知,若 $\hat{F}$ 是一个变换算符,则其在 G 表象下为一个幺正矩阵。

(4) 算符 $\hat{G}$ 在自身表象下是一个对角矩阵

再来考虑一种特殊的算符矩阵，即厄米算符在自身表象下的矩阵形式，根据定义可知，算符 $\hat{G}$ 在自身表象下的矩阵元为

$$G_{mn} = \int_{-\infty}^{\infty} \mathrm{d}x\varphi_m^*(x)\hat{G}\varphi_n(x) = g_n\delta_{m,n} \tag{2.1.35}$$

写成矩阵形式为

$$\hat{G} = \begin{pmatrix} g_1 & 0 & \cdots & \cdots & \cdots & \cdots & 0 \\ 0 & g_2 & 0 & \cdots & \cdots & \cdots & 0 \\ \vdots & \vdots & \vdots & & \vdots & & \vdots \\ 0 & \cdots & 0 & \cdots & g_n & \cdots & 0 \\ \vdots & \vdots & \vdots & & \vdots & & \vdots \end{pmatrix} \tag{2.1.36}$$

显然，它是一个对角矩阵，并且本征值就是其对角元。

总之，在断续谱表象下的波函数与算符皆可以写成矩阵形式。

2. 量子力学公式的矩阵表示

利用波函数与算符的矩阵表示，可以给出量子力学公式在 G 表象之下的矩阵形式。

(1) 算符方程

算符方程式(2.1.30) 的矩阵形式为

$$\begin{pmatrix} F_{11} & F_{12} & \cdots & F_{1n} & \cdots \\ F_{21} & F_{22} & \cdots & F_{2n} & \cdots \\ \vdots & \vdots & & \vdots & \\ F_{n1} & F_{n2} & \cdots & F_{nn} & \cdots \\ \vdots & \vdots & & \vdots & \end{pmatrix} \begin{pmatrix} a_1(t) \\ a_2(t) \\ \vdots \\ a_n(t) \\ \vdots \end{pmatrix} = \begin{pmatrix} b_1(t) \\ b_2(t) \\ \vdots \\ b_n(t) \\ \vdots \end{pmatrix} \tag{2.1.37}$$

(2) 本征方程

力学量算符 $\hat{F}$ 的**本征方程**是算符方程的一个特例，它的矩阵形式为

$$\begin{pmatrix} F_{11} & F_{12} & \cdots & F_{1n} & \cdots \\ F_{21} & F_{22} & \cdots & F_{2n} & \cdots \\ \vdots & \vdots & & \vdots & \\ F_{n1} & F_{n2} & \cdots & F_{nn} & \cdots \\ \vdots & \vdots & & \vdots & \end{pmatrix} \begin{pmatrix} a_{n1} \\ a_{n2} \\ \vdots \\ a_{nn} \\ \vdots \end{pmatrix} = f_n \begin{pmatrix} a_{n1} \\ a_{n2} \\ \vdots \\ a_{nn} \\ \vdots \end{pmatrix} \tag{2.1.38}$$

其中，a_{nm} 是**本征值** f_n 对应的**本征矢**的第 m 个分量。

因为任意力学量算符在自身表象中的矩阵都是对角的，所以，通常把求解本征方程的过程称为**矩阵对角化**的过程，求解式(2.1.38) 最常用的是雅克比(Jacobi) 方法。

(3) 薛定谔方程

薛定谔方程的矩阵形式为

$$
\mathrm{i}\hbar\frac{\mathrm{d}}{\mathrm{d}\,t}\begin{pmatrix} c_1(t) \\ c_2(t) \\ \vdots \\ c_n(t) \\ \vdots \end{pmatrix}=\begin{pmatrix} H_{11} & H_{12} & \cdots & H_{1n} & \cdots \\ H_{21} & H_{22} & \cdots & H_{2n} & \cdots \\ \vdots & \vdots & & \vdots & \\ H_{n1} & H_{n2} & \cdots & H_{nn} & \cdots \\ \vdots & \vdots & & \vdots & \end{pmatrix}\begin{pmatrix} c_1(t) \\ c_2(t) \\ \vdots \\ c_n(t) \\ \vdots \end{pmatrix} \tag{2.1.39}
$$

(4) 平均值公式

计算任意力学量算符 $\hat{F}$ 在归一化状态 $\Psi(x,t)$ 上的**平均值**公式为

$$
\bar{F}(t)=\int_{-\infty}^{\infty}\mathrm{d}x\Psi^*(x,t)\hat{F}\Psi(x,t) \tag{2.1.40}
$$

在 G 表象中,有

$$
\Psi(x,t)=\sum_n c_n(t)\varphi_n(x) \tag{2.1.41}
$$

把上式代入式(2.1.40),得到

$$
\bar{F}(t)=\sum_{mn}c_m^*(t)c_n(t)\int_{-\infty}^{\infty}\mathrm{d}x\varphi_m^*(x)\hat{F}\varphi_n(x)=\sum_{mn}c_m^*(t)F_{mn}c_n(t) \tag{2.1.42}
$$

其相应的矩阵形式为

$$
\bar{F}(t)=\begin{pmatrix} c_1^*(t) & c_2^*(t) & \cdots & c_n^*(t) & \cdots \end{pmatrix}\begin{pmatrix} F_{11} & F_{12} & \cdots & F_{1n} & \cdots \\ F_{21} & F_{22} & \cdots & F_{2n} & \cdots \\ \vdots & \vdots & & \vdots & \\ F_{n1} & F_{n2} & \cdots & F_{nn} & \cdots \\ \vdots & \vdots & & \vdots & \end{pmatrix}\begin{pmatrix} c_1(t) \\ c_2(t) \\ \vdots \\ c_n(t) \\ \vdots \end{pmatrix} \tag{2.1.43}
$$

综上所述,同样一个物理问题可以在不同的表象下处理,尽管在不同的表象下的波函数及算符的矩阵元是不同的,但是,最后所得到的有物理意义的结果(力学量的可能取值、取值概率和平均值)却都是一样的[2.1,2.3]。由于关心的只是有物理意义的结果,所以允许对表象做选择。如果选取了一个合适的表象,将使问题的处理过程得到简化,这也就是表象理论的价值所在。

通常将量子力学的3个要素在坐标表象下的表示称为**波动力学**表示,而把它们在一个断续谱表象下的表示称之为**矩阵力学**表示。由此可见,波动力学与矩阵力学只不过是所选的表象不同而已。

2.1.3　狄拉克符号

如上所述,若要表示一个状态,似乎离不开对于表象的选择,实际上,也可以选用一种与表象无关的符号来表示状态,那就是狄拉克符号。它之所以受到人们的青睐,并经常出现在理论公式的推导过程中的原因有两个:一是书写方便、运算简捷;二是不必事先选定具体的表象。这里,只介绍它的定义和一些使用规则,而不刻意追求其数学上的完美。

1. 左矢(bra) 和右矢(ket)

如前所述,量子体系所有可能的状态构成一个希尔伯特空间。该空间中的一个态矢描述一个状态,用一个符号 $|\rangle$ 来表示它,将其称之为**右矢**。如果要标志某个特定的状态 ψ,则在右矢内写上相应的记号,即 $|\psi\rangle$。还可以有另外一些表示方法,例如,用 $|nlm\rangle$ 表示能量、角动量平方和角动量 z 分量的共同本征态,用 $|x_0\rangle$ 表示坐标算符的对应本征值 x_0 的本征态。与右矢 $|\rangle$ 相对应的是**左矢** $\langle|$,它表示右矢厄米共轭空间中的一个态矢。由于左矢与右矢是狄拉克首先引入的,故将其统称为**狄拉克符号**。

由定义可知,与归一化的右矢 $|\psi\rangle$ 对应的左矢为

$$\langle\psi| = (|\psi\rangle)^\dagger \tag{2.1.44}$$

而与归一化的右矢 $|\varphi\rangle = \hat{A}|\psi\rangle$ 对应的左矢为

$$\langle\varphi| = (\hat{A}|\psi\rangle)^\dagger = (|\psi\rangle)^\dagger\hat{A}^\dagger = \langle\psi|\hat{A}^\dagger \tag{2.1.45}$$

不论是哪一种写法,右矢和左矢都只是一个抽象的态矢,并不涉及任何具体的表象。当然,若要得到有物理意义的结果,最后还要在具体的表象下进行计算。尽管如此,狄拉克符号的引入将使理论推导的中间过程得到简化。

2. 内积与直积

左矢 $\langle\varphi|$ 与右矢 $|\psi\rangle$ 的乘积 $\langle\varphi|\psi\rangle$ 称之为**内积(标积)**,它表示态矢 $|\psi\rangle$ 在态矢 $|\varphi\rangle$ 上的投影。两个态矢的内积满足如下要求:

(1) $\langle\varphi|\varphi\rangle \geqslant 0$,若 $\langle\varphi|\varphi\rangle = 0$,则 $|\varphi\rangle = 0$;若 $\langle\varphi|\varphi\rangle = 1$,则称 $|\varphi\rangle$ 是已经归一化的态矢;

(2) $\langle\varphi|\psi\rangle = \langle\psi|\varphi\rangle^*$,当 $|\psi\rangle$ 与 $|\varphi\rangle$ 均为归一化的态矢时,若 $\langle\varphi|\psi\rangle = 0$,则称态矢 $|\psi\rangle$ 与 $|\varphi\rangle$ 是相互正交的,若 $\langle\varphi|\psi\rangle = 1$,则称态矢 $|\psi\rangle$ 与 $|\varphi\rangle$ 是相等的;

(3) $\langle\varphi|a\psi_1 + b\psi_2\rangle = a\langle\varphi|\psi_1\rangle + b\langle\varphi|\psi_2\rangle$,$a,b$ 为常数。

应该特别指出的是,内积是一个数值,它在公式中的位置是可以随意移动的。

两个右矢 $|\psi_1\rangle$ 与 $|\psi_2\rangle$ 的**直积**为 $|\psi\rangle = |\psi_1\rangle \otimes |\psi_2\rangle$,它是一个新的右矢,通常情况下会略去符号"$\otimes$"。例如当 $|\psi_1\rangle = \begin{pmatrix} a_1 \\ b_1 \end{pmatrix}$,$|\psi_2\rangle = \begin{pmatrix} a_2 \\ b_2 \end{pmatrix}$ 时,两者的直积为

$$|\psi\rangle = \begin{pmatrix} a_1\begin{pmatrix} a_2 \\ b_2 \end{pmatrix} \\ \\ b_1\begin{pmatrix} a_2 \\ b_2 \end{pmatrix} \end{pmatrix} = \begin{pmatrix} a_1a_2 \\ a_1b_2 \\ b_1a_2 \\ b_1b_2 \end{pmatrix} \tag{2.1.46}$$

3. 正交归一化条件

力学量算符 $\hat{G}$ 的正交归一本征函数系$\{|n\rangle\}$满足正交归一化条件

$$\langle m|n\rangle=\delta_{m,n} \tag{2.1.47}$$

坐标和动量算符的本征函数系满足的正交规格化条件分别为

$$\langle x_0|x_1\rangle=\delta(x_0-x_1) \tag{2.1.48}$$

$$\langle p_0|p_1\rangle=\delta(p_0-p_1) \tag{2.1.49}$$

4. 封闭关系

若力学量算符 $\hat{G}$ 的正交归一完备本征函数系为$\{|n\rangle\}$，则任意一个态矢$|\psi\rangle$可以向 $\hat{G}$ 的本征矢展开

$$|\psi\rangle=\sum_n c_n|n\rangle \tag{2.1.50}$$

其中，展开系数 c_n 的物理含意是态矢$|\psi\rangle$在$|n\rangle$上的投影的大小，它可以写成内积的形式，即 $c_n=\langle n|\psi\rangle$。若$|\psi\rangle$是已知的，则可以求出全部的 c_n，也就是知道了态矢$|\psi\rangle$在 G 表象中的表示。展开系数 c_n 的矩阵形式为

$$\begin{pmatrix} c_1 \\ c_2 \\ \vdots \\ c_n \\ \vdots \end{pmatrix}=\begin{pmatrix} \langle 1|\psi\rangle \\ \langle 2|\psi\rangle \\ \vdots \\ \langle n|\psi\rangle \\ \vdots \end{pmatrix} \tag{2.1.51}$$

将 $c_n=\langle n|\psi\rangle$ 代入式(2.1.50)，由内积$\langle n|\psi\rangle$是一个数可知

$$|\psi\rangle=\sum_n\langle n|\psi\rangle|n\rangle=\sum_n|n\rangle\langle n|\psi\rangle \tag{2.1.52}$$

由于上式中的态矢$|\psi\rangle$是任意的，故有

$$\sum_n|n\rangle\langle n|=1 \tag{2.1.53}$$

这正是基矢$\{|n\rangle\}$完备性的表现，称之为**封闭关系**。这是一个非常有用的公式，因为其左端的求和等于常数1，如果需要，它可以插入到公式的任何地方，也可以将其从公式中的任何地方去掉。

对于连续谱的情况，封闭关系中的求和应改为积分，例如，坐标和动量算符本征矢的封闭关系分别为

$$\int_{-\infty}^{\infty}\mathrm{d}x\,|x\rangle\langle x|=1 \tag{2.1.54}$$

$$\int_{-\infty}^{\infty}\mathrm{d}p\,|p\rangle\langle p|=1 \tag{2.1.55}$$

在上述的 G 表象下，由封闭关系可知，任意两个态矢$\langle\varphi|$与$|\psi\rangle$的内积为

$$\langle\varphi|\psi\rangle=\sum_n\langle\varphi|n\rangle\langle n|\psi\rangle=\sum_n\langle n|\varphi\rangle^*\langle n|\psi\rangle=\sum_n b_n^*a_n \qquad (2.1.56)$$

其中

$$a_n=\langle n|\psi\rangle \qquad (2.1.57)$$

$$b_n=\langle n|\varphi\rangle \qquad (2.1.58)$$

分别为 $|\psi\rangle$ 与 $|\varphi\rangle$ 在 G 表象下的表示。

若取 $\hat{G}=\hat{x}$(即选择坐标表象),则上述两式可以改写成

$$a_x=\langle x|\psi\rangle=\psi(x) \qquad (2.1.59)$$

$$b_x=\langle x|\varphi\rangle=\varphi(x) \qquad (2.1.60)$$

于是

$$\langle\varphi|\psi\rangle=\int_{-\infty}^{\infty}\mathrm{d}x\langle\varphi|x\rangle\langle x|\psi\rangle=\int_{-\infty}^{\infty}\mathrm{d}x\varphi^*(x)\psi(x) \qquad (2.1.61)$$

实际上,直接在 $\langle\varphi|$ 与 $|\psi\rangle$ 的内积中插入坐标本征矢的封闭关系式(2.1.54),立即可以得到上述结果。由此可以看出封闭关系给公式的推导带来的方便。

5. 算符方程

当不顾及时间变量时,设算符 $\hat{F}$ 的作用是将态矢 $|\psi\rangle$ 变成态矢 $|\varphi\rangle$,即 $\hat{F}$ 满足算符方程

$$\hat{F}|\psi\rangle=|\varphi\rangle \qquad (2.1.62)$$

用 $\langle n|$ 从左作用上式两端,得到

$$\langle n|\hat{F}|\psi\rangle=\sum_m\langle n|\hat{F}|m\rangle\langle m|\psi\rangle=\langle n|\varphi\rangle \qquad (2.1.63)$$

若令

$$b_n=\langle n|\varphi\rangle \qquad (2.1.64)$$

$$a_m=\langle m|\psi\rangle \qquad (2.1.65)$$

$$F_{nm}=\langle n|\hat{F}|m\rangle \qquad (2.1.66)$$

则式(2.1.63)可以写成

$$\sum_m F_{nm}a_m=b_n \qquad (2.1.67)$$

此即算符方程(2.1.62)在 G 表象下的形式。

需要再次说明的是,态矢的内积 a_m 与 b_n 都是无量纲的数,它们与任意算符都对易;而算符的矩阵元 F_{nm} 也可以视为态矢 $\langle n|$ 与态矢 $\hat{F}|m\rangle$ 的内积,它也是一个数,它也与任意算符都对易,但是它具有与算符 $\hat{F}$ 相同的量纲。

在 G 表象下,欲求算符 $\hat{F}$ 在态矢 $|\varphi\rangle$ 与 $|\psi\rangle$ 之下的矩阵元 $\langle\varphi|\hat{F}|\psi\rangle$,则可以利用封闭关系得到

$$\langle\varphi|\hat{F}|\psi\rangle=\sum_m\langle\varphi|m\rangle\langle m|\hat{F}\sum_n|n\rangle\langle n|\psi\rangle=\sum_{mn}b_m^*F_{mn}a_n \qquad (2.1.68)$$

2.1.4　投影算符

若厄米算符 $\hat{F}$ 满足本征方程

$$\hat{F}\,|\,n\rangle = f_n\,|\,n\rangle \tag{2.1.69}$$

则可以定义如下的各种投影算符。

1. 态矢 $|\,n\rangle$ 的投影算符

若令

$$\hat{p}_n = |\,n\rangle\langle n\,| \tag{2.1.70}$$

则 $\hat{p}_n$ 是一个算符，称之为**态矢 $|\,n\rangle$ 的投影算符**。相对态矢 $|\,n\rangle$ 的内积 $\langle n\,|\,n\rangle$ 而言，也将 $|\,n\rangle\langle n\,|$ 称为态矢 $|\,n\rangle$ 的**外积**。它的作用是把其后的态矢投影到态矢 $|\,n\rangle$ 上，或者说，尽管其后的态矢原来具有各种分量，经过它的作用之后，只保留其后面态矢的 $|\,n\rangle$ 分量。例如，对于任意一个态矢 $|\,\psi\rangle$，有

$$\hat{p}_n\,|\,\psi\rangle = |\,n\rangle\langle n\,|\sum_m c_m\,|\,m\rangle = \sum_m c_m\,|\,n\rangle\langle n\,|\,m\rangle = \sum_m c_m\,|\,n\rangle\delta_{m,n} = c_n\,|\,n\rangle \tag{2.1.71}$$

上式表明算符 $\hat{p}_n$ 对 $|\,\psi\rangle$ 作用的结果是只保留 $|\,n\rangle$ 的分量，而且 $|\,n\rangle$ 分量的大小不变。

容易证明算符 $\hat{p}_n$ 具有如下性质[2.22]

$$(\hat{p}_n)^\dagger = \hat{p}_n,\quad (\hat{p}_n)^\dagger = (\hat{p}_n)^{-1} \tag{2.1.72}$$

$$\hat{p}_m\hat{p}_n = \begin{cases}\hat{p}_n & (m = n)\\ 0 & (m \neq n)\end{cases} \tag{2.1.73}$$

$$\sum_n \hat{p}_n = 1 \tag{2.1.74}$$

$$\mathrm{Tr}\hat{p}_n = \sum_m \langle m\,|\,\hat{p}_n\,|\,m\rangle = 1 \tag{2.1.75}$$

$$\langle\psi\,|\,\hat{p}_n\,|\,\psi\rangle \geqslant 0 \tag{2.1.76}$$

$$[\hat{p}_n, \hat{F}] = 0 \tag{2.1.77}$$

2. 去态矢 $|\,n\rangle$ 的投影算符

后面会经常用到另一类投影算符

$$\hat{q}_n = 1 - |\,n\rangle\langle n\,| = 1 - \hat{p}_n \tag{2.1.78}$$

通常将其称之为**去态矢 $|\,n\rangle$ 的投影算符**，它的作用刚好与 $\hat{p}_n$ 相反，是把其后的态矢投影到态矢 $|\,n\rangle$ 以外的空间中。例如，对于任意一个态矢 $|\,\psi\rangle$，有

$$\hat{q}_n\,|\,\psi\rangle = (1 - \hat{p}_n)\sum_m c_m\,|\,m\rangle = \sum_m c_m\,|\,m\rangle - c_n\,|\,n\rangle = \sum_{m\neq n} c_m\,|\,m\rangle \tag{2.1.79}$$

上式表明算符 $\hat{q}_n$ 对 $|\,\psi\rangle$ 作用的结果是在 $|\,\psi\rangle$ 中去掉了 $|\,n\rangle$ 的分量，而其他分量不变。在第 3 章中，这种投影算符将在微扰论递推公式与最陡下降法的导出过程中起到至关重

要的作用。

容易证明算符 $\hat{q}_n$ 具有如下性质

$$(\hat{q}_n)^\dagger = \hat{q}_n, \quad (\hat{q}_n)^\dagger = (\hat{q}_n)^{-1} \tag{2.1.80}$$

$$\hat{q}_m \hat{q}_n = \begin{cases} \hat{q}_n & (m = n) \\ \hat{q}_n - \hat{p}_m & (m \neq n) \end{cases} \tag{2.1.81}$$

$$[\hat{q}_n, \hat{F}] = 0 \tag{2.1.82}$$

3. 反转投影算符

在第 8 章的量子算法中,会用到如下算符

$$\hat{U}_n = 2|n\rangle\langle n| - 1 = 2\hat{p}_n - 1 \tag{2.1.83}$$

它的作用是保持态矢 $|n\rangle$ 不变,而将所有与 $|n\rangle$ 正交的态矢反转(即改变一个负号),称此算符为**反转正交态的投影算符**。例如,对于任意一个态矢 $|\psi\rangle$,有

$$\hat{U}_n|\psi\rangle = 2\hat{p}_n \sum_m c_m |m\rangle - \sum_m c_m |m\rangle = 2c_n|n\rangle - \sum_m c_m|m\rangle = c_n|n\rangle - \sum_{m\neq n} c_m |m\rangle \tag{2.1.84}$$

若定义算符

$$\hat{V}_n = 1 - 2|n\rangle\langle n| = 1 - 2\hat{p}_n \tag{2.1.85}$$

则其作用恰好与算符 $\hat{U}_n$ 相反,它的作用是保持与 $|n\rangle$ 正交的态矢不变,而将态矢 $|n\rangle$ 反转,称此算符为**反转 $|n\rangle$ 态的投影算符**。例如,对于任意一个态矢 $|\psi\rangle$,有

$$\hat{V}_n|\psi\rangle = \sum_m c_m|m\rangle - 2\hat{p}_n \sum_m c_m|m\rangle = \sum_m c_m|m\rangle - 2c_n|n\rangle = \sum_{m\neq n} c_m|m\rangle - c_n|n\rangle \tag{2.1.86}$$

显然

$$[\hat{U}_n, \hat{F}] = 0, \quad [\hat{V}_n, \hat{F}] = 0 \tag{2.1.87}$$

4. 广义的投影算符

还可以将由式(2.1.70)定义的投影算符 $\hat{p}_n$ 推广成更一般的形式

$$\hat{p}_{mn} = |m\rangle\langle n| \tag{2.1.88}$$

它也是一个投影算符。将其作用在任意一个态矢 $|\psi\rangle$ 上,得到

$$\hat{p}_{mn}|\psi\rangle = |m\rangle\langle n|\sum_k c_k|k\rangle = \sum_k c_k|m\rangle\langle n|k\rangle = \sum_k c_k|m\rangle\delta_{n,k} = c_n|m\rangle \tag{2.1.89}$$

上式表明算符 $\hat{p}_{mn}$ 对 $|\psi\rangle$ 作用的结果是只保留 $|\psi\rangle$ 中的 $|m\rangle$ 分量,而其大小为 $|\psi\rangle$ 中 $|n\rangle$ 分量的大小,$\hat{p}_{mn}$ 称之为**广义投影算符**。

广义投影算符具有如下性质

$$(\hat{p}_{mn})^\dagger = \hat{p}_{nm} \tag{2.1.90}$$

$$\hat{p}_{mn}\hat{p}_{kl} = \hat{p}_{ml}\delta_{n,k} \tag{2.1.91}$$

$$[\hat{p}_{mn},\hat{F}] = (f_n - f_m)\hat{p}_{mn} \tag{2.1.92}$$

2.1.5　表象变换

将量子力学的 3 个要素从一个表象变换到另一个表象,称为**表象变换**。实际上,前面已经给出了由坐标表象到动量表象的变换,它属于连续谱表象之间的变换,而由坐标表象到 G 表象的变换属于由连续谱表象到断续谱表象之间的变换。下面讨论基底、态矢和算符在两个断续谱表象之间的变换。

1. 基底的变换

既然讨论基底的变换,至少涉及两个基底,对断续谱而言,设算符 $\hat{A}$ 与 $\hat{B}$ 分别满足本征方程

$$\begin{aligned} \hat{A}\,|a_m\rangle &= a_m\,|a_m\rangle \\ \hat{B}\,|b_i\rangle &= b_i\,|b_i\rangle \end{aligned} \tag{2.1.93}$$

利用封闭关系将两个基底$\{|a_m\rangle\}$与$\{|b_i\rangle\}$相互展开,得到

$$\begin{aligned} |a_m\rangle &= \sum_i |b_i\rangle\langle b_i|a_m\rangle = \sum_i \langle b_i|a_m\rangle\,|b_i\rangle = \sum_i U_{im}\,|b_i\rangle \\ |b_i\rangle &= \sum_m |a_m\rangle\langle a_m|b_i\rangle = \sum_m \langle a_m|b_i\rangle\,|a_m\rangle = \sum_m V_{mi}\,|a_m\rangle \end{aligned} \tag{2.1.94}$$

其中展开系数分别为

$$\begin{aligned} U_{im} &= \langle b_i|a_m\rangle \\ V_{mi} &= \langle a_m|b_i\rangle \end{aligned} \tag{2.1.95}$$

由式(2.1.94)可知,两个基底互换的矩阵形式分别为

$$\begin{aligned} \begin{pmatrix} |a_1\rangle \\ |a_2\rangle \\ \vdots \\ |a_m\rangle \\ \vdots \end{pmatrix} &= \begin{pmatrix} U_{11} & U_{21} & \cdots & U_{m1} & \cdots \\ U_{12} & U_{22} & \cdots & U_{m2} & \cdots \\ \vdots & \vdots & & \vdots & \\ U_{1m} & U_{2m} & \cdots & U_{mm} & \cdots \\ \vdots & \vdots & & \vdots & \end{pmatrix} \begin{pmatrix} |b_1\rangle \\ |b_2\rangle \\ \vdots \\ |b_m\rangle \\ \vdots \end{pmatrix} \\ \begin{pmatrix} |b_1\rangle \\ |b_2\rangle \\ \vdots \\ |b_i\rangle \\ \vdots \end{pmatrix} &= \begin{pmatrix} V_{11} & V_{21} & \cdots & V_{i1} & \cdots \\ V_{12} & V_{22} & \cdots & V_{i2} & \cdots \\ \vdots & \vdots & & \vdots & \\ V_{1i} & V_{2i} & \cdots & V_{ii} & \cdots \\ \vdots & \vdots & & \vdots & \end{pmatrix} \begin{pmatrix} |a_1\rangle \\ |a_2\rangle \\ \vdots \\ |a_i\rangle \\ \vdots \end{pmatrix} \end{aligned} \tag{2.1.96}$$

应该特别说明的是,这里的变换矩阵 $\hat{U}$ 与 $\hat{V}$ 的矩阵元排列次序并非是先行后列,而是先列

后行。

变换矩阵 $\hat{U}$ 与 $\hat{V}$ 也可以写成算符的形式,即

$$\hat{U} = \sum_k |a_k\rangle\langle b_k|$$
$$\hat{V} = \sum_k |b_k\rangle\langle a_k| \tag{2.1.97}$$

通过计算可知,在 A 表象与 B 表象中,上述变换算符 $\hat{U}$ 与 $\hat{V}$ 的矩阵元分别为[2.4]

$$U_{im} = \langle b_i | a_m\rangle$$
$$V_{mi} = \langle a_m | b_i\rangle \tag{2.1.98}$$

显然,上述结果与式(2.1.95)是相同的。

由式(2.1.97)可知,算符 $\hat{U}$ 与 $\hat{V}$ 互为厄米共轭,即

$$\hat{V} = \hat{U}^\dagger, \quad \hat{U} = \hat{V}^\dagger \tag{2.1.99}$$

进而得到

$$\hat{U}\hat{V} = \hat{U}\hat{U}^\dagger = \sum_i |a_i\rangle\langle b_i| \sum_j |b_j\rangle\langle a_j| = \sum_i |a_i\rangle\langle a_i| = 1$$
$$\hat{V}\hat{U} = \hat{U}^\dagger\hat{U} = \sum_i |b_i\rangle\langle a_i| \sum_j |a_j\rangle\langle b_j| = \sum_i |b_i\rangle\langle b_i| = 1 \tag{2.1.100}$$

上式表明,$\hat{U}$ 是一个幺正算符,同理可知 $\hat{V}$ 也是一个幺正算符,并且两者互为逆算符。$\hat{V}$ 算符的作用是把 B 表象下的基底用 A 表象下的基底来表示,而 $\hat{U}$ 算符的作用是把 A 表象下的基底用 B 表象下的基底来表示。

2. 态矢的变换

设有任意一个态矢 $|\psi\rangle$,将其分别向 $\{|a_m\rangle\}$ 与 $\{|b_i\rangle\}$ 两个基底展开,得到

$$|\psi\rangle = \sum_m |a_m\rangle\langle a_m|\psi\rangle$$
$$|\psi\rangle = \sum_i |b_i\rangle\langle b_i|\psi\rangle \tag{2.1.101}$$

其中展开系数分别为

$$\langle a_m|\psi\rangle = \sum_i \langle a_m|b_i\rangle\langle b_i|\psi\rangle = \sum_i V_{mi}\langle b_i|\psi\rangle$$
$$\langle b_i|\psi\rangle = \sum_m \langle b_i|a_m\rangle\langle a_m|\psi\rangle = \sum_i U_{im}\langle a_m|\psi\rangle \tag{2.1.102}$$

写成矩阵形式分别为

$$\begin{pmatrix} \langle a_1 \mid \psi \rangle \\ \langle a_2 \mid \psi \rangle \\ \vdots \\ \langle a_k \mid \psi \rangle \\ \vdots \end{pmatrix} = \begin{pmatrix} V_{11} & V_{12} & \cdots & V_{1k} & \cdots \\ V_{21} & V_{22} & \cdots & V_{2k} & \cdots \\ \vdots & \vdots & & \vdots & \\ V_{k1} & V_{k2} & \cdots & V_{kk} & \cdots \\ \vdots & \vdots & & \vdots & \end{pmatrix} \begin{pmatrix} \langle b_1 \mid \psi \rangle \\ \langle b_2 \mid \psi \rangle \\ \vdots \\ \langle b_k \mid \psi \rangle \\ \vdots \end{pmatrix} \tag{2.1.103}$$

$$\begin{pmatrix} \langle b_1 \mid \psi \rangle \\ \langle b_2 \mid \psi \rangle \\ \vdots \\ \langle b_k \mid \psi \rangle \\ \vdots \end{pmatrix} = \begin{pmatrix} U_{11} & U_{12} & \cdots & U_{1k} & \cdots \\ U_{21} & U_{22} & \cdots & U_{2k} & \cdots \\ \vdots & \vdots & & \vdots & \\ U_{k1} & U_{k2} & \cdots & U_{kk} & \cdots \\ \vdots & \vdots & & \vdots & \end{pmatrix} \begin{pmatrix} \langle a_1 \mid \psi \rangle \\ \langle a_2 \mid \psi \rangle \\ \vdots \\ \langle a_k \mid \psi \rangle \\ \vdots \end{pmatrix} \tag{2.1.104}$$

应该注意的是,这里的变换矩阵 $\hat{U}$ 与 $\hat{V}$ 的矩阵元已按正常的先行后列的次序排列。上式表明,态矢 $|\psi\rangle$ 在 A 表象中的表示,可以通过对它在 B 表象中的表示做一个幺正变换 $\hat{V}$ 得到,而态矢 $|\psi\rangle$ 在 B 表象中的表示,可以通过对它在 A 表象中的表示做一个幺正变换 $\hat{U}$ 得到。

若将式(2.1.103)与式(2.1.104)改写成算符形式,则有

$$\begin{aligned} |\psi\rangle_A &= \hat{V}\ |\psi\rangle_B \\ |\psi\rangle_B &= \hat{U}\ |\psi\rangle_A \end{aligned} \tag{2.1.105}$$

式中,$|\psi\rangle_A$、$|\psi\rangle_B$ 分别为 $|\psi\rangle$ 在 A、B 表象中的表示。

3. 算符的变换

任意力学量算符 $\hat{F}$ 在 A 表象中的矩阵元 $F_{mn}(A)$ 和在 B 表象中的矩阵元 $F_{ij}(B)$ 分别为

$$\begin{aligned} F_{mn}(A) &= \langle a_m \mid \hat{F} \mid a_n \rangle \\ F_{ij}(B) &= \langle b_i \mid \hat{F} \mid b_j \rangle \end{aligned} \tag{2.1.106}$$

利用封闭关系可以得到两个表象中矩阵元之间的关系为

$$\begin{aligned} F_{mn}(A) &= \sum_{ij} \langle a_m \mid b_i \rangle \langle b_i \mid \hat{F} \mid b_j \rangle \langle b_j \mid a_n \rangle = \sum_{ij} V_{mi} F_{ij}(B) U_{jn} = \sum_{ij} V_{mi} F_{ij}(B)\ (V^\dagger)_{jn} \\ F_{ij}(B) &= \sum_{mn} \langle b_i \mid a_m \rangle \langle a_m \mid \hat{F} \mid a_n \rangle \langle a_n \mid b_j \rangle = \sum_{mn} U_{im} F_{mn}(A) V_{nj} = \sum_{mn} U_{im} F_{mn}(A)\ (U^\dagger)_{nj} \end{aligned} \tag{2.1.107}$$

上式表明,算符在 A 和 B 表象中的矩阵元,可以通过幺正变换矩阵相互转换。

若将上式改写成算符形式,则有

$$\begin{aligned} \hat{F}_A &= \hat{V} \hat{F}_B \hat{V}^\dagger \\ \hat{F}_B &= \hat{U} \hat{F}_A \hat{U}^\dagger \end{aligned} \tag{2.1.108}$$

式中，$\hat{F}_A$、$\hat{F}_B$ 分别为算符 $\hat{F}$ 在 A、B 表象中的表示。

综上所述，在不同的表象下处理量子力学问题，尽管波函数和算符的表达形式不同，但是，这并不影响有物理意义的结果。例如，算符之间的对易关系、算符的本征值、力学量的取值概率与平均值等都和表象的选取无关[2.1]。因此，允许选择一个方便的表象来处理问题，从而使问题的求解过程得到简化，这正是表象理论的魅力所在。

2.2　绘景与时间演化算符

如前所述，量子体系的状态用态矢来描述，而力学量用算符来表征。如果不顾及时间变量，态矢与算符可以选取不同的表象；如果顾及到体系随时间的变化，则不同的变化方式对应不同的绘景。本节的主要内容有：在3种不同的绘景下，波函数与算符满足的运动方程；时间演化算符；时间演化算符的应用举例。

2.2.1　绘　景

一般来说，量子体系是随时间变化的，这种变化既可以体现在态矢随时间变化，也可以体现为算符随时间变化，甚至可以是态矢与算符都随时间变化，从而说明描述这种变化的方式并不是惟一的。若 $\hat{F}(t)$ 为任意力学量算符，$|\Psi(t)\rangle$ 为体系的任意态矢（为了简捷起见，已将算符和态矢中与时间无关的变量略去），则体系的上述3种随时间变化形式可用如下公式描述之

$$\begin{aligned}&\frac{\partial}{\partial t}|\Psi(t)\rangle \neq 0,\quad \frac{\partial}{\partial t}\hat{F}(t)=0\\&\frac{\partial}{\partial t}|\Psi(t)\rangle = 0,\quad \frac{\partial}{\partial t}\hat{F}(t)\neq 0\\&\frac{\partial}{\partial t}|\Psi(t)\rangle \neq 0,\quad \frac{\partial}{\partial t}\hat{F}(t)\neq 0\end{aligned}\tag{2.2.1}$$

若将体系随时间变化的方式称之为**绘景**（**图象、图景**），则上述3种不同的情况分别对应薛定谔绘景、海森伯绘景和相互作用（狄拉克）绘景，分别用下标S、H和I标志它们。

类似于对表象的选择，不管采用何种绘景，最终得到的有物理意义的结果应该是完全一样的。实际上，绘景是一种广义的表象。

2.2.2　薛定谔绘景

在**薛定谔绘景**下，态矢 $|\Psi_{\rm S}(t)\rangle$ 与算符 $\hat{F}_{\rm S}$ 满足的**运动方程**分别为

$$\mathrm{i}\hbar\frac{\partial}{\partial t}|\Psi_{\rm S}(t)\rangle=\hat{H}|\Psi_{\rm S}(t)\rangle\tag{2.2.2}$$

$$\frac{\partial}{\partial t}\hat{F}_{\mathrm{S}}=0 \tag{2.2.3}$$

在此前所遇到的问题中，都是波函数随时间变化，而力学量算符不显含时间变量，故都属于薛定谔绘景。

求解薛定谔方程(2.2.2)，得到它的通解为

$$|\Psi_{\mathrm{S}}(t)\rangle = C\mathrm{e}^{-\mathrm{i}\hbar^{-1}\hat{H}t} \tag{2.2.4}$$

其中的 C 可利用初始条件定出，即当 $t=t_0$ 时，有

$$|\Psi_{\mathrm{S}}(t_0)\rangle = C\mathrm{e}^{-\mathrm{i}\hbar^{-1}\hat{H}t_0} \tag{2.2.5}$$

于是，得到

$$C=\mathrm{e}^{\mathrm{i}\hbar^{-1}\hat{H}t_0}|\Psi_{\mathrm{S}}(t_0)\rangle \tag{2.2.6}$$

将上式代回式(2.2.4) 中，得到

$$|\Psi_{\mathrm{S}}(t)\rangle = \hat{U}_{\mathrm{S}}(t,t_0)|\Psi_{\mathrm{S}}(t_0)\rangle \tag{2.2.7}$$

其中

$$\hat{U}_{\mathrm{S}}(t,t_0)=\mathrm{e}^{-\mathrm{i}\hbar^{-1}\hat{H}(t-t_0)} \tag{2.2.8}$$

式(2.2.7) 表明，可以由 t_0 时刻的态矢求出任意时刻 t 的态矢，算符函数 $\hat{U}_{\mathrm{S}}(t,t_0)$ 是实现上述变换的算符，称之为薛定谔绘景下态矢的**时间演化算符**。由于式(2.2.7) 不能用于解决实际问题，故称其为**形式解**。另外，由于 $\hat{H}$ 是厄米算符，所以，$\hat{U}_{\mathrm{S}}(t,t_0)$ 是幺正算符。

2.2.3　海森伯绘景

在**海森伯绘景**中，态矢 $|\Psi_{\mathrm{H}}(t)\rangle$ 与算符 $\hat{F}_{\mathrm{H}}(t)$ 的定义分别为

$$|\Psi_{\mathrm{H}}(t)\rangle=\mathrm{e}^{\mathrm{i}\hbar^{-1}\hat{H}t}|\Psi_{\mathrm{S}}(t)\rangle \tag{2.2.9}$$

$$\hat{F}_{\mathrm{H}}(t)=\mathrm{e}^{\mathrm{i}\hbar^{-1}\hat{H}t}\hat{F}_{\mathrm{S}}\mathrm{e}^{-\mathrm{i}\hbar^{-1}\hat{H}t} \tag{2.2.10}$$

由式(2.2.9) 可知

$$\mathrm{i}\hbar\frac{\partial}{\partial t}|\Psi_{\mathrm{H}}(t)\rangle=\mathrm{i}\hbar\frac{\partial}{\partial t}(\mathrm{e}^{\mathrm{i}\hbar^{-1}\hat{H}t}|\Psi_{\mathrm{S}}(t)\rangle)=\mathrm{i}\hbar\mathrm{i}\hbar^{-1}\hat{H}\mathrm{e}^{\mathrm{i}\hbar^{-1}\hat{H}t}|\Psi_{\mathrm{S}}(t)\rangle+ \\ \mathrm{e}^{\mathrm{i}\hbar^{-1}\hat{H}t}\hat{H}|\Psi_{\mathrm{S}}(t)\rangle=0 \tag{2.2.11}$$

于是，态矢 $|\Psi_{\mathrm{H}}(t)\rangle$ 满足的运动方程为

$$\mathrm{i}\hbar\frac{\partial}{\partial t}|\Psi_{\mathrm{H}}(t)\rangle=0 \tag{2.2.12}$$

上式说明由式(2.2.9) 定义的海森伯绘景中的态矢不随时间变化。

由式(2.2.10) 可知

$$\mathrm{i}\hbar\frac{\partial}{\partial t}\hat{F}_{\mathrm{H}}(t)=\mathrm{i}\hbar\frac{\partial}{\partial t}(\mathrm{e}^{\mathrm{i}\hbar^{-1}\hat{H}t}\hat{F}_{\mathrm{S}}\mathrm{e}^{-\mathrm{i}\hbar^{-1}\hat{H}t})= \\ \mathrm{i}\hbar\mathrm{i}\hbar^{-1}\hat{H}\mathrm{e}^{\mathrm{i}\hbar^{-1}\hat{H}t}\hat{F}_{\mathrm{S}}\mathrm{e}^{-\mathrm{i}\hbar^{-1}\hat{H}t}-\mathrm{i}\hbar\mathrm{i}\hbar^{-1}\mathrm{e}^{\mathrm{i}\hbar^{-1}\hat{H}t}\hat{F}_{\mathrm{S}}\hat{H}\mathrm{e}^{-\mathrm{i}\hbar^{-1}\hat{H}t}=[\hat{F}_{\mathrm{H}}(t),\hat{H}] \tag{2.2.13}$$

于是,算符 $\hat{F}_{\mathrm{H}}(t)$ 满足的运动方程为

$$\mathrm{i}\hbar \frac{\partial}{\partial t}\hat{F}_{\mathrm{H}}(t) = [\hat{F}_{\mathrm{H}}(t), \hat{H}] \tag{2.2.14}$$

在海森伯绘景中,算符的矩阵元为

$$\begin{aligned}\langle \Phi_{\mathrm{H}}(t) \mid \hat{F}_{\mathrm{H}}(t) \mid \Psi_{\mathrm{H}}(t)\rangle &= \langle \Phi_{\mathrm{S}}(t) \mid \mathrm{e}^{-\mathrm{i}\hbar^{-1}\hat{H}t}\hat{F}_{\mathrm{H}}(t)\mathrm{e}^{\mathrm{i}\hbar^{-1}\hat{H}t} \mid \Psi_{\mathrm{S}}(t)\rangle = \\ &\langle \Phi_{\mathrm{S}}(t) \mid \hat{F}_{\mathrm{S}} \mid \Psi_{\mathrm{S}}(t)\rangle\end{aligned} \tag{2.2.15}$$

上式表明,算符在海森伯绘景和薛定谔绘景中的矩阵元是相同的。

2.2.4 相互作用绘景

在利用微扰论进行近似计算时,要求哈密顿算符的形式为

$$\hat{H} = \hat{H}_0 + \hat{W} \tag{2.2.16}$$

式中,$\hat{H}_0$ 为无微扰哈密顿算符;$\hat{W}$ 的作用比 $\hat{H}_0$ 要小得多,称之为微扰算符。

为了突出 $\hat{H}_0$ 的作用,引入**相互作用绘景**,其态矢 $|\Psi_{\mathrm{I}}(t)\rangle$ 与算符 $\hat{F}_{\mathrm{I}}(t)$ 的定义分别为

$$|\Psi_{\mathrm{I}}(t)\rangle = \mathrm{e}^{\mathrm{i}\hbar^{-1}\hat{H}_0 t} |\Psi_{\mathrm{S}}(t)\rangle \tag{2.2.17}$$

$$\hat{F}_{\mathrm{I}}(t) = \mathrm{e}^{\mathrm{i}\hbar^{-1}\hat{H}_0 t}\hat{F}_{\mathrm{S}}\mathrm{e}^{-\mathrm{i}\hbar^{-1}\hat{H}_0 t} \tag{2.2.18}$$

由式(2.2.17)可知

$$\begin{aligned}\mathrm{i}\hbar\frac{\partial}{\partial t}|\Psi_{\mathrm{I}}(t)\rangle &= \mathrm{i}\hbar\frac{\partial}{\partial t}(\mathrm{e}^{\mathrm{i}\hbar^{-1}\hat{H}_0 t}|\Psi_{\mathrm{S}}(t)\rangle) = \mathrm{i}\hbar\mathrm{i}\hbar^{-1}\hat{H}_0\mathrm{e}^{\mathrm{i}\hbar^{-1}\hat{H}_0 t}|\Psi_{\mathrm{S}}(t)\rangle + \mathrm{e}^{\mathrm{i}\hbar^{-1}\hat{H}_0 t}\hat{H}|\Psi_{\mathrm{S}}(t)\rangle = \\ &\mathrm{e}^{\mathrm{i}\hbar^{-1}\hat{H}_0 t}(\hat{H} - \hat{H}_0)|\Psi_{\mathrm{S}}(t)\rangle = \mathrm{e}^{\mathrm{i}\hbar^{-1}\hat{H}_0 t}\hat{W}_{\mathrm{S}}\mathrm{e}^{-\mathrm{i}\hbar^{-1}\hat{H}_0 t}\mathrm{e}^{\mathrm{i}\hbar^{-1}\hat{H}_0 t}|\Psi_{\mathrm{S}}(t)\rangle = \\ &\hat{W}_{\mathrm{I}}(t)|\Psi_{\mathrm{I}}(t)\rangle\end{aligned} \tag{2.2.19}$$

于是,态矢 $|\Psi_{\mathrm{I}}(t)\rangle$ 满足的运动方程为

$$\mathrm{i}\hbar\frac{\partial}{\partial t}|\Psi_{\mathrm{I}}(t)\rangle = \hat{W}_{\mathrm{I}}(t)|\Psi_{\mathrm{I}}(t)\rangle \tag{2.2.20}$$

其中

$$\hat{W}_{\mathrm{I}}(t) = \mathrm{e}^{\mathrm{i}\hbar^{-1}\hat{H}_0 t}\hat{W}_{\mathrm{S}}\mathrm{e}^{-\mathrm{i}\hbar^{-1}\hat{H}_0 t} \tag{2.2.21}$$

是相互作用绘景下的微扰算符。

用类似海森伯绘景中使用的方法,利用式(2.2.18)可以导出算符 $\hat{F}_{\mathrm{I}}(t)$ 满足的运动方程为

$$\mathrm{i}\hbar\frac{\partial}{\partial t}\hat{F}_{\mathrm{I}}(t) = [\hat{F}_{\mathrm{I}}(t), \hat{H}_0] \tag{2.2.22}$$

在量子力学中,选择一个表象就是选择一个力学量的正交归一完备本征函数系作为基底,用它来表示希尔伯特空间中的态矢量。为了深入的理解表象的物理含意,曾用几何学中的坐标系来比喻量子力学中的表象,那么,用什么来比喻量子力学中的绘景呢?

在经典力学中,为了描述一个物体的运动,除了要选择一个合适的坐标系之外,通常

还要选择一个参照系,为此,坐标系可以分成 3 类,即固定的实验室坐标系、随体运动坐标系和非随体运动坐标系。

量子力学中绘景的实质是,顾及所选基底与时间的关系,即该基底是否与时间有关和如何与时间相关,这恰恰相当于经典力学中选择不同的参照系。在这个意义上讲,薛定谔绘景相当于选择了实验室坐标系,即描述粒子状态的波函数是随时间变化的,而把力学量算符视为实验室坐标系中的测量仪器,因此,算符不随时间变化,其本征态也与时间无关。海森伯绘景相当于选择了随体运动坐标系,即粒子的波函数不随时间变化,而算符是与时间相关的。相互作用绘景也相当于选择了运动坐标系,但不是随体运动坐标系,即粒子相对于这个运动坐标系还在运动,进而使得粒子的波函数与算符皆随时间变化。

总之,量子力学选择不同的表象和绘景类似于经典力学选择不同的坐标系。选择不同的表象类似于经典力学选择不同的实验室坐标系,选择不同的绘景类似于经典力学选择不同的参照系。

2.2.5　时间演化算符

1. 定义

为了更清晰地了解相互作用绘景在处理微扰问题时的作用,类似于薛定谔绘景中的式(2.2.7),在相互作用绘景中(为简捷计,以下略去下标 I),引入一个变换算符 $\hat{U}(t,t_0)$,它满足

$$|\Psi(t)\rangle = \hat{U}(t,t_0)\,|\Psi(t_0)\rangle \tag{2.2.23}$$

这个变换算符的作用是将 t_0 时刻的态矢变成 t 时刻的态矢,称之为 U **算符**,实际上,U 算符是相互作用绘景下态矢的时间演化算符。显然,如果能得到 U 算符的具体表达式,则可以由初始时刻 t_0 的态矢得到任意时刻 t 的态矢,而不必去求解薛定谔方程。

由 U 算符的定义可知,它具有如下基本性质

$$\hat{U}(t_0,t_0) = 1,\quad \hat{U}(t,t) = 1 \tag{2.2.24}$$

2. 形式解

为了研究 U 算符具有的其他性质,下面导出它的形式解。

由相互作用绘景下态矢的定义及薛定谔绘景中时间演化算符的定义可知

$$\begin{aligned}|\Psi(t)\rangle &= e^{i\hbar^{-1}\hat{H}_0 t}\,|\Psi_S(t)\rangle = e^{i\hbar^{-1}\hat{H}_0 t}e^{-i\hbar^{-1}\hat{H}(t-t_0)}\,|\Psi_S(t_0)\rangle = \\ &e^{i\hbar^{-1}\hat{H}_0 t}e^{-i\hbar^{-1}\hat{H}(t-t_0)}e^{-i\hbar^{-1}\hat{H}_0 t_0}e^{i\hbar^{-1}\hat{H}_0 t_0}\,|\Psi_S(t_0)\rangle = \\ &e^{i\hbar^{-1}\hat{H}_0 t}e^{-i\hbar^{-1}\hat{H}(t-t_0)}e^{-i\hbar^{-1}\hat{H}_0 t_0}\,|\Psi(t_0)\rangle\end{aligned} \tag{2.2.25}$$

将上式与 U 算符的定义式(2.2.23)比较,立即得到其形式解

$$\hat{U}(t,t_0) = e^{i\hbar^{-1}\hat{H}_0 t}e^{-i\hbar^{-1}\hat{H}(t-t_0)}e^{-i\hbar^{-1}\hat{H}_0 t_0} \tag{2.2.26}$$

3. 性质

虽然不能直接利用上述的形式解来解决物理问题,却可以由它得到 U 算符如下一些

性质。

性质 2.1 $$\hat{U}(t,t_0)\hat{U}(t_0,t_1)=\hat{U}(t,t_1) \tag{2.2.27}$$

证明 将式(2.2.26)代入上式左端,得到

$$\hat{U}(t,t_0)\hat{U}(t_0,t_1)=\mathrm{e}^{\mathrm{i}\hbar^{-1}\hat{H}_0t}\mathrm{e}^{-\mathrm{i}\hbar^{-1}\hat{H}(t-t_0)}\mathrm{e}^{-\mathrm{i}\hbar^{-1}\hat{H}_0t_0}\mathrm{e}^{\mathrm{i}\hbar^{-1}\hat{H}_0t_0}\mathrm{e}^{-\mathrm{i}\hbar^{-1}\hat{H}(t_0-t_1)}\mathrm{e}^{-\mathrm{i}\hbar^{-1}\hat{H}_0t_1}=$$
$$\mathrm{e}^{\mathrm{i}\hbar^{-1}\hat{H}_0t}\mathrm{e}^{-\mathrm{i}\hbar^{-1}\hat{H}(t-t_0)}\mathrm{e}^{-\mathrm{i}\hbar^{-1}\hat{H}(t_0-t_1)}\mathrm{e}^{-\mathrm{i}\hbar^{-1}\hat{H}_0t_1}=$$
$$\mathrm{e}^{\mathrm{i}\hbar^{-1}\hat{H}_0t}\mathrm{e}^{-\mathrm{i}\hbar^{-1}\hat{H}(t-t_1)}\mathrm{e}^{-\mathrm{i}\hbar^{-1}\hat{H}_0t_1}=\hat{U}(t,t_1)$$

此结果表明,两个 U 算符之积具有时间的连接性质。

性质 2.2 $$\hat{U}(t,t_0)=\hat{U}^{\dagger}(t_0,t) \tag{2.2.28}$$

证明 对 $\hat{U}(t_0,t)$ 的形式解取厄米共轭,得到

$$\hat{U}^{\dagger}(t_0,t)=[\mathrm{e}^{\mathrm{i}\hbar^{-1}\hat{H}_0t_0}\mathrm{e}^{-\mathrm{i}\hbar^{-1}\hat{H}(t_0-t)}\mathrm{e}^{-\mathrm{i}\hbar^{-1}\hat{H}_0t}]^{\dagger}=$$
$$\mathrm{e}^{\mathrm{i}\hbar^{-1}\hat{H}_0t}\mathrm{e}^{-\mathrm{i}\hbar^{-1}\hat{H}(t-t_0)}\mathrm{e}^{-\mathrm{i}\hbar^{-1}\hat{H}_0t_0}=\hat{U}(t,t_0)$$

显然,U 算符不是厄米算符。

性质 2.3 $$\hat{U}^{\dagger}(t,t_0)\hat{U}(t,t_0)=1,\quad \hat{U}(t,t_0)\hat{U}^{\dagger}(t,t_0)=1 \tag{2.2.29}$$

证明 由性质 2.2 与性质 2.1 可知

$$\hat{U}^{\dagger}(t,t_0)\hat{U}(t,t_0)=\hat{U}(t_0,t)\hat{U}(t,t_0)=\hat{U}(t_0,t_0)=1$$
$$\hat{U}(t,t_0)\hat{U}^{\dagger}(t,t_0)=\hat{U}(t,t_0)\hat{U}(t_0,t)=\hat{U}(t,t)=1$$

上述结果表明,U 算符是一个幺正的变换算符。

2.2.6 时间演化算符满足的方程

下面从 $\hat{U}(t,t_0)$ 的定义出发,导出它满足的微分方程、积分方程和迭代表达式。

1. 微分方程

将式(2.2.23)代入相互作用绘景中态矢满足的运动方程

$$\mathrm{i}\hbar\frac{\partial}{\partial t}|\Psi(t)\rangle=\hat{W}(t)|\Psi(t)\rangle \tag{2.2.30}$$

得到

$$\mathrm{i}\hbar\frac{\partial}{\partial t}\hat{U}(t,t_0)|\Psi(t_0)\rangle=\hat{W}(t)\hat{U}(t,t_0)|\Psi(t_0)\rangle \tag{2.2.31}$$

因为 $|\Psi(t_0)\rangle$ 是可以任意选取的,所以 $\hat{U}(t,t_0)$ 满足的**微分方程**为

$$\mathrm{i}\hbar\frac{\partial}{\partial t}\hat{U}(t,t_0)=\hat{W}(t)\hat{U}(t,t_0) \tag{2.2.32}$$

2. 积分方程

将 U 算符满足的微分方程(2.2.32)中的 t 换成 t_1,然后对 t_1 做积分

$$\int_{t_0}^{t}\mathrm{d}t_1\,\mathrm{i}\hbar\frac{\partial}{\partial t_1}\hat{U}(t_1,t_0)=\int_{t_0}^{t}\mathrm{d}t_1\,\hat{W}(t_1)\hat{U}(t_1,t_0) \tag{2.2.33}$$

积分的结果为

$$\hat{U}(t,t_0) - \hat{U}(t_0,t_0) = -\mathrm{i}\hbar^{-1}\int_{t_0}^{t}\mathrm{d}t_1 \hat{W}(t_1)\hat{U}(t_1,t_0) \tag{2.2.34}$$

整理之,有

$$\hat{U}(t,t_0) = 1 - \mathrm{i}\hbar^{-1}\int_{t_0}^{t}\mathrm{d}t_1 \hat{W}(t_1)\hat{U}(t_1,t_0) \tag{2.2.35}$$

此即 U 算符满足的**积分方程**。

3. 迭代表达式

虽然积分方程(2.2.35)的形式十分简捷,但是,由于等式的两端都有待求的 U 算符,还是无法直接使用。通常采用的方法是对 U 算符进行迭代求解,即

$$\begin{aligned}
\hat{U}(t,t_0) = {} & 1 - \mathrm{i}\hbar^{-1}\int_{t_0}^{t}\mathrm{d}t_1 \hat{W}(t_1)\hat{U}(t_1,t_0) = \\
& 1 - \mathrm{i}\hbar^{-1}\int_{t_0}^{t}\mathrm{d}t_1 \hat{W}(t_1)\left[1 - \mathrm{i}\hbar^{-1}\int_{t_0}^{t_1}\mathrm{d}t_2 \hat{W}(t_2)\hat{U}(t_2,t_0)\right] = \cdots = \\
& 1 + (-\mathrm{i}\hbar^{-1})\int_{t_0}^{t}\mathrm{d}t_1 \hat{W}(t_1) + (-\mathrm{i}\hbar^{-1})^2\int_{t_0}^{t}\mathrm{d}t_1\int_{t_0}^{t_1}\mathrm{d}t_2 \hat{W}(t_1)\hat{W}(t_2) + \cdots + \\
& (-\mathrm{i}\hbar^{-1})^n\int_{t_0}^{t}\mathrm{d}t_1\int_{t_0}^{t_1}\mathrm{d}t_2\cdots\int_{t_0}^{t_{n-1}}\mathrm{d}t_n \hat{W}(t_1)\hat{W}(t_2)\cdots\hat{W}(t_n) + \cdots = \\
& \sum_{n=0}^{\infty}(-\mathrm{i}\hbar^{-1})^n\int_{t_0}^{t}\mathrm{d}t_1 \hat{W}(t_1)\int_{t_0}^{t_1}\mathrm{d}t_2 \hat{W}(t_2)\cdots\int_{t_0}^{t_{n-1}}\mathrm{d}t_n \hat{W}(t_n)
\end{aligned} \tag{2.2.36}$$

这就是 U 算符的**迭代表达式**。

实际上,U 算符的迭代表达式是一个无穷级数,当 $\hat{W}$ 可以视为微扰算符时,无穷级数中的第 $n \neq 0$ 项就是 U 算符的 n 级修正,实际计算时,可根据需要逐级计算到微扰的某一级修正,从而得到它的近似解。

2.2.7　时间演化算符的应用举例

作为应用 U 算符进行近似计算的一个例题,让我们来研究受到微扰的线谐振子的近似解。

受到微扰的线谐振子体系的哈密顿算符为

$$\hat{H} = \hat{H}_0 + \hat{W} \tag{2.2.37}$$

式中,$\hat{H}_0$ 为线谐振子的哈密顿算符;$\hat{W}$ 是微扰算符。设它们的具体形式分别为

$$\hat{H}_0 = (2\mu)^{-1}\hat{p}^2 + 2^{-1}\mu\omega^2 x^2$$
$$\hat{W} = \varepsilon x \tag{2.2.38}$$

其中的 ε 是一个小的实常数。

为了能用微扰论求出体系在任意时刻 t 的近似波函数,必须先求出 $\hat{H}_0$ 的本征解。线谐振子在坐标表象中的常用解法可以在任何一本量子力学教科书中查到。为了解决受微扰的线谐振子问题,下面将用所谓的直接矢量计算方法来求解它,求解过程大致可以分为如下 3 步。

1. 引入升、降算符,改写哈密顿算符

(1) 利用 x 与 $\hat{p}$ 构造升、降算符

降算符 $\hat{A}_-$ 与升算符 $\hat{A}_+$ 的定义分别为

$$\hat{A}_- = (2\mu\hbar\omega)^{-1/2}(\mu\omega x + \mathrm{i}\hat{p})$$
$$\hat{A}_+ = (2\mu\hbar\omega)^{-1/2}(\mu\omega x - \mathrm{i}\hat{p}) \tag{2.2.39}$$

显然,升、降算符皆为无量纲算符。

(2) 升、降算符的性质与对易关系

将式(2.2.39)两端取厄米共轭,得到

$$(\hat{A}_-)^\dagger = \hat{A}_+, \quad (\hat{A}_+)^\dagger = \hat{A}_- \tag{2.2.40}$$

上式表明,虽然升、降算符都不是厄米算符,但是它们互为厄米共轭。

降算符与升算符的对易关系为

$$[\hat{A}_-,\hat{A}_+] = \hat{A}_-\hat{A}_+ - \hat{A}_+\hat{A}_- = (2\mu\hbar\omega)^{-1}[(\mu\omega x + \mathrm{i}\hat{p})(\mu\omega x - \mathrm{i}\hat{p}) - (\mu\omega x - \mathrm{i}\hat{p})(\mu\omega x + \mathrm{i}\hat{p})] = (2\hbar)^{-1}(-2\mathrm{i}x\hat{p} + 2\mathrm{i}\hat{p}x) = -\mathrm{i}\hbar^{-1}[x,\hat{p}] = 1 \tag{2.2.41}$$

(3) 利用升、降算符表示哈密顿算符

利用式(2.2.39)可以将坐标与动量算符用升、降算符表示为

$$x = (2\mu\omega\hbar^{-1})^{-1/2}(\hat{A}_+ + \hat{A}_-)$$
$$\hat{p} = \mathrm{i}(2^{-1}\mu\omega\hbar)^{1/2}(\hat{A}_+ - \hat{A}_-) \tag{2.2.42}$$

将上式代入式(2.2.38),整理后得到

$$\hat{H}_0 = (\hbar\omega/2)(\hat{A}_+\hat{A}_- + \hat{A}_-\hat{A}_+) = (\hat{A}_+\hat{A}_- + 1/2)\hbar\omega$$
$$\hat{W} = (\hat{A}_+ + \hat{A}_-)\beta\hbar, \quad \beta = (2\mu\hbar\omega)^{-1/2}\varepsilon \tag{2.2.43}$$

容易证明如下对易关系

$$[\hat{H}_0,\hat{A}_\pm] = \pm\hbar\omega\hat{A}_\pm \tag{2.2.44}$$

2. 求出线谐振子哈密顿算符 $\hat{H}_0$ 的解

(1) 升、降算符满足的算符方程

由式(2.2.43)中的第 1 式可知,若要得到 $\hat{H}_0$ 的本征解,只要求出升、降算符之积

$\hat{A}_+\hat{A}_-$ 的本征解就可以了。设 $\hat{A}_+\hat{A}_-$ 满足的本征方程为

$$\hat{A}_+\hat{A}_-|\lambda\rangle=\lambda|\lambda\rangle \tag{2.2.45}$$

用 $\langle\lambda|$ 左乘上式两端，利用 $\hat{A}_+=(\hat{A}_-)^\dagger$ 与 $\langle\lambda|\lambda\rangle=1$ 得到

$$\langle\lambda|\hat{A}_+\hat{A}_-|\lambda\rangle=\langle\lambda|(A_-)^\dagger\hat{A}_-|\lambda\rangle=|\hat{A}_-|\lambda\rangle|^2=\lambda \tag{2.2.46}$$

于是有

$$\lambda\geqslant 0 \tag{2.2.47}$$

再用 $\hat{A}_-$ 从左作用式(2.2.45)两端，得到

$$\hat{A}_-\hat{A}_+\hat{A}_-|\lambda\rangle=\lambda\hat{A}_-|\lambda\rangle \tag{2.2.48}$$

利用降算符与升算符的对易关系式(2.2.41)，上式可以改写成

$$\hat{A}_+\hat{A}_-(\hat{A}_-|\lambda\rangle)=(\lambda-1)(\hat{A}_-|\lambda\rangle) \tag{2.2.49}$$

显然，$\hat{A}_-|\lambda\rangle$ 也是算符 $\hat{A}_+\hat{A}_-$ 的本征态，对应的本征值为 $\lambda-1$。但是 $\hat{A}_-|\lambda\rangle$ 不是归一化的态矢，由式(2.2.46)可知，归一化后的态矢为

$$\hat{A}_-|\lambda\rangle=\lambda^{1/2}|\lambda-1\rangle \tag{2.2.50}$$

由于本征值 λ 最小为零，且间隔为 1，故 λ 只能是非负整数，习惯上将 λ 改用 $n(=0,1,2,\cdots)$ 表示。于是，式(2.2.50)变成

$$\hat{A}_-|n\rangle=n^{1/2}|n-1\rangle \tag{2.2.51}$$

并且

$$\hat{A}_-|0\rangle=0 \tag{2.2.52}$$

上述两式表明，降算符 $\hat{A}_-$ 对态矢 $|n\rangle$ 的作用结果是使其变成态矢 $|n-1\rangle$，此即将 $\hat{A}_-$ 称为降算符的原因所在。

用类似的方法可知，升算符 $\hat{A}_+$ 的作用为

$$\hat{A}_+|n\rangle=(n+1)^{1/2}|n+1\rangle \tag{2.2.53}$$

(2) 线谐振子哈密顿算符的本征解

设线谐振子哈密顿算符满足的本征方程为

$$\hat{H}_0|n\rangle=E_n^0|n\rangle \tag{2.2.54}$$

将式(2.2.43)中第 1 式代入上式，由式(2.2.51)与式(2.2.53)可知

$$(\hat{A}_+\hat{A}_-+1/2)\hbar\omega|n\rangle=\hat{A}_+\sqrt{n}\hbar\omega|n-1\rangle+(\hbar\omega/2)|n\rangle=(n+1/2)\hbar\omega|n\rangle \tag{2.2.55}$$

于是，线谐振子的第 n 个能量本征值为

$$E_n^0=(n+1/2)\hbar\omega \tag{2.2.56}$$

哈密顿算符 $\hat{H}_0$ 的本征矢与算符 $\hat{A}_+\hat{A}_-$ 的本征矢是一样的，它可以由基态 $|0\rangle$ 利用升算符 $\hat{A}_+$ 算出

$$|n\rangle=(n!)^{-1/2}(\hat{A}_+)^n|0\rangle \tag{2.2.57}$$

(3) 声子数表象

如果将能量为 $\hbar\omega$ 的粒子称之为**声子**,那么,线谐振子的第 n 个本征能量就可以理解为 n 个声子的能量和,而本征矢 $|n\rangle$ 就是由 n 个声子构成的多体态,于是,量子数 n 具有声子数的含意,升算符与降算符就可以理解为声子的产生算符与湮没算符。由降算符与升算符的对易关系式(2.2.41)可知,声子是玻色子。进而,可以将算符 $\hat{n}=\hat{A}_+\hat{A}_-$ 视为**声子数算符**,而将其本征函数系 $\{|n\rangle\}$ 称为**声子数表象的基底**,特别是,基态 $|0\rangle$ 为没有声子的状态,称之为**真空态**。实际上,$\{|n\rangle\}$ 是声子数算符 $\hat{n}$ 与线谐振子哈密顿算符 $\hat{H}_0$ 的共同本征函数系。

在声子数表象下,容易求出降算符与升算符的矩阵元分别为

$$\begin{aligned}(\hat{A}_-)_{mn} &= \langle m|\hat{A}_-|n\rangle = \langle m|n^{1/2}|n-1\rangle = n^{1/2}\delta_{m,n-1}\\ (\hat{A}_+)_{mn} &= \langle m|\hat{A}_+|n\rangle = \langle m|(n+1)^{1/2}|n+1\rangle = (n+1)^{1/2}\delta_{m,n+1}\end{aligned} \tag{2.2.58}$$

3. 利用 U 算符计算薛定谔方程的近似解

在相互作用绘景下,设初始时刻 $t_0=0$ 时体系处于状态 $|n\rangle$,于是,任意时刻 t 的波函数可以表示为

$$|\Psi(t)\rangle = \hat{U}(t,0)|\Psi(0)\rangle = \hat{U}(t,0)|n\rangle \tag{2.2.59}$$

作为近似结果,若只取 U 算符的前3项,则取至二级近似的 U 算符为

$$\hat{U}^{(2)}(t,0) = 1 - \mathrm{i}\hbar^{-1}\int_0^t \mathrm{d}t_1\hat{W}(t_1) + (-\mathrm{i}\hbar^{-1})^2\int_0^t \mathrm{d}t_1\hat{W}(t_1)\int_0^{t_1}\mathrm{d}t_2\hat{W}(t_2) \tag{2.2.60}$$

式中

$$\begin{aligned}\hat{W}(t) &= \mathrm{e}^{\mathrm{i}\hbar^{-1}\hat{H}_0 t}\hat{W}\mathrm{e}^{-\mathrm{i}\hbar^{-1}\hat{H}_0 t}\\ \hat{H}_0 &= (\hat{A}_+\hat{A}_- + 1/2)\hbar\omega\\ \hat{W} &= (\hat{A}_+ + \hat{A}_-)\beta\hbar\end{aligned} \tag{2.2.61}$$

若令

$$a = \mathrm{i}\omega t,\quad \hat{C} = \hat{A}_+\hat{A}_- + 1/2 \tag{2.2.62}$$

且定义多重对易子

$$\begin{aligned}&[\hat{C}^{(0)},\hat{W}] = \hat{W}\\ &[\hat{C}^{(1)},\hat{W}] = [\hat{C},\hat{W}]\\ &[\hat{C}^{(2)},\hat{W}] = [\hat{C},[\hat{C},\hat{W}]]\\ &\qquad\vdots\qquad\qquad\quad\vdots\end{aligned} \tag{2.2.63}$$

则有[2.6,2.7]

$$\begin{aligned}\hat{W}(t) = {}& \mathrm{e}^{a\hat{C}}\hat{W}\mathrm{e}^{-a\hat{C}} = \\ & \hat{W} + a[\hat{C},\hat{W}] + (2!)^{-1}a^2[\hat{C}^{(2)},\hat{W}] + (3!)^{-1}a^3[C^{(3)},\hat{W}] + \cdots = \\ & \beta\hbar[(\hat{A}_+ + \hat{A}_-) + a(\hat{A}_+ - \hat{A}_-) + (2!)^{-1}a^2(\hat{A}_+ + \hat{A}_-) + (3!)^{-1}a^3(\hat{A}_+ - \hat{A}_-) + \cdots] =\end{aligned}$$

$$\beta\,\hbar[\hat{A}_{+}\sum_{k=0}^{\infty}(k!)^{-1}a^{k}+\hat{A}_{-}\sum_{k=0}^{\infty}(k!)^{-1}(-a)^{k}]=$$
$$\beta\,\hbar(\hat{A}_{+}\mathrm{e}^{\mathrm{i}\omega t}+\hat{A}_{-}\mathrm{e}^{-\mathrm{i}\omega t}) \tag{2.2.64}$$

其中利用了

$$\begin{aligned}&[\hat{C},\hat{W}]=[\hat{C}^{(3)},\hat{W}]=[\hat{C}^{(5)},\hat{W}]=\cdots=\beta\,\hbar(\hat{A}_{+}-\hat{A}_{-})\\&\hat{W}=[\hat{C}^{(2)},\hat{W}]=[\hat{C}^{(4)},\hat{W}]=\cdots=\beta\,\hbar(\hat{A}_{+}+\hat{A}_{-})\end{aligned} \tag{2.2.65}$$

将式(2.2.64)代入 U 算符的近似表达式(2.2.60)中,计算式中的两个积分。

第 1 个积分的结果为

$$-\mathrm{i}\hbar^{-1}\int_{0}^{t}\mathrm{d}t_{1}\hat{W}(t_{1})=-\beta\omega^{-1}[\hat{A}_{+}(\mathrm{e}^{\mathrm{i}\omega t}-1)-\hat{A}_{-}(\mathrm{e}^{-\mathrm{i}\omega t}-1)] \tag{2.2.66}$$

利用上式可以得到第 2 个积分的结果为

$$\begin{aligned}&-\mathrm{i}\hbar^{-1}\int_{0}^{t}\mathrm{d}t_{1}\hat{W}(t_{1})\int_{0}^{t_{1}}\mathrm{d}t_{2}\hat{W}(t_{2})=\\&\quad-\mathrm{i}\hbar^{-1}\int_{0}^{t}\mathrm{d}t_{1}\hat{W}(t_{1})\{-\beta\omega^{-1}[\hat{A}_{+}(\mathrm{e}^{\mathrm{i}\omega t_{1}}-1)-\hat{A}_{-}(\mathrm{e}^{-\mathrm{i}\omega t_{1}}-1)]\}=\\&\quad2^{-1}\beta^{2}\omega^{-2}\hat{A}_{+}\hat{A}_{+}(\mathrm{e}^{\mathrm{i}\omega t}-1)^{2}+\beta^{2}\omega^{-2}\hat{A}_{+}\hat{A}_{-}(\mathrm{e}^{\mathrm{i}\omega t}-1-\mathrm{i}\omega t)+\\&\quad\beta^{2}\omega^{-2}\hat{A}_{-}\hat{A}_{+}(\mathrm{e}^{-\mathrm{i}\omega t}-1+\mathrm{i}\omega t)+2^{-1}\beta^{2}\omega^{-2}\hat{A}_{-}\hat{A}_{-}(\mathrm{e}^{-\mathrm{i}\omega t}-1)^{2}\end{aligned} \tag{2.2.67}$$

最后,将上面两个积分的结果代入式(2.2.60),然后用其作用在 $|n\rangle$ 上,得到近似到二级修正的波函数为[2.8,2.9]

$$|\Psi(t)\rangle^{(2)}=|\Psi^{(0)}(t)\rangle+|\Psi^{(1)}(t)\rangle+|\Psi^{(2)}(t)\rangle \tag{2.2.68}$$

其中,$|\Psi^{(0)}(t)\rangle$,$|\Psi^{(1)}(t)\rangle$,$|\Psi^{(2)}(t)\rangle$ 是波函数的零级近似、一级和二级修正,具体的表达式如下

$$|\Psi^{(0)}(t)\rangle=|n\rangle \tag{2.2.69}$$

$$|\Psi^{(1)}(t)\rangle=-\beta\omega^{-1}[(n+1)^{1/2}(\mathrm{e}^{\mathrm{i}\omega t}-1)|n+1\rangle-n^{1/2}(\mathrm{e}^{-\mathrm{i}\omega t}-1)|n-1\rangle] \tag{2.2.70}$$

$$\begin{aligned}|\Psi^{(2)}(t)\rangle=&\,2^{-1}\beta\omega^{-2}[(n+1)(n+2)]^{1/2}(\mathrm{e}^{\mathrm{i}\omega t}-1)^{2}|n+2\rangle-\\&\beta\omega^{-2}[(2n+1)(1-\cos(\omega t))+\mathrm{i}\sin(\omega t)-\mathrm{i}\omega t]|n\rangle+\\&2^{-1}\beta\omega^{-2}[n(n-1)]^{1/2}(\mathrm{e}^{-\mathrm{i}\omega t}-1)^{2}|n-2\rangle\end{aligned} \tag{2.2.71}$$

将上述3式代入式(2.2.68),整理后发现,$|\Psi(t)\rangle^{(2)}$ 只与 $|n\rangle$、$|n\pm1\rangle$ 和 $|n\pm2\rangle$ 相关,式中态矢 $|m\rangle$ 前面的系数的模方,就是在 t 时刻能量取 $(m+1/2)\hbar\omega$ 值的概率。

综上所述,在相互作用绘景中,利用时间演化算符可以求出薛定谔方程的近似解,所用的理论方法属于含时的微扰论,解决的是量子跃迁问题。

2.3 线谐振子的相干态

前面已经引入了升、降算符,并且讨论了它们对声子数表象中态矢的作用,下面求出降算符的本征态(相干态)并对其进行讨论。本节的内容有:降算符的本征态;相干态的性质;相干态是最小不确定态;基态与其他相干态的关系;相干态表象;压缩态。

2.3.1 降算符的本征态

1. 最小不确定态

对于做一维运动的粒子,将其坐标与动量算符的对易关系代入不确定关系式(1.3.34),得到坐标与动量在任意状态 $|\psi\rangle$ 下满足的不确定关系式

$$\overline{(\Delta x)^2}\ \overline{(\Delta p)^2} \geqslant \hbar^2/4 \tag{2.3.1}$$

其中,$\overline{(\Delta F)^2} = \langle\psi|\hat{F}^2|\psi\rangle - [\langle\psi|\hat{F}|\psi\rangle]^2$ 称之为力学量 F 在状态 $|\psi\rangle$ 下的**差方平均值**。上式表明粒子的坐标与动量不能同时取确定值,且两者的差方平均值之积不小于 $\hbar^2/4$。特别是,当式(2.3.1)中的等号成立时,它表明在某些特殊的状态下,两者差方平均值之积会取最小值 $\hbar^2/4$,称这样的状态为坐标与动量的**最小不确定态**。最小不确定态是不确定程度最小的状态,实际上,它可以理解为最接近经典状态的量子状态。

对于线谐振子而言,计算结果表明,在基态 $|0\rangle$ 之下,坐标与动量的不确定关系式的等号成立[2.14],即

$$\overline{(\Delta x)^2}\ \overline{(\Delta p)^2} = \hbar^2/4 \tag{2.3.2}$$

说明基态 $|0\rangle$ 是最小不确定态。而基态 $|0\rangle$ 也是降算符 $\hat{A}_-$ 的本征态,相应的本征值为0,即

$$\hat{A}_-|0\rangle = 0|0\rangle \tag{2.3.3}$$

于是,可以推测 $\hat{A}_-$ 的所有本征态皆可能为最小不确定态。

2. 降算符的本征态

下面让我们求出降算符的本征解。设降算符 $\hat{A}_-$ 满足本征方程

$$\hat{A}_-|z\rangle = z|z\rangle \tag{2.3.4}$$

由于降算符不是厄米算符,一般情况下,它的本征值 z 为连续取值的复数。将其本征矢 $|z\rangle$ 向线谐振子的本征函数系 $\{|n\rangle\}$ 展开

$$|z\rangle = \sum_{n=0}^{\infty} c_n |n\rangle \tag{2.3.5}$$

若能求出全部的展开系数 $\{c_n\}$,就相当于得到了降算符的本征矢。

按如下步骤确定展开系数 c_n。

首先，将式(2.3.5)代入式(2.3.4)左端，得到

$$\hat{A}_-|z\rangle=\sum_{n=0}^{\infty}c_n\hat{A}_-|n\rangle=\sum_{n=1}^{\infty}c_n n^{1/2}|n-1\rangle=\sum_{n=0}^{\infty}c_{n+1}(n+1)^{1/2}|n\rangle \tag{2.3.6}$$

其次，将上式与式(2.3.4)右端比较，得到

$$\sum_{n=0}^{\infty}c_{n+1}(n+1)^{1/2}|n\rangle=z\sum_{n=0}^{\infty}c_n|n\rangle \tag{2.3.7}$$

进而得到展开系数之间的递推关系

$$c_{n+1}=z(n+1)^{-1/2}c_n \tag{2.3.8}$$

然后，将上式代入式(2.3.5)，有

$$\begin{aligned}|z\rangle&=c_0|0\rangle+c_1|1\rangle+c_2|2\rangle+\cdots+c_n|n\rangle+\cdots=\\&c_0|0\rangle+(1!)^{-1/2}c_0z|1\rangle+(2!)^{-1/2}c_0z^2|2\rangle+\cdots+(n!)^{-1/2}c_0z^n|n\rangle+\cdots=\\&c_0\sum_{n=0}^{\infty}(n!)^{-1/2}z^n|n\rangle\end{aligned} \tag{2.3.9}$$

最后，由 $|z\rangle$ 的归一化条件可知归一化常数满足如下条件

$$\begin{aligned}1=\langle z|z\rangle&=|c_0|^2\sum_{m=0}^{\infty}\langle m|(m!)^{-1/2}(z^*)^m\sum_{n=0}^{\infty}(n!)^{-1/2}z^n|n\rangle=\\&|c_0|^2\sum_{n=0}^{\infty}(n!)^{-1}(|z|^2)^n=|c_0|^2\mathrm{e}^{|z|^2}\end{aligned} \tag{2.3.10}$$

将由上式求出的归一化常数 $c_0=\mathrm{e}^{-|z|^2/2}$ 代入式(2.3.9)，于是得到降算符的归一化的本征矢

$$|z\rangle=\mathrm{e}^{-|z|^2/2}\sum_{n=0}^{\infty}(n!)^{-1/2}z^n|n\rangle \tag{2.3.11}$$

上式表明，降算符的本征矢可以写成线谐振子本征矢的线性组合，它是哥劳勃(Glauber)首先给出的，称为**哥劳勃相干态**，简称**相干态**。

2.3.2　相干态的性质

由于降算符是非厄米算符，不仅其本征值为连续取值的复数，而且相应的本征矢(相干态)也具有一些特殊的性质，下面分别讨论之。

性质2.4　相干态可以改写成

$$|z\rangle=\mathrm{e}^{-|z|^2/2}\mathrm{e}^{z\hat{A}_+}|0\rangle$$

证明　由算符函数的定义式(1.3.26)知

$$\mathrm{e}^{z\hat{A}_+}|0\rangle=\sum_{n=0}^{\infty}(n!)^{-1}(z\hat{A}_+)^n|0\rangle=\sum_{n=0}^{\infty}(n!)^{-1}z^n(\hat{A}_+)^n|0\rangle \tag{2.3.12}$$

利用式(2.2.57)，即

$$|n\rangle = (n!)^{-1/2}(\hat{A}_+)^n|0\rangle \tag{2.3.13}$$

式(2.3.12)可以改写为

$$e^{z\hat{A}_+}|0\rangle = \sum_{n=0}^{\infty}(n!)^{-1/2}z^n|n\rangle \tag{2.3.14}$$

将上式与式(2.3.11)比较,立即得到

$$|z\rangle = e^{-|z|^2/2}e^{z\hat{A}_+}|0\rangle \tag{2.3.15}$$

上式表明,降算符的本征态可以由线谐振子的基态得到。

性质2.5 虽然相干态 $|z\rangle$ 不是声子数算符 $\hat{n}=\hat{A}_+\hat{A}_-$ 的本征态,但是在相干态下有确定的平均声子数 $|z|^2$。

证明 在相干态下,平均声子数为

$$\bar{n} = \langle z|\hat{n}|z\rangle = \langle z|\hat{A}_+\hat{A}_-|z\rangle \tag{2.3.16}$$

由于升、降算符互为厄米共轭算符,即

$$(\hat{A}_-)^\dagger = \hat{A}_+, \quad (\hat{A}_+)^\dagger = \hat{A}_- \tag{2.3.17}$$

并且 $|z\rangle$ 是降算符 $\hat{A}_-$ 的本征态,所以

$$\bar{n} = z\langle z|\hat{A}_+|z\rangle = z\langle z|(\hat{A}_-)^\dagger|z\rangle = |z|^2 \tag{2.3.18}$$

显然,相干态本征值的模方具有平均声子数的物理含意。

性质2.6 在相干态中,$|n\rangle$ 态出现的概率为

$$W_n = (n!)^{-1}\bar{n}^n e^{-\bar{n}}$$

证明 由式(2.3.11)可知,$|n\rangle$ 态的系数模方即为其出现的概率

$$W_n = (n!)^{-1}(|z|^2)^n e^{-|z|^2} = (n!)^{-1}\bar{n}^n e^{-\bar{n}} \tag{2.3.19}$$

这正是泊松(Poisson)分布。

性质2.7 任意相干态本身都是归一化的,不同的相干态之间是不正交的,即两个相干态的内积满足如下条件

$$\langle z|z_0\rangle = e^{(|z|^2+|z_0|^2)/2+z^*z_0}$$

其中 z 与 z_0 为降算符 $\hat{A}_-$ 的两个本征值。

证明 设有任意两个相干态 $|z\rangle$ 与 $|z_0\rangle$,若其分别满足

$$\begin{aligned}\hat{A}_-|z\rangle &= z|z\rangle \\ \hat{A}_-|z_0\rangle &= z_0|z_0\rangle\end{aligned} \tag{2.3.20}$$

则由式(2.3.11)可知

$$\begin{aligned}\langle z|z_0\rangle &= e^{-(|z|^2+|z_0|^2)/2}\sum_{m=0}^{\infty}\langle m|(m!)^{-1/2}(z^*)^m\sum_{n=0}^{\infty}(n!)^{-1/2}(z_0)^n|n\rangle = \\ &e^{-(|z|^2+|z_0|^2)/2}\sum_{n=0}^{\infty}(n!)^{-1}(z^*z_0)^n = e^{-(|z|^2+|z_0|^2)/2+z^*z_0}\end{aligned} \tag{2.3.21}$$

由上式可知，当 $z=z_0$ 时，$\langle z_0|z_0\rangle=1$，说明任意相干态都是归一化的态矢；当 $z\neq z_0$ 时，$\langle z|z_0\rangle\neq 0$，说明任意两个不同的相干态并不相互正交，而是线性相关的。

需要特别说明的是，虽然降算符与坐标（或动量）算符都具有连续谱，但是它们的本征矢有明显的差别，即降算符的本征矢归一却不正交，而坐标（或动量）算符的本征矢正交却不归一。

性质 2.8　全部的相干态 $\{|z\rangle\}$ 构成完备系，即满足封闭关系

$$\pi^{-1}\int \mathrm{d}^2 z\,|z\rangle\langle z|=1$$

证明　由于 z 为复数空间无量纲的变量，故可以引入平面极坐标

$$z=\rho \mathrm{e}^{\mathrm{i}\varphi} \tag{2.3.22}$$

于是

$$\mathrm{d}^2 z=\rho\mathrm{d}\rho\mathrm{d}\varphi \tag{2.3.23}$$

利用式(2.3.11)，得到

$$\pi^{-1}\int \mathrm{d}^2 z\,|z\rangle\langle z|=\pi^{-1}\sum_{m,n=0}^{\infty}\int_0^{\infty}\mathrm{d}\rho\rho^{m+n+1}\mathrm{e}^{-\rho^2}\int_0^{2\pi}\mathrm{d}\varphi\mathrm{e}^{\mathrm{i}(m-n)\varphi}(m!n!)^{-1/2}|m\rangle\langle n| \tag{2.3.24}$$

其中，对角度 φ 的积分结果为

$$\int_0^{2\pi}\mathrm{d}\varphi\mathrm{e}^{\mathrm{i}(m-n)\varphi}=2\pi\delta_{m,n} \tag{2.3.25}$$

利用上式再完成对径向坐标的积分，得到

$$\int_0^{\infty}\mathrm{d}\rho\rho^{2n+1}\mathrm{e}^{-\rho^2}=2^{-1}\int_0^{\infty}\mathrm{d}\gamma\gamma^n\mathrm{e}^{-\gamma}=n!/2 \tag{2.3.26}$$

将上述两式代入式(2.3.24)，得到相干态的封闭关系

$$\pi^{-1}\int \mathrm{d}^2 z\,|z\rangle\langle z|=\sum_{n=0}^{\infty}|n\rangle\langle n|=1 \tag{2.3.27}$$

上式表明，相干态的集合是完备的。

综上所述，相干态的集合构成归一化、不正交和完备的基底，通常将其称为**超完备**的。所谓超完备的意思是完备的过头了，例如，为了表示一个二维空间中的矢量，只要有两个正交归一的基矢就够了，而现在却有三个或更多个归一却不正交的基矢。

2.3.3　相干态是最小不确定态

在本节的开始处，曾推测 $\hat{A}_-$ 的本征态（相干态）可能是最小不确定态，在得到了相干态的表达式之后，让我们来证明这个推测的正确性。

在相干态 $|z\rangle$ 下,依次计算如下算符的平均值。

首先,计算坐标与动量算符的平均值,得到

$$\langle z|\hat{x}|z\rangle = [(2\mu\omega)^{-1}\hbar]^{1/2}\langle z|\hat{A}_+ + \hat{A}_-|z\rangle = [(2\mu\omega)^{-1}\hbar]^{1/2}(z^* + z) \tag{2.3.28}$$

$$\langle z|\hat{p}|z\rangle = \mathrm{i}(2^{-1}\mu\hbar\omega)^{1/2}\langle z|\hat{A}_+ - \hat{A}_-|z\rangle = \mathrm{i}(2^{-1}\mu\hbar\omega)^{1/2}(z^* - z) \tag{2.3.29}$$

其次,计算坐标与动量的平方算符的平均值,得到

$$\langle z|\hat{x}^2|z\rangle = (2\mu\omega)^{-1}\hbar[(z^* + z)^2 + 1] \tag{2.3.30}$$

$$\langle z|\hat{p}^2|z\rangle = -2^{-1}\mu\hbar\omega[(z^* - z)^2 - 1] \tag{2.3.31}$$

然后,求出坐标和动量算符的差方平均值

$$\langle z|(\Delta x)^2|z\rangle = \langle z|\hat{x}^2|z\rangle - (\langle z|\hat{x}|z\rangle)^2 = (2\mu\omega)^{-1}\hbar \tag{2.3.32}$$

$$\langle z|(\Delta p)^2|z\rangle = \langle z|\hat{p}^2|z\rangle - (\langle z|\hat{p}|z\rangle)^2 = 2^{-1}\mu\hbar\omega \tag{2.3.33}$$

最后,得到坐标与动量满足的不确定关系式

$$\langle z|(\Delta x)^2|z\rangle\langle z|(\Delta p)^2|z\rangle = \hbar^2/4 \tag{2.3.34}$$

上式表明相干态 $|z\rangle$ 的确是最小不确定态,从而证明了前面的推测是正确的。

2.3.4 基态与其他相干态的关系

已经知道,降算符的基态 $|0\rangle$ 是 $z=0$ 的相干态,那么,其他的相干态可否由基态得到呢,下面证明这种猜想确实是正确的。

定理 2.1 若定义一个**位移算符**

$$\hat{D}(z) = \mathrm{e}^{z\hat{A}_+ - z^*\hat{A}_-} \tag{2.3.35}$$

则有

$$|z\rangle = \hat{D}(z)|0\rangle \tag{2.3.36}$$

证明 如果算符 $\hat{A}$ 与 $\hat{B}$ 都与它们的对易子 $[\hat{A},\hat{B}]$ 对易,则可以证明如下算符公式[2.10~2.13]

$$\mathrm{e}^{\hat{A}+\hat{B}} = \mathrm{e}^{\hat{A}}\mathrm{e}^{\hat{B}}\mathrm{e}^{-[\hat{A},\hat{B}]/2} \tag{2.3.37}$$

由于降算符与升算符的对易关系为 1,满足上述条件,故可以利用上式将位移算符改写成

$$\hat{D}(z) = \mathrm{e}^{-|z|^2/2}\mathrm{e}^{z\hat{A}_+}\mathrm{e}^{-z^*\hat{A}_-} \tag{2.3.38}$$

由式(2.3.15)可知

$$\hat{D}(z)|0\rangle = \mathrm{e}^{-|z|^2/2}\mathrm{e}^{z\hat{A}_+}\mathrm{e}^{-z^*\hat{A}_-}|0\rangle = \mathrm{e}^{-|z|^2/2}\mathrm{e}^{z\hat{A}_+}\mathrm{e}^{-z^*0}|0\rangle =$$

$$\mathrm{e}^{-|z|^2/2}\mathrm{e}^{z\hat{A}_+}|0\rangle = |z\rangle \tag{2.3.39}$$

说明任意一个相干态可以利用位移算符对基态作用得到。

2.3.5* 相干态表象

以相干态的集合 $\{|z\rangle\}$ 基底的表象称之为**相干态表象**。相干态 $|z\rangle$ 是降算符 $\hat{A}_-$ 的

本征态，由于$\hat{A}_-$是非厄米算符，相应的本征值z可以连续取复数值，本征矢是不正交的，所以相干态表象不同于通常的正交表象。

1. 相干态表象中的态矢

对于任意一个态矢$|\psi\rangle$，由相干态的封闭关系式(2.3.27)可知

$$|\psi\rangle = \pi^{-1}\int \mathrm{d}^2 z\,|z\rangle\langle z|\psi\rangle \tag{2.3.40}$$

其中的$\langle z|\psi\rangle$是$|\psi\rangle$在相干态表象下的表示。

$|\psi\rangle$在相干态表象下的表示也可以改写成

$$\langle z|\psi\rangle = \langle z|\sum_{n=0}^{\infty}|n\rangle\langle n|\psi\rangle = \sum_{n=0}^{\infty}\langle n|\psi\rangle\langle z|n\rangle \tag{2.3.41}$$

式中，内积$\langle n|\psi\rangle$为$|\psi\rangle$在线谐振子表象中的表示，而内积$\langle z|n\rangle$为线谐振子的本征矢$|n\rangle$在相干态表象中的表示。

由式(2.3.11)可知，$\langle z|n\rangle$的具体形式为

$$\langle z|n\rangle = \mathrm{e}^{-|z|^2/2}\sum_{m=0}^{\infty}\langle m|(m!)^{-1/2}(z^*)^m|n\rangle = \mathrm{e}^{-|z|^2/2}(n!)^{-1/2}(z^*)^n \tag{2.3.42}$$

将上式代入式(2.3.41)，得到

$$\langle z|\psi\rangle = \mathrm{e}^{-|z|^2/2}\sum_{n=0}^{\infty}\langle n|\psi\rangle(n!)^{-1/2}(z^*)^n \tag{2.3.43}$$

若令

$$\begin{aligned}\psi_n &= \langle n|\psi\rangle\\ \varphi(z) &= \sum_{n=0}^{\infty}(n!)^{-1/2}(z^*)^n\psi_n\end{aligned} \tag{2.3.44}$$

则式(2.3.43)变成

$$\langle z|\psi\rangle = \psi(z) = \mathrm{e}^{-|z|^2/2}\varphi(z) \tag{2.3.45}$$

此即任意态矢$|\psi\rangle$在相干态表象与线谐振子表象下的表达式之间的关系。

2. 相干态表象中的算符

若设算符$\hat{F}$在线谐振子表象下的矩阵元为$F_{mn} = \langle m|\hat{F}|n\rangle$，其中$m,n=0,1,2,\cdots$，则在相干态表象中算符$\hat{F}$的矩阵元为

$$\begin{aligned}F_{zz_0} = \langle z|\hat{F}|z_0\rangle = \sum_{m,n=0}^{\infty}\langle z|m\rangle\langle m|\hat{F}|n\rangle\langle n|z_0\rangle =\\ \sum_{m,n=0}^{\infty}\langle z|m\rangle F_{mn}\langle n|z_0\rangle\end{aligned} \tag{2.3.46}$$

利用式(2.3.42)可以将上式改写成

$$F_{zz_0} = \mathrm{e}^{-(|z|^2+|z_0|^2)/2} \sum_{m,n=0}^{\infty} (m!n!)^{-1/2} (z^*)^m F_{mn} (z_0)^n \tag{2.3.47}$$

上式即任意算符 $\hat{F}$ 在相干态表象与线谐振子表象中矩阵元之间的关系式。

3. 相干态表象中的升降算符

(1) 相干态表象中的降算符

用 $\langle z|$ 左乘降算符 $\hat{A}_-$ 满足的本征方程,立即得到降算符在相干态表象下的矩阵元

$$(A_-)_{zz_0} = \langle z|\hat{A}_-|z_0\rangle = z_0\langle z|z_0\rangle \tag{2.3.48}$$

当 $z_0 = z$ 时,降算符的对角元为

$$(A_-)_{zz} = \langle z|\hat{A}_-|z\rangle = z \tag{2.3.49}$$

但是,当 $z_0 \neq z$ 时,由于降算符的非对角元不为零,所以,即使在自身表象下降算符也不能写成函数形式。

(2) 相干态表象中的升算符

利用 $\hat{A}_+ = (\hat{A}_-)^\dagger$ 可以得到升算符 $\hat{A}_+$ 在相干态表象下的矩阵元

$$(A_+)_{zz_0} = \langle z|\hat{A}_+|z_0\rangle = \langle z|\,(\hat{A}_-)^\dagger|z_0\rangle = z^*\langle z|z_0\rangle \tag{2.3.50}$$

当 $z_0 = z$ 时,升算符的对角元为

$$(A_+)_{zz} = \langle z|\hat{A}_+|z\rangle = z^* \tag{2.3.51}$$

但是,当 $z_0 \neq z$ 时,由于升算符的非对角元不为零,所以,在相干态表象下升算符也不能写成函数形式。

(3) 升降算符在相干态表象中的其他表示

由于相干态的基底是超完备的,所以算符的矩阵元的表达式并不是惟一的。

若将式(2.3.15)中的 z 改记为 z_0,再将其两端对 z_0 求偏导,则得到升算符对相干态的作用结果

$$\hat{A}_+|z_0\rangle = \left(\frac{z_0^*}{2} + \frac{\partial}{\partial z_0}\right)|z_0\rangle \tag{2.3.52}$$

用 $\langle z|$ 左乘上式两端,当 $z_0 \neq z$ 时,升算符的非对角元为

$$(\hat{A}_+)_{zz_0} = \langle z|\left(\frac{z_0^*}{2} + \frac{\partial}{\partial z_0}\right)|z_0\rangle = \left(\frac{z_0^*}{2} + \frac{\partial}{\partial z_0}\right)\langle z|z_0\rangle \tag{2.3.53}$$

当 $z_0 = z$ 时,升算符的对角元亦为

$$(A_+)_{zz} = \langle z|\hat{A}_+|z\rangle = z^* \tag{2.3.54}$$

此即升算符矩阵元的另外一种表达式。

利用式(2.3.21)也可以把降算符在相干态表象下的矩阵元改写为另外一种形式。当 $z_0 \neq z$ 时,降算符的非对角元为

$$(\hat{A}_-)_{zz_0} = z_0\langle z|z_0\rangle = z_0\mathrm{e}^{-(|z|^2+|z_0|^2)/2+z_0z^*} = \left(\frac{z}{2} + \frac{\partial}{\partial z^*}\right)\langle z|z_0\rangle \tag{2.3.55}$$

当 $z_0=z$ 时,降算符的对角元亦为

$$(A_-)_{zz}=\langle z\,|\,\hat{A}_-\,|\,z\rangle = z \tag{2.3.56}$$

此即降算符矩阵元的另外一种表达式。

习惯上,将断续谱表象下的算符写成矩阵形式,而将连续谱表象下的算符写成函数形式。应该特别强调的是,只有连续谱表象的基底是正交和完备的时候,才能将算符写成函数形式,由于相干态的基底不正交,所以升降算符在相干态表象下并不能写成函数形式。

2.3.6　压缩态

在一个状态之下,对两个力学量测量的误差满足不确定关系,也就是说两者测量误差之积不小于某个数值。如果只关心其中的某一个力学量的测量误差,那么,如何才能使其变小呢?利用下面引入的压缩算符可以实现这个目标。

1. 压缩态

根据升降算符的定义式(2.2.39)可知,降算符可以简写成

$$\hat{A}_-=\hat{A}_1+\mathrm{i}\hat{A}_2 \tag{2.3.57}$$

式中

$$\begin{aligned}\hat{A}_1&=(2\hbar\mu^{-1}\omega^{-1})^{-1/2}x\\ \hat{A}_2&=(2\mu\hbar\omega)^{-1/2}\hat{p}\end{aligned} \tag{2.3.58}$$

上述两个算符皆为无量纲算符,且满足对易关系

$$[\hat{A}_1,\hat{A}_2]=\mathrm{i}/2 \tag{2.3.59}$$

由式(2.3.32)与式(2.3.33)可知,在相干态 $|z\rangle$ 之下,有 $\overline{(\Delta A_1)^2}=1/4$ 和 $\overline{(\Delta A_2)^2}=1/4$,说明 A_1 与 A_2 具有相同的差方平均值,或者说两者的测量精度是相同的,进而可知它们满足的不确定关系为

$$\Delta A_1\Delta A_2=1/4 \tag{2.3.60}$$

式中,$\Delta A=[\overline{(\Delta A)^2}]^{1/2}$ 为 A 的**方均根误差**。

由式(2.3.60)可知,在由实轴 A_1 和虚轴 A_2 构成的复平面上,在相干态 $|z\rangle$ 下,A_1、A_2 不能同时取确定值,它们的取值范围可以近似地用一个中心位于 z 而半径为 1/2 的小圆来表示;在经典物理学中,A_1 和 A_2 可以同时取确定值,在任意一个状态之下,A_1、A_2 的取值由复平面上的一个点 z 来表示。量子理论与经典理论在此出现的差异是由量子力学的不确定关系决定的。

既然相干态下 A_1、A_2 的取值范围可以用一个中心位于 z 而半径为 1/2 的小圆来表示,那就意味着沿实轴 A_1 和虚轴 A_2 的测量精度是一样的。有时,人们可能会希望对其中一个量(例如,A_2)测量得更精确一些,换句话说,能否在 A_2 的方向上对小圆进行压缩呢?如果能将半径为 1/2 的圆沿一个方向压缩为椭圆,那么,此方向相应的物理量的测量精度就会

提高。因为由不确定关系可知,椭圆的面积应保持与圆的面积相同,故与另一个方向相应的物理量的测量结果将会更不精确。将被压缩后的相干态称之为**压缩相干态**,简称**压缩态**。压缩态的概念在精密测量及降低噪声中有重要作用。

上面只是给出了压缩态的基本概念,问题是如何对一个相干态进行压缩呢?下面来讨论之。

2. 压缩算符

利用升、降算符 $\hat{A}_+$ 与 $\hat{A}_-$ 定义一个**压缩算符**

$$\hat{S}(\gamma)=\mathrm{e}^{\gamma\hat{A}_+^2/2-\gamma\hat{A}_-^2/2} \tag{2.3.61}$$

式中的 γ 为实参数。由压缩算符的定义可知

$$\hat{S}(-\gamma)=\hat{S}^{-1}(\gamma) \tag{2.3.62}$$

再顾及到升降算符是互为厄米共轭的,于是有

$$\hat{S}^\dagger(\gamma)=\hat{S}(-\gamma)=\hat{S}^{-1}(\gamma) \tag{2.3.63}$$

上式表明压缩算符是一个幺正算符。

3. 算符的压缩变换

利用压缩算符对升降算符 $\hat{A}_+$、$\hat{A}_-$ 做幺正变换,得到新的升降算符 $\hat{B}_+(\gamma)$、$\hat{B}_-(\gamma)$,即

$$\hat{B}_+(\gamma)=\hat{S}^\dagger(\gamma)\hat{A}_+\hat{S}(\gamma) \tag{2.3.64}$$

$$\hat{B}_-(\gamma)=\hat{S}^\dagger(\gamma)\hat{A}_-\hat{S}(\gamma) \tag{2.3.65}$$

由于变换算符是幺正算符,故变换前后的升降算符的对易关系不变,即

$$[\hat{B}_-(\gamma),\hat{B}_+(\gamma)]=[\hat{A}_-,\hat{A}_+]=1 \tag{2.3.66}$$

对算符 $\hat{A}_-$ 和 $\hat{A}_+$ 的幂函数 $f(\hat{A}_-,\hat{A}_+)$ 而言,其压缩后的结果为[2.18]

$$\hat{S}^\dagger(\gamma)f(\hat{A}_-,\hat{A}_+)\hat{S}(\gamma)=f(\hat{B}_-(\gamma),\hat{B}_+(\gamma)) \tag{2.3.67}$$

例如[2.19]

$$\hat{S}^\dagger(\gamma)x\hat{S}(\gamma)=x\mathrm{e}^{\gamma} \tag{2.3.68}$$

$$\hat{S}^\dagger(\gamma)\hat{p}\hat{S}(\gamma)=\hat{p}\mathrm{e}^{-\gamma} \tag{2.3.69}$$

4. 状态的压缩变换

首先,考虑对真空态进行压缩,即做如下的幺正变换

$$|0\rangle_\gamma=\hat{S}(\gamma)|0\rangle \tag{2.3.70}$$

式中的 $|0\rangle_\gamma$ 称为压缩后的真空态。在此状态下,坐标与动量算符的平均值为[2.20]

$$\bar{x}=\bar{p}=0 \tag{2.3.71}$$

而它们的差方平均值分别为

$$\overline{(\Delta x)^2}=[(2\mu\omega)^{-1}\hbar]\mathrm{e}^{2\gamma},\quad \overline{(\Delta p)^2}=(2^{-1}\mu\hbar\omega)\mathrm{e}^{-2\gamma} \tag{2.3.72}$$

于是得到

$$\overline{(\Delta x)^2}\,\overline{(\Delta p)^2}=\hbar^2/4 \tag{2.3.73}$$

由上式可知,压缩后的真空态仍然是相干态,但是用式(2.3.72)表征的坐标与动量的测量精度已经不同了。

其次,利用由式(2.3.35)定义的位移算符 $\hat{D}(z)$ 将 $|0\rangle_\gamma$ 的中心从原点移至复平面的 z 点,得到相干态 $|z\rangle$ 的压缩态

$$|z\rangle_\gamma = \hat{D}(z)\ |0\rangle_\gamma \tag{2.3.74}$$

在此压缩态之下,可以求出由式(2.3.58)给出的 $\hat{A}_1$ 和 $\hat{A}_2$ 的均方根误差[2.21]

$$\Delta A_1 = \mathrm{e}^{\gamma}/2, \quad \Delta A_2 = \mathrm{e}^{-\gamma}/2 \tag{2.3.75}$$

于是,在压缩态 $|z\rangle_\gamma$ 下有

$$\Delta A_1 \Delta A_2 = 1/4 \tag{2.3.76}$$

显然,此压缩态仍然是最小不确定态,但是,在此状态之下力学量 A_1 与 A_2 的测量精度是不相同的。至此,使得两个力学量中的一个测量结果更精确的目的已经达到。

2.4　纯态、混合态与密度算符

体系的波函数之所以可以描述体系的状态,是因为若知道了体系的波函数,则可以了解体系的物理性质,例如,任意力学量的取值概率与平均值等。实际上,可以了解体系物理性质的并不只有波函数一种形式,本节介绍的密度算符及后面将要介绍的格林函数都可以实现上述目标。

2.4.1　纯态与混合态

1. 纯态

在此之前,所研究体系的状态总是用希尔伯特空间的一个态矢来描述,这些态矢满足叠加原理,把这些状态称之为纯态。例如

$$|\psi\rangle = c_1|\psi_1\rangle + c_2|\psi_2\rangle \tag{2.4.1}$$

其中,$|\psi_1\rangle$,$|\psi_2\rangle$ 为纯态;$|\psi\rangle$ 也是纯态。总之,凡是能用希尔伯特空间中一个态矢描述的状态都是纯态。

在一个纯态 $|\psi\rangle$ 之下,力学量 F 的取值是以概率的形式表现的,这就意味着,对单个粒子的预言是与大量粒子构成的系综的统计平均相联系的,或者说,量子力学具有统计的性质。从统计规律性的角度看,由纯态所描述的统计系综称为**纯粹系综**。例如,在斯特恩(Stern)-盖拉赫(Gerlach)实验中,当原子束通过磁场后,每个原子的自旋都指向同一个方向,即束流是完全极化的,此时可以把体系理解为纯粹系综。

2. 混合态

在实际的物理实验中,有时会遇到更为复杂的情况,例如,许多原子刚从一个热炉子中蒸发出来,它们的自旋取向是无规律的,如何描述这种非极化的束流呢?为了具有更普

遍的意义,上述问题可以概括为,当体系以 p_1 的概率(或者权重)处于状态 $|\psi_1\rangle$、以 p_2 的概率处于状态 $|\psi_2\rangle$、…、以 p_n 处于状态 $|\psi_n\rangle$ 时,这样的状态是无法用希尔伯特空间的一个态矢来描述的,而需要用一组态矢及其相应的概率来描述,将其称之为**混合态**,其中的每一个态都是**参与态**。显然,混合态并不是一个确定的状态,相应的统计系综称为**混合系综**。

应该特别说明的是,对于混合态而言,若其中的一个参与态出现的概率为 1,而其他参与态出现的概率皆为 0,这样一来,混合态就退化为纯态。在这个意义上讲,纯态是混合态的一个特例。为了论述方便,通常将上述情况从混合态的定义中去掉。

3. 纯态与混合态的差异

为了说明纯态与混合态的差别,暂不顾及状态与时间的关系,在坐标表象中,设有如下形式的纯态 $\psi(\boldsymbol{r})$ 与混合态 $\tilde{\psi}(\boldsymbol{r})$

$$\psi(\boldsymbol{r}) = c_1\psi_1(\boldsymbol{r}) + c_2\psi_2(\boldsymbol{r})$$

$$\tilde{\psi}(\boldsymbol{r}) = \begin{cases}\psi_1(\boldsymbol{r}), & p_1 \\ \psi_2(\boldsymbol{r}), & p_2\end{cases} \tag{2.4.2}$$

对于纯态而言,坐标的取值概率密度为

$$|\psi(\boldsymbol{r})|^2 = |c_1|^2\ |\psi_1(\boldsymbol{r})|^2 + |c_2|^2\ |\psi_2(\boldsymbol{r})|^2 + c_1\psi_1(\boldsymbol{r})c_2^*\psi_2^*(\boldsymbol{r}) + c_1^*\psi_1^*(\boldsymbol{r})c_2\psi_2(\boldsymbol{r}) \tag{2.4.3}$$

对于混合态而言,坐标的取值概率密度为

$$|\tilde{\psi}(\boldsymbol{r})|^2 = p_1\ |\psi_1(\boldsymbol{r})|^2 + p_2\ |\psi_2(\boldsymbol{r})|^2 \tag{2.4.4}$$

由上述两式可以看出,体系处于纯态时,两个状态之间发生干涉,而在混合态下,无干涉现象发生。前者为概率幅的叠加,称为**相干叠加**;后者为概率的叠加,称为**不相干叠加**。

2.4.2 密度算符的定义

为了能够统一地描述纯粹系综和混合系综的状态,1927 年纽曼(Neumann)给出了密度算符的方法。

1. 纯态的密度算符表示

设 $|\psi\rangle$ 是希尔伯特空间中任意一个归一化的态矢(纯态),F 为一个可观测的物理量,对应的本征值和本征矢分别为 f_i 与 $|\varphi_i\rangle$,算符 $\hat{F}$ 在纯态 $|\psi\rangle$ 下的平均值为

$$\bar{F} = \langle\psi|\hat{F}|\psi\rangle \tag{2.4.5}$$

选任意一组正交归一完备基底 $\{|n\rangle\}$,于是有

$$\bar{F} = \sum_n \langle\psi|n\rangle\langle n|\hat{F}|\psi\rangle = \sum_n \langle n|\hat{F}|\psi\rangle\langle\psi|n\rangle \tag{2.4.6}$$

若引入**纯态的密度算符**

$$\hat{\rho} = |\psi\rangle\langle\psi| \tag{2.4.7}$$

则式(2.4.6)可以写为

$$\bar{F} = \sum_n \langle n | \hat{F}\hat{\rho} | n \rangle = \mathrm{Tr}(\hat{F}\hat{\rho}) \tag{2.4.8}$$

上式说明,在一个归一化的纯态 $|\psi\rangle$ 下,算符 $\hat{F}$ 的平均值等于该算符与密度算符之积的对角元之和,即矩阵 $\hat{F}\hat{\rho}$ 的阵迹。

力学量 F 在状态 $|\psi\rangle$ 下的取 f_i 值概率

$$W(f_i) = |\langle \varphi_i | \psi \rangle|^2 = \langle \varphi_i | \psi \rangle \langle \psi | \varphi_i \rangle = \langle \varphi_i | \hat{\rho} | \varphi_i \rangle \tag{2.4.9}$$

它是纯态密度算符在算符 $\hat{F}$ 第 i 个本征态 $|\varphi_i\rangle$ 下的平均值。

纯态密度算符是一个投影算符,也是一个厄米算符,它在断续谱表象下是一个方阵。例如,对于纯态 $|\psi\rangle = c_1|\psi_1\rangle + c_2|\psi_2\rangle$ 而言,若 $|\psi_1\rangle$ 与 $|\psi_2\rangle$ 为两个正交归一化的态矢,则 $|\psi\rangle$ 的矩阵形式为

$$|\psi\rangle = \begin{pmatrix} c_1 \\ c_2 \end{pmatrix}, \quad \langle \psi | = (c_1^* \quad c_2^*) \tag{2.4.10}$$

若将密度算符在断续谱表象中的形式称之为**密度矩阵**,则此纯态相应的密度矩阵为

$$\hat{\rho} = |\psi\rangle\langle\psi| = \begin{pmatrix} c_1 \\ c_2 \end{pmatrix}(c_1^* \quad c_2^*) = \begin{pmatrix} |c_1|^2 & c_1c_2^* \\ c_2c_1^* & |c_2|^2 \end{pmatrix} \tag{2.4.11}$$

上述矩阵的非对角元不为零,体现出纯态 $|\psi\rangle$ 是相干叠加态。

总之,由纯态 $|\psi\rangle$ 定义的密度算符可以给出任意力学量 F 在该状态上的取值概率与平均值,因此,纯态密度算符是可以代替态矢来描述纯态的一个算符。

2. 混合态的密度算符表示

对于前面定义的混合态而言,一个力学量 F 的平均值要通过两次求平均来实现。首先,进行量子力学平均,即求出力学量 F 在每个参与态 $|\psi_i\rangle$ 上的平均值 $\langle \psi_i | \hat{F} | \psi_i \rangle$,然后,再对其进行统计平均,即求出以各自概率出现的量子力学平均值的平均,称为**加权平均**,用公式表示为

$$\bar{F} = \sum_i p_i \langle \psi_i | \hat{F} | \psi_i \rangle \tag{2.4.12}$$

类似纯态的做法,得到力学量 F 在混合态下的平均值为

$$\bar{F} = \sum_n \sum_i p_i \langle \psi_i | n \rangle \langle n | \hat{F} | \psi_i \rangle = \sum_n \langle n | \hat{F}(\sum_i |\psi_i\rangle p_i \langle \psi_i |) | n \rangle \tag{2.4.13}$$

若定义**混合态的密度算符**

$$\hat{\rho} = \sum_i |\psi_i\rangle p_i \langle \psi_i |, \quad \sum_i p_i = 1 \tag{2.4.14}$$

则式(2.4.13)可以写成

$$\bar{F} = \mathrm{Tr}(\hat{F}\hat{\rho}) \tag{2.4.15}$$

力学量 F 取 f_i 值的概率为

$$W(f_i) = \sum_j |\langle \varphi_i | \psi_j \rangle|^2 p_j = \sum_j \langle \varphi_i | \psi_j \rangle p_j \langle \psi_j | \varphi_i \rangle = \langle \varphi_i | \hat{\rho} | \varphi_i \rangle \quad (2.4.16)$$

上述两式与纯态时的形式完全相同,只是两种的密度算符的定义不同而已。

若 $|\psi\rangle$ 是只与两个正交归一化的参与态 $|\psi_1\rangle$、$|\psi_2\rangle$ 相关的混合态,且 $|\psi_1\rangle$、$|\psi_2\rangle$ 出现的概率分别为 p_1、p_2,则此混合态相应的密度矩阵为

$$\hat{\rho} = \begin{pmatrix} p_1 & 0 \\ 0 & p_2 \end{pmatrix} \quad (2.4.17)$$

上述矩阵的非对角元为零,体现出混合态 $|\psi\rangle$ 是不相干叠加态。

至此,找到了一个密度算符,它可以代替波函数来统一描述纯态与混合态,由于密度算符是在希尔伯特空间中定义的算符,它比混合态的原始定义要方便多了。

2.4.3 密度算符的性质

性质 2.9 设 $\{|\psi_i\rangle\}$ 是归一、完备但并不一定正交的函数系,证明

$$\mathrm{Tr}\,\hat{\rho} = 1$$

$$\mathrm{Tr}\,\hat{\rho}^2 \begin{cases} = 1 & (\text{对于纯态}) \\ < 1 & (\text{对于混合态}) \end{cases}$$

证明 选取一组正交归一完备的基底 $\{|n\rangle\}$,对于纯态 $|\psi_i\rangle$,有

$$\mathrm{Tr}\,\hat{\rho} = \sum_n \langle n | \psi_i \rangle \langle \psi_i | n \rangle = \sum_n \langle \psi_i | n \rangle \langle n | \psi_i \rangle = \langle \psi_i | \psi_i \rangle = 1 \quad (2.4.18)$$

由于

$$\hat{\rho}^2 = |\psi_i\rangle \langle \psi_i | \psi_i \rangle \langle \psi_i | = \hat{\rho} \quad (2.4.19)$$

故有

$$\mathrm{Tr}\,\hat{\rho}^2 = \mathrm{Tr}\,\hat{\rho} = 1 \quad (2.4.20)$$

对于如下的混合态

$$|\psi_1\rangle, p_1; \quad |\psi_2\rangle, p_2; \quad \cdots; \quad |\psi_i\rangle, p_i; \quad \cdots \quad (2.4.21)$$

其密度算符的阵迹为

$$\mathrm{Tr}\,\hat{\rho} = \sum_n \langle n | \left(\sum_i |\psi_i\rangle p_i \langle \psi_i | \right) | n \rangle = \sum_i \langle \psi_i | \psi_i \rangle p_i = \sum_i p_i = 1 \quad (2.4.22)$$

而

$$\mathrm{Tr}\,\hat{\rho}^2 = \sum_n \langle n | \left(\sum_i |\psi_i\rangle p_i \langle \psi_i | \right) \left(\sum_j |\psi_j\rangle p_j \langle \psi_j | \right) | n \rangle =$$
$$\sum_{ij} \langle \psi_j | \psi_i \rangle \langle \psi_i | \psi_j \rangle p_i p_j = \sum_i p_i \left(\sum_j |\langle \psi_i | \psi_j \rangle|^2 p_j \right) \quad (2.4.23)$$

其中

$$\sum_j |\langle \psi_i | \psi_j \rangle|^2 p_j \leqslant \sum_j p_j = 1 \quad (2.4.24)$$

不论$|\psi_i\rangle$与$|\psi_j\rangle$是否正交，只有当$p_j=1$、$p_{i\neq j}=0$时上式的小于等于号中的等号才成立，而此时体系是纯态，所以对混合态而言，有

$$\mathrm{Tr}\,\hat{\rho}^2 < 1 \tag{2.4.25}$$

性质 2.10　密度算符是厄米算符，若混合态是由一系列正交归一化的态$\{|\psi_i\rangle\}$构成的，则其密度算符的本征矢就是参与混合的那些态$|\psi_i\rangle$，相应的本征值就是权重p_i，即

$$\hat{\rho}\,|\psi_i\rangle = p_i\,|\psi_i\rangle \tag{2.4.26}$$

证明　由混合态密度算符的定义式(2.4.15)可知

$$\hat{\rho}\,|\psi_i\rangle = \sum_j |\psi_j\rangle p_j\langle\psi_j|\psi_i\rangle = \sum_j |\psi_j\rangle p_j\delta_{i,j} = p_i\,|\psi_i\rangle \tag{2.4.27}$$

2.4.4　约化密度算符

在处理实际问题时，有时会遇到这样的情况，对于由两个不同粒子构成的量子体系而言，我们只对其中的一个粒子的物理量感兴趣。例如，在由粒子1与粒子2构成的体系中，只需要求出粒子1的某个力学量$F^{(1)}$的平均值，这时需要引入约化密度算符的概念。

若设粒子1和粒子2的正交、归一和完备的基矢分别为$\{|\varphi_m\rangle\}$与$\{|\psi_n\rangle\}$，则两粒子体系的态矢$|\psi\rangle$的一般形式为

$$|\psi\rangle = \sum_{mn} c_{mn}\,|\varphi_m\rangle\,|\psi_n\rangle \tag{2.4.28}$$

为了保证$|\psi\rangle$是归一化的态矢，要求展开系数满足

$$\sum_{mn} |c_{mn}|^2 = 1 \tag{2.4.29}$$

当$|\psi\rangle$为纯态时，体系的密度算符为

$$\hat{\rho} = |\psi\rangle\langle\psi| = \sum_{ij}\sum_{mn} |\varphi_i\rangle\,|\psi_j\rangle c_{ij}c_{mn}^*\langle\varphi_m|\langle\psi_n| \tag{2.4.30}$$

假设欲求粒子1的某力学量$F^{(1)}$的平均值，如果注意到一个粒子的态矢相对另一个粒子来说是常数，则由式(2.4.15)可知

$$\begin{aligned}\overline{F^{(1)}} &= \mathrm{Tr}\,(\hat{F}^{(1)}\hat{\rho}) = \sum_{mn}\langle\varphi_m|\langle\psi_n|\hat{F}^{(1)}\hat{\rho}\,|\varphi_m\rangle\,|\psi_n\rangle = \\ &\sum_{mn}\langle\varphi_m|\langle\psi_n|\hat{F}^{(1)}\sum_{ij}|\varphi_i\rangle\,|\psi_j\rangle\langle\varphi_i|\langle\psi_j|\hat{\rho}\,|\varphi_m\rangle\,|\psi_n\rangle = \\ &\sum_{mn}\langle\varphi_m|\hat{F}^{(1)}\sum_i|\varphi_i\rangle\langle\varphi_i|\langle\psi_n|\hat{\rho}\,|\varphi_m\rangle\,|\psi_n\rangle = \\ &\sum_m\langle\varphi_m|\hat{F}^{(1)}\sum_n\langle\psi_n|\hat{\rho}\,|\psi_n\rangle\,|\varphi_m\rangle\end{aligned} \tag{2.4.31}$$

若令

$$\hat{\rho}^{(1)} = \sum_n\langle\psi_n|\hat{\rho}\,|\psi_n\rangle = \mathrm{Tr}^{(2)}\hat{\rho} \tag{2.4.32}$$

则式(2.4.31)可以简化成

$$\overline{F^{(1)}} = \sum_m \langle \varphi_m | \hat{F}^{(1)}\hat{\rho}^{(1)} | \varphi_m \rangle = \mathrm{Tr}^{(1)}(\hat{F}^{(1)}\hat{\rho}^{(1)}) \tag{2.4.33}$$

在式(2.4.32)中,$\mathrm{Tr}^{(2)}\hat{\rho}$ 表示密度算符 $\hat{\rho}$ 只对粒子 2 取阵迹,而 $\hat{\rho}^{(1)}$ 为粒子 1 空间中的密度算符,称之为粒子 1 的**约化密度算符**。

2.4.5 密度算符的运动方程

如前所述,密度算符是由态矢来定义的,若态矢与时间相关,则密度算符也将与时间有关,下面导出含时密度算符满足的运动方程。

假设体系处于平衡态,即权重 p_i 不随时间变化,由于纯态只是混合态的一个特例,故含时的混合态密度算符涵盖了纯态的情况,其表达式为

$$\hat{\rho}(t) = \sum_i |\Psi_i(t)\rangle p_i \langle \Psi_i(t)|, \quad \sum_i p_i = 1 \tag{2.4.34}$$

将上式两端对时间 t 求导

$$\frac{\partial}{\partial t}\hat{\rho}(t) = \sum_i \frac{\partial}{\partial t}|\Psi_i(t)\rangle p_i \langle \Psi_i(t)| + \sum_i |\Psi_i(t)\rangle p_i \frac{\partial}{\partial t}\langle \Psi_i(t)| \tag{2.4.35}$$

利用态矢满足的薛定谔方程及其厄米共轭形式

$$\begin{aligned} \mathrm{i}\hbar \frac{\partial}{\partial t}|\Psi_i(t)\rangle &= \hat{H}|\Psi_i(t)\rangle \\ -\mathrm{i}\hbar \frac{\partial}{\partial t}\langle \Psi_i(t)| &= \langle \Psi_i(t)|\hat{H} \end{aligned} \tag{2.4.36}$$

式(2.4.35)可以改写成

$$\begin{aligned} \mathrm{i}\hbar \frac{\partial}{\partial t}\hat{\rho}(t) &= \sum_i \hat{H}|\Psi_i(t)\rangle p_i \langle \Psi_i(t)| - \sum_i |\Psi_i(t)\rangle p_i \langle \Psi_i(t)|\hat{H} = \\ &\hat{H}\hat{\rho}(t) - \hat{\rho}(t)\hat{H} = [\hat{H}, \hat{\rho}(t)] \end{aligned} \tag{2.4.37}$$

此即**密度算符满足的运动方程**,据此,可以由初始时刻 $t = 0$ 的密度算符 $\hat{\rho}(0)$ 求出任意时刻 $t > 0$ 的密度算符 $\hat{\rho}(t)$。

在薛定谔绘景中,参与态的时间演化可以由时间演化算符 $\hat{U}_{\mathrm{S}}(t,0)$ 来实现,即

$$|\Psi_i(t)\rangle = \hat{U}_{\mathrm{S}}(t,0)|\Psi_i(0)\rangle \tag{2.4.38}$$

将其代入式(2.4.34),得到

$$\hat{\rho}(t) = \sum_i \hat{U}_{\mathrm{S}}(t,0)|\Psi_i(0)\rangle p_i \langle \Psi_i(0)|\hat{U}_{\mathrm{S}}^{\dagger}(t,0) = \hat{U}_{\mathrm{S}}(t,0)\hat{\rho}(0)\hat{U}_{\mathrm{S}}^{\dagger}(t,0) \tag{2.4.39}$$

上式与密度算符的运动方程式(2.4.37)是等价的。

2.4.6 应用举例

为了加深对密度算符的理解,下面来完成几个简单的例题。

例题 2.1　自旋为 $\hbar/2$ 粒子,分别处于如下的纯态与混合态上

纯态为

$$|\psi\rangle = 1/2\,|+\rangle + \sqrt{3}/2\,|-\rangle \tag{2.4.40}$$

混合态为

$$\begin{aligned} |\psi_1\rangle &= |+\rangle, \quad p_+ = 1/4 \\ |\psi_2\rangle &= |-\rangle, \quad p_- = 3/4 \end{aligned} \tag{2.4.41}$$

在上述两种状态下,利用密度算符方法计算 3 个自旋分量 s_x、s_y、s_z 的平均值。

解　对于纯态而言,在 s_z 表象中,其矩阵形式为

$$|\psi\rangle = \frac{1}{2}\begin{pmatrix}1\\0\end{pmatrix} + \frac{\sqrt{3}}{2}\begin{pmatrix}0\\1\end{pmatrix} = \begin{pmatrix}1/2\\ \sqrt{3}/2\end{pmatrix} \tag{2.4.42}$$

相应的密度矩阵为

$$\hat{\rho} = |\psi\rangle\langle\psi| = \begin{pmatrix}1/2\\ \sqrt{3}/2\end{pmatrix}(1/2 \quad \sqrt{3}/2) = \frac{1}{4}\begin{pmatrix}1 & \sqrt{3}\\ \sqrt{3} & 3\end{pmatrix} \tag{2.4.43}$$

利用公式(2.4.15) 可以求出自旋各分量的平均值为

$$\begin{aligned} \bar{s}_x &= \mathrm{Tr}\,(\hat{s}_x\hat{\rho}) = \mathrm{Tr}\left\{\frac{\hbar}{8}\begin{pmatrix}0 & 1\\ 1 & 0\end{pmatrix}\begin{pmatrix}1 & \sqrt{3}\\ \sqrt{3} & 3\end{pmatrix}\right\} = \frac{\hbar}{8}\mathrm{Tr}\begin{pmatrix}\sqrt{3} & 3\\ 1 & \sqrt{3}\end{pmatrix} = \frac{\sqrt{3}}{4}\hbar \\ \bar{s}_y &= \mathrm{Tr}\,(\hat{s}_y\hat{\rho}) = \mathrm{Tr}\left\{\frac{\hbar}{8}\begin{pmatrix}0 & -\mathrm{i}\\ \mathrm{i} & 0\end{pmatrix}\begin{pmatrix}1 & \sqrt{3}\\ \sqrt{3} & 3\end{pmatrix}\right\} = \frac{\hbar}{8}\mathrm{Tr}\begin{pmatrix}-\sqrt{3}\mathrm{i} & -3\mathrm{i}\\ \mathrm{i} & \sqrt{3}\mathrm{i}\end{pmatrix} = 0 \\ \bar{s}_z &= \mathrm{Tr}\,(\hat{s}_z\hat{\rho}) = \mathrm{Tr}\left\{\frac{\hbar}{8}\begin{pmatrix}1 & 0\\ 0 & -1\end{pmatrix}\begin{pmatrix}1 & \sqrt{3}\\ \sqrt{3} & 3\end{pmatrix}\right\} = \frac{\hbar}{8}\mathrm{Tr}\begin{pmatrix}1 & \sqrt{3}\\ -\sqrt{3} & -3\end{pmatrix} = -\frac{1}{4}\hbar \end{aligned} \tag{2.4.44}$$

也可以利用式(2.4.16) 先计算自旋各分量的取值概率

$$\begin{aligned} W\left(s_x = \frac{\hbar}{2}\right) &= {}_x\langle +|\hat{\rho}|+\rangle_x = \frac{1}{8}(1 \quad 1)\begin{pmatrix}1 & \sqrt{3}\\ \sqrt{3} & 3\end{pmatrix}\begin{pmatrix}1\\1\end{pmatrix} = \frac{2+\sqrt{3}}{4} \\ W\left(s_x = -\frac{\hbar}{2}\right) &= {}_x\langle -|\hat{\rho}|-\rangle_x = \frac{1}{8}(1 \quad -1)\begin{pmatrix}1 & \sqrt{3}\\ \sqrt{3} & 3\end{pmatrix}\begin{pmatrix}1\\-1\end{pmatrix} = \frac{2-\sqrt{3}}{4} \end{aligned} \tag{2.4.45}$$

$$\begin{aligned} W\left(s_y = \frac{\hbar}{2}\right) &= {}_y\langle +|\hat{\rho}|+\rangle_y = \frac{1}{8}(1 \quad -\mathrm{i})\begin{pmatrix}1 & \sqrt{3}\\ \sqrt{3} & 3\end{pmatrix}\begin{pmatrix}1\\ \mathrm{i}\end{pmatrix} = \frac{1}{2} \\ W\left(s_y = -\frac{\hbar}{2}\right) &= {}_y\langle -|\hat{\rho}|-\rangle_y = \frac{1}{8}(1 \quad \mathrm{i})\begin{pmatrix}1 & \sqrt{3}\\ \sqrt{3} & 3\end{pmatrix}\begin{pmatrix}1\\ -\mathrm{i}\end{pmatrix} = \frac{1}{2} \end{aligned} \tag{2.4.46}$$

$$W\left(s_z=\frac{\hbar}{2}\right)=\langle +|\hat{\rho}|+\rangle=\frac{1}{4}(1\quad 0)\begin{pmatrix}1 & \sqrt{3}\\ \sqrt{3} & 3\end{pmatrix}\begin{pmatrix}1\\0\end{pmatrix}=\frac{1}{4}$$
$$W\left(s_z=-\frac{\hbar}{2}\right)=\langle -|\hat{\rho}|-\rangle=\frac{1}{4}(0\quad 1)\begin{pmatrix}1 & \sqrt{3}\\ \sqrt{3} & 3\end{pmatrix}\begin{pmatrix}0\\1\end{pmatrix}=\frac{3}{4} \tag{2.4.47}$$

然后,由上述取值概率求出的平均值,结果与式(2.4.44)完全一致。

对于混合态而言,根据密度算符的定义

$$\hat{\rho}=\sum_{i=\pm}|i\rangle p_i\langle i| \tag{2.4.48}$$

密度矩阵可以写为

$$\hat{\rho}=\frac{1}{4}\begin{pmatrix}1\\0\end{pmatrix}(1\quad 0)+\frac{3}{4}\begin{pmatrix}0\\1\end{pmatrix}(0\quad 1)=\frac{1}{4}\begin{pmatrix}1 & 0\\ 0 & 3\end{pmatrix} \tag{2.4.49}$$

用类似于纯态的计算方法,得到自旋各分量的平均值为

$$\overline{s_x}=0,\quad \overline{s_y}=0,\quad \overline{s_z}=-\hbar/4 \tag{2.4.50}$$

例题 2.2 已知如下一个混合态

$$|\psi_1\rangle=\frac{1}{\sqrt{2}}\begin{pmatrix}1\\1\end{pmatrix},\quad p_1=\frac{1}{2}$$
$$|\psi_2\rangle=\begin{pmatrix}1\\0\end{pmatrix},\quad p_2=\frac{1}{2} \tag{2.4.51}$$

将其两个参与态正交归一化。

解 首先,求出该混合态的密度矩阵

$$\hat{\rho}=\frac{1}{4}\begin{pmatrix}1\\1\end{pmatrix}(1\quad 1)+\frac{1}{2}\begin{pmatrix}1\\0\end{pmatrix}(1\quad 0)=\frac{1}{4}\begin{pmatrix}3 & 1\\ 1 & 1\end{pmatrix} \tag{2.4.52}$$

其次,求解密度矩阵满足的本征方程

$$\frac{1}{4}\begin{pmatrix}3 & 1\\ 1 & 1\end{pmatrix}\begin{pmatrix}a\\b\end{pmatrix}=p\begin{pmatrix}a\\b\end{pmatrix} \tag{2.4.53}$$

最后,得到它的正交归一化的本征解为

$$|\tilde{\psi}_1\rangle=\frac{1}{\sqrt{4-2\sqrt{2}}}\begin{pmatrix}1\\ -1+\sqrt{2}\end{pmatrix},\quad p_1=\frac{1}{4}(2+\sqrt{2})$$
$$|\tilde{\psi}_2\rangle=\frac{1}{\sqrt{4+2\sqrt{2}}}\begin{pmatrix}1\\ -1-\sqrt{2}\end{pmatrix},\quad p_2=\frac{1}{4}(2-\sqrt{2}) \tag{2.4.54}$$

此混合态亦为密度矩阵的本征态,由于它与给定的混合态对应同一个密度矩阵,故它与给定的混合态是等价的,区别在于后者的参与态已经正交归一化,相应的权重也发生了变化。

例题2.3　由两个自旋为 $\hbar/2$ 的不同粒子构成的双粒子体系,在自旋空间中,已知其非耦合表象下的二体基矢共有4个,即

$$|1_+\rangle|2_+\rangle,\ |1_+\rangle|2_-\rangle,\ |1_-\rangle|2_+\rangle,\ |1_-\rangle|2_-\rangle \tag{2.4.55}$$

式中,$|k_+\rangle$、$|k_-\rangle$ 分别为第 $k=1,2$ 个粒子自旋向上与向下的状态。在如下纯态下

$$|\psi\rangle = 2^{-1}[2^{1/2}|1_+\rangle|2_+\rangle + |1_+\rangle|2_-\rangle + |1_-\rangle|2_-\rangle] \tag{2.4.56}$$

求第1个粒子自旋的3个分量的平均值。

解　上述纯态对应的密度算符为

$$\hat{\rho} = 4^{-1}[2^{1/2}|1_+\rangle|2_+\rangle + |1_+\rangle|2_-\rangle + |1_-\rangle|2_-\rangle] \times [2^{1/2}\langle 1_+|\langle 2_+| + \langle 1_+|\langle 2_-| + \langle 1_-|\langle 2_-|] \tag{2.4.57}$$

第1个粒子的约化密度算符为

$$\hat{\rho}^{(1)} = \mathrm{Tr}^{(2)}\hat{\rho} = \sum_{j=\pm}\langle 2_j|\hat{\rho}|2_j\rangle = \langle 2_+|\hat{\rho}|2_+\rangle + \langle 2_-|\hat{\rho}|2_-\rangle \tag{2.4.58}$$

利用一个粒子的态矢相对另一个粒子的态矢为常数及同一粒子态矢之间满足正交归一化条件,分别计算式(2.4.58)中右端的两项,得到

$$\begin{aligned}\langle 2_+|\hat{\rho}|2_+\rangle &= 4^{-1}\langle 2_+|[2^{1/2}|1_+\rangle|2_+\rangle + |1_+\rangle|2_-\rangle + |1_-\rangle|2_-\rangle] \times \\ &\quad [2^{1/2}\langle 1_+|\langle 2_+| + \langle 1_+|\langle 2_-| + \langle 1_-|\langle 2_-|]|2_+\rangle = \\ &\quad 4^{-1}\langle 2_+|[2^{1/2}|1_+\rangle|2_+\rangle][2^{1/2}\langle 1_+|\langle 2_+|]|2_+\rangle = 2^{-1}|1_+\rangle\langle 1_+|\end{aligned} \tag{2.4.59}$$

$$\begin{aligned}\langle 2_-|\hat{\rho}|2_-\rangle &= 4^{-1}\langle 2_-|[2^{1/2}|1_+\rangle|2_+\rangle + |1_+\rangle|2_-\rangle + |1_-\rangle|2_-\rangle] \times \\ &\quad [2^{1/2}\langle 1_+|\langle 2_+| + \langle 1_+|\langle 2_-| + \langle 1_-|\langle 2_-|]|2_-\rangle = \\ &\quad 4^{-1}[|1_+\rangle + |1_-\rangle][\langle 1_+| + \langle 1_-|] = \\ &\quad 4^{-1}[|1_+\rangle\langle 1_+| + |1_-\rangle\langle 1_-| + |1_+\rangle\langle 1_-| + |1_-\rangle\langle 1_+|]\end{aligned} \tag{2.4.60}$$

于是,得到第1个粒子的约化密度矩阵

$$\hat{\rho}^{(1)} = \frac{1}{4}\begin{pmatrix}3 & 1\\ 1 & 1\end{pmatrix} \tag{2.4.61}$$

利用它计算第1个粒子自旋 x 分量 $s_x^{(1)}$ 的平均值

$$\begin{aligned}\overline{s_x^{(1)}} &= \mathrm{Tr}^{(1)}(\hat{s}_x^{(1)}\hat{\rho}^{(1)}) = \sum_{j=\pm}\langle 1_j|\hat{s}_x^{(1)}\hat{\rho}^{(1)}|1_j\rangle = \\ &\quad \langle 1_+|\hat{s}_x^{(1)}\hat{\rho}^{(1)}|1_+\rangle + \langle 1_-|\hat{s}_x^{(1)}\hat{\rho}^{(1)}|1_-\rangle\end{aligned} \tag{2.4.62}$$

其中

$$\langle 1_+|\hat{s}_x^{(1)}\hat{\rho}^{(1)}|1_+\rangle = (1\quad 0)\frac{\hbar}{2}\begin{pmatrix}0 & 1\\ 1 & 0\end{pmatrix}\frac{1}{4}\begin{pmatrix}3 & 1\\ 1 & 1\end{pmatrix}\begin{pmatrix}1\\ 0\end{pmatrix} = \frac{\hbar}{8} \tag{2.4.63}$$

$$\langle 1_-|\hat{s}_x^{(1)}\hat{\rho}^{(1)}|1_-\rangle = (0\quad 1)\frac{\hbar}{2}\begin{pmatrix}0 & 1\\ 1 & 0\end{pmatrix}\frac{1}{4}\begin{pmatrix}3 & 1\\ 1 & 1\end{pmatrix}\begin{pmatrix}0\\ 1\end{pmatrix} = \frac{\hbar}{8} \tag{2.4.64}$$

于是,有

$$\overline{s_x^{(1)}} = \hbar/4 \tag{2.4.65}$$

同理可知

$$\overline{s_y^{(1)}} = 0, \quad \overline{s_z^{(1)}} = \hbar/4 \tag{2.4.66}$$

2.5　路径积分与格林函数

如前所述,从经典力学过渡到量子力学有 3 条不同的途径,虽然各自的出发点和侧重点不同,但是它们是等价的,可谓是殊途同归。关于波动力学和矩阵力学方法在前面已有详细的介绍,本节将讨论路径积分方法,狄拉克和费恩曼从经典作用量与量子力学中的相位关系出发,得出了粒子在某一时刻的运动状态取决于它过去所有可能的历史的结论,从而给出了解决量子力学问题的一个新途经。

2.5.1　传播函数

以一维运动为例,在薛定谔绘景中,若设 t_a 时刻体系的态矢为 $|\Psi(t_a)\rangle$,则在 $t_b > t_a$ 时刻体系的态矢可以表示为

$$|\Psi(t_b)\rangle = \hat{U}(t_b,t_a)\,|\Psi(t_a)\rangle \tag{2.5.1}$$

其中

$$\hat{U}(t_b,t_a) = \mathrm{e}^{-\mathrm{i}\hbar^{-1}\hat{H}(t_b-t_a)} \tag{2.5.2}$$

为前面已经给出的薛定谔绘景中的时间演化算符,只是略去了下标 S。时间演化算符的作用是把 t_a 时刻的状态变成 t_b 时刻的状态。

在坐标表象下,设在 t_a 时刻粒子的波函数为 $\Psi(x_a,t_a)$,则在 t_b 时刻粒子的波函数为

$$\begin{aligned}\Psi(x_b,t_b) = \langle x_b\,|\,\Psi(t_b)\rangle = \langle x_b\,|\,\hat{U}(t_b,t_a)\,|\,\Psi(t_a)\rangle = \\ \int \mathrm{d}x_a \langle x_b\,|\,\hat{U}(t_b,t_a)\,|\,x_a\rangle\langle x_a\,|\,\Psi(t_a)\rangle = \\ \int \mathrm{d}x_a \langle x_b\,|\,\hat{U}(t_b,t_a)\,|\,x_a\rangle\Psi(x_a,t_a) = \\ \int \mathrm{d}x_a K(x_b t_b, x_a t_a)\Psi(x_a,t_a)\end{aligned} \tag{2.5.3}$$

式中的

$$K(x_b t_b, x_a t_a) = \langle x_b\,|\,\hat{U}(t_b,t_a)\,|\,x_a\rangle \tag{2.5.4}$$

称之为**传播函数**或者**传播子**,实际上,它是时间演化算符在坐标表象下的矩阵元。

式(2.5.3)说的是,$\Psi(x_b,t_b)$ 是从何时何地传播来的以及如何传播来的。可以用一个特例来说明传播函数的物理含意,若取 $\Psi(x_a,t_a)=\delta(x_a-x_0)\delta_{t_a,t_0}$,则由式(2.5.3)可知

$\Psi(x_b,t_b)=K(x_bt_b,x_0t_0)$，也就是说，传播函数是粒子从 t_0 时刻处于 x_0 处演化到 t_b 时刻处于 x_b 处的概率幅。

将式(2.5.2)代入式(2.5.4)，可以得到传播函数在海森伯绘景中的表达式

$$K(x_bt_b,x_at_a)=\langle x_bt_b|x_at_a\rangle \tag{2.5.5}$$

其中的 $|x_at_a\rangle$ 与 $|x_bt_b\rangle$ 皆为海森伯绘景中的态矢，即

$$\begin{aligned}|x_at_a\rangle&=\mathrm{e}^{\mathrm{i}\hbar^{-1}\hat{H}t_a}|x_a\rangle\\|x_bt_b\rangle&=\mathrm{e}^{\mathrm{i}\hbar^{-1}\hat{H}t_b}|x_b\rangle\end{aligned} \tag{2.5.6}$$

可以证明[2,24]，$|x_at_a\rangle$ 是海森伯绘景中算符 $x(t_a)=\mathrm{e}^{\mathrm{i}\hbar^{-1}\hat{H}t_a}x\mathrm{e}^{-\mathrm{i}\hbar^{-1}\hat{H}t_a}$ 的本征态，相应的本征值为 x_a，同样地，$|x_bt_b\rangle$ 是海森伯绘景中算符 $x(t_b)=\mathrm{e}^{\mathrm{i}\hbar^{-1}\hat{H}t_b}x\mathrm{e}^{-\mathrm{i}\hbar^{-1}\hat{H}t_b}$ 的本征态，相应的本征值为 x_b。它们的物理含意是，$|x_at_a\rangle$ 和 $|x_bt_b\rangle$ 分别是 t_a 和 t_b 时刻粒子肯定处于 x_a 与 x_b 处的状态。而传播函数就是这两个态矢的内积，或者说是态矢 $|x_at_a\rangle$ 在 $|x_bt_b\rangle$ 上的投影，故传播函数表示粒子从时空点 (x_a,t_a) 运动到 (x_b,t_b) 的概率幅。显然，传播函数也应该满足薛定谔方程

$$\mathrm{i}\hbar\frac{\partial}{\partial t}K(xt,x_at_a)=\hat{H}K(xt,x_at_a) \tag{2.5.7}$$

和初始条件

$$K(xt,x_at_a)=\delta(x-x_a)\delta_{t,t_a} \tag{2.5.8}$$

2.5.2　路径积分

为了计算传播函数，把时间差 t_b-t_a 分为 $n+1$ 等份，即

$$\varepsilon_t=(t_b-t_a)/(n+1) \tag{2.5.9}$$

当 n 很大时，ε_t 是一个具有时间量纲的小量。设

$$t_0=t_a,\quad t_{n+1}=t_b,\quad t_k=t_a+k\varepsilon_t \tag{2.5.10}$$

式中，$k=1,2,3,\cdots,n$（下同）。

若以 x_k 表示 t_k 时刻的坐标变量，则坐标变量的变化范围是

$$x_0=x_a,\quad x_{n+1}=x_b\quad(-\infty\leqslant x_k\leqslant\infty) \tag{2.5.11}$$

海森伯绘景中的态矢 $|x_kt_k\rangle$ 满足完备条件

$$\int\mathrm{d}x_k|x_kt_k\rangle\langle x_kt_k|=1 \tag{2.5.12}$$

将上述封闭关系按时间顺序插入传播函数的表达式(2.5.5)中，得到

$$\begin{aligned}&K(x_bt_b,x_at_a)=\langle x_bt_b|x_at_a\rangle=\\&\int\mathrm{d}x_1\mathrm{d}x_2\cdots\mathrm{d}x_n\langle x_bt_b|x_nt_n\rangle\langle x_nt_n|x_{n-1}t_{n-1}\rangle\cdots\langle x_1t_1|x_at_a\rangle\end{aligned} \tag{2.5.13}$$

上式中的被积函数是 n 个概率幅之积，是一条坐标随时间变化的折线，表示从初态 $|x_at_a\rangle$

到末态 $|x_b t_b\rangle$ 的概率幅。由于式(2.5.13) 中的任何一个 x_k 都是积分变量，当把 x_k 换成 x'_k 时，结果会变成另外一条折线，因此，应该顾及从初态到末态所有可能的积分路径对概率幅的贡献。当 $\varepsilon_t \to 0$ 时，这条折线（路径）变成一条曲线 $x = x(t)$。

下面来计算沿着一条路径的概率幅。

对于自由粒子而言，其哈密顿算符 $\hat{H} = (2m)^{-1}\hat{p}^2$，由式(2.5.6) 可知，概率幅为

$$
\begin{aligned}
\langle x_{k+1}t_{k+1} | x_k t_k\rangle &= \langle x_{k+1} | \mathrm{e}^{-\mathrm{i}\hbar^{-1}\hat{H}t_{k+1}}\mathrm{e}^{\mathrm{i}\hbar^{-1}\hat{H}t_k} | x_k\rangle = \langle x_{k+1} | \mathrm{e}^{-\mathrm{i}\hbar^{-1}\hat{H}\varepsilon_t} | x_k\rangle = \\
&\langle x_{k+1} | \int \mathrm{d}p_k | p_k\rangle\langle p_k | \mathrm{e}^{-\mathrm{i}\hbar^{-1}\hat{H}\varepsilon_t}\int \mathrm{d}p'_k | p'_k\rangle\langle p'_k | x_k\rangle = \\
&\langle x_{k+1} | \int \mathrm{d}p_k | p_k\rangle\int \mathrm{d}p'_k \mathrm{e}^{-\mathrm{i}(2m\hbar)^{-1}p_k^2\varepsilon_t}\langle p_k | p'_k\rangle\langle p'_k | x_k\rangle = \\
&\int \mathrm{d}p_k\langle x_{k+1} | p_k\rangle\langle p_k | x_k\rangle \mathrm{e}^{-\mathrm{i}\hbar^{-1}H(p_k)\varepsilon_t}
\end{aligned}
\tag{2.5.14}
$$

类似于薛定谔方程的建立过程，若做一个基本假设，即 $\hat{H} = (2m)^{-1}\hat{p}^2 + V(x)$ 时上述结论仍然成立，则有

$$
\langle x_{k+1}t_{k+1} | x_k t_k\rangle = \int \mathrm{d}p_k\langle x_{k+1} | p_k\rangle\langle p_k | x_k\rangle \mathrm{e}^{-\mathrm{i}\hbar^{-1}H(x_k,p_k)\varepsilon_t}
\tag{2.5.15}
$$

下面对式(2.5.15) 进行改写。

首先，写出式(2.5.15) 中的两个内积的具体表达式

$$
\begin{aligned}
\langle x_{k+1} | p_k\rangle &= (2\pi\hbar)^{-1/2}\mathrm{e}^{\mathrm{i}\hbar^{-1}p_k x_{k+1}} \\
\langle p_k | x_k\rangle &= (2\pi\hbar)^{-1/2}\mathrm{e}^{-\mathrm{i}\hbar^{-1}p_k x_k}
\end{aligned}
\tag{2.5.16}
$$

将其代入式(2.5.15)，得到

$$
\langle x_{k+1}t_{k+1} | x_k t_k\rangle = (2\pi\hbar)^{-1}\int \mathrm{d}p_k \mathrm{e}^{\mathrm{i}\hbar^{-1}\varepsilon_t[p_k\dot{x}_k - H(x_k,p_k)]}
\tag{2.5.17}
$$

其中

$$
\dot{x}_k = (x_{k+1} - x_k)/\varepsilon_t
\tag{2.5.18}
$$

其次，对式(2.5.17) 右端的 e 指数的函数做配方处理，并注意到对 p_k 做积分时 $\dot{x}_k$ 是常数，于是有

$$
\begin{aligned}
(2\pi\hbar)^{-1}\int \mathrm{d}p_k \mathrm{e}^{\mathrm{i}\hbar^{-1}\varepsilon_t(p_k\dot{x}_k - H)} &= (2\pi\hbar)^{-1}\int \mathrm{d}p \mathrm{e}^{\mathrm{i}\hbar^{-1}\varepsilon_t[p_k\dot{x}_k - (2m)^{-1}p_k^2 - V(x_k)]} = \\
&\mathrm{e}^{\mathrm{i}\hbar^{-1}\varepsilon_t[2^{-1}m\dot{x}_k^2 - V(x_k)]}(2\pi\hbar)^{-1}\int \mathrm{d}p_k \mathrm{e}^{-\mathrm{i}(2m\hbar)^{-1}\varepsilon_t(p_k - m\dot{x}_k)^2} = \\
&\mathrm{e}^{\mathrm{i}\hbar^{-1}\varepsilon_t[2^{-1}m\dot{x}_k^2 - V(x_k)]}(2\pi\hbar)^{-1}\int \mathrm{d}p_k \mathrm{e}^{|[\mathrm{i}\varepsilon_t(2m\hbar)^{-1}]^{1/2}(p_k - m\dot{x}_k)|^2} = \\
&\mathrm{e}^{\mathrm{i}\hbar^{-1}\varepsilon_t[2^{-1}m\dot{x}_k^2 - V(x_k)]}(2\pi\hbar)^{-1}[2\pi m\hbar(\mathrm{i}\varepsilon_t)^{-1}]^{1/2} = \\
&[m(\mathrm{i}2\pi\varepsilon_t\hbar)^{-1}]^{1/2}\mathrm{e}^{\mathrm{i}\hbar^{-1}\varepsilon_t[2^{-1}m\dot{x}_k^2 - V(x_k)]}
\end{aligned}
\tag{2.5.19}
$$

其中用到积分公式

$$\int_0^{\infty} e^{-\alpha^2 x^2} dx = \pi^{1/2}/(2\alpha) \tag{2.5.20}$$

由拉格朗日(Lagrange) 函数的定义可知

$$L(x_k, \dot{x}_k) = 2^{-1} m \dot{x}_k^2 - V(x_k) \tag{2.5.21}$$

将上式代入式(2.5.19),得到

$$\langle x_{k+1} t_{k+1} \mid x_k t_k \rangle = [m(\mathrm{i}2\pi\varepsilon_t \hbar)^{-1}]^{1/2} e^{\mathrm{i}\hbar^{-1}\varepsilon_t L(x_k, \dot{x}_k)} \tag{2.5.22}$$

再将其代入式(2.5.13),得到

$$\langle x_b t_b \mid x_a t_a \rangle = \int \prod_k dx_k [m(\mathrm{i}2\pi\varepsilon_t \hbar)^{-1}]^{n/2} e^{\mathrm{i}\hbar^{-1}\varepsilon_t \sum\limits_{k'} L(x_{k'}, \dot{x}_{k'})} \tag{2.5.23}$$

最后,考虑 $\varepsilon_t \to 0$ 时的极限情况。因为一组 x_k 的值确定一个函数 $x(t)$,所以上式中的 x_k 可以用 $x(t)$ 来代替,而其中的求和项变成对 t 的积分,即

$$S = \varepsilon_t \sum_{k'} L(x_{k'}, \dot{x}_{k'}) \to \int_{t_a}^{t_b} dt L(x, \dot{x}) \tag{2.5.24}$$

S 是**作用量**,由于它是函数 $x(t)$ 的函数,故称之为**作用量泛函**。

由于多重积分是对所有路径 $x(t)$ 的求和,由定义可知它就是泛函积分 $\int D[x(t)]$,故有**传播函数的路径积分表示**

$$K(b,a) = N \int D[x] e^{\mathrm{i}\hbar^{-1} S[x(t)]} \tag{2.5.25}$$

式中,$x(t)$ 为从 x_a 到 x_b 的一切可能的路径。当 $\varepsilon_t \to 0$ 时,$N = [m(\mathrm{i}2\pi\varepsilon_t \hbar)^{-1}]^{n/2}$ 为一个无穷大的常数,在完成路径积分后无穷大将自动消去,实际上它是一个归一化常数[2.26]。由于作用量具有 $\hbar$ 的量纲,故式(2.5.25) 中的 e 指数的幂次无量纲。

传播函数的路径积分表示是从正则量子化理论导出的。它表明概率波是这样传播的,粒子从点(x_a, t_a) 可以沿任意路径 $x(t)$ 到达另外一点(x_b, t_b),概率幅为 $e^{\mathrm{i}\hbar^{-1} S[x(t)]}$,总振幅等于所有分振幅的叠加,且不同路径的权重相等。若已知传播函数,则可以利用式(2.5.3) 求出波函数,意味着将求解薛定谔方程的问题化成了计算传播函数的问题。

在式(2.5.25) 中,普朗克常数 $\hbar$ 的存在具有重要的意义。

当 $\hbar \to 0$ 时,能保证经典极限的正确性。此时,指数因子会产生剧烈振荡,使得式(2.5.25) 中只有一项起主要作用,那就是使 S 取极值的经典轨道 $x_{\mathrm{CL}}(t)$ 的贡献,变分原理给出

$$\partial S[x_{\mathrm{CL}}(t)] = 0 \tag{2.5.26}$$

由此可以导出经典力学的拉格朗日方程

$$\frac{d}{dt}\left(\frac{\partial L}{\partial \dot{x}}\right) - \frac{\partial L}{\partial x} = 0 \tag{2.5.27}$$

当 $\hbar \neq 0$ 时,不仅经典轨道,而且一切轨道都将做出贡献,此即从经典力学到量子力学的过渡。

费恩曼把传播函数的路径积分表示作为量子力学的一个基本假定,来代替正则量子化,在这个假定的基础上,建立量子力学的方案称为**路径积分量子化**。

2.5.3 格林函数

传播函数也可以用格林函数来表示,格林函数的定义有多种,这里,在坐标表象下,将其定义为如下非齐次方程的解

$$\left(\mathrm{i}\hbar\frac{\partial}{\partial t'}-\hat{H}\right)G(\boldsymbol{r}'t',\boldsymbol{r}t)=\delta^3(\boldsymbol{r}-\boldsymbol{r}')\delta(t-t') \tag{2.5.28}$$

用代入法可以验证[2.28]

$$G(\boldsymbol{r}'t',\boldsymbol{r}t)=-\frac{\mathrm{i}}{\hbar}\sum_n\psi_n(\boldsymbol{r}')\psi_n^*(\boldsymbol{r})\mathrm{e}^{-\mathrm{i}\hbar^{-1}E_n(t'-t)}\mathrm{H}(t'-t) \tag{2.5.29}$$

是式(2.5.28)的解,称其为**格林函数**。其中$\{E_n\}$与$\{|\psi_n\rangle\}$分别为哈密顿算符的能谱和本征函数系,而$\psi_n(\boldsymbol{r})$为坐标表象下的本征矢,即

$$\psi_n(\boldsymbol{r})=\langle\boldsymbol{r}|\psi_n\rangle \tag{2.5.30}$$

$\mathrm{H}(t'-t)$ 为阶梯函数,即

$$\mathrm{H}(t'-t)=\begin{cases}1 & (t'>t)\\0 & (t'<t)\end{cases} \tag{2.5.31}$$

类似于波函数是坐标与时间的函数,如此定义的格林函数也是坐标与时间的函数。

另一方面,传播函数可以展开为

$$\begin{aligned}K(\boldsymbol{r}'t',\boldsymbol{r}t)&=\langle\boldsymbol{r}'t'|\boldsymbol{r}t\rangle=\langle\boldsymbol{r}'|\mathrm{e}^{-\mathrm{i}\hbar^{-1}\hat{H}(t'-t)}|\boldsymbol{r}\rangle=\\&\sum_{n,n'}\langle\boldsymbol{r}'|\psi_{n'}\rangle\langle\psi_{n'}|\mathrm{e}^{-\mathrm{i}\hbar^{-1}\hat{H}(t'-t)}|\psi_n\rangle\langle\psi_n|\boldsymbol{r}\rangle=\\&\sum_n\psi_n(\boldsymbol{r}')\psi_n^*(\boldsymbol{r})\mathrm{e}^{-\mathrm{i}\hbar^{-1}E_n(t'-t)}\quad(t'>t)\end{aligned} \tag{2.5.32}$$

比较式(2.5.32)与式(2.5.29)可知,格林函数与传播函数之间的关系为

$$G(\boldsymbol{r}'t',\boldsymbol{r}t)=-\mathrm{i}\hbar^{-1}K(\boldsymbol{r}'t',\boldsymbol{r}t)\mathrm{H}(t'-t) \tag{2.5.33}$$

由此可见,传播函数与格林函数只相差常数因子,两者的物理内涵是一样的。

对格林函数做傅里叶变换,可以得到用坐标与能量表示的格林函数[2.29]

$$\begin{aligned}\tilde{G}(\boldsymbol{r}'\boldsymbol{r},E)&=\int_{-\infty}^{\infty}G(\boldsymbol{r}'t',\boldsymbol{r}t)\mathrm{e}^{\mathrm{i}\hbar^{-1}E(t'-t)}\mathrm{d}(t'-t)=\\&\sum_n\frac{\psi_n(\boldsymbol{r}')\psi_n^*(\boldsymbol{r})}{E-E_n+\mathrm{i}\varepsilon}\quad(\varepsilon\to 0)\end{aligned} \tag{2.5.34}$$

反之,有

$$G(\boldsymbol{r}'t',\boldsymbol{r}t) = \int_{-\infty}^{\infty} \tilde{G}(\boldsymbol{r}'\boldsymbol{r},E)\,\mathrm{e}^{-\mathrm{i}\hbar^{-1}E(t'-t)}\,\mathrm{d}E \tag{2.5.35}$$

本章结束语：从不同的角度来看量子理论，它可以具有不同的表述形式，虽然形式可以千变万化，但是万变不离其宗，量子化才是其根本所在。苏东坡的题西林壁是不同形式量子理论的最好的注释，即"横看成岭侧成峰，远近高低各不同，不识庐山真面目，只缘身在此山中。"

习　题　2

习题 2.1　若 $\hat{S}$ 为任意一个幺正算符，$\hat{A}$ 与 $\hat{B}$ 为任意厄米算符，且 $\hat{A}\,|\varphi_n\rangle = a_n\,|\varphi_n\rangle$，证明

$$(\hat{S}^\dagger\hat{A}\hat{S})\hat{S}^\dagger\,|\varphi_n\rangle = a_n\hat{S}^\dagger\,|\varphi_n\rangle$$

$$\hat{S}^\dagger[\hat{A},\hat{B}]\hat{S} = [\hat{S}^\dagger\hat{A}\hat{S},\hat{S}^\dagger\hat{B}\hat{S}]$$

$$\mathrm{Tr}\,(\hat{S}^\dagger\hat{A}\hat{S}) = \mathrm{Tr}\,\hat{A}$$

$$\det(\hat{S}^\dagger\hat{A}\hat{S}) = \det\hat{A}$$

习题 2.2　导出坐标算符在动量表象中的形式，即

$$\hat{\boldsymbol{r}} = \mathrm{i}\hbar\left[\boldsymbol{i}\frac{\partial}{\partial p_x} + \boldsymbol{j}\frac{\partial}{\partial p_y} + \boldsymbol{k}\frac{\partial}{\partial p_z}\right]$$

习题 2.3　若 $\hat{S}$ 为任意一个幺正算符，$\hat{A}$ 为任意厄米算符，且 $\hat{A}\,|\varphi_n\rangle = a_n\,|\varphi_n\rangle$，在任意状态 $|\psi\rangle$ 下，证明表象变换不影响 $\hat{A}$ 的取值概率与平均值。

习题 2.4　若算符 $\hat{U}$ 与 $\hat{V}$ 的定义分别为

$$\hat{U} = \sum_k\,|a_k\rangle\langle b_k|$$

$$\hat{V} = \sum_k\,|b_k\rangle\langle a_k|$$

其中，$\{|a_k\rangle\}$ 与 $\{|b_k\rangle\}$ 为任意两个正交归一完备函数系，证明算符 $\hat{U}$ 与 $\hat{V}$ 皆为幺正算符，互为厄米共轭，并且满足

$$U_{ij} = \langle b_i\,|\,a_j\rangle$$

$$V_{ij} = \langle a_i\,|\,b_j\rangle$$

习题 2.5　一个中子处于如下的旋转磁场中

$$\boldsymbol{B} = B_0\boldsymbol{k} + B_1\cos(\omega t)\boldsymbol{i} - B_1\sin(\omega t)\boldsymbol{j}$$

式中，B_0、B_1 皆为常数。在相互作用绘景中，导出波函数满足的运动方程。若初始时刻 $(t=0)$ 中子的磁矩与 z 轴同向，求出任意时刻发现其自旋向上的概率。

习题 2.6　证明

$$\hat{A}^n\hat{B} = \sum_{i=0}^{n} c_{ni}[\hat{A}^{(i)},\hat{B}]\hat{A}^{n-i} = \sum_{i=0}^{n} \frac{n!}{(n-i)!\ i!}[\hat{A}^{(i)},\hat{B}]\hat{A}^{n-i}$$

其中,两个互不对易的线性算符 $\hat{A}$ 与 $\hat{B}$ 的多重对易子为

$$\begin{aligned}
&[\hat{A}^{(0)},\hat{B}] = \hat{B}, && [\hat{B},\hat{A}^{(0)}] = \hat{B}\\
&[\hat{A}^{(1)},\hat{B}] = [\hat{A},\hat{B}], && [\hat{B},\hat{A}^{(1)}] = [\hat{B},\hat{A}]\\
&[\hat{A}^{(2)},\hat{B}] = [\hat{A},[\hat{A}^{(1)},\hat{B}]], && [\hat{B},\hat{A}^{(2)}] = [[\hat{B},\hat{A}^{(1)}],\hat{A}]\\
&[\hat{A}^{(3)},\hat{B}] = [\hat{A},[\hat{A}^{(2)},\hat{B}]], && [\hat{B},\hat{A}^{(3)}] = [[\hat{B},\hat{A}^{(2)}],\hat{A}]\\
&\quad\vdots && \quad\vdots
\end{aligned}$$

习题 2.7　证明

$$e^{\hat{A}}\hat{B}e^{-\hat{A}} = \sum_{i=0}^{\infty}(i!)^{-1}[\hat{A}^{(i)},\hat{B}]$$

进而导出

$$\hat{W}(t) = \beta\hbar(\hat{A}_+ e^{i\omega t} + \hat{A}_- e^{-i\omega t})$$

习题 2.8　利用上题中的结果计算 $\hat{U}(t,0)$ 至二级近似。

习题 2.9　利用上题中的结果计算 $|\Psi(t)\rangle = \hat{U}(t,0)|n\rangle$ 至二级近似。

习题 2.10　若两个互不对易的算符 $\hat{A}$ 与 $\hat{B}$ 皆与它们的对易子 $\hat{C} = [\hat{A},\hat{B}]$ 对易,则有

$$(\hat{A}+\hat{B})[\hat{A}+\hat{B}]^n = [\hat{A}+\hat{B}]^{n+1} - n\hat{C}[\hat{A}+\hat{B}]^{n-1}$$

其中,$[\hat{A}+\hat{B}]^n$ 不是通常的两个算符之和的 n 次幂,它不顾及算符之间的对易关系,在展开式的每一项中,都把算符 $\hat{A}$ 写在算符 $\hat{B}$ 的前面,即

$$[\hat{A}+\hat{B}]^n = \sum_{i=0} n!\ [(n-i)!\ i!]^{-1}\hat{A}^{n-i}\hat{B}^i$$

习题 2.11　若两个互不对易的算符 $\hat{A}$ 与 $\hat{B}$ 皆与它们的对易子 $\hat{C} = [\hat{A},\hat{B}]$ 对易,证明

$$(\hat{A}+\hat{B})^n = \sum_{i=0}^{\infty} n!\ [(n-2i)!\ i!]^{-1}[\hat{A}+\hat{B}]^{n-2i}(-\hat{C}/2)^i$$

习题 2.12　若两个互不对易的算符 $\hat{A}$ 与 $\hat{B}$ 皆与它们的对易子 $\hat{C} = [\hat{A},\hat{B}]$ 对易,证明哥劳勃公式

$$e^{\hat{A}+\hat{B}} = e^{\hat{A}}e^{\hat{B}}e^{-\hat{C}/2}$$

习题 2.13　若两个互不对易的算符 $\hat{A}$ 与 $\hat{B}$ 皆与它们的对易子 $\hat{C} = [\hat{A},\hat{B}]$ 对易,用另外的方法证明哥劳勃公式

$$e^{\hat{A}+\hat{B}} = e^{\hat{A}}e^{\hat{B}}e^{-\hat{C}/2}$$

习题 2.14　在线谐振子基态 $|0\rangle$ 之下,证明

$$\overline{(\Delta x)^2}\ \overline{(\Delta p)^2} = \hbar^2/4$$

习题 2.15　将降算符的本征态

$$|z\rangle = c_0\sum_{n=0}^{\infty}(n!)^{-1/2}z^n|n\rangle$$

归一化。

习题 2.16　证明升算符 $\hat{A}_+$ 与降算符 $\hat{A}_-$ 经过幺正变换后的形式为

$$\hat{U}(t)\hat{A}_-\hat{U}^{-1}(t)=\hat{A}_-+z(t)$$
$$\hat{U}(t)\hat{A}_+\hat{U}^{-1}(t)=\hat{A}_++z^*(t)$$

式中

$$\hat{U}(t)=\mathrm{e}^{-z(t)\hat{A}_++z^*(t)\hat{A}_-}$$

习题 2.17　受迫振子的哈密顿算符为

$$\hat{H}(t)=(2\mu)^{-1}\hat{p}^2+2^{-1}\mu\omega^2x^2-F(t)x-G(t)\hat{p}$$

求出满足薛定谔方程的波函数。

习题 2.18　若定义压缩算符

$$\hat{S}(\gamma)=\mathrm{e}^{\gamma\hat{A}_+^2/2-\gamma\hat{A}_-^2/2}$$

证明

$$\hat{S}^\dagger(\gamma)f(\hat{A}_-,\hat{A}_+)\hat{S}(\gamma)=f(\hat{B}_-(\gamma),\hat{B}_+(\gamma))$$

式中，$f(\hat{A}_-,\hat{A}_+)$ 为 $\hat{A}_-$ 与 $\hat{A}_+$ 的任意次幂的函数，而

$$\hat{B}_\pm(\gamma)=\hat{S}^\dagger(\gamma)\hat{A}_\pm\hat{S}(\gamma)$$

习题 2.19　证明

$$\hat{S}^\dagger(\gamma)x\hat{S}(\gamma)=x\mathrm{e}^\gamma$$
$$\hat{S}^\dagger(\gamma)\hat{p}\hat{S}(\gamma)=\hat{p}\mathrm{e}^{-\gamma}$$

习题 2.20　在压缩后的真空态

$$|0\rangle_\gamma=\hat{S}(\gamma)\,|0\rangle$$

下，证明

$$\overline{(\Delta x)^2}\;\overline{(\Delta p)^2}=\hbar^2/4$$

习题 2.21　利用位移算符 $\hat{D}(z)$ 将压缩后的真空态 $|0\rangle_\gamma=\hat{S}(\gamma)\,|0\rangle$ 的中心移至复平面的 z 点处，得到压缩态

$$|z\rangle_\gamma=\hat{D}(z)\,|0\rangle_\gamma=\hat{D}(z)\hat{S}(\gamma)\,|0\rangle$$

在此压缩态下，证明

$$\overline{(\Delta A_1)^2}=\mathrm{e}^{2\gamma}/4,\quad \overline{(\Delta A_2)^2}=\mathrm{e}^{-2\gamma}/4$$

其中

$$\hat{A}_1=(2\hbar\mu^{-1}\omega^{-1})^{-1/2}x,\quad \hat{A}_2=(2\mu\omega\hbar)^{-1/2}\hat{p}$$

习题 2.22　证明

$$(\hat{p}_n)^\dagger=\hat{p}_n,\quad (\hat{p}_n)^\dagger=(\hat{p}_n)^{-1}$$

$$\hat{p}_m\hat{p}_n=\begin{cases}\hat{p}_n & (m=n)\\ 0 & (m\neq n)\end{cases}$$

$$\sum_n \hat{p}_n = 1$$
$$\mathrm{Tr}\,\hat{p}_n = 1$$
$$\langle\psi\,|\,\hat{p}_n\,|\,\psi\rangle \geqslant 0$$
$$[\hat{p}_n, \hat{F}] = 0$$

其中,投影算符为

$$\hat{p}_n = |\,n\rangle\langle n\,|$$

而 $|\,n\rangle$ 满足

$$\hat{F}\,|\,n\rangle = f_n\,|\,n\rangle$$

习题 2.23 设厄米算符 $\hat{F}$ 满足 $\hat{F}\,|\,u_n\rangle = f_n\,|\,u_n\rangle$,其中,$n = 1,2,3,\cdots$。已知状态为

$$|\,\psi\rangle = 2^{-1/2}\,|\,u_1\rangle + \mathrm{i}2^{-1}\,|\,u_2\rangle + 2^{-1}\,|\,u_3\rangle$$

导出状态的密度算符的矩阵表示,并求出其本征值。进而分别用波函数与密度矩阵计算力学量 F 的取值概率与平均值。

习题 2.24 证明

$$|\,x_a t_a\rangle = \mathrm{e}^{\mathrm{i}\hbar^{-1}\hat{H}t_a}\,|\,x_a\rangle$$

是海森伯绘景中算符 $x(t_a)$ 的本征态,相应的本征值为 x_a。

习题 2.25 证明

$$\Psi(\boldsymbol{r}',t') = \int \mathrm{d}\boldsymbol{r}\langle\boldsymbol{r}'\,|\,\mathrm{e}^{-\mathrm{i}\hbar^{-1}\hat{H}(t'-t)}\,|\,\boldsymbol{r}\rangle\Psi(\boldsymbol{r},t)$$

满足薛定谔方程。

习题 2.26 计算积分

$$I = (2\pi\hbar)^{-1}\int_{-\infty}^{\infty}\mathrm{d}p\mathrm{e}^{-[\mathrm{i}(2m\hbar)^{-1}\varepsilon_t](p-m\dot{x})^2}$$

习题 2.27 计算自由粒子的传播子。

习题 2.28 验证格林函数

$$G(\boldsymbol{r}'t',\boldsymbol{r}t) = -\,\mathrm{i}\hbar^{-1}\sum_n \psi_n(\boldsymbol{r}')\psi_n^*(\boldsymbol{r})\mathrm{e}^{-\mathrm{i}\hbar^{-1}E_n(t'-t)}\mathrm{H}(t'-t)$$

是方程

$$\left(\mathrm{i}\hbar\frac{\partial}{\partial t'} - \hat{H}\right)G(\boldsymbol{r}'t',\boldsymbol{r}t) = \delta^3(\boldsymbol{r}-\boldsymbol{r}')\delta(t-t')$$

的解。式中的 $\psi_n(\boldsymbol{r})$ 是哈密顿算符对应第 n 个能量本征值 E_n 的本征波函数。

习题 2.29 证明格林函数 $G(\boldsymbol{r}'t',\boldsymbol{r}t)$ 的傅里叶变换为

$$\tilde{G}(\boldsymbol{r}'\boldsymbol{r},E) = \sum_n \frac{\psi_n(\boldsymbol{r}')\psi_n^*(\boldsymbol{r})}{E - E_n + \mathrm{i}\varepsilon}\quad(\varepsilon\to 0)$$

第3章 定态的递推与迭代解法

在研究了量子力学的各种形式理论之后,接下来的问题就是如何求解定态薛定谔方程。所谓定态即能量取确定值的状态,定态可以是束缚态也可以是非束缚态。对于多数的真实物理体系而言,不能得到其解析形式的严格解,于是,一些近似求解定态薛定谔方程的方法应运而生,例如,利用微扰论、变分法及 WKB 等常规的近似方法可以得到较低级的近似结果。

在通常的微扰论与变分法的基础上,本章将介绍两种具有实用价值的求解方法,即定态的递推和迭代解法,它们的优点是能使其计算结果以任意精度逼近严格解。主要内容包括:无简并微扰论公式及其递推形式;简并微扰论公式及其递推形式;微扰论递推公式应用举例;变分法;最陡下降法;一维透射系数的递推计算;常用算符矩阵元的计算。

本章中所用到的数值计算程序均出自《量子物理学中的常用算法与程序》,井孝功,赵永芳,蒿凤有编著,哈尔滨工业大学出版社,2010 年。

3.1 无简并微扰论公式及其递推形式

对于束缚定态问题,由通常的无简并微扰论可知,能量的一级修正是微扰算符的对角元,而能量的二级修正则是一个求和项,随着微扰级数的增加,高级修正的计算公式会变得越来越繁杂,使得高级近似结果难以得到。

本节将导出无简并微扰论的递推形式,利用它可以逐级计算到能量本征解的任意级修正,或者说,能使其计算结果以任意精度逼近严格解,它特别适合于利用计算机程序进行计算,从而将微扰论提高到一个更加实用的层次。

3.1.1 定态微扰论

设体系的哈密顿算符 $\hat{H}$ 的本征方程可以写成

$$\hat{H}\,|\psi_{k\gamma}\rangle = E_{k\gamma}\,|\psi_{k\gamma}\rangle \quad (\gamma = 1,2,\cdots,f_k) \tag{3.1.1}$$

并且,$\hat{H}$ 满足如下3个条件:

(1)$\hat{H}$ 可以写成两项之和,即 $\hat{H} = \hat{H}_0 + \hat{W}$;

(2)$\hat{W}$ 的作用相对 $\hat{H}_0$ 而言是一级小量,$\hat{W}$ 称为**微扰算符**,$\hat{H}_0$ 称为**无微扰哈密顿算符**;

(3)$\hat{H}_0$ 满足的本征方程

$$\hat{H}_0 \mid \varphi_{j\beta} \rangle = E_j^0 \mid \varphi_{j\beta} \rangle \quad (\beta = 1, 2, \cdots, f_j) \tag{3.1.2}$$

的解 E_j^0 和 $|\varphi_{j\beta}\rangle$ 已经求出。式中的英文字母 k,j 表示能级量子数,希腊字母 γ,β 表示简并量子数。

当上述 3 个条件皆被满足时,可以逐级求出第 $k\gamma$ 个能量本征值 $E_{k\gamma}$ 与本征矢 $|\psi_{k\gamma}\rangle$ 的近似值,通常把这种近似求解方法称之为**定态微扰论**,简称**微扰论**。为了与近似解相区别,也把对 $\hat{H}$ 不做任何取舍时所求得的解 $E_{k\gamma}$ 和 $|\psi_{k\gamma}\rangle$ 称之为**严格解**或**精确解**。显然,$\hat{H}_0$ 的解就是 $\hat{H}$ 的零级近似解。

微扰论只能逐个能级进行求解,假设欲求第 k 个能级的解,当待求能级 E_k 的零级近似 E_k^0 是无简并能级($f_k = 1$)时,不论其他能级是否存在简并,均可以利用本节导出的无简并微扰论公式进行计算,否则,应该使用下一节将介绍的简并微扰论方法进行处理。

下面将分别介绍无简并的汤川(Yukawa)、维格纳(Wigner)、戈德斯通(Goldstone)和薛定谔的微扰论公式及其递推形式。

3.1.2 汤川公式

1. 无简并微扰展开

对欲求解的第 k 个能级而言,若 $\hat{H}_0$ 的解 E_k^0 无简并,则式(3.1.1)与式(3.1.2)中的简并量子数可以略去,$\hat{H}$ 的第 k 个能级的严格解可按微扰级数展开为

$$\begin{aligned} E_k &= E_k^{(0)} + E_k^{(1)} + E_k^{(2)} + \cdots + E_k^{(n)} + \cdots \\ |\psi_k\rangle &= |\psi_k^{(0)}\rangle + |\psi_k^{(1)}\rangle + |\psi_k^{(2)}\rangle + \cdots + |\psi_k^{(n)}\rangle + \cdots \end{aligned} \tag{3.1.3}$$

其中,$E_k^{(0)}$ 与 $|\psi_k^{(0)}\rangle$ 分别称为第 k 个能级的本征值与本征矢的**零级近似**,而当 $n > 0$ 时,$E_k^{(n)}$ 与 $|\psi_k^{(n)}\rangle$ 分别称为第 k 个能级的本征值与本征矢的**第 n 级修正**,相对零级近似而言,它们是 n 级小量。

设严格本征矢的第 $n > 0$ 级修正 $|\psi_k^{(n)}\rangle$ 中不含有零级近似本征矢 $|\psi_k^{(0)}\rangle$ 的分量,并且零级近似本征矢 $|\psi_k^{(0)}\rangle$ 是归一化的,即要求

$$\langle \psi_k^{(0)} | \psi_k^{(n)} \rangle = \delta_{n,0} \tag{3.1.4}$$

下面导出各级近似解满足的方程。

首先,将式(3.1.3)代入略去简并量子数后的式(3.1.1),得到

$$\begin{aligned} &(\hat{H}_0 + \hat{W})[\,|\psi_k^{(0)}\rangle + |\psi_k^{(1)}\rangle + |\psi_k^{(2)}\rangle + \cdots] = \\ &[E_k^{(0)} + E_k^{(1)} + E_k^{(2)} + \cdots][\,|\psi_k^{(0)}\rangle + |\psi_k^{(1)}\rangle + |\psi_k^{(2)}\rangle + \cdots] \end{aligned} \tag{3.1.5}$$

其次,对上式进行整理

$$\begin{aligned} &\hat{H}_0 |\psi_k^{(0)}\rangle + \hat{H}_0 |\psi_k^{(1)}\rangle + \hat{H}_0 |\psi_k^{(2)}\rangle + \cdots + \\ &\hat{W} |\psi_k^{(0)}\rangle + \hat{W} |\psi_k^{(1)}\rangle + \hat{W} |\psi_k^{(2)}\rangle + \cdots = \end{aligned}$$

$$E_k^{(0)}|\psi_k^{(0)}\rangle + E_k^{(0)}|\psi_k^{(1)}\rangle + E_k^{(0)}|\psi_k^{(2)}\rangle + \cdots +$$
$$E_k^{(1)}|\psi_k^{(0)}\rangle + E_k^{(1)}|\psi_k^{(1)}\rangle + E_k^{(1)}|\psi_k^{(2)}\rangle + \cdots +$$
$$E_k^{(2)}|\psi_k^{(0)}\rangle + E_k^{(2)}|\psi_k^{(1)}\rangle + E_k^{(2)}|\psi_k^{(2)}\rangle + \cdots \tag{3.1.6}$$

最后,比较上式两端的数量级,顾及到微扰算符 $\hat{W}$ 为一级小量,由等式两端同数量级的项相等可知,零级近似和各级修正满足的方程分别为

$$[\hat{H}_0 - E_k^{(0)}]|\psi_k^{(0)}\rangle = 0 \tag{3.1.7}$$

$$[\hat{H}_0 - E_k^{(0)}]|\psi_k^{(1)}\rangle = [E_k^{(1)} - \hat{W}]|\psi_k^{(0)}\rangle \tag{3.1.8}$$

$$[\hat{H}_0 - E_k^{(0)}]|\psi_k^{(2)}\rangle = [E_k^{(1)} - \hat{W}]|\psi_k^{(1)}\rangle + E_k^{(2)}|\psi_k^{(0)}\rangle \tag{3.1.9}$$

$$[\hat{H}_0 - E_k^{(0)}]|\psi_k^{(3)}\rangle = [E_k^{(1)} - \hat{W}]|\psi_k^{(2)}\rangle + E_k^{(2)}|\psi_k^{(1)}\rangle + E_k^{(3)}|\psi_k^{(0)}\rangle \tag{3.1.10}$$

$$\vdots$$

$$[\hat{H}_0 - E_k^{(0)}]|\psi_k^{(n)}\rangle = [E_k^{(1)} - \hat{W}]|\psi_k^{(n-1)}\rangle + E_k^{(2)}|\psi_k^{(n-2)}\rangle + E_k^{(3)}|\psi_k^{(n-3)}\rangle + \cdots + E_k^{(n)}|\psi_k^{(0)}\rangle \tag{3.1.11}$$

$$\vdots$$

上述方程使用了无表象的狄拉克符号,若要进行数值计算,则需要选定一个具体的表象,通常选 H_0 表象。由封闭关系可知,待求本征矢 $|\psi_k\rangle$ 的第 n 级修正可以写成

$$|\psi_k^{(n)}\rangle = \sum_j |\varphi_j\rangle\langle\varphi_j|\psi_k^{(n)}\rangle = \sum_j B_{jk}^{(n)}|\varphi_j\rangle \tag{3.1.12}$$

其中

$$B_{jk}^{(n)} = \langle\varphi_j|\psi_k^{(n)}\rangle \tag{3.1.13}$$

显然,$B_{jk}^{(n)}$ 是 H_0 表象下待求波函数第 n 级修正 $|\psi_k^{(n)}\rangle$ 的 j 分量。

利用微扰论进行近似求解时,只能从低到高逐级做计算。下面从零级近似出发,逐级导出各级修正的表达式。

2. 零级近似

将略去简并量子数后的式(3.1.2) 和式(3.1.7) 相比较,立即得到零级近似解,即

$$E_k^{(0)} = E_k^0$$
$$|\psi_k^{(0)}\rangle = |\varphi_k\rangle \tag{3.1.14}$$

由式(3.1.13) 可知,在 H_0 表象下零级近似波函数的 j 分量为

$$B_{jk}^{(0)} = \delta_{j,k} \tag{3.1.15}$$

3. 一级修正

用$\langle\varphi_k|$ 左乘式(3.1.8) 两端,利用式(3.1.14) 及 $\hat{H}_0$ 的厄米性,可以得到能量的一级修正

$$E_k^{(1)} = \langle\varphi_k|\hat{W}|\varphi_k\rangle = W_{kk} \tag{3.1.16}$$

上式表明,能量一级修正就是微扰算符 $\hat{W}$ 在 H_0 表象下的第 k 个对角元,或者说是微扰算

符 $\hat{W}$ 在 $\hat{H}_0$ 的第 k 个本征态 $|\varphi_k\rangle$ 上的平均值。

为了导出本征矢的一级修正公式,需要用到去 $|\varphi_k\rangle$ 态矢投影算符

$$\hat{q}_k = 1 - |\varphi_k\rangle\langle\varphi_k| \tag{3.1.17}$$

在第 2 章中已经说明,$\hat{q}_k$ 是一个表示向 $|\varphi_k\rangle$ 以外空间投影的算符。

由于算符 $\hat{q}_k$ 与 $\hat{H}_0 - E_k^0$ 对易,故可令

$$\hat{A}_k = \hat{q}_k(\hat{H}_0 - E_k^0)^{-1} = (\hat{H}_0 - E_k^0)^{-1}\hat{q}_k \tag{3.1.18}$$

用上式从左作用式(3.1.8) 两端,得到

$$\hat{q}_k\,|\psi_k^{(1)}\rangle = (\hat{H}_0 - E_k^0)^{-1}\hat{q}_k[E_k^{(1)} - \hat{W}]\,|\psi_k^{(0)}\rangle \tag{3.1.19}$$

此即待求本征矢一级修正的表达式。其中,左端的 $\hat{q}_k$ 使式(3.1.4) 的要求得到满足,右端的 $\hat{q}_k$ 保证了分母不可能为零。

为了得到式(3.1.19) 在 H_0 表象下的形式,用$\langle\varphi_j|$ 左乘其两端,当 $j = k$ 时,$B_{kk}^{(1)} = 0$,当 $j \neq k$ 时,由 $\hat{H}_0$ 的厄米性及$\langle\varphi_j|\varphi_k\rangle = 0$ 可知

$$\begin{aligned} B_{jk}^{(1)} &= \langle\varphi_j|(\hat{H}_0 - E_k^0)^{-1}(1 - |\varphi_k\rangle\langle\varphi_k|)(W_{kk} - \hat{W})|\varphi_k\rangle = \\ &\quad (E_j^0 - E_k^0)^{-1}\langle\varphi_j|W_{kk} - \hat{W}|\varphi_k\rangle = (E_k^0 - E_j^0)^{-1}W_{jk} \end{aligned} \tag{3.1.20}$$

于是,得到在 H_0 表象下波函数的一级修正

$$\begin{aligned} B_{jk}^{(1)} &= 0 \qquad && (j = k) \\ B_{jk}^{(1)} &= (E_k^0 - E_j^0)^{-1}W_{jk} \qquad && (j \neq k) \end{aligned} \tag{3.1.21}$$

实际上,由式(3.1.4) 知,对于 $n > 0$,总有 $B_{kk}^{(n)} = 0$,以下不再标出。

4. 二级修正

同理,利用式(3.1.9) 可导出能量本征值与本征矢的二级修正为[3.1]

$$\begin{aligned} E_k^{(2)} &= \sum_j W_{kj}B_{jk}^{(1)} \\ \hat{q}_k\,|\psi_k^{(2)}\rangle &= \sum_{j\neq k}|\varphi_j\rangle(E_j^0 - E_k^0)^{-1}[E_k^{(1)}B_{jk}^{(1)} - \sum_i W_{ji}B_{ik}^{(1)}] \end{aligned} \tag{3.1.22}$$

进而得到在 H_0 表象中波函数的二级修正

$$B_{jk}^{(2)} = (E_k^0 - E_j^0)^{-1}[\sum_i W_{ji}B_{ik}^{(1)} - E_k^{(1)}B_{jk}^{(1)}] \quad (j \neq k) \tag{3.1.23}$$

为了使用方便,将式(3.1.21) 代入式(3.1.22) 中的第 1 式,可以得到能量二级修正的具体表达式

$$E_k^{(2)} = \sum_j W_{kj}B_{jk}^{(1)} = \sum_{j\neq k}(E_k^0 - E_j^0)^{-1}W_{kj}W_{jk} \tag{3.1.24}$$

进而得到能量的二级近似为

$$E_k \approx E_k^0 + W_{kk} + \sum_{j\neq k}(E_k^0 - E_j^0)^{-1}W_{kj}W_{jk} \tag{3.1.25}$$

如果 $\hat{H}_0$ 的 $j \neq k$ 的能级是简并的,且简并度为 f_j,则上式应该做相应的修改,即

$$E_k \approx E_k^0 + W_{kk} + \sum_{j\neq k}\sum_{\beta=1}^{f_j}(E_k^0 - E_j^0)^{-1}W_{k,j\beta}W_{j\beta,k} \tag{3.1.26}$$

其中

$$W_{k,j\beta} = \langle \varphi_k | \hat{W} | \varphi_{j\beta}\rangle \tag{3.1.27}$$

通常情况下的无简并微扰论只给出计算能量到二级近似公式,三级修正的计算公式的推导过程是相当繁杂的。

5. n 级修正

实际上,在得到了 $n-1$ 级修正的基础上,仿照前面的做法,利用式(3.1.11)可以导出在 H_0 表象下 $n(>1)$ 级的能量和波函数的修正公式为

$$\begin{aligned} E_k^{(n)} &= \sum_j W_{kj}B_{jk}^{(n-1)} \quad (n\neq 0)\\ B_{jk}^{(n)} &= (E_k^0 - E_j^0)^{-1}\left[\sum_i W_{ji}B_{ik}^{(n-1)} - \sum_{m=1}^{n}E_k^{(m)}B_{jk}^{(n-m)}\right] \quad (j\neq k)\end{aligned} \tag{3.1.28}$$

在上述波函数的第 2 个求和中,求和是对独立的两项之积进行的,通常将此两项之积称之为**非连通项**,于是,第 2 个求和可视为全部非连通项之和。若将第 1 个求和中的两项之积看作**全部项**,则第 1 个求和就是所有全部项之和。进而可知,波函数的修正可视为全部项之和与非连通项之和的差,称之为**连通项**之和。

显然,式(3.1.28)具有递推的形式,用它可由前 $n-1$ 级结果求出第 n 级修正值。从能量与波函数的零级近似

$$E_k^{(0)} = E_k^0,\quad B_{jk}^{(0)} = \delta_{j,k} \tag{3.1.29}$$

出发,反复利用式(3.1.28),可以逐级求出能量与波函数的修正值直至任意级。此即**无简并微扰论的递推形式**,它是日本物理学家汤川秀树最先给出的,所以也简称为**汤川的递推公式**。

纵观微扰论的计算公式会发现,在知道了 $\hat{H}_0$ 的本征解之后,微扰矩阵元的计算是解决问题的关键所在,本章的最后一节将给出计算常用矩阵元的相应方法。

3.1.3　维格纳公式

1. 维格纳公式

维格纳公式　哈密顿算符 $\hat{H}=\hat{H}_0+\hat{W}$ 的本征矢 $|\psi_k\rangle$ 与本征值 E_k 满足

$$\begin{aligned} |\psi_k\rangle &= |\varphi_k\rangle + \hat{A}_k\hat{W}|\psi_k\rangle\\ E_k &= E_k^0 + \langle\varphi_k|\hat{W}|\psi_k\rangle\end{aligned} \tag{3.1.30}$$

其中,$\hat{A}_k = \hat{q}_k(E_k-\hat{H}_0)^{-1} = (E_k-\hat{H}_0)^{-1}\hat{q}_k$;$E_k^0$ 与 $|\varphi_k\rangle$ 是无微扰哈密顿算符 $\hat{H}_0$ 的本征解(下同)。

证明　事实上,若要证明维格纳公式成立,只要能证明由式(3.1.30)给出的 $|\psi_k\rangle$

和 E_k 满足定态薛定谔方程即可。

用 $(E_k - \hat{H}_0)$ 左乘式(3.1.30) 中的第1式两端,得到

$$\begin{aligned}(E_k - \hat{H}_0)|\psi_k\rangle &= (E_k - \hat{H}_0)|\varphi_k\rangle + \hat{q}_k\hat{W}|\psi_k\rangle = \\ &(E_k - E_k^0)|\varphi_k\rangle + (1 - |\varphi_k\rangle\langle\varphi_k|)\hat{W}|\psi_k\rangle = \\ &(E_k - E_k^0)|\varphi_k\rangle + \hat{W}|\psi_k\rangle - |\varphi_k\rangle\langle\varphi_k|\hat{W}|\psi_k\rangle = \\ &(E_k - E_k^0 - \langle\varphi_k|\hat{W}|\psi_k\rangle)|\varphi_k\rangle + \hat{W}|\psi_k\rangle = \hat{W}|\psi_k\rangle\end{aligned} \tag{3.1.31}$$

其中,最后一步用到式(3.1.30) 中第2式。于是,证得 E_k 和 $|\psi_k\rangle$ 满足定态薛定谔方程,即

$$(\hat{H}_0 + \hat{W})|\psi_k\rangle = E_k|\psi_k\rangle \tag{3.1.32}$$

至此,维格纳公式已证毕。

2. 维格纳公式的级数形式

利用迭代的方法,可以将式(3.1.30) 改写成级数形式

$$\begin{aligned}|\psi_k\rangle &= \sum_{n=0}^{\infty}(\hat{A}_k\hat{W})^n|\varphi_k\rangle \\ E_k &= E_k^0 + \langle\varphi_k|\hat{W}|\psi_k\rangle\end{aligned} \tag{3.1.33}$$

该公式形式简捷,但由于待求能量 E_k 出现在等式右端,因此增加了求解的难度,长期以来很少被应用。

3. 维格纳公式的递推形式

若令

$$\hat{B}_k = \hat{A}_k\hat{W} \tag{3.1.34}$$

则式(3.1.33) 可以简化成

$$\begin{aligned}|\psi_k\rangle &= \sum_{n=0}^{\infty}\hat{B}_k^n|\varphi_k\rangle \\ E_k &= E_k^0 + \sum_{n=0}^{\infty}\langle\varphi_k|\hat{W}\hat{B}_k^n|\varphi_k\rangle\end{aligned} \tag{3.1.35}$$

利用上式可逐级写出 $|\psi_k\rangle$ 的零级近似和各级修正

$$\begin{aligned}|\psi_k^{(0)}\rangle &= |\varphi_k\rangle \\ |\psi_k^{(1)}\rangle &= \hat{B}_k|\varphi_k\rangle = \hat{B}_k|\psi_k^{(0)}\rangle \\ |\psi_k^{(2)}\rangle &= \hat{B}_k^2|\varphi_k\rangle = \hat{B}_k|\psi_k^{(1)}\rangle \\ &\vdots \\ |\psi_k^{(n)}\rangle &= \hat{B}_k^n|\varphi_k\rangle = \hat{B}_k|\psi_k^{(n-1)}\rangle \\ &\vdots\end{aligned} \tag{3.1.36}$$

式(3.1.36)即为**维格纳公式的递推形式**。它在 H_0 表象中的形式为

$$
\begin{aligned}
E_k^{(n)} &= \sum_j W_{kj} B_{jk}^{(n-1)} \quad (n \neq 0) \\
B_{jk}^{(n)} &= (E_k - E_j^0)^{-1} \sum_i W_{ji} B_{ik}^{(n-1)}
\end{aligned}
\tag{3.1.37}
$$

利用式(3.1.29)与式(3.1.37)可以逐级求出能量与波函数的修正至任意(n)级。由于前面指出的原因,使用时需要对式(3.1.37)做联立自洽求解。

3.1.4　戈德斯通公式

1. 戈德斯通公式

利用盖尔曼(Gell - Mann) - 洛(Low)定理与分离定理(参阅《原子核多体理论 - 费恩曼图表示与格林函数方法》,井孝功编著,哈尔滨工业大学出版社,2011 年)可以导出级数形式的**戈德斯通公式**

$$
\begin{aligned}
|\psi_k\rangle &= \sum_{n=0}^{\infty} [(E_k^0 - \hat{H}_0)^{-1} \hat{W}]^n \; |\varphi_k\rangle_{\mathrm{L}} \\
E_k &= E_k^0 + \langle \varphi_k | \hat{W} | \psi_k \rangle
\end{aligned}
\tag{3.1.38}
$$

式中,下标 L 表示计算中只取连通项,其他符号的含意同前。

2. 戈德斯通公式的递推形式

用与处理维格纳公式类似的方法可以得到**戈德斯通公式的递推形式**

$$
\begin{aligned}
E_k^{(n)} &= \sum_j W_{kj} B_{jk}^{(n-1)} \big|_{\mathrm{L}} \quad (n \neq 0) \\
B_{jk}^{(n)} \big|_{\mathrm{L}} &= (E_k^0 - E_j^0)^{-1} \sum_i W_{ji} B_{ik}^{(n-1)} \big|_{\mathrm{L}} \quad (j \neq k)
\end{aligned}
\tag{3.1.39}
$$

上式与维格纳公式(3.1.37)在形式上相似,但有两点差别,一是维格纳公式右端的待求量 E_k,在戈德斯通公式中已被已知量 E_k^0 代替,戈德斯通公式不必像维格纳公式一样进行自洽求解;二是维格纳公式波函数中含全部的项,而戈德斯通公式中只含连通项。虽然,戈德斯通公式解决了维格纳公式需要联立自洽求解的困难,但是,又遇到了必须逐级去掉非连通项的问题,而高级非连通项并不容易从公式上判断,所以,戈德斯通公式通常也只适用于较低级近似的计算。

3.1.5　薛定谔公式

1. 薛定谔公式

在 1926 年建立薛定谔方程的同时,薛定谔就给出了它的形式解,即所谓的**薛定谔公式**

$$
\begin{aligned}
|\psi_k\rangle &= |\varphi_k\rangle + \hat{A}_k(\hat{W} - \Delta E_k)|\psi_k\rangle \\
E_k &= E_k^0 + \Delta E_k
\end{aligned}
\tag{3.1.40}
$$

其中

$$
\begin{aligned}
\hat{A}_k &= \hat{q}_k(E_k^0 - \hat{H}_0)^{-1} = (E_k^0 - \hat{H}_0)^{-1}\hat{q}_k \\
\Delta E_k &= \langle\varphi_k|\hat{W}|\psi_k\rangle
\end{aligned}
\tag{3.1.41}
$$

证明 用$(E_k^0 - \hat{H}_0)$左乘式(3.1.40)中的第1式两端，利用ΔE_k的定义式(3.1.41)得到

$$
\begin{aligned}
(E_k^0 - \hat{H}_0)|\psi_k\rangle = {} & (E_k^0 - \hat{H}_0)|\varphi_k\rangle + \hat{q}_k(\hat{W} - \Delta E_k)|\psi_k\rangle = \\
& (1 - |\varphi_k\rangle\langle\varphi_k|)(\hat{W} - \Delta E_k)|\psi_k\rangle = \\
& (\hat{W} - \Delta E_k)|\psi_k\rangle - |\varphi_k\rangle\langle\varphi_k|(\hat{W} - \Delta E_k)|\psi_k\rangle = \\
& (\hat{W} - \Delta E_k)|\psi_k\rangle - \Delta E_k|\varphi_k\rangle + \Delta E_k|\varphi_k\rangle\langle\varphi_k|\psi_k\rangle = \\
& (\hat{W} - \Delta E_k)|\psi_k\rangle
\end{aligned}
\tag{3.1.42}
$$

在上面的推导过程中，最后一步用到

$$
\langle\varphi_k|\psi_k\rangle = \langle\varphi_k|\varphi_k\rangle + \langle\varphi_k|(E_k^0 - \hat{H}_0)^{-1}\hat{q}_k(\hat{W} - \Delta E_k)|\psi_k\rangle = 1 \tag{3.1.43}
$$

于是，证得$|\psi_k\rangle$满足定态薛定谔方程

$$
(\hat{H}_0 + \hat{W})|\psi_k\rangle = (E_k^0 + \Delta E_k)|\psi_k\rangle = E_k|\psi_k\rangle \tag{3.1.44}
$$

2. 薛定谔公式的递推形式

利用式(3.1.3)可以将式(3.1.40)中的第2式改写成

$$
\begin{aligned}
& E_k^{(0)} + E_k^{(1)} + E_k^{(2)} + E_k^{(3)} + \cdots = \\
& E_k = E_k^0 + \Delta E_k = E_k^0 + \langle\varphi_k|\hat{W}|\psi_k\rangle = \\
& E_k^0 + \langle\varphi_k|\hat{W}[\,|\psi_k^{(0)}\rangle + |\psi_k^{(1)}\rangle + |\psi_k^{(2)}\rangle + \cdots]
\end{aligned}
\tag{3.1.45}
$$

比较上式两端同数量级的项，得到能量的零级近似和各级修正为

$$
\begin{aligned}
E_k^{(0)} &= E_k^0 \\
E_k^{(n)} &= \langle\varphi_k|\hat{W}|\psi_k^{(n-1)}\rangle \quad (n \neq 0)
\end{aligned}
\tag{3.1.46}
$$

用类似的方法，可以将式(3.1.40)中的第1式改写成

$$
\begin{aligned}
& |\psi_k^{(0)}\rangle + |\psi_k^{(1)}\rangle + |\psi_k^{(2)}\rangle + \cdots = |\psi_k\rangle = \\
& |\varphi_k\rangle + \hat{A}_k(\hat{W} - \Delta E_k)|\psi_k\rangle = \\
& |\varphi_k\rangle + \hat{A}_k\hat{W}[\,|\psi_k^{(0)}\rangle + |\psi_k^{(1)}\rangle + |\psi_k^{(2)}\rangle + \cdots] - \\
& \hat{A}_k\sum_{n=1}^{\infty} E_k^{(n)}[\,|\psi_k^{(0)}\rangle + |\psi_k^{(1)}\rangle + |\psi_k^{(2)}\rangle + \cdots]
\end{aligned}
\tag{3.1.47}
$$

比较上式两端同量级的项，可以得到波函数的零级近似和各级修正为

$$
\begin{aligned}
&|\psi_k^{(0)}\rangle = |\varphi_k\rangle \\
&|\psi_k^{(1)}\rangle = \hat{A}_k\hat{W}|\psi_k^{(0)}\rangle - E_k^{(1)}\hat{A}_k|\psi_k^{(0)}\rangle \\
&|\psi_k^{(2)}\rangle = \hat{A}_k\hat{W}|\psi_k^{(1)}\rangle - E_k^{(1)}\hat{A}_k|\psi_k^{(1)}\rangle - E_k^{(2)}\hat{A}_k|\psi_k^{(0)}\rangle \\
&\qquad\vdots \\
&|\psi_k^{(n)}\rangle = \hat{A}_k\hat{W}|\psi_k^{(n-1)}\rangle - E_k^{(1)}\hat{A}_k|\psi_k^{(n-1)}\rangle - E_k^{(2)}\hat{A}_k|\psi_k^{(n-2)}\rangle - \cdots \\
&\quad - E_k^{(n)}\hat{A}_k|\psi_k^{(0)}\rangle = \hat{A}_k\hat{W}|\psi_k^{(n-1)}\rangle - \sum_{m=1}^{n} E_k^{(m)}\hat{A}_k|\psi_k^{(n-m)}\rangle \\
&\qquad\vdots
\end{aligned}
\tag{3.1.48}
$$

上面的本征解在 H_0 表象中的形式可写成

当 $n = 0$ 时,有

$$
\begin{aligned}
E_k^{(0)} &= E_k^0 \\
B_{jk}^{(0)} &= \delta_{j,k}
\end{aligned}
\tag{3.1.49}
$$

当 $n > 0$ 时,有

$$
\begin{aligned}
E_k^{(n)} &= \sum_j W_{kj}B_{jk}^{(n-1)} \\
B_{jk}^{(n)} &= (E_k^0 - E_j^0)^{-1}\left[\sum_i W_{ji}B_{ik}^{(n-1)} - \sum_{m=1}^{n} E_k^{(m)}B_{jk}^{(n-m)}\right] \quad (j \neq k)
\end{aligned}
\tag{3.1.50}
$$

此即薛定谔公式的递推形式,它与汤川公式的递推形式完全相同。

从递推公式的形式上看,汤川公式比维格纳公式和戈德斯通公式要复杂一些,但是,它可以克服前两个公式的缺点,既不需要联立自洽求解,又可以自动逐级去掉非连通项,便于利用计算机程序实现任意级修正的数值计算。

特别需要指出的是,上述 4 个无简并微扰论公式是等价的,因为它们的出发点都是定态薛定谔方程,推导中都未取任何的近似。进而,比较汤川公式与戈德斯通公式发现,汤川的波函数修正公式的第 2 个求和中的每一项都是非连通项,而第 1 个求和是全部的项,两者之差恰为全部连通项,它与戈德斯通公式的含意完全一致。于是,可以得到逐级计算非连通项的公式

$$
(E_k^0 - E_j^0)^{-1}\sum_{m=1}^{n} E_k^{(m)}B_{jk}^{(n-m)} \quad (j \neq k) \tag{3.1.51}
$$

从而解决了高级非连通项的计算问题。

3.2 简并微扰论公式及其递推形式

如果待求的能级的零级近似是简并的,则无简并微扰论的递推公式是不能使用的,需要使用简并微扰论来进行近似计算。由于简并能级的零级波函数不能惟一确定,通常需要在简并子空间中逐级求解各级能量修正满足的久期方程,直至简并完全被消除,才能最后确定零级波函数,加之,简并被消除情况的多样性,使得简并微扰论的高级近似计算变得十分复杂。以往的处理一般仅局限在能量一级修正使简并完全消除的情况。利用类似无简并情况的推导方法,我们给出了任意级能量修正满足的久期方程的递推形式,从而可以完成对简并态的高级微扰计算。

3.2.1 能量的一级修正

设 $\hat{H}_0$ 与 $\hat{H}=\hat{H}_0+\hat{W}$ 分别满足

$$\begin{aligned}\hat{H}_0\left|\varphi_{j\beta}\right\rangle&=E_j^0\left|\varphi_{j\beta}\right\rangle\\ \hat{H}\left|\psi_{k\gamma}\right\rangle&=E_{k\gamma}\left|\psi_{k\gamma}\right\rangle\end{aligned}\tag{3.2.1}$$

式中,$\beta=1,2,\cdots,f_j$;$\gamma=1,2,\cdots,f_k$ 为简并量子数;且 $f_j>1$。

用类似无简并微扰论的做法,将待求的能量本征值 $E_{k\gamma}$ 与本征矢 $\left|\psi_{k\gamma}\right\rangle$ 按小量的级数展开

$$\begin{aligned}E_{k\gamma}&=E_{k\gamma}^{(0)}+E_{k\gamma}^{(1)}+E_{k\gamma}^{(2)}+\cdots E_{k\gamma}^{(n)}+\cdots\\ \left|\psi_{k\gamma}\right\rangle&=\left|\psi_{k\gamma}^{(0)}\right\rangle+\left|\psi_{k\gamma}^{(1)}\right\rangle+\left|\psi_{k\gamma}^{(2)}\right\rangle+\cdots+\left|\psi_{k\gamma}^{(n)}\right\rangle+\cdots\end{aligned}\tag{3.2.2}$$

再将上式代入式(3.2.1)中的第2式,利用上节中使用的方法可以写出零级近似及各级修正满足的方程

$$\left[\hat{H}_0-E_{k\gamma}^{(0)}\right]\left|\psi_{k\gamma}^{(0)}\right\rangle=0\tag{3.2.3}$$

$$\left[\hat{H}_0-E_{k\gamma}^{(0)}\right]\left|\psi_{k\gamma}^{(1)}\right\rangle=\left[E_{k\gamma}^{(1)}-\hat{W}\right]\left|\psi_{k\gamma}^{(0)}\right\rangle\tag{3.2.4}$$

$$\left[\hat{H}_0-E_{k\gamma}^{(0)}\right]\left|\psi_{k\gamma}^{(2)}\right\rangle=\left[E_{k\gamma}^{(1)}-\hat{W}\right]\left|\psi_{k\gamma}^{(1)}\right\rangle+E_{k\gamma}^{(2)}\left|\psi_{k\gamma}^{(0)}\right\rangle\tag{3.2.5}$$

$$\vdots$$

$$\begin{aligned}\left[\hat{H}_0-E_{k\gamma}^{(0)}\right]\left|\psi_{k\gamma}^{(n)}\right\rangle=&\left[E_{k\gamma}^{(1)}-\hat{W}\right]\left|\psi_{k\gamma}^{(n-1)}\right\rangle+E_{k\gamma}^{(2)}\left|\psi_{k\gamma}^{(n-2)}\right\rangle+\\ &E_{k\gamma}^{(3)}\left|\psi_{k\gamma}^{(n-3)}\right\rangle+\cdots+E_{k\gamma}^{(n)}\left|\psi_{k\gamma}^{(0)}\right\rangle\end{aligned}\tag{3.2.6}$$

$$\vdots$$

若选 H_0 表象,令

$$B_{j\beta\,k\gamma}^{(n)}=\left\langle\varphi_{j\beta}\middle|\psi_{k\gamma}^{(n)}\right\rangle,\quad\sum_{j\beta}\equiv\sum_j\sum_{\beta=1}^{f_j}\tag{3.2.7}$$

则待求的本征矢的 n 级修正为

$$\left|\psi_{k\gamma}^{(n)}\right\rangle=\sum_j\sum_{\beta=1}^{f_j}\left|\varphi_{j\beta}\right\rangle\left\langle\varphi_{j\beta}\middle|\psi_{k\gamma}^{(n)}\right\rangle=\sum_{j\beta}\left|\varphi_{j\beta}\right\rangle B_{j\beta\,k\gamma}^{(n)}\tag{3.2.8}$$

比较式(3.2.1) 中第 1 式与式(3.2.3),可得能量与波函数的零级近似分别为

$$E_{k\gamma}^{(0)} = E_k^0; \quad B_{j\beta\, k\gamma}^{(0)} = B_{k\beta\, k\gamma}^{(0)}\delta_{j,k} \tag{3.2.9}$$

上式中的零级波函数 $B_{j\beta k\gamma}^{(0)}$ 中的 $B_{k\beta k\gamma}^{(0)}$ 是一个未知的量,需要由下面导出的本征方程来确定。

用$\langle\varphi_{k\gamma}|$从左作用式(3.2.4) 两端,利用式(3.2.9) 及 $\hat{H}_0$ 的厄米性质,可以得到能量一级修正 $E_{k\gamma}^{(1)}$ 与零级波函数 $B_{k\beta k\gamma}^{(0)}$ 满足的本征方程

$$\sum_{\alpha=1}^{f_k}\left[W_{k\beta\, k\alpha} - E_{k\gamma}^{(1)}\delta_{\alpha,\beta}\right]B_{k\alpha\, k\gamma}^{(0)} = 0 \tag{3.2.10}$$

在待求能量 $E_{k\gamma}$ 的 f_k 维简并子空间中求解上式,可以得到 f_k 个 $E_{k\gamma}^{(1)}$ 及相应的 $B_{k\beta k\gamma}^{(0)}$。若 f_k 个 $E_{k\gamma}^{(1)}$ 互不相等,则称之为能量的**简并完全消除**,这时,零级波函数 $B_{j\beta k\gamma}^{(0)}$ 可以完全被确定,更高级的近似可以由无简并微扰论的递推公式得到。若 f_k 个 $E_{k\gamma}^{(1)}$ 个个相等,则称之为能量的**简并完全没有消除**。除了简并完全消除和完全没有消除两种情况之外,皆称为能量的**简并部分消除**。只要有简并存在,零级波函数 $B_{j\beta k\gamma}^{(0)}$ 就不能被惟一确定。以上就是已往量子力学教科书中给出的结果。

3.2.2　能量的高级修正

欲求更高级的修正,需要在 $B_{j\beta k\gamma}^{(0)}$ 的表象下求解高级能量修正满足的本征方程。实际上,只要将原表象下的微扰矩阵元 $W_{k\gamma k'\gamma'}$ 通过如下一个幺正变换改写为新的 $\widetilde{W}_{i\alpha j\beta}$ 即可达到表象变换的目的

$$\widetilde{W}_{i\alpha\, j\beta} = \sum_{k\gamma}\sum_{k'\gamma'} B_{i\alpha k\gamma}^{(0)} W_{k\gamma\, k'\gamma'} B_{k'\gamma'\, j\beta}^{(0)} \tag{3.2.11}$$

以后每次求解能量修正满足的本征方程都要做上述的变换,为了表述方便起见,略去新表象下微扰算符的上标。

下面针对 $E_{k\gamma}^{(1)}$ 的简并被消除的具体情况分别讨论之。

1. $E_{k\gamma}^{(1)}$ 的简并未完全消除

首先,用 $\hat{q}_{k\gamma}[\hat{H}_0 - E_{k\gamma}^{(0)}]^{-1} = [\hat{H}_0 - E_{k\gamma}^{(0)}]^{-1}\hat{q}_{k\gamma}$ 从左作用式(3.2.4) 两端,得到波函数的一级修正

$$B_{j\beta\, k\gamma}^{(1)} = (E_k^0 - E_j^0)^{-1}\sum_{i\alpha} W_{j\beta\, i\alpha}B_{i\alpha\, k\gamma}^{(0)} = (E_k^0 - E_j^0)^{-1}\sum_{\alpha} W_{j\beta\, k\alpha}B_{k\alpha\, k\gamma}^{(0)} \quad (j \neq k) \tag{3.2.12}$$

其次,用$\langle\varphi_{k\beta}|$左乘式(3.2.5) 两端,有

$$\sum_{i\alpha} W_{k\beta\, i\alpha}B_{i\alpha\, k\gamma}^{(1)} - E_{k\gamma}^{(1)}B_{k\beta\, k\gamma}^{(1)} - E_{k\gamma}^{(2)}B_{k\beta\, k\gamma}^{(0)} = 0 \tag{3.2.13}$$

由于在简并未被消除的子空间(不大于 f_k) 中 $B_{k\beta k\gamma}^{(1)} = 0$,故式(3.2.13) 可简化为

$$\sum_{i\alpha} W_{k\beta\, i\alpha}B_{i\alpha\, k\gamma}^{(1)} - E_{k\gamma}^{(2)}B_{k\beta\, k\gamma}^{(0)} = 0 \tag{3.2.14}$$

此即 $E_{k\gamma}^{(2)}$ 满足的本征方程。

然后，将式(3. 2. 12) 代入式(3. 2. 14) 可得到更清晰的形式

$$\sum_{\delta=1}^{f_k}\left[\sum_{j\neq k}\sum_{\beta=1}^{f_j}(E_k^0-E_j^0)^{-1}W_{k\alpha\, j\beta}W_{j\beta\, k\delta}-E_{k\gamma}^{(2)}\delta_{\alpha,\delta}\right]B_{k\delta\, k\gamma}^{(0)}=0 \tag{3.2.15}$$

最后，求解上述本征方程，重复类似对式(3. 2. 10) 的讨论，如此进行下去，若 $n-1$ 级能量修正 $E_{k\gamma}^{(n-1)}$ 仍不能使简并完全消除，则由式(3. 2. 6) 可导出在剩余的简并子空间中 $E_{k\gamma}^{(n)}$ 满足的本征方程

$$\sum_{j\beta}W_{k\alpha\, j\beta}B_{j\beta\, k\gamma}^{(n-1)}-E_{k\gamma}^{(n)}B_{k\alpha\, k\gamma}^{(0)}=0 \tag{3.2.16}$$

其中

$$B_{j\beta\, k\gamma}^{(n-1)}=(E_k^0-E_j^0)^{-1}\left[\sum_{i\alpha}W_{j\beta\, i\alpha}B_{i\alpha\, k\gamma}^{(n-2)}-\sum_{m=1}^{n-1}E_{k\gamma}^{(m)}B_{j\beta\, k\gamma}^{(n-m-1)}\right]\quad (j\neq k) \tag{3.2.17}$$

为了使用方便，可由式(3. 2. 16) 与式(3. 2. 17) 导出 $E_{k\gamma}^{(3)}$、$E_{k\gamma}^{(4)}$、$E_{k\gamma}^{(5)}$、$E_{k\gamma}^{(6)}$ 满足的本征方程的具体形式如下

$$\sum_{\alpha}\left[\sum_{i_1\gamma_1}\frac{W_{k\beta i_1\gamma_1}}{E_{ki_1}}\sum_{i_2\gamma_2}\frac{\overline{W}_{i_1\gamma_1 i_2\gamma_2}}{E_{ki_2}}W_{i_2\gamma_2 k\gamma}-E_{k\gamma}^{(3)}\delta_{\alpha,\beta}\right]B_{k\alpha\, k\gamma}^{(0)}=0 \tag{3.2.18}$$

$$\sum_{\alpha}\left\{\sum_{i_1\gamma_1}\frac{W_{k\beta i_1\gamma_1}}{E_{ki_1}}\left[\sum_{i_2\gamma_2}\frac{\overline{W}_{i_1\gamma_1 i_2\gamma_2}}{E_{ki_2}}\sum_{i_3\gamma_3}\frac{\overline{W}_{i_2\gamma_2 i_3\gamma_3}}{E_{ki_3}}W_{i_3\gamma_3 k\alpha}-\frac{E_{k\gamma}^{(2)}}{E_{ki_1}}W_{i_1\gamma_1 k\alpha}\right]-E_{k\gamma}^{(4)}\delta_{\alpha,\beta}\right\}B_{k\alpha\, k\gamma}^{(0)}=0 \tag{3.2.19}$$

$$\begin{aligned}&\sum_{\alpha}\left\{\sum_{i_1\gamma_1}\frac{W_{k\beta i_1\gamma_1}}{E_{ki_1}}\left[\sum_{i_2\gamma_2}\frac{\overline{W}_{i_1\gamma_1 i_2\gamma_2}}{E_{ki_2}}\left(\sum_{i_3\gamma_3}\frac{\overline{W}_{i_2\gamma_2 i_3\gamma_3}}{E_{ki_3}}\sum_{i_4\gamma_4}\frac{\overline{W}_{i_3\gamma_3 i_4\gamma_4}}{E_{ki_4}}W_{i_4\gamma_4 k\alpha}-\frac{E_{k\gamma}^{(2)}}{E_{ki_3}}W_{i_2\gamma_2 k\alpha}\right)-\right.\right.\\&\left.\left.\frac{E_{k\gamma}^{(2)}}{E_{ki_1}}\sum_{i_2\gamma_2}\frac{\overline{W}_{i_1\gamma_1 i_2\gamma_2}}{E_{ki_2}}W_{i_2\gamma_2 k\alpha}-\frac{E_{k\gamma}^{(3)}}{E_{ki_1}}W_{i_1\gamma_1 k\alpha}\right]-E_{k\gamma}^{(5)}\delta_{\alpha,\beta}\right\}B_{k\alpha\, k\gamma}^{(0)}=0\end{aligned} \tag{3.2.20}$$

$$\begin{aligned}&\sum_{\alpha}\left\{\sum_{i_1\gamma_1}\frac{W_{k\beta i_1\gamma_1}}{E_{ki_1}}\left[\sum_{i_2\gamma_2}\frac{\overline{W}_{i_1\gamma_1 i_2\gamma_2}}{E_{ki_2}}\left[\sum_{i_3\gamma_3}\frac{\overline{W}_{i_2\gamma_2 i_3\gamma_3}}{E_{ki_3}}\left(\sum_{i_4\gamma_4}\frac{\overline{W}_{i_3\gamma_3 i_4\gamma_4}}{E_{ki_4}}\sum_{i_5\gamma_5}\frac{\overline{W}_{i_4\gamma_4 i_5\gamma_5}}{E_{ki_5}}W_{i_5\gamma_5 k\alpha}-\right.\right.\right.\right.\\&\left.\frac{E_{k\gamma}^{(2)}}{E_{ki_3}}W_{i_3\gamma_3 k\alpha}\right)-\frac{E_{k\gamma}^{(2)}}{E_{ki_2}}\sum_{i_3\gamma_3}\frac{\overline{W}_{i_2\gamma_2 i_3\gamma_3}}{E_{ki_3}}W_{i_3\gamma_3 k\alpha}-\left.\frac{E_{k\gamma}^{(3)}}{E_{ki_2}}W_{i_2\gamma_2 k\alpha}\right]-\\&\frac{E_{k\gamma}^{(1)}}{E_{ki_1}}\left(\sum_{i_2\gamma_2}\frac{\overline{W}_{i_1\gamma_1 i_2\gamma_2}}{E_{ki_2}}\sum_{i_3\gamma_3}\frac{\overline{W}_{i_2\gamma_2 i_3\gamma_3}}{E_{ki_3}}W_{i_3\gamma_3 k\alpha}-\frac{E_{k\gamma}^{(2)}}{E_{ki_1}}W_{i_1\gamma_1 k\alpha}\right)-\frac{E_{k\gamma}^{(3)}}{E_{ki_1}}\sum_{i_2\gamma_2}\frac{\overline{W}_{i_1\gamma_1 i_2\gamma_2}}{E_{ki_2}}W_{i_2\gamma_2 k\alpha}-\\&\left.\left.\frac{E_{k\gamma}^{(4)}}{E_{ki_1}}W_{i_1\gamma_1 k\alpha}\right]-E_{k\gamma}^{(6)}\delta_{\alpha,\beta}\right\}B_{k\alpha\, k\gamma}^{(0)}=0\end{aligned} \tag{3.2.21}$$

式中

$$E_{i_1 i_2}=E_{i_1}^0-E_{i_2}^0,\quad \overline{W}_{i\alpha\, j\beta}=W_{i\alpha\, j\beta}-E_{k\gamma}^{(1)}\delta_{i,j}\delta_{\alpha,\beta} \tag{3.2.22}$$

2. $E_{k\gamma}^{(1)}$ 已使简并完全消除

如果 $E_{k\gamma}^{(1)}$ 已使简并完全消除，则零级波函数被惟一确定，即

$$B^{(0)}_{j\beta\, k\gamma} = \delta_{j,k}\delta_{\beta,\gamma}$$
$$B^{(n)}_{k\gamma\, k\gamma} = \delta_{n,0} \tag{3.2.23}$$

由式(3.2.16)与式(3.2.17)可知,能量与波函数的 n 级修正分别为

$$E^{(n)}_{k\gamma} = \sum_{j\beta} W_{k\gamma\, j\beta} B^{(n-1)}_{j\beta\, k\gamma} \tag{3.2.24}$$

$$B^{(n)}_{j\beta\, k\gamma} = (E^0_k - E^0_j)^{-1}\left[\sum_{i\alpha} W_{j\beta\, i\alpha} B^{(n-1)}_{i\alpha\, k\gamma} - \sum_{m=1}^{n} E^{(m)}_{k\gamma} B^{(n-m)}_{j\beta\, k\gamma}\right] \quad (j \neq k) \tag{3.2.25}$$

此外,还应顾及一级能量修正劈裂($E^{(1)}_{k\gamma} \neq E^{(1)}_{k\beta}$)带来的影响

$$B^{(n)}_{k\beta\, k\gamma} = (E^{(1)}_{k\gamma} - E^{(1)}_{k\beta})^{-1}\left[\sum_{i\alpha} W_{k\beta\, i\alpha} B^{(n)}_{i\alpha\, k\gamma} - \sum_{m=2}^{n} E^{(m)}_{k\gamma} B^{(n-m+1)}_{k\beta\, k\gamma}\right] \tag{3.2.26}$$

式(3.2.24)~(3.2.26)即为 $E^{(1)}_{k\gamma}$ 已使简并消除后按无简并公式逐级计算各级修正的递推公式,利用它们可以逐级计算至任意级修正。

若 $E^{(2)}_{k\gamma}$ 才使简并消除($E^{(1)}_{k\gamma} = E^{(1)}_{k\beta}, E^{(2)}_{k\gamma} \neq E^{(2)}_{k\beta}$),则除了式(3.2.24)与式(3.2.25)外,$n \geqslant 2$ 级修正还应顾及

$$B^{(n)}_{k\beta\, k\gamma} = (E^{(2)}_{k\gamma} - E^{(2)}_{k\beta})^{-1}\left[\sum_{i\alpha} W_{k\beta\, i\alpha} B^{(n+1)}_{i\alpha\, k\gamma} - \sum_{m=3}^{n} E^{(m)}_{k\gamma} B^{(n-m+2)}_{k\beta\, k\gamma}\right] \tag{3.2.27}$$

若 $E^{(3)}_{k\gamma}$ 才使简并消除($E^{(1)}_{k\gamma} = E^{(1)}_{k\beta}\ E^{(2)}_{k\gamma} = E^{(2)}_{k\beta}, E^{(3)}_{k\gamma} \neq E^{(3)}_{k\beta}$),则除了式(3.2.24)与式(3.2.25)外,$n \geqslant 3$ 级修正还应顾及

$$B^{(n)}_{k\beta\, k\gamma} = (E^{(3)}_{k\gamma} - E^{(3)}_{k\beta})^{-1}\left[\sum_{i\alpha} W_{k\beta\, i\alpha} B^{(n+2)}_{i\alpha\, k\gamma} - \sum_{m=4}^{n} E^{(m)}_{k\gamma} B^{(n-m+3)}_{k\beta\, k\gamma}\right] \tag{3.2.28}$$

如此进行下去,若 $E^{(n-1)}_{k\gamma}$ 才使简并消除,即

$$E^{(1)}_{k\gamma} = E^{(1)}_{k\beta}, E^{(2)}_{k\gamma} = E^{(2)}_{k\beta}, \cdots, E^{(n-2)}_{k\gamma} = E^{(n-2)}_{k\beta}, E^{(n-1)}_{k\gamma} \neq E^{(n-1)}_{k\beta}$$

则除了式(3.2.24)与式(3.2.25)外,还应顾及

$$B^{(n)}_{k\beta\, k\gamma} = (E^{(n-1)}_{k\gamma} - E^{(n-1)}_{k\beta})^{-1}\left[\sum_{i\alpha} W_{k\beta\, i\alpha} B^{(2n-1)}_{i\alpha\, k\gamma} - E^{(n)}_{k\gamma} B^{(n-1)}_{k\beta\, k\gamma}\right] \tag{3.2.29}$$

一般情况下,式(3.2.26)~(3.2.29)都需要与式(3.2.24)、(3.2.25)联立自洽求解,但若经过幺正变换后的微扰矩阵元满足

$$W_{j\beta\, i\alpha} = W_{j\beta\, i\alpha}\,\delta_{i,j} \tag{3.2.30}$$

则式(3.2.26)~(3.2.29)中的第一项为零,公式又变成明显的递推形式,可以逐级计算到任意级修正。实际上,许多具体问题都属于这种情况。

应当指出,当微扰矩阵元不满足条件(3.2.30)时,上述的联立自洽求解是一个比较繁杂的过程,为简化计算,作为一种近似略去式(3.2.26)~(3.2.29)的第一项,所得结果虽然不能严格地逼近严格解,但仍不失为严格解的一个相当好的高级近似。

3.2.3　关于微扰论的讨论

在得到了微扰论计算公式及其递推形式之后,让我们再做一些更深入的讨论。

1. 微扰论的适用条件

在本章开始之处，已经说明了使用微扰论必须满足的3个条件，其中之一就是微扰算符 $\hat{W}$ 的作用远小于无微扰的哈密顿算符 $\hat{H}_0$，因为算符之间是无法比较大小的，所以只能使用这种定性的说法。

在得到微扰论的计算公式之后，再来考察上述条件的内涵是有意义的。对无简并微扰论而言，近似到二级的能量本征值与本征波函数的一级修正分别为

$$E_k \approx E_k^0 + W_{kk} + \sum_{j \neq k} (E_k^0 - E_j^0)^{-1} |W_{jk}|^2 \tag{3.2.31}$$

$$B_{jk}^{(1)} = (E_k^0 - E_j^0)^{-1} W_{jk} \quad (j \neq k) \tag{3.2.32}$$

如果顾及到更高级的修正，则式(3.2.31)应该是一个无穷级数，若要其是收敛的，至少要求

$$|E_k^0| > |W_{kk}| > \left| \sum_{j \neq k} (E_k^0 - E_j^0)^{-1} |W_{jk}|^2 \right| > \cdots \tag{3.2.33}$$

进而，为了达到快速收敛的目的，必须要求

$$|E_k^0| \gg |W_{kk}| \gg \left| \sum_{j \neq k} (E_k^0 - E_j^0)^{-1} |W_{jk}|^2 \right| \gg \cdots \tag{3.2.34}$$

此即

$$|E_k^0| \gg |W_{kk}|, \ |E_k^0 - E_j^0| \gg |W_{jk}| \tag{3.2.35}$$

这就是更加具体的微扰论应该满足的条件。

2. 近简并微扰论

由上面给出的微扰论适用条件可知，仅满足 $|E_k^0| \gg |W_{kk}|$ 的条件是不够的，还必须满足 $|E_k^0 - E_j^0| \gg |W_{jk}|$ 的要求，也就是说，两个零级近似能量之差的绝对值要远大于相应的微扰矩阵元的绝对值。显然，在能级是无简并($E_k^0 \neq E_j^0$)时，原则上可以用无简并微扰论进行计算，而当能级是简并($E_k^0 = E_j^0$)时，则必须用简并微扰论来处理。有时会遇到下面的情况，即虽然 $E_k^0 \neq E_j^0$，但是，$E_k^0 \approx E_j^0$，把这种情况称之为**近简并**。这时，可能不满足 $|E_k^0 - E_j^0| \gg |W_{jk}|$ 的要求，所以，无简并的微扰论不可用，必须选用另外的方法来处理它。在这种情况下，维格纳公式是可用的。

3. 递推计算与严格解

原则上，利用微扰论的递推公式可以得到任意级近似结果，或者说，它能以任意的精度逼近严格解。出现这种情况的原因是，为了得到与严格解一致的结果，在微扰论的递推公式中要用到全部的微扰矩阵元。从另一个角度来看，知道了全部微扰矩阵元，自然可以求出哈密顿算符的严格解，所以，两者对得到严格解的要求是完全一致的。

人们不禁要问，既然如此，使用微扰论的意义何在呢？

首先，对于一个复杂的问题，如果只需要了解其低级的近似，并不必知道全部的微扰矩阵元，只要计算几个微扰矩阵元即可，例如，能量的一级近似只需计算微扰项的对

角元。

其次，同样是计算严格解，求解本征方程的方法只能给出最后的结果，而微扰论的递推公式能给出各级的修正，也就是说，后者能更细致地了解最后结果的构成。

最后，对于一个无穷维的问题，实际上无法算出全部的矩阵元，只有对其空间做适当的截断才能得到相应的近似解，而微扰论并不需要这样做。

4. 微扰论的其他应用

上述微扰理论是用来求解束缚定态问题的，后面将会看到，除此而外，它还可以用来处理量子散射和量子跃迁问题。

3.3* 微扰论递推公式应用举例

本节给出应用微扰论递推公式的几个例子，从各级修正表达式的理论推导与数值计算两个角度来说明递推公式的具体使用过程。

3.3.1 在理论推导中的应用

例题 3.1　4 维矩阵形式的微扰论。

若已知 $\hat{H}_0$ 与 $\hat{W}$ 的矩阵形式为

$$\hat{H}_0 = \begin{pmatrix} E_1^0 & 0 & 0 & 0 \\ 0 & E_1^0 & 0 & 0 \\ 0 & 0 & E_1^0 & 0 \\ 0 & 0 & 0 & E_4^0 \end{pmatrix}, \quad \hat{W} = \begin{pmatrix} 0 & 0 & a & b \\ 0 & a & 0 & c \\ a & 0 & 0 & 0 \\ b & c & 0 & d \end{pmatrix} \tag{3.3.1}$$

其中，$E_1^0 \neq E_4^0, a, b, c, d$ 为小的实数。求 $\hat{H} = \hat{H}_0 + \hat{W}$ 的能量至三级修正。

解　通过数学方法可以求出 $\hat{H}$ 的严格解 E 的级数形式为

$$E_{11} = E_1^0 + a \tag{3.3.2}$$

$$E_{12} = E_1^0 + a + \frac{b^2 + 2c^2}{2E_{14}^0} - \frac{(b^2 + 2c^2)(a - d)}{2\,(E_{14}^0)^2} + \frac{b^2(b^2 + 2c^2)}{8a\,(E_{14}^0)^2} + \cdots \tag{3.3.3}$$

$$E_{13} = E_1^0 - a + \frac{b^2}{2E_{14}^0} + \frac{b^2(a + d)}{2\,(E_{14}^0)^2} - \frac{b^2(b^2 + 2c^2)}{8a\,(E_{14}^0)^2} + \cdots \tag{3.3.4}$$

$$E_{41} = E_4^0 + d + \frac{b^2 + c^2}{E_{41}^0} + \frac{ac^2 - d(b^2 + c^2)}{(E_{41}^0)^2} + \cdots \tag{3.3.5}$$

其中

$$E_{14}^0 = E_1^0 - E_4^0, \quad E_{41}^0 = E_4^0 - E_1^0$$

首先，计算无简并的近似解 $\tilde{E}_{41}$。

$$E_{41}^{(0)} = E_4^0;\quad B_{1141}^{(0)} = 0, B_{1241}^{(0)} = 0, B_{1341}^{(0)} = 0, B_{4141}^{(0)} = 1 \tag{3.3.6}$$

$$E_{41}^{(1)} = d;\quad B_{1141}^{(1)} = \frac{b}{E_{41}^0}, B_{1241}^{(1)} = \frac{c}{E_{41}^0}, B_{1341}^{(1)} = 0, B_{4141}^{(1)} = 0 \tag{3.3.7}$$

$$E_{41}^{(2)} = \frac{b^2 + c^2}{E_{41}^0};\quad B_{1141}^{(2)} = -\frac{bd}{(E_{41}^0)^2}, B_{1241}^{(2)} = \frac{c(a-d)}{(E_{41}^0)^2}, B_{1341}^{(2)} = \frac{ab}{(E_{41}^0)^2}, B_{4141}^{(2)} = 0 \tag{3.3.8}$$

$$E_{41}^{(3)} = \frac{ac^2 - d(b^2 + c^2)}{(E_{41}^0)^2} \tag{3.3.9}$$

式(3.3.6)～(3.3.9)中能量之和与严格解表达式(3.3.5)完全一致。

其次,计算简并态的近似解 $\tilde{E}_{1k}(k=1,2,3)$。

因为

$$E_{11}^{(0)} = E_1^0,\quad E_{12}^{(0)} = E_1^0,\quad E_{13}^{(0)} = E_1^0 \tag{3.3.10}$$

所以,$E_{1k}^{(1)}$ 需要用简并微扰论来处理,在 3 度简并子空间中,它满足久期方程

$$\begin{vmatrix} -E_1^{(1)} & 0 & a \\ 0 & -E_1^{(1)} + a & 0 \\ a & 0 & -E_1^{(1)} \end{vmatrix} = 0 \tag{3.3.11}$$

解之得

$$E_{11}^{(1)} = a;\quad B_{1111}^{(0)} = 1/\sqrt{2}, B_{1211}^{(0)} = 0, B_{1311}^{(0)} = 1/\sqrt{2} \tag{3.3.12}$$

$$E_{12}^{(1)} = a;\quad B_{1112}^{(0)} = 0, B_{1212}^{(0)} = 1, B_{1312}^{(0)} = 0 \tag{3.3.13}$$

$$E_{13}^{(1)} = -a;\quad B_{1113}^{(0)} = 1/\sqrt{2}, B_{1213}^{(0)} = 0, B_{1313}^{(0)} = -1/\sqrt{2} \tag{3.3.14}$$

利用 $B_{i\alpha j\beta}^{(0)}$ 做幺正变换后,$\hat{W}$ 变为

$$\hat{W} = \begin{pmatrix} a & 0 & 0 & b/\sqrt{2} \\ 0 & a & 0 & c \\ 0 & 0 & -a & b/\sqrt{2} \\ b/\sqrt{2} & c & b/\sqrt{2} & d \end{pmatrix}$$

显然,$E_{13}^{(1)}$ 已使简并消除,可用无简并递推公式进行逐级修正的计算。在新的表象下

$$B_{i\alpha\beta j}^{(0)} = \delta_{i,j}\delta_{\alpha,\beta}$$

$$E_{13}^{(1)} = -a;\quad B_{4113}^{(1)} = \frac{b}{\sqrt{2}E_{14}^0}, B_{1113}^{(1)} = -\frac{b^2}{4aE_{14}^0}, B_{1213}^{(1)} = -\frac{\sqrt{2}bc}{4aE_{14}^0}, B_{1313}^{(1)} = 0$$

$$E_{13}^{(2)} = \frac{b^2}{2E_{14}^0};\quad B_{4113}^{(2)} = \frac{b(a+d)}{\sqrt{2}(E_{14}^0)^2} - \frac{b(b^2+2c^2)}{4\sqrt{2}a(E_{14}^0)^2} \tag{3.3.15}$$

$$E_{13}^{(3)} = \frac{b^2(a+d)}{2(E_{14}^0)^2} - \frac{b^2(b^2+2c^2)}{8a(E_{14}^0)^2} \tag{3.3.16}$$

式(3.3.12)、(3.3.14) ~ (3.3.16) 中能量之和与严格解表达式(3.3.4) 完全一致。

由式(3.3.12) 与式(3.3.13) 知,$E_{11}^{(1)} = E_{12}^{(1)} = a$,即能量一级修正仍不能使此 2 度简并消除,尚需求解 $E_{1k}^{(2)}(k = 1,2)$ 满足的久期方程

$$\begin{vmatrix} \dfrac{b^2}{2E_{14}^0} - E_1^{(2)} & \dfrac{bc}{\sqrt{2}E_{14}^0} \\ \dfrac{bc}{\sqrt{2}E_{14}^0} & \dfrac{c^2}{E_{14}^0} - E_1^{(2)} \end{vmatrix} = 0 \tag{3.3.17}$$

解之得

$$E_{11}^{(2)} = 0;\quad B_{1111}^{(0)} = \frac{\sqrt{2}c}{\sqrt{b^2 + 2c^2}}, B_{1211}^{(0)} = \frac{-b}{\sqrt{b^2 + 2c^2}} \tag{3.3.18}$$

$$E_{12}^{(2)} = \frac{b^2 + 2c^2}{2E_{14}^0};\quad B_{1112}^{(0)} = \frac{b}{\sqrt{b^2 + 2c^2}}, B_{1212}^{(0)} = \frac{\sqrt{2}c}{\sqrt{b^2 + 2c^2}} \tag{3.3.19}$$

再利用 $B_{i\alpha j\beta}^{(0)}$ 做幺正变换,$\hat{W}$ 变为

$$\hat{W} = \begin{pmatrix} a & 0 & 0 & 0 \\ 0 & a & 0 & \sqrt{(b^2 + 2c^2)/2} \\ 0 & 0 & -a & b/\sqrt{2} \\ 0 & \sqrt{(b^2 + 2c^2)/2} & b/\sqrt{2} & d \end{pmatrix}$$

在此表象下,简并已完全消除,即

$$B_{i\alpha j\beta}^{(0)} = \delta_{i,j}\delta_{\alpha,\beta}$$

$$E_{11}^{(1)} = a;\quad B_{4111}^{(1)} = 0, B_{1111}^{(1)} = 0, B_{1211}^{(1)} = 0, B_{1311}^{(1)} = 0$$

$$E_{11}^{(2)} = 0; B_{4111}^{(2)} = 0$$

$$E_{11}^{(3)} = 0 \tag{3.3.20}$$

而

$$E_{12}^{(1)} = a;\quad B_{4112}^{(1)} = \sqrt{\frac{b^2 + 2c^2}{2}}\frac{1}{E_{14}^0}, B_{1112}^{(1)} = 0, B_{1212}^{(0)} = 0, B_{1312}^{(1)} = \frac{b\sqrt{b^2 + 2c^2}}{4aE_{14}^0}$$

$$E_{12}^{(2)} = \frac{b^2 + 2c^2}{2E_{14}^0};\quad B_{4112}^{(2)} = \sqrt{\frac{b^2 + 2c^2}{2}}\frac{1}{E_{14}^0}\left(\frac{b^2}{4a} + d - a\right)$$

$$E_{12}^{(3)} = \frac{(b^2 + 2c^2)[4a(d - a) + b^2]}{8a(E_{14}^0)^2} \tag{3.3.21}$$

式(3.3.10)、(3.3.12)、(3.3.18) 与式(3.3.20) 中能量之和与严格解表达式(3.3.2) 完全一致,而式(3.3.11)、(3.3.13)、(3.3.19) 与式(3.3.21) 中能量之和与严格解表达式(3.3.3) 完全一致。

利用微扰论通用程序逐级进行计算，所得各级能量修正的结果均与严格解的级数展开式相应结果一致，具体的数值结果不在文中列出。

例题 3.2 空间转子的斯塔克(Stark)效应。

设处于 z 方向电场中的空间转子的哈密顿算符为

$$\hat{H} = \hat{H}_0 + \hat{W} \tag{3.3.22}$$

式中

$$\hat{H}_0 = (2I)^{-1}\hat{L}^2, \quad \hat{W} = D\cos\theta \tag{3.3.23}$$

分别计算其基态、第 1 激发态和第 2 激发态的能量至六级修正。

解 已知无微扰哈密顿算符本征方程

$$\hat{H}_0 \mid lm\rangle = E_l^0 \mid lm\rangle \tag{3.3.24}$$

的解为

$$E_l^0 = (2I)^{-1}\hbar^2 l(l+1) \equiv Gl(l+1) \tag{3.3.25}$$

$$\mid lm\rangle = \mathrm{Y}_{lm}(\theta,\varphi) \tag{3.3.26}$$

利用球谐函数 $\mathrm{Y}_{lm}(\theta,\varphi)$ 的性质容易导出微扰算符 $\hat{W}$ 的矩阵元表达式

$$W_{lm,l'm'} = D\,(\cos\theta)_{lm,l'm'} \tag{3.3.27}$$

其中

$$(\cos\theta)_{lm,l'm'} = (a_{l-1,m}\delta_{l,l'-1} + a_{l,m}\delta_{l,l'+1})\delta_{m,m'} \tag{3.3.28}$$

$$a_{l,m} = [(l+1)^2 - m^2]^{1/2}[(2l+1)(2l+3)]^{-1/2} \tag{3.3.29}$$

由于 $\hat{W}$ 矩阵元的特殊性质，将使所有奇数级能量修正为零，故下面只需导出 n 为偶数级的能量修正表达式。另外，为了书写简捷，令

$$E_{ij} = E_i^0 - E_j^0, \quad A_{lm} = D^2 a_{l,m}^2 \tag{3.3.30}$$

由式(3.3.29)可知，$A_{lm} = A_{l,-m}$。

首先，计算基态的能量修正。

因为 E_0^0 无简并，所以，可以用无简并微扰论的递推公式逐级进行计算，其各级能量修正的表达式如下

$$\begin{aligned}
E_0^{(0)} &= 0\\
E_0^{(2)} &= \frac{A_{00}}{E_{01}}\\
E_0^{(4)} &= \frac{A_{00}A_{10}}{E_{01}^2E_{02}} - \frac{A_{00}E_0^{(2)}}{E_{01}^2}\\
E_0^{(6)} &= \frac{A_{00}A_{10}^2}{E_{01}^3E_{02}^2} + \frac{A_{00}A_{10}A_{20}}{E_{01}^2E_{02}^2E_{03}} - \frac{2A_{00}A_{10}E_0^{(2)}}{E_{01}^3E_{02}} - \frac{A_{00}A_{10}E_0^{(2)}}{E_{01}^2E_{02}^2} + \frac{A_{00}E_0^{(2)}E_0^{(2)}}{E_{01}^3} - \frac{A_{00}E_0^{(4)}}{E_{01}^2}
\end{aligned} \tag{3.3.31}$$

其次,计算第1激发态的能量修正。

因为 E_1^0 为3度简并,所以,需要用简并微扰论的递推公式计算。计算结果表明:$E_{10}^{(2)}$ 使 $m=0$ 的简并消除,但 $E_{1\pm1}^{(2)}$ 仍为2重根,此2度简并始终不能消除。各级能量修正的表达式如下

$$\begin{aligned}
E_{10}^{(0)} &= 2G \\
E_{10}^{(2)} &= \frac{A_{00}}{E_{10}} + \frac{A_{10}}{E_{12}} \\
E_{10}^{(4)} &= \frac{A_{10}A_{20}}{E_{12}^2E_{13}} - \frac{A_{10}E_{10}^{(2)}}{E_{12}^2} - \frac{A_{00}E_{10}^{(2)}}{E_{10}^2} \\
E_{10}^{(6)} &= \frac{A_{10}A_{20}A_{30}}{E_{12}^2E_{13}^2E_{14}} - \frac{A_{10}A_{20}^2}{E_{12}^3E_{13}^2} - \frac{2A_{10}A_{20}E_{10}^{(2)}}{E_{12}^3E_{13}} - \frac{A_{10}A_{20}E_{10}^{(2)}}{E_{12}^2E_{13}^2} + \\
&\quad \frac{A_{10}E_{10}^{(2)}E_{10}^{(2)}}{E_{12}^3} - \frac{A_{10}E_{10}^{(4)}}{E_{12}^2} + \frac{A_{00}E_{10}^{(2)}E_{10}^{(2)}}{E_{10}^3} - \frac{A_{00}E_{10}^{(4)}}{E_{10}^2}
\end{aligned} \tag{3.3.32}$$

$$\begin{aligned}
E_{1\pm1}^{(0)} &= 2G \\
E_{1\pm1}^{(2)} &= \frac{A_{1\pm1}}{E_{12}} \\
E_{1\pm1}^{(4)} &= \frac{A_{1\pm1}A_{2\pm1}}{E_{12}^2E_{13}} - \frac{A_{1\pm1}E_{1\pm1}^{(2)}}{E_{12}^2} \\
E_{1\pm1}^{(6)} &= \frac{A_{1\pm1}A_{2\pm1}^2}{E_{12}^3E_{13}^2} + \frac{A_{1\pm1}A_{2\pm1}A_{3\pm1}}{E_{12}^2E_{13}^2E_{14}} - \frac{2A_{1\pm1}A_{2\pm1}E_{1\pm1}^{(2)}}{E_{12}^3E_{13}} - \\
&\quad \frac{A_{1\pm1}A_{2\pm1}E_{1\pm1}^{(2)}}{E_{12}^2E_{13}^2} + \frac{A_{1\pm1}E_{1\pm1}^{(2)}E_{1\pm1}^{(2)}}{E_{12}^3} - \frac{A_{1\pm1}E_{1\pm1}^{(4)}}{E_{12}^2}
\end{aligned} \tag{3.3.33}$$

最后,计算第2激发态的能量修正。

与第1激发态情况类似,第2激发态的能量2级修正只能使 $m=0$ 的简并消除,而 $m=\pm1$ 及 $m=\pm2$ 的简并始终不能消除。

$$\begin{aligned}
E_{20}^{(0)} &= 6G \\
E_{20}^{(2)} &= \frac{A_{10}}{E_{21}} + \frac{A_{20}}{E_{23}} \\
E_{20}^{(4)} &= \frac{A_{00}A_{10}}{E_{20}E_{21}^2} - \frac{A_{10}E_{20}^{(2)}}{E_{21}^2} + \frac{A_{20}A_{30}}{E_{23}^2E_{24}} - \frac{A_{20}E_{20}^{(2)}}{E_{23}^2} \\
E_{20}^{(6)} &= \frac{A_{00}^2A_{10}}{E_{20}^2E_{21}^3} - \frac{2A_{00}A_{10}E_{20}^{(2)}}{E_{20}E_{21}^3} - \frac{A_{00}A_{10}E_{20}^{(2)}}{E_{20}^2E_{21}^2} + \frac{A_{10}E_{20}^{(2)}E_{20}^{(2)}}{E_{21}^3} -
\end{aligned}$$

$$\frac{A_{10}E_{20}^{(4)}}{E_{21}^2}+\frac{A_{20}A_{30}^2}{E_{23}^3E_{24}^2}-\frac{2A_{20}A_{30}E_{20}^{(2)}}{E_{23}^3E_{24}}+\frac{A_{20}A_{30}A_{40}}{E_{23}^2E_{24}^2E_{25}}-$$

$$\frac{A_{20}A_{30}E_{20}^{(2)}}{E_{23}^2E_{24}^2}+\frac{A_{20}E_{20}^{(2)}E_{20}^{(2)}}{E_{23}^3}-\frac{A_{20}E_{20}^{(4)}}{E_{23}^2} \tag{3.3.34}$$

$$\begin{aligned}
E_{2\pm1}^{(0)} &= 6G \\
E_{2\pm1}^{(2)} &= \frac{A_{1\pm1}}{E_{21}}+\frac{A_{2\pm1}}{E_{23}} \\
E_{2\pm1}^{(4)} &= \frac{A_{2\pm1}A_{3\pm1}}{E_{23}^2E_{24}}-\frac{A_{2\pm1}E_{2\pm1}^{(2)}}{E_{21}^2}-\frac{A_{2\pm1}E_{2\pm1}^{(2)}}{E_{23}^2} \\
E_{2\pm1}^{(6)} &= \frac{A_{2\pm1}A_{3\pm1}^2}{E_{23}^3E_{24}^2}+\frac{A_{2\pm1}A_{3\pm1}A_{4\pm1}}{E_{23}^2E_{24}^2E_{25}}-\frac{2A_{2\pm1}A_{3\pm1}E_{2\pm1}^{(2)}}{E_{23}^3E_{24}}-\frac{A_{2\pm1}A_{3\pm1}E_{2\pm1}^{(2)}}{E_{23}^2E_{24}^2}+ \\
&\quad \frac{A_{2\pm1}E_{2\pm1}^{(2)}E_{2\pm1}^{(2)}}{E_{23}^3}+\frac{A_{1\pm1}E_{2\pm1}^{(2)}E_{2\pm1}^{(2)}}{E_{21}^3}-\frac{A_{1\pm1}E_{2\pm1}^{(4)}}{E_{21}^2}-\frac{A_{2\pm1}E_{2\pm1}^{(4)}}{E_{23}^2}
\end{aligned} \tag{3.3.35}$$

$$\begin{aligned}
E_{2\pm2}^{(0)} &= 6G \\
E_{2\pm2}^{(2)} &= \frac{A_{2\pm2}}{E_{23}} \\
E_{2\pm2}^{(4)} &= \frac{A_{2\pm2}A_{3\pm2}}{E_{23}^2E_{24}}-\frac{A_{2\pm2}E_{2\pm2}^{(2)}}{E_{23}^2} \\
E_{2\pm2}^{(6)} &= \frac{A_{2\pm2}A_{3\pm2}^2}{E_{23}^3E_{24}^2}+\frac{A_{2\pm2}A_{3\pm2}A_{4\pm2}}{E_{23}^2E_{24}^2E_{25}}-\frac{2A_{2\pm2}A_{3\pm2}E_{2\pm2}^{(2)}}{E_{23}^3E_{24}}-\frac{A_{2\pm2}A_{3\pm2}E_{2\pm2}^{(2)}}{E_{23}^2E_{24}^2}+ \\
&\quad \frac{A_{2\pm2}E_{2\pm2}^{(2)}E_{2\pm2}^{(2)}}{E_{23}^3}-\frac{A_{2\pm2}E_{2\pm2}^{(4)}}{E_{23}^2}
\end{aligned} \tag{3.3.36}$$

3.3.2 在数值计算中的应用举例

例题3.3 空间转子的微扰计算(同例题3.2)。

利用上述表达式的计算结果与使用通用程序(态编号选到56,下同)的结果完全一致,且两者的 ΔE(近似解与严格解的绝对误差的绝对值,下同)都总是小于 $E_{lm}^{(6)}$ 的绝对值。

取 $G=0.5$,将 ΔE 随 D 的变化列于表3.1。其中,N_0 为态的编号;E后面的数字表示10的幂次(下同)。显然,随着 D 增加,ΔE 逐渐变大。

在推导与计算的过程中,对简并已消除的态而言,1至5级的波函数修正的解析表达式或数值结果已经求出,由于篇幅所限没有列出,对后面两个例子亦是如此。另外,对 $\pm m$ 态而言,2度简并始终不能消除,与严格解的结果是一致的。因为 W 只能破坏关于 θ 角度的对称性,而 $\hat{H}_0$ 中关于 φ 角度的对称性被保留,所以,$\pm m$ 的简并始终不能被消除。

表 3.1　空间转子斯塔克效应的 ΔE 随 D 的变化

$G = 0.5$

N_0	l	m	ΔE_{N_0}		
			$D = 0.1$	$D = 0.2$	$D = 0.3$
1	0	0	0.301869E - 09	0.755435E - 07	0.186655E - 05
2	1	- 1	0.146883E - 12	0.375056E - 10	0.956720E - 09
3	1	0	0.301897E - 09	0.755509E - 07	0.186674E - 05
4	1	1	0.146883E - 12	0.375056E - 10	0.956720E - 09
5	2	- 2	0.888178E - 15	0.313527E - 12	0.801181E - 11
6	2	- 1	0.147882E - 12	0.378493E - 10	0.965513E - 09
7	2	0	0.306422E - 13	0.781109E - 11	0.204154E - 09
8	2	1	0.147882E - 12	0.378493E - 10	0.965513E - 09
9	2	2	0.888178E - 15	0.313527E - 12	0.801181E - 11

例题 3.4　氢原子的斯塔克效应。

不顾及电子的自旋,选处于 z 方向强度为 B_0 的均匀外磁场中的氢原子的哈密顿为

$$\hat{H}_0 = -\frac{\hbar^2}{2\mu}\nabla^2 - \frac{e^2}{r} - \frac{eB_0}{2\mu c}\hat{L}_z \tag{3.3.37}$$

加上 z 方向强度为 ε 的均匀电场作为微扰

$$\hat{W} = e\varepsilon r\cos\theta = Dr\cos\theta \tag{3.3.38}$$

计算 $\hat{H} = \hat{H}_0 + \hat{W}$ 的近似本征值。

解　$\hat{H}_0$ 满足的本征方程

$$\hat{H}_0 \mid nlm\rangle = E^0_{nm} \mid nlm\rangle \tag{3.3.39}$$

的解可由氢原子的解给出,但能量本征值的表达式稍有变化,应为

$$E^0_{nm} = -e^2(2a_0n^2)^{-1} - Gm \tag{3.3.40}$$

微扰矩阵元

$$W_{nlm,n'l'm'} = Dr_{nl,n'l'}(\cos\theta)_{lm,l'm'} \tag{3.3.41}$$

式中

$$G = eB_0\hbar(2\mu c)^{-1}(\text{eV}), \quad D = e\varepsilon(\text{eV}) \tag{3.3.42}$$

其中,$(\cos\theta)_{lm,l'm'}$ 已由式(3.3.28) 与式(3.3.29) 给出,而$(r^k)_{nl,n'l'}$ 的计算公式将在本章的最后一节给出。

取 $G = 0.1$ eV,$D = 0.001$ eV,将氢原子斯塔克效应的前 30 条能级与严格解 E 的误差 ΔE 列于表 3.2。取 $G = 0.1$ eV,将 ΔE 随 D 的变化列于表 3.3。

表 3.2　氢原子斯塔克效应前 30 条能级的 ΔE 与 E

$G = 0.1$ eV，$D = 0.001$ eV

N_0	n	l	m	E/eV	ΔE/eV
1	1	0	0	−0.136057E02	0.
2	2	0	0	−0.340301E01	0.444089E−15
3	2	1	−1	−0.330143E01	0.444089E−15
4	2	1	0	−0.339984E01	0.
5	2	1	1	−0.350143E01	0.444056E−15
6	3	0	0	−0.151651E01	0.222045E−15
7	3	1	−1	−0.141413E01	0.
8	3	1	0	−0.150699E01	0.
9	3	1	1	−0.161413E01	0.
10	3	2	−2	−0.131175E01	0.222045E−15
11	3	2	−1	−0.140937E01	0.222045E−15
12	3	2	0	−0.151175E01	0.
13	3	2	1	−0.160937E01	0.222045E−15
14	3	2	2	−0.171175E01	0.222045E−15
15	4	0	0	−0.859919E00	0.153322E−12
16	4	1	−1	−0.756745E00	0.748290E−13
17	4	1	0	−0.840867E00	0.148770E−12
18	4	1	1	−0.956745E00	0.748290E−13
19	4	2	−2	−0.653569E00	0.263123E−13
20	4	2	−1	−0.744044E00	0.736078E−13
21	4	2	0	−0.847223E00	0.162093E−13
22	4	2	1	−0.944044E00	0.736078E−13
23	4	2	2	−0.105357E01	0.264233E−13
24	4	3	−3	−0.550388E00	0.111022E−15
25	4	3	−2	−0.647218E00	0.264233E−13
26	4	3	−1	−0.750400E00	0.666134E−15
27	4	3	0	−0.853574E00	0.149880E−13
28	4	3	1	−0.950400E00	0.666134E−15
29	4	3	2	−0.104722E01	0.268674E−13
30	4	3	3	−0.115039E01	0.

表3.3　氢原子斯塔克效应中 ΔE 随 D 的变化

$G = 0.1$ eV

N_0	ΔE/eV		
	$D = 0.001$ eV	$D = 0.005$ eV	$D = 0.010$ eV
1	0.	0.177636E - 14	0.
2	0.444089E - 15	0.	0.759393E - 13
3	0.444089E - 15	0.444089E - 15	0.177636E - 14
4	0.	0.888178E - 15	0.679456E - 13
5	0.444089E - 15	0.444089E - 15	0.177636E - 14
6	0.222045E - 15	0.944778E - 11	0.131191E - 08
7	0.	0.552336E - 11	0.766736E - 09
8	0.	0.814548E - 11	0.973759E - 09
9	0.	0.552336E - 11	0.766736E - 09
10	0.222045E - 15	0.251132E - 12	0.646712E - 10
11	0.222045E - 15	0.472689E - 11	0.560817E - 09
12	0.	0.305089E - 12	0.786728E - 10
13	0.222045E - 15	0.472689E - 11	0.560817E - 09
14	0.222045E - 15	0.251132E - 12	0.646712E - 10
15	0.153322E - 12	0.127947E - 07	0.176770E - 05
16	0.748290E - 13	0.603431E - 08	0.784973E - 06

显然,随着 D 增大,高激发态的收敛性越来越不好,而对基态低激发态的收敛性影响不大。

3.3.3　关于微扰论的再讨论

综上所述,通过简单推导给出的微扰论递推公式,可用于各级修正的解析表达式的推导,亦可用通用程序直接进行数值计算。在式(3.2.30)被满足的条件下,即使对简并态也能得到能量与波函数的任意级修正,直至在给定精度下得到与严格解完全一致的结果。

众所周知,氢原子基是原子物理中最常用的基底,我们在这个基底之下进行的微扰论计算,所得结果与严格解完全一致,既表明了递推公式的正确性,也验证了通用程序的适用性。

最后,应该说明的是,不论是微扰论的递推计算还是精确求解定态薛定谔方程,总是在 H_0 表象下完成的。对于许多物理体系(例如线谐振子、氢原子及球谐振子等)而言,基底的维数是无限大的,在进行计算时,必须根据具体的需要对无限大的基底做相应的截断。显然,这种人为的截断会给计算结果带来误差,通常将这种误差称之为截断误差。

基底截断的维数是由所要求的计算精度决定的,那么,如何由给定的精度求出所需要的维数呢?具体的过程如下:首先,在一个适当的 N 维基底下算出某个能量值为 $E(N)$,然后,再在 $N+1$ 维基底下算出某个能量值为 $E(N+1)$,最后,计算两者的相对误差的绝对值 $\Delta=|[E(N+1)-E(N)]/E(N)|$,如果 Δ 恰好满足所要求的计算误差,则基底截断为 N 维即可,否则,将 N 加上1或者一个合适的正整数,重复上面的步骤,直至 Δ 满足所要求的计算精度为止。

3.4 变分法

对于束缚定态而言,除了微扰论之外,变分法是另一种具有实用价值的近似方法。它的优点在于,不要求算符 $\hat{W}$ 的作用远小于算符 $\hat{H}_0$,特别适用于对基态的计算。在原子与分子物理学中,变分法占有相当重要的地位。

3.4.1 变分法

1. 变分定理

设定态薛定谔方程

$$\hat{H}|\psi_n\rangle=E_n|\psi_n\rangle \tag{3.4.1}$$

的本征值为无简并的断续谱 $\{E_n\}$,正交归一完备的本征函数系为 $\{|\psi_n\rangle\}$,且能量本征值已经按照从小到大的顺序排列,即

$$E_0<E_1<E_2<\cdots \tag{3.4.2}$$

哈密顿算符在任意态矢下的平均值满足如下3个定理。

定理3.1　在任意的归一化的态矢 $|\psi\rangle$ 之下,能量的平均值满足

$$\overline{H}=\langle\psi|\hat{H}|\psi\rangle\geqslant E_0 \tag{3.4.3}$$

当且仅当 $|\psi\rangle=|\psi_0\rangle$ 时,$\overline{H}=E_0$,其中 E_0 为严格的基态能量。

证明　由展开假设可知

$$|\psi\rangle=\sum_{n=0}^{\infty}c_n|\psi_n\rangle \tag{3.4.4}$$

于是有

$$\overline{H}=\sum_{m,n=0}^{\infty}c_m^*c_nE_n\langle\psi_m|\psi_n\rangle=\sum_{n=0}^{\infty}|c_n|^2E_n \tag{3.4.5}$$

由于 $|\psi\rangle$ 已经归一化,故有

$$\sum_{n=0}^{\infty} |c_n|^2 = 1 \tag{3.4.6}$$

于是,式(3.4.5) 可以改写为

$$\overline{H} - E_0 = \sum_{n=0}^{\infty} |c_n|^2 E_n - \sum_{n=0}^{\infty} |c_n|^2 E_0 = \sum_{n=0}^{\infty} |c_n|^2 (E_n - E_0) \tag{3.4.7}$$

因为等式右端求和号里的两项皆不小于零,故式(3.4.3) 成立,定理 3.1 得证。

式(3.4.3) 表明,哈密顿算符在任意归一化的态矢下的平均值不小于其基态能量。只有当该态矢恰好为体系的基态时,哈密顿算符的平均值等于基态能量。换言之,若逐个用态空间中的所有归一化态矢去计算哈密顿算符的平均值,则其中最小的一个就是它的基态能量,所用的态矢就是基态的态矢。实际上,定理 3.1 给出了求体系基态的方法。

若体系的基态 $|\psi_0\rangle$ 已知,则可以利用下面给出的定理 3.2 求出第 1 激发态能量和相应的本征矢。

定理 3.2　在任意的归一化的且与 $|\psi_0\rangle$ 正交的态矢 $|\psi\rangle$ 之下,能量的平均值满足

$$\overline{H} = \langle\psi|\hat{H}|\psi\rangle \geqslant E_1 \tag{3.4.8}$$

当且仅当 $|\psi\rangle = |\psi_1\rangle$ 时,$\overline{H} = E_1$,其中 E_1 为严格的第 1 激发态能量。

证明　由 $|\psi\rangle$ 与 $|\psi_0\rangle$ 正交的条件 $\langle\psi_0|\psi\rangle = 0$ 可知

$$|\psi\rangle = \sum_{n=0}^{\infty} |\psi_n\rangle\langle\psi_n|\psi\rangle = \sum_{n=1}^{\infty} c_n |\psi_n\rangle \tag{3.4.9}$$

使用类似定理 3.1 中的做法,得到

$$\overline{H} - E_1 = \sum_{n=1}^{\infty} |c_n|^2 (E_n - E_1) \geqslant 0 \tag{3.4.10}$$

于是定理 3.2 得证。

定理 3.2 能够推广到更一般的情况,在体系的前 m 个本征矢 $|\psi_0\rangle, |\psi_1\rangle, \cdots, |\psi_{m-1}\rangle$ 已知时,利用下面给出的定理 3.3 可以求出第 m 个激发态的本征值 E_m 和本征矢 $|\psi_m\rangle$。

定理 3.3　在任意归一化的且与 $|\psi_0\rangle, |\psi_1\rangle, \cdots, |\psi_{m-1}\rangle$ 正交的态矢 $|\psi\rangle$ 之下,能量的平均值满足

$$\overline{H} = \langle\psi|\hat{H}|\psi\rangle \geqslant E_m \tag{3.4.11}$$

当且仅当 $|\psi\rangle = |\psi_m\rangle$ 时,$\overline{H} = E_m$,其中 E_m 为严格的第 m 个激发态能量。

证明　由 $|\psi\rangle$ 与 $|\psi_0\rangle, |\psi_1\rangle, \cdots, |\psi_{m-1}\rangle$ 正交的条件可知,在 $|\psi\rangle$ 的展开式中,前 m 个展开系数皆为零,即

$$|\psi\rangle = \sum_{n=m}^{\infty} c_n |\psi_n\rangle \tag{3.4.12}$$

进而有

$$\overline{H} - E_m = \sum_{n=m}^{\infty} |c_n|^2 (E_n - E_m) \geqslant 0 \tag{3.4.13}$$

于是得到欲证之式

$$\overline{H} \geqslant E_m \tag{3.4.14}$$

综上所述，若能利用定理3.1求出基态的能量与本征矢，在此基础上，利用定理3.2可进一步求出第1激发态的本征解，再反复使用定理3.3，就可以得到任意激发态的本征解。这就是利用变分定理近似求解定态薛定谔方程的基本思路。

2. 变分法

在实际的计算中，由于态空间实在是太大了，在整个态空间中，若想用每个态矢去计算哈密顿算符的平均值几乎是不可能的。通常的做法如下：

(1) 把态矢限定在某一个小范围中，即选择一个含有**变分参数** α 的归一化的**试探波函数** $|\psi(\alpha)\rangle$；

(2) 利用试探波函数导出能量平均值 $\overline{H}(\alpha) = \langle \psi(\alpha) | \hat{H} | \psi(\alpha) \rangle$ 的具体表达式；

(3) 利用能量平均值取极值的条件

$$\frac{\partial}{\partial \alpha} \overline{H}(\alpha) = 0 \tag{3.4.15}$$

确定出变分参数的数值 α_0；

(4) 将求得的变分参数的数值 α_0 代回到试探波函数 $|\psi(\alpha)\rangle$ 中，得到近似的基态波函数 $|\psi_0\rangle = |\psi(\alpha_0)\rangle$；

(5) 利用近似的基态波函数计算出哈密顿算符的平均值 $\overline{H}(\alpha_0)$，它就是基态能量 E_0 的近似值。

上述计算能量与波函数近似值的方法就是所谓的**变分法**。

如果严格基态波函数恰好处于所选试探波函数的范围之内，则得到的解就是严格解。这种情况出现的概率毕竟是太小了，通常只能得到近似解，而且近似的程度直接与所选的试探波函数的形式有关。如果对所求得的近似解不满意，为了得到更精确的近似解，必须更换试探波函数重新进行计算，然后比较两次所得结果，能量低者为好。这也就是试探波函数名称的由来。

变分法有如下3个缺点：首先，试探波函数的选取并无一般的规律可循，只能依赖计算者的经验和对该物理问题理解的程度；其次，变分法的计算误差很难估计；最后，用变分法计算基态比较准确，在计算激发态时，能量越高计算误差越大。

3.4.2 线性变分法

在使用变分法时，并没有限定试探波函数只能有一个变分参数，实际上，也可以有多个变分参数。若将试探波函数选成线性函数，用其组合系数作为变分参数，则称之为**线性**

变分法,或里兹(Rits)变分法。

1. 线性变分法

选 N 个态矢 $|\psi_n\rangle(n=1,2,3,\cdots,N)$,它们可以是既不正交也不归一的一组态矢,利用它们的线性组合构成**线性试探波函数**

$$|\psi\rangle = \sum_{n=1}^{N} c_n |\psi_n\rangle \tag{3.4.16}$$

其中 N 个 c_n 为变分参数。将上式代入哈密顿算符的平均值公式,得到

$$\bar{H} = \frac{\langle\psi|\hat{H}|\psi\rangle}{\langle\psi|\psi\rangle} = \frac{\sum_{m=1}^{N}\sum_{n=1}^{N} c_m^* c_n \langle\psi_m|\hat{H}|\psi_n\rangle}{\sum_{m=1}^{N}\sum_{n=1}^{N} c_m^* c_n \langle\psi_m|\psi_n\rangle} \tag{3.4.17}$$

若令

$$H_{mn} = \langle\psi_m|\hat{H}|\psi_n\rangle \tag{3.4.18}$$

$$\Delta_{mn} = \langle\psi_m|\psi_n\rangle \tag{3.4.19}$$

则式(3.4.17)简化成

$$\bar{H}\sum_{m,n=1}^{N} c_m^* c_n \Delta_{mn} = \sum_{m,n=1}^{N} c_m^* c_n H_{mn} \tag{3.4.20}$$

将上式对 c_m^* 求偏导,注意到 $\bar{H}$ 取极值的条件 $\partial\bar{H}/\partial c_m^* = 0$,于是有

$$\bar{H}\sum_{n=1}^{N} c_n \Delta_{mn} = \sum_{n=1}^{N} c_n H_{mn} \tag{3.4.21}$$

整理之,得到含有待定参数 $\bar{H}$ 的线性方程组

$$\sum_{n=1}^{N} (H_{mn} - \bar{H}\Delta_{mn}) c_n = 0 \tag{3.4.22}$$

上式有非零解的条件是系数行列式为零,即

$$\begin{vmatrix} H_{11}-\bar{H}\Delta_{11} & H_{12}-\bar{H}\Delta_{12} & \cdots & H_{1N}-\bar{H}\Delta_{1N} \\ H_{21}-\bar{H}\Delta_{21} & H_{22}-\bar{H}\Delta_{22} & \cdots & H_{2N}-\bar{H}\Delta_{2N} \\ \vdots & \vdots & & \vdots \\ H_{N1}-\bar{H}\Delta_{N1} & H_{N2}-\bar{H}\Delta_{N2} & \cdots & H_{NN}-\bar{H}\Delta_{NN} \end{vmatrix} = 0 \tag{3.4.23}$$

求解上式可以得到 $\bar{H}$。一般情况下,由于式(3.4.23)是 $\bar{H}$ 的 N 次多项式,故 $\bar{H}$ 有 N 个解,其中最小者 $\bar{H}_{\min}$ 即为基态能量的近似值。为了求出基态波函数,将 $\bar{H}_{\min}$ 代入式(3.4.22)可以求出 N 个 c_n,最后,利用式(3.4.16)得到基态波函数的近似值。

应该说明的是,如果构成试探波函数的一组函数是正交的,则 Δ_{mn} 是对角的,更进一步,若这组函数是正交归一的,则 $\Delta_{mn} = \delta_{m,n}$,这时,式(3.4.22)就变成了通常的本征方程

$$\sum_{n=1}^{N} (H_{mn} - \bar{H}\delta_{m,n}) c_n = 0 \tag{3.4.24}$$

式中的 $\overline{H}$ 为待求的本征值。

2. 线性变分法与定态薛定谔方程的关系

若$\{|\psi_n\rangle\}$是某个厄米算符 $\hat{F}$ 的本征函数系，则在 F 表象下哈密顿算符满足的本征方程为

$$\sum_{n=1}^{\infty}(H_{mn}-E\delta_{m,n})c_n=0 \tag{3.4.25}$$

比较式(3.4.24)与式(3.4.25)发现，两者只是在矩阵的维数上有所不同，即前者将无穷维的正交归一完备函数系$\{|\psi_n\rangle\}$截断为 N 维，如果不对本征函数系的维数做截断，那么，从数学的角度来看，两个方程是完全等价的。进而可知，两者的待求本征值 $\overline{H}$ 与 E 也只在所用的符号上有差别，换句话说，当 $N\to\infty$ 时，由线性变分法得到的 $\overline{H}$ 与由定态薛定谔方程求出的能量本征值 E 是完全相同的，于是，可以断定线性变分法与求解定态薛定谔方程是等价的。

3.4.3　氦原子的基态

氦(He)原子是由带 $Z=2$ 个正电荷的原子核与两个电子构成的。作为变分法的一个应用实例，下面来计算氦原子的基态能量与相应的本征波函数的近似值。

氦原子的哈密顿算符为

$$\hat{H}=\hat{H}_0+e^2/r_{12} \tag{3.4.26}$$

其中，$\hat{H}_0$ 为两个类氢离子的哈密顿算符之和，即

$$\hat{H}_0=-\frac{\hbar^2}{2\mu}\nabla_1^2-\frac{\hbar^2}{2\mu}\nabla_2^2-\frac{Ze^2}{r_1}-\frac{Ze^2}{r_2} \tag{3.4.27}$$

r_1、r_2 分别为两个电子的径向坐标；r_{12} 为两个电子之间的距离；μ 为电子的约化质量。

$\hat{H}_0$ 满足的本征方程可以分离变数求解，实际上，它的能量是两个类氢离子能量之和，非耦合本征矢是相应的两个类氢离子本征矢的直积。于是，$\hat{H}_0$ 的基态为

$$|\psi_0\rangle=|100\rangle_1|100\rangle_2 \tag{3.4.28}$$

由于，已知第 $i(=1,2)$ 个类氢离子的基态为

$$|100\rangle_i=(\pi^{-1}Z^3a^{-3})^{1/2}\mathrm{e}^{-Za^{-1}r_i} \tag{3.4.29}$$

所以，$\hat{H}_0$ 的基态波函数为

$$|\psi_0\rangle=\pi^{-1}Z^3a^{-3}\mathrm{e}^{-Za^{-1}(r_1+r_2)} \tag{3.4.30}$$

式中，a 为类氢离子的玻尔半径。

如果两个电子之间无相互作用，则只存在正电荷 Ze 对每个电子的吸引力。当顾及两个电子之间的排斥作用时，会使原子核对两个电子的吸引力减弱，这相当于正电荷 Ze 的减少，故可以选式(3.4.30)为试探波函数，Z 为变分参数。为了与位势中的 $Z=2$ 相区别，将其另记为 λ，于是，试探波函数可以写成

$$|\psi_0(\lambda)\rangle = \pi^{-1}\lambda^3 a^{-3} e^{-\lambda a^{-1}(r_1+r_2)} \tag{3.4.31}$$

计算哈密顿算符在所选的试探波函数 $|\psi_0(\lambda)\rangle$ 下的平均值

$$\bar{H}(\lambda) = \langle\psi_0(\lambda)|\hat{H}|\psi_0(\lambda)\rangle = \langle\psi_0(\lambda)|\hat{H}_0|\psi_0(\lambda)\rangle + \langle\psi_0(\lambda)|e^2/r_{12}|\psi_0(\lambda)\rangle \tag{3.4.32}$$

其中,第 1 项可以直接计算积分,得到[3.11]

$$\langle\psi_0(\lambda)|\hat{H}_0|\psi_0(\lambda)\rangle = \lambda^2 e^2/a - 4\lambda e^2/a \tag{3.4.33}$$

这里应该指出的是,虽然 $|\psi_0\rangle$ 是 $\hat{H}_0$ 的本征态,但是 $\hat{H}_0$ 在 $|\psi_0(\lambda)\rangle$ 上的平均值并不等于它的本征值。原因在于,作为试探波函数的 $|\psi_0(\lambda)\rangle$ 中的 Z 已经换成了变分参数 λ,而位势中的 $Z = 2$。

在计算式(3.4.32) 中的第 2 项时,可以利用静电学中的一个公式

$$\begin{aligned} \frac{1}{r_{12}} &= \frac{1}{r_1}\sum_{l=0}^{\infty}\left(\frac{r_2}{r_1}\right)^l \mathrm{P}_l(\cos\theta) \quad (r_1 > r_2) \\ \frac{1}{r_{12}} &= \frac{1}{r_2}\sum_{l=0}^{\infty}\left(\frac{r_1}{r_2}\right)^l \mathrm{P}_l(\cos\theta) \quad (r_1 < r_2) \end{aligned} \tag{3.4.34}$$

式中,$\mathrm{P}_l(\cos\theta)$ 为勒让德(Legendre) 多项式。经过计算得到[3.12]

$$\langle\psi_0(\lambda)|\frac{e^2}{r_{12}}|\psi_0(\lambda)\rangle = \frac{5\lambda e^2}{8a} \tag{3.4.35}$$

将上式与式(3.4.33) 代入式(3.4.32),得到

$$\bar{H}(\lambda) = \frac{\lambda^2 e^2}{a} - \frac{4\lambda e^2}{a} + \frac{5\lambda e^2}{8a} = \frac{\lambda^2 e^2}{a} - \frac{27\lambda e^2}{8a} \tag{3.4.36}$$

由能量平均值 $\bar{H}(\lambda)$ 取极值的条件可知

$$\frac{\partial}{\partial\lambda}\bar{H}(\lambda) = \frac{2e^2}{a}\lambda - \frac{27e^2}{8a} = 0 \tag{3.4.37}$$

于是,得到变分参数的数值为

$$\lambda_0 = 27/16 \tag{3.4.38}$$

将其代回式(3.4.36),得到基态能量的近似值

$$E_0 \approx \bar{H}(\lambda_0) = -(27/16)^2 e^2 a^{-1} = -77.096\,76\ \mathrm{eV} \tag{3.4.39}$$

基态能量的实验值大约为 -78.62 eV。近似的基态波函数为

$$|\psi_0\rangle \approx (27/16)^3 \pi^{-1} a^{-3} e^{-27a^{-1}(r_1+r_2)/16} \tag{3.4.40}$$

3.5　最陡下降法

为了克服变分法存在的缺点,1987 年肖斯洛夫斯基(Cioslowski) 首先建立了无简并基态的最陡下降理论,然后,文根旺将其推广到激发态与简并态,最后,我们将其具体应用

到里坡根(Lipkin)二能级可解模型[4.23~4.26]。计算结果表明,它也是量子理论近似计算的一个有力工具,具有较高的应用价值。它的优点在于,给出了选择试探波函数的一般原则,并且可以进行迭代计算,直至达到满意的精度为止。总之,最陡下降法克服了变分法的缺点,将变分法推进到了更加实用的高度。

本节只介绍无简并的基态与激发态的最陡下降法。

3.5.1 无简并基态的最陡下降法

设体系的哈密顿算符 $\hat{H}$ 可以写为

$$\hat{H} = \hat{H}_0 + \hat{W} \tag{3.5.1}$$

这里并不要求 $\hat{W}$ 为微扰项。$\hat{H}$ 与 $\hat{H}_0$ 满足的定态薛定谔方程分别为

$$\begin{aligned} \hat{H} \mid \psi_k \rangle &= E_k \mid \psi_k \rangle \\ \hat{H}_0 \mid \varphi_k \rangle &= E_k^0 \mid \varphi_k \rangle \end{aligned} \tag{3.5.2}$$

其中,$k = 0,1,2,\cdots$。假设 $\hat{H}_0$ 的解已知,且无简并,E_k^0 已按从小到大次序排列。

1. 本征矢的零级近似与能量的一级近似

原则上,基态的零级试探波函数 $\mid \psi_0 \rangle^{(0)}$ 可以任意选取,式(3.5.1)与式(3.5.2)中的第2式的要求并不是必须的。为了方便,通常用 $\mid \varphi_0 \rangle$ 作为基态的零级试探波函数,即

$$\mid \psi_0 \rangle^{(0)} = \mid \varphi_0 \rangle \tag{3.5.3}$$

显然能量的零级近似为 E_0^0,而能量一级近似为

$$E_0^{(1)} = {}^{(0)}\langle \psi_0 \mid \hat{H} \mid \psi_0 \rangle^{(0)} = \langle \varphi_0 \mid \hat{H} \mid \varphi_0 \rangle \tag{3.5.4}$$

2. 本征矢的一级近似与能量的二级近似

为了构造本征矢的一级近似,引入一个新的态矢

$$\mid \psi'_0 \rangle = \hat{q}_0 \hat{H} \mid \psi_0 \rangle^{(0)} \tag{3.5.5}$$

其中,$\hat{q}_0 = 1 - \mid \psi_0 \rangle^{(0)(0)}\langle \psi_0 \mid$ 为去 $\mid \psi_0 \rangle^{(0)}$ 态矢投影算符。如前所述,它的作用是将态矢投影到 $\mid \psi_0 \rangle^{(0)}$ 之外的空间,故在 $\mid \psi'_0 \rangle$ 中不含有 $\mid \psi_0 \rangle^{(0)}$ 的分量,或者说 $\mid \psi'_0 \rangle$ 与 $\mid \psi_0 \rangle^{(0)}$ 是正交的。

设本征矢的一级近似为

$$\mid \psi_0 \rangle^{(1)} = C_0 [\mid \psi_0 \rangle^{(0)} + \alpha \mid \psi'_0 \rangle] \tag{3.5.6}$$

其中,α 为变分参数,C_0 为归一化常数。由归一化条件知

$$C_0 = [1 + \alpha^2 \langle \psi'_0 \mid \psi'_0 \rangle]^{-1/2} \tag{3.5.7}$$

为简捷起见,对任意算符 $\hat{F}$ 引入记号

$$\bar{F}_0 \equiv {}^{(0)}\langle \psi_0 \mid \hat{F} \mid \psi_0 \rangle^{(0)} \tag{3.5.8}$$

其中 $\bar{F}_0$ 中的下角标0表示在基态 $\mid \psi_0 \rangle^{(0)}$ 下求平均。经过简单的计算可以得到如下关系式[3.4]

$$
\begin{aligned}
&{}^{(0)}\langle \psi_0 | \hat{H} | \psi_0 \rangle^{(0)} = \overline{H}_0 \\
&{}^{(0)}\langle \psi_0 | \hat{H} | \psi'_0 \rangle = \overline{H_0^{\ 2}} - (\overline{H_0})^2 \\
&\langle \psi'_0 | \hat{H} | \psi_0 \rangle^{(0)} = \overline{H_0^{\ 2}} - (\overline{H_0})^2 \\
&\langle \psi'_0 | \psi'_0 \rangle = \overline{H_0^{\ 2}} - (\overline{H_0})^2 \\
&\langle \psi'_0 | \hat{H} | \psi'_0 \rangle = \overline{H_0^{\ 3}} - 2\,\overline{H_0^{\ 2}}\,\overline{H}_0 + (\overline{H_0})^3
\end{aligned}
\tag{3.5.9}
$$

式中，$\overline{H_0^{\ n}}$ 表示 $\hat{H}^n$ 在基态 $|\psi_0\rangle^{(0)}$ 下的平均值。

利用本征矢的一级近似表达式(3.5.6)，可以导出含变分参数 α 的能量二级近似为[3.5]

$$E_0^{(2)}(\alpha) = {}^{(1)}\langle \psi_0 | \hat{H} | \psi_0 \rangle^{(1)} = \overline{H}_0 + \langle \psi'_0 | \psi'_0 \rangle^{1/2} f(t) \tag{3.5.10}$$

其中

$$
\begin{aligned}
&f(t) = (2t + bt^2)(1 + t^2)^{-1} \\
&b = \langle \psi'_0 | \psi'_0 \rangle^{-3/2} [\langle \psi'_0 | \hat{H} | \psi'_0 \rangle - \langle \psi'_0 | \psi'_0 \rangle \overline{H_0}] \\
&t = \alpha \langle \psi'_0 | \psi'_0 \rangle^{1/2}
\end{aligned}
\tag{3.5.11}
$$

式(3.5.10)给出了能量二级近似 $E_0^{(2)}(\alpha)$ 与变分参数 α 的关系。

由于 α 与 t 只相差一个常数 $\langle \psi'_0 | \psi'_0 \rangle^{1/2}$，故可以将 $E_0^{(2)}(\alpha)$ 取极值的条件改为对 t 求偏导。由计算结果可知，当 $t = [b - (b^2 + 4)^{1/2}]/2$ 时，$f(t)$ 取极小值，进而可以求出变分参数 α 为[3.6]

$$\alpha = 2^{-1} [b - (b^2 + 4)^{1/2}] \langle \psi'_0 | \psi'_0 \rangle^{-1/2} \tag{3.5.12}$$

将其代入式(3.5.10)和式(3.5.6)，于是，得到能量的二级近似和本征矢的一级近似的结果

$$
\begin{aligned}
&E_0^{(2)} = \overline{H}_0 - 2^{-1} \langle \psi'_0 | \psi'_0 \rangle^{1/2} [(b^2 + 4)^{1/2} - b] \\
&|\psi_0\rangle^{(1)} = C_0 [\,|\psi_0\rangle^{(0)} + \alpha |\psi'_0\rangle]
\end{aligned}
\tag{3.5.13}
$$

至此，由变分原理求出了基态能量的二级近似 $E_0^{(2)}$ 及本征矢的一级近似 $|\psi_0\rangle^{(1)}$。

3. 本征矢的 n 级近似与能量的 $n+1$ 级近似

用已经求出的 $|\psi_0\rangle^{(1)}$ 代替零级试探波函数 $|\psi_0\rangle^{(0)}$ 重复上面步骤，可以得到 $E_0^{(3)}$ 与 $|\psi_0\rangle^{(2)}$，继续做下去，直至 $E_0^{(n)}$ 与 $E_0^{(n+1)}$ 的相对误差满足给定的精度要求为止，就得到在相应精度之下基态的能量与本征矢的近似结果，将其分别记为 $\tilde{E}_0$ 与 $|\tilde{\psi}_0\rangle$。

需要特别指出的是，由式(3.5.13)可知，保证在迭代过程中近似能量本征值不断下降的条件

$$\langle \psi'_0 | \psi'_0 \rangle^{1/2} [(b^2 + 4)^{1/2} - b] \geqslant 0 \tag{3.5.14}$$

确实是成立的。如此做下去,原则上,在给定的精度下可以得到与严格解完全一致的结果。此即无简并基态的最陡下降法。

3.5.2* H_0 表象下的无简并基态的最陡下降法

在实际应用最陡下降理论时,通常选用 H_0 表象,为此,需要将上述公式化为适合计算的具体形式。

取一个正交归一完备函数系 $\{|\varphi_k\rangle\}$,则 $|\psi_0\rangle$ 的第 n 级近似 $|\psi_0\rangle^{(n)}$ 可以向 $|\varphi_k\rangle$ 展开,即

$$|\psi_0\rangle^{(n)} = \left[\sum_i |B_{i0}^{(n)}|^2\right]^{-1/2} \sum_k |\varphi_k\rangle B_{k0}^{(n)} \tag{3.5.15}$$

其中

$$B_{k0}^{(n)} = \langle\varphi_k|\psi_0\rangle^{(n)} \tag{3.5.16}$$

而能量的 $n+1$ 级近似为

$$E_0^{(n+1)} = \frac{{}^{(n)}\langle\psi_0|\hat{H}|\psi_0\rangle^{(n)}}{{}^{(n)}\langle\psi_0|\psi_0\rangle^{(n)}} = \left[\sum_i |B_{i0}^{(n)}|^2\right]^{-1} \sum_{ki} (B_{k0}^{(n)})^* H_{ki} B_{i0}^{(n)} \tag{3.5.17}$$

实际应用时,通常取

$$|\psi_0\rangle^{(0)} = |\varphi_0\rangle \tag{3.5.18}$$

于是

$$\begin{aligned} B_{k0}^{(0)} &= \delta_{k,0} \\ E_0^{(1)} &= \langle\varphi_0|\hat{H}|\varphi_0\rangle \end{aligned} \tag{3.5.19}$$

设本征矢的一级近似

$$|\psi_0\rangle^{(1)} = |\psi_0\rangle^{(0)} + \alpha\hat{q}_0\hat{H}|\psi_0\rangle^{(0)} \tag{3.5.20}$$

其中

$$\hat{q}_0 = 1 - |\psi_0\rangle^{(0)(0)}\langle\psi_0| \tag{3.5.21}$$

$|\psi_0\rangle^{(1)}$ 中的第 2 项与 $|\psi_0\rangle^{(0)}$ 正交,是对 $|\psi_0\rangle^{(0)}$ 的修正,具体写出来为

$$\begin{aligned} \hat{q}_0\hat{H}|\psi_0\rangle^{(0)} &= [1 - |\psi_0\rangle^{(0)(0)}\langle\psi_0|]\hat{H}|\psi_0\rangle^{(0)} = \\ &\hat{H}|\psi_0\rangle^{(0)} - |\psi_0\rangle^{(0)(0)}\langle\psi_0|\hat{H}|\psi_0\rangle^{(0)} = \\ &\hat{H}\sum_k |\varphi_k\rangle B_{k0}^{(0)} - E_0^{(1)}\sum_i |\varphi_i\rangle B_{i0}^{(0)}\sum_k |B_{k0}^{(0)}|^2 = \\ &\sum_i |\varphi_i\rangle\left[\sum_k H_{ik}B_{k0}^{(0)} - E_0^{(1)}B_{i0}^{(0)}\sum_k |B_{k0}^{(0)}|^2\right] = \sum_i |\varphi_i\rangle C_{i0}^{(0)} \end{aligned} \tag{3.5.22}$$

其中

$$C_{i0}^{(0)} = \sum_k H_{ik}B_{k0}^{(0)} - E_0^{(1)}B_{i0}^{(0)}\sum_k |B_{k0}^{(0)}|^2 \tag{3.5.23}$$

所以

$$B_{k0}^{(1)} = B_{k0}^{(0)} + \alpha C_{k0}^{(0)} \tag{3.5.24}$$

能量的二级近似

$$E_0^{(2)} = \frac{^{(1)}\langle \psi_0 | \hat{H} | \psi_0 \rangle^{(1)}}{^{(1)}\langle \psi_0 | \psi_0 \rangle^{(1)}} = \left(\sum_k | B_{k0}^{(1)} |^2 \right)^{-1} \sum_{ki} (B_{k0}^{(1)})^* H_{ki} B_{i0}^{(1)} \tag{3.5.25}$$

将含变分参数 α 的 $B_{k0}^{(1)}$ 代入上式,经过整理后得

$$E_0^{(2)} = (E_0^{(1)} S_1 + 2S_4\alpha + S_5\alpha^2)(S_1 + 2S_2\alpha + S_3\alpha^2)^{-1} \tag{3.5.26}$$

其中

$$\begin{gathered} S_1 = \sum_k | B_{k0}^{(0)} |^2, \quad S_2 = \sum_k (B_{k0}^{(0)})^* C_{k0}^{(0)}, \quad S_3 = \sum_k | C_{k0}^{(0)} |^2 \\ S_4 = \sum_{ki} (B_{k0}^{(0)})^* H_{ki} C_{i0}^{(0)}, \quad S_5 = \sum_{ki} (C_{k0}^{(0)})^* H_{ki} C_{i0}^{(0)} \end{gathered} \tag{3.5.27}$$

若 $B_{k0}^{(0)}$ 已归一化,则

$$S_1 = 1, \quad S_2 = 0 \tag{3.5.28}$$

由 $\partial E_0^{(2)} / \partial \alpha = 0$,知

$$(S_1 + 2S_2\alpha + S_3\alpha^2)(S_4 + S_5\alpha) = (S_2 + S_3\alpha)(E_0^{(1)} S_1 + 2S_4\alpha + S_5\alpha^2) \tag{3.5.29}$$

整理后有

$$(S_2S_5 - S_3S_4)\alpha^2 + (S_1S_5 - E_1^{(1)} S_1S_3)\alpha + (S_1S_4 - E_0^{(1)} S_1S_2) = 0 \tag{3.5.30}$$

上述一元二次方程的解为

$$\alpha = [-\alpha_2 \pm (\alpha_2^2 - 4\alpha_1\alpha_3)^{1/2}]/(2\alpha_1) \tag{3.5.31}$$

其中

$$\begin{aligned} \alpha_1 &= S_2S_5 - S_3S_4 \\ \alpha_2 &= S_1S_5 - E_1^{(1)} S_1S_3 \\ \alpha_3 &= S_1S_4 - E_1^{(1)} S_1S_2 \end{aligned} \tag{3.5.32}$$

当 $\alpha = [-\alpha_2 + (\alpha_2^2 - 4\alpha_1\alpha_3)^{1/2}]/(2\alpha_1)$ 时,$E_1^{(2)}$ 取极小值,利用求出的 α 值,可算出能量的二级近似

$$E_0^{(2)} = (E_0^{(1)} S_1 + 2S_4\alpha + S_5\alpha^2)(S_1 + 2S_2\alpha + S_3\alpha^2)^{-1} \tag{3.5.33}$$

及归一化的一级近似本征矢

$$B_{k0}^{(1)} = (B_{k0}^{(0)} + \alpha C_{k0}^{(0)})(S_1 + 2S_2\alpha + S_3\alpha^2)^{-1/2} \tag{3.5.34}$$

然后,用 $B_{k0}^{(1)}$ 代替 $B_{k0}^{(0)}$,$C_{k0}^{(1)}$ 代替 $C_{k0}^{(0)}$,重复上面的步骤,可以求出 $B_{k0}^{(2)}$ 与 $E_0^{(3)}$。如此进行下去,直至 $|(E_0^{(n)} - E_0^{(n-1)})/E_0^{(n)}| \leqslant \varepsilon$ 为止,其中 ε 为给定的相对误差控制数。

3.5.3　无简并激发态的最陡下降法

如果欲求出第$k(\neq 0)$个激发态的解,则必须事先求出比它低的k个态$|\tilde{\psi}_j\rangle(j=0,1,2,\cdots,k-1)$的解,假设它们已由最陡下降法或者其他方法求得。

满足与前k个态正交的初始试探波函数应为

$$|\psi_k\rangle^{(0)} = C_k\left(|\varphi_k\rangle - \sum_{j=0}^{k-1}|\tilde{\psi}_j\rangle\langle\tilde{\psi}_j|\varphi_k\rangle\right) \tag{3.5.35}$$

其中归一化常数

$$C_k = \left(1 - \sum_{j=0}^{k-1}|\langle\tilde{\psi}_j|\varphi_k\rangle|^2\right)^{-1/2} \tag{3.5.36}$$

类似基态引入

$$|\psi'_k\rangle = \hat{q}_k\hat{H}|\psi_k\rangle^{(0)} \tag{3.5.37}$$

其中

$$\hat{q}_k = 1 - |\psi_k\rangle^{(0)(0)}\langle\psi_k| - \sum_{j=0}^{k-1}|\tilde{\psi}_j\rangle\langle\tilde{\psi}_j| \tag{3.5.38}$$

此时

$$\langle\psi'_k|\psi'_k\rangle = \overline{H_k^2} - (\overline{H}_k)^2 - \sum_{j=0}^{k-1}{}^{(0)}\langle\psi_k|\hat{H}|\tilde{\psi}_j\rangle\langle\tilde{\psi}_j|\hat{H}|\psi_k\rangle^{(0)} \tag{3.5.39}$$

$$\begin{aligned}\langle\psi'_k|\hat{H}|\psi'_k\rangle = {} & \overline{H_k^3} - 2\,\overline{H_k^2}\,\overline{H}_k - (\overline{H}_k)^3 - 2\sum_{j=0}^{k-1}{}^{(0)}\langle\psi_k|\hat{H}^2|\tilde{\psi}_j\rangle\langle\tilde{\psi}_k|\hat{H}|\psi_k\rangle^{(0)} + \\ & 2\overline{H}_k\sum_{j=0}^{k-1}{}^{(0)}\langle\psi_k|\hat{H}|\tilde{\psi}_j\rangle\langle\tilde{\psi}_j|\hat{H}|\psi_k\rangle^{(0)} + \\ & \sum_{j=0}^{k-1}\sum_{j'=0}^{k-1}{}^{(0)}\langle\psi_k|\hat{H}|\tilde{\psi}_j\rangle\langle\tilde{\psi}_j|\hat{H}|\tilde{\psi}_{j'}\rangle\langle\tilde{\psi}_{j'}|\hat{H}|\psi_k\rangle^{(0)}\end{aligned} \tag{3.5.40}$$

对激发态而言,除了$\hat{q}_i$及上述两个表达式与基态不同而外,其他公式在形式上与基态相同,重复类似的计算可由低到高逐个得到激发态的结果,直至任意激发态。

3.5.4* H_0表象下的无简并激发态的最陡下降法

类似于基态时的情况,在实际应用最陡下降理论时,通常选用H_0表象,为此,也需要将上述公式化为适合计算的具体形式。

欲求第k个激发态的解,则应逐次计算出前k个态的解,记为$|\tilde{\psi}_j\rangle(j=0,1,2,\cdots,k-1)$,于是

$$|\tilde{\psi}_j\rangle = \sum_k|\varphi_k\rangle\langle\varphi_k|\tilde{\psi}_j\rangle = \sum_i|\varphi_i\rangle B_{ij} \tag{3.5.41}$$

第k个激发态的第n级近似本征矢

$$|\psi_k\rangle^{(n)} = C_k\Big[\,|\psi_k\rangle^{(n-1)} - \sum_{j=0}^{k-1}|\tilde{\psi}_j\rangle\langle\tilde{\psi}_j|\psi_k\rangle^{(n-1)}\Big] = \sum_i |\varphi_i\rangle B_{ik}^{(n)} \tag{3.5.42}$$

归一化常数 C_k 满足

$$^{(n)}\langle\psi_k|\psi_k\rangle^{(n)} = 1 \tag{3.5.43}$$

所以

$$|C_k|^{-2} = \sum_i |B_{ik}^{(n-1)}|^2 - 2\sum_{j=0}^{k-1}\sum_{ii'}(B_{ik}^{(n-1)})^* B_{ij}(B_{i'j})^* B_{i'k}^{(n-1)} + \sum_{j=0}^{k-1}\sum_{j'=0}^{k-1}\sum_{ii'i''}(B_{ik}^{(n-1)})^* B_{ij}(B_{i'j})^* B_{i'j'}(B_{i''j'})^* B_{i''k}^{(n-1)} \tag{3.5.44}$$

而

$$\begin{aligned} B_{ik}^{(n)} &= C_k\Big[B_{ik}^{(n-1)} - \sum_{j=0}^{k-1}\sum_{i'} B_{ij}(B_{i'j})^* B_{i'k}^{(n-1)}\Big] \\ E_k^{(n+1)} &= \frac{^{(n)}\langle\psi_k|\hat{H}|\psi_k\rangle^{(n)}}{^{(n)}\langle\psi_k|\psi_k\rangle^{(n)}} = \sum_{ii'}(B_{ik}^{(n)})^* H_{ii'} B_{i'k}^{(n)}\Big(\sum_i |B_{ik}^{(n)}|^2\Big)^{-1} \end{aligned} \tag{3.5.45}$$

构造 $n+1$ 级近似本征矢

$$|\psi_k\rangle^{(n+1)} = |\psi_k\rangle^{(n)} + \alpha\hat{q}_k\hat{H}|\psi_k\rangle^{(n)} = \sum_i |\varphi_i\rangle B_{ik}^{(n+1)} \tag{3.5.46}$$

其中

$$\hat{q}_k\hat{H}|\psi_k\rangle^{(n)} = \Big[1 - |\psi_k\rangle^{(n)(n)}\langle\psi_k| - \sum_{j=0}^{k-1}|\tilde{\psi}_j\rangle\langle\tilde{\psi}_j|\Big]\hat{H}|\psi_k\rangle^{(n)} = \sum_i |\varphi_i\rangle C_{ik}^{(n)} \tag{3.5.47}$$

而

$$C_{ik}^{(n)} = \sum_{i'} H_{ii'}B_{i'k}^{(n)} - E_k^{(n+1)}B_{ik}\sum_{i'}|B_{i'k}^{(n)}|^2 - \sum_{j=0}^{k-1}\sum_{i'i''}B_{ij}(B_{i'j})^* H_{i'i''}B_{i''k}^{(n)} \tag{3.5.48}$$

$$B_{ik}^{(n+1)} = B_{ik}^{(n)} + \alpha C_{ik}^{(n)} \tag{3.5.49}$$

此后的推导过程与基态时完全一样,这里不再重复。

对非简谐振子和里坡根模型的计算结果表明,基态的计算结果可按照所要求的精度逼近严格解;激发态的计算结果与严格解的相对误差随能量的增加而变大。在计算高激发态时,要求其零级试探波函数与所有比其低的态正交,由于计算中用低激发态的近似解代替严格解,这样一来,必将把低激发态的计算误差带到高激发态,使得误差的积累影响了高激发态的近似程度。

综上所述,最陡下降理论应用于非简谐振子和里坡根模型的计算是成功的,说明该理论的主体思想是可行的。与微扰论比较,由于该方案不必附加 $\hat{W}$ 的作用小于 $\hat{H}_0$ 的限制条件,因此,在对基态进行近似计算时,最陡下降理论比微扰论具有更广泛的应用前景。

3.6　透射系数的递推计算

一维位势的透射系数的计算属于非束缚定态问题，通常是针对具体的简单位势导出透射系数的计算公式，对于比较复杂的位势，很难导出透射系数的表达式。本节将针对任意一维多阶梯势导出计算透射系数的递推公式，并将其推广应用到任意形状的位势，利用它研究了谐振隧穿现象及周期位的能带结构。此外，这个递推公式的使用价值还表现在，有兴趣的读者可以利用它计算半导体材料的电流－电压($I-V$)曲线，为设计有实用价值的半导体器件提供理论依据。

3.6.1　计算透射系数的递推公式

设真空中质量为m_1、能量为E的粒子从左方入射到如图3.1所示的n个阶梯势上，其中，V_j，$d_j=x_j-x_{j-1}$与m_j分别为第$j=2,3,4,\cdots,n-1$个位势的高度、宽度与电子的有效质量，且$m_1=m_n$，$V_1=V_n=0$。下面导出计算透射系的递推公式。

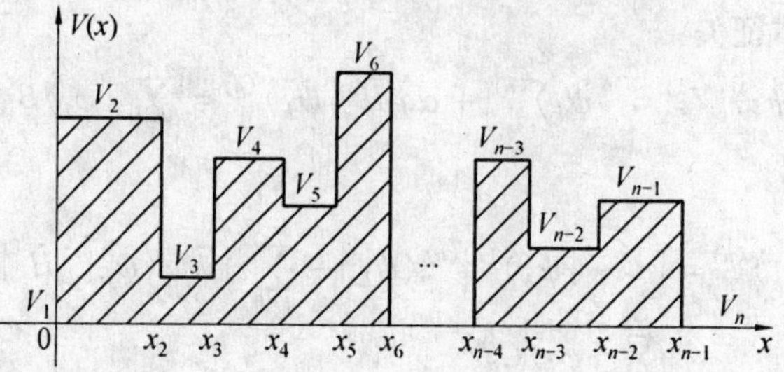

图3.1　任意多个阶梯势

在n个区域内的波函数可以分别写为

$$\psi_1(x)=A_{1,1}\mathrm{e}^{\mathrm{i}k_1x}+A_{2,1}\mathrm{e}^{-\mathrm{i}k_1x} \tag{3.6.1}$$

$$\psi_2(x)=A_{1,2}\mathrm{e}^{\mathrm{i}k_2x}+A_{2,2}\mathrm{e}^{-\mathrm{i}k_2x} \tag{3.6.2}$$

$$\vdots$$

$$\psi_{n-2}(x)=A_{1,n-2}\mathrm{e}^{\mathrm{i}k_{n-2}x}+A_{2,n-2}\mathrm{e}^{-\mathrm{i}k_{n-2}x} \tag{3.6.3}$$

$$\psi_{n-1}(x)=A_{1,n-1}\mathrm{e}^{\mathrm{i}k_{n-1}x}+A_{2,n-1}\mathrm{e}^{-\mathrm{i}k_{n-1}x} \tag{3.6.4}$$

$$\varphi_n(x)=A_{1,n}\mathrm{e}^{\mathrm{i}k_nx} \tag{3.6.5}$$

其中

$$k_j=[2m_j(E-V_j)\hbar^{-2}]^{1/2}\quad(j=1,2,3,\cdots,n) \tag{3.6.6}$$

显然，k_j是一个复数，并且只能是实数或者纯虚数。在第j个位势区域中，由于$\mathrm{e}^{\mathrm{i}k_jx}$与$\mathrm{e}^{-\mathrm{i}k_jx}$分别表示朝前(向右)与朝后(向左)传播的波，故$A_{1j}$与$A_{2j}$分别具有**透射振幅与反**

射振幅的含意。在第 n 个位势区域中，由于后面的位势为零，故无反射振幅存在。

在半导体物理学中，体系是由不同的半导体材料构成的，对入射电子来说，不同的半导体材料会形成不同的位势。另一方面，在半导体材料中，电子将受到材料中其他粒子的作用，通常把这种作用归结为电子质量的改变，即处于半导体材料中的电子质量用**有效质量**来代替，于是，在不同材料中电子的有效质量是不同的。这样一来，在 x_j 界面处的连接条件应该写为

$$\psi_j(x_j)=\psi_{j+1}(x_j) \tag{3.6.7}$$

$$\psi'_j(x_j)/m_j=\psi'_{j+1}(x_j)/m_{j+1} \tag{3.6.8}$$

利用上述两式与式(3.6.4)、(3.6.5)，可以导出在 x_{n-1} 处的透射振幅与反射振幅分别为

$$A_{1,n-1}=2^{-1}(1+B_{n-1})\mathrm{e}^{\mathrm{i}(k_n-k_{n-1})x_{n-1}}A_{1,n} \tag{3.6.9}$$

$$A_{2,n-1}=2^{-1}(1-B_{n-1})\mathrm{e}^{\mathrm{i}(k_n+k_{n-1})x_{n-1}}A_{1,n} \tag{3.6.10}$$

其中

$$B_{n-1}=(m_{n-1}k_n)/(m_nk_{n-1}) \tag{3.6.11}$$

再利用式(3.6.7)、(3.6.8)、(3.6.3)与式(3.6.4)，可以导出$A_{1,n-2}$与$A_{2,n-2}$的表达式，如此重复做下去，可以得到第 $j(<n-1)$ 个区域的透射振幅与反射振幅分别为[3.7]

$$A_{1,j}=2^{-1}\mathrm{e}^{-\mathrm{i}k_jx_j}[\mathrm{e}^{\mathrm{i}k_{j+1}x_j}(1+B_j)A_{1,j+1}+\mathrm{e}^{-\mathrm{i}k_{j+1}x_j}(1-B_j)A_{2,j+1}] \tag{3.6.12}$$

$$A_{2,j}=2^{-1}\mathrm{e}^{\mathrm{i}k_jx_j}[\mathrm{e}^{\mathrm{i}k_{j+1}x_j}(1-B_j)A_{1,j+1}+\mathrm{e}^{-\mathrm{i}k_{j+1}x_j}(1+B_j)A_{2,j+1}] \tag{3.6.13}$$

显然，上述两式具有明显的递推形式，从式(3.6.9)与式(3.6.10)出发，反复利用式(3.6.12)与式(3.6.13)，直至求出 $A_{1,1}$ 与 $A_{2,1}$，从而得到**反射系数** R 与**透射系数** T 分别为

$$R=|A_{2,1}|^2/|A_{1,1}|^2,\quad T=1-R \tag{3.6.14}$$

需要特别说明的是，虽然在 $A_{2,1}$ 与 $A_{1,1}$ 的表达式中都含有一个未知的 $A_{1,n}$，但是，计算 R 时只用到 $A_{2,1}$ 与 $A_{1,1}$ 模方的比值，未知的 $A_{1,n}$ 恰好会被消掉。

以上公式适用于一维多阶梯位势，若在某区域内位势不是常数，则可将其分成若干小区域，当小区的个数足够大时，则可用该小区两端位势的平均值作为它的位势的近似值，于是，仍可用上述递推公式进行计算，只不过总的阶梯位势的个数变多了而已。

最后，应该指出的是，利用类似的方法也可以处理束缚定态问题，即可以导出一维多量子阱的能量本征值满足的超越方程[3.13]。

3.6.2　谐振隧穿现象

设入射粒子是质量为 m_e、能量为 E 的电子，位势是由两种半导体材料砷化镓铝(AlGaAs)和砷化镓(GaAs)相间而形成的，即

$$m_1=m_n=m_e$$

$$m_2 = m_4 = \cdots = m_{n-1} = 0.09014 m_e, \quad m_3 = m_5 = \cdots = m_{n-2} = 0.0657 m_e$$

$$V_1 = V_n = 0.0 \text{ eV}$$

$$V_2 = V_4 = \cdots = V_{n-1} = 0.29988 \text{ eV}, \quad V_3 = V_5 = \cdots = V_{n-2} = 0.0 \text{ eV}$$

$$d_2 = d_4 = \cdots = d_{n-1} = a, \quad d_3 = d_5 = \cdots = d_{n-2} = b$$

式中,a 与 b 分别为势垒和势阱的宽度。

下面以两对称方势垒夹一方阱为例,讨论谐振隧穿现象。

选 $n = 5$, $a = 4$ nm, $b = 10$ nm,位势的形状如图 3.2 所示。将透射系数 T 随入射电子能量 E 变化的曲线绘在图 3.3 中。

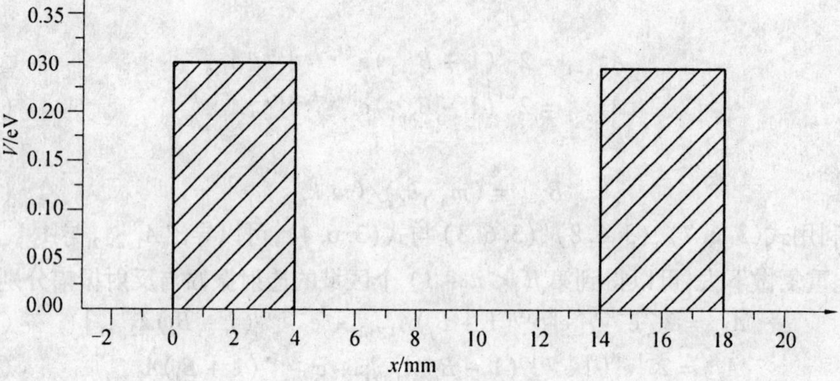

图 3.2　$n = 5$ 时的位势

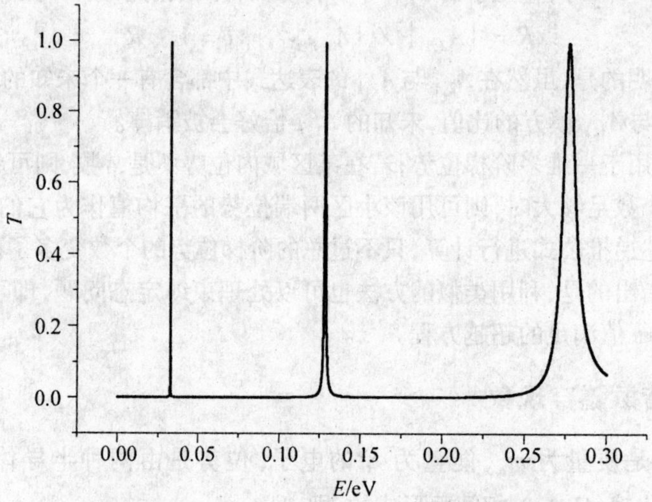

图 3.3　$n = 5$ 时的透射系数

从图 3.3 可看出，当 $E < V_2 = V_4$ 时，曲线有 3 个透射系数为 1 的峰值，它们的精确位置分别在 $E_1 = 0.032441123$ eV，$E_2 = 0.12814683$ eV 与 $E_3 = 0.2765934$ eV 处。上述计算结果表明，此位势对具有这些能量的入射电子是完全透明的，此即所谓**谐振隧穿**现象。博姆（Bohm）最早用准经典近似方法（WKB）研究了这一现象，后来，科内（Knae）严格证明了它的存在。出现这一现象的原因在于阱内电子能量的量子化，当入射电子的能量恰好等于量子化能级时，则有谐振隧穿现象发生。此时对应的状态称之为**准束缚态**。从物理上看，两对称方垒夹一方阱的情况下，当入射粒子的能量处于某一共振能量附近时，粒子将在两个势垒壁之间多次往复反射，从而使得粒子能在一段时间内处于势阱之内，或者说，在一段时间内粒子被束缚在势阱的某一个状态中，即此能级具有确定的**寿命**，有时也把这样的状态称之为**亚稳态**或者**虚态**。由于粒子在势阱中滞留的时间是有限的，所以相对束缚定态而言，准束缚态的寿命也是有限的。

计算结果还表明，随着阱宽 b 的增大，图 3.3 中每个峰的位置将向左移动，且峰将变尖锐，接着将发生的是峰的个数逐渐增多。

3.6.3　周期位与能带结构

所谓**周期位**就是由无穷多个相同的势垒和势阱相间构成的多阶梯位。在固体物理学中，晶体中的电子具有周期位，从而导致电子的能谱变成为由许多准连续的能级构成的能带。处理能带结构的理论有许多种，诸如准经典近似、局域密度泛函理论等。下面给出一种利用透射系数研究能带结构的方法。

分别取 $n = 7, 9, 11, 103$，其余参数同前，透射系数 T 随入射电子能量 E 变化的曲线分别绘在图 3.4 ~ 图 3.7 中。

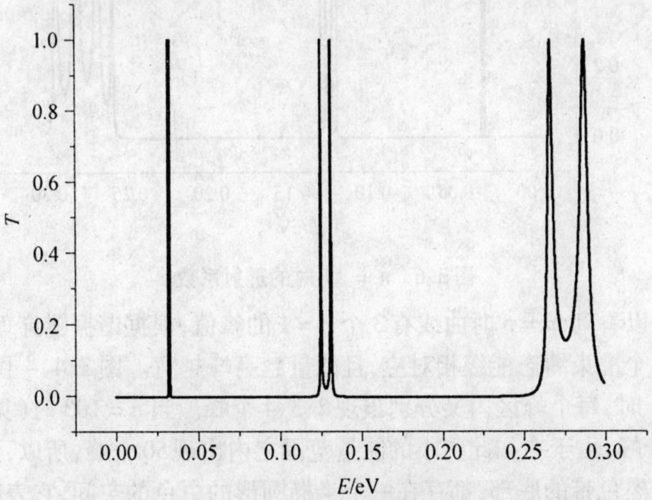

图 3.4　$n = 7$ 时的透射系数

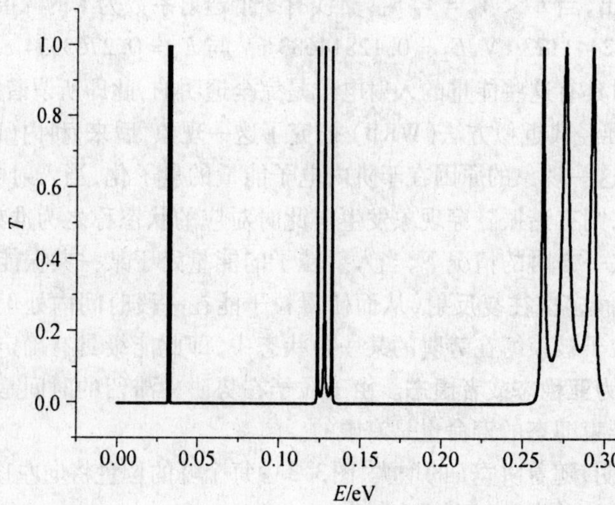

图 3.5　$n = 9$ 时的透射系数

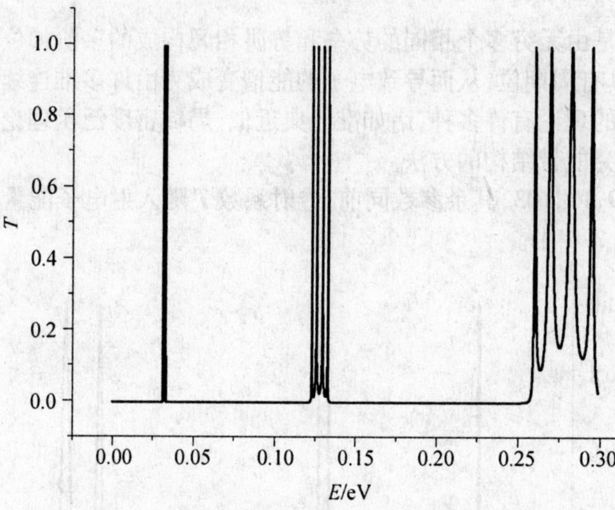

图 3.6　$n = 11$ 时的透射系数

从图 3.3 可以看到,$n = 5$ 时曲线有 3 个 $T = 1$ 的峰值,根据谐振隧穿理论的解释,它们分别与体系的 3 个准束缚态能级相对应,且能量越高峰越宽。图 3.4 ~ 图 3.6 则显示出,当 n 增至 7、9、11 时,每个峰区内又分别出现 2、3、4 个峰。当 $n = 103$ 时(见图 3.7),3 个峰区各自对应 50 个峰,由于在如此狭小的能量范围之内出现 50 个峰,所以,形成了一个黑色的带。在这 3 个黑色带的底部,都存在一个半椭圆形的白色的空间,它表明在这 3 三个能量范围内透射系数不为零,而在其他能量区域中透射系数皆为零。实际上,从能带理论的

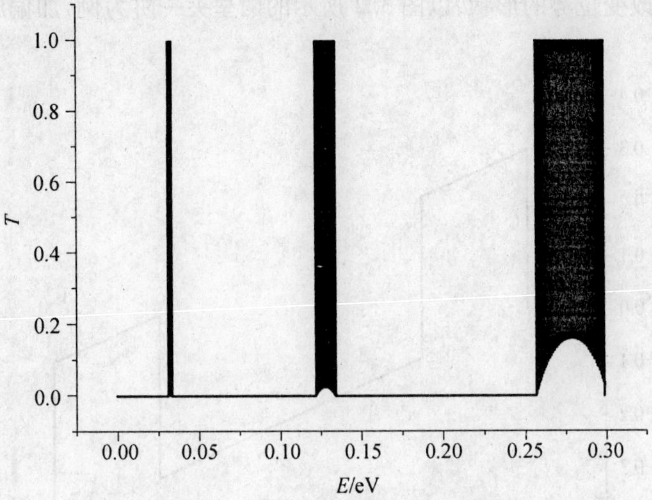

图 3.7　$n = 103$ 时的透射系数

角度来看，它构成 3 个**导带**(黑线区)，空白区为**禁戒带**。每个导带内峰的个数为 $(n-3)/2$。导带与禁戒带使得体系具有了**能带结构**。

在固体理论中，能带理论可以成功地处理单一介质问题，且只对 $n \to \infty$ 时有效，而利用透射系数来解释能带理论可以针对任意的 n 来进行，换言之，后者可以更细微地了解能带结构的形成过程。

综上所述，量子隧穿效应表明，电子就象崂山道士一样具有穿墙越壁的本领，换句话说，对于具有某些能量的电子而言，它所面对的材料是具有隐身功能的。显然，这种奇特的现象隐含着巨大的潜在应用价值。

3.6.4　电流 - 电压曲线

自从在半导体异质结构中观察到谐振隧穿现象以来，随着样品质量的改善，负阻现象不仅在低温下，而且在室温下也已被清晰地观察到，利用负阻效应制做高品质的谐振隧穿晶体管，有可能实现集电极电流的双峰结构，使其具有十分诱人的应用前景。

若在一维多阶梯势上加偏压 V_b，则可测量其隧穿电流密度 $I(V_b,T)$，将 $I(V_b,T)$ 随 V_b 的变化曲线称之为**电流 - 电压($I-V$) 曲线**。隧穿电流密度的计算公式为

$$I(V_b,T) = \frac{emk_{\mathrm{B}}T}{2\pi^2\hbar^3}\int \mathrm{d}E\,T(E)\ln\left[\frac{1+\mathrm{e}^{(\varepsilon_{\mathrm{F}}-E)/(k_{\mathrm{B}}T)}}{1+\mathrm{e}^{(\varepsilon_{\mathrm{F}}-E-V_b)/(k_{\mathrm{B}}T)}}\right] \tag{3.6.15}$$

式中，k_{B} 为玻尔兹曼常数；T 为绝对温度；E、m、ε_{F} 分别为发射极电子的能量、有效质量与费米能。m 与半导体材料有关，ε_{F} 与半导体材料的掺杂情况有关，ε_{F} 的值从导带底算起。$T(E)$ 为加偏压 V_b 后的位势的透射系数。

加偏压后会改变位势的形状,以图 3.2 所示的两垒夹一阱为例,加偏压后的位势绘在图 3.8 中。

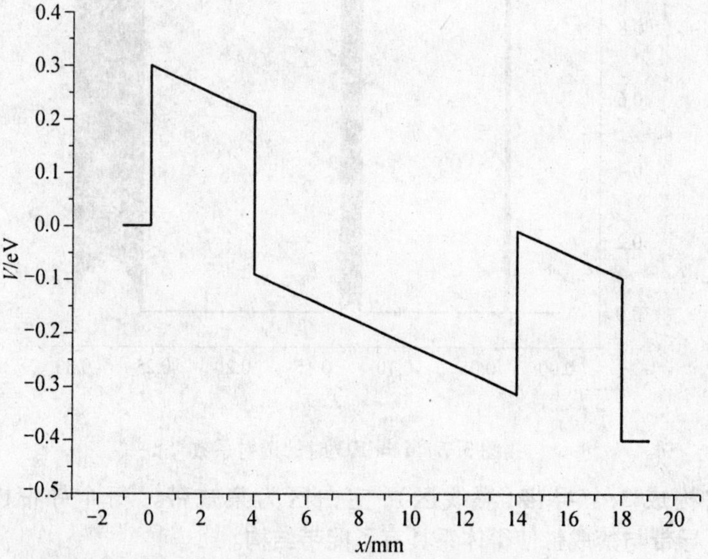

图 3.8　加偏压 $V_b = 0.4$ eV 后的位势

取误差为 10^{-4}, $T = 50$ K, $I - V$ 曲线随费米能 ε_F 的变化画在图 3.9。

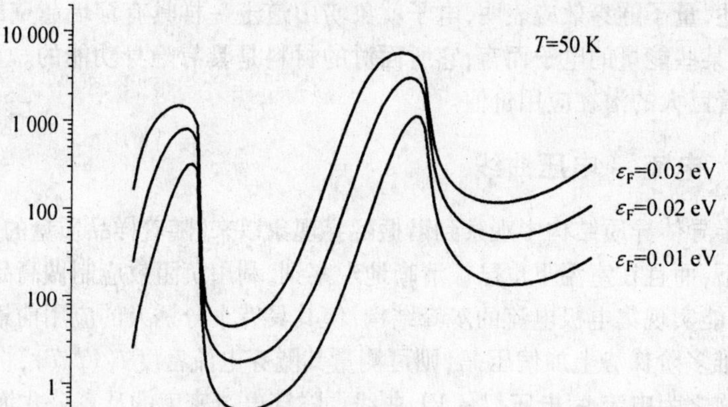

图 3.9　$I - V$ 曲线随 ε_F 的变化

对于确定的一个费米能量 ε_F 而言,在样品上加一偏压后便有隧穿电流通过,当偏压正好使得势阱中的量子能级等于入射电子的能量时,谐振隧穿现象发生,出现隧穿电流的峰值。随偏压的进一步增大,隧穿电流反而减小,即出现负的动态电阻区间,称为**负阻效应**。当偏压再增大时,对应量子阱中更高的能级,有可能再次出现谐振隧穿现象,在 $I-V$ 曲线上会有第二个峰值的出现。隧穿电流的峰值与谷值之比称之为**峰谷比**,峰谷比越大,说明器件的品质越好。

由图 3.9 可见,每条曲线有两个明显的峰值,两峰值附近的负阻效应十分明显。并且,随着费米能量的升高负阻效应会逐渐变弱。

进一步,如果考察温度 T 对 $I-V$ 曲线的影响,则发现随着 T 的升高负阻效应也会逐渐变弱,再进一步,还可以考察不同位势对 $I-V$ 曲线的影响。

综上所述,由量子理论直接导出两个可测量宏观量之间的关系式,并且,峰谷比的理论值与实验结果符合得相当好(见参考文献[28]),这在量子理论中是不多见的。

3.7* 常用算符矩阵元的计算

在量子力学中,不管是严格求解还是近似求解一个力学量的本征方程,问题都会归结为在某个基底之下算符矩阵元的计算。实质上,在一个确定的基底之下,算符矩阵元的计算就是做数值积分。数值积分不但计算工作量大,而且,总会给计算结果带来误差。对某些具体问题而言,我们通过一些简单的变换,使复杂的积分问题转化为有限项求和,不但使计算易于程序化,而且消除了数值积分带来的误差。

本节的主要内容包括:在常用的基底(线谐振子、球谐振子及类氢离子基底)之下,导出径向坐标整次幂 r^k(或 x^k)的矩阵元的计算公式与递推公式,在球谐函数基底下导出三角函数矩阵元的计算公式。

3.7.1 坐标矩阵元的计算公式

1. 线谐振子基底

线谐振子的哈密顿算符

$$\hat{H}=-\frac{\hbar^2}{2\mu}\frac{\mathrm{d}^2}{\mathrm{d}x^2}+\frac{1}{2}\mu\omega^2x^2 \tag{3.7.1}$$

满足本征方程

$$\hat{H}\,|\,n\rangle=E_n\,|\,n\rangle \tag{3.7.2}$$

已知它的解为

$$E_n=(n+1/2)\hbar\omega \tag{3.7.3}$$

$$|\,n\rangle=N_n\mathrm{H}_n(\alpha x)\mathrm{e}^{-\alpha^2x^2/2} \tag{3.7.4}$$

其中

$$N_n = [\alpha(2^n n!\ \pi^{1/2})^{-1}]^{1/2} \tag{3.7.5}$$

$$\alpha^2 = \mu\omega\hbar^{-1} \tag{3.7.6}$$

$$\mathrm{H}_n(\alpha x) = \sum_{j=0}^{[n/2]} (-1)^j n!\ [j!(n-2j)!]^{-1}(2\alpha x)^{n-2j} \tag{3.7.7}$$

式中,$\mathrm{H}_n(\alpha x)$ 为厄米多项式,符号$[n/2]$ 表示不过 $n/2$ 的最大整数。

在线谐振子基底下,x^k 的矩阵元为

$$\langle m | x^k | n\rangle = \int_{-\infty}^{\infty} \mathrm{d}x N_m \mathrm{e}^{-\alpha^2x^2/2}\mathrm{H}_m(\alpha x) x^k N_n \mathrm{e}^{-\alpha^2x^2/2}\mathrm{H}_n(\alpha x) =$$

$$N_m N_n \sum_{i=0}^{[m/2]}\sum_{j=0}^{[n/2]} \frac{(-1)^{i+j} m!\ n!\ (2\alpha)^{m+n-2i-2j}}{i!\ j!\ (m-2i)!\ (n-2j)!} \int_{-\infty}^{\infty} \mathrm{d}x x^{k+m+n-2i-2j} \mathrm{e}^{-\alpha^2x^2} \tag{3.7.8}$$

当 $k+m+n$ 为偶数时,利用积分公式

$$\int_0^{\infty} \mathrm{d}x x^{2n} \mathrm{e}^{-\alpha^2x^2} = 2^{-n-1}(2n-1)!!\ \pi^{1/2}\alpha^{-2n-1} \tag{3.7.9}$$

及双阶乘的定义

$$(2n-1)!! = (2n)!\ /(2^n n!) \tag{3.7.10}$$

得到 x^k 的矩阵元的计算公式

$$\langle m | x^k | n\rangle = (2\alpha)^{-k}(2^{-m-n} m!\ n!)^{1/2} \times$$

$$\sum_{i=0}^{[m/2]}\sum_{j=0}^{[n/2]} \frac{(-1)^{i+j}(k+m+n-2i-2j)!}{i!\ j!\ (m-2i)!\ (n-2j)!\ [(k+m+n)/2-i-j]!} \tag{3.7.11}$$

当 $k+m+n$ 为奇数时

$$\langle m | x^k | n\rangle = 0 \tag{3.7.12}$$

上式是一个很有用的公式,利用它直接可以判断哪些矩阵元为零。

2. 球谐振子基底

球谐振子的哈密顿算符

$$\hat{H} = -\frac{\hbar^2}{2\mu}\nabla^2 + \frac{1}{2}\mu\omega^2 r^2 \tag{3.7.13}$$

满足的本征方程为

$$\hat{H}|nlm\rangle = E_{nl}|nlm\rangle \tag{3.7.14}$$

已知它的解为

$$E_{nl} = (2n+l+3/2)\hbar\omega \tag{3.7.15}$$

$$|nlm\rangle = R_{nl}(r)\mathrm{Y}_{lm}(\theta,\varphi) \tag{3.7.16}$$

其中

$$R_{nl}(r) = N_{nl}(\alpha r)^l \mathrm{L}_n^{l+1/2}(\alpha^2 r^2)\mathrm{e}^{-\alpha^2r^2/2} \tag{3.7.17}$$

$$L_n^{l+1/2}(\rho) = \sum_{i=0}^{n} \frac{(-2)^i (2n+2l+1)!!\,\rho^i}{2^n i!\,(n-i)!\,(2l+2i+1)!!} \tag{3.7.18}$$

$$N_{nl} = \{2^{l-n+2}\alpha^3 n!\,[(2n+2l+1)!!\,\pi^{1/2}]^{-1}\}^{1/2} \tag{3.7.19}$$

式中，$L_n^{l+1/2}(\rho)$ 为半整阶连带拉盖尔多项式；α^2 由式(3.7.6)定义。

由球谐函数 $Y_{lm}(\theta,\varphi)$ 的性质可知

$$\langle nlm \mid r^k \mid n'l'm'\rangle = \langle nl \mid r^k \mid n'l'\rangle \delta_{l,l'}\delta_{m,m'} \tag{3.7.20}$$

而与磁量子数无关的部分为

$$\langle nl \mid r^k \mid n'l'\rangle = \sum_{i=0}^{n}\sum_{j=0}^{n'} \frac{N_{nl}N_{n'l'}(-2)^{i+j}(2n+2l+1)!!\,(2n'+2l'+1)!!}{2^{n+n'} i!\,j!\,(n-i)!\,(n'-j)!\,(2l+2i+1)!!\,(2l'+2j+1)!!} \times \alpha^{l+l'+2i+2j}\int_0^\infty \mathrm{d}r r^{k+l+l'+2i+2j+2}\mathrm{e}^{-\alpha^2 r^2} \tag{3.7.21}$$

当 $k+l+l'$ 为偶数时，利用前面给出的积分公式(3.7.9)可以得到[3.8]

$$\langle nl \mid r^k \mid n'l'\rangle = \alpha^{-k}[2^{-(k+n+n')}n!\,n'!\,(2l+2n+1)!!\,(2l'+2n'+1)!!]^{1/2} \times \sum_{i=0}^{n}\sum_{j=0}^{n'} \frac{(-1)^{i+j}(k+l+l'+2i+2j+1)!!}{i!\,j!\,(n-i)!\,(n'-j)!\,(2l+2i+1)!!\,(2l'+2j+1)!!} \tag{3.7.22}$$

当 $k+l+l'$ 为奇数时，可以得到[3.8]

$$\langle nl \mid r^k \mid n'l'\rangle = \alpha^{-k}\pi^{-1/2}[2^{-n-n'+l+l'+2}n!\,n'!\,(2l+2n+1)!!\,(2l'+2n'+1)!!]^{1/2} \times \sum_{i=0}^{n}\sum_{j=0}^{n'} \frac{(-2)^{i+j}[(k+l+l'+2i+2j+1)/2]!}{i!\,j!\,(n-i)!\,(n'-j)!\,(2l+2i+1)!!\,(2l'+2j+1)!!} \tag{3.7.23}$$

其中用到积分公式

$$\int_0^\infty \mathrm{d}x x^n \mathrm{e}^{-\alpha x} = n!/\alpha^{n+1} \tag{3.7.24}$$

3. 类氢离子基底

类氢离子的哈密顿算符

$$\hat{H} = -\frac{\hbar^2}{2\mu}\nabla^2 - \frac{Ze^2}{r} \tag{3.7.25}$$

满足的本征方程为

$$\hat{H}\mid nlm\rangle = E_n \mid nlm\rangle \tag{3.7.26}$$

已知它的解为

$$E_n = -\frac{Z^2 e^2}{2a}\frac{1}{n^2} \tag{3.7.27}$$

$$|nlm\rangle = R_{nl}(r)\,Y_{lm}(\theta,\varphi) \tag{3.7.28}$$

式中

$$R_{nl}(r) = N_{nl}\left(\frac{2zr}{an}\right)^{l} L_{n-l-1}^{2l+1}\left(\frac{2Zr}{an}\right) e^{-\frac{Zr}{an}} \tag{3.7.29}$$

$$L_{n-l-1}^{2l+1}(\rho) = \sum_{i=0}^{n-l-1} \frac{(-1)^{i}(n+l)!\,\rho^{i}}{(n-l-1-i)!\,(2l+1+i)!\,i!} \tag{3.7.30}$$

$$N_{nl} = \left[\left(\frac{2Z}{an}\right)^{3} \frac{(n-l-1)!}{2n(n+l)!}\right]^{1/2} \tag{3.7.31}$$

$$a = \mu^{-1}\hbar^{2}e^{-2} \tag{3.7.32}$$

其中的 $L_{n-l-1}^{2l+1}(\rho)$ 为整阶连带拉盖尔多项式。

由球谐函数的性质可知，r^k 的矩阵元也满足式(3.7.20)，与磁量子数无关的部分为

$$\langle nl|r^k|n'l'\rangle = N_{nl}N_{n'l'}\,(2Za^{-1}n^{-1})^{l}(2Za^{-1}n'^{-1})^{l'} \times$$
$$\sum_{i=0}^{n-l-1}\sum_{j=0}^{n'-l'-1} \frac{(-1)^{i+j}(n+l)!\,(n'+l')!\,(2Za^{-1}n^{-1})^{i}\,(2Za^{-1}n'^{-1})^{j}}{(n-l-1-i)!\,(2l+1+i)!\,i!\,(n'-l'-1-j)!\,(2l'+1+j)!\,j!} \times$$
$$\int_0^{\infty} \mathrm{d}r\,r^{k+l+l'+i+j+2}\,e^{-Z(1/n+1/n')a^{-1}r} \tag{3.7.33}$$

当 $k \geqslant -(l+l'+2)$ 时，上式中的积分

$$\int_0^{\infty} \mathrm{d}r\,r^{k+l+l'+i+j+2}\,e^{-Z(1/n+1/n')a^{-1}r} = (k+l+l'+i+j+2)!\,\left[ann'Z^{-1}(n+n')^{-1}\right]^{k+l+l'+i+j+3} \tag{3.7.34}$$

将其代回到式(3.7.33)，整理后得

$$\langle nl|r^k|n'l'\rangle = M(n,l)M(n',l')\left[ann'Z^{-1}(n+n')^{-1}\right]^{k+l+l'+3} \times$$
$$\sum_{i=0}^{n-l-1}\sum_{j=0}^{n'-l'-1} A(n,l,i)A(n',l',j)(k+l+l'+i+j+2)!\,\left[ann'Z^{-1}(n+n')^{-1}\right]^{i+j} \tag{3.7.35}$$

其中

$$\begin{aligned} M(n,l) &= -\left[\frac{(n-l-1)!}{2n(n+l)!}\right]^{1/2}\left(\frac{2Z}{an}\right)^{l+3/2} \\ A(n,l,i) &= \frac{(-1)^{i}}{(n-l-1-i)!\,(2l+1+i)!\,i!}\left(\frac{2Z}{an}\right)^{i} \end{aligned} \tag{3.7.36}$$

综上所述，利用特殊函数的级数表达式可以容易地得到 r^k（或 x^k）的矩阵元的级数表达式，从而将复杂的积分运算化为有限项的级数求和，不但使矩阵元的计算易于程序化，而且将提高计算的精度，这就为量子力学的高阶近似计算创造了必要的条件。

3.7.2　坐标矩阵元的递推关系

1. 线谐振子基底

在常用基底下,导出径向矩阵元所满足的递推关系,利用它可由几个坐标的低幂次的矩阵元的值方便地依次计算出坐标的任意次幂的矩阵元,从而为径向矩阵元的计算开辟了一条新路。

为了简捷起见,这里只给出线谐振子基下坐标矩阵元所满足递推关系的推导过程。线谐振子满足的定态薛定谔方程为

$$\left(-\frac{\hbar^2}{2\mu}\frac{\mathrm{d}^2}{\mathrm{d}x^2}+\frac{1}{2}\mu\omega^2x^2\right)\varphi_n(x)=E_n\varphi_n(x) \tag{3.7.37}$$

它的本征值为

$$E_n=(n+1/2)\hbar\omega \tag{3.7.38}$$

将上式代入式(3.7.37),对不同的量子数 n 与 m 分别得到

$$\left[\frac{\mathrm{d}^2}{\mathrm{d}x^2}+(2n+1)a-a^2x^2\right]\varphi_n(x)=0 \tag{3.7.39}$$

$$\left[\frac{\mathrm{d}^2}{\mathrm{d}x^2}+(2m+1)a-a^2x^2\right]\varphi_m(x)=0 \tag{3.7.40}$$

其中,$a=\mu\omega\hbar^{-1}$。

用 $x^k\varphi_m(x)$ 作用式(3.7.39) 两端,并对 x 做积分,得[3.9]

$$-\int_{-\infty}^{\infty}\mathrm{d}x\varphi'_n(x)x^k\varphi'_m(x)+k\int_{-\infty}^{\infty}\mathrm{d}x\varphi_n(x)x^{k-1}\varphi'_m(x)=$$
$$-k(k-1)\langle n|x^{k-2}|m\rangle-(2n+1)a\langle n|x^k|m\rangle+a^2\langle n|x^{k+2}|m\rangle \tag{3.7.41}$$

其中$\langle n|x^k|m\rangle=\int_{-\infty}^{\infty}\mathrm{d}x\varphi_n^*(x)x^k\varphi_m(x)$ 为算符 x^k 在线谐振子基底下的矩阵元。

再用 $x^k\varphi_n(x)$ 作用式(3.7.40) 两端,并对 x 做积分,得[3.9]

$$-\int_{-\infty}^{\infty}\mathrm{d}x\varphi'_n(x)x^k\varphi'_m(x)-k\int_{-\infty}^{\infty}\mathrm{d}x\varphi_n(x)x^{k-1}\varphi'_m(x)=$$
$$-(2m+1)a\langle n|x^k|m\rangle+a^2\langle n|x^{k+2}|m\rangle \tag{3.7.42}$$

将式(3.7.41) 与式(3.7.42) 相加,有

$$-\int_{-\infty}^{\infty}\mathrm{d}x\varphi'_n(x)x^k\varphi'_m(x)=-(m+n+1)a\langle n|x^k|m\rangle+$$
$$a^2\langle n|x^{k+2}|m\rangle-2^{-1}k(k-1)\langle n|x^{k-2}|m\rangle \tag{3.7.43}$$

用式(3.7.41) 减去式(3.7.42),有

$$k\int_{-\infty}^{\infty}\mathrm{d}x\varphi_n(x)x^{k-1}\varphi'_m(x)=(m-n)a\langle n|x^k|m\rangle-2^{-1}k(k-1)\langle n|x^{k-2}|m\rangle \tag{3.7.44}$$

用 $x^{k+1}\varphi'_m(x)$ 作用式(3.7.39) 两端,并对 x 做积分,得

$$-(k+1)\int_{-\infty}^{\infty}\mathrm{d}x\varphi'_n(x)x^k\varphi'_m(x)-\int_{-\infty}^{\infty}\mathrm{d}x\varphi'_n(x)x^{k+1}\varphi''_m(x)=$$
$$-(2n+1)a\int_{-\infty}^{\infty}\mathrm{d}x\varphi_n(x)x^{k+1}\varphi'_m(x)+a^2\int_{-\infty}^{\infty}\mathrm{d}x\varphi_n(x)x^{k+3}\varphi'_m(x) \tag{3.7.45}$$

用 $x^{k+1}\varphi'_n(x)$ 作用式(3.7.40) 两端,并对 x 做积分,得

$$\int_{-\infty}^{\infty}\mathrm{d}x\varphi'_n(x)x^{k+1}\varphi''_m(x)=(2m+1)a\int_{-\infty}^{\infty}\mathrm{d}x\varphi_n(x)x^{k+1}\varphi'_m(x)-$$
$$a^2\int_{-\infty}^{\infty}\mathrm{d}x\varphi_n(x)x^{k+3}\varphi'_m(x)+(2m+1)(k+1)a\langle n|x^k|m\rangle-(k+3)a^2\langle n|x^{k+2}|m\rangle \tag{3.7.46}$$

将式(3.7.46) 代入式(3.7.45),整理以后有

$$-(k+1)\int_{-\infty}^{\infty}\mathrm{d}x\varphi'_n(x)x^k\varphi'_m(x)=(2m+1)(k+1)a\langle n|x^k|m\rangle-$$
$$(k+3)a^2\langle n|x^{k+2}|m\rangle+(2m-2n)a\int_{-\infty}^{\infty}\mathrm{d}x\varphi_n(x)x^{k+1}\varphi'_m(x) \tag{3.7.47}$$

将式(3.7.44) 中的 k 用 $k+2$ 代替,即

$$(k+2)\int_{-\infty}^{\infty}\mathrm{d}x\varphi_n(x)x^{k+1}\varphi'_m(x)=(m-n)a\langle n|x^{k+2}|m\rangle-$$
$$2^{-1}(k+1)(k+2)\langle n|x^k|m\rangle \tag{3.7.48}$$

将式(3.7.48) 代入式(3.7.47),整理后有

$$-\int_{-\infty}^{\infty}\mathrm{d}x\varphi'_n(x)x^k\varphi'_m(x)x=(m+n+1)a\langle n|x^k|m\rangle+$$
$$[2(m-n)^2(k+1)^{-1}(k+2)^{-1}-(k+3)(k+1)^{-1}]a^2\langle n|x^{k+2}|m\rangle \tag{3.7.49}$$

比较式(3.7.49) 与式(3.7.43),并整理之,有

$$[(k+2)(k+1)^{-1}-(m-n)^2(k+1)^{-1}(k+2)^{-1}]a^2\langle n|x^{k+2}|m\rangle=$$
$$(m+n+1)a\langle n|x^k|m\rangle+4^{-1}k(k-1)\langle n|x^{k-2}|m\rangle \tag{3.7.50}$$

此即线谐振子基下坐标矩阵元所满足的递推关系。从 $k=2$ 的矩阵元出发可以逐次求出 k 为偶数的矩阵元,从 $k=1,3$ 的矩阵元出发可以逐次求出 k 为奇数的矩阵元,总之,利用

式(3.7.50)可以方便地依次计算出 x 的任意次幂的矩阵元。

当 $n=m$ 时,对角矩阵元的公式简化为

$$(k+2)(k+1)^{-1}a^2\langle n|x^{k+2}|n\rangle=(2n+1)a\langle n|x^k|n\rangle+4^{-1}k(k-1)\langle n|x^{k-2}|n\rangle \tag{3.7.51}$$

2. 球谐振子基底

已知球谐振子的能量本征值和相应的径向本征函数为 $E_{nl}=(2n+l+3/2)\hbar\omega$ 与 $|nl\rangle$。利用上述方法可以导出球谐振子基下径向矩阵元的递推关系为

$$\begin{aligned}&[(2n-2n'+l-l')^2(k+1)^{-1}(k+2)^{-1}-(k+2)(k+1)^{-1}]a^2\langle nl|r^{k+2}|n'l'\rangle=\\&[l_-(2n-2n'+l-l')k^{-1}(k+2)^{-1}-(2n+2n'+l+l'+3)]a\langle nl|r^k|n'l'\rangle+\\&[2^{-1}l_+k(k+1)^{-1}-4^{-1}k(k-1)-4^{-1}l_-^{\ 2}k^{-1}(k+1)^{-1}]\langle nl|r^{k-2}|n'l'\rangle\end{aligned} \tag{3.7.52}$$

其中

$$l_+=l(l+1)+l'(l'+1),l_-=l(l+1)-l'(l'+1),a=\mu\omega\hbar^{-1} \tag{3.7.53}$$

当 $n=n',l=l'$ 时,对角矩阵元的公式简化为

$$\begin{aligned}(k+2)a^2\langle nl|r^{k+2}|nl\rangle=&(k+1)(4n+2l+3)a\langle nl|r^k|nl\rangle-\\&4^{-1}k[(2l+1)^2-k^2]\langle nl|r^{k-2}|nl\rangle\end{aligned} \tag{3.7.54}$$

上式与钱伯初、曾谨言所著《量子力学习题精选与剖析》(上册)139 页给出的平均值公式完全一致。

3. 氢原子基底

已知氢原子的能量本征值和相应的径向本征函数为

$$E_n=-2^{-1}e^2a_0^{-1}n^{-2};\quad |nl\rangle \tag{3.7.55}$$

其中,$a_0=\hbar^2/(\mu e^2)$ 为氢原子的玻尔半径。

利用与处理线谐振子问题同样的方法,可以得到氢原子基下径向矩阵元的递推关系为

$$\begin{aligned}&2^{-1}n_-^{\ 2}a_0^{-4}(k+2)^{-1}\langle nl|r^{k+2}|n'l'\rangle=\\&[n_+a_0^{-2}(k+1)-n_-l_-a_0^{-2}(k+1)k^{-1}(k+2)^{-1}]\langle nl|r^k|n'l'\rangle+\\&[l_+k-2^{-1}k(k^2-1)-2^{-1}l_-^{\ 2}k^{-1}]\langle nl|r^{k-2}|n'l'\rangle-2(2k+1)a_0^{-1}\langle nl|r^{k-1}|n'l'\rangle\end{aligned} \tag{3.7.56}$$

其中,l_+ 与 l_- 由式(3.7.53)定义,而

$$n_+=n^{-2}+(n')^{-2},\quad n_-=n^{-2}-(n')^{-2} \tag{3.7.57}$$

当 $n=n',l=l'$ 时,对角矩阵元的公式简化为

$$\begin{aligned}(k+1)\langle nl|r^k|nl\rangle=&(2k+1)a_0n^2\langle nl|r^{k-1}|nl\rangle-\\&2^{-1}a_0^2n^2[2kl(l+1)-2^{-1}k(k^2-1)]\langle nl|r^{k-2}|nl\rangle\end{aligned} \tag{3.7.58}$$

上式与《量子力学习题精选与剖析》(上册)132 页给出的平均值公式完全一致。

径向矩阵元的计算是量子力学应用的基础,这里给出了常用基底下径向矩阵元所满足的递推关系,从而使得计算变得方便和快捷。

3.7.3　三角函数矩阵元的计算公式

空间转子的哈密顿算符

$$\hat{H} = (2I)^{-1}\hat{L}^2 \tag{3.7.59}$$

满足的本征方程为

$$\hat{H}\,|\,lm\rangle = E_l\,|\,lm\rangle \tag{3.7.60}$$

已知它的解为

$$E_l = (2I)^{-1}l(l+1)\hbar^2$$
$$|\,lm\rangle = Y_{lm}(\theta,\varphi) \tag{3.7.61}$$

1. 余弦函数

利用球谐函数 $Y_{lm}(\theta,\varphi)$ 的性质可知

$$\cos\theta\,|\,lm\rangle = a_{l-1,m}\,|\,l-1,m\rangle + a_{l,m}\,|\,l+1,m\rangle \tag{3.7.62}$$

其中

$$a_{l,m} = [(l+1)^2 - m^2]^{1/2}[(2l+1)(2l+3)]^{-1/2} \tag{3.7.63}$$

容易导出 $\cos\theta$ 矩阵元的表达式

$$\langle l'm'\,|\cos\theta\,|\,lm\rangle = (a_{l-1,m}\delta_{l',l-1} + a_{l,m}\delta_{l',l+1})\delta_{m',m} \tag{3.7.64}$$

进而可以得到 $\cos^2\theta$ 矩阵元的表达式

$$\langle l'm'\,|\cos^2\theta\,|\,lm\rangle = \sum_{l'',m''}\langle l'm'\,|\cos\theta\,|\,l''m''\rangle\langle l''m''\,|\cos\theta\,|\,lm\rangle =$$
$$\sum_{l''}(a_{l''-1,m}\delta_{l',l''-1} + a_{l'',m}\delta_{l',l''+1})(a_{l-1,m}\delta_{l'',l-1} + a_{l,m}\delta_{l'',l+1})\delta_{m,m'} =$$
$$a_{l',m}a_{l-1,m}\delta_{l'+1,l-1}\delta_{m,m'} + a_{l',m}a_{l,m}\delta_{l'+1,l+1}\delta_{m,m'} +$$
$$a_{l'-1,m}a_{l-1,m}\delta_{l'-1,l-1}\delta_{m,m'} + a_{l'-1,m}a_{l,m}\delta_{l'-1,l+1}\delta_{m,m'} =$$
$$[a_{l-2,m}a_{l-1,m}\delta_{l',l-2} + (a_{l,m}^2 + a_{l-1,m}^2)\delta_{l',l} + a_{l,m}a_{l+1,m}\delta_{l',l+2}]\delta_{m,m'} \tag{3.7.65}$$

对于球谐振子与类氢离子基,由于波函数中皆含有球谐函数,当研究斯塔克效应时,所求阵元的算符中含有 $\cos\theta$ 因子,则可按上述公式进行计算。

2. 正弦函数

利用球谐函数 $Y_{lm}(\theta,\varphi)$ 的性质可知

$$\sin\theta e^{i\varphi}\,|\,lm\rangle = b_{l-1,-(m+1)}\,|\,l-1,m+1\rangle - b_{l,m}\,|\,l+1,m+1\rangle \tag{3.7.66}$$

其中

$$b_{l,m} = [(l+m+1)(l+m+2)]^{1/2}[(2l+1)(2l+3)]^{-1/2} \tag{3.7.67}$$

容易导出 $\sin\theta e^{i\varphi}$ 矩阵元的表达式

$$\langle l'm' \mid \sin\theta \mathrm{e}^{\mathrm{i}\varphi} \mid lm\rangle = (b_{l-1,-m-1}\delta_{l',l-1} - b_{l,m}\delta_{l',l+1})\delta_{m',m+1} \tag{3.7.68}$$

进而可以得到 $\sin\theta$ 矩阵元的表达式

$$\begin{aligned}\langle l'm' \mid \sin\theta \mid lm\rangle = &\sum_{l'',m''}\langle l'm' \mid \sin\theta\mathrm{e}^{\mathrm{i}\varphi} \mid l''m''\rangle\langle l''m'' \mid \mathrm{e}^{-\mathrm{i}\varphi} \mid lm\rangle = \\ &\sum_{l'',m''}(b_{l''-1,-m''-1}\delta_{l',l''-1} - b_{l'',m''}\delta_{l',l''+1})\delta_{m',m''+1}\delta_{l'',l}\delta_{m'',m-1} = \\ &\sum_{m''}(b_{l-1,-m''-1}\delta_{l',l-1} - b_{l,m''}\delta_{l',l+1})\delta_{m',m''+1}\delta_{m'',m-1} = \\ &[b_{l-1,-m-2}\delta_{l',l-1} - b_{l,m+1}\delta_{l',l+1}]\delta_{m',m}\end{aligned} \tag{3.7.69}$$

此即正弦函数在角动量基底下矩阵元的表达式。

由于

$$\sin^2\theta = 1 - \cos^2\theta \tag{3.7.70}$$

所以,利用式(3.7.65)容易得到 $\sin^2\theta$ 在角动量基底下矩阵元的表达式。

本章结束语:在选定量子理论的形式之后,总是要面临求解本征方程的问题,数学方法是解决理论物理学问题的工具,如果选用好的计算方法,则会取得事半功倍的效果。近似方法的实质是“舍得舍得,有舍方有得”,它需要研究者具有敢于取近似的勇气和会取近似的本事。本章给出的递推与迭代的方法是两种最常用和最有效的方法,它不但能以任意精度逼近严格解,而且特别适用于利用计算机程序来实现。

习　题　3

习题 3.1　由无简并微扰论二级修正满足的方程

$$[\hat{H}_0 - E_k^{(0)}] \mid \psi_k^{(2)}\rangle = [E_k^{(1)} - \hat{W}] \mid \psi_k^{(1)}\rangle + E_k^{(2)} \mid \psi_k^{(0)}\rangle$$

导出能量本征值与本征矢的二级修正公式。

习题 3.2　由薛定谔公式

$$\mid \psi_k\rangle = \mid \varphi_k\rangle + \hat{A}_k(\hat{W} - \langle\varphi_k \mid \hat{W} \mid \psi_k\rangle) \mid \psi_k\rangle$$

$$E_k = E_k^0 + \langle\varphi_k \mid \hat{W} \mid \psi_k\rangle$$

导出其在 H_0 表象中的递推形式

$$E_k^{(n)} = \sum_j W_{kj}B_{jk}^{(n-1)}$$

$$B_{jk}^{(n)} = (E_k^0 - E_j^0)^{-1}\Big[\sum_i W_{ji}B_{ik}^{(n-1)} - \sum_{m=1}^{n}E_k^{(m)}B_{jk}^{(n-m)}\Big] \quad (j \neq k)$$

习题 3.3　由简并微扰论的递推公式导出无简并微扰论的递推公式。

习题 3.4　在最陡下降法中,证明

$$^{(0)}\langle \psi_0 | \hat{H} | \psi'_0 \rangle = \overline{H_0^2} - (\overline{H_0})^2$$

$$\langle \psi'_0 | \hat{H} | \psi_0 \rangle^{(0)} = \overline{H_0^2} - (\overline{H_0})^2$$

$$\langle \psi'_0 | \hat{H} | \psi'_0 \rangle = \overline{H_0^3} - 2\,\overline{H_0^2}\,\overline{H_0} + (\overline{H_0})^3$$

习题 3.5 在最陡下降法中,若基态的一级近似波函数取为

$$|\psi_0\rangle^{(1)} = C_0[\,|\psi_0\rangle^{(0)} + \alpha |\psi'_0\rangle]$$

证明基态能量的二级近似为

$$E_0^{(2)} = \overline{H_0} + \langle \psi'_0 | \psi'_0 \rangle^{1/2} f(t)$$

其中

$$f(t) = (2t + bt^2)(1 + t^2)^{-1}$$

$$b = \langle \psi'_0 | \psi'_0 \rangle^{-3/2} \{ \langle \psi'_0 | \hat{H} | \psi'_0 \rangle - \langle \psi'_0 | \psi'_0 \rangle \overline{H_0} \}$$

$$t = \alpha \langle \psi'_0 | \psi'_0 \rangle^{1/2}$$

习题 3.6 在最陡下降法中,利用

$$E_0^{(2)} = \overline{H_0} + \langle \psi'_0 | \psi'_0 \rangle^{1/2} f(t)$$

导出 $E_0^{(2)}$ 取极小值的条件是

$$t = 2^{-1}[\,b - (b^2 + 4)^{1/2}]$$

进而导出能量 2 级近似的公式为

$$E_0^{(2)} = \overline{H_0} - 2^{-1} \langle \psi'_0 | \psi'_0 \rangle^{1/2} [\,(b^2 + 4)^{1/2} - b\,]$$

习题 3.7 在一维多阶梯势中,证明第 j 个位势区域内的透射振幅与反射振幅为

$$A_{1,j} = 2^{-1} e^{-ik_j x_j} [\,e^{ik_{j+1} x_j}(1 + B_j) A_{1,j+1} + e^{-ik_{j+1} x_j}(1 - B_j) A_{2,j+1}]$$

$$A_{2,j} = 2^{-1} e^{ik_j x_j} [\,e^{ik_{j+1} x_j}(1 - B_j) A_{1,j+1} + e^{-ik_{j+1} x_j}(1 + B_j) A_{2,j+1}]$$

其中

$$B_{j-1} = (m_{j-1} k_j)/(m_j k_{j-1})$$

习题 3.8 在球谐振子基底之下,导出 r^k 的矩阵元的级数形式表达式,即

当 $k = l + l'$ 为偶数时

$$\langle nl | r^k | n'l' \rangle = \alpha^{-k} \{ 2^{-(k+n+n')} n!\, n'!\, (2l + 2n + 1)!!\, (2l' + 2n' + 1)!! \}^{1/2} \times \sum_{i=0}^{n} \sum_{j=0}^{n'} \frac{(-1)^{i+j} (k + l + l' + 2i + 2j + 1)!!}{i!\, j!\, (n - i)!\, (n' - j)!\, (2l + 2i + 1)!!\, (2l' + 2j + 1)!!}$$

当 $k = l + l'$ 为奇数时

$$\langle nl | r^k | n'l' \rangle = \alpha^{-k} \pi^{-1/2} \{ 2^{l+l'-n-n'+2} n!\, n'!\, (2l + 2n + 1)!!\, (2l' + 2n' + 1)!! \}^{1/2} \times \sum_{i=0}^{n} \sum_{j=0}^{n'} \frac{(-2)^{i+j} [\,(k + l + l' + 2i + 2j + 1)/2\,]!}{i!\, j!\, (n - i)!\, (n' - j)!\, (2l + 2i + 1)!!\, (2l' + 2j + 1)!!}$$

习题 3.9　证明

$$-\int_{-\infty}^{\infty} dx\varphi'_n(x)x^k\varphi'_m(x) + k\int_{-\infty}^{\infty} dx\varphi_n(x)x^{k-1}\varphi'_m(x) =$$

$$-k(k-1)\langle n|x^{k-2}|m\rangle - (2n+1)a\langle n|x^k|m\rangle + a^2\langle n|x^{k+2}|m\rangle$$

$$-\int_{-\infty}^{\infty} dx\varphi'_n(x)x^k\varphi'_m(x) - k\int_{-\infty}^{\infty} dx\varphi_n(x)x^{k-1}\varphi'_m(x) =$$

$$-(2m+1)a\langle n|x^k|m\rangle + a^2\langle n|x^{k+2}|m\rangle$$

式中,$\varphi_n(x)$ 是线谐振子的第 n 个本征矢,$a=\mu\omega\hbar^{-1}$。

习题 3.10　一个转动惯量为 I,电偶极矩为 $\boldsymbol{D}$ 的平面转子在 $x-y$ 平面上转动,如在 x 方向 加上一个均匀弱电场 ε,求转子的能量至 2 级修正及基态波函数的 1 级近似。

习题 3.11　在状态

$$\psi_\lambda(r_1,r_2)=\pi^{-1}\lambda^3a^{-3}e^{-\lambda a^{-1}(r_1+r_2)}$$

之下,计算无相互作用二电子体系哈密顿算符

$$\hat{H}=-\frac{\hbar^2}{2\mu}\nabla_1^2-\frac{\hbar^2}{2\mu}\nabla_2^2-\frac{2e^2}{r_1}-\frac{2e^2}{r_2}$$

的平均值。其中,a 为玻尔半径;μ 为约化质量;r_1,r_2 分别为两个电子的径向坐标。

习题 3.12　在上题中的 $\psi_\lambda(r_1,r_2)$ 状态下,计算电子相互作用能的平均值$\overline{e^2/r_{12}}$。

习题 3.13　所谓一维多量子阱共有 n 个常数位势,其高度分别用 $V_1,V_2,V_3,\cdots,V_{n-1}$,$V_n$ 来标志,选 V_1 与 V_2 阶跃点的坐标为零($x_1=0$),V_j 与 V_{j+1} 阶跃点的坐标为 x_j,第 j 个位势的宽度为 $a_j=x_j-x_{j-1}$。上述位势可由不同的半导体材料形成,电子在不同的位势中具有不同的有效质量,分别用 $m_1,m_2,m_3,\cdots,m_{n-1},m_n$ 来标志它们。通常将 V_1 与 V_n 称之为外区位势,把两个外区位势中较小的一个记为 $V_{\max}$,而把 $V_j(j=2,3,4,\cdots,n-1)$ 称为内区位势,内区位势的最小者记为 $V_{\min}$。

设电子处于一维多量子阱中,当电子的能量满足 $V_{\min}<E<V_{\max}$ 时,利用类似透射系数递推公式的推导方法,导出束缚态能量满足的超越方程。

习题 3.14　当 $n=3$ 时,检验上题所给出公式的正确性。

习题 3.15　利用线谐振子的解与位力定理导出求和公式

$$\sum_{i=0}^{[n/2]}\sum_{j=0}^{[n/2]}\frac{(-1)^{i+j}(2+2n-2i-2j)!}{i!\ j!\ (n-2i)!\ (n-2j)!\ (n+1-i-j)!}=\frac{2^{n+2}}{n!}\left(n+\frac{1}{2}\right)$$

习题 3.16　在线谐振子的能量表象中,利用 x^k 的矩阵元表达式及厄米多项式的递推关系导出另外几个求和公式。

习题 3.17　利用球谐振子 r^k 矩阵元的递推公式导出其对角元的计算公式，进而导出 r^2 与 r^4 时的结果。

习题 3.18　利用球谐振子 r^k 矩阵元的求和表达式导出其对角元的计算公式，进而导出 r^{-1}、r 与 r^3 时的结果。

第4章 量子多体理论

在掌握了处理单粒子问题的基本方法之后，本章介绍如何处理全同多粒子体系的问题，主要内容包括：全同性原理；二次量子化表示；哈特里（Hartree）－福克（Fock）单粒子位；威克（Wick）定理；格林函数方法。

关于本章内容的更详细介绍可参阅《原子核多体理论－费恩曼图表示与格林函数方法》，井孝功编著，哈尔滨工业大学出版社，2011年。

4.1 全同性原理

全同的多粒子体系除了需要满足单体量子理论的4个基本原理之外，还必须满足全同性原理，即要求全同费米子体系的波函数是反对称的，而全同玻色子体系的波函数是对称的。

4.1.1 量子多体理论概述

众所周知，在一定的层次之下，真实的物理体系通常是由N个微观粒子构成的。当体系的微观粒子数目$N=1$时，称为**单粒子体系**，当体系的微观粒子数目$N \geqslant 2$时，称为**多粒子体系**。

在前面几章中，所涉及的问题基本上都属于单体问题，即使原本是二体问题的氢原子也被化成了单体问题来处理。真实的物理世界是由许多相互作用着的微观粒子构成的，**量子多体理论**就是研究如何处理这种多个相互作用着的微观粒子体系的理论。量子多体理论被应用于几乎所有的微观以至介观领域，例如，基本粒子、原子核、原子、分子及等离子体物理学。

按照所研究对象的属性及能量的高低分类，多粒子体系可分为

- 非全同粒子体系
- 全同粒子体系
  - 玻色子体系
    - 相对论
    - 非相对论
  - 费米子体系
    - 相对论
    - 非相对论

本章的研究对象为非相对论的粒子数$N \geqslant 2$的全同粒子体系，它们满足全同性原理。

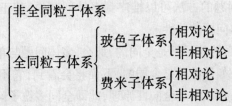

4.1.2 量子多体理论的基本问题

1. 多体哈密顿算符

当体系由 $N \geqslant 2$ 个粒子组成时，粒子之间的相互作用有多种，例如，二体相互作用，三体相互作用，以至 N 体相互作用。作为一种近似，若只顾及到二体相互作用（下同），则 N 粒子体系的哈密顿算符可以写成

$$\hat{H} = \sum_{i=1}^{N} \hat{t}(i) + \sum_{i>j=1}^{N} \hat{v}(i,j) \tag{4.1.1}$$

其中，$\hat{t}(i)$ 是第 i 个粒子的动能算符；$\hat{v}(i,j)$ 是第 i 个粒子与第 j 个粒子的二体相互作用算符。

在坐标表象下，第 i 个粒子的动能算符的具体形式为

$$\hat{t}(i) = -(2m_i)^{-1}\hbar^2 \nabla_i^2 \tag{4.1.2}$$

二体相互作用应该满足如下条件：粒子无自身相互作用，即不存在 $\hat{v}(i,i)$ 的项；当第 i 个粒子与第 j 个粒子的相互作用被计入后，不再顾及第 j 个粒子与第 i 个粒子的相互作用。二体相互作用算符也可以写成如下的形式

$$\sum_{i>j=1}^{N} \hat{v}(i,j) = 2^{-1} \sum_{i\neq j=1}^{N} \hat{v}(i,j) \tag{4.1.3}$$

$N \geqslant 2$ 个粒子体系的二体相互作用共有 $N(N-1)/2$ 项。

2. 多体薛定谔方程

在坐标表象下，若不顾及粒子的自旋，则 N 个粒子体系的状态用 N 体波函数 $\psi(\boldsymbol{r}_1, \boldsymbol{r}_2, \cdots, \boldsymbol{r}_N; t)$ 来描述，其中的 $\boldsymbol{r}_i$ 为第 i 个粒子的坐标。N 体波函数 $\psi(\boldsymbol{r}_1, \boldsymbol{r}_2, \cdots, \boldsymbol{r}_N; t)$ 满足 N 体薛定谔方程

$$\mathrm{i}\hbar \frac{\partial}{\partial t}\Psi(\boldsymbol{r}_1, \boldsymbol{r}_2, \cdots, \boldsymbol{r}_N; t) = \hat{H}(\boldsymbol{r}_1, \boldsymbol{r}_2, \cdots, \boldsymbol{r}_N; t)\Psi(\boldsymbol{r}_1, \boldsymbol{r}_2, \cdots, \boldsymbol{r}_N; t) \tag{4.1.4}$$

当哈密顿算符与时间无关时，其定态薛定谔方程为

$$\hat{H}(\boldsymbol{r}_1, \boldsymbol{r}_2, \cdots, \boldsymbol{r}_N)\psi(\boldsymbol{r}_1, \boldsymbol{r}_2, \cdots, \boldsymbol{r}_N) = E\psi(\boldsymbol{r}_1, \boldsymbol{r}_2, \cdots, \boldsymbol{r}_N) \tag{4.1.5}$$

3. 多体与单体问题的异同

原则上，处理单体问题的方法可以推广到多体问题中，其正确性已被实验结果所证实，这是单体问题与多体问题的共性。

如果构成多粒子体系的粒子不是全同的，那么，多体问题与单体问题的差异仅仅表现在多体问题的复杂性上；如果粒子是全同的，下面将会看到，它不仅需要遵循单体量子理论的前 4 个基本原理，还必须满足全同性原理，此即全同多粒子问题与单体问题的本质差别。

4.1.3　全同性原理

1. 全同粒子体系

在多粒子体系中,把质量、电荷及自旋等一切固有属性都相同的粒子称为**全同粒子**。例如,所有的电子是全同粒子,所有的中子也是全同粒子等等。在相同的物理条件之下,全同粒子的行为是完全相同的,或者说,全同粒子是不可区分的。由多个全同粒子构成的体系称为**全同粒子体系**。如果不做特殊说明,本章的讨论均是针对全同粒子体系进行的。

为不失一般性,设 N 个全同粒子体系的哈密顿算符为 $\hat{H}(q_1,q_2,\cdots,q_i,\cdots,q_N;t)$,其中 q_i 是描写第 i 个粒子的全部变量(包括坐标变量与自旋变量,也允许有新出现的变量存在),避繁就简,仍然将 q_i 称为第 i 个粒子的坐标。

从群论的角度看,对称性是指事物的不同部位具有相同的性质或属性,对称性产生于事物的不可区分性或某些基本量的不可观测性。既然全同粒子具有不可区分的性质,就应该表现为其哈密顿算符的坐标交换对称(不变)性,换句话说,交换任意两个(例如,第 i 个与第 j 个)粒子的坐标后,哈密顿算符应该不变,即

$$\hat{H}(q_1,q_2,\cdots,q_i,\cdots,q_j,\cdots,q_N;t)=\hat{H}(q_1,q_2,\cdots,q_j,\cdots,q_i,\cdots,q_N;t) \tag{4.1.6}$$

应该说明的是,上述结论只是一种合理的推测。

为了表征交换坐标带来的影响,引入**坐标交换算符** $\hat{p}_{ij}$,对任意的 N 体波函数 $\Psi(q_1,q_2,\cdots,q_i,\cdots,q_j,\cdots,q_N;t)$ 和哈密顿算符 $\hat{H}(q_1,q_2,\cdots,q_i,\cdots,q_j,\cdots,q_N;t)$ 而言,坐标交换算符的作用是

$$\begin{aligned}\hat{p}_{ij}\Psi(q_1,q_2,\cdots,\cdots,q_i,\cdots,q_j,\cdots,q_N;t)&=\Psi(q_1,q_2,\cdots,\cdots,q_j,\cdots,q_i,\cdots,q_N;t)\\ \hat{p}_{ij}\hat{H}(q_1,q_2,\cdots,\cdots,q_i,\cdots,q_j,\cdots,q_N;t)&=\hat{H}(q_1,q_2,\cdots,\cdots,q_j,\cdots,q_i,\cdots,q_N;t)\end{aligned} \tag{4.1.7}$$

对两个任意的 N 体态 $\Psi_1(q_1,q_2,\cdots,q_i,\cdots,q_j,\cdots,q_N;t)$ 与 $\Psi_2(q_1,q_2,\cdots,q_i,\cdots,q_j,\cdots,q_N;t)$ 的线性组合而言,由于

$$\begin{aligned}&\hat{p}_{ij}[c_1\Psi_1(q_1,q_2,\cdots,q_i,\cdots,q_j,\cdots,q_N;t)+c_2\Psi_2(q_1,q_2,\cdots,q_i,\cdots,q_j,\cdots,q_N;t)]=\\ &c_1\Psi_1(q_1,q_2,\cdots,q_j,\cdots,q_i,\cdots,q_N;t)+c_2\Psi_2(q_1,q_2,\cdots,q_j,\cdots,q_i,\cdots,q_N;t)=\\ &c_1\hat{p}_{ij}\Psi_1(q_1,q_2,\cdots,q_i,\cdots,q_j,\cdots,q_N;t)+c_2\hat{p}_{ij}\Psi_2(q_1,q_2,\cdots,q_i,\cdots,q_j,\cdots,q_N;t)\end{aligned} \tag{4.1.8}$$

所以坐标交换算符是线性算符。

若 $\Psi(q_1,q_2,\cdots,q_i,\cdots,q_j,\cdots,q_N;t)$ 是一个任意的 N 体波函数,则由哈密顿算符的交换对称性可知

$$\begin{aligned}&\hat{p}_{ij}[\hat{H}(q_1,q_2,\cdots,q_i,\cdots,q_j,\cdots,q_N;t)\Psi(q_1,q_2,\cdots,q_i,\cdots,q_j,\cdots,q_N;t)]=\\ &\hat{H}(q_1,q_2,\cdots,q_j,\cdots,q_i,\cdots,q_N;t)\Psi(q_1,q_2,\cdots,q_j,\cdots,q_i,\cdots,q_N;t)=\end{aligned}$$

$$\hat{H}(q_1,q_2,\cdots,q_i,\cdots,q_j,\cdots,q_N;t)\hat{p}_{ij}\Psi(q_1,q_2,\cdots,q_i,\cdots,q_j,\cdots,q_N;t) \qquad (4.1.9)$$

所以坐标交换算符与哈密顿算符是可交换(对易)的,即

$$[\hat{p}_{ij},\hat{H}(q_1,q_2,\cdots,q_i,\cdots,q_j,\cdots,q_N;t)]=0 \qquad (4.1.10)$$

2. 全同性原理

换个角度看,交换任意两个粒子的坐标,会对全同粒子体系的波函数产生什么样的影响呢? 全同性原理回答了这个问题,它是量子力学的第5个基本原理。

全同性原理: 在给定的物理条件之下,假设 $\Psi(q_1,q_2,\cdots,q_i,\cdots,q_j,\cdots,q_N;t)$ 是描述 N 个全同粒子体系某个状态的波函数,如果交换其中任意两个粒子的坐标,即

$$\hat{p}_{ij}\Psi(q_1,q_2,\cdots,q_i,\cdots,q_j,\cdots,q_N;t)=\Psi(q_1,q_2,\cdots,q_j,\cdots,q_i,\cdots,q_N;t) \qquad (4.1.11)$$

则所得到的 $\Psi(q_1,q_2,\cdots,q_j,\cdots,q_i,\cdots,q_N;t)$ 也是描述该体系同一个状态的波函数。

定理 4.1 利用全同性原理证明式(4.1.6) 成立。

证明 由于 $\Psi(q_1,q_2,\cdots,q_i,\cdots,q_j,\cdots,q_N;t)$ 是描述 N 个全同粒子体系某个状态的波函数,故其满足薛定谔方程

$$\mathrm{i}\hbar\frac{\partial}{\partial t}\Psi(q_1,q_2,\cdots,q_i,\cdots,q_j,\cdots,q_N;t)=$$
$$\hat{H}(q_1,q_2,\cdots,q_i,\cdots,q_j,\cdots,q_N;t)\Psi(q_1,q_2,\cdots,q_i,\cdots,q_j,\cdots,q_N;t) \qquad (4.1.12)$$

用坐标交换算符 $\hat{p}_{ij}$ 从左作用上式两端,有

$$\mathrm{i}\hbar\frac{\partial}{\partial t}\hat{p}_{ij}\Psi(q_1,q_2,\cdots,q_i,\cdots,q_j,\cdots,q_N;t)=$$
$$\hat{p}_{ij}[\hat{H}(q_1,q_2,\cdots,q_i,\cdots,q_j,\cdots,q_N;t)\Psi(q_1,q_2,\cdots,q_i,\cdots,q_j,\cdots,q_N;t)] \qquad (4.1.13)$$

利用坐标交换算符的定义可以得到

$$\mathrm{i}\hbar\frac{\partial}{\partial t}\Psi(q_1,q_2,\cdots,q_j,\cdots,q_i,\cdots,q_N;t)=$$
$$\hat{H}(q_1,q_2,\cdots,q_j,\cdots,q_i,\cdots,q_N;t)\Psi(q_1,q_2,\cdots,q_j,\cdots,q_i,\cdots,q_N;t) \qquad (4.1.14)$$

由全同性原理可知,$\Psi(q_1,q_2,\cdots,q_j,\cdots,q_i,\cdots,q_N;t)$ 与 $\Psi(q_1,q_2,\cdots,q_i,\cdots,q_j,\cdots,q_N;t)$ 描述体系同一个状态,故比较式(4.1.14) 与式(4.1.12) 可知,哈密顿算符具有坐标交换对称性,表明前面的推测是正确的,定理证毕。

由于描述同一个状态的两个波函数只能相差一个复常数,从全同性原理出发,立即得到坐标交换算符所满足的本征方程

$$\hat{p}_{ij}\Psi(q_1,q_2,\cdots,q_i,\cdots,q_j,\cdots,q_N;t)=\lambda\Psi(q_1,q_2,\cdots,q_i,\cdots,q_j,\cdots,q_N;t) \qquad (4.1.15)$$

顾及全同性原理之后,全同粒子体系的波函数应该满足

$$\begin{cases}\mathrm{i}\hbar\dfrac{\partial}{\partial t}\Psi(q_1,q_2,\cdots,q_i,\cdots,q_j,\cdots,q_N;t)=\hat{H}\Psi(q_1,q_2,\cdots,q_i,\cdots,q_j,\cdots,q_N;t)\\ \hat{p}_{ij}\Psi(q_1,q_2,\cdots,q_i,\cdots,q_j,\cdots,q_N;t)=\lambda\Psi(q_1,q_2,\cdots,q_i,\cdots,q_j,\cdots,q_N;t)\end{cases}$$

$$(4.1.16)$$

3. 对称波函数与反对称波函数

由于坐标交换算符与时间变量无关,故可暂不顾及波函数中的时间变量,于是坐标交换算符满足的本征方程简化为

$$\hat{p}_{ij}\psi(q_1,q_2,\cdots,q_i,\cdots,q_j,\cdots,q_N)=\lambda\psi(q_1,q_2,\cdots,q_i,\cdots,q_j,\cdots,q_N) \quad (4.1.17)$$

用坐标交换算符 $\hat{p}_{ij}$ 从左作用上式两端,得到

$$\hat{p}_{ij}^2\psi(q_1,q_2,\cdots,q_i,\cdots,q_j,\cdots,q_N)=\lambda^2\psi(q_1,q_2,\cdots,q_i,\cdots,q_j,\cdots,q_N) \quad (4.1.18)$$

由于上式左端的波函数经过两次坐标交换后又变回到原来的状态,故有

$$\lambda=\pm 1 \quad (4.1.19)$$

此即坐标交换算符的两个本征值。

当 $\lambda=1$ 时,若用 $\psi_s(q_1,q_2,\cdots,q_i,\cdots,q_j,\cdots,q_N)$ 表示相应的本征波函数,则有

$$\hat{p}_{ij}\psi_s(q_1,q_2,\cdots,q_i,\cdots,q_j,\cdots,q_N)=\psi_s(q_1,q_2,\cdots,q_i,\cdots,q_j,\cdots,q_N) \quad (4.1.20)$$

当 $\lambda=-1$ 时,若用 $\psi_a(q_1,q_2,\cdots,q_i,\cdots,q_j,\cdots,q_N)$ 表示相应的本征波函数,则有

$$\hat{p}_{ij}\psi_a(q_1,q_2,\cdots,q_i,\cdots,q_j,\cdots,q_N)=-\psi_a(q_1,q_2,\cdots,q_i,\cdots,q_j,\cdots,q_N) \quad (4.1.21)$$

其中,$\psi_s(q_1,q_2,\cdots,q_i,\cdots,q_j,\cdots,q_N)$ 与 $\psi_a(q_1,q_2,\cdots,q_i,\cdots,q_j,\cdots,q_N)$ 分别称为**对称波函数**和**反对称波函数**。

前面的讨论是针对交换第 i 个与第 j 个粒子的坐标进行的,实际上,对于全同粒子体系而言,只要交换任意一对粒子的坐标是对称的,那么,交换所有的粒子对的坐标也一定都是对称的,反之亦然。下面来证明之。

定理 4.2　若 N 个全同粒子体系的波函数 $\psi(q_1,q_2,\cdots,q_i,\cdots,q_j,\cdots,q_k,\cdots,q_l,\cdots,q_N)$ 对给定的 i,j 满足

$$\hat{p}_{ij}\psi(q_1,q_2,\cdots,q_i,\cdots,q_j,\cdots,q_k,\cdots,q_l,\cdots,q_N)=$$
$$\pm\psi(q_1,q_2,\cdots,q_i,\cdots,q_j,\cdots,q_k,\cdots,q_l,\cdots,q_N) \quad (4.1.22)$$

则对任意的 k,l 亦有

$$\hat{p}_{kl}\psi(q_1,q_2,\cdots,q_i,\cdots,q_j,\cdots,q_k,\cdots,q_l,\cdots,q_N)=$$
$$\pm\psi(q_1,q_2,\cdots,q_i,\cdots,q_j,\cdots,q_k,\cdots,q_l,\cdots,q_N) \quad (4.1.23)$$

证明　为书写方便,将 N 个全同粒子体系的波函数简记为

$$\psi(q_1,q_2,\cdots,q_i,\cdots,q_j,\cdots,q_k,\cdots,q_N)=|1,2,\cdots,i,\cdots,j,\cdots,k,\cdots,N\rangle=|ijk\rangle \quad (4.1.24)$$

其中,q_i、q_j、q_k 为体系中任意 3 个粒子的坐标。为了说话方便,规定狄拉克符号中 3 个粒子所处的位置依次为 1、2、3。下面用反证法来证明定理成立。

首先,若假设交换位于 1 和 2 位置的坐标时波函数是对称的,交换位于 2 和 3 位置的坐标是反对称的,则有

$$|ijk\rangle=|jik\rangle=-|jki\rangle=-|kji\rangle=|kij\rangle=|ikj\rangle=-|ijk\rangle \quad (4.1.25)$$

显然,此时的波函数为零,所以,若交换位于 1 和 2 位置的坐标时波函数是对称的,则要求

交换位于 2 和 3 位置的坐标亦是对称的。

其次,若假设交换位于1和2位置的坐标时波函数是对称的,交换位于1和3位置的坐标是反对称的,如果顾及到交换位于 2 和 3 位置的坐标也是对称的,则有

$$|ijk\rangle = -|kji\rangle = -|kij\rangle = -|ikj\rangle = -|ijk\rangle \tag{4.1.26}$$

显然,此时的波函数为零,故要求交换位于 1 和 3 位置的坐标亦是对称的。

由上面的结果可知,若交换任意一对粒子(i,j)的坐标时波函数是对称的,则交换与i,j相关的其他粒子对(i,k)、(j,k)的坐标时波函数亦是对称的。进而可知,交换粒子对(k,l)的坐标也是对称的。

同理可证,若交换任意一对粒子的坐标时波函数是反对称的,则交换其他粒子对的坐标时波函数亦是反对称的。至此,定理证毕。

总而言之,全同粒子体系的波函数只能是对称的或者反对称的,不可能出现交换一部分粒子是对称的,而交换另一部分粒子是反对称的情况。

4. 费米子与玻色子

前面只是证明了全同粒子体系的波函数只能是对称的或者反对称的,接下来的问题是,对于一个具体的全同粒子体系而言,到底是取对称的波函数还是取反对称的波函数?这仍然是一个理论上尚未解决的问题。在对大量实验结果进行分析和总结的基础上,发现波函数的(反)对称性是由所研究的全同粒子的自旋属性所决定的。

按照粒子自旋的取值可以将粒子分为如下两类:

凡是自旋量子数$s = 1/2, 3/2, 5/2, \cdots$半奇数的粒子称为**费米子**。例如,电子、正电子、质子、中子等都是费米子。实验结果表明,全同费米子体系的状态应该用反对称的波函数来描述。

凡是自旋量子数$s = 0, 1, 2, \cdots$整数的粒子称为**玻色子**。例如,光子、π介子、K介子及某些复合粒子等。实验结果表明,全同玻色子体系的状态必须用对称的波函数来描述。

4.1.4 泡利不相容原理

1. 全同费米子体系波函数的反对称化

为了简单起见,考虑两个无相互作用的全同费米子体系,其哈密顿算符为

$$\hat{H}(q_1, q_2) = \hat{h}(q_1) + \hat{h}(q_2) \tag{4.1.27}$$

式中,q_1和q_2分别为第1个粒子与第2个粒子的坐标变量;$\hat{h}(q_1)$与$\hat{h}(q_2)$分别为第1和第2个粒子的单粒子哈密顿算符。

(1) 单粒子的本征解

由于两个粒子是全同的,所以$\hat{h}(q_1)$与$\hat{h}(q_2)$在函数形式上应该是完全一样的,进而可知,$\hat{h}(q_1)$与$\hat{h}(q_2)$的解的形式也是相同的,差别仅仅是本征函数的自变量不同而已。若设$\hat{h}(q_1)$与$\hat{h}(q_2)$的解无简并,则它们满足的本征方程分别为

$$\hat{h}(q_1)\varphi_m(q_1)=\varepsilon_m\varphi_m(q_1)$$
$$\hat{h}(q_2)\varphi_n(q_2)=\varepsilon_n\varphi_n(q_2) \tag{4.1.28}$$

(2) 双粒子的本征解

体系的哈密顿算符 $\hat{H}$ 满足的本征方程与波函数反对称化条件分别为

$$\hat{H}\psi(q_1,q_2)=E\psi(q_1,q_2) \tag{4.1.29}$$

$$\hat{p}_{12}\psi(q_1,q_2)=-\psi(q_1,q_2) \tag{4.1.30}$$

因为无相互作用存在,故式(4.1.29)可用分离变数法求解,得到体系的能量本征值为

$$E=\varepsilon_m+\varepsilon_n \tag{4.1.31}$$

对应的本征函数有两个

$$\psi_1(q_1,q_2)=\varphi_m(q_1)\varphi_n(q_2) \tag{4.1.32}$$

$$\psi_2(q_1,q_2)=\varphi_n(q_1)\varphi_m(q_2) \tag{4.1.33}$$

显然,能量本征值是二度简并的。正像其他的简并可能是由哈密顿算符的对称性所引起的一样,这种简并是由哈密顿算符的坐标交换对称性引起的,称之为**交换简并**。即使两个粒子之间存在相互作用,这种交换简并仍然存在。

若 $\psi(q_1,q_2)$ 是满足定态薛定谔方程的一个解,则由

$$\hat{p}_{12}\hat{H}\psi(q_1,q_2)=\hat{p}_{12}E\psi(q_1,q_2) \tag{4.1.34}$$

可知

$$\hat{H}\hat{p}_{12}\psi(q_1,q_2)=E\hat{p}_{12}\psi(q_1,q_2) \tag{4.1.35}$$

说明 $\hat{p}_{12}\psi(q_1,q_2)$ 也是该方程的一个解。

(3) 双粒子本征解的反对称化

虽然,$\psi_1(q_1,q_2)$ 和 $\psi_2(q_1,q_2)$ 都是哈密顿算符 $\hat{H}$ 的本征方程(4.1.29)的解,但是,它们都不满足式(4.1.30)的反对称化要求,所以,它们都不是体系的满足反对称化要求的波函数。

为了得到满足反对称化要求的解,可以将它们重新线性组合,即

$$\psi_a(q_1,q_2)=c_1\psi_1(q_1,q_2)+c_2\psi_2(q_1,q_2) \tag{4.1.36}$$

为了确定组合系数 c_1 和 c_2,用 $\hat{p}_{12}$ 从左作用上式两端,并利用关系式

$$\psi_1(q_1,q_2)=\hat{p}_{12}\psi_2(q_1,q_2)$$
$$\psi_2(q_1,q_2)=\hat{p}_{12}\psi_1(q_1,q_2) \tag{4.1.37}$$

得到

$$\hat{p}_{12}\psi_a(q_1,q_2)=c_1\psi_2(q_1,q_2)+c_2\psi_1(q_1,q_2)=-\psi_a(q_1,q_2)=$$
$$-c_1\psi_1(q_1,q_2)-c_2\psi_2(q_1,q_2) \tag{4.1.38}$$

比较系数可知

$$c_2=-c_1 \tag{4.1.39}$$

组合系数 c_1 可由归一化条件 $|c_1|^2+|c_2|^2=1$ 定出为

$$c_1=2^{-1/2} \tag{4.1.40}$$

将上式代入式(4.1.36),得到归一化的反对称波函数

$$\psi_a(q_1,q_2)=2^{-1/2}[\psi_1(q_1,q_2)-\psi_2(q_1,q_2)]=2^{-1/2}[\varphi_m(q_1)\varphi_n(q_2)-\varphi_n(q_1)\varphi_m(q_2)] \tag{4.1.41}$$

上式也可以用行列式表示

$$\psi_a(q_1,q_2)=\frac{1}{\sqrt{2}}\begin{vmatrix}\varphi_m(q_1) & \varphi_m(q_2)\\ \varphi_n(q_1) & \varphi_n(q_2)\end{vmatrix} \tag{4.1.42}$$

通常把由 $\psi_1(q_1,q_2)$ 与 $\psi_2(q_1,q_2)$ 求出反对称化波函数 $\psi_a(q_1,q_2)$ 的过程称为**反对称化**。

(4) 斯莱特行列式

上面的结果可以推广到 N 个全同费米子体系,其反对称的波函数为

$$\psi_a(q_1,q_2,\cdots,q_N)=\frac{1}{\sqrt{N!}}\begin{vmatrix}\varphi_{n_1}(q_1) & \varphi_{n_1}(q_2) & \cdots & \varphi_{n_1}(q_N)\\ \varphi_{n_2}(q_1) & \varphi_{n_2}(q_2) & \cdots & \varphi_{n_2}(q_N)\\ \vdots & \vdots & & \vdots\\ \varphi_{n_N}(q_1) & \varphi_{n_N}(q_2) & \cdots & \varphi_{n_N}(q_N)\end{vmatrix} \tag{4.1.43}$$

把上述行列式称为**斯莱特(Slater)行列式**。斯莱特行列式也可以写成求和的形式

$$\psi_a(q_1,q_2,\cdots,q_N)=(N!)^{-1/2}\sum_P(-1)^{s_P}P[\varphi_{n_1}(q_1)\varphi_{n_2}(q_2)\cdots\varphi_{n_N}(q_N)] \tag{4.1.44}$$

式中,方括号内的波函数是 N 个粒子的单体波函数的直积;P 表示对直积的任意一个置换;s_P 表示置换的次数。

行列式有如下两条性质:若交换任意两列,则行列式改变一个负号;若任意两行相等,则行列式为零。前者正是反对称化所要求的,而后者意味着不能有两个粒子处于同一个单粒子状态。由此得**泡利不相容原理**:对于全同费米子体系来说,在同一个单粒子状态上最多只能存在一个粒子。实际上,泡利不相容原理是全同性原理的一个推论,之所以称之为原理,完全是一种习惯上的称谓。

2. 全同玻色子体系波函数的对称化

对于全同玻色子体系而言,要求它的波函数是对称的,用类似全同费米子体系波函数的反对称化的方法,可以得到 $N=2$ 个玻色子体系的对称波函数

$$\psi_s(q_1,q_2)=2^{-1/2}[\varphi_m(q_1)\varphi_n(q_2)+\varphi_n(q_1)\varphi_m(q_2)] \tag{4.1.45}$$

对于 N 个全同玻色子体系,对称波函数为

$$\psi_s(q_1,q_2,\cdots,q_N)=(N!)^{-1/2}\sum_P P[\varphi_{n_1}(q_1)\varphi_{n_2}(q_2)\cdots\varphi_{n_N}(q_N)] \tag{4.1.46}$$

例如,当 $N=3$ 时,有

$$\begin{aligned}\psi_s(q_1,q_2,q_3) = &(3!)^{-1/2}\varphi_1(q_1)\varphi_2(q_2)\varphi_3(q_3) + (3!)^{-1/2}\varphi_1(q_2)\varphi_2(q_1)\varphi_3(q_3) + \\ &(3!)^{-1/2}\varphi_1(q_3)\varphi_2(q_2)\varphi_3(q_1) + (3!)^{-1/2}\varphi_1(q_1)\varphi_2(q_3)\varphi_3(q_2) + \\ &(3!)^{-1/2}\varphi_1(q_2)\varphi_2(q_3)\varphi_3(q_1) + (3!)^{-1/2}\varphi_1(q_3)\varphi_2(q_1)\varphi_3(q_2)\end{aligned} \tag{4.1.47}$$

综上所述,在处理全同粒子体系问题时,必须顾及波函数的(反)对称性质,对于全同费米子体系而言,其体系的波函数必须是反对称的,并且还要满足泡利不相容原理,对于全同玻色子体系而言,只要求其体系的波函数是对称的。

4.2　二次量子化表示

本节介绍多体态与多体算符的二次量子化表示,主要内容有:引入福克空间中的态矢,用来描述全同粒子体系的状态;引入产生与湮没算符,将不同粒子数的态矢联系起来;利用产生与湮没算符来表示力学量算符;导出产生、湮没算符在相互作用绘景中 H_0 表象下的表达式。

4.2.1　福克空间

为了简化多体问题的表述方式,在引入福克空间的基础上,用单粒子态的产生与湮没算符来表示多体态与多体算符,称其为**二次量子化表示**。所谓二次量子化并不意味着任何物理量取值的再一次量子化,它只不过是多体态与多体算符的一种方便的表示方式而已。

对于全同粒子的体系而言,若不顾及时间变量,则一个 N 体态可以用如下 3 种不同的方式来表示,即

$$\Psi_{\alpha_1,\alpha_2,\cdots,\alpha_N}(x_1,x_2,\cdots,x_N) = |n_1,n_2,\cdots,n_\infty\rangle = |\alpha_1,\alpha_2,\cdots,\alpha_N\rangle \tag{4.2.1}$$

式中,x_i 表示第 i 个粒子的全部坐标和自旋变量;α_j 表示第 j 个单粒子状态相应的全部量子数;n_k 表示第 k 个单粒子态上的粒子数。

1. 组态空间中的多体波函数

$\Psi_{\alpha_1,\alpha_2,\cdots,\alpha_N}(x_1,x_2,\cdots,x_N)$ 表示组态空间中的 N 体波函数,它是由 N 个单粒子态的直积构成的,对费米子体系而言它是反对称的波函数,用式(4.1.44)来表述,对玻色子体系来说它是对称波函数,用式(4.1.46)来表述。

2. 粒子数表象中的多体态矢

态矢 $|n_1,n_2,\cdots,n_\infty\rangle$ 也可以用来表示 N 个粒子体系的状态,具体地说,就是在第 $k(k=1,2,3,\cdots)$ 个单粒子态上有 n_k 个粒子,称其为**粒子数表象**中的态矢。对 N 个粒子的体系而言,物理上要求

$$\sum_{k=1}^{\infty} n_k = N \tag{4.2.2}$$

对于费米子体系,由泡利不相容原理可知,$n_k = 0,1$,对玻色子体系,n_k 可以取零和任意正整数。

3. 福克空间中的多体态矢

描述全同粒子状态的波函数必须能够正确反映全同粒子的属性。在组态空间中,为反映费米子体系的属性引入了斯莱特行列式,它既满足泡利不相容原理又满足多体波函数反对称化的要求,但是,当体系的粒子数较多时,使用起来还是十分不便。为了简化表示,下面来引入福克空间的概念。

用态矢 $|0\rangle$ 表示没有粒子的状态,也称之为**真空态**,用态矢 $|\alpha_1\rangle$ 表示一个粒子处于 α_1 的状态,用态矢 $|\alpha_1,\alpha_2\rangle$ 表示两个粒子分别处于 α_1,α_2 的状态,用态矢 $|\alpha_1,\alpha_2,\alpha_3\rangle$ 表示三个粒子分别处于 $\alpha_1,\alpha_2,\alpha_3$ 的状态,…,用态矢 $|\alpha_1,\alpha_2,\cdots,\alpha_N\rangle$ 表示 N 个粒子分别处于 $\alpha_1,\alpha_2,\cdots,\alpha_N$ 的状态。把由零矢量和上述态矢张成的空间称为**福克空间**。

显然,对描述多体体系的状态来说,上述3种表示方法是等价的。

4. 关于福克空间的讨论

(1) 在福克空间中,态矢 $|\alpha_1,\alpha_2,\cdots,\alpha_N\rangle$ 只是说 N 个粒子占据了用量子数 $\alpha_1,\alpha_2,\cdots,\alpha_N$ 表征的 N 个单粒子态,而与哪个粒子占据了哪一个单粒子态无关,这恰好体现出全同粒子的不可区分性。

(2) 真空态 $|0\rangle$ 是一个没有粒子的状态,而数值0是福克空间中的零矢量,两者有本质上的差别。

(3) 具有相同粒子数的状态有许多个,例如,单粒子态矢 $|\alpha\rangle$ 的个数是由量子数 α 的取值范围决定的。具有相同粒子数的状态满足正交归一化条件。

(4) 态矢 $|0\rangle,|\alpha_1\rangle,|\alpha_1,\alpha_2\rangle,\cdots,|\alpha_1,\alpha_2,\cdots,\alpha_N\rangle$ 分别是具有 $0,1,2,\cdots,N$ 个粒子的态矢量,这些不同粒子数的态矢量之间是相互正交的。

(5) 为了正确反映费米子与玻色子对波函数对称性的要求,并顾及到泡利不相容原理,福克空间的态矢必须满足

$$
\begin{aligned}
&|\alpha_1,\cdots,\alpha_i,\cdots,\alpha_j,\cdots\alpha_N\rangle = -|\alpha_1,\cdots,\alpha_j\cdots,\alpha_i,\cdots\alpha_N\rangle \quad (\text{费米子})\\
&|\alpha_1,\cdots,\alpha_i,\cdots\alpha_j,\cdots\alpha_N\rangle = |\alpha_1,\cdots,\alpha_j,\cdots,\alpha_i,\cdots\alpha_N\rangle \quad (\text{玻色子})\\
&|\alpha_1,\cdots,\alpha_i,\cdots,\alpha_i,\cdots\alpha_N\rangle = 0 \quad (\text{费米子})
\end{aligned}
\tag{4.2.3}
$$

式中,α_i,α_j 是任意两个不同的量子数。

(6) 态矢 $|\alpha_1\rangle|\alpha_2\rangle\cdots|\alpha_N\rangle$ 是 N 个单粒子态的直积,虽然它也是一个 N 体态,但是它不满足式(4.2.3)的要求,这是它与福克空间中 N 体态矢 $|\alpha_1,\alpha_2,\cdots,\alpha_N\rangle$ 的差别所在。

如果不做特殊说明,下面的讨论是对全同费米子体系进行的,所得到的一些结论容易推广到全同玻色子体系。

4.2.2　产生算符与湮没算符

1. 产生算符与湮没算符

在福克空间中,态矢 $|0\rangle$, $|\alpha_1\rangle$, $|\alpha_1,\alpha_2\rangle$, $\cdots$ 所对应的粒子数是不同的,如何将这些不同粒子数的状态联系起来呢? 下面引入的产生与湮没算符就能起到一个桥梁的作用。

对于福克空间中任意一个态矢而言,**产生算符** ξ_α^+(ξ 的汉语读音为"克塞")的作用是在 α 单粒子态上产生一个粒子,或者说,产生一个处于 α 单粒子态的粒子。一个最简单的特例就是,当它作用在真空态上时,使其变成 $|\alpha\rangle$ 单粒子态,即

$$\xi_\alpha^+ |0\rangle = |\alpha\rangle \tag{4.2.4}$$

对费米子体系而言,泡利不相容原理要求

$$\xi_\alpha^+ |\alpha\rangle = 0 \tag{4.2.5}$$

湮没(消灭)算符 ξ_α 对任意态矢的作用是湮没一个处于 α 单粒子态上粒子。最简单的特例是,它使 $|\alpha\rangle$ 态变成真空态,即

$$\xi_\alpha |\alpha\rangle = |0\rangle \tag{4.2.6}$$

由定义可知

$$\xi_\alpha |0\rangle = 0 \tag{4.2.7}$$

显然,如此定义的产生与湮没算符都和单粒子态有关,换句话说,它们是在单粒子哈密顿 h 表象下定义的。由产生与湮没算符的定义可知,它们都不是厄米算符,但是,容易证明同一个单粒子态下的产生算符与湮没算符互为厄米共轭算符[4.1],即。

$$(\xi_\alpha^+)^\dagger = \xi_\alpha \tag{4.2.8}$$

$$(\xi_\alpha)^\dagger = \xi_\alpha^+ \tag{4.2.9}$$

对 N 个全同费米子体系来说,α_i 单粒子态的产生与湮没算符对福克空间任意态矢 $|\alpha_1,\alpha_2,\cdots,\alpha_N\rangle$ 的作用的结果,是由 α_i 与该态矢量子数集合 $\{\alpha\}\equiv\{\alpha_1,\alpha_2,\cdots,\alpha_N\}$ 的关系来决定的。

当 $\alpha_i \notin \{\alpha\}$ 时,有

$$\begin{aligned} \xi_{\alpha_i}^+ |\alpha_1,\alpha_2,\cdots,\alpha_N\rangle &= |\alpha_i,\alpha_1,\alpha_2,\cdots,\alpha_N\rangle \\ \xi_{\alpha_i} |\alpha_1,\alpha_2,\cdots,\alpha_N\rangle &= 0 \end{aligned} \tag{4.2.10}$$

当 $\alpha_i \in \{\alpha\}$ 时,有

$$\begin{aligned} \xi_{\alpha_i}^+ |\alpha_1,\alpha_2,\cdots,\alpha_N\rangle &= 0 \\ \xi_{\alpha_i} |\alpha_1,\alpha_2,\cdots,\alpha_N\rangle &= (-1)^{s_{\alpha_i}} |\alpha_1,\alpha_2,\cdots,\boxed{\alpha_i},\cdots,\alpha_N\rangle \end{aligned} \tag{4.2.11}$$

式中,s_{α_i} 为 α_i 前面单粒子态的个数;符号 $\boxed{\alpha_i}$ 表示 α_i 单粒子态上的粒子被湮没(下同)。之所以出现 $(-1)^{s_{\alpha_i}}$ 的因子,是因为费米子体系的波函数应该为反对称的,即满足式

(4.2.3) 的要求。式(4.2.10) 与式(4.2.11) 可视为费米子产生与湮没算符的更普遍的定义。

总之,一个产生算符的作用是将 N 体态变成 $N+1$ 体态或者福克空间的零矢量,一个湮没算符的作用是将 N 体态变成 $N-1$ 体态或者零矢量。推而广之,m 个产生算符之积的作用是将 N 体态变成 $N+m$ 体态或者零矢量,m 个湮没算符之积的作用是将 N 体态变成 $N-m$ 体态或者零矢量。概括起来说,产生和湮没算符可以把福克空间中不同粒子数的状态联系起来。

在第 2 章中,为了解决线谐振子问题,曾经引入了升(降) 算符 $\hat{A}_+$ ($\hat{A}_-$) 的概念,它们与产生(湮没) 算符 ξ_α^+(ξ_α) 之间有何异同呢? 相同之处有二,首先,两者皆为非厄米算符,升、降算符互为厄米共轭算符,产生、湮没算符也互为厄米共轭算符;其次,$\hat{A}_+$,ξ_α^+ 与 $\hat{A}_-$,ξ_α 对 N 体态的作用是使其分别变成 $N+1$ 与 $N-1$ 体态。两者的差异是,$\hat{A}_+$ ($\hat{A}_-$) 的作用是产生(湮没) 任意一个声子(玻色子),而 ξ_α^+(ξ_α) 的作用是产生(湮没) 一个处于 α 单粒子态上的费米子。

2. 反对易关系

定理 4.3 费米子产生、湮没算符满足如下反对易关系

$$\begin{aligned}\{\xi_\gamma^+,\xi_\delta^+\} &\equiv [\xi_\gamma^+,\xi_\delta^+]_+ = \xi_\gamma^+\xi_\delta^+ + \xi_\delta^+\xi_\gamma^+ = 0\\ \{\xi_\gamma,\xi_\delta\} &\equiv [\xi_\gamma,\xi_\delta]_+ = \xi_\gamma\xi_\delta + \xi_\delta\xi_\gamma = 0\\ \{\xi_\gamma,\xi_\delta^+\} &\equiv [\xi_\gamma,\xi_\delta^+]_+ = \xi_\gamma\xi_\delta^+ + \xi_\delta^+\xi_\gamma = \delta_{\gamma,\delta}\end{aligned} \tag{4.2.12}$$

证明 由于上式是最基本的反对易关系,故需要用最原始的方法来证明之。以上式中的第 1 式为例,对福克空间中任意一个 N 体态矢 $|\alpha_1,\alpha_2,\cdots,\alpha_N\rangle$,导出 $\{\xi_\gamma^+,\xi_\delta^+\}$ 对 $|\alpha_1,\alpha_2,\cdots,\alpha_N\rangle$ 作用的结果。

当 γ、δ 中有任何一个属于集合 $\{\alpha\}$ 时,由产生算符的定义可知

$$\{\xi_\gamma^+,\xi_\delta^+\}|\alpha_1,\alpha_2,\cdots,\alpha_N\rangle = 0 \tag{4.2.13}$$

因为 $|\alpha_1,\alpha_2,\cdots,\alpha_N\rangle$ 是任意的,故此时式(4.2.12) 中的第 1 式成立。

当 γ、δ 皆不属于集合 $\{\alpha\}$ 时,若 $\gamma=\delta$,则根据泡利不相容原理可知,式(4.2.12) 中的第 1 式成立;若 $\gamma\neq\delta$,则有

$$\begin{aligned}&\{\xi_\gamma^+,\xi_\delta^+\}|\alpha_1,\alpha_2,\cdots,\alpha_N\rangle = (\xi_\gamma^+\xi_\delta^+ + \xi_\delta^+\xi_\gamma^+)|\alpha_1,\alpha_2,\cdots,\alpha_N\rangle =\\ &|\gamma,\delta,\alpha_1,\alpha_2,\cdots,\alpha_N\rangle + |\delta,\gamma,\alpha_1,\alpha_2,\cdots,\alpha_N\rangle =\\ &|\gamma,\delta,\alpha_1,\alpha_2,\cdots,\alpha_N\rangle - |\gamma,\delta,\alpha_1,\alpha_2,\cdots,\alpha_N\rangle = 0\end{aligned} \tag{4.2.14}$$

至此,已经证得式(4.2.12) 中的第 1 式成立。

同理可证,费米子湮没算符之间的反对易关系为

$$\{\xi_\gamma,\xi_\delta\} = 0 \tag{4.2.15}$$

而产生算符与湮没算符之间的反对易关系为[4.1]

$$\{\xi_\gamma,\xi_\delta^+\} = \{\xi_\delta^+,\xi_\gamma\} = \delta_{\gamma,\delta} \tag{4.2.16}$$

至此，定理 4.3 证毕。

下面给出几个常用的费米子产生湮没算符的关系式[4.6]

$$\xi_\alpha\xi_\alpha = \xi_\alpha^+\xi_\alpha^+ = 0 \tag{4.2.17}$$

$$(\xi_\alpha^+\xi_\alpha)^2 = \xi_\alpha^+\xi_\alpha \tag{4.2.18}$$

$$\xi_\alpha^+\xi_\alpha\xi_\beta^+\xi_\beta = \xi_\beta^+\xi_\beta\xi_\alpha^+\xi_\alpha \tag{4.2.19}$$

在粒子数表象中，类似于声子的升算符与降算符，玻色子产生算符 ζ_α^+ 与湮没算符 ζ_β（ζ 的汉语读音为“仄塔”）的定义分别为[4.3]

$$\begin{aligned}\zeta_\alpha^+\,|n_1,n_2,\cdots,n_\alpha,\cdots,n_\infty\rangle &= (n_\alpha+1)^{1/2}\,|n_1,n_2,\cdots,n_\alpha+1,\cdots,n_\infty\rangle\\ \zeta_\beta\,|n_1,n_2,\cdots,n_\beta,\cdots,n_\infty\rangle &= n_\beta^{1/2}\,|n_1,n_2,\cdots,n_\beta-1,\cdots,n_\infty\rangle\end{aligned} \tag{4.2.20}$$

利用类似的方法可以得到玻色子产生算符 ζ_α^+ 与湮没算符 ζ_β 满足的对易关系为[4.2]

$$[\zeta_\alpha^+,\zeta_\beta^+] = 0,\quad [\zeta_\alpha,\zeta_\beta] = 0,\quad [\zeta_\alpha,\zeta_\beta^+] = \delta_{\alpha,\beta} \tag{4.2.21}$$

综上所述，全同粒子体系的波函数为[4.4],[4.5]

$$\begin{aligned}|n_1,n_2,\cdots,n_\infty\rangle &= (n_1!\,n_2!\cdots n_\infty!)^{-1/2}(\xi_1^+)^{n_1}(\xi_2^+)^{n_2}\cdots(\xi_\infty^+)^{n_\infty}\,|0\rangle\\ |n_1,n_2,\cdots,n_\infty\rangle &= (n_1!\,n_2!\cdots n_\infty!)^{-1/2}(\zeta_1^+)^{n_1}(\zeta_2^+)^{n_2}\cdots(\zeta_\infty^+)^{n_\infty}\,|0\rangle\end{aligned} \tag{4.2.22}$$

对玻色子体系而言，n_k 可以取零和任意正整数，而对费米子体系来说，n_k 只能取 0 或者 1。

3. 粒子数算符

在引入产生与湮没算符之后，可以利用它们把不同粒子数的状态联系起来。在遇到的许多实际问题中，体系的粒子数并不改变，即所谓粒子数是守恒的，非相对论的量子理论就是如此。换句话说，在非相对论量子力学中，关心的只是 N 体态之间是通过什么样的算符来联系的。

(1) 粒子数守恒算符

算符 $\xi_\gamma^+\xi_\delta$ 作用到福克空间中任意一个态矢 $|\alpha_1,\alpha_2,\cdots,\alpha_N\rangle$ 上，只有当 $\delta\in\{\alpha\}$ 且 $\gamma\notin\{\alpha\}$ 时，有

$$\xi_\gamma^+\xi_\delta\,|\alpha_1,\alpha_2,\cdots,\alpha_N\rangle = (-1)^{s_\delta}\,|\gamma,\alpha_1,\alpha_2,\cdots,\boxed{\delta},\cdots,\alpha_N\rangle \tag{4.2.23}$$

否则，皆变成福克空间的零矢量。说明算符 $\xi_\gamma{}^+\xi_\delta$ 的作用是将一个 N 体态变成了另一个 N 体态或者零矢量。具体地说，当 $\delta\in\{\alpha\}$ 且 $\gamma\notin\{\alpha\}$ 时，算符 $\xi_\gamma^+\xi_\delta$ 的作用是使原来处于 δ 单粒子态的粒子跃迁到 γ 单粒子态，而总粒子数 N 并无改变。由于算符 $\xi_\gamma^+\xi_\delta$ 的作用并不改变体系的粒子个数，故将其称为**粒子数守恒算符**。推而广之，相等数目的产生算符和湮没算符之积构成的算符皆为粒子数守恒算符，例如，$\xi_\alpha^+\xi_\beta^+\xi_\gamma\xi_\delta$，$\xi_\alpha^+\xi_\beta^+\xi_\gamma^+\xi_\delta\xi_\sigma\xi_\tau$，…，都是粒子数守恒算符。下面将会看到，在非相对论理论框架之下，用到的力学量算符都是由粒子数守恒算符构成的。

(2) 单粒子态粒子数算符

有一类特殊的粒子数守恒算符,它们是由同一个单粒子态下的产生与湮没算符之积构成的,即

$$\hat{n}_\alpha = \xi_\alpha^+ \xi_\alpha \tag{4.2.24}$$

将 $\hat{n}_\alpha$ 称为 α 单粒子态的**粒子数算符**。显然,$\hat{n}_\alpha$ 是一个厄米算符。

在粒子数表象中,设有一个单粒子态矢 $|n_\gamma = 1\rangle = |\gamma\rangle$,当 $\alpha = \gamma$ 时

$$\hat{n}_\alpha |n_\alpha\rangle = |n_\alpha\rangle = n_\alpha |n_\alpha\rangle \quad (n_\alpha = 1) \tag{4.2.25}$$

当 $\alpha \neq \gamma$ 时

$$\hat{n}_\alpha |n_\gamma\rangle = 0 = n_\alpha |n_\gamma\rangle \quad (n_\alpha = 0) \tag{4.2.26}$$

将上面两式综合写为

$$\hat{n}_\alpha |n_\gamma\rangle = n_\alpha |n_\gamma\rangle \quad (n_\alpha = \delta_{\alpha,\gamma}) \tag{4.2.27}$$

算符 $\hat{n}_\alpha$ 的本征值 n_α 只能取0和1,它们正是费米子体系在单粒子态上可能存在的粒子数,这就是称 $\hat{n}_\alpha$ 为 α 单粒子态的粒子数算符的原因所在。

由式(4.2.19)可知

$$[\hat{n}_\alpha, \hat{n}_\beta] = 0 \tag{4.2.28}$$

上式说明,任意两个单粒子态的粒子数算符相互对易,因此,它们有共同完备本征函数系 $\{|n_1, n_2, \cdots, n_\infty\rangle\}$,且满足

$$\begin{aligned}
\hat{n}_1 |n_1, n_2, \cdots, n_\infty\rangle &= n_1 |n_1, n_2, \cdots, n_\infty\rangle \\
\hat{n}_2 |n_1, n_2, \cdots, n_\infty\rangle &= n_2 |n_1, n_2, \cdots, n_\infty\rangle \\
&\vdots \\
\hat{n}_i |n_1, n_2, \cdots, n_\infty\rangle &= n_i |n_1, n_2, \cdots, n_\infty\rangle \\
&\vdots \\
\hat{n}_\infty |n_1, n_2, \cdots, n_\infty\rangle &= n_\infty |n_1, n_2, \cdots, n_\infty\rangle
\end{aligned} \tag{4.2.29}$$

上式表明,$\hat{n}_i$ 的作用不改变原来的状态,或者说,任意的 N 体态矢都是 $\hat{n}_i (i = 1, 2, \cdots, \infty)$ 的本征矢,对应的本征值为 n_i。

(3) 总粒子数算符

利用单粒子态的粒子数算符 $\hat{n}_\alpha$ 再定义一个算符

$$\hat{N} = \sum_{\alpha=1}^{\infty} \hat{n}_\alpha \tag{4.2.30}$$

算符 $\hat{N}$ 对任意一个 N 体态矢 $\{|n_1, n_2, \cdots, n_\infty\rangle\}$ 的作用是

$$\begin{aligned}
\hat{N} |n_1, n_2, \cdots, n_\infty\rangle &= \sum_{\alpha=1}^{\infty} \hat{n}_\alpha |n_1, n_2, \cdots, n_\infty\rangle = \\
&\sum_{\alpha=1}^{\infty} n_\alpha |n_1, n_2, \cdots, n_\infty\rangle = N |n_1, n_2, \cdots, n_\infty\rangle
\end{aligned} \tag{4.2.31}$$

显然,任意一个 N 体态矢都是算符 $\hat{N}$ 的本征矢,相应的本征值为 N,而 N 恰好是所有单粒子态上的粒子数之和,因此,将 $\hat{N}$ 称之为**总粒子数算符**。

利用费米子产生与湮没算符的反对易关系,容易导出如下几个常用的对易关系[4.7]

$$[\xi_\alpha^+,\hat{N}]=-\xi_\alpha^+ \tag{4.2.32}$$

$$[\xi_\alpha,\hat{N}]=\xi_\alpha \tag{4.2.33}$$

$$[\xi_\alpha^+\xi_\beta,\hat{N}]=0 \tag{4.2.34}$$

$$[\xi_{\alpha_1}^+\xi_{\alpha_2}^+\cdots\xi_{\alpha_m}^+\xi_{\beta_1}\xi_{\beta_2}\cdots\xi_{\beta_m},\hat{N}]=0 \tag{4.2.35}$$

式(4.2.35)表明,任意粒子数守恒算符与总粒子数算符是对易的。可以证明上述 4 个公式对于玻色子也是成立的。

4. 粒子算符与空穴算符

如前所述,多体态在二次量子化中的表示比起在组态空间中的表示要方便多了,但是,对于粒子数很多的体系来说,仍然是很繁琐的,因此需要寻求更简捷的表述方式。

例如,在核物理中,$^{16}_{8}\mathrm{O}$ 的原子核由 8 个中子和 8 个质子构成,它是一个双满壳层核。由于中子与质子都是自旋为 $\hbar/2$ 的粒子,并且两者的质量近似相等,差别仅在于质子带单位正电荷,而中子不带电,因此,可以把它们视为处于不同电荷状态的同一种粒子,通常把质子与中子通称为**核子**。类似于粒子的自旋,引入描述不同带电状态的**同位旋** t 来区别它们,同位旋量子数 t 为 1/2,同位旋的磁量子数 t_z 可取 ±1/2 两个值,当 $t_z=1/2$ 时,表示质子,当 $t_z=-1/2$ 时,表示中子。由原子核的壳模型理论可知,16 个核子中有 4 个核子填在 $0\mathrm{s}_{1/2}$ 壳层,8 个核子填在 $0\mathrm{p}_{3/2}$ 壳层,另外 4 个核子填在 $0\mathrm{p}_{1/2}$ 壳层。在二次量子化表示中,$^{16}_{8}\mathrm{O}$ 原子核的基态波函数的零级近似为

$$|\psi_0\rangle=\xi^+_{0\mathrm{p}_{1/2},-1/2,-1/2}\xi^+_{0\mathrm{p}_{1/2},1/2,-1/2}\cdots\xi^+_{0\mathrm{s}_{1/2},1/2,1/2}|0\rangle=\xi^+_{16}\xi^+_{15}\cdots\xi^+_{1}|0\rangle \tag{4.2.36}$$

式中,产生算符的最后两个量子数分别表示 s_z 与 t_z 的取值。与斯莱特行列式相比,上式已经是简捷多了,可还是不够理想。

由原子核理论可知,双满壳层核的结构相对稳定,把它们的基态近似波函数 $|\psi_0\rangle$ 用符号 $\|0\rangle$ 来表示,称之为**物理真空态**,这样一来,复杂的式(4.2.36)就变得十分简捷了。有时也将物理真空态称之为**费米海**,而把费米海中最高的单粒子能量 ε_F 称为**费米能量**。实际上,物理真空态是这样的状态:不高于费米能量的单粒子态上填满粒子,而高于费米能量的单粒子态上无粒子填充。

由于前面定义的产生与湮没算符的操作对象均为粒子,故将其统称为**粒子算符**。如果在已经填满了粒子的费米海中湮没一个粒子,则相当于费米海中出现了一个**空穴**(洞眼),为了简化表示,引入两个对空穴进行操作的算符 η_α^+ 和 η_α(η 的汉语读音为"以塔"),它们是根据 ε_α 与 ε_F 的关系由粒子算符定义的,即

当 $\varepsilon_\alpha>\varepsilon_\mathrm{F}$ 时,仍然保留粒子算符 ξ_α^+ 与 ξ_α 的含意。

当 $\varepsilon_\alpha \leqslant \varepsilon_F$时,定义
$$\eta_\alpha^+ = \xi_\alpha, \eta_\alpha = \xi_\alpha^+$$
于是,有
$$\begin{aligned}\eta_\alpha^+ \| 0\rangle &= \xi_\alpha \| 0\rangle \\ \eta_\alpha \| 0\rangle &= \xi_\alpha^+ \| 0\rangle = 0\end{aligned} \tag{4.2.37}$$
由上式可知,η_α^+ 的作用相当于在填满粒子的费米海中产生一个 α 态的空穴,故称之为**空穴产生算符**,同理可知,η_α 为**空穴湮没算符**,将两者统称为**空穴算符**。容易证明费米子和玻色子空穴算符满足的反对易关系和对易关系与粒子算符是相同的。

4.2.3　力学量算符的二次量子化表示

前面已经给出了多体态的二次量子化表示,而算符方程是由力学量算符与态矢量构成的,因此,还必须将力学量算符以二次量子化的形式写出来,这样才能使得量子力学的公式是协调的。

在多体问题中,经常遇到的多体算符主要有两种,即多体单粒子算符和多体双粒子算符,下面将分别导出它们的二次量子化表示。如无特殊说明,讨论是对全同费米子体系进行的。

1. 多体单粒子算符

对于由 N 个全同粒子构成的体系而言,其动量、动能和哈密顿算符分别为
$$\hat{\boldsymbol{P}} = \sum_{i=1}^{N} \hat{\boldsymbol{p}}(i) \tag{4.2.38}$$
$$\hat{T} = \sum_{i=1}^{N} (2m)^{-1} \hat{\boldsymbol{p}}^2(i) = \sum_{i=1}^{N} \hat{t}(i) \tag{4.2.39}$$
$$\hat{H}_0 = \sum_{i=1}^{N} \hat{h}(i) \tag{4.2.40}$$
其中,多体算符 $\hat{\boldsymbol{P}}$、$\hat{T}$ 与 $\hat{H}_0$ 的形式是相同的,都是对 N 个函数形式相同的单体算符的求和,只不过求和号中的单体算符不同而已,通常将 $\hat{\boldsymbol{P}}$、$\hat{T}$ 与 $\hat{H}_0$ 称之为**多体单粒子算符**。

N 体单粒子算符的一般形式为
$$\hat{Q}^{(1)} = \sum_{i=1}^{N} \hat{q}^{(1)}(i) \tag{4.2.41}$$
式中的 $\hat{q}^{(1)}(i)$ 为第 i 个粒子的单粒子算符。上式在二次量子化中的表示由下面的定理给出。

定理 4.4　设$\{|\alpha\rangle\}$ 为任一组正交归一完备的单粒子基底,若多体单粒子算符满足式(4.2.41),则其二次量子化表示为
$$\hat{Q}^{(1)} = \sum_{\alpha\beta} \langle \alpha | \hat{q}^{(1)} | \beta \rangle \xi_\alpha^+ \xi_\beta \tag{4.2.42}$$

式中的$\langle \alpha | \hat{q}^{(1)} | \beta \rangle$为单粒子算符$\hat{q}^{(1)}$在单粒子态下的矩阵元。

证明　设$|\psi\rangle$为N个全同费米子体系的任意一个N体态，它可以用斯莱特行列式表示为

$$|\psi\rangle = (N!)^{-1/2} \sum_P (-1)^{s_P} P[\,|\gamma_1\rangle |\gamma_2\rangle |\gamma_3\rangle \cdots |\gamma_N\rangle\,] \tag{4.2.43}$$

其中，$|\gamma_i\rangle$表示第i个粒子处于γ_i的单粒子态上；P是对粒子编号的一个置换算符；s_P为置换的次数。

用算符$\hat{Q}^{(1)}$从左作用式(4.2.43)两端，有

$$\hat{Q}^{(1)} |\psi\rangle = \sum_{i=1}^{N} \hat{q}^{(1)}(i) (N!)^{-1/2} \sum_P (-1)^{s_P} P[\,|\gamma_1\rangle |\gamma_2\rangle \cdots |\gamma_i\rangle \cdots |\gamma_N\rangle\,] =$$
$$(N!)^{-1/2} \sum_P (-1)^{s_P} P \sum_{i=1}^{N} [\,|\gamma_1\rangle |\gamma_2\rangle \cdots \hat{q}^{(1)}(i) |\gamma_i\rangle \cdots |\gamma_N\rangle\,] \tag{4.2.44}$$

由第i个粒子本征矢$|\alpha_i\rangle$的封闭关系可知

$$\hat{q}^{(1)}(i) |\gamma_i\rangle = \sum_{\alpha_i} |\alpha_i\rangle \langle \alpha_i | \hat{q}^{(1)}(i) | \gamma_i \rangle = \sum_{\alpha} \langle \alpha | \hat{q}^{(1)} | \gamma_i \rangle |\alpha\rangle \tag{4.2.45}$$

因为粒子是全同的，在形式上，每个粒子的单体算符及其本征矢的形式都是一样的，故可以在上式的最后一步略去了$\hat{q}^{(1)}(i)$与$|\alpha_i\rangle$中关于粒子的指标i。

将式(4.2.45)代入式(4.2.44)，得到

$$\hat{Q}^{(1)} |\psi\rangle = (N!)^{-1/2} \sum_P (-1)^{s_P} P[\sum_{i=1}^{N} \sum_{\alpha} \langle \alpha | \hat{q}^{(1)} | \gamma_i \rangle |\gamma_1\rangle |\gamma_2\rangle \cdots |\alpha\rangle \cdots |\gamma_N\rangle] =$$
$$(N!)^{-1/2} \sum_P (-1)^{s_P} P[\sum_{\alpha\beta} \langle \alpha | \hat{q}^{(1)} | \beta \rangle \sum_{i=1}^{N} \delta_{\beta,\gamma_i} |\gamma_1\rangle |\gamma_2\rangle \cdots |\alpha\rangle \cdots |\gamma_N\rangle] =$$
$$\sum_{\alpha\beta} \langle \alpha | \hat{q}^{(1)} | \beta \rangle \sum_{i=1}^{N} \delta_{\beta,\gamma_i} |\gamma_1, \gamma_2, \cdots, \alpha, \cdots, \gamma_N\rangle \tag{4.2.46}$$

利用产生算符与湮没算符的反对易关系，可以导出上式右端对i的求和项，即

$$\xi_\alpha^+ \xi_\beta |\psi\rangle = \xi_\alpha^+ \xi_\beta |\gamma_1, \gamma_2, \cdots, \gamma_N\rangle = \xi_\alpha^+ \xi_\beta \xi_{\gamma_1}^+ \xi_{\gamma_2}^+ \cdots \xi_{\gamma_N}^+ |0\rangle =$$
$$\xi_\alpha^+ (\delta_{\beta,\gamma_1} - \xi_{\gamma_1}^+ \xi_\beta) \xi_{\gamma_2}^+ \xi_{\gamma_3}^+ \cdots \xi_{\gamma_N}^+ |0\rangle =$$
$$\delta_{\beta,\gamma_1} \xi_\alpha^+ \xi_{\gamma_2}^+ \xi_{\gamma_3}^+ \cdots \xi_{\gamma_N}^+ |0\rangle - \xi_\alpha^+ \xi_{\gamma_1}^+ \xi_\beta \xi_{\gamma_2}^+ \xi_{\gamma_3}^+ \cdots \xi_{\gamma_N}^+ |0\rangle =$$
$$\delta_{\beta,\gamma_1} |\alpha, \gamma_2, \gamma_3, \cdots, \gamma_N\rangle + \xi_{\gamma_1}^+ \xi_\alpha^+ (\delta_{\beta,\gamma_2} - \xi_{\gamma_2}^+ \xi_\beta) \xi_{\gamma_3}^+ \xi_{\gamma_4}^+ \cdots \xi_{\gamma_N}^+ |0\rangle =$$
$$\delta_{\beta,\gamma_1} |\alpha, \gamma_2, \gamma_3, \cdots, \gamma_N\rangle + \delta_{\beta,\gamma_2} |\gamma_1, \alpha, \gamma_3, \gamma_4, \cdots, \gamma_N\rangle +$$
$$\xi_{\gamma_1}^+ \xi_{\gamma_2}^+ \xi_\alpha^+ (\delta_{\beta,\gamma_3} - \xi_{\gamma_3}^+ \xi_\beta) \xi_{\gamma_4}^+ \xi_{\gamma_5}^+ \cdots \xi_{\gamma_N}^+ |0\rangle = \cdots =$$
$$\delta_{\beta,\gamma_1} |\alpha, \gamma_2, \gamma_3, \cdots, \gamma_N\rangle + \delta_{\beta,\gamma_2} |\gamma_1, \alpha, \gamma_3, \gamma_4, \cdots, \gamma_N\rangle + \cdots +$$
$$\delta_{\beta,\gamma_N} |\gamma_1, \gamma_2, \cdots, \alpha\rangle =$$
$$\sum_{i=1}^{N} \delta_{\beta,\gamma_i} |\gamma_1, \gamma_2, \cdots, \alpha, \cdots, \gamma_N\rangle \tag{4.2.47}$$

此即

$$\sum_{i=1}^{N}\delta_{\beta,\gamma_i}|\gamma_1,\gamma_2,\cdots,\alpha,\cdots,\gamma_N\rangle=\xi_\alpha^+\xi_\beta|\psi\rangle \tag{4.2.48}$$

将上式代入式(4.2.46)，由 $|\psi\rangle$ 的任意性可知，**多体单粒子算符的二次量子化表示为**

$$\hat{Q}^{(1)}=\sum_{\alpha\beta}\langle\alpha|\hat{q}^{(1)}|\beta\rangle\xi_\alpha^+\xi_\beta \tag{4.2.49}$$

至此，定理4.4证毕。

上述公式是在全同费米子体系下得到的，由其导出的过程可知，它也适用于全同玻色子体系，只不过需要将式中的算符 ξ_α^+、ξ_β 改为玻色子算符，满足玻色子算符的对易关系。

2. 多体双粒子算符

若第 i 个粒子与第 j 个粒子的相互作用为 $\hat{v}(i,j)$，则 N 个全同粒子体系的双粒子算符为

$$\hat{V}=\sum_{i<j=1}^{N}\hat{v}(i,j) \tag{4.2.50}$$

类似于多体单粒子算符，**多体双粒子算符**的一般形式为

$$\hat{Q}^{(2)}=\sum_{i<j=1}^{N}\hat{q}^{(2)}(i,j)=2^{-1}\sum_{i\neq j=1}^{N}\hat{q}^{(2)}(i,j) \tag{4.2.51}$$

它在二次量子化中的表示由下面的定理给出。

定理4.5　设 $\{|\alpha\rangle\}$ 为任一组正交归一完备的单粒子基底，对于全同费米子体系而言，若多体双粒子算符满足式(4.2.51)，则其二次量子化表示为

$$\hat{Q}^{(2)}=4^{-1}\sum_{\alpha\gamma\delta\beta}\langle\alpha\beta|\hat{q}^{(2)}|\gamma\delta\rangle\xi_\alpha^+\xi_\beta^+\xi_\delta\xi_\gamma \tag{4.2.52}$$

式中，$\langle\alpha\beta|\hat{q}^{(2)}|\gamma\delta\rangle$ 为双粒子算符 $\hat{q}^{(2)}$ 在反对称化的二体态下的矩阵元。

证明　用算符 $\hat{Q}^{(2)}$ 从左作用式(4.2.43)两端，有

$$\hat{Q}^{(2)}|\psi\rangle=\sum_{i<j=1}^{N}\hat{q}^{(2)}(i,j)(N!)^{-1/2}\sum_{P}(-1)^{s_P}P[|\gamma_1\rangle|\gamma_2\rangle\cdots|\gamma_i\rangle\cdots|\gamma_j\rangle\cdots|\gamma_N\rangle]=$$

$$(N!)^{-1/2}\sum_{P}(-1)^{s_P}P\sum_{i<j=1}^{N}[\hat{q}^{(2)}(i,j)|\gamma_1\rangle|\gamma_2\rangle\cdots|\gamma_i\rangle\cdots|\gamma_j\rangle\cdots|\gamma_N\rangle]=$$

$$(N!)^{-1/2}\sum_{P}(-1)^{s_P}P\sum_{i<j=1}^{N}\sum_{\alpha\beta}(\alpha\beta|\hat{q}^{(2)}|\gamma_i\gamma_j)[|\gamma_1\rangle|\gamma_2\rangle\cdots|\alpha\rangle\cdots|\beta\rangle\cdots|\gamma_N\rangle]=$$

$$2^{-1}\sum_{\alpha\beta\gamma\delta}(\alpha\beta|\hat{q}^{(2)}|\gamma\delta)\sum_{i}\delta_{\gamma,\gamma_i}\sum_{j\neq i}\delta_{\delta,\gamma_j}|\gamma_1,\gamma_2,\cdots,\alpha,\cdots,\beta,\cdots,\gamma_N\rangle \tag{4.2.53}$$

其中，记号 $|\gamma\delta)=|\gamma\rangle|\delta\rangle$ 表示两个粒子的单粒子态的直积，它是一个未反对称化的二体波函数。类似式(4.2.47)的证明过程可知[4.8]

$$\xi_\alpha^+\xi_\beta^+\xi_\delta\xi_\gamma|\Psi\rangle=\sum_{i}\delta_{\gamma,\gamma_i}\sum_{j\neq i}\delta_{\delta,\gamma_j}|\gamma_1,\gamma_2,\cdots,\alpha,\cdots,\beta,\cdots,\gamma_N\rangle \tag{4.2.54}$$

于是，未做反对称化处理的多体双粒子算符的二次量子化表示为

$$\hat{Q}^{(2)} = 2^{-1} \sum_{\alpha\beta\gamma\delta} (\alpha\beta \mid \hat{q}^{(2)} \mid \gamma\delta) \xi_\alpha^+ \xi_\beta^+ \xi_\delta \xi_\gamma \tag{4.2.55}$$

由于全同费米子体系的波函数应该是反对称的,故应使用反对称化的二体波函数

$$|\alpha\beta\rangle = 2^{-1/2} [\,|\alpha\beta) - |\beta\alpha)\,] \tag{4.2.56}$$

反对称化的二体相互作用矩阵元与未反对称化的二体相互作用矩阵元的关系为

$$\begin{aligned}\langle\alpha\beta \mid \hat{q}^{(2)} \mid \gamma\delta\rangle = 2^{-1}[\,&(\alpha\beta \mid \hat{q}^{(2)} \mid \gamma\delta) - (\alpha\beta \mid \hat{q}^{(2)} \mid \delta\gamma) - \\ &(\beta\alpha \mid \hat{q}^{(2)} \mid \gamma\delta) + (\beta\alpha \mid \hat{q}^{(2)} \mid \delta\gamma)\,]\end{aligned} \tag{4.2.57}$$

利用改变求和指标的办法,可以将式(4.2.55)中的矩阵元换成反对称化的形式,即

$$\begin{aligned}\hat{Q}^{(2)} = {}& 2^{-1} \sum_{\alpha\beta\gamma\delta} (\alpha\beta \mid \hat{q}^{(2)} \mid \gamma\delta) \xi_\alpha^+ \xi_\beta^+ \xi_\delta \xi_\gamma = \\ & 4^{-1} \sum_{\alpha\beta\gamma\delta} (\alpha\beta \mid \hat{q}^{(2)} \mid \gamma\delta) \xi_\alpha^+ \xi_\beta^+ \xi_\delta \xi_\gamma + 4^{-1} \sum_{\alpha\beta\delta\gamma} (\alpha\beta \mid \hat{q}^{(2)} \mid \delta\gamma) \xi_\alpha^+ \xi_\beta^+ \xi_\gamma \xi_\delta = \\ & 4^{-1} \sum_{\alpha\beta\gamma\delta} [\,(\alpha\beta \mid \hat{q}^{(2)} \mid \gamma\delta) - (\alpha\beta \mid \hat{q}^{(2)} \mid \delta\gamma)\,] \xi_\alpha^+ \xi_\beta^+ \xi_\delta \xi_\gamma = \\ & 8^{-1} \sum_{\alpha\beta\gamma\delta} [\,(\alpha\beta \mid \hat{q}^{(2)} \mid \gamma\delta) - (\beta\alpha \mid \hat{q}^{(2)} \mid \gamma\delta) - (\alpha\beta \mid \hat{q}^{(2)} \mid \delta\gamma) + \\ & (\beta\alpha \mid \hat{q}^{(2)} \mid \delta\gamma)\,] \xi_\alpha^+ \xi_\beta^+ \xi_\delta \xi_\gamma\end{aligned} \tag{4.2.58}$$

将式(4.2.57)代入式(4.2.58)可知,对全同费米子体系而言,**多体双粒子算符的二次量子化表示为**

$$\hat{Q}^{(2)} = 4^{-1} \sum_{\alpha\beta\gamma\delta} \langle\alpha\beta \mid \hat{q}^{(2)} \mid \gamma\delta\rangle \xi_\alpha^+ \xi_\beta^+ \xi_\delta \xi_\gamma \tag{4.2.59}$$

至此,定理 4.5 证毕。

对全同玻色子体系而言,用类似的方法可以导出多体双粒子算符的二次量子化表示为[4.9]

$$\hat{Q}^{(2)} = 4^{-1} \sum_{\alpha\beta\gamma\delta} \langle\alpha\beta \mid \hat{q}^{(2)} \mid \gamma\delta\rangle \zeta_\alpha^+ \zeta_\beta^+ \zeta_\gamma \zeta_\delta \tag{4.2.60}$$

其中,$|\alpha\beta\rangle$ 与 $|\gamma\delta\rangle$ 为对称化的二体波函数。

综上所述,对于全同粒子体系而言,由于多体哈密顿算符通常是由单粒子动能算符 $\hat{t}$ 与二体相互作用算符 $\hat{v}$ 构成的,所以,费米子和玻色子体系哈密顿算符在二次量子化表示中可分别写为

$$\begin{aligned}\hat{H}_F &= \sum_{\alpha\beta} t_{\alpha\beta} \xi_\alpha^+ \xi_\beta + 4^{-1} \sum_{\alpha\beta\gamma\delta} v_{\alpha\beta\gamma\delta} \xi_\alpha^+ \xi_\beta^+ \xi_\delta \xi_\gamma \\ \hat{H}_B &= \sum_{\alpha\beta} t_{\alpha\beta} \zeta_\alpha^+ \zeta_\beta + 4^{-1} \sum_{\alpha\beta\gamma\delta} v_{\alpha\beta\gamma\delta} \zeta_\alpha^+ \zeta_\beta^+ \zeta_\gamma \zeta_\delta\end{aligned} \tag{4.2.61}$$

进而可知,哈密顿算符与总粒子数算符是对易的,即

$$[\hat{H}, \hat{N}] = 0 \tag{4.2.62}$$

4.2.4 相互作用绘景中 H_0 表象下的产生湮没算符

在有了绘景与表象的概念之后,如果再谈及波函数和算符时,必须明确它们是在那一种绘景与表象下写出来的。下面导出在相互作用绘景中、H_0 表象下产生与湮没算符的表达式。

1. 相互作用绘景中的产生湮没算符

在相互作用绘景中,算符的定义为

$$\hat{F}(t) = \mathrm{e}^{\mathrm{i}\hbar^{-1}H_0 t}\hat{F}\mathrm{e}^{-\mathrm{i}\hbar^{-1}H_0 t} \tag{4.2.63}$$

于是,相互作用绘景中的产生与湮没算符分别为

$$\begin{aligned} \xi_\alpha^+(t) &= \mathrm{e}^{\mathrm{i}\hbar^{-1}H_0 t}\xi_\alpha^+\mathrm{e}^{-\mathrm{i}\hbar^{-1}H_0 t} \\ \xi_\alpha(t) &= \mathrm{e}^{\mathrm{i}\hbar^{-1}\hat{H}_0 t}\xi_\alpha\mathrm{e}^{-\mathrm{i}\hbar^{-1}\hat{H}_0 t} \end{aligned} \tag{4.2.64}$$

当 $t = 0$ 时,有

$$\begin{aligned} \xi_\alpha^+(0) &= \xi_\alpha^+ \\ \xi_\alpha(0) &= \xi_\alpha \end{aligned} \tag{4.2.65}$$

2. 产生湮没算符满足的运动方程

利用类似于力学量算符运动方程的导出方法,可以得到产生算符与湮没算符满足的运动方程

$$\begin{aligned} \mathrm{i}\hbar\frac{\partial}{\partial t}\xi_\alpha^+(t) &= [\ \xi_\alpha^+(t),\hat{H}_0] \\ \mathrm{i}\hbar\frac{\partial}{\partial t}\xi_\alpha(t) &= [\ \xi_\alpha(t),\hat{H}_0] \end{aligned} \tag{4.2.66}$$

3. H_0 表象下的产生湮没算符

将产生算符的表达式(4.2.64)代入式(4.2.66),得到

$$\frac{\partial}{\partial t}\xi_\alpha^+(t) = \frac{\mathrm{i}}{\hbar}[\hat{H}_0,\xi_\alpha^+(t)] = \frac{\mathrm{i}}{\hbar}\mathrm{e}^{\mathrm{i}\hbar^{-1}H_0 t}[\hat{H}_0,\xi_\alpha^+]\mathrm{e}^{-\mathrm{i}\hbar^{-1}\hat{H}_0 t} \tag{4.2.67}$$

在二次量子化表示中,$\hat{H}_0$ 是多体单粒子算符,即

$$\hat{H}_0 = \sum_{\alpha\beta} h_{\alpha\beta}\xi_\alpha^+\xi_\beta \tag{4.2.68}$$

而 $h_{\alpha\beta}$ 在自身表象之下是对角的,即 $h_{\alpha\beta} = \varepsilon_\alpha\delta_{\alpha,\beta}$,故

$$\hat{H}_0 = \sum_\beta \varepsilon_\beta\xi_\beta^+\xi_\beta \tag{4.2.69}$$

其中 ε_β 是 β 态的单粒子能量。于是有

$$\begin{aligned} [\hat{H}_0,\xi_\alpha^+] &= \sum_\beta \varepsilon_\beta[\xi_\beta^+\xi_\beta,\xi_\alpha^+] = \sum_\beta \varepsilon_\beta(\xi_\beta^+\xi_\beta\xi_\alpha^+ - \xi_\alpha^+\xi_\beta^+\xi_\beta) = \\ &\sum_\beta \varepsilon_\beta[\xi_\beta^+(\delta_{\alpha,\beta} - \xi_\alpha^+\xi_\beta) - \xi_\alpha^+\xi_\beta^+\xi_\beta] = \varepsilon_\alpha\xi_\alpha^+ \end{aligned} \tag{4.2.70}$$

将其代入式(4.2.67),得到

$$\frac{\partial}{\partial t}\xi_\alpha^+(t)=\frac{\mathrm{i}}{\hbar}\mathrm{e}^{\mathrm{i}\hbar^{-1}\hat{H}_0 t}\varepsilon_\alpha\xi_\alpha^+\mathrm{e}^{-\mathrm{i}\hbar^{-1}\hat{H}_0 t}=\frac{\mathrm{i}}{\hbar}\varepsilon_\alpha\xi_\alpha^+(t) \tag{4.2.71}$$

上式的通解为

$$\xi_\alpha^+(t)=C\mathrm{e}^{\mathrm{i}\hbar^{-1}\varepsilon_\alpha t} \tag{4.2.72}$$

利用初始时刻的条件(4.2.65)可以定出

$$C=\xi_\alpha^+ \tag{4.2.73}$$

于是有

$$\xi_\alpha^+(t)=\xi_\alpha^+\mathrm{e}^{\mathrm{i}\hbar^{-1}\varepsilon_\alpha t} \tag{4.2.74}$$

同理可知,湮没算符为

$$\xi_\alpha(t)=\xi_\alpha\mathrm{e}^{-\mathrm{i}\hbar^{-1}\varepsilon_\alpha t} \tag{4.2.75}$$

此即产生算符与湮没算符在相互作用绘景中 H_0 表象下的表达式。

对空穴算符亦有类似的结果

$$\eta_\alpha^+(t)=\eta_\alpha^+\mathrm{e}^{-\mathrm{i}\hbar^{-1}\varepsilon_\alpha t} \tag{4.2.76}$$

$$\eta_\alpha(t)=\eta_\alpha\mathrm{e}^{\mathrm{i}\hbar^{-1}\varepsilon_\alpha t} \tag{4.2.77}$$

在 4.4 节中,计算两个算符的收缩时将用到上述结果。

如果将式(4.2.63)~(4.2.71)中的 $\hat{H}_0$ 换成 $\hat{H}$,则可以得到在海森伯绘景中、H 表象下粒子(空穴)的产生与湮没算符的具体表达式,两者在形式上完全相同,只不过这时的单粒子能量 ε_α 与本征矢 $|\alpha\rangle$ 是在 H 表象下给出的。

4.3　哈特里 - 福克单粒子位

在多体问题中,如果用微扰论来计算体系的近似解,其结果依赖于所选定的单粒子基底,而单粒子基底是由单粒子位决定的,那么选择什么样的单粒子位才能由较低级的近似得到理想的结果呢?哈特里与福克给出的一种单粒子位就可以达到这个目的。

4.3.1　单粒子位

1. 多体哈密顿算符

对于 N 个全同粒子体系而言,若只顾及到二体相互作用,则其哈密顿算符为

$$\hat{H}=\sum_{i=1}^{N}\hat{t}(i)+\sum_{i>j=1}^{N}\hat{v}(i,j) \tag{4.3.1}$$

式中,$\hat{t}(i)$ 为第 i 个粒子的动能算符;$\hat{v}(i,j)$ 为第 i 个粒子与第 j 个粒子的相互作用能算符,也称之为二体相互作用算符。

2. 单粒子位的引入

一般情况下，相互作用位势不能视为微扰，为了能使用微扰论进行近似计算，需要引入一个**单粒子位** $\hat{u}(i)$，于是，可以将哈密顿算符改写成

$$\hat{H} = \sum_{i=1}^{N}[\hat{t}(i) + \hat{u}(i)] + \sum_{i>j=1}^{N}\hat{v}(i,j) - \sum_{i=1}^{N}\hat{u}(i) = \hat{H}_0 + \hat{W} \tag{4.3.2}$$

其中

$$\hat{H}_0 = \sum_{i=1}^{N}\hat{h}(i) \tag{4.3.3}$$

$$\hat{h}(i) = \hat{t}(i) + \hat{u}(i) \tag{4.3.4}$$

$$\hat{W} = \sum_{i>j=1}^{N}\hat{v}(i,j) - \sum_{i=1}^{N}\hat{u}(i) \tag{4.3.5}$$

式中，$\hat{h}(i)$ 为第 i 个粒子的单体哈密顿算符；$\hat{H}_0$ 为 N 个单体哈密顿算符之和；$\hat{W}$ 为全部的二体相互作用与全部单粒子位之差。若 $\hat{W}$ 的贡献远小于 $\hat{H}_0$，则可将其视为微扰项。

3. 单粒子位的选择

原则上，单粒子位 $\hat{u}(i)$ 是可以任意选取的，只要由它构成的单粒子哈密顿算符 $\hat{h}(i)$ 满足的本征方程容易求解就行。通常选 $\hat{h}(i)$ 的本征函数系作为单粒子基底，显然，单粒子基底与所选取的单粒子位 $\hat{u}(i)$ 有关。由 $\hat{W}$ 的定义可知，所选定的单粒子位 $\hat{u}(i)$ 可以抵消一部分二体相互作用 $\hat{v}(i,j)$，如果所选的单粒子位 $\hat{u}(i)$ 能使得 $\hat{W}$ 可视为微扰就更好了。更进一步，若所选的单粒子位使得 $\hat{W}$ 为零，则定态薛定谔方程就可以分离变数求解，问题也就解决了。实际上，因为微扰项虽然是两项之差，但由于这两项分别为二体相互作用和单粒子位，所以不能奢望出现 $\hat{W}$ 为零的情况。尽管如此，还是希望能找到一个使 $\hat{W}$ 的贡献尽可能小的单粒子位，这样一来，只要进行较低级的微扰论计算就可以得到比较精确的近似结果。

总之，多体微扰论的计算结果将会明显地依赖于单粒子位的选择。

4.3.2 绍勒斯波函数

1. 多体基态

N 个全同粒子体系的基态是单粒子能量之和最低的状态，在二次量子化表示中，它可以写为

$$|\psi_0\rangle = \xi_{k_1}^{+}\xi_{k_2}^{+}\cdots\xi_{k_N}^{+}|0\rangle \tag{4.3.6}$$

其中，$|0\rangle$ 是真空态，用 $k_1,k_2,\cdots,k_N$ 标记的单粒子态称之为**占据态**。

2. 多体激发态

如果约定用 i,j,k,l 标志多体基态 $|\psi_0\rangle$ 中已被占据的单粒子状态，用 m,n,p,q 标志未被占据的单粒子状态，用 $\alpha,\beta,\gamma,\delta$ 标志任意的单粒子状态，则多体体系的激发态有许

多种,例如

m,*i* 激发态

$$|\psi_{mi}\rangle = \xi_m^+ \xi_i |\psi_0\rangle \tag{4.3.7}$$

mi,*nj* 激发态

$$|\psi_{mi,nj}\rangle = \xi_m^+ \xi_i \xi_n^+ \xi_j |\psi_0\rangle \tag{4.3.8}$$

等等,由于上述状态都是由粒子数守恒算符作用在 N 体基态上得到的,既不改变体系的粒子数又使得能量升高,所以,它们都是 N 体体系的激发态。它们分别属于粒子 - 空穴(ph) 激发态与双粒子 - 双空穴(2p2h) 激发态。上述激发态的线性组合

$$\begin{aligned} |\psi_{\mathrm{ph}}\rangle &= \sum_{m=N+1}^{\infty} \sum_{i=1}^{N} c_{mi} |\psi_{mi}\rangle \\ |\psi_{\mathrm{2p2h}}\rangle &= \sum_{m,n=N+1}^{\infty} \sum_{i,j=1}^{N} c_{mi,nj} |\psi_{mi,nj}\rangle \end{aligned} \tag{4.3.9}$$

等等,也都是该体系的激发态,分别为全部的 ph 态与全部的 2p2h 态。

3. 绍勒斯波函数

任意的 N 体态应该由其基态与全部激发态的线性组合构成,绍勒斯(Shouless) 给出了它的表达式

$$|\psi\rangle = \exp\left(\sum_{m=N+1}^{\infty} \sum_{i=1}^{N} c_{mi} \xi_m^+ \xi_i\right) |\psi_0\rangle \tag{4.3.10}$$

用上式表示的 $|\psi\rangle$ 称之为**绍勒斯波函数**。将其按算符的幂次展开,并注意到大于 N 次幂的项为零,绍勒斯波函数可以写成 $N+1$ 项之和

$$\begin{aligned} |\psi\rangle = {} & |\psi_0\rangle + \sum_{m=N+1}^{\infty} \sum_{i=1}^{N} c_{mi} \xi_m^+ \xi_i |\psi_0\rangle + \frac{1}{2!}\left(\sum_{m=N+1}^{\infty} \sum_{i=1}^{N} c_{mi} \xi_m^+ \xi_i\right)^2 |\psi_0\rangle + \cdots + \\ & \frac{1}{N!}\left(\sum_{m=N+1}^{\infty} \sum_{i=1}^{N} c_{mi} \xi_m^+ \xi_i\right)^N |\psi_0\rangle \end{aligned} \tag{4·3·11}$$

其中,$|\psi_0\rangle$ 为归一化的 N 体基态;第 2 项为全部的 ph 激发态;第 3 项为全部的 2p2h 激发态;最后一项为全部的 NpNh 激发态。显然,绍勒斯波函数是基态与所有激发态的线性组合。

由于,基态是归一化的,即

$$\langle\psi_0|\psi_0\rangle = 1 \tag{4.3.12}$$

而任意的激发态都是与基态正交的,故有

$$\langle\psi_0|\psi\rangle = 1, \quad \langle\psi|\psi_0\rangle = 1 \tag{4.3.13}$$

显然,$|\psi\rangle$ 不是归一化的态矢[4.11],即

$$\langle\psi|\psi\rangle \neq 1 \tag{4.3.14}$$

4.3.3 哈特里 - 福克单粒子位

既然多体微扰论的计算结果强烈地依赖于单粒子位的选择，那么，如何才能得到一个理想的单粒子位呢？哈特里与福克利用变分原理给出了一个适用的单粒子位。

1. 变分方程

对任意的多体态 $|\psi\rangle$，由哈密顿算符为厄米算符可知，变分原理要求

$$\langle\delta\psi|\hat{H}|\psi\rangle = 0 \tag{4.3.15}$$

式中，δ 为变分符号。对用式(4.3.11) 表示的绍勒斯波函数的变分为

$$|\delta\psi\rangle = \sum_{m=N+1}^{\infty}\sum_{i=1}^{N}\delta\, c_{mi}\xi_m^+\xi_i|\psi_0\rangle + \frac{1}{2\,!}\delta(\sum_{m=N+1}^{\infty}\sum_{i=1}^{N}c_{mi}\xi_m^+\xi_i)^2|\psi_0\rangle + \cdots \tag{4.3.16}$$

若忽略高激发态的项，只顾及对 ph 激发态的变分，则有

$$|\delta\psi\rangle = \sum_{m=N+1}^{\infty}\sum_{i=1}^{N}\delta c_{mi}\xi_m^+\xi_i|\psi_0\rangle \tag{4.3.17}$$

将上式两端取厄米共轭，利用产生与湮没算符互为厄米共轭的性质，得到

$$\langle\delta\psi| = \langle\psi_0|\sum_{m=N+1}^{\infty}\sum_{i=1}^{N}\delta c_{mi}^*\xi_i^+\xi_m \tag{4.3.18}$$

将上式代入变分公式(4.3.15)，且只保留 $|\psi\rangle$ 中最低级项 $|\psi_0\rangle$，得到

$$\langle\psi_0|\sum_{m=N+1}^{\infty}\sum_{i=1}^{N}\delta c_{mi}^*\xi_i^+\xi_m\hat{H}|\psi_0\rangle = 0 \tag{4.3.19}$$

由于 δc_{mi}^* 是相互独立的，所以要求上述方程中的系数皆为零，即

$$\langle\psi_0|\xi_i^+\xi_m\hat{H}|\psi_0\rangle = 0 \tag{4.3.20}$$

将上式称之为**变分方程**。

2. 哈特里 - 福克单粒子位

在二次量子化表示中，全同费米子体系的哈密顿算符的一般形式已由式(4.2.61) 给出，即

$$\hat{H} = \sum_{\alpha\beta}t_{\alpha\beta}\xi_\alpha^+\xi_\beta + 4^{-1}\sum_{\alpha\beta\gamma\delta}v_{\alpha\beta\gamma\delta}\xi_\alpha^+\xi_\beta^+\xi_\delta\xi_\gamma \tag{4.3.21}$$

下面分别计算动能算符与二体相互作用算符对变分方程的贡献。

(1) 动能算符对变分方程的贡献

将式(4.3.21) 中的动能算符代入变分方程(4.3.20) 左端，利用产生算符与湮没算符的反对易关系，逐步将 ξ_m 与 ξ_i^+ 右移至 $|\psi_0\rangle$ 之前，再利用 $\xi_m|\psi_0\rangle = 0$ 及 $\xi_i^+|\psi_0\rangle = 0$，得到动能算符对变分方程的贡献为

$$\langle\psi_0|\xi_i^+\xi_m\sum_{\alpha\beta}t_{\alpha\beta}\xi_\alpha^+\xi_\beta|\psi_0\rangle = \sum_{\alpha\beta}t_{\alpha\beta}\langle\psi_0|\xi_i^+\xi_m\xi_\alpha^+\xi_\beta|\psi_0\rangle =$$

$$\sum_{\alpha\beta}t_{\alpha\beta}\langle\psi_0|\xi_i^+(\delta_{m,\alpha} - \xi_\alpha^+\xi_m)\xi_\beta|\psi_0\rangle = \sum_{\beta}t_{m\beta}\langle\psi_0|\xi_i^+\xi_\beta|\psi_0\rangle +$$

$$\sum_{\alpha\beta} t_{\alpha\beta} \langle \psi_0 | \xi_i^+ \xi_\alpha^+ \xi_\beta \xi_m | \psi_0 \rangle = \sum_\beta t_{m\beta} \langle \psi_0 | \delta_{i,\beta} - \xi_\beta \xi_i^+ | \psi_0 \rangle = t_{mi} \tag{4.3.22}$$

(2) 势能算符对变分方程的贡献

利用同样的方法计算二体相互作用对变分方程的贡献，得到

$$\begin{aligned}
&\langle \psi_0 | \xi_i^+ \xi_m \sum_{\alpha\beta\gamma\delta} v_{\alpha\beta\gamma\delta} \xi_\alpha^+ \xi_\beta^+ \xi_\delta \xi_\gamma | \psi_0 \rangle = \sum_{\alpha\beta\gamma\delta} v_{\alpha\beta\gamma\delta} \langle \psi_0 | \xi_i^+ \xi_m \xi_\alpha^+ \xi_\beta^+ \xi_\delta \xi_\gamma | \psi_0 \rangle = \\
&\sum_{\alpha\beta\gamma\delta} v_{\alpha\beta\gamma\delta} \langle \psi_0 | \xi_i^+ (\delta_{m,\alpha} - \xi_\alpha^+ \xi_m) \xi_\beta^+ \xi_\delta \xi_\gamma | \psi_0 \rangle = \sum_{\beta\gamma\delta} v_{m\beta\gamma\delta} \langle \psi_0 | \xi_i^+ \xi_\beta^+ \xi_\delta \xi_\gamma | \psi_0 \rangle - \\
&\sum_{\alpha\beta\gamma\delta} v_{\alpha\beta\gamma\delta} \langle \psi_0 | \xi_i^+ \xi_\alpha^+ \xi_m \xi_\beta^+ \xi_\delta \xi_\gamma | \psi_0 \rangle = - \sum_{\beta\gamma\delta} v_{m\beta\gamma\delta} \langle \psi_0 | \xi_\beta^+ (\delta_{i,\delta} - \xi_\delta \xi_i^+) \xi_\gamma | \psi_0 \rangle - \\
&\sum_{\alpha\beta\gamma\delta} v_{\alpha\beta\gamma\delta} \langle \psi_0 | \xi_i^+ \xi_\alpha^+ (\delta_{m,\beta} - \xi_\beta^+ \xi_m) \xi_\delta \xi_\gamma | \psi_0 \rangle = - \sum_{\beta\gamma} v_{m\beta\gamma i} \langle \psi_0 | \xi_\beta^+ \xi_\gamma | \psi_0 \rangle + \\
&\sum_{\beta\gamma\delta} v_{m\beta\gamma\delta} \langle \psi_0 | \xi_\beta^+ \xi_\delta (\delta_{i,\gamma} - \xi_\gamma \xi_i^+) | \psi_0 \rangle + \sum_{\alpha\gamma\delta} v_{\alpha m\gamma\delta} \langle \psi_0 | \xi_\alpha^+ (\delta_{i,\delta} - \xi_\delta \xi_i^+) \xi_\gamma | \psi_0 \rangle + \\
&\sum_{\alpha\beta\gamma\delta} v_{\alpha\beta\gamma\delta} \langle \psi_0 | \xi_i^+ \xi_\alpha^+ \xi_\beta^+ \xi_\delta \xi_\gamma \xi_m | \psi_0 \rangle = - \sum_j v_{mjji} + \sum_{\beta\delta} v_{m\beta i\delta} \langle \psi_0 | \xi_\beta^+ \xi_\delta | \psi_0 \rangle + \\
&\sum_{\alpha\gamma} v_{\alpha m\gamma i} \langle \psi_0 | \xi_\alpha^+ \xi_\gamma | \psi_0 \rangle - \sum_{\alpha\gamma\delta} v_{\alpha m\gamma\delta} \langle \psi_0 | \xi_\alpha^+ \xi_\delta (\delta_{i,\gamma} - \xi_\gamma \xi_i^+) | \psi_0 \rangle = \\
&\sum_j v_{mjij} + \sum_j v_{mjij} + \sum_j v_{jmji} - \sum_j v_{jmij} = 4 \sum_j v_{mjij}
\end{aligned} \tag{4.3.23}$$

在上面的推导中，需要对求和项 $\sum_{\beta\gamma} v_{m\beta\gamma i} \langle \psi_0 | \xi_\beta^+ \xi_\gamma | \psi_0 \rangle$ 的处理做如下特别的说明：由于 $|\psi_0\rangle$ 描述的是费米海中填满粒子而费米海外无粒子的状态，故只有当 γ 取为 j 时，$\xi_\gamma |\psi_0\rangle$ 才不为零，于是，上述求和项变成 $\sum_{\beta j} v_{m\beta ji} \langle \psi_0 | \xi_\beta^+ \xi_j | \psi_0 \rangle$。进而，当 β 取 m 时，$\xi_m^+ \xi_j |\psi_0\rangle$ 是一个与 $|\psi_0\rangle$ 正交的激发态，即 $\langle \psi_0 | \xi_m^+ \xi_j | \psi_0 \rangle = 0$，当 β 取 $k \neq j$ 时，$\xi_k^+ \xi_j |\psi_0\rangle = 0$，于是，只有当 β 也取为 j 时求和项才可能不为零。综上所述，求和项变成 $\sum_j v_{mjji} \langle \psi_0 | \xi_j^+ \xi_j | \psi_0 \rangle = \sum_j v_{mjji} \langle \psi_0 | \psi_0 \rangle = \sum_j v_{mjji}$。与其类似的求和项也需仿照上述讨论进行。

将式(4.3.22)与式(4.3.23)代入式(4.3.20)，得到

$$t_{mi} + \sum_j v_{mjij} = 0 \tag{4.3.24}$$

此即**哈特里 - 福克自洽场方程**。该方程只给出了粒子空穴态矩阵元满足的条件，将其扩展到全空间，得到

$$h_{\alpha\beta} = (t_{\alpha\beta} + \sum_j v_{\alpha j\beta j}) \delta_{\alpha,\beta} \tag{4.3.25}$$

若选单粒子位

$$u_{\alpha\beta} = \sum_j v_{\alpha j\beta j} \tag{4.3.26}$$

则称之为**哈特里 - 福克单粒子位**，简称为 HF 位。由上式可知，HF 单粒子位是用二体相互

作用定义的,换句话说,HF单粒子位可以抵消一部分二体相互作用的影响。由HF位可以求出单粒子态,在这些单粒子态构成的多体态下,$\hat{H}_0$ 是对角矩阵,且 $\hat{H}$ 的平均值取极小值。

3. 哈特里 - 福克单粒子本征方程的求解

下面说明如何求解 HF 位满足的定态薛定谔方程。

单粒子的哈密顿算符为

$$\hat{h} = \hat{t} + \hat{u} \tag{4.3.27}$$

若单粒子位选为 HF 位,即

$$u_{\alpha\beta} = \sum_j v_{\alpha j \beta j} \tag{4.3.28}$$

则单粒子定态薛定谔方程为

$$\hat{h} \mid \alpha \rangle = \varepsilon_\alpha^{\text{HF}} \mid \alpha \rangle \tag{4.3.29}$$

由于 $\hat{u}$ 与待求的 $|\alpha\rangle$ 有关,所以,HF 本征方程需要进行自洽求解。所谓自洽求解的意思是,首先选定一组 $\{|\alpha\rangle\}$ 的初值 $\{|\alpha_1\rangle\}$,然后计算 $u_{\alpha_1\beta_1}$,再求解本征方程得到 $\{|\alpha_2\rangle\}$,比较 $\{|\alpha_1\rangle\}$ 与 $\{|\alpha_2\rangle\}$,若两者的误差满足精度的要求,认为结果已经自洽,可以结束计算,否则,需要将 $\{|\alpha_2\rangle\}$ 作为初值重复上面的操作,直至达到自洽为止。

需要特别说明的是,上述自洽求解的方法具有普适性和相当高的实用价值。

4.4 威克定理

在相互作用绘景中,利用时间演化算符可以由初始时刻的波函数求出任意时刻的波函数。为了使用方便,下面先将时间演化算符用编时积来表示,然后利用威克定理把编时积写成一系列正规乘积之和。如果初始时刻处于真空态或者物理真空态,则很容易得到正规乘积对其的作用结果,从而达到求出任意时刻波函数的目的。如无特殊说明,下面的讨论是针对全同费米子体系进行的。

4.4.1 用编时积表示时间演化算符

在相互作用绘景中,如果已知初始时刻 t_0 的波函数 $|\Psi(t_0)\rangle$,则任意时刻 t 的波函数 $|\Psi(t)\rangle$ 可以利用时间演化算符 $\hat{U}(t,t_0)$ 得到,即

$$|\Psi(t)\rangle = \hat{U}(t,t_0) \mid \Psi(t_0)\rangle \tag{4.4.1}$$

由式(2.2.36) 可知,时间演化算符的级数形式为

$$\hat{U}(t,t_0) = \sum_{n=0}^{\infty} (-\mathrm{i}\hbar^{-1})^n \int_{t_0}^{t} \mathrm{d}t_1 \hat{W}(t_1) \int_{t_0}^{t_1} \mathrm{d}t_2 \hat{W}(t_2) \cdots \int_{t_0}^{t_{n-1}} \mathrm{d}t_n \hat{W}(t_n) \tag{4.4.2}$$

按照如下步骤将时间演化算符改写为更便于使用的形式。

1. 引入阶梯函数,统一积分上限

在式(4.4.2)中,n重积分的上限各不相同,为了使用方便,希望将其上限全部改写为t。利用阶梯函数

$$\mathrm{H}(t)=\begin{cases}1 & (t>0)\\ 0 & (t<0)\end{cases} \tag{4.4.3}$$

可以实现上述目标。例如,式(4.4.2)中的最后一重积分可以改写成

$$\int_{t_0}^{t_{n-1}}\mathrm{d}t_n\hat{W}(t_n)=\int_{t_0}^{t_{n-1}}\mathrm{d}t_n\hat{W}(t_n)\mathrm{H}(t_{n-1}-t_n)+\int_{t_{n-1}}^{t}\mathrm{d}t_n\hat{W}(t_n)\mathrm{H}(t_{n-1}-t_n)=$$
$$\int_{t_0}^{t}\mathrm{d}t_n\hat{W}(t_n)\mathrm{H}(t_{n-1}-t_n) \tag{4.4.4}$$

若对于其他的积分也用类似的办法处理,则时间演化算符变为

$$\hat{U}(t,t_0)=\sum_{n=0}^{\infty}(-\mathrm{i}\hbar^{-1})^n\int_{t_0}^{t}\mathrm{d}t_1\int_{t_0}^{t}\mathrm{d}t_2\cdots\int_{t_0}^{t}\mathrm{d}t_n\times$$
$$\mathrm{H}(t_1-t_2)\mathrm{H}(t_2-t_3)\cdots\mathrm{H}(t_{n-1}-t_n)\hat{W}(t_1)\hat{W}(t_2)\cdots\hat{W}(t_n) \tag{4.4.5}$$

2. 重排被积函数的次序,不影响积分结果

由多重积分的性质可知,若$t_{\alpha_1},t_{\alpha_2},\cdots,t_{\alpha_n}$为$t_1,t_2,\cdots,t_n$的任意一种置换,则对任意的被积函数$f(t_1,t_2,\cdots,t_n)$,有

$$\int_{t_0}^{t}\mathrm{d}t_1\int_{t_0}^{t}\mathrm{d}t_2\cdots\int_{t_0}^{t}\mathrm{d}t_nf(t_1,t_2,\cdots,t_n)=\int_{t_0}^{t}\mathrm{d}t_{\alpha_1}\int_{t_0}^{t}\mathrm{d}t_{\alpha_2}\cdots\int_{t_0}^{t}\mathrm{d}t_{\alpha_n}f(t_{\alpha_1},t_{\alpha_2},\cdots,t_{\alpha_n})=$$
$$\int_{t_0}^{t}\mathrm{d}t_1\int_{t_0}^{t}\mathrm{d}t_2\cdots\int_{t_0}^{t}\mathrm{d}t_nf(t_{\alpha_1},t_{\alpha_2},\cdots,t_{\alpha_n}) \tag{4.4.6}$$

上式中最后一个等号之所以成立是将积分的次序进行了重新排列。

3. 利用对时间的置换,改写被积函数

若设P是对$t_1,t_2,\cdots,t_n$的置换算符,则式(4.4.5)被积函数中的n个积分变量可以进行$n!$次置换,而由式(4.4.6)可知,每次置换后的积分值不变,所以

$$\hat{U}(t,t_0)=\sum_{n=0}^{\infty}(n!)^{-1}(-\mathrm{i}\hbar^{-1})^n\int_{t_0}^{t}\mathrm{d}t_1\int_{t_0}^{t}\mathrm{d}t_2\cdots\int_{t_0}^{t}\mathrm{d}t_n\times$$
$$\sum_{p}\mathrm{H}(t_{\alpha_1}-t_{\alpha_2})\mathrm{H}(t_{\alpha_2}-t_{\alpha_3})\cdots\mathrm{H}(t_{\alpha_{n-1}}-t_{\alpha_n})\hat{W}(t_{\alpha_1})\hat{W}(t_{\alpha_2})\cdots\hat{W}(t_{\alpha_n}) \tag{4.4.7}$$

4. 引入编时积,再改写 U 算符

若定义编时积(时序)算符$\hat{T}$为

$$\hat{T}\{\hat{W}(t_1)\hat{W}(t_2)\cdots\hat{W}(t_n)\}=$$

$$\sum_{p} \mathrm{H}(t_{\alpha_1} - t_{\alpha_2})\mathrm{H}(t_{\alpha_2} - t_{\alpha_3})\cdots\mathrm{H}(t_{\alpha_{n-1}} - t_{\alpha_n})\hat{W}(t_{\alpha_1})\hat{W}(t_{\alpha_2})\cdots\hat{W}(t_{\alpha_n}) \tag{4.4.8}$$

则时间演化算符可以写成

$$\hat{U}(t,t_0) = \sum_{n=0}^{\infty}(n!)^{-1}(-\mathrm{i}\hbar^{-1})^n\int_{t_0}^{t}\mathrm{d}t_1\int_{t_0}^{t}\mathrm{d}t_2\cdots\int_{t_0}^{t}\mathrm{d}t_n\hat{T}\{\hat{W}(t_1)\hat{W}(t_2)\cdots\hat{W}(t_n)\} \tag{4.4.9}$$

可以验证上式与式(4.4.2)是等价的[4.10]。

4.4.2　编时积、正规乘积和收缩

1. 编时积

前面给出的编时积是用阶梯算符与微扰算符定义的，下面给出编时积的更一般的定义。

在相互作用绘景中，若用$X(t_X)$，$Y(t_Y)$，$Z(t_Z)$，$\cdots$表示粒子（或者空穴）的产生（或者湮没）算符，则一组算符乘积$X(t_X)Y(t_Y)Z(t_Z)\cdots$的**编时积**的定义为

$$\hat{T}\{X(t_X)Y(t_Y)Z(t_Z)\cdots\} = (-1)^S\hat{T}\{Z(t_Z)Y(t_Y)X(t_X)\cdots\} \tag{4.4.10}$$

其中，$\hat{T}$为编时积算符，S为算符之积按时间由大到小的顺序排列时，算符对的交换次数。例如，由$X(t_X)Y(t_Y)Z(t_Z)\cdots$变为$Z(t_Z)Y(t_Y)X(t_X)\cdots$时，$S=3$。当编时积中的算符按时间从大到小的顺序排列后，该编时积就等于这些算符之积。

在计算一组算符的编时积时，只需顾及算符时间变量的大小，而不必考虑是粒子算符还是空穴算符，也不必考虑是产生算符还是湮没算符。应该特别指出，这里所说的算符对的交换是通常意义下的交换，切不可使用算符的反对易关系。

例如，若$t_\mu > t_\beta > t_\alpha > t_\gamma > t_\delta$，则编时积

$$\begin{aligned}
&\hat{T}\{\xi_\alpha^+(t_\alpha)\xi_\beta^+(t_\beta)\xi_\gamma(t_\gamma)\xi_\delta(t_\delta)\xi_\mu^+(t_\mu)\} = \\
&\hat{T}\{\xi_\mu^+(t_\mu)\xi_\alpha^+(t_\alpha)\xi_\beta^+(t_\beta)\xi_\gamma(t_\gamma)\xi_\delta(t_\delta)\} = \\
&-\hat{T}\{\xi_\mu^+(t_\mu)\xi_\beta^+(t_\beta)\xi_\alpha^+(t_\alpha)\xi_\gamma(t_\gamma)\xi_\delta(t_\delta)\} = \\
&-\xi_\mu^+(t_\mu)\xi_\beta^+(t_\beta)\xi_\alpha^+(t_\alpha)\xi_\gamma(t_\gamma)\xi_\delta(t_\delta)
\end{aligned} \tag{4.4.11}$$

2. 正规乘积

类似编时积的定义，在相互作用绘景中，一组算符乘积$X(t_X)Y(t_Y)Z(t_Z)\cdots$的**正规乘积**定义为

$$\hat{N}\{X(t_X)Y(t_Y)Z(t_Z)\cdots\} = (-1)^S\hat{N}\{Z(t_Z)Y(t_Y)X(t_X)\cdots\} \tag{4.4.12}$$

式中，$\hat{N}$为正规乘积算符，其他符号的含意同前。

当正规乘积中的算符按产生算符在左湮没算符在右的顺序排列时，该正规乘积就等于这些算符之积。

在计算一组算符的正规乘积时，只需顾及算符是产生算符还是湮没算符，而不必考虑算符是粒子算符还是空穴算符，也不必考虑算符的时间变量的大小。这里，所谓算符对的

交换也是通常意义下的交换,也不能使用算符的反对易关系。

例如

$$\hat{N}\{\xi_\alpha^+(t_\alpha)\xi_\beta^+(t_\beta)\xi_\gamma(t_\gamma)\xi_\delta(t_\delta)\xi_\mu^+(t_\mu)\} = \hat{N}\{\xi_\alpha^+(t_\alpha)\xi_\beta^+(t_\beta)\xi_\mu^+(t_\mu)\xi_\gamma(t_\gamma)\xi_\delta(t_\delta)\} = \xi_\alpha^+(t_\alpha)\xi_\beta^+(t_\beta)\xi_\mu^+(t_\mu)\xi_\gamma(t_\gamma)\xi_\delta(t_\delta) \tag{4.4.13}$$

3. 收　缩

(1) 收缩的定义

在相互作用绘景中,两个算符 $X(t_X)$,$Y(t_Y)$ 的**收缩**定义为

$$\overbrace{X(t_X)Y(t_Y)} = \hat{T}\{X(t_X)Y(t_Y)\} - \hat{N}\{X(t_X)Y(t_Y)\} \tag{4.4.14}$$

其中,两个算符既可以是粒子的产生或者湮没算符,也可以是空穴的产生或者湮没算符,两个算符的时间变量的大小也是任意的。显然,两个算符的收缩就是它们的编时积与正规乘积之差。

收缩只是针对两个算符而言的,不存在3个或更多个算符之间的收缩。对于多个算符之积来说,可以有一对以上算符的收缩,例如,5个算符之积就允许有两对算符的收缩,记为$\overbrace{X(t_X)Y(t_Y)}Z(t_Z)\overbrace{U(t_U)V(t_V)}$。

(2) 收缩的结果是一个数

为了加深对收缩概念的理解,让我们计算几个具体算符对的收缩。

定理4.6　在相互作用绘景中、H_0 表象下,证明可能不为零的几个收缩为

$$\overbrace{\xi_\alpha^+(t_1)\xi_\beta(t_2)} = \begin{cases} 0 & (t_1 \geqslant t_2) \\ -\delta_{\alpha,\beta}e^{i\hbar^{-1}\varepsilon_\alpha(t_1-t_2)} & (t_1 < t_2) \end{cases} \tag{4.4.15}$$

$$\overbrace{\xi_\alpha(t_1)\xi_\beta^+(t_2)} = \begin{cases} \delta_{\alpha,\beta}e^{-i\hbar^{-1}\varepsilon_\alpha(t_1-t_2)} & (t_1 \geqslant t_2) \\ 0 & (t_1 < t_2) \end{cases} \tag{4.4.16}$$

$$\overbrace{\eta_\alpha^+(t_1)\eta_\beta(t_2)} = \begin{cases} 0 & (t_1 \geqslant t_2) \\ -\delta_{\alpha,\beta}e^{-i\hbar^{-1}\varepsilon_\alpha(t_1-t_2)} & (t_1 < t_2) \end{cases} \tag{4.4.17}$$

$$\overbrace{\eta_\alpha(t_1)\eta_\beta^+(t_2)} = \begin{cases} \delta_{\alpha,\beta}e^{i\hbar^{-1}\varepsilon_\alpha(t_1-t_2)} & (t_1 \geqslant t_2) \\ 0 & (t_1 < t_2) \end{cases} \tag{4.4.18}$$

证明　首先证明式(4.4.15)成立。由收缩的定义可知

$$\overbrace{\xi_\alpha^+(t_1)\xi_\beta(t_2)} = \hat{T}\{\xi_\alpha^+(t_1)\xi_\beta(t_2)\} - \hat{N}\{\xi_\alpha^+(t_1)\xi_\beta(t_2)\} \tag{4.4.19}$$

当 $t_1 \geqslant t_2$ 时,由编时积与正规乘积的定义可知,该收缩为零。

当 $t_1 < t_2$时,有

$$\overbrace{\xi_\alpha^+(t_1)\xi_\beta(t_2)} = -\xi_\beta(t_2)\xi_\alpha^+(t_1) - \xi_\alpha^+(t_1)\xi_\beta(t_2) = -\{\xi_\alpha^+(t_1),\xi_\beta(t_2)\} \tag{4.4.20}$$

由产生和湮没算符在相互作用绘景中、H_0 表象下的表达式(4.2.74)和式(4.2.75)可知,式(4.4.20)右端的反对易关系式为[4.12]

$$\begin{aligned}\{\xi_\alpha^+(t_1),\xi_\beta(t_2)\} &= e^{i\hbar^{-1}\varepsilon_\alpha t_1}\xi_\alpha^+ e^{-i\hbar^{-1}\varepsilon_\beta t_2}\xi_\beta + e^{-i\hbar^{-1}\varepsilon_\beta t_2}\xi_\beta e^{i\hbar^{-1}\varepsilon_\alpha t_1}\xi_\alpha^+ = \\ &\{\xi_\alpha^+,\xi_\beta\} e^{i\hbar^{-1}\varepsilon_\alpha t_1-i\hbar^{-1}\varepsilon_\beta t_2} = \delta_{\alpha,\beta} e^{i\hbar^{-1}\varepsilon_\alpha(t_1-t_2)}\end{aligned} \tag{4.4.21}$$

把上述反对易关系代入式(4.4.20),立即得到欲证之式(4.4.15)。

由上述的证明过程可知,两个算符的收缩与它们的反对易关系相关,所以,两个产生算符的收缩及两个湮没算符的收缩皆为零,而式(4.4.16)~(4.4.18)可用同样的方法证得。至此,定理证毕。

当两个算符的时间变量相同时,它们的收缩称为**等时收缩**,由定理4.6可知,可能不为零的等时收缩为

$$\overbrace{\xi_\alpha(t)\xi_\beta^+(t)} = \delta_{\alpha,\beta},\quad \overbrace{\eta_\alpha(t)\eta_\beta^+(t)} = \delta_{\alpha,\beta} \tag{4.4.22}$$

进而可知,可能不为零的**零时刻的收缩**为

$$\overbrace{\xi_\alpha\xi_\beta^+} = \delta_{\alpha,\beta},\quad \overbrace{\eta_\alpha\eta_\beta^+} = \delta_{\alpha,\beta} \tag{4.4.23}$$

综上所述,在 H_0 表象下,收缩的结果总是一个数。

在正规乘积与编时积中,如果存在两个相邻算符的收缩,由于收缩是一个数,故此收缩可以直接提到括号之外,例如

$$\begin{aligned}\hat{N}\{\overbrace{X(t_X)Y(t_Y)}Z(t_Z)U(t_U)\cdots\} &= \overbrace{X(t_X)Y(t_Y)}\hat{N}\{Z(t_Z)U(t_U)\cdots\} \\ \hat{T}\{\overbrace{X(t_X)Y(t_Y)}Z(t_Z)U(t_U)\cdots\} &= \overbrace{X(t_X)Y(t_Y)}\hat{T}\{Z(t_Z)U(t_U)\cdots\}\end{aligned} \tag{4.4.24}$$

但是,当两个被收缩的算符之间有 S 个未被收缩的算符时,在将收缩提到括号之外后,还需要乘上一个 $(-1)^S$ 的因子。

(3) 收缩的物理含意

当两个算符皆为粒子算符时,由于收缩是一个数,故由收缩的定义可知

$$\begin{aligned}\overbrace{X(t_X)Y(t_Y)} &= \langle 0 \mid \overbrace{X(t_X)Y(t_Y)} \mid 0\rangle = \\ &\langle 0 \mid \hat{T}\{X(t_X)Y(t_Y)\} \mid 0\rangle - \langle 0 \mid \hat{N}\{X(t_X)Y(t_Y)\} \mid 0\rangle = \\ &\langle 0 \mid \hat{T}\{X(t_X)Y(t_Y)\} \mid 0\rangle\end{aligned} \tag{4.4.25}$$

在上式的推导过程中,用到两个粒子算符的正规乘积在真空态下的平均值为零的的结果,能得到此结论的原因是:当两个算符中有湮没算符存在时,湮没算符作用到真空态上结果为零,当两个算符皆为产生算符时,两个粒子的态与没有粒子的真空态的内积也为零。上式表明,两个粒子算符的收缩等于它们的编时积在真空态上的平均值。

当两个算符中有空穴算符时,对于物理真空态 $\|0\rangle$ 而言,有类似的结果

$$\overbrace{X(t_X)Y(t_Y)} = \langle 0 \| \overbrace{X(t_X)Y(t_Y)} \| 0\rangle = \langle 0 \| \hat{T}\{X(t_X)Y(t_Y)\} \| 0\rangle \tag{4.4.26}$$

上式表明，有空穴算符的收缩等于它们的编时积在物理真空态上的平均值。

总之，两个算符收缩等于其编时积在真空态或者物理真空态上的平均值，此即收缩的物理含意。

4.4.3 威克定理

若能求出时间演化算符，则不难由初始时刻的波函数得到任意时刻的波函数，而计算时间演化算符的关键是，如何计算多个微扰算符之积的编时积，威克定理给出了计算编时积的方法。

为了证明威克定理，首先证明两个引理。

引理 4.1　设 $\hat{N}\{UVW\cdots XY\}$ 是一组算符 $U,V,W,\cdots,X,Y$ 的正规乘积，若 Z 是一个比正规乘积中所有算符 $U,V,W,\cdots,X,Y$ 的时间都要早的算符，则有

$$\hat{N}\{UVW\cdots XY\}Z=\hat{N}\{UVW\cdots XYZ\}+\hat{N}\{UVW\cdots X\overbrace{YZ}\}+\hat{N}\{UVW\cdots\overbrace{XYZ}\}+\cdots+\hat{N}\{\overbrace{UVW\cdots XYZ}\} \tag{4.4.27}$$

式中，$U,V,W,\cdots,X,Y,Z$ 既可以是粒子的产生或湮没算符，也可以是空穴的产生或湮没算符，且略去了时间变量及算符符号。

证明　针对 Z 是湮没算符或者是产生算符分别讨论之。

当 Z 是湮没算符时，为了清楚起见，用 Z^- 来标记它。

由正规乘积的定义可知

$$\hat{N}\{UVW\cdots XY\}Z^-=\hat{N}\{UVW\cdots XYZ^-\} \tag{4.4.28}$$

此即式(4.4.27)右端的第一项。

设 A 为 $U,V,W,\cdots,X,Y$ 中的任何一个，由于

$$\overbrace{AZ^-}=\hat{T}\{AZ^-\}-\hat{N}\{AZ^-\}=AZ^--AZ^-=0 \tag{4.4.29}$$

所以，式(4.4.27)右端的其他项皆为零。进而可知引理 4.1 成立。

当 Z 是产生算符，且 $U,V,W,\cdots,X,Y$ 皆为产生算符时，分别用 Z^+ 和 $U^+,V^+,W^+,\cdots,X^+,Y^+$ 来标记它们，则

$$\hat{N}\{U^+V^+W^+\cdots X^+Y^+\}Z^+=\hat{N}\{U^+V^+W^+\cdots X^+Y^+Z^+\} \tag{4.4.30}$$

其中用到

$$\overbrace{A^+Z^+}=0 \tag{4.4.31}$$

故引理 4.1 成立。

当 Z 是产生算符，且 $U,V,W,\cdots,X,Y$ 皆为湮没算符时，分别用 Z^+ 和 $U^-,V^-,W^-,\cdots,X^-,Y^-$ 来标记它们，下面用数学归纳法来证明之。

当正规乘积中只有一个算符($n=1$)时，由收缩的定义可知

$$\hat{N}\{Y^-\}Z^+ = Y^- Z^+ = \hat{T}\{Y^- Z^+\} = \hat{N}\{Y^- Z^+\} + \overbrace{Y^- Z^+} =$$
$$\hat{N}\{Y^- Z^+\} + \hat{N}\{\overbrace{Y^- Z^+}\} \tag{4.4.32}$$

说明引理 4.1 在 $n=1$ 时成立。

假设引理在有 n 个湮没算符时成立，即

$$\hat{N}\{U^- V^- W^- \cdots X^- Y^-\}Z^+ = \hat{N}\{U^- V^- W^- \cdots X^- Y^- Z^+\} + \hat{N}\{U^- V^- W^- \cdots X^- \overbrace{Y^- Z^+}\} +$$
$$\hat{N}\{U^- V^- W^- \cdots \overbrace{X^- Y^- Z^+}\} + \cdots + \hat{N}\{\overbrace{U^- V^- W^- \cdots X^- Y^- Z^+}\} \tag{4.4.33}$$

下面证明在有 $n+1$ 个湮没算符时，引理 4.1 也是成立的。

用一个时间变量比产生算符 Z^+ 晚的湮没算符 D^- 从左作用上式两端，得到

$$D^- \hat{N}\{U^- V^- W^- \cdots X^- Y^-\}Z^+ = D^- \hat{N}\{U^- V^- W^- \cdots X^- Y^- Z^+\} +$$
$$D^- \hat{N}\{U^- V^- W^- \cdots X^- \overbrace{Y^- Z^+}\} +$$
$$D^- \hat{N}\{U^- V^- W^- \cdots \overbrace{X^- Y^- Z^+}\} + \cdots +$$
$$D^- \hat{N}\{\overbrace{U^- V^- W^- \cdots X^- Y^- Z^+}\} \tag{4.4.34}$$

在上式中，除了右端的第一项外，其他各项皆可直接将 D^- 移入正规乘积符号内，即

$$D^- \hat{N}\{U^- V^- W^- \cdots X^- Y^-\}Z^+ = \hat{N}\{D^- U^- V^- W^- \cdots X^- Y^-\}Z^+$$
$$D^- \hat{N}\{U^- V^- W^- \cdots X^- \overbrace{Y^- Z^+}\} = \hat{N}\{D^- U^- V^- W^- \cdots X^- \overbrace{Y^- Z^+}\}$$
$$\vdots \qquad\qquad\qquad \vdots \tag{4.4.35}$$
$$D^- \hat{N}\{\overbrace{U^- V^- W^- \cdots X^- Y^- Z^+}\} = \hat{N}\{D^- \overbrace{U^- V^- W^- \cdots X^- Y^- Z^+}\}$$

而式(4.4.34) 中右端第一项

$$D^- \hat{N}\{U^- V^- W^- \cdots X^- Y^- Z^+\} = (-1)^n D^- Z^+ U^- V^- W^- \cdots X^- Y^- =$$
$$(-1)^n \hat{T}\{D^- Z^+\}U^- V^- W^- \cdots X^- Y^- =$$
$$(-1)^n \hat{N}\{D^- Z^+\}U^- V^- W^- \cdots X^- Y^- + (-1)^n \hat{N}\{\overbrace{D^- Z^+}\}U^- V^- W^- \cdots X^- Y^- =$$
$$(-1)^{n+1} \hat{N}\{Z^+ D^-\}U^- V^- W^- \cdots X^- Y^- + (-1)^{2n} \hat{N}\{\overbrace{D^- U^- V^- W^- \cdots X^- Y^- Z^+}\} =$$
$$(-1)^{2(n+1)} \hat{N}\{D^- U^- V^- W^- \cdots X^- Y^- Z^+\} + \hat{N}\{\overbrace{D^- U^- V^- W^- \cdots X^- Y^- Z^+}\} =$$
$$\hat{N}\{D^- U^- V^- W^- \cdots X^- Y^- Z^+\} + \hat{N}\{\overbrace{D^- U^- V^- W^- \cdots X^- Y^- Z^+}\} \tag{4.4.36}$$

将式(4.4.35) 与式(4.4.36) 代入式(4.4.34)，刚好是引理 4.1 在 $n+1$ 个算符时的形式。

当 Z 是产生算符，且 $U, V, W, \cdots, X, Y$ 为产生算符与湮没算符的任意组合时，因为已经证明

$$\hat{N}\{U^- V^- W^- \cdots X^- Y^-\}Z^+ = \hat{N}\{U^- V^- W^- \cdots X^- Y^- Z^+\} + \hat{N}\{U^- V^- W^- \cdots X^- \overbrace{Y^- Z^+}\} + \hat{N}\{U^- V^- W^- \cdots \overbrace{X^- Y^- Z^+}\} + \cdots + \hat{N}\{\overbrace{U^- V^- W^- \cdots X^- Y^- Z^+}\} \tag{4.4.37}$$

用一个时间比 Z^+ 晚的产生算符 C^+ 从左作用上式两端，得到

$$C^+ \hat{N}\{U^- V^- W^- \cdots X^- Y^-\}Z^+ = C^+ \hat{N}\{U^- V^- W^- \cdots X^- Y^- Z^+\} + C^+ \hat{N}\{U^- V^- W^- \cdots X^- \overbrace{Y^- Z^+}\} + C^+ \hat{N}\{U^- V^- W^- \cdots \overbrace{X^- Y^- Z^+}\} + \cdots + C^+ \hat{N}\{\overbrace{U^- V^- W^- \cdots X^- Y^- Z^+}\} \tag{4.4.38}$$

类似前面的做法，计算式中的每一项，然后整理之，最后得到

$$\hat{N}\{C^+ U^- V^- W^- \cdots X^- Y^-\}Z^+ = \hat{N}\{C^+ U^- V^- W^- \cdots X^- Y^- Z^+\} + \hat{N}\{C^+ U^- V^- W^- \cdots X^- \overbrace{Y^- Z^+}\} + \hat{N}\{C^+ U^- V^- W^- \cdots \overbrace{X^- Y^- Z^+}\} + \cdots + \hat{N}\{\overbrace{C^+ U^- V^- W^- \cdots X^- Y^- Z^+}\} \tag{4.4.39}$$

同理可以证明正规乘积中有两个以至任意多个产生算符时，引理4.1也是成立的。至此，引理4.1已经证毕。

引理4.2　当正规乘积中含有任意多对算符的收缩时，引理4.1仍然成立。此即引理4.1的推广。

证明　由引理4.1可知

$$\hat{N}\{UV\cdots Y\}Z = \hat{N}\{UV\cdots YZ\} + \hat{N}\{UV\cdots \overbrace{YZ}\} + \cdots + \hat{N}\{U\overbrace{V\cdots YZ}\} + \hat{N}\{\overbrace{UV\cdots YZ}\} \tag{4.4.40}$$

用收缩 $\overbrace{WX}$ 乘上式两端，得到

$$(-1)^S\hat{N}\{UV\overbrace{W\cdots X}Y\}Z = (-1)^S\hat{N}\{UV\overbrace{W\cdots X}YZ\} + (-1)^S\hat{N}\{UV\overbrace{W\cdots X}\,\overbrace{YZ}\} + \cdots + (-1)^S\hat{N}\{U\,\overbrace{V\overbrace{W\cdots X}YZ}\} + (-1)^S\hat{N}\{\overbrace{UV\overbrace{W\cdots X}YZ}\} \tag{4.4.41}$$

式中，S 含意是当正规乘积中算符的排列次序由 $\overbrace{WX}UV\cdots Y$ 变成 $UV\overbrace{W\cdots X}Y$ 时，算符之间的交换次数。消去式(4.4.40)两端的共同因子，说明当正规乘积中有一对算符的收缩时引理成立。如此做下去，可知有任意多对算符的收缩时引理4.2成立。

下面用数学归纳法证明威克定理。

威克定理　对任意一组产生、湮没算符的编时积，都可以惟一地写成一系列正规乘积之和，其中包括无收缩及全部可能的算符对的收缩的正规乘积，即

$$\hat{T}\{UVW\cdots XYZ\} = \hat{N}\{UVW\cdots XYZ\} + \hat{N}\{\text{所有可能算符对的收缩}\} \tag{4.4.42}$$

证明　当编时积中只有两个算符时，由收缩的定义可知

$$\hat{T}\{YZ\}=\hat{N}\{YZ\}+\overbrace{YZ}=\hat{N}\{YZ\}+\hat{N}\{\overbrace{YZ}\} \tag{4.4.43}$$

威克定理成立。

假设当 $n=m$ 时，威克定理成立，即有

$$\hat{T}\{UVW\cdots XYZ\}=\hat{N}\{UVW\cdots XYZ\}+\hat{N}\{\text{所有可能算符对的收缩}\} \tag{4.4.44}$$

下面证明当 $n=m+1$ 时，威克定理也成立。

用一个时间最早的算符 Q 从右作用上式两端

$$\begin{aligned}\hat{T}\{UVW\cdots XYZ\}Q=&\hat{N}\{UVW\cdots XYZ\}Q+\hat{N}\{UVW\cdots X\overbrace{YZ}\}Q+\\&\hat{N}\{UVW\cdots\overbrace{XYZ}\}Q+\cdots+\hat{N}\{\overbrace{UVW\cdots XYZ}\}Q\end{aligned} \tag{4.4.45}$$

其中

$$\hat{T}\{UVW\cdots XYZ\}Q=\hat{T}\{UVW\cdots XYZQ\} \tag{4.4.46}$$

由引理 4.1 知

$$\begin{aligned}\hat{N}\{UVW\cdots XYZ\}Q=&\hat{N}\{UVW\cdots XYZQ\}+\hat{N}\{UVW\cdots XY\overbrace{ZQ}\}+\\&\hat{N}\{UVW\cdots X\overbrace{YZQ}\}+\cdots+\hat{N}\{\overbrace{UVW\cdots XYZQ}\}\end{aligned} \tag{4.4.47}$$

由引理 4.2 知

$$\begin{aligned}\hat{N}\{\overbrace{UV}W\cdots XYZ\}Q=&\hat{N}\{\overbrace{UV}W\cdots XYZQ\}+\hat{N}\{\overbrace{UV}W\cdots XY\overbrace{ZQ}\}+\\&\hat{N}\{\overbrace{UV}W\cdots X\overbrace{YZQ}\}+\cdots+\hat{N}\{\overbrace{UV}\,\overbrace{W\cdots XYZQ}\}\\&\vdots\end{aligned} \tag{4.4.48}$$

将上述各项相加，得到

$$\hat{T}\{UVW\cdots XYZQ\}=\hat{N}\{UVW\cdots XYZQ\}+\hat{N}\{\text{所有可能的算符对的收缩}\} \tag{4.4.49}$$

在上述的证明过程中，要求算符 Q 是时间最早的算符，实际上，这个限制可以去掉。例如，若算符 Z 比 Q 更早，于是有下式成立

$$\hat{T}\{UVW\cdots XYQZ\}=\hat{N}\{UVW\cdots XYQZ\}+\hat{N}\{\text{所有可能的算符对的收缩}\} \tag{4.4.50}$$

交换算符 Q 与 Z，得到

$$-\hat{T}\{UVW\cdots XYZQ\}=-\hat{N}\{UVW\cdots XYZQ\}-\hat{N}\{\text{所有可能的算符对的收缩}\} \tag{4.4.51}$$

说明威克定理仍然成立。至此，威克定理证毕。

最后，来看一下威克定理的用途。

在相互作用绘景中，通过时间演化算符的作用可以由初始时刻的波函数得到任意时

刻的波函数,而时间演化算符是用编时积来定义的,由威克定理可知一个编时积能够写成若干个正规乘积之和,正规乘积的结果是湮没算符排列在右端。通常情况下,初始时刻的波函数是真空态或者物理真空态,由于湮没算符作用在真空态上结果为零,故可以简化计算过程。

例题 4.2　计算

$$\hat{T}\{\eta_i\eta_j\eta_k^+\eta_l^+\}\|0\rangle$$

解　由威克定理可知

$$\begin{aligned}\hat{T}\{\eta_i\eta_j\eta_k^+\eta_l^+\}\|0\rangle =\ &\hat{N}\{\eta_i\eta_j\eta_k^+\eta_l^+\}\|0\rangle + \hat{N}\{\overbrace{\eta_i\eta_j}\eta_k^+\eta_l^+\}\|0\rangle +\\ &\hat{N}\{\overbrace{\eta_i\eta_j\eta_k^+}\eta_l^+\}\|0\rangle + \hat{N}\{\overbrace{\eta_i\eta_j\eta_k^+\eta_l^+}\}\|0\rangle + \hat{N}\{\eta_i\,\overbrace{\eta_j\eta_k^+}\eta_l^+\}\|0\rangle +\\ &\hat{N}\{\eta_i\,\overbrace{\eta_j\eta_k^+\eta_l^+}\}\|0\rangle + \hat{N}\{\eta_i\eta_j\,\overbrace{\eta_k^+\eta_l^+}\}\|0\rangle + \hat{N}\{\overbrace{\eta_i\eta_j}\,\overbrace{\eta_k^+\eta_l^+}\}\|0\rangle +\\ &\hat{N}\{\overbrace{\eta_i\eta_l^+}\,\overbrace{\eta_j\eta_k^+}\}\|0\rangle - \hat{N}\{\overbrace{\eta_i\eta_k^+}\,\overbrace{\eta_j\eta_l^+}\}\|0\rangle\end{aligned}\tag{4.4.52}$$

上式的右端共有10项,第1、3、4、5、6项都会出现空穴的湮没算符作用在物理真空态上,作用结果为零,而第2、7、8项中的收缩为零,故前8项的结果都为零,最后两项都是两个收缩之积,故计算结果为

$$\hat{T}\{\eta_i\eta_j\eta_k^+\eta_l^+\}\|0\rangle = (\delta_{i,l}\delta_{j,k} - \delta_{i,k}\delta_{j,l})\|0\rangle \tag{4.4.53}$$

通常把上式右端第 1 项称为**直接项**,第 2 项称为**交换项**。

通常情况下,编时积中的算符是粒子数守恒算符,当粒子(空穴)算符作用在真空态(物理真空态)上时,由威克定理可知,只有全部算符对收缩掉的项才可能不为零。

4.5　格林函数方法

在量子力学中,体系的状态通常是用波函数来描述的,如果知道了体系的波函数,就相当于知道了体系的全部物理性质,体系的波函数可以由其所满足的薛定谔方程求出,这是量子力学处理微观物理问题最常用的方法。下面介绍的格林函数方法,不需要直接求解薛定谔方程,由格林函数也能了解多粒子体系的物理性质,从而开辟了另外一条解决微观多体问题的途径。

按照研究内容和对象的不同,格林函数可以选用不同的表象,例如,前面在路径积分中引入的格林函数、后面在散射理论中将介绍的格林函数以及在固体物理中用到的格林函数通常选用坐标表象,而在原子核物理中选用单粒子能量表象会比较方便。下面介绍的格林函数方法主要适用于处理原子核物理问题。

根据所研究体系能量的不同,格林函数方法可分为 3 类,即零温、有限温和相对论性格林函数方法,它们分别适用于低能、中能和高能全同费米子体系,这里只介绍零温的格

林函数方法。

4.5.1　格林函数的定义

格林函数的定义与时间相关，最一般的格林函数是与 $m+n$ 个时间相关的，当 $m=n$ 时，退化为含 $2n$ 个时间的格林函数，更简单的情况是，当 $n=1$ 时，格林函数只与两个时间有关，称之为 2 时格林函数。

2 时格林函数的定义为

$$G(\alpha_1 t_1, \alpha_2 t_1, \cdots, \alpha_n t_1; \beta_1 t_2, \beta_2 t_2, \cdots, \beta_n t_2) = \langle \psi_0 \mid \hat{T}\{\hat{\xi}_{\alpha_n}(t_1)\hat{\xi}_{\alpha_{n-1}}(t_1)\cdots\hat{\xi}_{\alpha_1}(t_1)\hat{\xi}^+_{\beta_1}(t_2)\hat{\xi}^+_{\beta_2}(t_2)\cdots\hat{\xi}^+_{\beta_n}(t_2)\} \mid \psi_0\rangle \tag{4.5.1}$$

上式中各种符号的含意如下：

(1) 设满壳核的核子数为 A，它满足的定态薛定谔方程为

$$\hat{H} \mid \psi_n(A)\rangle = E_n(A) \mid \psi_n(A)\rangle \tag{4.5.2}$$

为简捷计，令 $E_n \equiv E_n(A)$，$|\psi_n\rangle \equiv |\psi_n(A)\rangle$，于是，$E_0$ 与 $|\psi_0\rangle$ 是满壳核基态的能量本征值与本征矢，要求它们是已知的。实际上，只要 $|\psi_0\rangle$ 是无简并态即可，并不一定要求它必须是基态。

(2) α,β 是标志单粒子本征态的量子数，显然，格林函数的定义与所选定的单粒态有关。

(3) 算符 $\hat{\xi}_\alpha(t)$ 和 $\hat{\xi}^+_\beta(t)$ 分别为海森伯绘景下的 α 单粒子态的湮没算符与 β 单粒子态的产生算符，它们与薛定谔绘景下的湮没算符 ξ_α 与产生算符 ξ^+_β 的关系为

$$\begin{aligned} \hat{\xi}_\alpha(t) &= \mathrm{e}^{\mathrm{i}\hat{H}t}\,\xi_\alpha \mathrm{e}^{-\mathrm{i}\hat{H}t} \\ \hat{\xi}^+_\beta(t) &= \mathrm{e}^{\mathrm{i}\hat{H}t}\,\xi^+_\beta \mathrm{e}^{-\mathrm{i}\hat{H}t} \end{aligned} \tag{4.5.3}$$

为简捷计，上式中已将 $\hat{H}t/\hbar$ 简记为 $\hat{H}t$，即取 $\hbar=1$。

(4) $\hat{T}$ 是编时积算符，它的作用是将大括号中的算符按时间从大到小的顺序重新排列，只不过在重排时每交换一对算符出现一个 (-1) 的因子。

2 时格林函数还可以写成更一般的形式

$$G(\alpha_1 t_1, \alpha_2 t_1, \cdots, \alpha_n t_1; \beta_1 t_2, \beta_2 t_2, \cdots, \beta_n t_2) = \langle \psi_0 \mid \hat{T}\{\hat{\xi}^+_{\alpha_n}(t_1)\cdots\hat{\xi}^+_{\alpha_{\mu+1}}(t_1)\hat{\xi}_{\alpha_\mu}(t_1)\cdots\hat{\xi}_{\alpha_1}(t_1)\hat{\xi}^+_{\beta_1}(t_2)\cdots\hat{\xi}^+_{\beta_\mu}(t_2)\hat{\xi}_{\beta_{\mu+1}}(t_2)\cdots\hat{\xi}_{\beta_n}(t_2)\} \mid \psi_0\rangle \tag{4.5.4}$$

它的全称为 2 时 μ 粒子（空穴）$-(n-\mu)$ 空穴（粒子）格林函数。

常用的 2 时格林函数有如下 3 种。

单粒格林函数

$$G_{\mathrm{p}}(\alpha,\beta;t_1-t_2) \equiv G_{\alpha\beta}(t_1-t_2) = \langle \psi_0 \mid \hat{T}\{\hat{\xi}_\alpha(t_1)\hat{\xi}^+_\beta(t_2)\} \mid \psi_0\rangle \tag{4.5.5}$$

当 $t_1>t_2$ 时，称为**单粒子格林函数**，当 $t_1<t_2$ 时，称为**单空穴格林函数**。

双粒格林函数

$$G_{pp}(\alpha\beta,\gamma\delta;t_1-t_2)=\langle\psi_0\,|\,\hat{T}\{\hat{\xi}_\beta(t_1)\hat{\xi}_\alpha(t_1)\hat{\xi}_\gamma^+(t_2)\hat{\xi}_\delta^+(t_2)\}\,|\,\psi_0\rangle \tag{4.5.6}$$

当 $t_1>t_2$ 时,称为**双粒子格林函数**,当 $t_1<t_2$ 时,称为**双空穴格林函数**。

粒子 - 空穴格林函数

$$G_{ph}(\alpha\beta,\gamma\delta;t_1-t_2)=\langle\psi_0\,|\,\hat{T}\{\hat{\xi}_\beta^+(t_1)\hat{\xi}_\alpha(t_1)\hat{\xi}_\gamma^+(t_2)\hat{\xi}_\delta(t_2)\}\,|\,\psi_0\rangle \tag{4.5.7}$$

当 $t_1>t_2$ 时,称为**粒子空穴格林函数**,当 $t_1<t_2$ 时,称为**空穴粒子格林函数**。

下面的讨论都是针对上述的 3 种 2 时格林函数进行的,为简捷起见,将不再提及 2 时的字样。

4.5.2　物理量在满壳基态上的平均值

在多体问题中,最常用到的是多体单粒子算符与多体双粒子算符,它们的平均值是我们感兴趣的信息之一,能利用格林函数求出它们在多体基态下的平均值吗？下面来回答这个问题。

1. 多体单粒子算符的平均值

多体单粒子算符 $\hat{Q}^{(1)}$ 的一般形式为

$$\hat{Q}^{(1)}=\sum_{i=1}^{N}\hat{q}^{(1)}(i) \tag{4.5.8}$$

在二次量子化表示中,它可以写成式(4.2.42)的形式,即

$$\hat{Q}^{(1)}=\sum_{\alpha\beta}\langle\alpha\,|\,\hat{q}^{(1)}\,|\,\beta\rangle\xi_\alpha^+\xi_\beta=\sum_{\alpha\beta}q_{\alpha\beta}^{(1)}\xi_\alpha^+\xi_\beta \tag{4.5.9}$$

它在满壳基态 $|\,\psi_0\rangle$ 上的平均值为

$$\overline{Q^{(1)}}=\langle\psi_0\,|\,\hat{Q}^{(1)}\,|\,\psi_0\rangle=\sum_{\alpha\beta}q_{\alpha\beta}^{(1)}\langle\psi_0\,|\,\xi_\alpha^+\xi_\beta\,|\,\psi_0\rangle \tag{4.5.10}$$

由单空穴格林函数的定义可知

$$\begin{aligned}G_{\beta\alpha}(t_1<t_2)&=\langle\psi_0\,|\,\hat{T}\{\hat{\xi}_\beta(t_1)\hat{\xi}_\alpha^+(t_2)\}\,|\,\psi_0\rangle=-\langle\psi_0\,|\,\hat{\xi}_\alpha^+(t_2)\hat{\xi}_\beta(t_1)\,|\,\psi_0\rangle=\\&-\langle\psi_0\,|\,e^{i\hat{H}t_2}\xi_\alpha^+e^{-i\hat{H}t_2}e^{i\hat{H}t_1}\xi_\beta e^{-i\hat{H}t_1}\,|\,\psi_0\rangle=\\&-e^{iE_0(t_2-t_1)}\langle\psi_0\,|\,\xi_\alpha^+e^{-i\hat{H}(t_2-t_1)}\xi_\beta\,|\,\psi_0\rangle\end{aligned} \tag{4.5.11}$$

其中用到 $e^{-i\hat{H}t_1}\,|\,\psi_0\rangle=e^{-iE_0t_1}\,|\,\psi_0\rangle$ 与 $\langle\psi_0\,|\,e^{i\hat{H}t_2}=\langle\psi_0\,|\,e^{iE_0t_2}$。由式(4.5.11)可知,单空穴格林函数只与时间差 t_2-t_1 有关,它反映了格林函数相对时间的平移不变性,单粒子格林函数及其他的 2 时格林函数也是如此。

若令 $t_1-t_2\to0^-$,则式(4.5.11)变成

$$G_{\beta\alpha}(0^-)=-\langle\psi_0\,|\,\xi_\alpha^+\xi_\beta\,|\,\psi_0\rangle \tag{4.5.12}$$

将上式与式(4.5.10)比较,立即得到

$$\overline{Q^{(1)}}=-\sum_{\alpha\beta}q_{\alpha\beta}^{(1)}G_{\beta\alpha}(0^-) \tag{4.5.13}$$

由上式可知,若$t_1 - t_2 \to 0^-$ 时的单空穴格林函数$G_{\beta\alpha}(0^-)$已知,则可以容易地求出多体单粒子算符在满壳基态上的平均值。

2. 多体双粒子算符的平均值

多体双粒子算符 $\hat{Q}^{(2)}$ 的一般形式为

$$\hat{Q}^{(2)} = \sum_{i<j=1}^{N} q^{(2)}(i,j) \tag{4.5.14}$$

在二次量子化表示中,它可以写成式(4.2.52)的形式,即

$$\hat{Q}^{(2)} = 4^{-1} \sum_{\alpha\beta\gamma\delta} q^{(2)}_{\alpha\beta\gamma\delta} \xi^+_\alpha \xi^+_\beta \xi_\delta \xi_\gamma \tag{4.5.15}$$

利用类似于处理多体单粒子算符的方法,得到[4.17]

$$\overline{Q^{(2)}} = 4^{-1} \sum_{\alpha\beta\gamma\delta} q^{(2)}_{\alpha\beta\gamma\delta} G_{\mathrm{pp}}(\gamma\delta, \alpha\beta; 0^-) \tag{4.5.16}$$

上式表明,若$t_1 - t_2 \to 0^-$ 时的双空穴格林函数$G_{\mathrm{pp}}(\gamma\delta, \alpha\beta; 0^-)$已知,则可以容易地求出多体双粒子算符在满壳基态上的平均值。

利用类似的方法也可以得到多体 n 粒子算符在满壳基态上的平均值。

4.5.3 跃迁概率幅和转移反应矩阵元

下面分别讨论 3 种常用格林函数的跃迁概率幅和转移反应矩阵元。

1. 单粒格林函数

(1) 跃迁概率幅

由单粒格林函数的定义可知

$$G_{\alpha\beta}(t = t_1 - t_2) = \langle \psi_0 \mid \hat{T}\{\hat{\xi}_\alpha(t_1)\hat{\xi}^+_\beta(t_2)\} \mid \psi_0 \rangle \tag{4.5.17}$$

当 $t > 0$ 时,由编时积的定义与海森伯绘景下算符的定义可知

$$G_{\alpha\beta}(t > 0) = \langle \psi_0 \mid \hat{\xi}_\alpha(t_1)\hat{\xi}^+_\beta(t_2) \mid \psi_0 \rangle = \mathrm{e}^{\mathrm{i}E_0 t} \langle \psi_0 \mid \xi_\alpha \mathrm{e}^{-\mathrm{i}\hat{H}t} \xi^+_\beta \mid \psi_0 \rangle \tag{4.5.18}$$

对上式两端取其模方,得到

$$\mid G_{\alpha\beta}(t > 0) \mid^2 = \mid \langle \psi_0 \mid \xi_\alpha \mathrm{e}^{-\mathrm{i}\hat{H}t} \xi^+_\beta \mid \psi_0 \rangle \mid^2 \tag{4.5.19}$$

上式右端的$\langle \psi_0 \mid \xi_\alpha \mathrm{e}^{-\mathrm{i}\hat{H}t} \xi^+_\beta \mid \psi_0 \rangle$可以理解为,在$t_2$时刻,满壳外产生了一个$\beta$态的粒子,成为$A+1$个粒子体系[4.18],并在哈密顿算符 $\hat{H}$ 的作用之下经过 $t_1 - t_2$ 的时间,在 t_1 时刻该粒子从β态跃迁到α态的概率振幅。于是,$G_{\alpha\beta}(t > 0)$ 表示$A+1$个粒子体系中一个β态的粒子跃迁到 α 态的**跃迁概率幅**,此即单粒子格林函数的物理含意。

当 $t < 0$ 时,类似地有

$$G_{\alpha\beta}(t < 0) = -\langle \psi_0 \mid \hat{\xi}^+_\beta(t_2)\hat{\xi}_\alpha(t_1) \mid \psi_0 \rangle = -\mathrm{e}^{-\mathrm{i}E_0 t} \langle \psi_0 \mid \xi^+_\beta \mathrm{e}^{\mathrm{i}\hat{H}t} \xi_\alpha \mid \psi_0 \rangle \tag{4.5.20}$$

这时,$G_{\alpha\beta}(t < 0)$ 表示$A-1$个粒子体系中一个α态的空穴跃迁到β态的跃迁概率幅,此即单空穴格林函数的物理含意。

总之,$G_{\alpha\beta}(t)$ 为$A \pm 1$ 个粒子体系中 α 与 β 态之间的跃迁概率幅。

(2) 转移反应矩阵元

设 $A \pm m$ 个粒子体系满足的定态薛定谔方程为

$$\hat{H}\,|\psi_n(A \pm m)\rangle = E_n(A \pm m)\,|\psi_n(A \pm m)\rangle \tag{4.5.21}$$

式中，$m = 1,2$。

当 $t > 0$ 时，利用能量本征矢 $|\psi_n(A+1)\rangle$ 的封闭关系，式(4.5.18)可以改写为

$$\begin{aligned}G_{\alpha\beta}(t>0) &= e^{iE_0t}\langle\psi_0\,|\,\xi_\alpha e^{-iHt}\xi_\beta^+\,|\,\psi_0\rangle = \\ &\sum_n \langle\psi_0\,|\,\xi_\alpha e^{-i(\hat{H}-E_0)t}\,|\,\psi_n(A+1)\rangle\langle\psi_n(A+1)\,|\,\xi_\beta^+\,|\,\psi_0\rangle = \\ &\sum_n e^{-i[E_n(A+1)-E_0]t}\langle\psi_0\,|\,\xi_\alpha\,|\,\psi_n(A+1)\rangle\langle\psi_n(A+1)\,|\,\xi_\beta^+\,|\,\psi_0\rangle\end{aligned} \tag{4.5.22}$$

为了简化表示，若令

$$g^{(+)}(\alpha\beta;n) = \langle\psi_0\,|\,\xi_\alpha\,|\,\psi_n(A+1)\rangle\langle\psi_n(A+1)\,|\,\xi_\beta^+\,|\,\psi_0\rangle \tag{4.5.23}$$

$$\tilde{E}_n(A+1) = E_n(A+1) - E_0 \tag{4.5.24}$$

则式(4.5.22)可以简化成

$$G_{\alpha\beta}(t>0) = \sum_n g^{(+)}(\alpha\beta;n)e^{-i\tilde{E}_n(A+1)t} \tag{4.5.25}$$

把 $\langle\psi_0\,|\,\xi_\alpha\,|\,\psi_n(A+1)\rangle$ 和 $\langle\psi_n(A+1)\,|\,\xi_\beta^+\,|\,\psi_0\rangle$ 分别称之为 A 个粒子与 $A+1$ 个粒子的**转移反应矩阵元**。

当 $t < 0$ 时，同理可得[4.19]

$$G_{\alpha\beta}(t<0) = -\sum_n g^{(-)}(\alpha\beta;n)e^{-i\tilde{E}_n(A-1)t} \tag{4.5.26}$$

式中

$$g^{(-)}(\alpha\beta;n) = \langle\psi_0\,|\,\xi_\beta^+\,|\,\psi_n(A-1)\rangle\langle\psi_n(A-1)\,|\,\xi_\alpha\,|\,\psi_0\rangle \tag{4.5.27}$$

$$\tilde{E}_n(A-1) = E_0 - E_n(A-1) \tag{4.5.28}$$

把 $\langle\psi_0\,|\,\xi_\beta^+\,|\,\psi_n(A-1)\rangle$ 和 $\langle\psi_n(A-1)\,|\,\xi_\alpha\,|\,\psi_0\rangle$ 分别称之为 A 个粒子与 $A-1$ 个粒子的转移反应矩阵元。

总之，单粒格林函数给出 $A \pm 1$ 个粒子体系的物理信息。

2. 双粒格林函数

(1) 跃迁概率幅

由双粒格林函数的定义可知

$$G_{pp}(\alpha\beta,\gamma\delta;t=t_1-t_2) = \langle\psi_0\,|\,\hat{T}\{\hat{\xi}_\beta(t_1)\hat{\xi}_\alpha(t_1)\hat{\xi}_\gamma^+(t_2)\hat{\xi}_\delta^+(t_2)\}\,|\,\psi_0\rangle \tag{4.5.29}$$

采用类似处理单粒格林函数的方法，可以得到

$$G_{pp}(\alpha\beta,\gamma\delta;t>0) = e^{iE_0t}\langle\psi_0\,|\,\xi_\beta\xi_\alpha e^{-iHt}\xi_\gamma^+\xi_\delta^+\,|\,\psi_0\rangle \tag{4.5.30}$$

$$G_{pp}(\alpha\beta,\gamma\delta;t<0) = e^{-iE_0t}\langle\psi_0\,|\,\xi_\gamma^+\xi_\delta^+e^{iHt}\xi_\beta\xi_\alpha\,|\,\psi_0\rangle \tag{4.5.31}$$

进而可知，$G_{PP}(\alpha\beta,\gamma\delta;t)$ 就是 $A \pm 2$ 个粒子体系中双粒子(空穴) $\alpha\beta$ 态与 $\gamma\delta$ 态之间的跃迁概率幅。

(2) 转移反应矩阵元

用类似处理单粒格林函数的方法,式(4.5.30) 与式(4.5.31) 也可以改写为

$$G_{\mathrm{pp}}(\alpha\beta,\gamma\delta;t=\pm)=\sum_{n}g_{\mathrm{pp}}^{(\pm)}(\alpha\beta,\gamma\delta;n)\,\mathrm{e}^{-\mathrm{i}\tilde{E}_n(A\pm2)t} \tag{4.5.32}$$

式中

$$g_{\mathrm{pp}}^{(+)}(\alpha\beta,\gamma\delta;n)=\langle\psi_0\,|\,\xi_\beta\xi_\alpha\,|\,\psi_n(A+2)\rangle\langle\psi_n(A+2)\,|\,\xi_\gamma^{+}\xi_\delta^{+}\,|\,\psi_0\rangle \tag{4.5.33}$$

$$g_{\mathrm{pp}}^{(-)}(\alpha\beta,\gamma\delta;n)=\langle\psi_0\,|\,\xi_\gamma^{+}\xi_\delta^{+}\,|\,\psi_n(A-2)\rangle\langle\psi_n(A-2)\,|\,\xi_\beta\xi_\alpha\,|\,\psi_0\rangle \tag{4.5.34}$$

$$\tilde{E}_n(A\pm2)=\pm[E_n(A\pm2)-E_0] \tag{4.5.35}$$

总之,双粒格林函数给出 $A\pm2$ 个粒子体系的物理信息。

3. 粒子 - 空穴格林函数

(1) 跃迁概率幅

由粒子空穴 - 格林函数的定义可知

$$G_{\mathrm{ph}}(\alpha\beta,\gamma\delta;t=t_1-t_2)=\langle\psi_0\,|\,\hat{T}\{\hat{\xi}_\beta^{+}(t_1)\hat{\xi}_\alpha(t_1)\hat{\xi}_\gamma^{+}(t_2)\hat{\xi}_\delta(t_2)\}\,|\,\psi_0\rangle \tag{4.5.36}$$

采用类似上述的方法可以得到

$$G_{\mathrm{ph}}(\alpha\beta,\gamma\delta;t>0)=\mathrm{e}^{\mathrm{i}E_0t}\langle\psi_0\,|\,\xi_\beta^{+}\xi_\alpha\mathrm{e}^{-\mathrm{i}\hat{H}t}\xi_\gamma^{+}\xi_\delta\,|\,\psi_0\rangle \tag{4.5.37}$$

$$G_{\mathrm{ph}}(\alpha\beta,\gamma\delta;t<0)=\mathrm{e}^{-\mathrm{i}E_0t}\langle\psi_0\,|\,\xi_\gamma^{+}\xi_\delta\mathrm{e}^{\mathrm{i}\hat{H}t}\xi_\beta^{+}\xi_\alpha\,|\,\psi_0\rangle \tag{4.5.38}$$

进而可知,$G_{\mathrm{ph}}(\alpha\beta,\gamma\delta;t)$ 就是 A 个粒子体系中粒子空穴态 $\alpha\beta$ 与 $\gamma\delta$ 之间的跃迁概率幅。

(2) 转移反应矩阵元

式(4.5.37) 与式(4.5.38) 也可以改写为

$$G_{\mathrm{ph}}(\alpha\beta,\gamma\delta;t=\pm)=\sum_{n}g_{\mathrm{ph}}^{(\pm)}(\alpha\beta,\gamma\delta;n)\,\mathrm{e}^{-\mathrm{i}\tilde{E}_nt} \tag{4.5.39}$$

式中

$$g_{\mathrm{ph}}^{(+)}(\alpha\beta,\gamma\delta;n)=\langle\psi_0\,|\,\xi_\beta^{+}\xi_\alpha\,|\,\psi_n\rangle\langle\psi_n\,|\,\xi_\gamma^{+}\xi_\delta\,|\,\psi_0\rangle \tag{4.5.40}$$

$$g_{\mathrm{ph}}^{(-)}(\alpha\beta,\gamma\delta;n)=\langle\psi_0\,|\,\xi_\gamma^{+}\xi_\delta\,|\,\psi_n\rangle\langle\psi_n\,|\,\xi_\beta^{+}\xi_\alpha\,|\,\psi_0\rangle \tag{4.5.41}$$

$$\tilde{E}_n=E_n-E_0 \tag{4.5.42}$$

显然,粒子 - 空穴格林函数给出满壳激发态的物理信息。

4.5.4 格林函数的莱曼表示

上述格林函数是以时间 t 作为自变量的,为了使用方便,通常需要利用傅里叶变换将其自变量换成能量。

1. 单粒格林函数

$G_{\alpha\beta}(t)$ 的傅里叶变换为

$$G_{\alpha\beta}(\omega)=\mathrm{i}\int_{-\infty}^{\infty}\mathrm{d}t\,\mathrm{e}^{\mathrm{i}\omega t}G_{\alpha\beta}(t) \tag{4.5.43}$$

由于取 $\hbar=1$,故 ω 表示能量。将 $G_{\alpha\beta}(t)$ 的表达式(4.5.25)与式(4.5.26)代入上式,得到

$$G_{\alpha\beta}(\omega)=\mathrm{i}\int_{-\infty}^{\infty}\mathrm{d}t\mathrm{e}^{\mathrm{i}\omega t}G_{\alpha\beta}(t)=\mathrm{i}\int_{-\infty}^{0}\mathrm{d}t\mathrm{e}^{\mathrm{i}\omega t}G_{\alpha\beta}(t<0)+\mathrm{i}\int_{0}^{\infty}\mathrm{d}t\mathrm{e}^{\mathrm{i}\omega t}G_{\alpha\beta}(t>0)=$$

$$-\mathrm{i}\sum_n g^{(-)}(\alpha\beta;n)\int_{-\infty}^{0}\mathrm{d}t\mathrm{e}^{\mathrm{i}[\omega-\tilde{E}_n(A-1)]t}+\mathrm{i}\sum_n g^{(+)}(\alpha\beta;n)\int_{0}^{\infty}\mathrm{d}t\mathrm{e}^{\mathrm{i}[\omega-\tilde{E}_n(A+1)]t} \tag{4.5.44}$$

显然,上式中的积分是发散的。为了解决发散的问题,引入所谓的**绝热近似**,即在被积函数中乘上一个 $\mathrm{e}^{-\varepsilon|t|}$($\varepsilon$ 为一个小的正数)因子,这样做的结果既可以保证积分收敛,又与物理真实保持一致[4.21]。于是得到单粒格林函数的**莱曼(Lehmann)表达式**

$$G_{\alpha\beta}(\omega)=-\sum_n\left[\frac{g^{(+)}(\alpha\beta,n)}{\omega-\tilde{E}_n(A+1)+\mathrm{i}\varepsilon}+\frac{g^{(-)}(\alpha\beta,n)}{\omega-\tilde{E}_n(A-1)-\mathrm{i}\varepsilon}\right]_{\varepsilon\to0^+} \tag{4.5.45}$$

式中,下标 $\varepsilon\to0^+$ 的意思是,在计算完成之后,再令 $\varepsilon\to0^+$。

由单粒格林函数的莱曼表达式(4.5.45)可知,$\tilde{E}_n(A\pm1)$ 是单粒格林函数的极点,$g^{(\pm)}(\alpha\beta,n)$ 为相应的留数。若能将单粒格林函数的全部极点和相应的留数都求出来,则可以知道 $A\pm1$ 个粒子体系的物理信息。

2. 双粒格林函数

类似于单粒格林函数的做法,可以得到双粒格林函数的莱曼表达式

$$G_{\mathrm{pp}}(\alpha\beta,\gamma\delta;\omega)=\sum_n\left[-\frac{g_{\mathrm{pp}}^{(+)}(\alpha\beta,\gamma\delta;n)}{\omega-\tilde{E}_n(A+2)+\mathrm{i}\varepsilon}+\frac{g_{\mathrm{pp}}^{(-)}(\alpha\beta,\gamma\delta;n)}{\omega-\tilde{E}_n(A-2)-\mathrm{i}\varepsilon}\right]_{\varepsilon\to0^+} \tag{4.5.46}$$

式中,$\tilde{E}_n(A\pm2)$ 是双粒格林函数的极点;$g_{\mathrm{pp}}^{(\pm)}(\alpha\beta,\gamma\delta;n)$ 为相应的留数。若能将双粒格林函数的全部极点和相应的留数求出,则可以知道 $A\pm2$ 个粒子体系的物理信息。

3. 粒子－空穴格林函数

同理可知,粒子－空穴格林函数的莱曼表达式为

$$G_{\mathrm{ph}}(\alpha\beta,\gamma\delta;\omega)=\sum_n\left[-\frac{g_{\mathrm{ph}}^{(+)}(\alpha\beta,\gamma\delta;n)}{\omega-\tilde{E}_n(A)+\mathrm{i}\varepsilon}+\frac{g_{\mathrm{ph}}^{(-)}(\alpha\beta,\gamma\delta;n)}{\omega-\tilde{E}_n(A)-\mathrm{i}\varepsilon}\right]_{\varepsilon\to0^+} \tag{4.5.47}$$

式中,$\tilde{E}_n(A)$ 是粒子－空穴格林函数的极点;$g_{\mathrm{ph}}^{(\pm)}(\alpha\beta,\gamma\delta;n)$ 为相应的留数。若能将粒子－空穴格林函数的全部极点和相应的留数求出,则可以知道 A 个粒子体系激发态的物理信息。

综上所述,单粒格林函数给出 $A\pm1$ 个粒子体系的物理信息,双粒格林函数给出 $A\pm2$ 个粒子体系的物理信息,粒子－空穴格林函数给出 A 个粒子体系激发态的物理信息。

4.5.5　单粒格林函数满足的方程

通常情况下,很难求出格林函数的严格解,一般采用近似方法来处理。常用的方法有

两种，即微扰论与积分方程方法，后者也称为部分求和法。

下面仅以单粒格林函数为例，介绍微分方程和积分方程的导出过程，对于双粒及粒子 - 空穴格林函数可以用类似的方法处理。

1. 微分方程

(1) 将格林函数对时间求导

从单粒格林函数的定义出发，由阶梯函数 $\mathrm{H}(t_1-t_2)$ 的定义可知

$$\mathrm{i}\frac{\partial}{\partial t_1}G_{\alpha\beta}(t_1-t_2)=\mathrm{i}\frac{\partial}{\partial t_1}\langle\psi_0\mid\hat{T}\{\hat{\xi}_\alpha(t_1)\hat{\xi}_\beta^+(t_2)\}\mid\psi_0\rangle=$$
$$\mathrm{i}\frac{\partial}{\partial t_1}\langle\psi_0\mid\mathrm{H}(t_1-t_2)\{\hat{\xi}_\alpha(t_1),\hat{\xi}_\beta^+(t_2)\}-\hat{\xi}_\beta^+(t_2)\hat{\xi}_\alpha(t_1)\mid\psi_0\rangle \tag{4.5.48}$$

利用 δ 函数与阶梯函数的关系

$$\delta(t_1-t_2)=\frac{\mathrm{d}}{\mathrm{d}t_1}\mathrm{H}(t_1-t_2) \tag{4.5.49}$$

完成式(4.5.48)右端对时间 t_1 的求导后，得到

$$\mathrm{i}\frac{\partial}{\partial t_1}G_{\alpha\beta}(t_1-t_2)=\langle\psi_0\mid\mathrm{i}\delta(t_1-t_2)\{\hat{\xi}_\alpha(t_1),\hat{\xi}_\beta^+(t_2)\}\mid\psi_0\rangle+$$
$$\langle\psi_0\mid H(t_1-t_2)\left\{\mathrm{i}\frac{\partial}{\partial t_1}\hat{\xi}_\alpha(t_1),\hat{\xi}_\beta^+(t_2)\right\}\mid\psi_0\rangle-\langle\psi_0\mid\hat{\xi}_\beta^+(t_2)\mathrm{i}\frac{\partial}{\partial t_1}\hat{\xi}_\alpha(t_1)\mid\psi_0\rangle=$$
$$\langle\psi_0\mid\mathrm{i}\delta(t_1-t_2)\mathrm{e}^{\mathrm{i}\hat{H}t_1}\{\xi_\alpha,\xi_\beta^+\}\mathrm{e}^{-\mathrm{i}\hat{H}t_1}\mid\psi_0\rangle+\langle\psi_0\mid\hat{T}\left\{\mathrm{i}\frac{\partial}{\partial t_1}\hat{\xi}_\alpha(t_1)\hat{\xi}_\beta^+(t_2)\right\}\mid\psi_0\rangle=$$
$$\mathrm{i}\delta(t_1-t_2)\delta_{\alpha,\beta}+\langle\psi_0\mid\hat{T}\{\mathrm{i}\frac{\partial}{\partial t_1}\hat{\xi}_\alpha(t_1)\hat{\xi}_\beta^+(t_2)\}\mid\psi_0\rangle \tag{4.5.50}$$

(2) 湮没算符的微分方程

在海森伯绘景中，由湮没算符满足的运动方程可知，上式右端与对 t_1 的偏导数有关的项为

$$\mathrm{i}\frac{\partial}{\partial t_1}\hat{\xi}_\alpha(t_1)=[\hat{\xi}_\alpha(t_1),\hat{H}]=\mathrm{e}^{\mathrm{i}\hat{H}t_1}[\xi_\alpha,\hat{H}]\mathrm{e}^{-\mathrm{i}\hat{H}t_1} \tag{4.5.51}$$

为了计算上式右端中的对易关系，引入单粒子位势算符 $\hat{u}$，在 H_0 表象中，哈密顿算符的二次量子化表示为

$$\hat{H}=\sum_\gamma\varepsilon_\gamma\xi_\gamma^+\xi_\gamma-\sum_{\gamma\delta}u_{\delta\gamma}\xi_\delta^+\xi_\gamma+\hat{V} \tag{4.5.52}$$

于是，可以算出 ξ_α 与 $\hat{H}$ 中前两项的对易关系分别为

$$[\xi_\alpha,\sum_\gamma\varepsilon_\gamma\xi_\gamma^+\xi_\gamma]=\varepsilon_\alpha\xi_\alpha$$
$$[\xi_\alpha,\sum_{\gamma\delta}u_{\delta\gamma}\xi_\delta^+\xi_\gamma]=\sum_\gamma u_{\alpha\gamma}\xi_\gamma \tag{4.5.53}$$

若令

$$\hat{V}_{\alpha}(t_1) = e^{iHt_1}[\xi_{\alpha}, \hat{V}]e^{-iHt_1} \tag{4.5.54}$$

则式(4.5.51)变成

$$i\frac{\partial}{\partial t_1}\hat{\xi}_{\alpha}(t_1) = \varepsilon_{\alpha}\hat{\xi}_{\alpha}(t_1) - \sum_{\gamma} u_{\alpha\gamma}\hat{\xi}_{\gamma}(t_1) + \hat{V}_{\alpha}(t_1) \tag{4.5.55}$$

(3) 利用质量算符导出微分方程

将式(4.5.55)代入式(4.5.50)中,有

$$\begin{aligned}
&i\frac{\partial}{\partial t_1}G_{\alpha\beta}(t_1 - t_2) = i\delta(t_1 - t_2)\delta_{\alpha,\beta} + \langle\psi_0 \mid \hat{T}\left\{i\frac{\partial}{\partial t_1}\hat{\xi}_{\alpha}(t_1)\hat{\xi}^{+}_{\beta}(t_2)\right\} \mid \psi_0\rangle = \\
&i\delta(t_1 - t_2)\delta_{\alpha,\beta} + \langle\psi_0 \mid \hat{T}\{[\varepsilon_{\alpha}\hat{\xi}_{\alpha}(t_1) - \sum_{\gamma} u_{\alpha\gamma}\hat{\xi}_{\gamma}(t_1) + \hat{V}_{\alpha}(t_1)]\hat{\xi}^{+}_{\beta}(t_2)\} \mid \psi_0\rangle = \\
&i\delta(t_1 - t_2)\delta_{\alpha,\beta} + \varepsilon_{\alpha}G_{\alpha\beta}(t_1 - t_2) - \sum_{\gamma} u_{\alpha\gamma}G_{\gamma\beta}(t_1 - t_2) + \langle\psi_0 \mid \hat{T}\{\hat{V}_{\alpha}(t_1)\hat{\xi}^{+}_{\beta}(t_2)\} \mid \psi_0\rangle
\end{aligned} \tag{4.5.56}$$

为了在表述形式上的一致,将上式右端最后一项也改写成与单粒格林函数相关的形式,即

$$\langle\psi_0 \mid \hat{T}\{\hat{V}_{\alpha}(t_1)\hat{\xi}^{+}_{\beta}(t_2)\} \mid \psi_0\rangle = i\sum_{\gamma}\int_{-\infty}^{\infty} d\sigma M_{\alpha\gamma}(t_1 - \sigma)G_{\gamma\beta}(\sigma - t_2) \tag{4.5.57}$$

式中,$\hat{M}(t_1 - \sigma)$ 称之为**质量算符**;$M_{\alpha\gamma}(t_1 - \sigma)$ 为质量算符在单粒子基下的矩阵元。将式(4.5.57)代入式(4.5.56),得到

$$\begin{aligned}
&\left(i\frac{\partial}{\partial t_1} - \varepsilon_{\alpha}\right)G_{\alpha\beta}(t_1 - t_2) = \\
&i\delta(t_1 - t_2)\delta_{\alpha,\beta} + i\sum_{\gamma}\int_{-\infty}^{\infty} d\sigma[M_{\alpha\gamma}(t_1 - \sigma) + iu_{\alpha\gamma}\delta(t_1 - \sigma)]G_{\gamma\beta}(\sigma - t_2)
\end{aligned} \tag{4.5.58}$$

此即单粒格林函数满足的**微分方程**。

2. 积分方程

(1) 零级格林函数

为了由微分方程导出积分方程,定义**零级格林函数**(即 $V = 0$ 时的格林函数)

$$G^{(0)}_{\alpha\beta}(t_1 - t_2) = G^{0}_{\alpha}(t_1 - t_2)\delta_{\alpha,\beta} \tag{4.5.59}$$

式中

$$G^{0}_{\alpha}(t_1 - t_2) = [H(t_1 - t_2) - n_{\alpha}]e^{-i\varepsilon_{\alpha}(t_1 - t_2)} \tag{4.5.60}$$

$$n_{\alpha} = \begin{cases} 1 & (\alpha \text{ 为洞眼态}) \\ 0 & (\alpha \text{ 为粒子态}) \end{cases} \tag{4.5.61}$$

(2) 零级格林函数的微分方程

对于零级格林函数中的 $G^{0}_{\alpha}(t_1 - t_2)$ 而言,其微分方程为

$$\left(\mathrm{i}\frac{\partial}{\partial t_1}-\varepsilon_\alpha\right)G_\alpha^0(t_1-t_2)=\mathrm{i}\frac{\partial}{\partial t_1}\{[\mathrm{H}(t_1-t_2)-n_\alpha]\mathrm{e}^{-\mathrm{i}\varepsilon_\alpha(t_1-t_2)}\}-\varepsilon_\alpha G_\alpha^0(t_1-t_2)=$$

$$\mathrm{i}\delta(t_1-t_2)\mathrm{e}^{-\mathrm{i}\varepsilon_\alpha(t_1-t_2)}-\mathrm{i}^2\varepsilon_\alpha G_\alpha^0(t_1-t_2)-\varepsilon_\alpha G_\alpha^0(t_1-t_2)=\mathrm{i}\delta(t_1-t_2) \tag{4.5.62}$$

(3) 格林函数的积分方程

由微分方程(4.5.58)出发,并利用式(4.5.62),得到

$$\left(\mathrm{i}\frac{\partial}{\partial t_1}-\varepsilon_\alpha\right)G_{\alpha\beta}(t_1-t_2)=\mathrm{i}\delta(t_1-t_2)\delta_{\alpha,\beta}+$$

$$\mathrm{i}\sum_\gamma\int_{-\infty}^{\infty}\mathrm{d}\sigma_2[M_{\alpha\gamma}(t_1-\sigma_2)+\mathrm{i}u_{\alpha\gamma}\delta(t_1-\sigma_2)]\,G_{\gamma\beta}(\sigma_2-t_2)=$$

$$\left(\mathrm{i}\frac{\partial}{\partial t_1}-\varepsilon_\alpha\right)G_\alpha^0(t_1-t_2)\delta_{\alpha,\beta}+$$

$$\sum_\gamma\int_{-\infty}^{\infty}\int_{-\infty}^{\infty}\mathrm{d}\sigma_1\mathrm{d}\sigma_2\mathrm{i}\delta(t_1-\sigma_1)[M_{\alpha\gamma}(\sigma_1-\sigma_2)+\mathrm{i}u_{\alpha\gamma}\delta(\sigma_1-\sigma_2)]\,G_{\gamma\beta}(\sigma_2-t_2)=$$

$$\left(\mathrm{i}\frac{\partial}{\partial t_1}-\varepsilon_\alpha\right)G_\alpha^0(t_1-t_2)\delta_{\alpha,\beta}+\left(\mathrm{i}\frac{\partial}{\partial t_1}-\varepsilon_\alpha\right)\times$$

$$\sum_\gamma\int_{-\infty}^{\infty}\int_{-\infty}^{\infty}\mathrm{d}\sigma_1\mathrm{d}\sigma_2G_\alpha^0(t_1-\sigma_1)[M_{\alpha\gamma}(\sigma_1-\sigma_2)+\mathrm{i}u_{\alpha\gamma}\delta(\sigma_1-\sigma_2)]\,G_{\gamma\beta}(\sigma_2-t_2) \tag{4.5.63}$$

去掉上式中两端共同的$\left(\mathrm{i}\frac{\partial}{\partial t_1}-\varepsilon_\alpha\right)$,则得

$$G_{\alpha\beta}(t_1-t_2)=G_\alpha^0(t_1-t_2)\delta_{\alpha,\beta}+\sum_\gamma\int_{-\infty}^{\infty}\int_{-\infty}^{\infty}\mathrm{d}\sigma_1\mathrm{d}\sigma_2G_\alpha^0(t_1-\sigma_1)\times$$
$$[M_{\alpha\gamma}(\sigma_1-\sigma_2)+\mathrm{i}u_{\alpha\gamma}\delta(\sigma_1-\sigma_2)]\,G_{\gamma\beta}(\sigma_2-t_2) \tag{4.5.64}$$

此即单粒格林函数满足的**积分方程**,也称为**戴森**(Dyson)**方程**。实际上,微分方程与积分方程是等价的,两者可以互相导出。

3. 积分方程的傅里叶变换

实际应用时,常常用到戴森方程的傅里叶变换后的形式,即用$\mathrm{i}\int_{-\infty}^{\infty}\mathrm{d}t\mathrm{e}^{\mathrm{i}\omega t}$作用戴森方程的两端,完成对时间的积分后得到

$$G_{\alpha\beta}(\omega)=G_\alpha^0(\omega)\delta_{\alpha,\beta}+G_\alpha^0(\omega)\sum_\gamma[u_{\alpha\gamma}-M_{\alpha\gamma}(\omega)]\,G_{\gamma\beta}(\omega) \tag{4.5.65}$$

式中

$$G_\alpha^0(\omega)=-\left(\frac{1-n_\alpha}{\omega-\varepsilon_\alpha+\mathrm{i}\varepsilon}+\frac{n_\alpha}{\omega-\varepsilon_\alpha-\mathrm{i}\varepsilon}\right)_{\varepsilon\to0^+} \tag{4.5.66}$$

当α为空穴态时,$n_\alpha=1$,当α为粒子态时,$n_\alpha=0$。

4.5.6 单粒本征方程

为简捷起见,设 $\tilde{E}_n^{(\pm)} \equiv \tilde{E}_n(A \pm 1) = \pm[E_n(A \pm 1) - E_0]$。

首先,将单粒格林函数的莱曼表示式(4.5.45)代入戴森方程(4.5.65)中的 $G_{\alpha\beta}(\omega)$ 和 $G_{\gamma\beta}(\omega)$,即

$$-\sum_n \left[\frac{g^{(+)}(\alpha\beta,n)}{\omega - \tilde{E}_n^{(+)} + \mathrm{i}\varepsilon} + \frac{g^{(-)}(\alpha\beta,n)}{\omega - \tilde{E}_n^{(-)} - \mathrm{i}\varepsilon}\right]_{\varepsilon\to 0^+} = G_\alpha^0(\omega)\delta_{\alpha,\beta} - G_\alpha^0(\omega)\sum_\gamma [u_{\alpha\gamma} - M_{\alpha\gamma}(\omega)] \sum_n \left[\frac{g^{(+)}(\gamma\beta,n)}{\omega - \tilde{E}_n^{(+)} + \mathrm{i}\varepsilon} + \frac{g^{(-)}(\gamma\beta,n)}{\omega - \tilde{E}_n^{(-)} - \mathrm{i}\varepsilon}\right]_{\varepsilon\to 0^+} \quad (4.5.67)$$

然后,用 $\lim\limits_{\omega\to\tilde{E}_n^{(+)}-\mathrm{i}\varepsilon}(\omega - \tilde{E}_n^{(+)} + \mathrm{i}\varepsilon)$ 作用上式两端,得到

$$-g^{(+)}(\alpha\beta;n) = -G_\alpha^0(\tilde{E}_n^{(+)})\sum_\gamma [u_{\alpha\gamma} - M_{\alpha\gamma}(\tilde{E}_n^{(+)})]g^{(+)}(\gamma\beta;n) \quad (4.5.68)$$

由式(4.5.66)可知,对于单粒子态有

$$G_\alpha^0(\tilde{E}_n^{(+)}) = -(\tilde{E}_n^{(+)} - \varepsilon_\alpha)^{-1} \quad (4.5.69)$$

于是,式(4.5.68)可以改写为

$$[\varepsilon_\alpha - \tilde{E}_n^{(+)}]g^{(+)}(\alpha\beta;n) = \sum_\gamma [u_{\alpha\gamma} - M_{\alpha\gamma}(\tilde{E}_n^{(+)})]g^{(+)}(\gamma\beta;n) \quad (4.5.70)$$

最后,将 $g^{(+)}(\alpha\beta;n)$ 的表达式(4.5.23)代入式(4.5.70),得到

$$[\varepsilon_\alpha - \tilde{E}_n^{(+)}]\langle\psi_0|\xi_\alpha|\psi_n(A+1)\rangle\langle\psi_n(A+1)|\xi_\beta^+|\psi_0\rangle = \sum_\gamma [u_{\alpha\gamma} - M_{\alpha\gamma}(\tilde{E}_n^{(+)})]\langle\psi_0|\xi_\gamma|\psi_n(A+1)\rangle\langle\psi_n(A+1)|\xi_\beta^+|\psi_0\rangle \quad (4.5.71)$$

$\langle\psi_n(A+1)|\xi_\beta^+|\psi_0\rangle$ 出现在等式两端,若其为零,则需要顾及更高级的格林函数,否则,上式简化成

$$[\varepsilon_\alpha - \tilde{E}_n^{(+)}]\langle\psi_0|\xi_\alpha|\psi_n(A+1)\rangle = \sum_\gamma [u_{\alpha\gamma} - M_{\alpha\gamma}(\tilde{E}_n^{(+)})]\langle\psi_0|\xi_\gamma|\psi_n(A+1)\rangle \quad (4.5.72)$$

若令

$$C_\gamma^{(+)}(n) = \langle\psi_0|\xi_\gamma|\psi_n(A+1)\rangle \quad (4.5.73)$$

则式(4.5.72)可以简化为

$$\sum_\gamma [M_{\alpha\gamma}(\tilde{E}_n^{(+)}) - u_{\alpha\gamma} + \varepsilon_\alpha\delta_{\alpha,\gamma}]\,C_\gamma^{(+)}(n) = \tilde{E}_n^{(+)}C_\alpha^{(+)}(n) \quad (4.5.74)$$

同理可得

$$\sum_\gamma [M_{\alpha\gamma}(\tilde{E}_n^{(-)}) - u_{\alpha\gamma} + \varepsilon_\alpha\delta_{\alpha,\gamma}]\,C_\gamma^{(-)}(n) = \tilde{E}_n^{(-)}C_\alpha^{(-)}(n) \quad (4.5.75)$$

式中

$$C_\gamma^{(-)}(n) = \langle\psi_n(A-1)|\xi_\gamma|\psi_0\rangle \quad (4.5.76)$$

式(4.5.74)和式(4.5.75)可以统一写成[4.20]

$$\sum_{\gamma}\left[M_{\alpha\gamma}(\tilde{E}_n)-u_{\alpha\gamma}+\varepsilon_{\alpha}\delta_{\alpha,\gamma}-\tilde{E}_n\delta_{\alpha,\gamma}\right]C_{\gamma}(n)=0 \tag{4.5.77}$$

此即单粒子(空穴)能量 $\tilde{E}_n$ 满足的**本征方程**,$\tilde{E}_n$ 为待求的本征值,$C_{\gamma}(n)$ 为其相应的本征矢。

应该特别强调的是,首先,上述方程是在 H_0 表象下导出的,所用到的单粒子态与选定的单粒子位势 $\hat{u}$ 有关;其次,本征方程中的质量算符的矩阵元 $M_{\alpha\gamma}(\tilde{E}_n)$ 与通常的矩阵元不同,它除了与单粒子基底有关外,还与待求的能量本征值 $\tilde{E}_n$ 有关,因此,需要用自洽的方法求解。

类似于HF单粒子位的选法,如果选 $u_{\alpha\gamma}=M_{\alpha\gamma}(\tilde{E}_n)$ 为单粒子位,则称之为**质量算符单粒子位**。显然,质量算符单粒子位比 HF 单粒子位具有更好的对二体相互作用的抵消性。换句话说,HF 单粒子位只是质量算符的最低级近似。

由于质量算符单粒子位与能量本征值 $\tilde{E}_n$ 有关,故它不是厄米算符。一般情况下,非厄米算符的本征值是复数,本征矢是超完备的。吴式枢教授利用两种方法证明了质量算符位的本征值一定为实数[4.22],本征矢超完备的问题可以用双正交系来解决,于是,质量算符单粒子位是可以使用的最佳单粒子位。

${}^{16}_{8}\mathrm{O}$ 与 ${}^{40}_{20}\mathrm{Ca}$ 是两个双满壳层核,我们利用格林函数方法分别计算了其相邻核的能谱,计算结果表明,理论值与实验值符合的相当好(见参考文献[34]~[36])。特别是,用其他方法得到的 ${}^{41}_{20}\mathrm{Ca}$ 的 $0f_{7/2}$,$1p_{3/2}$,$1p_{1/2}$ 能级次序是颠倒的,而用格林函数方法得到的结果,不但解决了能级倒序的问题,而且在数值上也与实验值比较接近,明显地显示出格林函数方法的优越性。

本章结束语:对于全同粒子体系而言,由于它满足全同性原理,导致体系波函数具有对称性。追根溯源,问题是由全同粒子具有不可区分性所引起的,实际上,这种不可区分性的存在是有条件的,世间万物中相同只是相对的,而差别才是绝对的。随着科学技术的发展和人类认识的深入,所谓全同的粒子也许是可区分的,当然,这种"大胆假设"的正确性还需要未来的实验进行"小心求证"。

习 题 4

习题 4.1 证明费米子淹没算符 ξ_{γ} 与产生算符 ξ_{γ}^{+} 互为共轭算符,并且满足反对易关系

$$\{\xi_{\gamma},\xi_{\delta}^{+}\}\equiv[\xi_{\gamma},\xi_{\delta}^{+}]_{+}=\xi_{\gamma}\xi_{\delta}^{+}+\xi_{\delta}^{+}\xi_{\gamma}=\delta_{\gamma,\delta}$$

习题 4.2 利用玻色子淹没算符 ζ_{α} 与产生算符 ζ_{β}^{+} 的定义

$$\zeta_\alpha|n_1,n_2,\cdots,n_\alpha,\cdots,n_\infty\rangle = n_\alpha^{1/2}|n_1,n_2,\cdots,n_\alpha-1,\cdots,n_\infty\rangle$$
$$\zeta_\beta^+|n_1,n_2,\cdots,n_\beta,\cdots,n_\infty\rangle = (n_\beta+1)^{1/2}|n_1,n_2,\cdots,n_\beta+1,\cdots,n_\infty\rangle$$

证明其满足对易关系

$$[\zeta_\alpha^+,\zeta_\beta^+]=[\zeta_\alpha,\zeta_\beta]=0$$
$$[\zeta_\alpha,\zeta_\beta^+]=\delta_{\alpha,\beta}$$

习题4.3　利用玻色子淹没算符 ζ_α 与产生算符 ζ_β^+ 满足的对易关系

$$[\zeta_\alpha^+,\zeta_\beta^+]=[\zeta_\alpha,\zeta_\beta]=0$$
$$[\zeta_\alpha,\zeta_\beta^+]=\delta_{\alpha,\beta}$$

证明

$$\zeta_\alpha|n_1,n_2,\cdots,n_\alpha,\cdots,n_\infty\rangle = n_\alpha^{1/2}|n_1,n_2,\cdots,n_\alpha-1,\cdots,n_\infty\rangle$$
$$\zeta_\beta^+|n_1,n_2,\cdots,n_\beta,\cdots,n_\infty\rangle = (n_\beta+1)^{1/2}|n_1,n_2,\cdots,n_\beta+1,\cdots,n_\infty\rangle$$

习题4.4　对于全同粒子体系而言,证明粒子数表象的波函数满足

$$|n_1,n_2,n_3,\cdots,n_\infty\rangle=(n_1!n_2!n_3!\cdots n_\infty!)^{-1/2}(\xi_1^+)^{n_1}(\xi_2^+)^{n_2}(\xi_3^+)^{n_3}\cdots(\xi_\infty^+)^{n_\infty}|0\rangle$$
$$|n_1,n_2,n_3,\cdots,n_\infty\rangle=(n_1!n_2!n_3!\cdots n_\infty!)^{-1/2}(\zeta_1^+)^{n_1}(\zeta_2^+)^{n_2}(\zeta_3^+)^{n_3}\cdots(\zeta_\infty^+)^{n_\infty}|0\rangle$$

习题4.5　对于全同粒子体系而言,证明粒子数表象的波函数是正交归一化的。

习题4.6　证明费米子淹没算符与产生算符满足如下的关系式

$$\xi_\alpha\xi_\alpha=\xi_\alpha^+\xi_\alpha^+=0$$
$$(\xi_\alpha^+\xi_\alpha)^2=\xi_\alpha^+\xi_\alpha$$
$$\xi_\alpha^+\xi_\alpha\xi_\beta^+\xi_\beta=\xi_\beta^+\xi_\beta\xi_\alpha^+\xi_\alpha$$

习题4.7　证明费米子淹没算符、产生算符与总粒子数算符 $\hat{N}$ 之间满足下列关系式

$$[\xi_\alpha^+,\hat{N}]=-\xi_\alpha^+,\quad [\xi_\alpha,\hat{N}]=\xi_\alpha$$
$$[\xi_\alpha^+\xi_\beta,\hat{N}]=0,\quad [\xi_{\alpha_1}^+\xi_{\alpha_2}^+\cdots\xi_{\alpha_m}^+\xi_{\beta_1}\xi_{\beta_2}\cdots\xi_{\beta_m},\hat{N}]=0$$

习题4.8　证明

$$\xi_\alpha^+\xi_\beta^+\xi_\delta\xi_\gamma|\gamma_1,\gamma_2,\cdots,\gamma_N\rangle=\sum_{i=1}^N\delta_{\gamma,\gamma_i}\sum_{j\neq i=1}^N\delta_{\delta,\gamma_j}|\gamma_1,\gamma_2,\cdots,\alpha,\cdots,\beta,\cdots,\gamma_N\rangle$$

习题4.9　设$\{|\alpha\rangle\}$为任一组正交归一完备的单粒子基底,若全同玻色子的多体双粒子算符满足

$$\hat{Q}^{(2)}=\sum_{i<j=1}^N\hat{g}^{(2)}(x_i,x_j)=2^{-1}\sum_{i\neq j=1}^N\hat{g}^{(2)}(x_i,x_j)$$

则其二次量子化表示为

$$\hat{Q}^{(2)}=4^{-1}\sum_{\alpha\gamma\delta\beta}\langle\alpha\beta|\hat{g}^{(2)}|\gamma\delta\rangle\zeta_\alpha^+\zeta_\beta^+\zeta_\gamma\zeta_\delta$$

习题4.10　验证

$$\hat{U}(t,t_0)=\sum_{n=0}^{\infty}(n!)^{-1}(-\mathrm{i}\hbar^{-1})^n\int_{t_0}^{t}\mathrm{d}t_1\int_{t_0}^{t}\mathrm{d}t_2\cdots\int_{t_0}^{t}\mathrm{d}t_n\hat{T}\{\hat{W}(t_1)\hat{W}(t_2)\cdots\hat{W}(t_n)\}$$

与

$$\hat{U}(t,t_0)=\sum_{n=0}^{\infty}(-\mathrm{i}\hbar^{-1})^n\int_{t_0}^{t}\mathrm{d}t_1\hat{W}(t_1)\int_{t_0}^{t_1}\mathrm{d}t_2\hat{W}(t_2)\cdots\int_{t_0}^{t_{n-1}}\mathrm{d}t_n\hat{W}(t_n)$$

是等价的。

习题 4.11　证明

$$\Big[\sum_{m=N+1}^{\infty}c_{mi}\xi_m^+\xi_i\Big]^2|\psi_0\rangle=0$$

$$\Big[\sum_{m=N+1}^{\infty}\sum_{i=1}^{N}c_{mi}\xi_m^+\xi_i\Big]^2|\psi_0\rangle\neq 0$$

式中，$|\psi_0\rangle$ 为费米子 N 体基态波函数。

习题 4.12　在相互作用绘景下 H_0 表象中计算 $\{\xi_\alpha(t_1),\xi_\beta^+(t_2)\}$ 与 $\{\xi_\alpha^+(t_1),\xi_\beta(t_2)\}$。

习题 4.13　在相互作用绘景中 H_0 表象下，证明

$$\overbrace{\xi_\alpha(t_1)\xi_\beta^+(t_2)}=\begin{cases}\delta_{\alpha,\beta}\mathrm{e}^{-\mathrm{i}\hbar^{-1}\varepsilon_\alpha(t_1-t_2)} & (t_1\geqslant t_2)\\ 0 & (t_1<t_2)\end{cases}$$

习题 4.14　利用威克定理计算

$$\hat{T}\{\xi_\alpha\xi_\beta^+\xi_\gamma\xi_\delta^+\}|0\rangle$$

$$\hat{T}\{\xi_m\xi_n\xi_p^+\xi_q^+\eta_i\eta_l^+\eta_k^+\}\|0\rangle$$

习题 4.15　证明线谐振子升降算符 $\hat{A}_+$ 与 $\hat{A}_-$ 的正规乘积满足

$$\hat{N}(\mathrm{e}^{-\hat{A}_+\hat{A}_-})=|0\rangle\langle 0|$$

这里的正规乘积是针对玻色子的，与费米子的正规乘积的差别仅在于交换算符时不改变符号。

习题 4.16　当 $t_1\geqslant t_2$，计算

$$\sum_{ijmn}\sum_{pqkl}v_{ijnm}v_{pqlk}\hat{T}\{\eta_i(t_1)\eta_j(t_1)\xi_m(t_1)\xi_n(t_1)\xi_p^+(t_2)\xi_q^+(t_2)\eta_k^+(t_2)\eta_l^+(t_2)\}\|0\rangle$$

习题 4.17　证明

$$\bar{V}=4^{-1}\sum_{\alpha\beta\gamma\delta}v_{\alpha\beta\gamma\delta}G_{\mathrm{pp}}(\gamma\delta,\alpha\beta;0^-)$$

习题 4.18　证明

$$|\Phi(t)\rangle=\mathrm{e}^{-\mathrm{i}\hbar^{-1}\hat{H}(t-t_2)}\xi_\beta^+|\psi_0(A)\rangle$$

是满足薛定谔方程的一个 $A+1$ 体态矢。

习题 4.19　证明

$$G_{\alpha\beta}(t<0)=-\sum_n g^{(-)}(\alpha\beta;n)\mathrm{e}^{-\mathrm{i}\tilde{E}_n(A-1)t}$$

式中

$$g^{(-)}(\alpha\beta;n)=\langle\psi_0|\xi_\beta^+|\psi_n(A-1)\rangle\langle\psi_n(A-1)|\xi_\alpha|\psi_0\rangle$$
$$\tilde{E}_n(A-1)=E_0-E_n(A-1)$$

习题 4.20　证明单粒子格林函数满足的微分方程的傅里叶变换为

$$\sum_\gamma[M_{\alpha\gamma}(\omega)-u_{\alpha\gamma}-(\omega-\varepsilon_\alpha)\delta_{\alpha,\gamma}]G_{\gamma\beta}(\omega)=\delta_{\alpha,\beta}$$

习题 4.21　导出单粒子格林函数的莱曼表示。

习题 4.22　证明由非厄米的质量算符定义的单粒子位

$$u_{\alpha\beta}=M_{\alpha\beta}(\varepsilon_\beta)$$

的本征值为实数。

习题 4.23　讨论二能级里坡根模型的解。

习题 4.24　在里坡根模型中，选简并度 $\Omega=4$，相互作用强度的参数 $W=U=0$，且令

$$a=(1+V^2\varepsilon^{-2})^{1/2},\quad b=(1+3V^2\varepsilon^{-2})^{1/2},\quad c=(1+9V^2\varepsilon^{-2})^{1/2}$$

分别导出 $N=2,3,4$ 的解析解的表达式。

习题 4.25　在里坡根模型中，在模型单粒子基下导出二体相互作用矩阵元的表达式。

习题 4.26　在里坡根模型中，选简并度 $\Omega=4$，用产生与淹没算符表示模型多体基。

第5章　量子体系的对称性与守恒量

对称性是物理世界完美性的一种体现,它可以分为几何形体对称性与物理规律对称性两种类型。在某种操作或者变换之下,它们分别对应于几何形状的不变性与物理规律的不变性,下面的讨论是针对物理规律对称性进行的。

在量子力学中,物理规律在某种变换下的不变性,通常是由体系哈密顿算符具有某种对称性引起的。若体系哈密顿算符具有某种对称性,该体系通常会存在某个守恒量,反之亦然。守恒量是在体系的任意状态下取值概率与平均值皆不随时间改变的物理量。通过对体系对称性的讨论与分析,不必求解薛定谔方程就可以得到某些物理量的相关信息,此即研究对称性的意义所在。

本章的主要内容包括:对称性与守恒量;空间和时间的平移对称性;空间和时间的反演对称性;空间的转动对称性;角动量态矢耦合系数;维格纳 - 埃克特(Eckart) 定理;受迫振子的含时守恒量。

5.1　对称性与守恒量

按照算符是否与时间相关,量子体系可以分为两类,将算符与时间无关的量子体系称之为**不含时量子体系**,将算符与时间相关的量子体系称之为**含时量子体系**,本节分别介绍与这两类量子体系相关的对称性和守恒量。

5.1.1　不含时量子体系

对于不含时的量子体系而言,体系满足的薛定谔方程为

$$\mathrm{i}\hbar\frac{\partial}{\partial t}|\Psi(t)\rangle=\hat{H}|\Psi(t)\rangle \tag{5.1.1}$$

定义一个与时间无关的变换算符 $\hat{Q}$,它的作用是将任意一个态矢变成另外一个态矢,即

$$\begin{aligned}|\tilde{\Psi}(t)\rangle&=\hat{Q}|\Psi(t)\rangle\\|\tilde{\varphi}_i\rangle&=\hat{Q}|\varphi_i\rangle\end{aligned} \tag{5.1.2}$$

若体系在 Q 变换之下具有对称(不变) 性,则意味着它应该至少满足如下两个要求:一是变换前后任意力学量的取值概率不变,二是变换前后体系的运动规律不变。从上述的两个要求出发,将得到如下 4 个结论。

1. 变换算符是幺正算符

设任意力学量算符 $\hat{F}$ 满足本征方程 $\hat{F}|\varphi_i\rangle = f_i|\varphi_i\rangle$，本征矢 $|\varphi_i\rangle$ 与体系的任意态矢 $|\Psi(t)\rangle$ 的内积 $\langle\varphi_i|\Psi(t)\rangle$ 是 $|\Psi(t)\rangle$ 在 $|\varphi_i\rangle$ 上的投影，或者说，是力学量 F 取 f_i 值的概率幅。当式(5.1.2)的逆变换也成立时，若令变换前后力学量 F 取 f_i 值的概率分别 $W(f_i,t)$ 与 $\widetilde{W}(f_i,t)$，则有

$$\begin{aligned} W(f_i,t) &= |\langle\varphi_i|\Psi(t)\rangle|^2 = |\langle\varphi_i|\hat{Q}^{-1}|\widetilde{\Psi}(t)\rangle|^2 \\ \widetilde{W}(f_i,t) &= |\langle\widetilde{\varphi}_i|\widetilde{\Psi}(t)\rangle|^2 = |\langle\varphi_i|\hat{Q}^{\dagger}|\widetilde{\Psi}(t)\rangle|^2 \end{aligned} \tag{5.1.3}$$

由上式可知，若要使力学量 F 取 f_i 值的概率在变换前后相等，则变换算符 $\hat{Q}$ 应满足

$$\hat{Q}^{\dagger} = \hat{Q}^{-1} \tag{5.1.4}$$

上式表明，若体系在 Q 变换之下具有对称性，则变换算符 $\hat{Q}$ 一定是幺正算符。

2. 变换算符与哈密顿算符对易

所谓变换前后体系的运动规律不变，意味着变换后的态矢 $|\widetilde{\Psi}(t)\rangle$ 仍然满足薛定谔方程，即

$$\mathrm{i}\hbar\frac{\partial}{\partial t}|\widetilde{\Psi}(t)\rangle = \hat{H}|\widetilde{\Psi}(t)\rangle \tag{5.1.5}$$

将式(5.1.2)中的第1式代入上式，得到

$$\mathrm{i}\hbar\frac{\partial}{\partial t}\hat{Q}|\Psi(t)\rangle = \hat{H}\hat{Q}|\Psi(t)\rangle \tag{5.1.6}$$

另外，用算符 $\hat{Q}$ 从左作用薛定谔方程(5.1.1)两端，得到

$$\mathrm{i}\hbar\frac{\partial}{\partial t}\hat{Q}|\Psi(t)\rangle = \hat{Q}\hat{H}|\Psi(t)\rangle \tag{5.1.7}$$

由式(5.1.6)与式(5.1.7)相减的结果可知，为保证体系在变换前后的运动规律不变，必须要求

$$[\hat{Q},\hat{H}] = 0 \tag{5.1.8}$$

上式表明，若体系在 Q 变换之下具有对称性，则要求变换算符 $\hat{Q}$ 与哈密顿算符 $\hat{H}$ 对易。

将满足式(5.1.4)和式(5.1.8)的变换 Q 称为体系的**对称变换**。对称变换 Q 总是构成一个群，称为体系的**对称群**。

3. 连续对称变换的生成元是一个厄米算符

对于连续的对称变换而言，若设力学量 s 的无穷小量为 Δs，则 Q 变换的一般形式为

$$\hat{Q} = \mathrm{e}^{\pm\mathrm{i}\hbar^{-1}\Delta s\hat{F}} \tag{5.1.9}$$

通常将 $\hat{Q}$ 称之为 s 的**无穷小变换算符**，而将算符 $\hat{F}$ 称之为 $\hat{Q}$ 算符的**生成元**。显然，式中的 Δs 与算符 $\hat{F}$ 之积具有角动量的量纲，例如，若 Δs 为坐标的无穷小量，则算符 $\hat{F}$ 为动量算符，若 Δs 为时间的无穷小量，则算符 $\hat{F}$ 为能量算符。

如果 $\hat{Q}$ 算符是幺正算符，则有

$$1=\hat{Q}\hat{Q}^{-1}=\hat{Q}\hat{Q}^{\dagger}=\mathrm{e}^{\pm \mathrm{i}\hbar^{-1}\Delta s\hat{F}}\mathrm{e}^{\mp \mathrm{i}\hbar^{-1}\Delta s\hat{F}^{\dagger}} \tag{5.1.10}$$

为使上式成立,要求算符 $\hat{F}$ 满足

$$\hat{F}^{\dagger}=\hat{F} \tag{5.1.11}$$

说明无穷小变换算符 $\hat{Q}$ 中的生成元 $\hat{F}$ 是一个厄米算符。

4. 生成元为守恒量算符的条件

由于体系的状态与时间相关,即使力学量与时间无关,它的取值概率与平均值通常也会随时间变化。在体系的任意状态下,如果一个力学量的取值概率与平均值皆不随时间变化,则称之为**守恒量**。下面导出 F 为守恒量所需要满足的条件。

由守恒量的定义可知,如果力学量 F 在是一个守恒量,则要求其平均值在体系的任意状态 $|\Psi(t)\rangle$ 下不随时间改变,即

$$\frac{\partial}{\partial t}\langle\Psi(t)|\hat{F}|\Psi(t)\rangle=\langle\Psi(t)|\frac{\partial}{\partial t}\hat{F}|\Psi(t)\rangle+\left(\frac{\partial}{\partial t}\langle\Psi(t)|\right)\hat{F}|\Psi(t)\rangle+\langle\Psi(t)|\hat{F}\frac{\partial}{\partial t}|\Psi(t)\rangle=0 \tag{5.1.12}$$

利用哈密顿算符的厄米性质,由式(5.1.1)及其厄米共轭可知

$$\begin{aligned}\frac{\partial}{\partial t}|\Psi(t)\rangle&=-\frac{\mathrm{i}}{\hbar}\hat{H}|\Psi(t)\rangle\\ \frac{\partial}{\partial t}\langle\Psi(t)|&=\frac{\mathrm{i}}{\hbar}\langle\Psi(t)|\hat{H}\end{aligned} \tag{5.1.13}$$

将上式代入式(5.1.12),得到

$$\mathrm{i}\hbar\frac{\partial}{\partial t}\overline{\hat{F}}+\overline{[\hat{F},\hat{H}]}=0 \tag{5.1.14}$$

由上式可知,只要力学量算符 $\hat{F}$ 满足如下条件

$$\mathrm{i}\hbar\frac{\partial}{\partial t}\hat{F}+[\hat{F},\hat{H}]=0 \tag{5.1.15}$$

则力学量 F 在体系的任意状态下的平均值不随时间变化。由于算符与时间无关,当其平均值与时间无关时,其取值概率也与时间无关,所以,上式为不含时守恒量的应满足的条件。进而可知,不含时力学量为守恒量的判据是其相应的算符与哈密顿算符对易。

将式(5.1.9)代入式(5.1.8),得到的结果与式(5.1.15)完全相同,所以,体系在 Q 变换下的对称性是与一个力学量为守恒量相联系的。

对于某些分立变换(例如,后面将讨论的空间反演),通常满足 $\hat{Q}^2=\hat{I}$ 的条件。由式(5.1.4)可以看出,这时 $\hat{Q}$ 算符既是幺正算符,又是厄米算符。所以在分立变换下 $\hat{Q}$ 本身就代表一个力学量,并且是体系的守恒量。

总之,在不含时的体系中,守恒量的判据是其相应的算符与哈密顿算符对易,意味着哈密顿算符具有与该守恒量算符相关的对称性。反之,哈密顿算符的某种对称性必定与

某个守恒量相对应。守恒量算符既然与哈密顿算符对易,两者必有共同完备本征函数系,通常会引起能量本征值的简并。

5.1.2　含时量子体系

对于含时的量子体系而言,尚未见到关于其对称性与守恒量的讨论,让我们用类似前面的做法来处理之(见参考文献[32])。

当算符与波函数皆与时间相关时,体系满足的薛定谔方程为

$$\mathrm{i}\hbar\frac{\partial}{\partial t}|\Psi(t)\rangle=\hat{H}(t)|\Psi(t)\rangle \tag{5.1.16}$$

定义一个与时间相关的变换算符 $\hat{Q}(t)$,它的作用是将任意一个态矢变成另外一个态矢,即

$$\begin{aligned}|\tilde{\Psi}(t)\rangle&=\hat{Q}(t)|\Psi(t)\rangle\\|\tilde{\varphi}_i(t)\rangle&=\hat{Q}(t)|\varphi_i(t)\rangle\end{aligned} \tag{5.1.17}$$

若体系在 $Q(t)$ 变换之下具有对称性,从前面给出的两个要求出发,也可以得到如下 4 个结论。

1. 变换算符是幺正算符

设任意含时力学量算符 $\hat{F}(t)$ 满足本征方程 $\hat{F}(t)|\varphi_i(t)\rangle=f_i|\varphi_i(t)\rangle$,本征矢 $|\varphi_i(t)\rangle$ 与体系的任意态矢 $|\Psi(t)\rangle$ 的内积 $\langle\varphi_i(t)|\Psi(t)\rangle$ 是 $|\Psi(t)\rangle$ 在 $|\varphi_i(t)\rangle$ 上的投影,或者说,是力学量 $F(t)$ 取 f_i 值的概率幅。当式(5.1.17)的逆变换也成立时,若令变换前后力学量 $F(t)$ 取 f_i 值的概率分别 $W(f_i,t)$ 与 $\tilde{W}(f_i,t)$,则有

$$\begin{aligned}W(f_i,t)&=|\langle\varphi_i(t)|\Psi(t)\rangle|^2=|\langle\varphi_i(t)|\hat{Q}^{-1}(t)|\tilde{\Psi}(t)\rangle|^2\\\tilde{W}(f_i,t)&=|\langle\tilde{\varphi}_i(t)|\tilde{\Psi}(t)\rangle|^2=|\langle\varphi_i(t)|\hat{Q}^{\dagger}(t)|\tilde{\Psi}(t)\rangle|^2\end{aligned} \tag{5.1.18}$$

若要使状态在变换前后力学量 $F(t)$ 取 f_i 值的概率相等,则变换算符 $\hat{Q}(t)$ 应满足

$$\hat{Q}^{\dagger}(t)=\hat{Q}^{-1}(t) \tag{5.1.19}$$

上式表明,若体系在 $\hat{Q}(t)$ 变换之下具有对称性,则变换算符 $\hat{Q}(t)$ 一定是幺正算符。

2. 变换算符与哈密顿算符的关系

所谓变换前后体系的运动规律不变,意味着变换后的 $|\tilde{\Psi}(t)\rangle$ 仍然满足薛定谔方程,即

$$\mathrm{i}\hbar\frac{\partial}{\partial t}|\tilde{\Psi}(t)\rangle=\hat{H}(t)|\tilde{\Psi}(t)\rangle \tag{5.1.20}$$

将式(5.1.17)中的第 1 式代入上式,得到

$$\mathrm{i}\hbar\frac{\partial}{\partial t}[\hat{Q}(t)|\Psi(t)\rangle]=\hat{H}(t)[\hat{Q}(t)|\Psi(t)\rangle] \tag{5.1.21}$$

另外,用 $\hat{Q}(t)$ 从左作用式(5.1.16)两端,得到

$$\hat{Q}(t)\mathrm{i}\hbar\frac{\partial}{\partial t}|\Psi(t)\rangle=\hat{Q}(t)\hat{H}(t)|\Psi(t)\rangle \tag{5.1.22}$$

由式(5.1.21)和式(5.1.22)相减的结果可知,为保证变换前后体系的运动规律不变,变换算符 $\hat{Q}(t)$ 必须满足

$$\mathrm{i}\hbar\frac{\partial}{\partial t}\hat{Q}(t)+[\hat{Q}(t),\hat{H}(t)]=0 \tag{5.1.23}$$

此即可以保持体系具有对称性的含时变换算符应满足的关系式。特别是,当算符与时间无关时,上式退化为式(5.1.8)。

3. 连续对称变换的生成元是一个厄米算符

对于连续的对称变换而言,若设力学量 s 的无穷小量为 Δs,则 $Q(t)$ 变换的一般形式为

$$\hat{Q}(t)=\mathrm{e}^{\pm\mathrm{i}\hbar^{-1}\Delta s\hat{F}(t)}\,\mathrm{e}^{-\mathrm{i}\hbar^{-1}f(\Delta s,t)} \tag{5.1.24}$$

式中,$f(\Delta s,t)$ 为 Δs 与 t 的任意实函数。显然,式中的 Δs 和算符 $\hat{F}(t)$ 之积具有角动量的量纲,例如,若 Δs 为坐标的无穷小量,则算符 $\hat{F}(t)$ 具有动量的量纲,但是,这并不意味着 $\hat{F}(t)$ 就一定是动量算符。

如果 $\hat{Q}(t)$ 算符是幺正算符,则有

$$\begin{aligned}1=\hat{Q}(t)\hat{Q}^{-1}(t)=\hat{Q}(t)\hat{Q}^{\dagger}(t)=&\\ \mathrm{e}^{\pm\mathrm{i}\hbar^{-1}\Delta s\hat{F}(t)}\,\mathrm{e}^{-\mathrm{i}\hbar^{-1}f(\Delta s,t)}\,\mathrm{e}^{\mathrm{i}\hbar^{-1}f(\Delta s,t)}\,\mathrm{e}^{\mp\mathrm{i}\hbar^{-1}\Delta s\hat{F}^{\dagger}(t)}=&\\ \mathrm{e}^{\pm\mathrm{i}\hbar^{-1}\Delta s\hat{F}(t)}\,\mathrm{e}^{\mp\mathrm{i}\hbar^{-1}\Delta s\hat{F}^{\dagger}(t)}&\end{aligned} \tag{5.1.25}$$

为使上式成立,要求算符 $\hat{F}(t)$ 满足

$$\hat{F}^{\dagger}(t)=\hat{F}(t) \tag{5.1.26}$$

说明含时变换算符 $\hat{Q}(t)$ 中的生成元 $\hat{F}(t)$ 是厄米算符。

4. 生成元为守恒量算符的条件

下面导出 $\hat{F}(t)$ 为守恒量算符所需要满足的条件。

如果力学量 $F(t)$ 在是一个守恒量,则要求其平均值在体系的任意状态 $|\Psi(t)\rangle$ 下不随时间改变,即

$$\begin{aligned}\frac{\partial}{\partial t}\langle\Psi(t)|\hat{F}(t)|\Psi(t)\rangle=\langle\Psi(t)|\frac{\partial}{\partial t}\hat{F}(t)|\Psi(t)\rangle+&\\ \left(\frac{\partial}{\partial t}\langle\Psi(t)|\right)\hat{F}|\Psi(t)\rangle+\langle\Psi(t)|\hat{F}\frac{\partial}{\partial t}|\Psi(t)\rangle=0&\end{aligned} \tag{5.1.27}$$

利用式(5.1.13),得到

$$\mathrm{i}\hbar\frac{\partial}{\partial t}\overline{\hat{F}(t)}+\overline{[\hat{F}(t),\hat{H}(t)]}=0 \tag{5.1.28}$$

由上式可知,只要力学量算符 $\hat{F}(t)$ 满足

$$\mathrm{i}\hbar\frac{\partial}{\partial t}\hat{F}(t)+[\hat{F}(t),\hat{H}(t)]=0 \tag{5.1.29}$$

则 $F(t)$ 为守恒量，上式即含时守恒量算符需要满足的条件。显然，当算符与时间无关时，上式退化为不含时守恒量应满足的条件，即式(5.1.15)。

5. 生成元为守恒量算符的判据

定理 5.1　如果含时力学量算符 $\hat{F}(t)$ 满足如下条件

$$\begin{aligned}&\hat{C}(t)=[\hat{F}(t),\hat{H}(t)]\\&D=[\hat{F}(t),\hat{C}(t)]=\text{实常数}\end{aligned} \tag{5.1.30}$$

且将对称变换算符选为

$$\hat{Q}(t)=\mathrm{e}^{\pm\mathrm{i}\hbar^{-1}\Delta s\hat{F}(t)}\mathrm{e}^{-\mathrm{i}2^{-1}\hbar^{-3}(\Delta s)^2Dt} \tag{5.1.31}$$

则 $F(t)$ 为守恒量。

证明　从式(5.1.23)出发，证明满足上述条件的 $\hat{F}(t)$ 为守恒量算符，具体的步骤如下。

首先，计算 $\hat{Q}(t)$ 算符对时间 t 的偏导数

$$\mathrm{i}\hbar\frac{\partial}{\partial t}\hat{Q}(t)=\left[\mp\Delta s\frac{\partial}{\partial t}\hat{F}(t)+\frac{D}{2\hbar^2}(\Delta s)^2\right]\hat{Q}(t) \tag{5.1.32}$$

其次，计算 $\hat{Q}(t)$ 算符与哈密顿算符的对易关系

$$\begin{aligned}&[\hat{Q}(t),\hat{H}(t)]=[\mathrm{e}^{\pm\mathrm{i}\hbar^{-1}\Delta s\hat{F}(t)},\hat{H}(t)]\mathrm{e}^{-\mathrm{i}2^{-1}\hbar^{-3}(\Delta s)^2Dt}=\\&\sum_{n=0}^{\infty}(\pm\mathrm{i}\hbar^{-1}\Delta s)^n(n!)^{-1}[\hat{F}^n(t),\hat{H}(t)]\mathrm{e}^{-\mathrm{i}2^{-1}\hbar^{-3}(\Delta s)^2Dt}\end{aligned} \tag{5.1.33}$$

当算符 $\hat{F}(t)$ 满足式(5.1.30)的要求时，利用数学归纳法容易证明上式右端的对易关系为[5.18]

$$[\hat{F}^n(t),\hat{H}(t)]=n\hat{C}(t)\hat{F}^{n-1}(t)+2^{-1}n(n-1)D\hat{F}^{n-2}(t) \tag{5.1.34}$$

将上式代入式(5.1.33)，得到

$$\begin{aligned}&[\hat{Q}(t),\hat{H}(t)]=\sum_{n=0}^{\infty}(\pm\mathrm{i}\hbar^{-1}\Delta s)^n(n!)^{-1}[\hat{F}^n(t),\hat{H}(t)]\mathrm{e}^{-\mathrm{i}2^{-1}\hbar^{-3}(\Delta s)^2Dt}=\\&\sum_{n=0}^{\infty}(\pm\mathrm{i}\hbar^{-1}\Delta s)^n(n!)^{-1}[n\hat{C}(t)\hat{F}^{n-1}(t)+2^{-1}n(n-1)D\hat{F}^{n-2}(t)]\mathrm{e}^{-\mathrm{i}2^{-1}\hbar^{-3}(\Delta s)^2Dt}=\\&[\pm\mathrm{i}\hbar^{-1}\hat{C}(t)\Delta s-2^{-1}D\hbar^{-2}(\Delta s)^2]\hat{Q}(t)\end{aligned} \tag{5.1.35}$$

然后，将式(5.1.32)与式(5.1.35)代入式(5.1.23)，整理后得到

$$\mathrm{i}\hbar\frac{\partial}{\partial t}\hat{F}(t)+[\hat{F}(t),\hat{H}(t)]=0 \tag{5.1.36}$$

上式与守恒量需要满足的条件式(5.1.29)完全相同，说明满足式(5.1.30)要求的含时力学量 $F(t)$ 在由式(5.1.31)定义的变换下为守恒量。至此，定理 5.1 证毕。

总之，对于连续变换而言，式(5.1.30)与式(5.1.31)就是含时力学量 $F(t)$ 为守恒量

的具体判据，所以，一个含时体系在 $Q(t)$ 变换下的对称性是与一个含时力学量为守恒量相联系的。在本章的最后一节，以受迫振子为例，对含时体系的对称性与守恒量进行了具体的讨论。

5.2 空间平移与时间平移

针对不含时体系，本节介绍空间平移不变性与动量守恒、时间平移不变性与能量守恒。

5.2.1 空间平移不变性与动量守恒

1. 空间平移

以一维不含时体系为例，考虑坐标沿 x 方向做一个无穷小平移 Δx，即

$$x \to \tilde{x} = x + \Delta x \tag{5.2.1}$$

描述体系状态的波函数 $\psi(x)$ 相应的变化为

$$\psi(x) \to \tilde{\psi}(x) = \hat{Q}(\Delta x)\psi(x) \tag{5.2.2}$$

式中，$\hat{Q}(\Delta x)$ 为坐标 x 的**无穷小平移算符**；$\tilde{\psi}(x)$ 称之为 $\psi(x)$ 的**无穷小平移态**。为简捷计，已经略去了波函数中的时间变量。

2. 空间平移不变性

若体系具有空间平移不变性，则要求

$$\tilde{\psi}(\tilde{x}) = \psi(x) \tag{5.2.3}$$

将式(5.2.1) 和式(5.2.2) 代入上式，得到

$$\hat{Q}(\Delta x)\psi(x + \Delta x) = \psi(x) \tag{5.2.4}$$

将上式中的 x 用 $x - \Delta x$ 代替，得到

$$\hat{Q}(\Delta x)\psi(x) = \psi(x - \Delta x) \tag{5.2.5}$$

由于 Δx 是一个无穷小量，所以上式的右端可以展开为

$$\psi(x - \Delta x) = \psi(x) - \Delta x \frac{\partial}{\partial x}\psi(x) + \cdots = \mathrm{e}^{-\Delta x\frac{\partial}{\partial x}}\psi(x) \tag{5.2.6}$$

将上式代入式(5.2.5)，比较等式两端，于是得到坐标 x 无穷小平移算符的表达式

$$\hat{Q}(\Delta x) = \mathrm{e}^{-\Delta x\frac{\partial}{\partial x}} = \mathrm{e}^{-\mathrm{i}\hbar^{-1}\Delta x\hat{p}_x} \tag{5.2.7}$$

其中坐标 x 无穷小平移算符的生成元

$$\hat{p}_x = -\mathrm{i}\hbar\frac{\partial}{\partial x} \tag{5.2.8}$$

就是动量算符的 x 分量。显然坐标 x 无穷小平移算符 $\hat{Q}(\Delta x)$ 是一个幺正算符。

实际上，若对式(5.1.9) 中的正负号取负号，且令 $\Delta s = \Delta x, \hat{F} = \hat{p}_x$，则立即得到式(5.2.7)。

3. 动量是守恒量

当体系的哈密顿算符在沿 x 方向平移之下不变时，有

$$[\hat{Q}(\Delta x), \hat{H}] = 0 \tag{5.2.9}$$

进而得到

$$[\hat{p}_x, \hat{H}] = 0 \tag{5.2.10}$$

上式表明，如果体系具有沿 x 方向平移不变性，则沿 x 方向的动量 p_x 是一个守恒量，同时也意味着 x 轴原点的绝对位置是不可观测的。

推而广之，如果体系具有沿 y 或 z 方向平移不变性，则分别有

$$[\hat{p}_y, \hat{H}] = 0,\quad [\hat{p}_z, \hat{H}] = 0 \tag{5.2.11}$$

说明动量 p_y 或 p_z 是一个守恒量，同时也意味着 y 或 z 轴原点的绝对位置是不可观测的。

任意一个算符 $\hat{F}$ 在坐标 $i = x, y, z$ 方向平移之下将变成一个新的算符 $\hat{\tilde{F}}$，将其称之为算符 $\hat{F}$ 的无穷小平移，由表象理论可知

$$\hat{\tilde{F}} = \hat{Q}(\Delta i)\hat{F}\hat{Q}^{\dagger}(\Delta i) \tag{5.2.12}$$

在动量表象下，由类似上述的方法可知，若体系具有 i 方向动量平移不变性，则坐标 i 是一个守恒量。

5.2.2　时间平移不变性与能量守恒

引入时间 t 的无穷小平移算符 $\hat{Q}(\Delta t)$，类似于坐标的情况，它的作用是[5.2]

$$|\tilde{\Psi}(t)\rangle = \hat{Q}(\Delta t)\,|\Psi(t)\rangle = \left(1 - \Delta t\,\frac{\partial}{\partial t} + \cdots\right)|\Psi(t)\rangle =$$

$$\mathrm{e}^{\frac{\mathrm{i}}{\hbar}\Delta t\left(\mathrm{i}\hbar\frac{\partial}{\partial t}\right)}\,|\Psi(t)\rangle = \mathrm{e}^{\mathrm{i}\hbar^{-1}\Delta t\hat{E}}\,|\Psi(t)\rangle \tag{5.2.13}$$

无穷小时间平移算符的生成元就是能量算符

$$\hat{E} = \mathrm{i}\hbar\,\frac{\partial}{\partial t} \tag{5.2.14}$$

由前面的结论可知

$$[\hat{Q}(\Delta t), \hat{H}] = 0 \tag{5.2.15}$$

进而得到

$$[\hat{E}, \hat{H}] = 0 \tag{5.2.16}$$

于是可知哈密顿算符不显含时间，即

$$\frac{\partial \hat{H}}{\partial t} = 0 \tag{5.2.17}$$

总之，若哈密顿量不显含时间变量，则能量为守恒量，同时也意味着时间原点是不可观测的。

5.3　空间反演与时间反演

在研究了空间与时间的平移不变性之后，本节讨论空间与时间的反演问题，主要内容为：宇称的概念；空间反演对称性与宇称守恒；弱相互作用与宇称不守恒；时间反演。

5.3.1　空间反演和宇称

所谓**空间反演**就是将波函数或者算符中的所有的坐标变量 $\boldsymbol{r}$ 做如下变换

$$\boldsymbol{r} \to -\boldsymbol{r} \tag{5.3.1}$$

显然，空间反演是一个分立的变换。为简捷计，下面的讨论中略去了波函数和算符中的时间变量。

1. 宇称算符的定义

对一个波函数 $\psi(\boldsymbol{r})$ 或者算符 $\hat{F}(\boldsymbol{r})$ 的空间反演，实际上，就是对它们的一种操作，通常用一个算符 $\hat{\pi}$ 来表示这种操作，即

$$\begin{aligned}\hat{\pi}\psi(\boldsymbol{r}) &= \psi(-\boldsymbol{r})\\ \hat{\pi}\hat{F}(\boldsymbol{r}) &= \hat{F}(-\boldsymbol{r})\end{aligned} \tag{5.3.2}$$

称算符 $\hat{\pi}$ 为**宇称算符**，它是一个变换算符。

2. 宇称算符的性质

若 $\psi_1(\boldsymbol{r})$ 和 $\psi_2(\boldsymbol{r})$ 为两个任意的波函数，则有

$$\hat{\pi}[c_1\psi_1(\boldsymbol{r}) + c_2\psi_2(\boldsymbol{r})] = c_1\hat{\pi}\psi_1(\boldsymbol{r}) + c_2\hat{\pi}\psi_2(\boldsymbol{r}) \tag{5.3.3}$$

显然，$\hat{\pi}$ 为线性算符。

若 $\psi_1(\boldsymbol{r})$ 和 $\psi_2(\boldsymbol{r})$ 为两个任意的波函数，则有

$$\begin{aligned}&\int \mathrm{d}\tau\psi_1^*(\boldsymbol{r})\hat{\pi}\psi_2(\boldsymbol{r}) = \int \mathrm{d}\tau\psi_1^*(\boldsymbol{r})\psi_2(-\boldsymbol{r}) = \\ &\int \mathrm{d}\tau\psi_1^*(-\boldsymbol{r})\psi_2(\boldsymbol{r}) = \int \mathrm{d}\tau\psi_2(\boldsymbol{r})\hat{\pi}^*\psi_1^*(\boldsymbol{r})\end{aligned} \tag{5.3.4}$$

上式表明，宇称算符是厄米算符。虽然宇称算符是厄米算符，但是，至今还没有找到一个可观测量与之对应。由此可见，虽然可观测量与一个厄米算符相对应，但是，并不意味着任何的厄米算符都与一个可观测量相对应。

由宇称算符的定义可知，$\hat{\pi}^2 = \hat{I}$，式中，$\hat{I}$ 为单位算符。再顾及到宇称算符的厄米性质，于是有

$$\hat{\pi}^{\dagger} = \hat{\pi}^{-1} \tag{5.3.5}$$

所以宇称算符也是幺正算符。

总之，宇称算符是一个线性的既幺正又厄米的算符。

3. 波函数的宇称

设宇称算符满足的本征方程为

$$\hat{\pi}\varphi(\boldsymbol{r})=\pi\varphi(\boldsymbol{r}) \tag{5.3.6}$$

用 $\hat{\pi}$ 从左作用上式两端，由 $\hat{\pi}^2=\hat{I}$ 可知

$$\varphi(\boldsymbol{r})=\pi^2\varphi(\boldsymbol{r}) \tag{5.3.7}$$

于是有 $\pi^2=1$，宇称算符的本征值为

$$\pi=\pm 1 \tag{5.3.8}$$

对应 $\pi=1$ 的本征态称为**正（偶）宇称态**，对应 $\pi=-1$ 的本征态称为**负（奇）宇称态**。

例如，对于处于中心力场中的粒子，其本征波函数为

$$\psi(\boldsymbol{r})=R_{nl}(r)\mathrm{Y}_{lm}(\theta,\varphi) \tag{5.3.9}$$

当 $\boldsymbol{r}\to-\boldsymbol{r}$ 时，相当于 $r\to r,\theta\to\pi-\theta,\varphi\to\pi+\varphi$，所以，该本征波函数的宇称为 $\pi=(-1)^l$[5.4]。说明在中心力场中粒子本征矢的宇称由轨道角动量量子数 l 决定，当 l 为偶数时，宇称为正，当 l 为奇数时，宇称为负。

4. 算符的宇称

类似于波函数，力学量算符也具有宇称[5.5]。

（1）坐标算符 $\hat{\boldsymbol{r}}$ 具有负宇称

$$\hat{\pi}\hat{\boldsymbol{r}}\hat{\pi}^\dagger=-\hat{\boldsymbol{r}} \tag{5.3.10}$$

（2）动量算符 $\hat{\boldsymbol{p}}$ 具有负宇称

$$\hat{\pi}\hat{\boldsymbol{p}}\hat{\pi}^\dagger=-\hat{\boldsymbol{p}} \tag{5.3.11}$$

坐标算符 $\hat{\boldsymbol{r}}$ 与动量算符 $\hat{\boldsymbol{p}}$ 都具有负宇称，它们是通常意义下的矢量算符。

（3）轨道角动量算符 $\hat{\boldsymbol{L}}=\hat{\boldsymbol{r}}\times\hat{\boldsymbol{p}}$ 具有正宇称

$$\hat{\pi}\hat{\boldsymbol{L}}\hat{\pi}^\dagger=\hat{\pi}\hat{\boldsymbol{r}}\times\hat{\boldsymbol{p}}\hat{\pi}^\dagger=\hat{\pi}\hat{\boldsymbol{r}}\hat{\pi}^\dagger\times\hat{\pi}\hat{\boldsymbol{p}}\hat{\pi}^\dagger=\hat{\boldsymbol{L}} \tag{5.3.12}$$

虽然轨道角动量算符也是矢量算符，但是，它在空间反演之下不变号，为了与通常意义下的矢量算符相区别，将其称之为**赝矢量算符**。自旋 $\boldsymbol{s}$ 具有与轨道角动量相同的性质，故自旋算符 $\hat{\boldsymbol{s}}$ 也是一个赝矢量算符。

（4）两个矢量算符的标积（例如，$\hat{\boldsymbol{p}}\cdot\hat{\boldsymbol{r}}$）是一个标量算符，它在空间反演下不变号，具有正宇称

$$\hat{\pi}\hat{\boldsymbol{p}}\cdot\hat{\boldsymbol{r}}\hat{\pi}^\dagger=\hat{\pi}\hat{\boldsymbol{p}}\hat{\pi}^\dagger\cdot\hat{\pi}\hat{\boldsymbol{r}}\hat{\pi}^\dagger=\hat{\boldsymbol{p}}\cdot\hat{\boldsymbol{r}} \tag{5.3.13}$$

（5）一个矢量算符与一个赝矢量算符的标积（例如，$\hat{\boldsymbol{p}}\cdot\hat{\boldsymbol{s}}$）却不是通常意义下的标量算符，而是**赝标量算符**。它在空间反演之下变号，具有负宇称

$$\hat{\pi}\hat{\boldsymbol{p}}\cdot\hat{\boldsymbol{s}}\hat{\pi}^\dagger=-\hat{\boldsymbol{p}}\cdot\hat{\boldsymbol{s}} \tag{5.3.14}$$

5.3.2　宇称守恒

若体系的哈密顿量算符具有空间反演不变性，即 $\hat{H}(\boldsymbol{r})=\hat{H}(-\boldsymbol{r})$，则对于体系的任意

波函数 $\psi(\boldsymbol{r})$，有

$$[\hat{\pi},\hat{H}(\boldsymbol{r})]\psi(\boldsymbol{r})=\hat{\pi}\hat{H}(\boldsymbol{r})\psi(\boldsymbol{r})-\hat{H}(\boldsymbol{r})\hat{\pi}\psi(\boldsymbol{r})=0 \tag{5.3.15}$$

于是，宇称算符与哈密顿算符对易，即

$$[\hat{\pi},\hat{H}(\boldsymbol{r})]=0 \tag{5.3.16}$$

上式表明，当体系的哈密顿量具有空间反演不变性时，宇称是一个守恒量，同时也意味着空间的绝对左与右是不可观测的。

实际上，具有空间反演对称性的体系所能实现的状态，是否具有确定的宇称或者取什么样的宇称，还要取决于初始状态的宇称状况。

对于多粒子体系，问题将变得复杂。若体系处于中心力场中，则第 j 个粒子除了轨道角动量提供的宇称 $(-1)^{l_j}$ 之外，它还具有一个**内禀宇称** π_j。内禀宇称的标定是相对的，通常令电子、质子的内禀宇称为1，于是，第 j 个粒子的宇称是轨道宇称与内禀宇称之积。对于粒子数不守恒的反应来说，反应前 N_i 个粒子的总宇称等于反应后 N_f 个粒子的总宇称

$$\prod_j^{N_i}(-1)^{l_j}\pi_j=\prod_j^{N_f}(-1)^{l_j}\pi_j \tag{5.3.17}$$

上式即为**宇称守恒定律**的数学表示。

应该注意，宇称算符的本征值是相乘的，这是因为空间反演变换是分立变换的缘故。与此相对，连续变换所对应的力学量本征值是相加的。

5.3.3 弱相互作用与宇称不守恒

20 世纪中期，美籍华人物理学家李政道和杨振宁为了解决荷电 K 介子衰变问题，开始怀疑宇称守恒的普适性。

他们认真地分析了所掌握的所有实验资料，发现强相互作用与电磁相互作用的实验结果以极高的精度支持了宇称守恒定律。衰变属于弱相互作用的范畴，遗憾的是，弱相互作用领域内的实验资料相当的匮乏，而且精度也不高。

他们决定从实验资料相对多的 β 衰变入手。

质子 p 是稳定的，它的平均寿命 $\tau_{\mathrm{p}}>10^{32}$ 年，而中子 n 是不稳定的，它的平均寿命为 $\tau_{\mathrm{n}}\approx(885.7\pm0.8)\mathrm{s}$。中子有可能发生如下的衰变

$$\mathrm{n}\rightarrow\mathrm{p}+\mathrm{e}^-+\bar{\nu}_{\mathrm{e}} \tag{5.3.18}$$

也就是说，中子可以衰变为一个质子 p、一个电子 e^- 和一个反中微子 $\bar{\nu}_{\mathrm{e}}$。

为简捷起见，假设体系的哈密顿算符可以写成两项之和，即

$$\hat{H}=c_1\hat{H}_{\mathrm{S}}+c_2\hat{H}_{\mathrm{P}} \tag{5.3.19}$$

式中，$\hat{H}_{\mathrm{S}}$ 和 $\hat{H}_{\mathrm{P}}$ 分别是标量算符和赝标量算符；c_1 和 c_2 为耦合系数。

他们的研究发现，β 衰变的概率公式只是以 $|c_1|^2+|c_2|^2$ 代替过去的 $|c_1|^2$，而在实验上，这是无法区分的。于是，他们得出一个重要的结论，已往所有的β衰变实验，完全

没有涉及宇称是否守恒的问题。

为了确定 c_2 项的存在，只要观测到正比于 c_1c_2 的干涉项即可，而其为在空间反演下变号的赝标量。他们发现 $\hat{\boldsymbol{p}}\cdot\hat{\boldsymbol{s}}$ 正是一个赝标量算符，于是让原子核的自旋 $\boldsymbol{s}$ 在低温下沿固定方向排列起来，测量这种极化核 β 衰变时放出来的动量为 $\boldsymbol{p}$ 的电子对 $\boldsymbol{s}$ 方向的角分布

$$I(\theta)\mathrm{d}\theta = A(1+\alpha\cos\theta)\sin\theta\mathrm{d}\theta \tag{5.3.20}$$

式中，A 为常数。计算表明，α 正比于干涉项 c_1c_2，而 $\cos\theta \sim \hat{\boldsymbol{p}}\cdot\hat{\boldsymbol{s}}$ 确实是一个赝标量。

若 $\alpha\neq 0$，则说明宇称不守恒。在实验中，可以测量 $\theta<90°$ 和 $\theta>90°$ 两个半球内的出射电子的不对称性，进而定出 α 的值为

$$\alpha = 2\left(\int_0^{\pi/2} I(\theta)\mathrm{d}\theta - \int_{\pi/2}^{\pi} I(\theta)\mathrm{d}\theta\right)\Big/\int_0^{\pi} I(\theta)\mathrm{d}\theta \tag{5.3.21}$$

在他们的建议之下，吴键雄等人利用 ^{60}Co 原子核成功地完成了实验，测出 $\alpha<0$。从而证明了 β 衰变中的宇称不守恒。后来，其他的实验也都证明在弱相互作用过程中宇称守恒定律不再成立。为此，李、杨二人共同获得了 1957 年诺贝尔(Nobel) 物理学奖。

5.3.4　时间反演

空间反演对称性导致宇称守恒，人们自然会联想到时间反演的问题。1932 年维格纳率先在量子力学中引入了时间反演的概念。所谓时间反演对称的意思是指运动规律的可逆性，把一个运动过程拍摄下来，然后进行倒放，若这时的运动规律与正放时完全一样，则称其为具有**时间反演不变性**。

1. 时间反演态

一个无自旋粒子满足的薛定谔方程为

$$\mathrm{i}\hbar\frac{\partial}{\partial t}\Psi(\boldsymbol{r},t) = \hat{H}\Psi(\boldsymbol{r},t) \tag{5.3.22}$$

如果哈密顿算符不显含时间变量，当做变换 $t\to -t$ 时，变换后的方程会与原来的方程差一个负号。但是，当哈密顿算符为实型算符时，若对上述方程取复数共轭后再做变换，则有

$$\mathrm{i}\hbar\frac{\partial}{\partial t}\Psi^*(\boldsymbol{r},-t) = \hat{H}\Psi^*(\boldsymbol{r},-t) \tag{5.3.23}$$

显然，$\Psi^*(\boldsymbol{r},-t)$ 也满足薛定谔方程，将其称为 $\Psi(\boldsymbol{r},t)$ 的**时间反演态**。所谓时间反演对称指的是，上述两个状态之间可能存在的对称性或等价关系。

例如，一个定态波函数

$$\Psi_n(\boldsymbol{r},t) = \varphi_n(\boldsymbol{r})\mathrm{e}^{-\mathrm{i}\hbar^{-1}E_n t} \tag{5.3.24}$$

的时间反演态为

$$\Psi_n^*(\boldsymbol{r},-t) = \varphi_n^*(\boldsymbol{r})\mathrm{e}^{-\mathrm{i}\hbar^{-1}E_n t} \tag{5.3.25}$$

由此可知，若 $\Psi_n(\boldsymbol{r},t)$ 是方程(5.3.22) 的解，则其时间反演态 $\Psi_n^*(\boldsymbol{r},-t)$ 也是该方程对

应同样能量的解,或者说,该能量的解是二度简并的。

2. 时间反演算符的定义

若用$\hat{T}$来表示时间反演算符,则由它的含意可知,它的作用是由$\hat{T}_0$和$\hat{K}$两个操作构成的,即

$$\hat{T}=\hat{K}\hat{T}_0 \tag{5.3.26}$$

其中,算符$\hat{K}$与$\hat{T}_0$的作用分别是

$$\begin{aligned}\hat{K}\Psi(\boldsymbol{r},t)&=\Psi^*(\boldsymbol{r},t)\\ \hat{T}_0\Psi(\boldsymbol{r},t)&=\Psi(\boldsymbol{r},-t)\end{aligned} \tag{5.3.27}$$

由上述两式可知,算符$\hat{T}$、$\hat{K}$和$\hat{T}_0$的逆算符都等于它们自己,并且,它们的本征值都是± 1。

3. 时间反演算符的性质

(1) 算符$\hat{T}$是反线性算符

对于体系的任意两个状态$\Psi_1(\boldsymbol{r},t)$,$\Psi_2(\boldsymbol{r},t)$而言,时间反演算符虽然满足

$$\hat{T}[\Psi_1(\boldsymbol{r},t)+\Psi_2(\boldsymbol{r},t)]=\hat{T}\Psi_1(\boldsymbol{r},t)+\hat{T}\Psi_2(\boldsymbol{r},t) \tag{5.3.28}$$

但是,由于

$$\begin{aligned}\hat{T}[c_1\Psi_1(\boldsymbol{r},t)+c_2\Psi_2(\boldsymbol{r},t)]&=c_1^*\hat{T}\Psi_1(\boldsymbol{r},t)+c_2^*\hat{T}\Psi_2(\boldsymbol{r},t)\neq\\ &c_1\hat{T}\Psi_1(\boldsymbol{r},t)+c_2\hat{T}\Psi_2(\boldsymbol{r},t)\end{aligned} \tag{5.3.29}$$

故时间反演算符不满足线性算符的定义,而是所谓的**反线性算符**。

(2) 算符$\hat{K}$是反幺正算符

用类似处理宇称算符的方法,可以证明$\hat{T}_0$算符是一个幺正算符,但是,$\hat{K}$算符却并非幺正算符。下面用反证法来证明之。

设$\hat{K}$算符是一个幺正算符,即对于体系的任意两个状态$\Psi_1(\boldsymbol{r},t)$,$\Psi_2(\boldsymbol{r},t)$而言,满足

$$\int\mathrm{d}\tau\,\Psi_1^*(\boldsymbol{r},t)\hat{K}^{-1}\Psi_2(\boldsymbol{r},t)=\int\mathrm{d}\tau\,\Psi_2(\boldsymbol{r},t)[\hat{K}\Psi_1(\boldsymbol{r},t)]^* \tag{5.3.30}$$

利用式(5.3.27)可以将上式改写成

$$\int\mathrm{d}\tau\,\Psi_1^*(\boldsymbol{r},t)\Psi_2^*(\boldsymbol{r},t)=\int\mathrm{d}\tau\,\Psi_2(\boldsymbol{r},t)\Psi_1(\boldsymbol{r},t) \tag{5.3.31}$$

显然上式并不总是成立的,所以,通常情况下$\hat{K}$算符不是一个幺正算符,而是一个**反幺正算符**。

(3) 算符$\hat{K}$是非厄米算符

若算符$\hat{K}$为厄米算符,则应满足

$$\int\mathrm{d}\tau\,\Psi_1^*(\boldsymbol{r},t)\hat{K}\Psi_2(\boldsymbol{r},t)=\int\mathrm{d}\tau\,\Psi_2(\boldsymbol{r},t)\,[\hat{K}\Psi_1(\boldsymbol{r},t)]^* \tag{5.3.32}$$

显然,由上式也会得到式(5.3.31)的结果,故$\hat{K}$是一个非厄米算符,进而可知$\hat{T}$也是一个非厄米算符。

4. 态矢与算符的时间反演

可以证明，角动量算符本征态 $|jm\rangle$ 的时间反演态为[5.11]

$$\hat{T}|jm\rangle = (-1)^{j+m}|j,-m\rangle \tag{5.3.33}$$

下面直接给出几个常用力学量算符在时间反演之下的结果[5.7]

$$\begin{aligned} \hat{T}\hat{H}\hat{T}^{-1} &= \hat{H} \\ \hat{T}\hat{\boldsymbol{r}}\hat{T}^{-1} &= \hat{\boldsymbol{r}} \\ \hat{T}\hat{\boldsymbol{p}}\hat{T}^{-1} &= -\hat{\boldsymbol{p}} \\ \hat{T}\hat{\boldsymbol{L}}\hat{T}^{-1} &= -\hat{\boldsymbol{L}} \\ \hat{T}\hat{\boldsymbol{J}}\hat{T}^{-1} &= -\hat{\boldsymbol{J}} \end{aligned} \tag{5.3.34}$$

利用时间反演不变性，可以推导出中子和质子的许多性质，例如，如果时间反演不变性成立，则能导出中子不具有电偶极矩的结果，而相关的实验表明，中子的电偶极矩小于 6×10^{-25} e · cm，支持了时间反演不变性的理论结果。

5.4* 角动量态矢耦合系数

对于真实的微客体而言，一般情况下，它们既具有轨道角动量又具有自旋角动量，通常将两者统称为角动量。体系的空间转动对称性与角动量有关，在研究空间转动对称性之前，本节介绍2个、3个和4个角动量态矢耦合系数的定义、性质和计算公式，略去了繁杂的推导和证明。对于给定的量子数，利用作者在《量子物理学中的常用算法与程序》中给出的计算程序可以算出态矢耦合系数的具体数值。

5.4.1 CG 系数和 3j 符号

1. CG 系数的定义

对于两个角动量 $\boldsymbol{j}_1$ 与 $\boldsymbol{j}_2$ 来说，若态矢 $|j_1m_1\rangle|j_2m_2\rangle \equiv |j_1m_1j_2m_2\rangle$ 是非耦合表象的基矢，$|j_1j_2jm\rangle$ 是耦合表象的基矢，则由表象变换理论可知，两个表象下的基矢之间满足如下关系式

$$|j_1j_2jm\rangle = \sum_{m_1m_2}|j_1m_1j_2m_2\rangle\langle j_1m_1j_2m_2|j_1j_2jm\rangle = \sum_{m_1m_2}C^{jm}_{j_1m_1j_2m_2}|j_1m_1j_2m_2\rangle \tag{5.4.1}$$

其中，展开系数 $C^{jm}_{j_1m_1j_2m_2}$ 称为**态矢耦合系数**，或者**克莱布许**(Clebsch) - **高登**(Gordan) **系数**，简称为 **CG 系数**。由于 CG 系数的推导过程比较繁杂，就不在这里进行了，直接给出它的一些常用的性质和计算公式，以备查用。

2. CG 系数的性质

(1) 不为零的条件

凡是不满足三角形关系 (j_1,j_2,j)，即

$$\begin{cases} m = m_1 + m_2 \\ j = |j_1 - j_2|, |j_1 - j_2| + 1, \cdots, j_1 + j_2 \end{cases} \tag{5.4.2}$$

的 CG 系数皆为零。

(2) 循环公式

$$\begin{aligned} C^{j_3 m_3}_{j_1 m_1 j_2 m_2} &= (-1)^{j_1 + j_2 - j_3} C^{j_3 m_3}_{j_2 m_2 j_1 m_1} = (-1)^{j_1 + j_2 - j_3} C^{j_3 - m_3}_{j_1 - m_1 j_2 - m_2} = \\ &(-1)^{j_1 - m_1} \tilde{j}_3 \tilde{j}_2^{-1} C^{j_2 m_2}_{j_3 m_3 j_1 - m_1} = (-1)^{j_2 + m_2} \tilde{j}_3 \tilde{j}_1^{-1} C^{j_1 m_1}_{j_2 - m_2 j_3 m_3} = \\ &(-1)^{j_1 - m_1} \tilde{j}_3 \tilde{j}_2^{-1} C^{j_2 - m_2}_{j_1 m_1 j_3 - m_3} = (-1)^{j_2 + m_2} \tilde{j}_3 \tilde{j}_1^{-1} C^{j_1 - m_1}_{j_3 - m_3 j_2 m_2} \end{aligned} \tag{5.4.3}$$

式中，$\tilde{j} = (2j + 1)^{1/2}$。

(3) 正交归一关系

$$\begin{aligned} \sum_{m_1 m_2} C^{jm}_{j_1 m_1 j_2 m_2} C^{j'm'}_{j_1 m_1 j_2 m_2} &= \delta_{j,j'} \delta_{m,m'} \\ \sum_{jm} C^{jm}_{j_1 m_1 j_2 m_2} C^{jm}_{j'_1 m'_1 j'_2 m'_2} &= \delta_{j_1, j'_1} \delta_{m_1, m'_1} \delta_{j_2, j'_2} \delta_{m_2, m'_2} \end{aligned} \tag{5.4.4}$$

3. 3j 符号的定义和性质

展开系数还可以用 3j 符号来表示，3j 符号的定义和性质如下。

(1) 3j 符号的定义

$$\begin{pmatrix} j_1 & j_2 & j_3 \\ m_1 & m_2 & m_3 \end{pmatrix} = (-1)^{j_1 - j_2 - m_3} \tilde{j}_3^{-1} C^{j_3 - m_3}_{j_1 m_1 j_2 m_2} \tag{5.4.5}$$

(2) 交换的性质

列之间偶数次对换其值不变。

列之间奇数次对换或将磁量子数全部变号，相差因子 $(-1)^{j_1 + j_2 + j_3}$。

(3) 正交归一关系

$$\begin{aligned} \sum_{m_1 m_2} \tilde{j}_3^2 \begin{pmatrix} j_1 & j_2 & j_3 \\ m_1 & m_2 & m_3 \end{pmatrix} \begin{pmatrix} j_1 & j_2 & j'_3 \\ m_1 & m_2 & m'_3 \end{pmatrix} &= \delta_{j_3, j'_3} \delta_{m_3, m'_3} \\ \sum_{j_3 m_3} \tilde{j}_3^2 \begin{pmatrix} j_1 & j_2 & j_3 \\ m_1 & m_2 & m_3 \end{pmatrix} \begin{pmatrix} j'_1 & j'_2 & j_3 \\ m'_1 & m'_2 & m_3 \end{pmatrix} &= \delta_{j_1, j'_1} \delta_{m_1, m'_1} \delta_{j_2, j'_2} \delta_{m_2, m'_2} \end{aligned} \tag{5.4.6}$$

4. 其他表示

由于历史的原因，在早期的文献中，耦合系数还有过另外一些表示方式，现将 3j 符号与各种耦合系数之间的关系列在下面。

(1) 康登(Condon) - 肖特利(Shortley) 系数

$$\langle j_1 m_1 j_2 m_2 | j_1 j_2 j_3 m_3 \rangle = (-1)^{-j_1 + j_2 - m_3} \tilde{j}_3 \begin{pmatrix} j_1 & j_2 & j_3 \\ m_1 & m_2 & -m_3 \end{pmatrix} \tag{5.4.7}$$

(2) 许温格(Schwinger) 系数

$$X(j_1j_2j_3;m_1m_2m_3)=\begin{pmatrix} j_1 & j_2 & j_3 \\ m_1 & m_2 & m_3 \end{pmatrix} \tag{5.4.8}$$

(3) 费诺(Fano) 和朗道 - 利福希茨(Landau - Lifshitz) 系数

$$\langle j_1m_1,j_2m_2,j_3m_3\,|\,0\rangle=(-1)^{j_1-j_2+j_3}\begin{pmatrix} j_1 & j_2 & j_3 \\ m_1 & m_2 & m_3 \end{pmatrix} \tag{5.4.9}$$

(4) 拉卡(Racah) 系数

$$V(j_1j_2j_3;m_1m_2m_3)=(-1)^{j_1-j_2-j_3}\begin{pmatrix} j_1 & j_2 & j_3 \\ m_1 & m_2 & m_3 \end{pmatrix} \tag{5.4.10}$$

5. 3j 符号的计算公式

$$\begin{pmatrix} j_1 & j_2 & j_3 \\ m_1 & m_2 & m_3 \end{pmatrix}=(-1)^{j_1-j_2-m_3}\left[\frac{(j_1+j_2-j_3)!\,(j_1-j_2+j_3)!\,(-j_1+j_2+j_3)!}{(j_1+j_2+j_3+1)!}\right]^{1/2}\times$$

$$[(j_1+m_1)!\,(j_1-m_1)!\,(j_2+m_2)!\,(j_2-m_2)!\,(j_3+m_3)!\,(j_3-m_3)!]^{1/2}\times$$

$$\sum_k\frac{(-1)^k}{k!\,(j_1+j_2-j_3-k)!\,(j_1-m_1-k)!\,(j_2+m_2-k)!\,(j_3-j_2+m_1+k)!\,(j_3-j_1-m_2+k)!} \tag{5.4.11}$$

其中,求和指标 k 的取值范围是,只要保证所有阶乘存在即可(下同)。

5.4.2　U 系数和 6j 符号

1. U 系数的定义

3 个角动量 $\boldsymbol{j}_1,\boldsymbol{j}_2,\boldsymbol{j}_3$ 之矢量和 $\boldsymbol{j}=\boldsymbol{j}_1+\boldsymbol{j}_2+\boldsymbol{j}_3$ 有两种耦合方式,即

$$\begin{aligned} \boldsymbol{j}&=(\boldsymbol{j}_1+\boldsymbol{j}_2)+\boldsymbol{j}_3=\boldsymbol{j}_{12}+\boldsymbol{j}_3,\quad \boldsymbol{j}_{12}=\boldsymbol{j}_1+\boldsymbol{j}_2 \\ \boldsymbol{j}&=\boldsymbol{j}_1+(\boldsymbol{j}_2+\boldsymbol{j}_3)=\boldsymbol{j}_1+\boldsymbol{j}_{23},\quad \boldsymbol{j}_{23}=\boldsymbol{j}_2+\boldsymbol{j}_3 \end{aligned} \tag{5.4.12}$$

对应的耦合本征矢分别记为 $|j_1j_2(j_{12}),j_3;JM\rangle$ 与 $|j_1,j_2j_3(j_{23});JM\rangle$。

将两个耦合本征矢分别向非耦合本征矢展开

$$\begin{aligned} |j_1j_2(j_{12}),j_3;JM\rangle&=\sum_{m_1m_2m_3m_{12}}C^{j_{12}m_{12}}_{j_1m_1j_2m_2}C^{JM}_{j_{12}m_{12}j_3m_3}\,|j_1m_1\rangle\,|j_2m_2\rangle\,|j_3m_3\rangle \\ |j_1,j_2j_3(j_{23});JM\rangle&=\sum_{m_1m_2m_3m_{23}}C^{JM}_{j_1m_1j_{23}m_{23}}C^{j_{23}m_{23}}_{j_2m_2j_3m_3}\,|j_1m_1\rangle\,|j_2m_2\rangle\,|j_3m_3\rangle \end{aligned} \tag{5.4.13}$$

再将 $|j_1,j_2j_3(j_{23});JM\rangle$ 向 $|j_1j_2(j_{12}),j_3;JM\rangle$ 展开,即

$$|j_1,j_2j_3(j_{23});JM\rangle=\sum_{j_{12}}U(j_1j_2Jj_3;j_{12}j_{23})\,|j_1j_2(j_{12}),j_3;JM\rangle \tag{5.4.14}$$

称展开系数 $U(j_1j_2Jj_3;j_{12}j_{23})$ 为扬(Jahn) 的 U 系数。U 系数与 CG 系数的关系为

$$U(j_1j_2Jj_3;j_{12}j_{23}) = \langle j_1j_2(j_{12}),j_3;JM \mid j_1,j_2j_3(j_{23});JM\rangle = \sum_{m_1m_2m_3m_{12}m_{23}} C^{j_{12}m_{12}}_{j_1m_1j_2m_2} C^{JM}_{j_{12}m_{12}j_3m_3} C^{JM}_{j_1m_1j_{23}m_{23}} C^{j_{23}m_{23}}_{j_2m_2j_3m_3} \tag{5.4.15}$$

2. 其他表示

几种系数之间的关系为

(1) 6j 符号

$$\begin{Bmatrix} j_1 & j_2 & j_3 \\ l_1 & l_2 & l_3 \end{Bmatrix} = (-1)^{j_1+j_2+l_1+l_2} \tilde{j}_3^{-1} \tilde{l}_3^{-1} U(j_1j_2l_2l_1;j_3l_3) \tag{5.4.16}$$

(2) 拉卡系数

$$W(j_1j_2l_2l_1;j_3l_3) = (-1)^{j_1+j_2+l_1+l_2} \begin{Bmatrix} j_1 & j_2 & j_3 \\ l_1 & l_2 & l_3 \end{Bmatrix} \tag{5.4.17}$$

(3) 扬系数的另一种写法

$$U\begin{pmatrix} j_1 & j_2 & j_3 \\ l_1 & l_2 & l_3 \end{pmatrix} = U(j_1j_2l_2l_1;j_3l_3) \tag{5.4.18}$$

3. 6j 符号的性质

(1) 三角形关系

$\begin{Bmatrix} j_1 & j_2 & j_3 \\ l_1 & l_2 & l_3 \end{Bmatrix}$ 需要满足如下 4 个三角形关系,否则为零

$$(j_1j_2j_3),(l_1l_2j_3),(j_1l_2l_3),(l_1j_2l_3) \tag{5.4.19}$$

(2) 循环公式

$$\begin{Bmatrix} j_1 & j_2 & j_3 \\ l_1 & l_2 & l_3 \end{Bmatrix} = \begin{Bmatrix} j_2 & j_1 & j_3 \\ l_2 & l_1 & l_3 \end{Bmatrix} = \begin{Bmatrix} j_2 & j_3 & j_1 \\ l_2 & l_3 & l_1 \end{Bmatrix} = \begin{Bmatrix} l_1 & l_2 & j_3 \\ j_1 & j_2 & l_3 \end{Bmatrix} = \begin{Bmatrix} j_1 & l_2 & l_3 \\ l_1 & j_2 & j_3 \end{Bmatrix} \tag{5.4.20}$$

(3) 正交归一关系

$$\sum_{j_{23}} \tilde{j}_{12}^2 \tilde{j}_{23}^2 \begin{Bmatrix} j_1 & j_2 & j_{12} \\ j_3 & J & j_{23} \end{Bmatrix} \begin{Bmatrix} j_1 & j_2 & j'_{12} \\ j_3 & J & j_{23} \end{Bmatrix} = \delta_{j_{12}j'_{12}} \tag{5.4.21}$$

4. 6j 符号的计算公式

$$\begin{Bmatrix} j_1j_2j_3 \\ l_1l_2l_3 \end{Bmatrix} = (-1)^{j_1+j_2+l_1+l_2} \Delta(j_1j_2j_3)\Delta(l_1l_2j_3)\Delta(l_1j_2l_3)\Delta(j_1l_2l_3) \times$$

$$\sum_k \frac{(-1)^k (j_1+j_2+l_1+l_2+1-k)!}{k!\,(j_1+j_2-j_3-k)!\,(l_1+l_2-j_3-k)!\,(j_1+l_2-l_3-k)!\,(l_1+j_2-l_3-k)!} \times$$

$$\frac{1}{(-j_1-l_1+l_3+j_3+k)!\,(-j_2-l_2+j_3+l_3+k)!} \tag{5.4.22}$$

其中

$$\Delta(abc)=\left[\frac{(a+b-c)!\ (a-b+c)!\ (-a+b+c)!}{(a+b+c+1)!}\right]^{1/2} \tag{5.4.23}$$

5.4.3 广义拉卡系数和 9j 符号

1. 广义拉卡系数与 9j 符号

4 个角动量 $\boldsymbol{j}_1,\boldsymbol{j}_2,\boldsymbol{j}_3,\boldsymbol{j}_4$ 之矢量和 $\boldsymbol{j}=\boldsymbol{j}_1+\boldsymbol{j}_2+\boldsymbol{j}_3+\boldsymbol{j}_4$ 可按如下两种方式耦合

$$\begin{aligned}\boldsymbol{j}&=(\boldsymbol{j}_1+\boldsymbol{j}_2)+(\boldsymbol{j}_3+\boldsymbol{j}_4)=\boldsymbol{j}_{12}+\boldsymbol{j}_{34}\\ \boldsymbol{j}&=(\boldsymbol{j}_1+\boldsymbol{j}_3)+(\boldsymbol{j}_2+\boldsymbol{j}_4)=\boldsymbol{j}_{13}+\boldsymbol{j}_{24}\end{aligned} \tag{5.4.24}$$

它们对应的耦合本征矢分别为

$$\begin{aligned}&|j_1j_2(j_{12})j_3j_4(j_{34});JM\rangle=\\ &\sum_{\substack{m_1m_2m_{12}\\ m_3m_4m_{34}}}C_{j_1m_1j_2m_2}^{j_{12}m_{12}}C_{j_3m_3j_4m_4}^{j_{34}m_{34}}C_{j_{12}m_{12}j_{34}m_{34}}^{JM}\,|j_1m_1\rangle\,|j_2m_2\rangle\,|j_3m_3\rangle\,|j_4m_4\rangle\\ &|j_1j_3(j_{13})j_2j_4(j_{24});JM\rangle=\\ &\sum_{\substack{m_1m_3m_{13}\\ m_2m_4m_{24}}}C_{j_1m_1j_3m_3}^{j_{13}m_{13}}C_{j_2m_2j_4m_4}^{j_{24}m_{24}}C_{j_{13}m_{13}j_{24}m_{24}}^{JM}\,|j_1m_1\rangle\,|j_2m_2\rangle\,|j_3m_3\rangle\,|j_4m_4\rangle\end{aligned} \tag{5.4.25}$$

将 $|j_1j_3(j_{13})j_2j_4(j_{24});JM\rangle$ 向 $|j_1j_2(j_{12})j_3j_4(j_{34});JM\rangle$ 展开

$$\begin{aligned}|j_1j_3(j_{13})j_2j_4(j_{24});JM\rangle&=\sum_{j_{12}j_{34}}|j_1j_2(j_{12})j_3j_4(j_{34});JM\rangle\times\\ &\langle j_1j_2(j_{12})j_3j_4(j_{34});JM\,|\,j_1j_3(j_{13})j_2j_4(j_{24});JM\rangle\end{aligned} \tag{5.4.26}$$

其中

$$\begin{bmatrix}j_1 & j_2 & j_{12}\\ j_3 & j_4 & j_{34}\\ j_{13} & j_{24} & J\end{bmatrix}\equiv\langle j_1j_2(j_{12})j_3j_4(j_{34});JM\,|\,j_1j_3(j_{13})j_2j_4(j_{24});JM\rangle \tag{5.4.27}$$

称为**广义拉卡系数**。

广义拉卡系数的具体表达式为

$$\begin{bmatrix}j_1 & j_2 & j_{12}\\ j_3 & j_4 & j_{34}\\ j_{13} & j_{24} & J\end{bmatrix}=\sum_{\substack{m_1m_2m_3m_4\\ m_{12}m_{34}m_{13}m_{24}}}C_{j_1m_1j_2m_2}^{j_{12}m_{12}}C_{j_3m_3j_4m_4}^{j_{34}m_{34}}C_{j_{12}m_{12}j_{34}m_{34}}^{JM}\ C_{j_1m_1j_3m_3}^{j_{13}m_{13}}C_{j_2m_2j_4m_4}^{j_{24}m_{24}}C_{j_{13}m_{13}j_{24}m_{24}}^{JM} \tag{5.4.28}$$

广义拉卡系数与 9j 符号的关系

$$\begin{bmatrix} j_1 & j_2 & j_{12} \\ j_3 & j_4 & j_{34} \\ j_{13} & j_{24} & J \end{bmatrix} = \tilde{j}_{12}\tilde{j}_{34}\tilde{j}_{13}\tilde{j}_{24}\begin{Bmatrix} j_1 & j_2 & j_{12} \\ j_3 & j_4 & j_{34} \\ j_{13} & j_{24} & J \end{Bmatrix} \tag{5.4.29}$$

等式右端的大括号为 9j 符号。

2. 9j 符号的性质

(1)9j 符号要满足如下 6 个三角关系,否则为零

$$(j_1j_2j_{12}),(j_3j_4j_{34}),(j_1j_3j_{13}),(j_2j_4j_{24}),(j_{12}j_{34}J),(j_{13}j_{24}J) \tag{5.4.30}$$

(2) 对称性

行变列或列变行,9j 符号值不变;

任意行或列做偶数次调换,9j 符号值不变;

任意行或列做奇数次调换,9j 符号的值相差一个因子

$$(-1)^{j_1+j_2+j_3+j_4+j_{12}+j_{34}+j_{13}+j_{24}+J} \tag{5.4.31}$$

(3) 正交归一关系

$$\sum_{j_{13}j_{24}}(\tilde{j}_{12}\tilde{j}_{34}\tilde{j}_{13}\tilde{j}_{24})^2\begin{Bmatrix} j_1 & j_2 & j_{12} \\ j_3 & j_4 & j_{34} \\ j_{13} & j_{24} & J \end{Bmatrix}\begin{Bmatrix} j_1 & j_2 & j'_{12} \\ j_3 & j_4 & j'_{34} \\ j_{13} & j_{24} & J \end{Bmatrix} = \delta_{j_{12},j'_{12}}\delta_{j_{34},j'_{34}} \tag{5.4.32}$$

3. 9j 符号的计算公式

$$\begin{Bmatrix} j_1 & j_2 & j_{12} \\ j_3 & j_4 & j_{34} \\ j_{13} & j_{24} & J \end{Bmatrix} = \sum_j(-1)^{2j}\tilde{j}^2\begin{Bmatrix} j_1 & j_2 & j_{13} \\ j_{24} & J & j \end{Bmatrix}\begin{Bmatrix} j_2 & j_4 & j_{24} \\ j_3 & j & j_{34} \end{Bmatrix}\begin{Bmatrix} j_{12} & j_{34} & J \\ j & j_1 & j_2 \end{Bmatrix} \tag{5.4.33}$$

实际上,角动量态矢耦合系数之间还有许多关系式,它们的推导过程都相当繁杂,即使只是验证它们的正确性也是一件耗时费力的事情。如果使用程序对公式两端进行数值计算,然后再比较之,则可以取得事半功倍的效果,这是验证公式正确性的一种新思路。

5.5　空间转动

在已经研究了空间(时间)的平移与反演对称性后,本节将介绍空间转动不变性与角动量守恒,主要内容包括:空间转动不变性与角动量守恒;转动算符的各种表示;转动算符的矩阵形式(D 函数);D 函数的积分公式。

5.5.1　空间转动不变性与角动量守恒

1. 体系绕 z 轴的转动

体系绕 z 轴转动是空间转动的一个特例。设体系绕 z 轴转动无穷小角度 $\Delta\varphi$,即

$$\varphi \to \tilde{\varphi} = \varphi + \Delta\varphi \tag{5.5.1}$$

用类似处理空间平移问题的方法,可以得到绕 z 轴转动 $\Delta\varphi$ 的无穷小转动算符

$$\hat{R}(\boldsymbol{k}, \Delta\varphi) = \mathrm{e}^{-\mathrm{i}\hbar^{-1}\Delta\varphi \hat{l}_z} \tag{5.5.2}$$

其中,$\boldsymbol{k}$ 为 z 轴的单位矢量。绕 z 轴无穷小转动算符的生成元

$$\hat{l}_z = -\mathrm{i}\hbar \frac{\partial}{\partial\varphi} \tag{5.5.3}$$

是轨道角动量 z 分量算符。若体系具有绕 z 轴转动不变性,则 l_z 为守恒量,空间中的绝对角度 φ 是一个不可观测的力学量。

2. 体系绕任意轴 $\boldsymbol{n}$ 的转动

设体系绕空间任意轴 $\boldsymbol{n}$(单位矢量) 转动无穷小角度 $\Delta\theta$,即

$$\begin{aligned} \boldsymbol{r} \to \tilde{\boldsymbol{r}} = \boldsymbol{r} + \Delta\boldsymbol{r} \\ \Delta\boldsymbol{r} = \Delta\theta\boldsymbol{n} \times \boldsymbol{r} \end{aligned} \tag{5.5.4}$$

在此变换之下,波函数相应的变换为

$$\psi(\boldsymbol{r}) \to \tilde{\psi}(\boldsymbol{r}) = \hat{R}(\boldsymbol{n}, \Delta\theta)\psi(\boldsymbol{r}) \tag{5.5.5}$$

其中,$\hat{R}(\boldsymbol{n}, \Delta\theta)$ 为绕空间 $\boldsymbol{n}$ 轴转动无穷小角度 $\Delta\theta$ 的**无穷小转动算符**。

若体系具有绕 $\boldsymbol{n}$ 轴的转动不变性,则有

$$\tilde{\psi}(\tilde{\boldsymbol{r}}) = \psi(\boldsymbol{r}) \tag{5.5.6}$$

由式(5.5.5) 与式(5.5.4) 可知

$$\hat{R}(\boldsymbol{n}, \Delta\theta)\psi(\boldsymbol{r} + \Delta\boldsymbol{r}) = \psi(\boldsymbol{r}) \tag{5.5.7}$$

用 $\boldsymbol{r} - \Delta\boldsymbol{r}$ 代替上式左端中的 $\boldsymbol{r}$,再利用标量三重积公式

$$(\boldsymbol{A} \times \boldsymbol{B}) \cdot \boldsymbol{C} = \boldsymbol{A} \cdot (\boldsymbol{B} \times \boldsymbol{C}) \tag{5.5.8}$$

式(5.5.7) 的左端可以改写为

$$\begin{aligned} &\hat{R}(\boldsymbol{n}, \Delta\theta)\psi(\boldsymbol{r}) = \psi(\boldsymbol{r} - \Delta\boldsymbol{r}) = \psi(\boldsymbol{r} - \Delta\theta\boldsymbol{n} \times \boldsymbol{r}) = \\ &\psi(\boldsymbol{r}) - \Delta\theta(\boldsymbol{n} \times \boldsymbol{r}) \cdot \nabla\psi(\boldsymbol{r}) + \cdots = \mathrm{e}^{-\Delta\theta(\boldsymbol{n}\times\boldsymbol{r})\cdot\nabla}\psi(\boldsymbol{r}) = \\ &\mathrm{e}^{-\mathrm{i}\hbar^{-1}\Delta\theta(\boldsymbol{n}\times\boldsymbol{r})\cdot\hat{\boldsymbol{p}}}\psi(\boldsymbol{r}) = \mathrm{e}^{-\mathrm{i}\hbar^{-1}\Delta\theta\boldsymbol{n}\cdot(\boldsymbol{r}\times\hat{\boldsymbol{p}})} = \mathrm{e}^{-\mathrm{i}\hbar^{-1}\Delta\theta\boldsymbol{n}\cdot\hat{\boldsymbol{l}}}\psi(\boldsymbol{r}) \end{aligned} \tag{5.5.9}$$

于是得到绕空间 $\boldsymbol{n}$ 方向做无穷小转动 $\Delta\theta$ 的无穷小空间转动算符的表达式

$$\hat{R}(\boldsymbol{n}, \Delta\theta) = \mathrm{e}^{-\mathrm{i}\hbar^{-1}\Delta\theta\boldsymbol{n}\cdot\hat{\boldsymbol{l}}} = \mathrm{e}^{-\mathrm{i}\hbar^{-1}\Delta\theta\hat{l}_n} \tag{5.5.10}$$

绕 $\boldsymbol{n}$ 轴的无穷小转动算符的生成元为

$$\hat{l}_n = \boldsymbol{n} \cdot \hat{\boldsymbol{l}} = (\boldsymbol{r} \times \hat{\boldsymbol{p}})_n \tag{5.5.11}$$

它是轨道角动量算符 $\hat{\boldsymbol{l}}$ 在 $\boldsymbol{n}$ 方向的分量算符。

由式(5.5.10) 可知

$$\hat{R}^{\dagger}(\boldsymbol{n}, \Delta\theta) = \hat{R}^{-1}(\boldsymbol{n}, \Delta\theta) \tag{5.5.12}$$

显然,无穷小转动算符是一个幺正算符。

3. 态矢与算符的转动

对于任意的状态 $\psi(\boldsymbol{r})$,如果状态 $\tilde{\psi}(\boldsymbol{r})$ 满足

$$\tilde{\psi}(\boldsymbol{r}) = \hat{R}(\boldsymbol{n},\Delta\theta)\psi(\boldsymbol{r}) \tag{5.5.13}$$

则称 $\tilde{\psi}(\boldsymbol{r})$ 为 $\psi(\boldsymbol{r})$ 的**转动态**。

一个算符 $\hat{F}$ 在转动之后变为一个新的算符$\hat{\tilde{F}}$,由算符的幺正变换可知

$$\hat{\tilde{F}} = \hat{R}(\boldsymbol{n},\Delta\theta)\hat{F}\hat{R}^{\dagger}(\boldsymbol{n},\Delta\theta) \tag{5.5.14}$$

此即所谓**算符的转动**。$\hat{\tilde{F}}$ 在转动态 $\tilde{\psi}(\boldsymbol{r})$ 上的平均值为

$$\langle\tilde{\psi}(\boldsymbol{r}) \mid \hat{\tilde{F}} \mid \tilde{\psi}(\boldsymbol{r})\rangle = \langle\psi(\boldsymbol{r}) \mid \hat{R}^{\dagger}\hat{R}\hat{F}\hat{R}^{\dagger}\hat{R} \mid \psi(\boldsymbol{r})\rangle = \langle\psi(\boldsymbol{r}) \mid \hat{F} \mid \psi(\boldsymbol{r})\rangle \tag{5.5.15}$$

它刚好与算符 $\hat{F}$ 在原来态上的平均值相等。

4. 转动不变性与角动量守恒

如果体系具有绕 $\boldsymbol{n}$ 轴的空间转动不变性,则有

$$[\hat{R}(\boldsymbol{n},\Delta\theta),\hat{H}] = 0 \tag{5.5.16}$$

进而得到

$$[\hat{l}_n,\hat{H}] = 0 \tag{5.5.17}$$

上式表明,如果体系具有绕 $\boldsymbol{n}$ 轴的空间转动不变性,则 $\boldsymbol{n}$ 方向的轨道角动量 l_n 是守恒量,同时也意味着空间的绝对方向是不可观测的,即空间是各向同性的。显然,前面讨论的绕 z 轴转动不变性只是它的一个特例。

综上所述,体系具有的对称性将导致守恒量的存在(时间反演例外),不同的对称性对应不同的守恒量,同时也意味着存在某个不可观测量。不含时体系的对称性通常会导致能量本征值的简并,若要消除简并,则必须引入适当的新的力学量来破坏其对称性。

5.5.2 转动算符的其他表示

1. 无穷小转动算符的一般形式

前面已经定义 $\hat{R}(\boldsymbol{n},\Delta\theta)$ 为绕 $\boldsymbol{n}$ 轴转动 $\Delta\theta$ 的无穷小转动算符,即

$$\hat{R}(\boldsymbol{n},\Delta\theta) = \mathrm{e}^{-\mathrm{i}\hbar^{-1}\Delta\theta\hat{l}_n} \tag{5.5.18}$$

其中,$\hat{l}_n$ 为轨道角动量算符在 $\boldsymbol{n}$ 方向上的分量算符。它是在粒子自旋为零的标量场中写出的,或者说,它没有顾及粒子的自旋。如果顾及到粒子具有不为零的自旋,无穷小转动算符也可以在自旋为 $\hbar/2$ 的旋量场或者自旋为 $\hbar$ 的矢量场中写出来,只不过将轨道角动量算符 $\hat{l}_n$ 换成总角动量算符 $\hat{j}_n$ 而已。因此,绕 $\boldsymbol{n}$ 轴转动 $\Delta\theta$ 的无穷小转动算符可以写成

$$\hat{R}(\boldsymbol{n},\Delta\theta) = \mathrm{e}^{-\mathrm{i}\hbar^{-1}\Delta\theta\hat{j}_n} \tag{5.5.19}$$

此即**无穷小转动算符的一般形式**。

2. 有限角度转动算符

若考虑绕 $\boldsymbol{n}$ 轴做有限角度 θ 的转动,则可以将其视为绕 $\boldsymbol{n}$ 轴连续地做 m 次无穷小角度 $\Delta\theta = \theta/m(m \to \infty)$ 转动的结果。由于这些无穷小转动算符都是绕同一个轴 $\boldsymbol{n}$ 进行的,它

们之间可以对易，于是有

$$\hat{R}(\boldsymbol{n},\theta) = (\mathrm{e}^{-\mathrm{i}\hbar^{-1}\theta\hat{j}_n m^{-1}})^m = \mathrm{e}^{-\mathrm{i}\hbar^{-1}\theta\hat{j}_n} \tag{5.5.20}$$

称 $\hat{R}(\boldsymbol{n},\theta)$ 为绕 n 轴转动有限角度 θ 的**转动算符**。

3. 转动算符的欧拉角表示

由数学理论可知，对任何一个绕固定的 $\boldsymbol{n}$ 轴转动 θ 角度的转动而言，这种 3 维空间中的有限转动也可以用3个欧拉(Euler)角 α、β、γ 来表示。具体的变换过程是，对转动前的位置依次做如下 3 个转动可以得到转动后的位置：先绕 z 轴转动 γ 角，再绕 y 轴转动 β 角，最后绕 z 轴转动 α 角。于是，转动有限角度的转动算符可以写成

$$\hat{R}(\alpha,\beta,\gamma) = \mathrm{e}^{-\mathrm{i}\hbar^{-1}\alpha\hat{j}_z}\mathrm{e}^{-\mathrm{i}\hbar^{-1}\beta\hat{j}_y}\mathrm{e}^{-\mathrm{i}\hbar^{-1}\gamma\hat{j}_z} \tag{5.5.21}$$

此即**转动算符的欧拉角表示**。

5.5.3 转动算符的矩阵形式(D 函数)

1. D 函数的定义

设 $\{|jm\rangle\}$ 为角动量算符 $\hat{\boldsymbol{j}}^2$ 与 $\hat{j}_z$ 的共同完备本征函数系，在此基底下，有限角度 θ 转动算符 $\hat{R}(\boldsymbol{n},\theta)$ 的矩阵元为

$$\langle j'm' | \hat{R}(\boldsymbol{n},\theta) | jm\rangle = \langle j'm' | \mathrm{e}^{-\mathrm{i}\hbar^{-1}\theta\hat{j}_n} | jm\rangle \tag{5.5.22}$$

由于算符 $\hat{\boldsymbol{j}}^2$ 与 $\hat{\boldsymbol{j}}$ 的任意分量算符都对易，所以，只有当 $j = j'$ 时，转动算符 $\hat{R}(\boldsymbol{n},\theta)$ 的矩阵元才不为零，即

$$\langle j'm' | \hat{R}(\boldsymbol{n},\theta) | jm\rangle = \langle j'm' | \mathrm{e}^{-\mathrm{i}\hbar^{-1}\theta\hat{j}_n} | jm\rangle\delta_{j,j'} \tag{5.5.23}$$

进而可知，只需要在磁量子数不同的子空间中计算转动算符的矩阵元即可，通常将其记为

$$D^{(j)}_{m'm}(\hat{R}) = \langle jm' | \mathrm{e}^{-\mathrm{i}\hbar^{-1}\theta\hat{j}_n} | jm\rangle \tag{5.5.24}$$

此即转动算符矩阵元的不可约表示，称之为 **D 函数**，或者**维格纳函数**。实际上，D 函数是转动算符在角动量表象下的矩阵元。

2. D 函数的性质

D 函数具有如下性质：

(1) 当 $\theta = 0$ 时，由于 $\hat{R}(\boldsymbol{n},0) = 1$，故有

$$D^{(j)}_{mm'}(1) = \delta_{m,m'} \tag{5.5.25}$$

(2) 因为转动算符是幺正算符，故有[5.12]

$$D^{(j)}_{m'm}(\hat{R}^{-1}) = D^{(j)*}_{mm'}(\hat{R}) \tag{5.5.26}$$

(3) 两个连续的转动仍是一个转动，此时 D 函数满足相应的乘法运算规则[5.13]

$$\sum_{m'} D^{(j)}_{m''m'}(\hat{R}_1)D^{(j)}_{m'm}(\hat{R}_2) = D^{(j)}_{m''m}(\hat{R}_1\hat{R}_2) \tag{5.5.27}$$

$$\sum_{m'} D^{(j)*}_{m'm''}(\hat{R})D^{(j)}_{m'm}(\hat{R}) = \delta_{m,m''} \tag{5.5.28}$$

(4) $D_{m'm}^{(j)}(\hat{R})$ 是 $\hat{R}\,|jm\rangle$ 在 $|jm'\rangle$ 态上的投影,即

$$\hat{R}\,|jm\rangle = \sum_{m'} |jm'\rangle D_{m'm}^{(j)}(\hat{R}) \tag{5.5.29}$$

(5) D 函数的耦合规则为[5.14]

$$D_{m'_1m_1}^{(j_1)}(\hat{R})D_{m'_2m_2}^{(j_2)}(\hat{R}) = \sum_{j,m,m'} C_{j_1m_1j_2m_2}^{jm}\, C_{j_1m'_1j_2m'_2}^{jm'}\, D_{m'm}^{(j)}(\hat{R}) = \sum_{j} C_{j_1m_1j_2m_2}^{jm}\, C_{j_1m'_1j_2m'_2}^{jm'}\, D_{m'm}^{(j)}(\hat{R}) \tag{5.5.30}$$

D 函数的上述性质将在后面的推导中用到。

3. D 函数的欧拉角表示

由式(5.5.21)可知,D 函数的欧拉角表示为

$$D_{m'm}^{(j)}(\alpha,\beta,\gamma) = \langle jm'\,|\,\mathrm{e}^{-\mathrm{i}\hbar^{-1}\alpha\hat{j}_z}\mathrm{e}^{-\mathrm{i}\hbar^{-1}\beta\hat{j}_y}\mathrm{e}^{-\mathrm{i}\hbar^{-1}\gamma\hat{j}_z}\,|jm\rangle \tag{5.5.31}$$

由于 $|jm\rangle$ 是 $\hat{j}_z$ 的本征矢,所以,由算符函数的定义和 $\hat{j}_z$ 的厄米性可知

$$\begin{aligned} \mathrm{e}^{-\mathrm{i}\hbar^{-1}\gamma\hat{j}_z}\,|jm\rangle &= \mathrm{e}^{-\mathrm{i}m\gamma}\,|jm\rangle \\ \langle jm'\,|\,\mathrm{e}^{-\mathrm{i}\hbar^{-1}\alpha\hat{j}_z} &= \langle jm'\,|\,\mathrm{e}^{-\mathrm{i}m'\alpha} \end{aligned} \tag{5.5.32}$$

将上式代入式(5.5.31),于是,用欧拉角表示的 D 函数可以简化为

$$D_{m'm}^{(j)}(\alpha,\beta,\gamma) = \mathrm{e}^{-\mathrm{i}(m'\alpha+m\gamma)}\langle jm'\,|\,\mathrm{e}^{-\mathrm{i}\hbar^{-1}\beta\hat{j}_y}\,|jm\rangle \tag{5.5.33}$$

上式表明,D 函数与 α 及 γ 的关系只出现在一个常数中。

若令与 β 相关的项为

$$d_{m'm}^{(j)}(\beta) = \langle jm'\,|\,\mathrm{e}^{-\mathrm{i}\hbar^{-1}\beta\hat{j}_y}\,|jm\rangle \tag{5.5.34}$$

则 D 函数的表达式可以简化为

$$D_{m'm}^{(j)}(\alpha,\beta,\delta) = \mathrm{e}^{-\mathrm{i}(m'\alpha+m\gamma)}d_{m'm}^{(j)}(\beta) \tag{5.5.35}$$

由(5.5.34)定义的 $d_{m'm}^{(j)}(\beta)$ 只与 β 角度相关,称之为 d 函数,维格纳给出了它的计算公式

$$d_{m'm}^{(j)}(\beta) = (-1)^{m'-m}[(j+m)!\,(j-m)!\,(j+m')!\,(j-m')!]^{1/2} \times \cos^{2j}(\beta/2)\sum_k \frac{(-1)^k\tan^{m'-m+2k}(\beta/2)}{k!\,(j+m-k)!\,(j-m'-k)!\,(k-m+m')!} \tag{5.5.36}$$

其中整数 k 需要满足使得所有的阶乘的自变量为非负数的要求。

下面给出利用上式计算 d 函数的两个实例。

例题 5.1　当 $j=1/2$ 时,导出 $d^{(1/2)}(\beta)$ 的矩阵表示,即

$$d^{(1/2)}(\beta) = \begin{pmatrix} \cos(\beta/2) & -\sin(\beta/2) \\ \sin(\beta/2) & \cos(\beta/2) \end{pmatrix} \tag{5.5.37}$$

解　由于 $j=1/2$,m 与 m' 都只能取 $\pm 1/2$,故 $d^{(1/2)}(\beta)$ 为二阶矩阵。利用式(5.5.36)计算 $d^{(1/2)}(\beta)$ 的4个矩阵元,得到

$$d^{(1/2)}_{1/2,1/2}(\beta)=\cos(\beta/2)\sum_{k=0}^{0}\frac{(-1)^k\tan^{2k}(\beta/2)}{k!\,(1-k)!\,(-k)!\,k!}=\cos(\beta/2) \tag{5.5.38}$$

$$d^{(1/2)}_{1/2,-1/2}(\beta)=-\cos(\beta/2)\sum_{k=0}^{0}\frac{(-1)^k\tan^{2k+1}(\beta/2)}{k!\,(-k)!\,(-k)!\,(k+1)!}=-\sin(\beta/2) \tag{5.5.39}$$

$$d^{(1/2)}_{-1/2,1/2}(\beta)=-\cos(\beta/2)\sum_{k=1}^{1}\frac{(-1)^k\tan^{2k-1}(\beta/2)}{k!\,(1-k)!\,(1-k)!\,(k-1)!}=$$
$$-\cos(\beta/2)[-\tan(\beta/2)]=\sin(\beta/2) \tag{5.5.40}$$

$$d^{(1/2)}_{-1/2,-1/2}(\beta)=\cos(\beta/2)\sum_{k=0}^{0}\frac{(-1)^k\tan^{2k}(\beta/2)}{k!\,(-k)!\,(1-k)!\,k!}=\cos(\beta/2) \tag{5.5.41}$$

于是,式(5.5.37)得证。

例题 5.2　验证

$$d^{(j)}_{00}(\beta)=\mathrm{P}_j(\cos\beta) \tag{5.5.42}$$

式中的 $\mathrm{P}_j(\cos\beta)$ 是勒让德多项式。

解　将 $m=m'=0$ 代入式(5.5.36),得到

$$d^{(j)}_{00}(\beta)=(j!)^2\cos^{2j}(\beta/2)\sum_{k=0}^{j}(-1)^k[k!\,(j-k)!]^{-2}\tan^{2k}(\beta/2) \tag{5.5.43}$$

由于 $m=m'=0$,故 $j=0,1,2,\cdots$。下面对 j 的不同取值,利用式(5.5.43)逐个计算 $d^{(j)}_{00}(\beta)$,得到

$$d^{(0)}_{00}(\beta)=1=\mathrm{P}_0(\cos\beta) \tag{5.5.44}$$

$$d^{(1)}_{00}(\beta)=\cos^2(\beta/2)\sum_{k=0}^{1}(-1)^k[k!\,(1-k)!]^{-2}\tan^{2k}(\beta/2)=$$
$$\cos^2(\beta/2)[1-\tan^2(\beta/2)]=\cos^2(\beta/2)-\sin^2(\beta/2)=$$
$$\cos\beta=\mathrm{P}_1(\cos\beta) \tag{5.5.45}$$

$$d^{(2)}_{00}(\beta)=4\cos^4(\beta/2)\sum_{k=0}^{2}(-1)^k[k!\,(1-k)!]^{-2}\tan^{2k}(\beta/2)=$$
$$4\cos^4(\beta/2)[1/4-\tan^2(\beta/2)+\tan^4(\beta/2)/4]=$$
$$[\cos^2(\beta/2)-\sin^2(\beta/2)]^2-2\cos^2(\beta/2)\sin^2(\beta/2)=$$
$$\cos^2\beta-\sin^2\beta/2=\cos^2\beta-(1-\cos^2\beta)/2=$$
$$(3\cos^2\beta-1)/2=\mathrm{P}_2(\cos\beta) \tag{5.5.46}$$

继续做下去,可以得到 $d^{(j)}_{00}(\beta)$ 就是勒让德多项式 $\mathrm{P}_j(\cos\beta)$ 的结论。

5.5.4　*D* 函数的积分公式

下面分别导出一个、两个和三个 D 函数对欧拉角的积分公式。

1. 一个 D 函数的积分公式

对于一个用欧拉角表示的 D 函数 $D^{(j)}_{m'm}$（为简捷起见，略去其自变量 α,β,γ）而言，它对欧拉角的积分为

$$\int_0^{2\pi}\mathrm{d}\alpha\int_0^{2\pi}\mathrm{d}\gamma\int_0^{\pi}\mathrm{d}\beta\sin\beta D^{(j)}_{m'm}=\int_0^{2\pi}\mathrm{d}\alpha\int_0^{2\pi}\mathrm{d}\gamma\,\mathrm{e}^{-\mathrm{i}(m'\alpha+m\gamma)}\int_0^{\pi}\mathrm{d}\beta\sin\beta d^{(j)}_{m'm}(\beta) \tag{5.5.47}$$

首先，处理对 γ 角度的积分。

当 $m=0$ 时，对 γ 的积分为 2π。当 $m\neq 0$ 时，对 γ 的积分为

$$\int_0^{2\pi}\mathrm{d}\gamma\,\mathrm{e}^{-\mathrm{i}m\gamma}=\mathrm{i}m^{-1}\mathrm{e}^{-\mathrm{i}m\gamma}\Big|_0^{2\pi}=\mathrm{i}m^{-1}[\cos(m\gamma)-\mathrm{i}\sin(m\gamma)]\Big|_0^{2\pi}=0 \tag{5.5.48}$$

于是得到

$$\int_0^{2\pi}\mathrm{d}\gamma\,\mathrm{e}^{-\mathrm{i}m\gamma}=2\pi\delta_{m,0} \tag{5.5.49}$$

同理可知，对 α 的积分为

$$\int_0^{2\pi}\mathrm{d}\alpha\,\mathrm{e}^{-\mathrm{i}m'\alpha}=2\pi\delta_{m',0} \tag{5.5.50}$$

其次，处理对 β 角度的积分。

由于仅当 $m=m'=0$ 时对 γ 和 α 的积分才不为零，所以 j 只能取零或正整数，由式(5.5.42)及 $\mathrm{P}_0(\cos\beta)=1$ 可知

$$\int_0^{\pi}\mathrm{d}\beta\sin\beta d^{(j)}_{00}(\beta)=\int_0^{\pi}\mathrm{d}\beta\sin\beta\mathrm{P}_j(\cos\beta)=\int_{-1}^{1}\mathrm{d}x\mathrm{P}_j(x)\mathrm{P}_0(x)=2\delta_{j,0} \tag{5.5.51}$$

其中用到勒让德多项式的正交归一化条件

$$\int_{-1}^{1}\mathrm{d}x\mathrm{P}_i(x)\mathrm{P}_j(x)=2(2i+1)^{-1}\delta_{i,j} \tag{5.5.52}$$

最后，将式(5.5.49)、(5.5.50)及(5.5.51)代入式(5.5.47)，得到

$$\int_0^{2\pi}\mathrm{d}\alpha\int_0^{2\pi}\mathrm{d}\gamma\int_0^{\pi}\mathrm{d}\beta\sin\beta D^{(j)}_{m'm}=8\pi^2\delta_{m,0}\delta_{m',0}\delta_{j,0} \tag{5.5.53}$$

此即一个 D 函数对欧拉角的积分公式。

2. 两个 D 函数的积分公式

由式(5.5.30)可知，两个 D 函数的乘积可以化为一个 D 函数的线性组合，即

$$D^{(j_1)}_{m'_1m_1}D^{(j_2)}_{m'_2m_2}=\sum_j C^{jm}_{j_1m_1j_2m_2}C^{jm'}_{j_1m'_1j_2m'_2}D^{(j)}_{m'm} \tag{5.5.54}$$

将上式两端对欧拉角做积分，利用式(5.5.53)得到

$$\int_0^{2\pi}\mathrm{d}\alpha\int_0^{2\pi}\mathrm{d}\gamma\int_0^{\pi}\mathrm{d}\beta\sin\beta D^{(j_1)}_{m'_1m_1}D^{(j_2)}_{m'_2m_2}=\sum_j C^{jm}_{j_1m_1j_2m_2}C^{jm'}_{j_1m'_1j_2m'_2}\int_0^{2\pi}\mathrm{d}\alpha\int_0^{2\pi}\mathrm{d}\gamma\int_0^{\pi}\mathrm{d}\beta\sin\beta D^{(j)}_{m'm}=$$

$$\sum_j C^{jm}_{j_1m_1j_2m_2}C^{jm'}_{j_1m'_1j_2m'_2}8\pi^2\delta_{m,0}\delta_{m',0}\delta_{j,0}=8\pi^2C^{00}_{j_1m_1j_2m_2}C^{00}_{j_1m'_1j_2m'_2}\tag{5.5.55}$$

此即两个 D 函数对欧拉角的积分公式。

3. 两个 D 函数的正交归一化条件

为了将式(5.5.55)改写成两个 D 函数的正交归一化条件,需将其中的第 1 个 D 函数 $D^{(j_1)}_{m'_1m_1}$ 换成它的复数共轭 $D^{(j_1)*}_{m'_1m_1}$。

由 D 函数与 d 函数的关系式(5.5.35)可知,其复数共轭为

$$D^{(j)*}_{m'm}=\mathrm{e}^{\mathrm{i}(m'\alpha+m\gamma)}d^{(j)*}_{m'm}(\beta)=\mathrm{e}^{\mathrm{i}(m'\alpha+m\gamma)}\left[\langle jm'|\mathrm{e}^{-\mathrm{i}\hbar^{-1}\beta\hat{j}_y}|jm\rangle\right]^*=(-1)^{m-m'}D^{(j)}_{-m',-m}\tag{5.5.56}$$

其中用到

$$(|jm\rangle)^*=(-1)^m|j,-m\rangle$$
$$(\langle jm'|)^*=(-1)^{-m'}\langle j,-m'|\tag{5.5.57}$$
$$(\mathrm{e}^{-\mathrm{i}\hbar^{-1}\beta\hat{j}_y})^*=\mathrm{e}^{-\mathrm{i}\hbar^{-1}\beta\hat{j}_y}$$

利用式(5.5.56)和式(5.5.55),得到

$$\int_0^{2\pi}\mathrm{d}\alpha\int_0^{2\pi}\mathrm{d}\gamma\int_0^{\pi}\mathrm{d}\beta\sin\beta D^{(j_1)*}_{m'_1m_1}D^{(j_2)}_{m'_2m_2}=(-1)^{m_1-m'_1}\int_0^{2\pi}\mathrm{d}\alpha\int_0^{2\pi}\mathrm{d}\gamma\int_0^{\pi}\mathrm{d}\beta\sin\beta D^{(j_1)}_{-m'_1,-m_1}D^{(j_2)}_{m'_2m_2}=$$
$$(-1)^{m_1-m'_1}8\pi^2C^{00}_{j_1,-m_1j_2m_2}C^{00}_{j_1,-m'_1j_2m'_2}\tag{5.5.58}$$

再利用

$$C^{00}_{j_1m_1j_2m_2}=(-1)^{j_1-m_1}(2j_1+1)^{-1/2}\delta_{j_1j_2}\delta_{m_1,-m_2}\tag{5.5.59}$$

可以将式(5.5.58)改写为

$$\int_0^{2\pi}\mathrm{d}\alpha\int_0^{2\pi}\mathrm{d}\gamma\int_0^{\pi}\mathrm{d}\beta\sin\beta D^{(j_1)*}_{m'_1m_1}D^{(j_2)}_{m'_2m_2}=$$
$$(-1)^{m_1-m'_1}8\pi^2(-1)^{j_1+m_1}(2j_1+1)^{-1}\delta_{j_1j_2}\delta_{-m_1,-m_2}(-1)^{j_1+m'_1}\delta_{j_1j_2}\delta_{-m'_1,-m'_2}=$$
$$8\pi^2(2j_1+1)^{-1}\delta_{j_1j_2}\delta_{m_1,m_2}\delta_{m'_1,m'_2}\tag{5.5.60}$$

上式最后一步成立,是由于不论 j_1 取整数还是半奇数,$2(j_1+m_1)$ 总是一个偶数。上式即两个 D 函数的正交归一化条件。

4. 三个 D 函数的积分公式

利用式(5.5.54)和式(5.5.60)可以得到

$$\int_0^{2\pi}\mathrm{d}\alpha\int_0^{2\pi}\mathrm{d}\gamma\int_0^{\pi}\mathrm{d}\beta\sin\beta D^{(j_1)*}_{m'_1m_1}D^{(j_2)}_{m'_2m_2}D^{(j_3)}_{m'_3m_3}=$$

$$\int_0^{2\pi}\mathrm{d}\alpha\int_0^{2\pi}\mathrm{d}\gamma\int_0^{\pi}\mathrm{d}\beta\sin\beta D_{m'_1m_1}^{(j_1)\,*}\sum_{j,m,m'}C_{j_2m_2j_3m_3}^{jm}C_{j_2m'_2j_3m'_3}^{jm'}D_{m'm}^{(j)}=$$

$$\sum_{j,m,m'}C_{j_2m_2j_3m_3}^{jm}C_{j_2m'_2j_3m'_3}^{jm'}\int_0^{2\pi}\mathrm{d}\alpha\int_0^{2\pi}\mathrm{d}\gamma\int_0^{\pi}\mathrm{d}\beta\sin\beta D_{m'_1m_1}^{(j_1)\,*}D_{m'm}^{(j)}=$$

$$8\pi^2(2j_1+1)^{-1}\sum_{j,m,m'}C_{j_2m_2j_3m_3}^{jm}C_{j_2m'_2j_3m'_3}^{jm'}\delta_{j_1,j}\delta_{m'_1,m'}\delta_{m_1,m}=$$

$$8\pi^2(2j_1+1)^{-1}C_{j_2m_2j_3m_3}^{j_1m_1}C_{j_2m'_2j_3m'_3}^{j_1m'_1}\tag{5.5.61}$$

此即三个 D 函数对欧拉角的积分公式。在下一节中，推导维格纳 - 埃克特定理时将用到三个 D 函数的积分公式，此外，在分子光谱学和原子核谱学中也会经常会用到它。

5.6 维格纳 - 埃克特定理

在量子力学中，经常会遇到计算某个算符在角动量基底下的矩阵元的问题。由于不可约张量算符涵盖了标量、旋量、矢量等常用的物理量算符，所以，如果能给出不可约张量算符矩阵元的计算方法，则上述问题就迎刃而解了，而维格纳 - 埃克特定理的用途就是给出了一种计算不可约张量算符矩阵元的方法。

5.6.1 标量算符

转动算符 $\hat{R}$（为简捷计，略去了其中的转动轴 $\boldsymbol{n}$ 与无穷小角度 $\Delta\theta$）的作用是将算符 $\hat{F}$ 变成一个新的算符 $\hat{\hat{F}}$，即

$$\hat{\hat{F}}=\hat{R}\hat{F}\hat{R}^{\dagger}\tag{5.6.1}$$

考虑一种特殊情况，若一个算符 $\hat{F}$ 经过转动后不变，即满足如下关系

$$\hat{F}=\hat{R}\hat{F}\hat{R}^{\dagger}\tag{5.6.2}$$

则称算符 $\hat{F}$ 为**标量算符**。

由于任何一个有限转动都可以视为连续地进行无穷小转动的结果，所以，若要判断一个算符是否为标量算符，只要知道它在无穷小转动下是否不变就行了。由式(5.5.19) 可知，绕 $\boldsymbol{n}$ 轴转动 $\Delta\theta$ 角度的无穷小转动算符的一般形式为

$$\hat{R}=\mathrm{e}^{-\mathrm{i}\hbar^{-1}\Delta\theta\hat{j}_n}\tag{5.6.3}$$

于是，算符 $\hat{F}$ 的转动为

$$\hat{R}\hat{F}\hat{R}^{\dagger}=\mathrm{e}^{-\mathrm{i}\hbar^{-1}\Delta\theta\hat{j}_n}\hat{F}\mathrm{e}^{\mathrm{i}\hbar^{-1}\Delta\theta\hat{j}_n}\tag{5.6.4}$$

由算符函数的定义可知

$$\hat{R}\hat{F}\hat{R}^{\dagger}=\mathrm{e}^{-\mathrm{i}\hbar^{-1}\Delta\theta\hat{j}_n}\hat{F}\mathrm{e}^{\mathrm{i}\hbar^{-1}\Delta\theta\hat{j}_n}=\mathrm{e}^{-\mathrm{i}\hbar^{-1}\Delta\theta\hat{j}_n}\sum_m(m!)^{-1}(\mathrm{i}\hbar^{-1}\Delta\theta)^m\hat{F}\hat{j}_n^m\tag{5.6.5}$$

显然,若算符 $\hat{F}$ 与角动量的 $\boldsymbol{n}$ 分量算符 $\hat{j}_n$ 对易,即满足

$$[\hat{F},\hat{j}_n]=0 \tag{5.6.6}$$

则算符 $\hat{F}$ 为标量算符,此即标量算符的判据。

5.6.2　不可约张量算符

若一个 λ 阶的张量算符 $\hat{T}^{(\lambda)}$ 有 $2\lambda+1$(整数)个分量算符 $\hat{T}_\mu^{(\lambda)}$,其分量算符 $\hat{T}_\mu^{(\lambda)}$ 满足关系式

$$\hat{R}\hat{T}_\mu^{(\lambda)}\hat{R}^\dagger=\sum_{\mu'}D_{\mu'\mu}^{(\lambda)}\hat{T}_{\mu'}^{(\lambda)} \tag{5.6.7}$$

则称 $\hat{T}^{(\lambda)}$ 为 λ **阶不可约张量算符**。式中,$D_{\mu'\mu}^{(\lambda)}$ 为 D 函数(为简捷计,略去了其中的转动算符 $\hat{R}$);λ 只能取整数或半奇数;$\mu=-\lambda,-\lambda+1,-\lambda+2,\cdots,\lambda-1,\lambda$。

零阶不可约张量算符只有 1 个分量,是一个标量算符,二分之一阶不可约张量算符有 2 个分量,是一个旋量算符,一阶不可约张量算符有 3 个分量,是一个矢量算符,二阶不可约张量算符有 5 个分量,是一个并矢算符。由此可知,不可约张量算符涵盖了量子力学中所有常用的算符。

将转动算符做级数展开,式(5.6.7)左端的一级近似为

$$\hat{R}\hat{T}_\mu^{(\lambda)}\hat{R}^\dagger=\hat{T}_\mu^{(\lambda)}-\mathrm{i}\hbar^{-1}\Delta\theta\,[\hat{j}_n,\hat{T}_\mu^{(\lambda)}] \tag{5.6.8}$$

由 D 函数的定义式(5.5.35)可知,式(5.6.7)的右端的一级近似为

$$\sum_{\mu'}D_{\mu'\mu}^{(\lambda)}\hat{T}_{\mu'}^{(\lambda)}=\sum_{\mu'}\langle\lambda\mu'\,|\,(1-\mathrm{i}\hbar^{-1}\Delta\theta\hat{j}_n)\,|\,\lambda\mu\rangle\hat{T}_{\mu'}^{(\lambda)}=$$
$$\hat{T}_\mu^{(\lambda)}-\mathrm{i}\hbar^{-1}\Delta\theta\sum_{\mu'}\langle\lambda\mu'\,|\hat{j}_n\,|\,\lambda\mu\rangle\hat{T}_{\mu'}^{(\lambda)} \tag{5.6.9}$$

比较式(5.6.8)与式(5.6.9)得到

$$[\hat{j}_n,\hat{T}_\mu^{(\lambda)}]=\sum_{\mu'}\langle\lambda\mu'\,|\hat{j}_n\,|\,\lambda\mu\rangle\hat{T}_{\mu'}^{(\lambda)} \tag{5.6.10}$$

此即不可约张量的 μ 分量算符 $\hat{T}_\mu^{(\lambda)}$ 与角动量的 $\boldsymbol{n}$ 分量算符 $\hat{j}_n$ 的对易关系。

若 $\boldsymbol{n}$ 取 z 轴方向,即 $\boldsymbol{n}=\boldsymbol{k}$,则有[5.15]

$$[\hat{j}_z,\hat{T}_\mu^{(\lambda)}]=\mu\hbar\hat{T}_\mu^{(\lambda)} \tag{5.6.11}$$

当 $\boldsymbol{n}$ 取 $\boldsymbol{i}$ 或者 $\boldsymbol{j}$ 方向时,得到[5.15]

$$[\hat{j}_\pm,\hat{T}_\mu^{(\lambda)}]=[\lambda(\lambda+1)-\mu(\mu\pm1)]^{1/2}\hbar\hat{T}_{\mu\pm1}^{(\lambda)} \tag{5.6.12}$$

其中 $\hat{j}_\pm$ 分别为角动量的升、降算符。

可以证明 $l=1$ 的 3 个球谐函数 $\mathrm{Y}_{lm}(\theta,\varphi)(m=0,\pm1)$ 是一阶不可约张量的 3 个分量算符[5.16]。

5.6.3　维格纳 - 埃克特定理

维格纳 - 埃克特定理　在角动量算符的本征态 $|jm\rangle$ 下,算符 $\hat{T}_\mu^{(\lambda)}$ 的矩阵元可以写

成两项之积,即

$$\langle j'm' \mid \hat{T}_{\mu}^{(\lambda)} \mid jm\rangle = C_{\lambda\mu jm}^{j'm'}\langle j' \| \hat{\boldsymbol{T}}^{(\lambda)} \| j\rangle \tag{5.6.13}$$

式中右端第1项为CG系数,它与磁量子数有关,称为**几何因子**,第2项与磁量子数无关,称为不可约张量算符的**约化矩阵元**。

证明 从不可约张量算符的定义式(5.6.7)出发,分别用 $\hat{R}^{\dagger}$ 左乘和用 $\hat{R}$ 右乘其两端,由 $\hat{R}$ 的幺正性可知

$$\hat{T}_{\mu}^{(\lambda)} = \sum_{\mu'} D_{\mu'\mu}^{(\lambda)}\hat{R}^{\dagger}\hat{T}_{\mu'}^{(\lambda)}\hat{R} \tag{5.6.14}$$

在角动量表象下,利用 $|jm\rangle$ 的封闭关系计算算符 $\hat{T}_{\mu}^{(\lambda)}$ 的矩阵元

$$\begin{aligned}\langle j'm' \mid \hat{T}_{\mu}^{(\lambda)} \mid jm\rangle &= \sum_{\mu'} D_{\mu'\mu}^{(\lambda)}\langle j'm' \mid \hat{R}^{\dagger}\hat{T}_{\mu'}^{(\lambda)}\hat{R} \mid jm\rangle = \\ &\sum_{\mu'j_1m_1j_2m_2} D_{\mu'\mu}^{(\lambda)}\langle j'm' \mid \hat{R}^{\dagger} \mid j_1m_1\rangle\langle j_1m_1 \mid \hat{T}_{\mu'}^{(\lambda)} \mid j_2m_2\rangle\langle j_2m_2 \mid \hat{R} \mid jm\rangle = \\ &\sum_{\mu'm_1m_2} D_{\mu'\mu}^{(\lambda)}\langle j'm' \mid \hat{R}^{\dagger} \mid j'm_1\rangle\langle j'm_1 \mid \hat{T}_{\mu'}^{(\lambda)} \mid jm_2\rangle\langle jm_2 \mid \hat{R} \mid jm\rangle = \\ &\sum_{\mu'm_1m_2} D_{\mu'\mu}^{(\lambda)}D_{m_1m'}^{(j')*}\langle j'm_1 \mid \hat{T}_{\mu'}^{(\lambda)} \mid jm_2\rangle D_{m_2m}^{(j)}\end{aligned} \tag{5.6.15}$$

将上式两端对3个欧拉角做积分,利用3个 D 函数的积分公式(5.5.61)可以得到

$$\begin{aligned}8\pi^2\langle j'm' \mid \hat{T}_{\mu}^{(\lambda)} \mid jm\rangle &= \sum_{\mu'm_1m_2}\langle j'm_1 \mid \hat{T}_{\mu'}^{(\lambda)} \mid jm_2\rangle\int_0^{2\pi}\mathrm{d}\alpha\int_0^{2\pi}\mathrm{d}\gamma\int_0^{\pi}\mathrm{d}\beta\sin\beta D_{m_1m'}^{(j')*}D_{\mu'\mu}^{(\lambda)}D_{m_2m}^{(j)} = \\ &8\pi^2(2j'+1)^{-1}\sum_{\mu'm_1m_2}\langle j'm_1 \mid \hat{T}_{\mu'}^{(\lambda)} \mid jm_2\rangle C_{\lambda\mu'jm_2}^{j'm_1}C_{\lambda\mu jm}^{j'm'}\end{aligned} \tag{5.6.16}$$

若将与磁量子数 μ、m、m' 无关的项记为

$$\langle j' \| \hat{\boldsymbol{T}}^{(\lambda)} \| j\rangle = (2j'+1)^{-1}\sum_{\mu'm_1m_2}\langle j'm_1 \mid \hat{T}_{\mu'}^{(\lambda)} \mid jm_2\rangle C_{\lambda\mu'jm_2}^{j'm_1} \tag{5.6.17}$$

则式(5.6.16)可以简化成

$$\langle j'm' \mid \hat{T}_{\mu}^{(\lambda)} \mid jm\rangle = C_{\lambda\mu jm}^{j'm'}\langle j' \| \hat{\boldsymbol{T}}^{(\lambda)} \| j\rangle \tag{5.6.18}$$

至此定理证毕。

利用CG系数与3j符号的关系式(5.4.5)

$$\begin{pmatrix} j_1 & j_2 & j_3 \\ m_1 & m_2 & m_3 \end{pmatrix} = (-1)^{j_1-j_2-m_3}(2j_3+1)^{-1/2}C_{j_1m_1,j_2m_2}^{j_3-m_3} \tag{5.6.19}$$

可以将式(5.6.18)中的CG系数用3j符号来表示,于是得到维格纳-埃克特定理的另外一种表述形式

$$\begin{aligned}\langle j'm' \mid \hat{T}_{\mu}^{(\lambda)} \mid jm\rangle &= (-1)^{\lambda-j+m'}(2j'+1)^{1/2}\begin{pmatrix} \lambda & j & j' \\ \mu & m & -m' \end{pmatrix}\langle j' \| \hat{\boldsymbol{T}}^{(\lambda)} \| j\rangle = \\ &(-1)^{\lambda-j+m'}(2j'+1)^{1/2}\begin{pmatrix} j' & \lambda & j \\ -m' & \mu & m \end{pmatrix}\langle j' \| \hat{\boldsymbol{T}}^{(\lambda)} \| j\rangle\end{aligned} \tag{5.6.20}$$

上式的最后一步用到 3j 符号列的偶数次交换不改变其数值的性质。

5.6.4　维格纳 - 埃克特定理的应用

1. 约化矩阵元的计算

由维格纳 - 埃克特定理可知，若能算出一个不可约张量算符的约化矩阵元，则很容易得到它在角动量表象下的任意矩阵元。约化矩阵元的计算方法是：选一组特殊的磁量子数 m、m'、μ 的值，利用式(5.6.20) 计算出 $\langle j'm' \mid \hat{T}^{(\lambda)}_{\mu} \mid jm \rangle$ 的值，进而再用它算出约化矩阵元 $\langle j' \| \hat{T}^{(\lambda)} \| j \rangle$。一旦得到了约化矩阵元的值，乘上相应的 CG 系数后，立即得到任意 m、m'、μ 值的 $\langle j'm' \mid \hat{T}^{(\lambda)}_{\mu} \mid jm \rangle$。

例题 5.3　从 $\langle j' \| \hat{\boldsymbol{J}} \| j \rangle$ 出发，计算 $\langle j' \| \hat{\boldsymbol{T}}^{(1)} \| j \rangle$。

解　由用 3j 符号表示的维格纳 - 埃克特定理表达式(5.6.20) 可知

$$\langle j'm' \mid \hat{T}^{(\lambda)}_{\mu} \mid jm \rangle = (-1)^{\lambda-j+m'}(2j'+1)^{1/2}\begin{pmatrix} j' & \lambda & j \\ -m' & \mu & m \end{pmatrix} \langle j' \| \hat{\boldsymbol{T}}^{(\lambda)} \| j \rangle \tag{5.6.21}$$

由于角动量算符 $\hat{\boldsymbol{J}}$ 为矢量算符，故 $\lambda = 1$，$\mu = -1, 0, 1$。为了计算约化矩阵元，若取 $m = m'$，$\mu = 0$，即 $\hat{T}^{(1)}_0 = \hat{J}_z$，则有

$$\langle j'm \mid \hat{J}_z \mid jm \rangle = m\hbar\delta_{jj'} = (-1)^{1-j+m}(2j+1)^{1/2}\begin{pmatrix} j & 1 & j \\ -m & 0 & m \end{pmatrix} \langle j' \| \hat{\boldsymbol{T}}^{(1)} \| j \rangle \tag{5.6.22}$$

已知式中的 3j 符号

$$\begin{pmatrix} j & 1 & j \\ -m & 0 & m \end{pmatrix} = m(-1)^{j-1-m}[(2j+1)(j+1)j]^{-1/2} \tag{5.6.23}$$

将上式代入式(5.6.22)，整理后得到约化矩阵元为

$$\langle j' \| \hat{\boldsymbol{T}}^{(1)} \| j \rangle = [j(j+1)]^{1/2}\hbar\delta_{jj'} \tag{5.6.24}$$

例题 5.4　当 $\hat{T}^{(\lambda)}_{\mu} = \mathrm{Y}_{\lambda\mu}(\theta,\varphi)$ 时，计算 $\langle j' \| \mathbf{Y}^{(\lambda)} \| j \rangle$。

解　已知球谐函数的矩阵元为

$$\langle j'm' \mid \mathrm{Y}_{\lambda\mu}(\theta,\varphi) \mid jm \rangle =$$
$$(-1)^{m'}(4\pi)^{-1/2}[(2j'+1)(2\lambda+1)(2j+1)]^{1/2}\begin{pmatrix} j' & \lambda & j \\ -m' & \mu & m \end{pmatrix}\begin{pmatrix} j' & \lambda & j \\ 0 & 0 & 0 \end{pmatrix} \tag{5.6.25}$$

取 $m = m' = \mu = 0$，上式变成

$$\langle j'0 \mid \mathrm{Y}_{\lambda 0}(\theta,\varphi) \mid j\,0 \rangle = (4\pi)^{-1/2}[(2j'+1)(2\lambda+1)(2j+1)]^{1/2}\begin{pmatrix} j' & \lambda & j \\ 0 & 0 & 0 \end{pmatrix}^2 \tag{5.6.26}$$

由维格纳 - 埃克特定理可知，当 $m = m' = \mu = 0$ 时，式(5.6.20) 变成

$$\langle j'0 \mid \hat{T}_0^{(\lambda)} \mid j\,0\rangle = (-1)^{\lambda-j}(2j'+1)^{1/2}\begin{pmatrix} j' & \lambda & j \\ 0 & 0 & 0 \end{pmatrix}\langle j' \| \hat{\boldsymbol{T}}^{(\lambda)} \| j\rangle \tag{5.6.27}$$

比较式(5.6.26) 与式(5.6.27)，立即得到球谐函数的约化矩阵元为

$$\langle j' \| \mathbf{Y}^{(\lambda)} \| j\rangle = (4\pi)^{-1/2}(-1)^{j-\lambda}[(2\lambda+1)(2j+1)]\begin{pmatrix} j' & \lambda & j \\ 0 & 0 & 0 \end{pmatrix} \tag{5.6.28}$$

2. 选择定则

维格纳 - 埃克特定理的另一个重要应用是给出选择定则。某些物理量(例如，电偶极矩和电四极矩) 在两个状态之间的跃迁概率与其相应的矩阵元有关，矩阵元不为零的条件就是选择定则。根据维格纳 - 埃克特定理，不可约张量算符在角动量表象下的矩阵元与相应的 CG 系数有关，故 CG 系数满足的三角形关系就是选择定则。

对于前几个不可约张量算符，列出其选择定则如下。

当 $\Delta j = j' - j = 0,\ \Delta m = m' - m = 0$ 时

$$\langle j'm' \mid \hat{T}_0^{(0)} \mid jm\rangle \neq 0 \tag{5.6.29}$$

当 $\Delta j = 0,\ \pm 1,\ \Delta m = 0,\ \pm 1,\ \mu = m' - m,\ j + j' \geqslant 1$ 时

$$\langle j'm' \mid \hat{T}_\mu^{(1)} \mid jm\rangle \neq 0 \tag{5.6.30}$$

当 $\Delta j = 0,\ \pm 1,\ \pm 2,\ \Delta m = 0,\ \pm 1,\ \pm 2,\ \mu = m' - m,\ j + j' \geqslant 2$ 时

$$\langle j'm' \mid \hat{T}_\mu^{(2)} \mid jm\rangle \neq 0 \tag{5.6.31}$$

由于，不满足选择定则的不可约张量算符的矩阵元皆为零，所以，必将给计算带来极大的方便。

5.7* 受迫振子的对称性与守恒量

守恒量是量子力学中一个极为重要的概念，它反映出体系所具有的某种对称性。以前给出的守恒量都是与时间无关的力学量，本节以受迫振子体系为例，我们讨论了与时间相关(含时) 力学量的守恒问题，并将其推广到线谐振子体系中(见参考文献[33])。

5.7.1 含时守恒量

对于含时的力学量而言，守恒量的定义是：在体系的任意状态 $|\Psi(t)\rangle$ 之下，若力学量 $F(t)$ 的取值概率与平均值都不随时间变化，则将力学量 $F(t)$ 称之为守恒量。由定理 5.1 可知，如果变换算符 $\hat{Q}(t)$ 与力学量算符 $\hat{F}(t)$ 满足如下条件

$$\hat{Q}(t) = \mathrm{e}^{\pm \mathrm{i}\hbar^{-1}\Delta s \hat{F}(t)}\,\mathrm{e}^{-\mathrm{i}2^{-1}\hbar^{-3}(\Delta s)^2 D t} \tag{5.7.1}$$

$$\hat{C}(t) = [\hat{F}(t), \hat{H}(t)]$$

$$D = [\hat{F}(t), \hat{C}(t)] = \text{实常数} \tag{5.7.2}$$

则可以由式(5.1.23)导出式(5.1.29)，即

$$\mathrm{i}\hbar\frac{\partial}{\partial t}\hat{F}(t)+[\hat{F}(t),\hat{H}(t)]=0 \tag{5.7.3}$$

上式表明，式(5.7.1)与式(5.7.2)是$F(t)$为守恒量的具体判据。显然，一个力学量是否是守恒量，除了与该力学量算符本身的形式有关外，还与体系的哈密顿算符的具体形式有关。

5.7.2　受迫振子的含时守恒量

1. 受迫振子模型

所谓**受迫振子**是一个受含时外力作用的谐振子，它是一个含时体系。受迫振子在量子场论、固体物理、量子光学等领域有广泛的应用。受迫振子的哈密顿算符为

$$\hat{H}(t)=\hat{H}_0+\hat{H}_1(t) \tag{5.7.4}$$

其中

$$\hat{H}_0=(2\mu)^{-1}\hat{p}^2+2^{-1}\mu\omega^2x^2 \tag{5.7.5}$$

$$\hat{H}_1(t)=-A(t)x-B(t)\hat{p} \tag{5.7.6}$$

式中，μ为振子质量；ω为角频率；$\hat{p}$为动量的x分量算符；$\hat{H}_0$为与时间无关的线谐振子哈密顿算符；$\hat{H}_1(t)$为与时间相关的位势算符；$A(t)$，$B(t)$皆为只与时间相关的函数。

当$t=0$时，设

$$A(0)=a,\quad B(0)=b \tag{5.7.7}$$

为了保证$\hat{H}_1(t)$具有能量量纲，a应该具有力的量纲，b应该具有速度的量纲。

受迫振子的解[2.17]与其$t=0$时的解[1.10]是可以求出的。

2. $A(t)$，$B(t)$的通解

如果含时的位势算符$\hat{H}_1(t)$是一个守恒量算符，则其应该满足式(5.7.3)，下面由式(5.7.3)导出$A(t)$，$B(t)$的通解。

将式(5.7.6)代入式(5.7.3)，利用对易关系$[x,\hat{p}]=\mathrm{i}\hbar$，容易得到

$$\left[\frac{\mathrm{d}A(t)}{\mathrm{d}t}-\mu\omega^2B(t)\right]x+\left[\frac{\mathrm{d}B(t)}{\mathrm{d}t}+\frac{1}{\mu}A(t)\right]\hat{p}=0 \tag{5.7.8}$$

由于x与$\hat{p}$为两个独立的算符，故$A(t)$，$B(t)$满足的联立方程为

$$\begin{cases}A(t)=-\mu\dfrac{\mathrm{d}B(t)}{\mathrm{d}t}\\[2ex] B(t)=\dfrac{1}{\mu\omega^2}\dfrac{\mathrm{d}A(t)}{\mathrm{d}t}\end{cases} \tag{5.7.9}$$

将上式中的第1式代入第2式可以得到$B(t)$满足的方程

$$\frac{\mathrm{d}^2B(t)}{\mathrm{d}t^2}=-\omega^2B(t) \tag{5.7.10}$$

上述二阶微分方程的通解为

$$B(t)=c_1\mathrm{e}^{\mathrm{i}\omega t}+c_2\mathrm{e}^{-\mathrm{i}\omega t} \tag{5.7.11}$$

进而,将上式代入式(5.7.9)中的第1式,得到$A(t)$的通解为

$$A(t)=-\mathrm{i}c_1\mu\omega\mathrm{e}^{\mathrm{i}\omega t}+\mathrm{i}c_2\mu\omega\mathrm{e}^{-\mathrm{i}\omega t} \tag{5.7.12}$$

3. 利用初始条件定解

组合系数c_1与c_2可由初始条件式(5.7.7)确定,即当$t=0$时有

$$\begin{aligned}a&=-\mathrm{i}c_1\mu\omega+\mathrm{i}c_2\mu\omega\\ b&=c_1+c_2\end{aligned} \tag{5.7.13}$$

解之得

$$\begin{aligned}c_1&=\frac{\mathrm{i}\mu\omega b-a}{\mathrm{i}2\mu\omega}=\frac{\mu\omega b+\mathrm{i}a}{2\mu\omega}\\ c_2&=\frac{\mathrm{i}\mu\omega b+a}{\mathrm{i}2\mu\omega}=\frac{\mu\omega b-\mathrm{i}a}{2\mu\omega}\end{aligned} \tag{5.7.14}$$

显然,c_1与c_2互为复数共轭,即

$$c_1^*=c_2,\ c_2^*=c_1 \tag{5.7.15}$$

并且,c_1与c_2之积c_1c_2是实数。

将$A(t)$、$B(t)$与c_1、c_2的表达式代入式(5.7.6),得到满足式(5.7.3)要求的含时位势算符的具体形式为

$$\begin{aligned}\hat{H}_1(t)=&(\mathrm{i}c_1\mu\omega\mathrm{e}^{\mathrm{i}\omega t}-\mathrm{i}c_2\mu\omega\mathrm{e}^{-\mathrm{i}\omega t})x-(c_1\mathrm{e}^{\mathrm{i}\omega t}+c_2\mathrm{e}^{-\mathrm{i}\omega t})\hat{p}=\\ &\mathrm{i}2^{-1}[(\mu\omega b+\mathrm{i}a)\mathrm{e}^{\mathrm{i}\omega t}-(\mu\omega b-\mathrm{i}a)\mathrm{e}^{-\mathrm{i}\omega t}]x-\\ &(2\mu\omega)^{-1}[(\mu\omega b+\mathrm{i}a)\mathrm{e}^{\mathrm{i}\omega t}+(\mu\omega b-\mathrm{i}a)\mathrm{e}^{-\mathrm{i}\omega t}]\hat{p}\end{aligned} \tag{5.7.16}$$

利用式(5.7.15)容易证明$A(t)$,$B(t)$皆为时间的实函数,进而可知$\hat{H}_1(t)$是厄米算符。显然,由式(5.7.16)定义的厄米算符$\hat{H}_1(t)$满足式(5.7.3)的要求,可以证明即$\hat{H}_1(t)$在体系的任意状态下取值概率与平均值都不随时间改变[5.17],进而可知,由式(5.7.16)所表示的含时位势$H_1(t)$是含时的守恒量。$\hat{H}_1(t)$的本征解可以求出[5.19]。

对于不含时的守恒量来说,要求相应的算符与哈密顿算符对易,这就意味着两者具有共同完备本征函数系,即能量本征值会是简并的,这也就是通常所说的体系的对称性会导致能量本征值简并。对于含时的守恒量来说,由于相应的含时算符与哈密顿算符并不对易,所以上述结论并不成立。

5.7.3 含时的对称变换算符

下面证明由式(5.7.16)定义的$\hat{H}_1(t)$满足式(5.7.1)与式(5.7.2)的要求。

首先,计算$\hat{H}_1(t)$与$\hat{H}(t)$的对易关系

$$\hat{C}(t) \equiv [\hat{H}_1(t), \hat{H}(t)] = -\mathrm{i}\hbar[\mu^{-1}A(t)\hat{p} - \mu\omega^2 B(t)x] \tag{5.7.17}$$

进而可知,$\hat{H}_1(t)$ 与 $\hat{C}(t)$ 的对易关系为

$$[\hat{H}_1(t), \hat{C}(t)] = -\hbar^2[\mu^{-1}A^2(t) + \mu\omega^2 B^2(t)] \tag{5.7.18}$$

其次,由式(5.7.9) 与式(5.7.10) 可知

$$B^2(t) = c_1^2\mathrm{e}^{\mathrm{i}2\omega t} + c_2^2\mathrm{e}^{-\mathrm{i}2\omega t} + 2c_1c_2 \tag{5.7.19}$$

$$A^2(t) = \mu^2\omega^2(-c_1^2\mathrm{e}^{\mathrm{i}2\omega t} - c_2^2\mathrm{e}^{-\mathrm{i}2\omega t} + 2c_1c_2) \tag{5.7.20}$$

将上述两式代入式(5.7.18),得到

$$[\hat{H}_1(t), \hat{C}(t)] = -4\mu\omega^2\hbar^2 c_1c_2 \equiv D \tag{5.7.21}$$

由于 c_1c_2 是与时间无关的实常数,故 D 也是一个与时间无关的实常数。总之,$\hat{H}_1(t)$ 满足式(5.7.2) 的要求。

最后,由于 $\hat{H}_1(t)$ 满足式(5.7.2) 的要求,所以可以直接写出含时的对称变换算符

$$\hat{Q}(t) = \mathrm{e}^{-\mathrm{i}\hbar^{-1}\hat{H}_1(t)\Delta t}\mathrm{e}^{-\mathrm{i}2^{-1}\hbar^{-3}(\Delta t)^2 Dt} \tag{5.7.22}$$

可以验证由上式定义的变换算符满足式(5.1.23),即

$$\mathrm{i}\hbar\frac{\partial}{\partial t}\hat{Q}(t) + [\hat{Q}(t), \hat{H}(t)] = 0 \tag{5.7.23}$$

实际上,$\hat{Q}(t)$ 是 Δt 的无穷小平移算符,$\hat{H}_1(t)$ 是 $\hat{Q}(t)$ 的生成元,显然 $\hat{Q}(t)$ 是一个与时间相关的幺正算符。

上式表明,若 $\hat{H}_1(t)$ 是受迫振子体系的一个守恒量算符,则由式(5.7.22) 定义的含时变换 $\hat{Q}(t)$ 可以保持体系的性质不变,$\hat{H}_1(t)$ 是无穷小平移算符 $\hat{Q}(t)$ 的生成元。

5.7.4　线谐振子体系的含时守恒量

下面将上述思想推广到线谐振子体系。

设线谐振子体系的哈密顿算符与时间无关,即

$$\hat{H} = (2\mu)^{-1}\hat{p}^2 + 2^{-1}\mu\omega^2 x^2 \tag{5.7.24}$$

有任意一个与时间相关的力学量算符 $\hat{F}(t)$,由下式定义

$$\hat{F}(t) = -A(t)x - B(t)\hat{p} \tag{5.7.25}$$

由类似受迫振子的方法可知,如果 $\hat{F}(t)$ 选为

$$\begin{aligned}\hat{F}(t) = {} & \mathrm{i}2^{-1}[(\mu\omega b + \mathrm{i}a)\mathrm{e}^{\mathrm{i}\omega t} - (\mu\omega b - \mathrm{i}a)\mathrm{e}^{-\mathrm{i}\omega t}]x - \\ & (2\mu\omega)^{-1}[(\mu\omega b + \mathrm{i}a)\mathrm{e}^{\mathrm{i}\omega t} + (\mu\omega b - \mathrm{i}a)\mathrm{e}^{-\mathrm{i}\omega t}]\hat{p}\end{aligned} \tag{5.7.26}$$

则含时力学量 $F(t)$ 为守恒量。相应的对称变换算符变成

$$\hat{Q}(t) = \mathrm{e}^{-\mathrm{i}\hbar^{-1}\hat{F}(t)\Delta s}\mathrm{e}^{-\mathrm{i}2^{-1}\hbar^{-3}(\Delta s)^2 Dt} \tag{5.7.27}$$

需要特别说明的是,$F(t)$ 和 s 的量纲是与 a 和 b 的量纲选取相关的。例如,若选 a 具有力的量纲,则 b 具有速度的量纲,进而可知 $F(t)$ 具有能量量纲,s 具有时间量纲,这正是前面讨论的受迫振子的情况。若选 b 为无量纲(量纲为1) 的常数,则由式(5.7.13) 可知,

a 的量纲为 $\mathrm{M}\cdot\mathrm{T}^{-1}$,$c_1$ 与 c_2 皆无量纲,于是,$\hat{F}(t)$ 的量纲为 $\mathrm{M}\cdot\mathrm{L}\cdot\mathrm{T}^{-1}$,即 $\hat{F}(t)$ 是一个具有动量量纲的算符(并非动量算符),而 s 具有长度量纲。反之,若选 a 为无量纲的常数,则 b,c_1,c_2 的量纲皆为 $\mathrm{M}^{-1}\cdot\mathrm{s}$,于是,$\hat{Q}(t)$ 的量纲为 L,即 $\hat{F}(t)$ 是一个具有长度量纲的算符(并非坐标算符),而 s 具有动量量纲。当然,a 与 b 的量纲还有其他的选择。总之,$\hat{F}(t)$ 与 s 的量纲与 a 与 b 的量纲的选择相关。

本章结束语:以受迫振子为例,将守恒量及无穷小平移变换的概念扩展到含时的情况,给出了含时守恒量算符和含时的幺正变换算符的具体形式,这必将有助于对上述两个重要物理概念的理解。在人类对事物的认识过程中,总是要经历由低级到高级、由简单到复杂的过程,这就要求我们不能只知其一而不知其二三,否则一些大好的机遇将会失之交臂。这种举一反三的思维模式意味着,需要对已有的结果做横向的拓展与纵向的延伸,只有如此,我们对自然界的认知水平才能不断提升。

习　题　5

习题 5.1　对于经典力学体系,若 A,B 为守恒量,证明 $\{A,B\}$ 也是守恒量;对于量子力学体系,若算符 $\hat{A},\hat{B}$ 对应的力学量为守恒量,证明 $[\hat{A},\hat{B}]$ 对应的力学量也是守恒量。

习题 5.2　当体系具有时间均匀性时,证明其能量守恒。

习题 5.3　若体系具有空间平移不变性,对于有限的坐标平移变换 $\boldsymbol{r}'\rightarrow\boldsymbol{r}-\boldsymbol{a}$,证明

$$\boldsymbol{r}'=\hat{D}(\boldsymbol{a})\boldsymbol{r}\hat{D}^{-1}(\boldsymbol{a})=\boldsymbol{r}+\boldsymbol{a}$$

习题 5.4　在中心力场中的粒子,其本征矢为

$$\psi_{nlm}(\boldsymbol{r})=R_{nl}(\boldsymbol{r})\mathrm{Y}_{lm}(\theta,\varphi)$$

证明

$$\psi_{nlm}(-\boldsymbol{r})=(-1)^{l}R_{nl}(\boldsymbol{r})\mathrm{Y}_{lm}(\theta,\varphi)$$

习题 5.5　证明

$$\hat{\pi}\hat{\boldsymbol{r}}\hat{\pi}^{\dagger}=-\hat{\boldsymbol{r}}$$

$$\hat{\pi}\hat{\boldsymbol{p}}\hat{\pi}^{\dagger}=-\hat{\boldsymbol{p}}$$

$$\hat{\pi}\hat{\boldsymbol{L}}\hat{\pi}^{\dagger}=\hat{\boldsymbol{L}}$$

$$\hat{\pi}\hat{\boldsymbol{p}}\cdot\hat{\boldsymbol{r}}\hat{\pi}^{\dagger}=\hat{\boldsymbol{p}}\cdot\hat{\boldsymbol{r}}$$

$$\hat{\pi}\hat{\boldsymbol{p}}\cdot\hat{\boldsymbol{s}}\hat{\pi}^{\dagger}=-\hat{\boldsymbol{p}}\cdot\hat{\boldsymbol{s}}$$

习题 5.6　若有一个使体系在物理上保持不变的变换 $\hat{U}$ 将任意态矢 $|\psi\rangle$ 变为 $|\tilde{\psi}\rangle$,即 $|\tilde{\psi}\rangle=\hat{Q}|\psi\rangle$,则总可以通过调节相位得到如下结论,即 $\hat{Q}$ 不是幺正算符就是反幺正算符。上述内容称之为维格纳定理,试证明之。

习题 5.7　证明在时间反演下,算符的变换关系为

$$\hat{T}\hat{H}\hat{T}^{-1} = \hat{H}$$
$$\hat{T}\hat{\boldsymbol{r}}\hat{T}^{-1} = \hat{\boldsymbol{r}}$$
$$\hat{T}\hat{\boldsymbol{p}}\hat{T}^{-1} = -\hat{\boldsymbol{p}}$$
$$\hat{T}\hat{\boldsymbol{L}}\hat{T}^{-1} = -\hat{\boldsymbol{L}}$$
$$\hat{T}\hat{L}_{\pm}\hat{T}^{-1} = -\hat{L}_{\mp}$$
$$\hat{T}\hat{\boldsymbol{J}}\hat{T}^{-1} = -\hat{\boldsymbol{J}}$$

习题 5.8　证明满足条件

$$\hat{K}\Psi(\boldsymbol{r},t) = \Psi^*(\boldsymbol{r},t)$$

的算符 $\hat{K}$ 具有如下性质

$$\hat{K}^{-1} = \hat{K}$$

习题 5.9　证明任意量子态都是时间反演的平方算符 $\hat{T}^2$ 的本征态,其本征值为 +1 或 -1。

习题 5.10　证明任意两个矢量算符的标积是空间转动不变的。

习题 5.11　证明

$$\hat{T}\,|j,m\rangle = (-1)^{j+m}\,|j,-m\rangle$$

其中,$|j,m\rangle$ 为 $\hat{\boldsymbol{j}}^2$ 与 $\hat{j}_z$ 的共同本征矢。

习题 5.12　求出转动算符的逆算符,进而证明

$$D^{(j)}_{mm'}(\hat{R}^{-1}) = D^{(j)\,*}_{m'm}(\hat{R})$$

习题 5.13　证明

$$\sum_{m'} D^{(j)}_{m''m'}(\hat{R}_1)D^{(j)}_{m'm}(\hat{R}_2) = D^{(j)}_{m''m}(\hat{R}_1\hat{R}_2)$$
$$\sum_{m'} D^{(j)\,*}_{m'm''}(\hat{R})D^{(j)}_{m'm}(\hat{R}) = \delta_{m'',m}$$

习题 5.14　证明

$$D^{(j_1)}_{m'_1m_1}(\hat{R})D^{(j_2)}_{m'_2m_2}(\hat{R}) = \sum_j C^{jm}_{j_1m_1j_2m_2}C^{jm'}_{j_1m'_1j_2m'_2}D^{(j)}_{m'm}(\hat{R})$$

习题 5.15　证明

$$[\hat{j}_z,\hat{T}^{(\lambda)}_{\mu}] = \mu\,\hbar\hat{T}^{(\lambda)}_{\mu}$$
$$[\hat{j}_{\pm},\hat{T}^{(\lambda)}_{\mu}] = [\lambda(\lambda+1)-\mu(\mu\pm1)]^{1/2}\hbar\hat{T}^{(\lambda)}_{\mu\pm1}$$

习题 5.16　证明 $\mathrm{Y}_{lm}(\theta,\varphi)$ 是一阶不可约算符。

习题 5.17　证明 $\hat{F}(t)$ 的取值概率不随时间变。

习题 5.18　证明

$$[\hat{F}^n(t),\hat{H}(t)] = n\hat{C}(t)\hat{F}^{n-1}(t) + 2^{-1}n(n-1)D\hat{F}^{n-2}(t)$$

习题 5.19　求出受迫振子含时位势的本征解。

第6章 量子散射理论

量子散射属于非束缚定态问题,在第3章中,给出了一维位势的透射系数的计算方法,实际上已经解决了一维散射问题。为了处理三维的散射问题,李普曼(Lippmann)和许温格(Schwinger)导出了一个势散射问题满足的积分方程,鉴于该方程的求解是非常困难的,通常采用近似方法进行处理,本章将介绍两种常用的近似方法,即玻恩近似与分波法。主要内容包括:散射现象的描述;李普曼-许温格方程;光学定理;玻恩近似;分波法;球方位势散射。

6.1 散射现象的描述

本节介绍量子散射的一些基本概念与物理量,主要内容有:量子散射概述;散射截面;弹性势散射。

6.1.1 量子散射概述

1. 量子散射的定义

量子散射问题可以简化为:当具有确定动量的入射粒子B射向另一个处于固定位置的靶粒子A时,在A附近B与A发生相互作用,在交换能量和动量之后,粒子B沿某个方向朝无穷远飞去,称这样一个过程为**散射**或者**碰撞**。

2. 量子散射的分类

散射后的粒子可能处于不同的状态,据此可以将散射分为两种类型:若散射后两个粒子的内部状态没有改变,称为**弹性散射**;若散射后粒子的内部状态发生了变化(例如,激发和电离),称为**非弹性散射**。

两个粒子之间可能有不同的相互作用形式,据此又可以将散射分为两种类型:如果两个粒子之间的相互作用可以用一个势函数来描述,把这种散射称之为**势散射**,否则为一般散射。本章的研究对象为弹性散射中的势散射问题。

3. 量子散射与束缚定态问题的异同

量子散射属于非束缚定态问题,它与束缚定态问题的共同之处是,两者都需要求解满足边界条件的定态薛定谔方程。两者之间的差异表现为,束缚定态问题需要求出量子化的能量本征值及其相应的在无穷远处为零的本征波函数,在散射问题中,入射粒子的能量是已知的,并且可以连续取值,波函数在无穷远处也不为零,欲求出的是被散射后粒子出现在空间某个角度附近的概率。

4. 量子散射的重要性

赫兹(Hertz) 的电子被原子散射的实验得出原子内态不连续的结论,卢瑟福(Rutherford) 的 α 粒子被原子散射的实验确立了原子的有核模型。为了研究基本粒子的结构,人们正在试图通过散射实验间接地验证核子及介子的夸克结构。由此可见,量子散射是了解原子、原子核及基本粒子结构的最重要的实验手段之一。

6.1.2　散射截面

对于弹性势散射问题而言,人们最关心的问题是,入射粒子被散射后在空间各方向出现的概率大小。

1. 弹性势散射实验

真实的弹性势散射的实验过程是,一束入射粒子 B 沿 z 轴正方向射向靶 A,在 A 的作用下,入射粒子偏离原来的方向,向无穷远处飞去,见图 6.1。为了使问题得到简化,做如下 3 个假设:入射粒子束足够稀薄,以至于可以忽略入射粒子间的相互作用;靶粒子的质量远大于入射粒子的质量;靶的粒子密度足够小,可以不顾及其他粒子的影响。

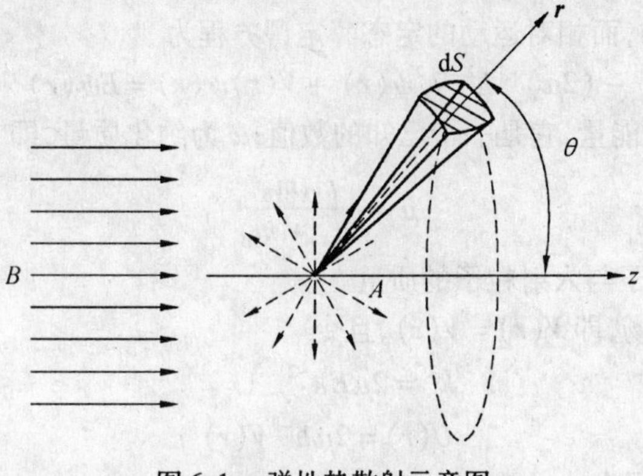

图 6.1　弹性势散射示意图

2. 散射中的基本物理量

为了描述弹性散射过程,引入如下几个物理量。

入射粒子流强度 N　单位时间内通过垂直于入射方向(通常选为 z 轴)单位面积的粒子数,实际上,它就是入射粒子的概率流密度。

散射粒子数 $\mathrm{d}N$　单位时间内进入以 A 为中心的(θ,φ) 附近 $\mathrm{d}\Omega$ 立体角的粒子数,它与 $N\,\mathrm{d}\Omega$ 成正比,即

$$\mathrm{d}N = \sigma(\theta,\varphi)N\mathrm{d}\Omega \tag{6.1.1}$$

式中的比例系数 $\sigma(\theta,\varphi)$ 具有面积量纲。

微分散射截面 $\sigma(\theta,\varphi)$ 由上式可知

$$\sigma(\theta,\varphi)=\frac{\mathrm{d}N}{N\mathrm{d}\Omega} \tag{6.1.2}$$

它的物理含意是,有 $\sigma(\theta,\varphi)$ 这么大面积上的入射粒子被散射到以 A 为中心的 (θ,φ) 附近的单位立体角中。由于,散射粒子数 $\mathrm{d}N$ 与入射粒子流强度 N 之比 $\mathrm{d}N/N$ 是一个与入射粒子被散射的概率有关的量,所以,$\sigma(\theta,\varphi)$ 能反映出粒子被散射到以 A 为中心的 (θ,φ) 附近的单位立体角中概率的大小。

积分散射截面 σ_t 表示入射粒子被散射(不管方向)的概率,它与微分散射截面的关系为

$$\sigma_t=\int\mathrm{d}\Omega\,\sigma(\theta,\varphi)=\int_0^{2\pi}\mathrm{d}\varphi\int_0^{\pi}\mathrm{d}\theta\,\sin\theta\sigma(\theta,\varphi) \tag{6.1.3}$$

6.1.3 弹性势散射

1. 定态薛定谔方程

由于散射问题涉及到入射粒子与靶粒子,故散射问题是二体问题,通常选用质心坐标系来处理它。若将坐标原点选在 A 与 B 的质心处,则称之为质心坐标系。在质心坐标系中,质心是相对静止的,而相对运动的定态薛定谔方程为

$$-(2\mu)^{-1}\hbar^2\,\nabla^2\psi(\boldsymbol{r})+V(\boldsymbol{r})\psi(\boldsymbol{r})=E\psi(\boldsymbol{r}) \tag{6.1.4}$$

其中,E 为入射粒子的能量,它是一个已知的数值;μ 为约化质量,即

$$\mu=\frac{m_{\mathrm{A}}m_{\mathrm{B}}}{m_{\mathrm{A}}+m_{\mathrm{B}}} \tag{6.1.5}$$

m_{A} 与 m_{B} 分别为靶粒子与入射粒子的质量。

若势场是中心力场,即 $V(\boldsymbol{r})=V(r)$,且令

$$\begin{aligned}\boldsymbol{k}^2&=2\mu E\hbar^{-2}\\U(r)&=2\mu\hbar^{-2}V(r)\end{aligned} \tag{6.1.6}$$

则式(6.1.4) 可以改写成

$$(\nabla^2+\boldsymbol{k}^2)\psi(\boldsymbol{r})=U(r)\psi(\boldsymbol{r}) \tag{6.1.7}$$

此即中心力场下的定态薛定谔方程。

2. 入射波与散射波

入射粒子的波函数称之为**入射波**,当粒子沿 z 轴正方向入射时,入射波是规格化的单色平面波

$$\psi_{\mathrm{I}}(z)=(2\pi)^{-1/2}\mathrm{e}^{ikz} \tag{6.1.8}$$

需要说明的是,在处理散射问题时,习惯上将其写成

$$\psi_{\mathrm{I}}(z)=\mathrm{e}^{ikz} \tag{6.1.9}$$

显然,这里的平面波并没有规格化,它将导致规格化条件相差一个常数 2π。

实际上,A 与 B 发生相互作用通常只是局限在一个小范围内,而探测器的位置远大于相互作用的尺度,能实现上述两个条件的位势 $V(r)$ 应该满足

$$\lim_{r\to\infty} rV(r)=0 \tag{6.1.10}$$

这时,可以保证在 $r\to\infty$ 处入射的平面波不发生畸变,即透射波与入射波相同,显然,库仑(Coulomb)势并不满足上述要求。

方程(6.1.7)满足上述条件的解称之为**散射波**,由微分方程理论可知,它是一个球面波,即

$$\psi_{\mathrm{S}}(\boldsymbol{r})=f(\theta,\varphi)r^{-1}\mathrm{e}^{ikr} \tag{6.1.11}$$

其中,φ 为出射粒子的方位角;θ 为相对入射粒子飞行方向的偏转角,称为**散射角**;$f(\theta,\varphi)$ 称为**散射振幅**。特别是,当粒子沿 z 轴正方向入射且势场是中心力场时,散射振幅 $f(\theta,\varphi)$ 与 φ 角无关。

总之,在无穷远处,粒子的状态是由透射波 $\psi_{\mathrm{I}}(z)$ 与散射波 $\psi_{\mathrm{S}}(\boldsymbol{r})$ 构成的,即

$$\psi(\boldsymbol{r})=\mathrm{e}^{ikz}+f(\theta)r^{-1}\mathrm{e}^{ikr} \tag{6.1.12}$$

由上式可知,为了保证等式右端量纲的一致性,散射振幅应该具有长度的量纲。由于透射波与入射波相同,为了说话方便,下面仍将其称为入射波。

3. 散射截面与散射振幅的关系

下面利用式(6.1.12)导出微分散射截面与散射振幅之间的关系。

首先,计算入射粒子在 z 方向的概率流密度。

由式(6.1.9)可知

$$(J_{\mathrm{I}})_z=\frac{\mathrm{i}\hbar}{2\mu}\left[\psi_{\mathrm{I}}(z)\frac{\partial}{\partial z}\psi_{\mathrm{I}}^*(z)-\psi_{\mathrm{I}}^*(z)\frac{\partial}{\partial z}\psi_{\mathrm{I}}(z)\right]=\frac{k\hbar}{\mu} \tag{6.1.13}$$

由概率流密度的含意可知,$(J_{\mathrm{I}})_z$ 表示单位时间内穿过垂直于粒子前进方向(z 轴)上单位面积的粒子数,即入射粒子流强度

$$N=k\hbar\mu^{-1} \tag{6.1.14}$$

其次,计算散射波在 $\boldsymbol{r}$ 方向的概率流密度。

由式(6.1.11)可知

$$\begin{aligned}(J_{\mathrm{S}})_r=&\frac{\mathrm{i}\hbar}{2\mu}\left[\psi_{\mathrm{S}}(\boldsymbol{r})\frac{\partial}{\partial r}\psi_{\mathrm{S}}^*(\boldsymbol{r})-\psi_{\mathrm{S}}^*(\boldsymbol{r})\frac{\partial}{\partial r}\psi_{\mathrm{S}}(\boldsymbol{r})\right]=\\&\frac{\mathrm{i}\hbar}{2\mu}\ |f(\theta,\varphi)|^2\left[\frac{\mathrm{e}^{ikr}}{r}\frac{\partial}{\partial r}\left(\frac{\mathrm{e}^{-ikr}}{r}\right)-\frac{\mathrm{e}^{-ikr}}{r}\frac{\partial}{\partial r}\left(\frac{\mathrm{e}^{ikr}}{r}\right)\right]=\\&\mathrm{i}(2\mu)^{-1}\hbar(-2ikr^{-2})\ |f(\theta,\varphi)|^2=\\&k\hbar\mu^{-1}r^{-2}\ |f(\theta,\varphi)|^2=Nr^{-2}\ |f(\theta,\varphi)|^2\end{aligned} \tag{6.1.15}$$

式中的 $(J_{\mathrm{S}})_r$ 表示单位时间穿过 (θ,φ) 附近球面单位面积的粒子数。

最后,导出微分散射截面与散射振幅的关系式。

由式(6.1.15)可知,散射粒子单位时间通过(θ,φ)附近$\mathrm{d}S$面积的粒子数为

$$\mathrm{d}N = (J_S)_r \mathrm{d}S = Nr^{-2}\ |f(\theta,\varphi)|^2 \mathrm{d}S = N\ |f(\theta,\varphi)|^2 \mathrm{d}\Omega \tag{6.1.16}$$

将上式与微分散射截面的定义式(6.1.2)比较,立即得到

$$\sigma(\theta,\varphi) = \frac{\mathrm{d}N}{N\mathrm{d}\Omega} = |f(\theta,\varphi)|^2 \tag{6.1.17}$$

此即微分散射截面与散射振幅之间的关系式。由此可见,只要知道了散射振幅就可以得到微分散射截面,而散射振幅要通过求解微分方程式(6.1.7)得到。

6.2　李普曼 - 许温格方程

本节将建立弹性势散射满足的基本方程,主要内容有:李普曼 - 许温格方程;格林函数;无穷远处的边界条件。

6.2.1　李普曼 - 许温格方程

作为弹性势散射的形式理论,李普曼与许温格导出了一个散射态满足的积分方程,即所谓的李普曼 - 许温格方程。

1. 李普曼 - 许温格方程的建立

在中心势场$V(r)$中,体系的哈密顿算符为

$$\hat{H} = \hat{H}_0 + V(r) \tag{6.2.1}$$

其中,$\hat{H}_0 = (2\mu)^{-1}\hat{\boldsymbol{p}}^2$为动能算符;$\mu$为约化质量。

如果不选定表象,则定态薛定谔方程可以写成

$$(\hat{H}_0 + \hat{V})\,|\psi\rangle = E\,|\psi\rangle \tag{6.2.2}$$

其中,$E > 0$为已知的入射粒子能量。当位势$V(r)$满足式(6.1.10)的要求时,$\hat{H}$与$\hat{H}_0$都具有连续谱。本征矢$|\psi\rangle$满足无穷远处的边界条件

$$|\psi\rangle \underset{r\to\infty}{\longrightarrow} |\boldsymbol{k}\rangle + |\psi_S\rangle \tag{6.2.3}$$

式中,右端第一项$|\boldsymbol{k}\rangle$是波矢为$\boldsymbol{k}$的入射平面波,是$\hat{H}_0$的本征态,相应的能量为$E = (2\mu)^{-1}\boldsymbol{k}^2\hbar^2$,第二项$|\psi_S\rangle$为势场引起的散射波。

为了得到满足边界条件表达式(6.2.3)的解,可按如下步骤进行操作。

首先,将薛定谔方程(6.2.2)改写成如下形式

$$(E - \hat{H}_0)\,|\psi\rangle = \hat{V}\,|\psi\rangle \tag{6.2.4}$$

其次,将上式中的能量E解析延拓到复数域,即将E用$E\ \pm \mathrm{i}\varepsilon$代替(其中的$\varepsilon \to 0^+$),这时,由于算符$E - \hat{H}_0\ \pm \mathrm{i}\varepsilon$对任意态矢的作用结果恒不为零,故其逆算符存在,将此逆算符记为

$$\hat{g}_0^{(\pm)}(E) = (E - \hat{H}_0 \pm \mathrm{i}\varepsilon)^{-1} \tag{6.2.5}$$

式中的 $\hat{g}_0^{(\pm)}(E)$ 称之为**零级格林算符**。

显然，如此定义的两个零级格林算符都不是厄米算符，但是，它们之间互为厄米共轭。

然后，用 $\hat{g}_0^{(\pm)}(E)$ 从左作用解析延拓后的式(6.2.4)两端，得到

$$|\psi^{(\pm)}\rangle = \hat{g}_0^{(\pm)}(E)\hat{V}|\psi^{(\pm)}\rangle \tag{6.2.6}$$

上式就是薛定谔方程(6.2.2)的一个特解。

最后，顾及到入射平面波 $|\boldsymbol{k}\rangle$，一般解的形式为

$$|\psi_k^{(\pm)}\rangle = |\boldsymbol{k}\rangle + \hat{g}_0^{(\pm)}(E_k)\hat{V}|\psi_k^{(\pm)}\rangle \tag{6.2.7}$$

上式称为**李普曼 - 许温格方程**，简称 LS **方程**，它是散射理论的一个基本方程。由于待求的本征矢 $|\psi_k^{(\pm)}\rangle$ 出现在方程的右端，所以 LS 方程是一个积分方程，通常需要进行迭代求解。

2. 李普曼 - 许温格方程的变型

为了将式(6.2.7)右端的待求本征矢 $|\psi_k^{(\pm)}\rangle$ 换成已知的 $|\boldsymbol{k}\rangle$，可按如下步骤进行操作。

首先，用 $E_k - \hat{H}_0 \pm \mathrm{i}\varepsilon$ 左乘式(6.2.7)两端，得到

$$(E_k - \hat{H}_0 \pm \mathrm{i}\varepsilon)|\psi_k^{(\pm)}\rangle = (E_k - \hat{H}_0 \pm \mathrm{i}\varepsilon)|\boldsymbol{k}\rangle + \hat{V}|\psi_k^{(\pm)}\rangle \tag{6.2.8}$$

再利用 $\hat{H}_0 = \hat{H} - \hat{V}$ 将上式改写为

$$(E_k - \hat{H} \pm \mathrm{i}\varepsilon)|\psi_k^{(\pm)}\rangle = (E_k - \hat{H} \pm \mathrm{i}\varepsilon)|\boldsymbol{k}\rangle + \hat{V}|\boldsymbol{k}\rangle \tag{6.2.9}$$

其次，定义两个互为厄米共轭的**格林算符**

$$\hat{g}^{(\pm)}(E_k) = (E_k - \hat{H} \pm \mathrm{i}\varepsilon)^{-1} \tag{6.2.10}$$

最后，用上式左乘式(6.2.9)两端，得到改写后的 LS 方程

$$|\psi_k^{(\pm)}\rangle = |\boldsymbol{k}\rangle + \hat{g}^{(\pm)}(E_k)\hat{V}|\boldsymbol{k}\rangle \tag{6.2.11}$$

这时，方程的右端已经不再出现待求的 $|\psi_k^{(\pm)}\rangle$，但是，式(6.2.7)右端的零级格林算符已经换成了格林算符。

3. $|\psi_k^{(\pm)}\rangle$ 是规格化的态矢量

设 $\hat{H}$ 与 $\hat{H}_0$ 满足的本征方程分别为

$$\begin{aligned} \hat{H}|\psi_k^{(\pm)}\rangle &= E_k|\psi_k^{(\pm)}\rangle \\ \hat{H}_0|\boldsymbol{k}'\rangle &= E_{k'}|\boldsymbol{k}'\rangle \end{aligned} \tag{6.2.12}$$

利用式(6.2.11)计算 $|\psi_k^{(\pm)}\rangle$ 的内积

$$\begin{aligned} \langle\psi_{k'}^{(\pm)}|\psi_k^{(\pm)}\rangle &= \langle\boldsymbol{k}'|1 + \hat{V}(E_{k'} - \hat{H} \mp \mathrm{i}\varepsilon)^{-1}|\psi_k^{(\pm)}\rangle = \\ &\langle\boldsymbol{k}'|1 + \hat{V}(E_{k'} - E_k \mp \mathrm{i}\varepsilon)^{-1}|\psi_k^{(\pm)}\rangle = \end{aligned}$$

$$\langle \boldsymbol{k}' | [1 - (E_k - \hat{H}_0 \pm \mathrm{i}\varepsilon)^{-1}\hat{V}] | \psi_k^{(\pm)} \rangle = \langle \boldsymbol{k}' | 1 - \hat{g}_0^{(\pm)}(E_k)\hat{V} | \psi_k^{(\pm)} \rangle \tag{6.2.13}$$

再利用式(6.2.7) 可以将上式改写为

$$\langle \psi_{k'}^{(\pm)} | \psi_k^{(\pm)} \rangle = \langle \boldsymbol{k}' | [\,| \psi_k^{(\pm)} \rangle - | \psi_k^{(\pm)} \rangle + | \boldsymbol{k} \rangle] = \langle \boldsymbol{k}' | \boldsymbol{k} \rangle \tag{6.2.14}$$

由此可见，$|\psi_k^{(\pm)}\rangle$ 满足与 $|\boldsymbol{k}\rangle$ 同样的规格化条件。

在散射问题中，由于坐标表象中的 $|\boldsymbol{k}\rangle = \mathrm{e}^{\mathrm{i}\boldsymbol{k}\cdot\boldsymbol{r}}$，而不是通常的 $|\boldsymbol{k}\rangle = (2\pi)^{-3/2}\mathrm{e}^{\mathrm{i}\boldsymbol{k}\cdot\boldsymbol{r}}$，故 $|\boldsymbol{k}\rangle$ 与 $|\psi_k^{(\pm)}\rangle$ 的规格化条件为

$$\langle \psi_{k'}^{(\pm)} | \psi_k^{(\pm)} \rangle = \langle \boldsymbol{k}' | \boldsymbol{k} \rangle = (2\pi)^3 \delta^3(\boldsymbol{k} - \boldsymbol{k}') \tag{6.2.15}$$

入射波 $|\boldsymbol{k}\rangle$ 的封闭关系变成

$$(2\pi)^{-3}\int \mathrm{d}^3 k \, |\boldsymbol{k}\rangle\langle \boldsymbol{k}| = 1 \tag{6.2.16}$$

后面将经常用到上述的规格化条件和封闭关系。

应该特别说明的是，因为体系除了散射态外还可能具有束缚态，故一般情况下体系的态矢 $|\psi_k^{(\pm)}\rangle$ 不满足形如式(6.2.16) 的封闭关系，详见后面关于摩勒(Moller) 算符的讨论。

6.2.2　格林函数

1. 格林函数的定义

在研究核多体问题时曾经引入过格林函数，它是在单粒子表象下定义的，下面引入的格林函数是在坐标表象下定义的。

在坐标表象下，零级格林算符 $\hat{g}_0^{(\pm)}(E_k)$ 的矩阵元为

$$\begin{aligned}
&\langle \boldsymbol{r} | \hat{g}_0^{(\pm)}(E_k) | \boldsymbol{r}' \rangle = \langle \boldsymbol{r} | (E_k - \hat{H}_0 \pm \mathrm{i}\varepsilon)^{-1} | \boldsymbol{r}' \rangle = \\
&(2\pi)^{-3}\int \mathrm{d}^3 k' \langle \boldsymbol{r} | (E_k - \hat{H}_0 \pm \mathrm{i}\varepsilon)^{-1} | \boldsymbol{k}' \rangle \langle \boldsymbol{k}' | \boldsymbol{r}' \rangle = \\
&(2\pi)^{-3}\int \mathrm{d}^3 k' \langle \boldsymbol{r} | [(2\mu)^{-1}\boldsymbol{k}^2\hbar^2 - (2\mu)^{-1}(\boldsymbol{k}')^2\hbar^2 \pm \mathrm{i}\varepsilon]^{-1} | \boldsymbol{k}' \rangle \langle \boldsymbol{k}' | \boldsymbol{r}' \rangle = \\
&(2\pi)^{-3}\int \mathrm{d}^3 k' 2\mu\hbar^{-2}[\boldsymbol{k}^2 - (\boldsymbol{k}')^2 \pm \mathrm{i}2\mu\hbar^{-2}\varepsilon]^{-1} \langle \boldsymbol{r} | \boldsymbol{k}' \rangle \langle \boldsymbol{k}' | \boldsymbol{r}' \rangle = \\
&2\mu\hbar^{-2}(2\pi)^{-3}\int \mathrm{d}^3 k' [\boldsymbol{k}^2 - (\boldsymbol{k}')^2 \pm \mathrm{i}\varepsilon]^{-1} \mathrm{e}^{\mathrm{i}\boldsymbol{k}'\cdot(\boldsymbol{r}-\boldsymbol{r}')}
\end{aligned} \tag{6.2.17}$$

在上式的推导过程中，由于 ε 是一个无穷小量，而 $2\mu\hbar^{-2}$ 是一个有限常数，故 $2\mu\varepsilon\,\hbar^{-2}$ 还是一个无穷小量，为简捷计，仍用 ε 表示之。

若定义格林函数为

$$G_k^{(\pm)}(\boldsymbol{r} - \boldsymbol{r}') = (2\pi)^{-3}\int \mathrm{d}^3 k' [\boldsymbol{k}^2 - (\boldsymbol{k}')^2 \pm \mathrm{i}\varepsilon]^{-1} \mathrm{e}^{\mathrm{i}\boldsymbol{k}'\cdot(\boldsymbol{r}-\boldsymbol{r}')} \tag{6.2.18}$$

则式(6.2.17) 简化成

$$\langle \boldsymbol{r} | \hat{g}_0^{(\pm)}(E_k) | \boldsymbol{r}' \rangle = 2\mu\hbar^{-2} G_k^{(\pm)}(\boldsymbol{r}-\boldsymbol{r}') \tag{6.2.19}$$

显然,格林函数与零级格林算符在坐标表象下的矩阵元只相差一个常数 $2\mu\hbar^{-2}$,它是一个与波数 k 及坐标差 $\boldsymbol{r}-\boldsymbol{r}'$ 相关的两点函数。

2. 格林函数的物理内涵

为了说明格林函数 $G_k^{(\pm)}(\boldsymbol{r}-\boldsymbol{r}')$ 的物理含意,对其定义式(6.2.18) 进行如下的改写。若令

$$R = |\boldsymbol{r}-\boldsymbol{r}'| \tag{6.2.20}$$

完成式(6.2.18) 中对立体角 $\mathrm{d}\Omega'$ 的积分后,则有[6.2]

$$G_k^{(\pm)}(\boldsymbol{r}-\boldsymbol{r}') = [\mathrm{i}R(2\pi)^2]^{-1}\int_{-\infty}^{\infty}\mathrm{d}k'[\boldsymbol{k}^2-(\boldsymbol{k}')^2 \pm \mathrm{i}\varepsilon]^{-1}k'\mathrm{e}^{\mathrm{i}Rk'} \tag{6.2.21}$$

这是一个复变函数的积分。

对于 $G_k^{(+)}(\boldsymbol{r}-\boldsymbol{r}')$ 而言,将积分线路改为一条由实轴和上半平面的大半圆所组成的闭合回路,在这半圆周上的积分为零,应用柯西(Cauchy) 积分公式可知

$$G_k^{(+)}(\boldsymbol{r}-\boldsymbol{r}') = -(4\pi R)^{-1}\mathrm{e}^{\mathrm{i}kR} \tag{6.2.22}$$

显然,$G_k^{(+)}(\boldsymbol{r}-\boldsymbol{r}')$ 是一个从位于 $\boldsymbol{r}'$ 的点源向外发出的球面波,后面将会看到它是散射态。类似地,可以得到

$$G_k^{(-)}(\boldsymbol{r}-\boldsymbol{r}') = -(4\pi R)^{-1}\mathrm{e}^{-\mathrm{i}kR} \tag{6.2.23}$$

$G_k^{(-)}(\boldsymbol{r}-\boldsymbol{r}')$ 是一个向位于 $\boldsymbol{r}'$ 的点源会聚的球面波,它不是散射态。

利用式(6.2.21) 可以证明 $G_k^{(\pm)}(\boldsymbol{r}-\boldsymbol{r}')$ 满足有点源的波动方程[6.3]

$$(\nabla^2 + \boldsymbol{k}^2)G_k^{(\pm)}(\boldsymbol{r}-\boldsymbol{r}') = \delta^3(\boldsymbol{r}-\boldsymbol{r}') \tag{6.2.24}$$

因此,类似通常的波函数,格林函数 $G_k^{(\pm)}(\boldsymbol{r}-\boldsymbol{r}')$ 也是一个满足薛定谔方程的函数。

将式(6.2.22) 和式(6.2.23) 代入式(6.2.19),可以将零级格林算符在坐标表象下的矩阵元简化为

$$\langle \boldsymbol{r} | \hat{g}_0^{(\pm)}(E_k) | \boldsymbol{r}' \rangle = -\mu(2\pi R\hbar^2)^{-1}\mathrm{e}^{\pm\mathrm{i}kR} \tag{6.2.25}$$

6.2.3　无穷远处的波函数

1. 坐标表象下的波函数

由于波函数在无穷远处的边界条件是在坐标表象下给出的,所以,需要将 LS 方程式(6.2.7) 也改写成坐标表象下的形式[6.4],以便与无穷远边界条件相比较。

用$\langle \boldsymbol{r}|$ 左乘式(6.2.7) 两端,由式(6.2.25)、(6.1.6) 及坐标本征矢的封闭关系可知

$$\psi_k^{(+)}(\boldsymbol{r}) = \mathrm{e}^{\mathrm{i}\boldsymbol{k}\cdot\boldsymbol{r}} + \int\mathrm{d}\tau'\langle \boldsymbol{r} | \hat{g}_0^{(+)}(E_k) | \boldsymbol{r}' \rangle V(\boldsymbol{r}')\psi_k^{(+)}(\boldsymbol{r}') =$$

$$\mathrm{e}^{\mathrm{i}\boldsymbol{k}\cdot\boldsymbol{r}} - \int\mathrm{d}\tau'\mu(2\pi R\hbar^2)^{-1}\mathrm{e}^{\mathrm{i}kR}(2\mu)^{-1}\hbar^2 U(\boldsymbol{r}')\psi_k^{(+)}(\boldsymbol{r}') =$$

$$e^{i\boldsymbol{k}\cdot\boldsymbol{r}} - (4\pi)^{-1}\int d\tau' R^{-1} e^{ikR} U(\boldsymbol{r}') \psi_{\boldsymbol{k}}^{(+)}(\boldsymbol{r}') \tag{6.2.26}$$

由于位势 $V(r')$ 满足式(6.1.10)的要求,故上式中的积分收敛。

2. 无穷远处的波函数

在无穷远处,即 $r = |\boldsymbol{r}| \to \infty$,由于 $r' = |\boldsymbol{r}'| \ll r$,故有

$$R = |\boldsymbol{r} - \boldsymbol{r}'| = [r^2 - 2\boldsymbol{r}\cdot\boldsymbol{r}' + (r')^2]^{1/2} \approx r - r^{-1}(\boldsymbol{r}\cdot\boldsymbol{r}') \tag{6.2.27}$$

其中用到

$$(1-x)^{1/2} \approx 1 - x/2 \tag{6.2.28}$$

于是有

$$R^{-1} e^{ikR} \approx r^{-1} e^{ikr} e^{-ikr^{-1}(\boldsymbol{r}\cdot\boldsymbol{r}')} \tag{6.2.29}$$

因为 $\boldsymbol{r}/r = \boldsymbol{r}_0$ 是 $\boldsymbol{r}$ 方向的单位矢量,而 $\boldsymbol{r}$ 方向又是粒子的散射方向,所以,散射方向的波矢量为 $\boldsymbol{k}_r = k\boldsymbol{r}_0$,将其代入上式,得到

$$R^{-1} e^{ikR} \approx r^{-1} e^{ikr} e^{-i\boldsymbol{k}_r\cdot\boldsymbol{r}'} \tag{6.2.30}$$

再将上式代入式(6.2.26),得到 $\psi_{\boldsymbol{k}}^{(+)}(\boldsymbol{r})$ 的渐近形式

$$\psi_{\boldsymbol{k}}^{(+)}(\boldsymbol{r}) \underset{r\to\infty}{\longrightarrow} e^{i\boldsymbol{k}\cdot\boldsymbol{r}} + f(\theta,\varphi) r^{-1} e^{ikr} \tag{6.2.31}$$

式中

$$f(\theta,\varphi) = -(4\pi)^{-1}\int d\tau' e^{-i\boldsymbol{k}_r\cdot\boldsymbol{r}'} U(\boldsymbol{r}') \psi_{\boldsymbol{k}}^{(+)}(\boldsymbol{r}') \tag{6.2.32}$$

为散射振幅。在式(6.2.31)中,右端第1项为入射波,第2项为出射球面波。

特别是,当入射方向选为 z 轴正方向时,入射波变成 e^{ikz},由于势场是轴对称的,故散射振幅 $f(\theta,\varphi)$ 将与方位角 φ 无关,可以记为 $f(\theta)$。于是,式(6.2.31)变成

$$\psi_{\boldsymbol{k}}^{(+)}(\boldsymbol{r}) \underset{r\to\infty}{\longrightarrow} e^{ikz} + f(\theta) r^{-1} e^{ikr} \tag{6.2.33}$$

上式即在无穷远处的波函数,它与边界条件相同。

类似地,可以得到

$$\psi_{\boldsymbol{k}}^{(-)}(\boldsymbol{r}) \underset{r\to\infty}{\longrightarrow} e^{ikz} + f'(\theta) r^{-1} e^{-ikr} \tag{6.2.34}$$

其中第2项是一个指向力心的会聚波,它不是散射态。

6.3 光学定理

本节介绍与散射相关的跃迁算符、散射算符、摩勒算符,进而证明光学定理。

6.3.1 跃迁算符

利用式(6.1.6),式(6.2.32)表示的散射振幅可以由坐标表象改写成狄拉克符号的表示

$$f(\theta,\varphi)=-(4\pi)^{-1}\int \mathrm{d}\tau' \mathrm{e}^{-\mathrm{i}\boldsymbol{k}_r\cdot\boldsymbol{r}'}U(r')\psi_{\boldsymbol{k}}^{(+)}(\boldsymbol{r}')=-\mu(2\pi\hbar^2)^{-1}\langle \boldsymbol{k}_r|\hat{V}|\psi_{\boldsymbol{k}}^{(+)}\rangle \tag{6.3.1}$$

1. 跃迁算符的定义

为了将散射振幅表示成 $\{|\boldsymbol{k}\rangle\}$ 基底下的矩阵元,定义两个 T 算符,即

$$\hat{T}^{(\pm)}|\boldsymbol{k}\rangle=\hat{V}|\psi_{\boldsymbol{k}}^{(\pm)}\rangle \tag{6.3.2}$$

算符 $\hat{T}^{(\pm)}$ 也称之为跃迁算符。于是,散射振幅可以用 T 算符的矩阵元来表示

$$f(\theta,\varphi)=-\mu(2\pi\hbar^2)^{-1}\langle \boldsymbol{k}_r|\hat{T}^{(+)}|\boldsymbol{k}\rangle \tag{6.3.3}$$

其中,$\boldsymbol{k}$ 与 $\boldsymbol{k}_r$ 分别是入射波和散射波的波矢量。上式表明,初态 $|\boldsymbol{k}\rangle$ 经过跃迁算符 $\hat{T}^{(+)}$ 作用后变成 $\hat{T}^{(+)}|\boldsymbol{k}\rangle$,而 $\hat{T}^{(+)}|\boldsymbol{k}\rangle$ 在 $|\boldsymbol{k}_r\rangle$ 上的投影与散射振幅成正比。

2. 跃迁算符的 LS 方程

用算符 $\hat{V}$ 左乘 LS 方程式(6.2.7) 和式(6.2.11) 的两端,分别得到 T 算符的两个表达式[6.5]

$$\begin{aligned}\hat{T}^{(\pm)}&=\hat{V}+\hat{V}\hat{g}_0^{(\pm)}\hat{T}^{(\pm)}\\ \hat{T}^{(\pm)}&=\hat{V}+\hat{V}\hat{g}^{(\pm)}\hat{V}\end{aligned} \tag{6.3.4}$$

上式为跃迁算符的 LS 方程。由于两个(零级) 格林算符互为厄米共轭,故两个跃迁算符也是互为厄米共轭的。

6.3.2　摩勒算符

1. 摩勒算符的定义

引入两个摩勒算符 $\hat{\Omega}^{(\pm)}$,其定义为

$$\hat{\Omega}^{(\pm)}|\boldsymbol{k}\rangle=|\psi_{\boldsymbol{k}}^{(\pm)}\rangle \tag{6.3.5}$$

用$(2\pi)^{-3}\langle\boldsymbol{k}|$ 右乘上式两端,再对 $\boldsymbol{k}$ 做积分,由 $|\boldsymbol{k}\rangle$ 的封闭关系可以得到 $\hat{\Omega}^{(\pm)}$ 的具体表达式

$$\hat{\Omega}^{(\pm)}=(2\pi)^{-3}\int \mathrm{d}^3k\,|\psi_{\boldsymbol{k}}^{(\pm)}\rangle\langle\boldsymbol{k}| \tag{6.3.6}$$

进而可知摩勒算符的厄米共轭算符为

$$(\hat{\Omega}^{(\pm)})^{\dagger}=(2\pi)^{-3}\int \mathrm{d}^3k\,|\boldsymbol{k}\rangle\langle\psi_{\boldsymbol{k}}^{(\pm)}| \tag{6.3.7}$$

2. 摩勒算符的性质

由摩勒算符的具体表达式及 $|\psi_{\boldsymbol{k}}^{(\pm)}\rangle$ 的规格化条件与 $|\boldsymbol{k}\rangle$ 的封闭关系可知

$$\begin{aligned}(\hat{\Omega}^{(\pm)})^{\dagger}\hat{\Omega}^{(\pm)}&=(2\pi)^{-6}\int \mathrm{d}^3k\int \mathrm{d}^3k'\,|\boldsymbol{k}'\rangle\langle\psi_{\boldsymbol{k}'}^{(\pm)}|\psi_{\boldsymbol{k}}^{(\pm)}\rangle\langle\boldsymbol{k}|=\\ &(2\pi)^{-3}\int \mathrm{d}^3k\int \mathrm{d}^3k'\,|\boldsymbol{k}'\rangle\delta^3(\boldsymbol{k}'-\boldsymbol{k})\langle\boldsymbol{k}|=1\end{aligned} \tag{6.3.8}$$

虽然 $\hat{H}_0$ 的本征态 $|\boldsymbol{k}\rangle$ 具有完备性，$\hat{H}$ 的本征态也具有完备性，但是，散射态 $|\psi_{\boldsymbol{k}}^{(\pm)}\rangle$ 并不一定具有完备性。因为 $\hat{H}$ 可能还同时具有束缚态的本征函数系$\{|\varphi_i\rangle\}$，故其完备性表现为

$$(2\pi)^{-3}\int \mathrm{d}^3k\,|\psi_{\boldsymbol{k}}^{(\pm)}\rangle\langle\psi_{\boldsymbol{k}}^{(\pm)}| + \sum_i |\varphi_i\rangle\langle\varphi_i| = 1 \tag{6.3.9}$$

因此

$$\hat{\Omega}^{(\pm)}(\hat{\Omega}^{(\pm)})^\dagger = (2\pi)^{-3}\int \mathrm{d}^3k\,|\psi_{\boldsymbol{k}}^{(\pm)}\rangle\langle\psi_{\boldsymbol{k}}^{(\pm)}| = 1 - B \tag{6.3.10}$$

其中

$$B = \sum_i |\varphi_i\rangle\langle\varphi_i| \tag{6.3.11}$$

上述结果表明，只有当 $\hat{H}$ 不存在束缚态解时，摩勒算符才是幺正算符。

前面已经遇到过一些成对出现的算符，例如，角动量的升降算符、线谐振子的升降算符、单粒子态的产生湮没算符、零级格林算符、格林算符和跃迁算符等，它们之间都是互为厄米共轭的，但是，一般情况下的两个摩勒算符之间不是互为厄米共轭的。

6.3.3 散射算符

1. 散射算符的定义与性质

散射算符 $\hat{S}$ 是由摩勒算符来定义的，即

$$\hat{S} = (\hat{\Omega}^{(-)})^\dagger\hat{\Omega}^{(+)} \tag{6.3.12}$$

由式(6.3.10)可知

$$\hat{S}^\dagger\hat{S} = (\hat{\Omega}^{(+)})^\dagger\hat{\Omega}^{(-)}(\hat{\Omega}^{(-)})^\dagger\hat{\Omega}^{(+)} = (\hat{\Omega}^{(+)})^\dagger(1-B)\hat{\Omega}^{(+)} = 1 \tag{6.3.13}$$

其中利用了散射态 $|\psi_{\boldsymbol{k}}^{(\pm)}\rangle$ 与束缚态 $|\varphi_i\rangle$ 的正交性质，即

$$(\hat{\Omega}^{(\pm)})^\dagger B = (2\pi)^{-3}\int \mathrm{d}^3k\,|\boldsymbol{k}\rangle\langle\psi_{\boldsymbol{k}}^{(\pm)}|\sum_i|\varphi_i\rangle\langle\varphi_i| = 0 \tag{6.3.14}$$

用类似的方法可以得到 $\hat{S}\hat{S}^\dagger = 1$，显然，散射算符 $\hat{S}$ 总是一个幺正算符。

2. 散射算符与跃迁算符的关系

由式(6.2.11)与格林算符的定义式(6.2.10)可知

$$\begin{aligned}|\psi_{\boldsymbol{k}}^{(-)}\rangle - |\psi_{\boldsymbol{k}}^{(+)}\rangle &= [\hat{g}^{(-)}(E_k) - \hat{g}^{(+)}(E_k)]\hat{V}|\boldsymbol{k}\rangle = \\ &[(E_k - \hat{H} - \mathrm{i}\varepsilon)^{-1} - (E_k - \hat{H} + \mathrm{i}\varepsilon)^{-1}]\hat{V}|\boldsymbol{k}\rangle\end{aligned} \tag{6.3.15}$$

在波矢量表象中，利用上式计算 $\hat{S}$ 算符的矩阵元

$$\begin{aligned}S_{\boldsymbol{k}',\boldsymbol{k}} &= \langle\boldsymbol{k}'|(\hat{\Omega}^{(-)})^\dagger\hat{\Omega}^{(+)}|\boldsymbol{k}\rangle = \langle\psi_{\boldsymbol{k}'}^{(-)}|\psi_{\boldsymbol{k}}^{(+)}\rangle = \\ &\langle\psi_{\boldsymbol{k}'}^{(+)}|\psi_{\boldsymbol{k}}^{(+)}\rangle + \langle\psi_{\boldsymbol{k}'}^{(-)} - \psi_{\boldsymbol{k}'}^{(+)}|\psi_{\boldsymbol{k}}^{(+)}\rangle = \\ &(2\pi)^3\delta^3(\boldsymbol{k}'-\boldsymbol{k}) + \langle\boldsymbol{k}'|\hat{V}[(E_{k'} - \hat{H} + \mathrm{i}\varepsilon)^{-1} - (E_{k'} - \hat{H} - \mathrm{i}\varepsilon)^{-1}]|\psi_{\boldsymbol{k}}^{(+)}\rangle = \\ &(2\pi)^3\delta^3(\boldsymbol{k}'-\boldsymbol{k}) + \langle\boldsymbol{k}'|\hat{V}[(E_{k'} - E_k + \mathrm{i}\varepsilon)^{-1} - (E_{k'} - E_k - \mathrm{i}\varepsilon)^{-1}]|\psi_{\boldsymbol{k}}^{(+)}\rangle =\end{aligned}$$

$$(2\pi)^3\delta^3(\boldsymbol{k}'-\boldsymbol{k}) - \mathrm{i}2\varepsilon[(E_{k'}-E_k)^2+\varepsilon^2]^{-1}\langle \boldsymbol{k}'|\hat{V}|\psi_k^{(+)}\rangle =$$
$$(2\pi)^3\delta^3(\boldsymbol{k}'-\boldsymbol{k}) - \mathrm{i}2\varepsilon[(E_{k'}-E_k)^2+\varepsilon^2]^{-1}T_{k',k}^{(+)} \tag{6.3.16}$$

利用 δ 函数的定义

$$\lim_{\varepsilon\to 0}\varepsilon(x^2+\varepsilon^2)^{-1} = \pi\delta(x) \tag{6.3.17}$$

得到散射矩阵元与跃迁矩阵元之间的关系

$$S_{k',k} = (2\pi)^3\delta^3(\boldsymbol{k}'-\boldsymbol{k}) - \mathrm{i}2\pi\delta(E_{k'}-E_k)T_{k',k}^{(+)} \tag{6.3.18}$$

在波矢量表象中,算符 $\hat{S}$ 与 $\hat{T}$ 对应的矩阵分别称之为**散射矩阵**与**跃迁矩阵**,两者之间的关系为

$$\hat{S} = 1 - \mathrm{i}2\pi\delta(E'-E)\hat{T}^{(+)} \tag{6.3.19}$$

求解散射问题的关键就是计算散射矩阵或跃迁矩阵的矩阵元。

6.3.4　光学定理

下面利用上述的散射矩阵元与跃迁矩阵元之间的关系式(6.3.18),证明如下的光学定理。

光学定理　积分散射截面 σ_t 与散射角 $\theta=0$ 时的散射振幅 $f(0)$ 之间满足如下关系

$$\sigma_t = 4\pi k^{-1}\mathrm{Im}f(0) \tag{6.3.20}$$

式中,k 为入射波矢量的绝对值;符号 Im 表示对其后面的复数取虚部。

证明　由于下面只用到跃迁算符中的 $\hat{T}^{(+)}$,故将其简记为 $\hat{T}$,若令 $\boldsymbol{k}_i$ 与 $\boldsymbol{k}_f$ 分别表示入射与散射波的波矢量,则式(6.3.18) 可以写成

$$\begin{aligned} S_{k_f,k_i} &= (2\pi)^3\delta^3(\boldsymbol{k}_f-\boldsymbol{k}_i) - \mathrm{i}2\pi\delta(E_{k_f}-E_{k_i})T_{k_f,k_i} \\ (S^\dagger)_{k_f,k_i} &= (2\pi)^3\delta^3(\boldsymbol{k}_f-\boldsymbol{k}_i) + \mathrm{i}2\pi\delta(E_{k_f}-E_{k_i})(T^\dagger)_{k_f,k_i} \end{aligned} \tag{6.3.21}$$

式中的 $(T^\dagger)_{k_f,k_i}$ 表示算符 $\hat{T}$ 的厄米共轭算符 $\hat{T}^\dagger$ 的矩阵元,$(S^\dagger)_{k_f,k_i}$ 的含意与其类似。

由散射算符的幺正性可知

$$\langle \boldsymbol{k}_f|\hat{S}^\dagger\hat{S}|\boldsymbol{k}_i\rangle = \langle \boldsymbol{k}_f|\boldsymbol{k}_i\rangle = (2\pi)^3\delta^3(\boldsymbol{k}_f-\boldsymbol{k}_i) \tag{6.3.22}$$

在算符 $\hat{S}^\dagger$ 与 $\hat{S}$ 之间插入中间态波矢量 $|\boldsymbol{k}\rangle$ 的封闭关系,于是得到

$$(2\pi)^3\delta^3(\boldsymbol{k}_f-\boldsymbol{k}_i) = (2\pi)^{-3}\int \mathrm{d}^3k\langle \boldsymbol{k}_f|\hat{S}^\dagger|\boldsymbol{k}\rangle\langle \boldsymbol{k}|\hat{S}|\boldsymbol{k}_i\rangle =$$
$$(2\pi)^{-3}\int \mathrm{d}^3k\,(S^\dagger)_{k_f,k}S_{k,k_i} \tag{6.3.23}$$

将式(6.3.21) 代入上式,整理后得到

$$\delta^3(\boldsymbol{k}_f-\boldsymbol{k}_i) = (2\pi)^{-6}\int \mathrm{d}^3k\,(S^\dagger)_{k_f,k}S_{k,k_i} =$$
$$(2\pi)^{-6}\int \mathrm{d}^3k[(2\pi)^3\delta^3(\boldsymbol{k}_f-\boldsymbol{k}) + \mathrm{i}2\pi\delta(E_{k_f}-E_k)(T^\dagger)_{k_f,k}]\times$$

$$
\begin{aligned}
&[(2\pi)^3\delta^3(\boldsymbol{k}-\boldsymbol{k}_i)-\mathrm{i}2\pi\delta(E_k-E_{k_i})T_{\boldsymbol{k},\boldsymbol{k}_i}]= \\
&\int \mathrm{d}^3k\delta^3(\boldsymbol{k}_f-\boldsymbol{k})\delta^3(\boldsymbol{k}-\boldsymbol{k}_i)- \\
&\mathrm{i}(2\pi)^{-2}\int \mathrm{d}^3k\delta^3(\boldsymbol{k}_f-\boldsymbol{k})\delta(E_k-E_{k_i})T_{\boldsymbol{k},\boldsymbol{k}_i}+ \\
&\mathrm{i}(2\pi)^{-2}\int \mathrm{d}^3k\delta^3(\boldsymbol{k}-\boldsymbol{k}_i)\delta(E_{k_f}-E_k)(T^\dagger)_{\boldsymbol{k}_f,\boldsymbol{k}}+ \\
&(2\pi)^{-4}\int \mathrm{d}^3k\delta(E_{k_f}-E_k)\delta(E_k-E_{k_i})(T^\dagger)_{\boldsymbol{k}_f,\boldsymbol{k}}T_{\boldsymbol{k},\boldsymbol{k}_i}= \\
&\delta^3(\boldsymbol{k}_f-\boldsymbol{k}_i)+\mathrm{i}(2\pi)^{-2}\delta(E_{k_f}-E_{k_i})[(T^\dagger)_{\boldsymbol{k}_f,\boldsymbol{k}_i}-T_{\boldsymbol{k}_f,\boldsymbol{k}_i}]+ \\
&(2\pi)^{-4}\delta(E_{k_f}-E_{k_i})\int \mathrm{d}^3k\delta(E_k-E_{k_i})(T^\dagger)_{\boldsymbol{k}_f,\boldsymbol{k}}T_{\boldsymbol{k},\boldsymbol{k}_i}
\end{aligned}
\tag{6.3.24}
$$

消去上式两端的 $\delta^3(\boldsymbol{k}_f-\boldsymbol{k}_i)$，稍加整理后得到

$$
\begin{aligned}
&\mathrm{i}\delta(E_{k_f}-E_{k_i})(2\pi)^2[T_{\boldsymbol{k}_f,\boldsymbol{k}_i}-(T^\dagger)_{\boldsymbol{k}_f,\boldsymbol{k}_i}]= \\
&\delta(E_{k_f}-E_{k_i})\int \mathrm{d}^3k\delta(E_k-E_{k_i})(T^\dagger)_{\boldsymbol{k}_f,\boldsymbol{k}}T_{\boldsymbol{k},\boldsymbol{k}_i}
\end{aligned}
\tag{6.3.25}
$$

再消去上式两端的共同因子 $\delta(E_{k_f}-E_{k_i})$，上式可简化成

$$
T_{\boldsymbol{k}_f,\boldsymbol{k}_i}-(T^\dagger)_{\boldsymbol{k}_f,\boldsymbol{k}_i}=-\mathrm{i}(2\pi)^{-2}\int \mathrm{d}^3k\delta(E_k-E_{k_i})(T^\dagger)_{\boldsymbol{k}_f,\boldsymbol{k}}T_{\boldsymbol{k},\boldsymbol{k}_i}
\tag{6.3.26}
$$

特别是，当散射角 $\theta=0$，即 $\boldsymbol{k}_f=\boldsymbol{k}_i$ 时，上式变成

$$
T_{\boldsymbol{k}_i,\boldsymbol{k}_i}-(T^\dagger)_{\boldsymbol{k}_i,\boldsymbol{k}_i}=-\mathrm{i}(2\pi)^{-2}\int \mathrm{d}^3k\delta(E_k-E_{k_i})(T^\dagger)_{\boldsymbol{k}_i,\boldsymbol{k}}T_{\boldsymbol{k},\boldsymbol{k}_i}
\tag{6.3.27}
$$

由 $(T^\dagger)_{\boldsymbol{k}_i,\boldsymbol{k}}=T^*_{\boldsymbol{k},\boldsymbol{k}_i}$ 及复数的性质可知

$$
\begin{aligned}
&T_{\boldsymbol{k}_i,\boldsymbol{k}_i}-(T^\dagger)_{\boldsymbol{k}_i,\boldsymbol{k}_i}=T_{\boldsymbol{k}_i,\boldsymbol{k}_i}-T^*_{\boldsymbol{k}_i,\boldsymbol{k}_i}=\mathrm{i}2\mathrm{Im}T_{\boldsymbol{k}_i,\boldsymbol{k}_i} \\
&(T^\dagger)_{\boldsymbol{k}_i,\boldsymbol{k}}T_{\boldsymbol{k},\boldsymbol{k}_i}=T^*_{\boldsymbol{k},\boldsymbol{k}_i}T_{\boldsymbol{k},\boldsymbol{k}_i}=|T_{\boldsymbol{k},\boldsymbol{k}_i}|^2
\end{aligned}
\tag{6.3.28}
$$

将上式代入式(6.3.27)，得到

$$
\mathrm{Im}T_{\boldsymbol{k}_i,\boldsymbol{k}_i}=-2^{-3}\pi^{-2}\int \mathrm{d}^3k\delta(E_k-E_{k_i})|T_{\boldsymbol{k},\boldsymbol{k}_i}|^2
\tag{6.3.29}
$$

由跃迁理论的黄金规则可知，在单位时间内，由初态 $|\boldsymbol{k}_i\rangle$ 到中间态 $|\boldsymbol{k}\rangle$ 的跃迁概率密度为

$$
w_{\boldsymbol{k},\boldsymbol{k}_i}=(2\pi)^{-2}\hbar^{-1}\delta(E_k-E_{k_i})|T_{\boldsymbol{k},\boldsymbol{k}_i}|^2
\tag{6.3.30}
$$

应该特别指出的是，上述公式与正常的黄金规则相差一个 $(2\pi)^{-3}$ 的因子，原因是两者所选用的规格化常数不同。

比较式(6.3.29)与式(6.3.30)，得到

$$
\mathrm{Im}T_{\boldsymbol{k}_i,\boldsymbol{k}_i}=-2^{-1}\hbar\int \mathrm{d}^3k w_{\boldsymbol{k},\boldsymbol{k}_i}
\tag{6.3.31}
$$

式中，$\int d^3 k w_{k,k_i}$ 是单位时间内从初态 $|\boldsymbol{k}_i\rangle$ 到所有中间态 $|\boldsymbol{k}\rangle$ 的跃迁概率之和，它与积分散射截面的关系为

$$\sigma_t = N_i^{-1}\int d^3 k w_{\boldsymbol{k},\boldsymbol{k}_i} \tag{6.3.32}$$

其中 N_i 是入射粒子流强度，它的表达式已由式(6.1.14) 给出，即 $N_i = k_i \hbar\mu^{-1}$。将式(6.3.32) 代入式(6.3.31)，得到

$$\mathrm{Im}T_{k_i,k_i} = -2^{-1}\hbar N_i \sigma_t = -(2\mu)^{-1} k_i \hbar^2 \sigma_t \tag{6.3.33}$$

由散射振幅与跃迁算符矩阵元的关系式(6.3.3) 可知，散射振幅为

$$f(\theta,\varphi) = -\mu(2\pi\hbar^2)^{-1} T_{k_f,k_i} \tag{6.3.34}$$

若设粒子沿 z 轴正方向入射，则散射振幅与 φ 角无关，特别是，当粒子的散射角 $\theta = 0$ 时，要求 $\boldsymbol{k}_f = \boldsymbol{k}_i$，于是，上式可以简化成

$$f(0) = -\mu(2\pi\hbar^2)^{-1} T_{k_i,k_i} \tag{6.3.35}$$

将上式两端取其虚部后，得到

$$\mathrm{Im}T_{k_i,k_i} = -2\pi\hbar^2\mu^{-1}\mathrm{Im}f(0) \tag{6.3.36}$$

将上式与式(6.3.33) 比较，得到

$$\sigma_t = 4\pi k^{-1}\mathrm{Im}f(0) \tag{6.3.37}$$

式中，$k = k_i$ 为入射波矢量的绝对值。至此，光学定理证毕。

光学定理表明，积分散射截面只与入射波的波数及散射角为零的散射振幅的虚部相关。证明光学定理的方法不止此一种，在 6.5 节还将用分波法来证明它。

6.4　玻恩近似

虽然李普曼和许温格建立了散射问题满足的 LS 方程，但是，要想严格求解它，却是非常困难的。为了解决散射问题，通常采用近似方法，本节介绍的玻恩近似就是利用微扰论来处理散射问题的一种近似方法。

还应该指出的是，正是通过对散射问题的研究，玻恩才给出了波函数的概率波解释，它是最具有物理内涵的基本原理，从而为量子理论的建立奠定了基础，由此可见散射理论与实验的重要性。

6.4.1　玻恩近似方程的建立

如前所述，当粒子沿 z 轴正方向入射时，中心力场 $V(r)$ 中的散射问题归结为求本征方程

$$(\nabla^2 + k^2)\psi(\boldsymbol{r}) = U(r)\psi(\boldsymbol{r}) \tag{6.4.1}$$

满足无穷远边界条件

$$\psi(\boldsymbol{r}) \underset{r\to\infty}{\longrightarrow} \mathrm{e}^{\mathrm{i}kz} + f(\theta)r^{-1}\mathrm{e}^{\mathrm{i}kr} \tag{6.4.2}$$

的解,其中

$$U(r) = 2\mu\hbar^{-2}V(r) \tag{6.4.3}$$

若入射粒子具有较大的动能,使得势能可视为微扰,则可以利用一级近似的微扰理论来处理弹性势散射问题,此即**玻恩近似**。

当位势 $V(r)=0$ 时,体系的哈密顿算符就是动能算符,其满足的本征方程为

$$(\nabla^2 + \boldsymbol{k}^2)\psi^0(\boldsymbol{r}) = 0 \tag{6.4.4}$$

它的解为

$$\begin{aligned} E^0 &= (2\mu)^{-1}\boldsymbol{k}^2\hbar^2 \\ \psi^0(\boldsymbol{r}) &= \mathrm{e}^{\mathrm{i}kz} \end{aligned} \tag{6.4.5}$$

当 $V(r)\neq 0$ 时,若 $V(r)$ 的作用远小于入射粒子的动能,令

$$\psi(\boldsymbol{r}) = \psi^0(\boldsymbol{r}) + \psi^{(1)}(\boldsymbol{r}) \tag{6.4.6}$$

其中 $\psi^{(1)}(\boldsymbol{r})$ 为波函数的一级修正。将上式代入式(6.4.1),得到

$$(\nabla^2 + \boldsymbol{k}^2)[\psi^0(\boldsymbol{r}) + \psi^{(1)}(\boldsymbol{r})] = U(r)[\psi^0(\boldsymbol{r}) + \psi^{(1)}(\boldsymbol{r})] \tag{6.4.7}$$

比较等式两端同量级的量,得到波函数的零级近似 $\psi^0(\boldsymbol{r})$ 满足的方程就是式(6.4.4),而波函数一级修正 $\psi^{(1)}(\boldsymbol{r})$ 满足的方程为

$$(\nabla^2 + \boldsymbol{k}^2)\psi^{(1)}(\boldsymbol{r}) = U(r)\psi^0(\boldsymbol{r}) = U(r)\mathrm{e}^{\mathrm{i}kz} \tag{6.4.8}$$

此即玻恩近似的基本方程。

6.4.2 玻恩近似方程的求解

玻恩近似的关键是求解式(6.4.8),在还没有建立LS方程时,玻恩利用电动力学中采用的方法得到了它的解。现在,让我们换一种思路来处理它,既然前面已经得到了LS方程的严格解的表达式,不妨对其做近似处理。

1. 改写LS方程的解

为简捷计,将LS方程的严格解的表达式(6.2.26)中的 $\psi_{\boldsymbol{k}}^{(+)}(\boldsymbol{r})$ 简记为 $\psi_{\boldsymbol{k}}(\boldsymbol{r})$,即

$$\psi_{\boldsymbol{k}}(\boldsymbol{r}) = \mathrm{e}^{\mathrm{i}\boldsymbol{k}\cdot\boldsymbol{r}} - (4\pi)^{-1}\int\mathrm{d}\tau'\,|\boldsymbol{r}-\boldsymbol{r}'|^{-1}\mathrm{e}^{\mathrm{i}k|\boldsymbol{r}-\boldsymbol{r}'|}U(r')\psi_{\boldsymbol{k}}(\boldsymbol{r}') \tag{6.4.9}$$

若选入射方向为 z 轴的正方向,则上式变成

$$\psi_{\boldsymbol{k}}(\boldsymbol{r}) = \mathrm{e}^{\mathrm{i}kz} - (4\pi)^{-1}\int\mathrm{d}\tau'\,|\boldsymbol{r}-\boldsymbol{r}'|^{-1}\mathrm{e}^{\mathrm{i}k|\boldsymbol{r}-\boldsymbol{r}'|}U(r')\psi_{\boldsymbol{k}}(\boldsymbol{r}') \tag{6.4.10}$$

如前所述,由于待求的 $\psi_{\boldsymbol{k}}(\boldsymbol{r}')$ 出现在方程的右端,故上式是一个积分方程,由迭代的方法可知,它的解是一个无穷级数。

2. 波函数的一级修正

对式(6.4.10)左端的 $\psi_k(\boldsymbol{r})$ 取至一级近似,右端的 $\psi_k(\boldsymbol{r}')$ 只取零级近似,即

$$\mathrm{e}^{\mathrm{i}kz}+\psi_k^{(1)}(\boldsymbol{r})=\mathrm{e}^{\mathrm{i}kz}-(4\pi)^{-1}\int\mathrm{d}\tau'\,|\boldsymbol{r}-\boldsymbol{r}'|^{-1}\mathrm{e}^{\mathrm{i}k|\boldsymbol{r}-\boldsymbol{r}'|}U(\boldsymbol{r}')\mathrm{e}^{\mathrm{i}kz'} \tag{6.4.11}$$

消去等式两端的 $\mathrm{e}^{\mathrm{i}kz}$,立即得到

$$\psi_k^{(1)}(\boldsymbol{r})=-(4\pi)^{-1}\int\mathrm{d}\tau'\,|\boldsymbol{r}-\boldsymbol{r}'|^{-1}\mathrm{e}^{\mathrm{i}k|\boldsymbol{r}-\boldsymbol{r}'|}U(\boldsymbol{r}')\mathrm{e}^{\mathrm{i}kz'} \tag{6.4.12}$$

此即波函数一级修正的严格表达式,它与用电动力学方法得到的结果完全相同。

3. 对波函数的一级修正取近似

为了完成式(6.4.12)右端的积分,需要对其中的 $|\boldsymbol{r}-\boldsymbol{r}'|$ 做近似处理。在满足 $r\gg r'$ 的条件下,前面已经得到了式(6.2.29),即

$$|\boldsymbol{r}-\boldsymbol{r}'|^{-1}\mathrm{e}^{\mathrm{i}k|\boldsymbol{r}-\boldsymbol{r}'|}=r^{-1}\mathrm{e}^{\mathrm{i}kr}\mathrm{e}^{-\mathrm{i}kr^{-1}(\boldsymbol{r}\cdot\boldsymbol{r}')} \tag{6.4.13}$$

将上式代入式(6.4.12),得到

$$\psi_k^{(1)}(\boldsymbol{r})=-(4\pi r)^{-1}\mathrm{e}^{\mathrm{i}kr}\int\mathrm{d}\tau'\,\mathrm{e}^{\mathrm{i}kz'}\mathrm{e}^{-\mathrm{i}kr^{-1}(\boldsymbol{r}\cdot\boldsymbol{r}')}U(\boldsymbol{r}') \tag{6.4.14}$$

若设 z 轴的单位矢量为 $\boldsymbol{n}_0$,$\boldsymbol{r}$ 方向的单位矢量 $\boldsymbol{r}/r$ 为 $\boldsymbol{n}$,则上式可简化为

$$\psi_k^{(1)}(\boldsymbol{r})=-(4\pi r)^{-1}\mathrm{e}^{\mathrm{i}kr}\int\mathrm{d}\tau'\,\mathrm{e}^{\mathrm{i}k(\boldsymbol{n}_0-\boldsymbol{n})\cdot\boldsymbol{r}'}U(\boldsymbol{r}') \tag{6.4.15}$$

此即波函数一级修正的近似表达式。

6.4.3　散射振幅与散射截面

1. 散射振幅的一般表达式

将式(6.4.15)代入式(6.4.6),得到近似到一级的波函数为

$$\psi(\boldsymbol{r})=\mathrm{e}^{\mathrm{i}kz}+\psi^{(1)}(\boldsymbol{r})=\mathrm{e}^{\mathrm{i}kz}-(4\pi r)^{-1}\mathrm{e}^{\mathrm{i}kr}\int\mathrm{d}\tau'\,\mathrm{e}^{\mathrm{i}k(\boldsymbol{n}_0-\boldsymbol{n})\cdot\boldsymbol{r}'}U(\boldsymbol{r}') \tag{6.4.16}$$

它应该满足在无穷远的边界条件式(6.4.2),将两者相比较,立即得到散射振幅的一般表达式为

$$f(\theta)=-(4\pi)^{-1}\int\mathrm{d}\tau'\,\mathrm{e}^{\mathrm{i}k(\boldsymbol{n}_0-\boldsymbol{n})\cdot\boldsymbol{r}'}U(\boldsymbol{r}') \tag{6.4.17}$$

2. 散射振幅的具体表达式

为了得到散射振幅的具体表达式,引入一个矢量

$$\boldsymbol{K}=k(\boldsymbol{n}_0-\boldsymbol{n}) \tag{6.4.18}$$

由图 6.2 可知,K 的取值为

$$\begin{aligned}K&=2k\sin(\theta/2)\\k&=(2\mu E\hbar^{-2})^{1/2}\end{aligned} \tag{6.4.19}$$

式中，θ 是入射方向 $\boldsymbol{n}_0$ 与散射方向 $\boldsymbol{n}$ 之间的夹角（散射角）。

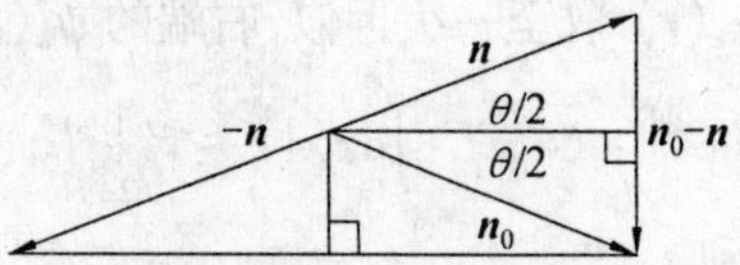

图 6.2 K 取值的图示

利用式(6.4.18) 可以将散射振幅简化为

$$f(\theta)=-(4\pi)^{-1}\int \mathrm{d}\tau'\mathrm{e}^{\mathrm{i}\boldsymbol{K}\cdot\boldsymbol{r}'}U(\boldsymbol{r}') \tag{6.4.20}$$

完成上式中对角度的积分，并顾及到式(6.4.3)，上式可以改写为

$$\begin{aligned} f(\theta) = & -(4\pi)^{-1}\int_0^\infty \mathrm{d}r_1 r_1^2 U(r_1)\int_0^{2\pi}\mathrm{d}\varphi_1\int_0^\pi \mathrm{d}\theta_1 \sin\theta_1 \mathrm{e}^{\mathrm{i}Kr_1\cos\theta_1} = \\ & -2\mu\hbar^{-2}\int_0^\infty \mathrm{d}r_1 r_1^2 V(r_1)\int_{-1}^1 \mathrm{d}y\mathrm{e}^{\mathrm{i}Kr_1 y} = \\ & -\mu\hbar^{-2}\int_0^\infty \mathrm{d}r_1 r_1^2 V(r_1)2(Kr_1)^{-1}\sin(Kr_1) \end{aligned} \tag{6.4.21}$$

于是，得到散射振幅的具体表达式为

$$f(\theta)=-2\mu\hbar^{-2}K^{-1}\int_0^\infty \mathrm{d}rrV(r)\sin(Kr) \tag{6.4.22}$$

散射振幅 $f(\theta)$ 与入射粒子的约化质量 μ、能量 E 及散射角 θ 的关系体现在 K 中。

如果已知入射粒子的约化质量 μ、能量 E 和位势 $V(r)$，则可以由式(6.4.22) 算出其散射振幅。需要特别强调的是，位势 $V(r)$ 应该满足式(6.1.10) 的要求，否则式(6.4.20) 无意义。例如，如果 $V(r)$ 是库仑位势，则散射振幅 $f(\theta)$ 是不确定的，由此可以看出要求位势满足式(6.1.10) 的必要性。

3. 微分散射截面的表达式

由微分散射截面与散射振幅的关系式(6.1.17) 可知，玻恩近似下的微分散射截面为

$$\sigma(\theta)=|f(\theta)|^2=4\mu^2\hbar^{-4}K^{-2}\left|\int_0^\infty \mathrm{d}rrV(r)\sin(Kr)\right|^2 \tag{6.4.23}$$

玻恩近似适用的条件是

$$|\psi^{(1)}(\boldsymbol{r})| \ll |\mathrm{e}^{\mathrm{i}kz}|=1 \tag{6.4.24}$$

综上所述，微扰论的近似方法不仅可以解决束缚定态的求解问题，而且可以用于求解散射态问题。取至波函数一级修正时，就得到玻恩近似下的微分散射截面公式(6.4.23)。玻恩近似的方便之处在于，如果知道了位势 $V(r)$ 的具体形式，只要完成对径

向坐标的积分就能求出微分散射截面。玻恩近似存在的问题是，它必须满足微扰论的使用条件。

6.4.4　有限深球方位势与汤川势

为了对玻恩近似有更加感性的认识，下面用它来处理两个具体的问题。

1. 有限深球方位势散射

设有一个约化质量为 μ、能量 E 的粒子，被如下一个半径为 a 的有限深球方位势散射

$$V(r)=\begin{cases}\pm V_0 & (r<a)\\ 0 & (r\geqslant a)\end{cases} \tag{6.4.25}$$

其中，$V_0>0$，V_0 前面的正负号分别表示势垒与势阱。显然，上述位势满足式(6.1.10)的要求。首先，利用玻恩近似计算其微分散射截面，其次，当位势强度 V_0a^2 足够小时，计算其积分散射截面的近似值。

为了计算微分散射截面，先计算积分

$$\int_0^\infty \mathrm{d}r rV(r)\sin(Kr)=\pm V_0\int_0^a \mathrm{d}r r\sin(Kr)=\pm V_0K^{-2}[\sin(Ka)-Ka\cos(Ka)] \tag{6.4.26}$$

其中用到如下不定积分公式

$$\int \mathrm{d}x x\sin(\alpha x)=\alpha^{-2}\sin(\alpha x)-\alpha^{-1}x\cos(\alpha x) \tag{6.4.27}$$

将式(6.4.26)代入式(6.4.23)，立即得到玻恩近似下的微分散射截面

$$\sigma(\theta)=4\mu^2V_0^2\hbar^{-4}K^{-6}[\sin(Ka)-Ka\cos(Ka)]^2 \tag{6.4.28}$$

显然，对于势垒或者势阱而言，微分散射截面是相同的。

通常情况下，玻恩近似只适用于高能入射粒子散射，这个要求的实质是入射粒子的动能远大于势能，因此，即使在低能情况下，只要方位势足够的窄和浅（即位势强度足够小），也可以使用玻恩近似。

在低能情况下，由于 $Ka<1$，故可以将式(6.4.28)中的三角函数做级数展开，即

$$\begin{aligned}\sin x&=x-x^3/3!+x^5/5!-\cdots\\ \cos x&=1-x^2/2!+x^4/4!-\cdots\end{aligned} \tag{6.4.29}$$

取其最低级近似，得到

$$\begin{aligned}\sigma(\theta)=&4\mu^2V_0^2\hbar^{-4}K^{-6}\{Ka-(Ka)^3/3!+\cdots-Ka[1-(Ka)^2/2!+\cdots]\}^2\approx\\ &4\mu^2V_0^2a^6\hbar^{-4}/9\end{aligned} \tag{6.4.30}$$

正如预期的一样，微分散射截面与散射角 θ 无关，即该截面表现出各向同性的性质。而积分散射截面为

$$\sigma_t = 16\pi\mu^2 V_0^2 a^6 \hbar^{-4}/9 \tag{6.4.31}$$

2. 汤川势散射

设一个带电荷 $Z_1 e$ 的高速运动的粒子,被一个原子序数为 Z_2 的中性原子散射。当入射粒子距离原子核较远时,带负电的核外电子会屏蔽原子核所产生的静电场;而当其非常靠近原子核时,则会感受到全部正电荷的库仑作用。汤川用如下的位势来描述这种近强远弱的相互作用

$$V(r) = Z_1 Z_2 e^2 r^{-1} e^{-r/a} \tag{6.4.32}$$

其中,a 称为**屏蔽参数**,它具有长度的量纲。

上述相互作用势被称为**汤川势**。显然,汤川势满足式(6.1.10)的要求。

将式(6.4.32)代入式(6.4.23)得到微分散射截面

$$\begin{aligned}\sigma(\theta) &= 4\mu^2\hbar^{-4}K^{-2}\left|\int_0^\infty \mathrm{d}r r Z_1 Z_2 e^2 r^{-1}\mathrm{e}^{-r/a}\sin(Kr)\right|^2 = \\ &4\mu^2 Z_1^2 Z_2^2 e^4\hbar^{-4}K^{-2}\left|\int_0^\infty \mathrm{d}r\mathrm{e}^{-r/a}\sin(Kr)\right|^2 = \\ &4\mu^2 Z_1^2 Z_2^2 e^4\hbar^{-4}K^{-2}\left[K(a^{-2}+K^2)^{-1}\right]^2 = \\ &4\mu^2 Z_1^2 Z_2^2 e^4\hbar^{-4}K^{-4}\left[1+a^{-2}K^{-2}\right]^{-2}\end{aligned} \tag{6.4.33}$$

其中用到如下定积分公式

$$\int_0^\infty \mathrm{d}x\mathrm{e}^{-\alpha x}\sin(\beta x) = \beta(\alpha^2+\beta^2)^{-1} \tag{6.4.34}$$

考虑一种特殊情况,若 $a\to\infty$,则汤川势退化为库仑势。这时式(6.4.33)变成

$$\sigma(\theta) = 4\mu^2 Z_1^2 Z_2^2 e^4\hbar^{-4}K^{-4} \tag{6.4.35}$$

此即库仑势散射的微分散射截面。

若将式(6.4.22)与 $k = p/\hbar = \mu v\hbar^{-1}$ 代入上式,则有[6.14]

$$\begin{aligned}\sigma(\theta) &= 4\mu^2 Z_1^2 Z_2^2 e^4\hbar^{-4}K^{-4} = 4^{-1}\mu^2 Z_1^2 Z_2^2 e^4\hbar^{-4}k^{-4}\sin^{-4}(\theta/2) = \\ &4^{-1}\mu^2 Z_1^2 Z_2^2 e^4\hbar^{-4}(\mu v/\hbar)^{-4}\sin^{-4}(\theta/2) = \\ &4^{-1}Z_1^2 Z_2^2 e^4\mu^{-2}v^{-4}\sin^{-4}(\theta/2)\end{aligned} \tag{6.4.36}$$

式中,v 是入射粒子的运动速率。上述公式与**卢瑟福散射**公式完全一致。

6.5　分 波 法

分波法是另外一种处理散射问题的方法,使用分波法的关键是求出分波的相移。如果能求出所有分波的相移,则可以得到严格的微分散射截面和积分散射截面,在这个意义上讲,分波法是一种严格的方法。在实际应用时,由于很难算出全部分波的相移,所以通

常只计算几个低级分波的相移和散射截面,这时的结果就是近似的。

6.5.1　自由运动的渐近解

当不顾及粒子的自旋时,自由运动粒子满足的定态薛定谔方程为

$$\hat{H}_0\psi(\boldsymbol{r}) = E\psi(\boldsymbol{r}) \tag{6.5.1}$$

其中 $\hat{H}_0$ 为动能算符。由于$\{H_0,\boldsymbol{L}^2,L_z\}$ 构成力学量的完全集,所以,若设其共同本征函数系为$\{|klm\rangle^0\}$,则有

$$\hat{H}_0\ |klm\rangle^0 = (2\mu)^{-1}\boldsymbol{k}^2\hbar^2\ |klm\rangle^0 \tag{6.5.2}$$

$$\hat{\boldsymbol{L}}^2\ |klm\rangle^0 = l(l+1)\hbar^2\ |klm\rangle^0 \tag{6.5.3}$$

$$\hat{L}_z\ |klm\rangle^0 = m\hbar\ |klm\rangle^0 \tag{6.5.4}$$

在球坐标系中,本征矢 $|klm\rangle^0$ 的具体表达式为

$$|klm\rangle^0 = (2\pi^{-1}\boldsymbol{k}^2)^{1/2}\mathrm{j}_l(kr)\mathrm{Y}_{lm}(\theta,\varphi) \tag{6.5.5}$$

式中,$\mathrm{Y}_{lm}(\theta,\varphi)$ 为球谐函数;$\mathrm{j}_l(\rho)$ 为球贝塞尔(Beseel) 函数。

由特殊函数理论可知,球贝塞尔函数的表达式为

$$\mathrm{j}_l(\rho) = (-1)^{\rho}\rho^l\left(\frac{1}{\rho}\frac{\mathrm{d}}{\mathrm{d}\rho}\right)^l\frac{\sin\rho}{\rho} \tag{6.5.6}$$

当 $\rho\to\infty$ 时,其渐近形式为

$$\mathrm{j}_l(\rho)\underset{\rho\to\infty}{\longrightarrow}\rho^{-1}\sin(\rho-l\pi/2) \tag{6.5.7}$$

将上式代入式(6.5.5),于是得到 $|klm\rangle^0$ 的渐近形式

$$|klm\rangle^0\underset{r\to\infty}{\longrightarrow}(2\pi^{-1}\boldsymbol{k}^2)^{1/2}(kr)^{-1}\sin(kr-l\pi/2)\mathrm{Y}_{lm}(\theta,\varphi) \tag{6.5.8}$$

6.5.2　中心力场中的渐近解

如前所述,当粒子沿 z 轴正方向入射时,中心力场下的散射问题归结为求本征方程

$$(\nabla^2+\boldsymbol{k}^2)\psi(\boldsymbol{r}) = U(r)\psi(\boldsymbol{r}) \tag{6.5.9}$$

满足无穷远边界条件

$$\psi(\boldsymbol{r})\underset{r\to\infty}{\longrightarrow}\mathrm{e}^{\mathrm{i}kz}+f(\theta)r^{-1}\mathrm{e}^{\mathrm{i}kr} \tag{6.5.10}$$

的解。

在中心力场中,若不顾及粒子的自旋,则$\{H,\boldsymbol{L}^2,L_z\}$ 构成力学量的完全集,其共同本征函数系为$\{|klm\rangle\}$,即

$$\hat{H}|klm\rangle = (2\mu)^{-1}\boldsymbol{k}^2\hbar^2|klm\rangle \tag{6.5.11}$$

$$\hat{\boldsymbol{L}}^2|klm\rangle = l(l+1)\hbar^2|klm\rangle \tag{6.5.12}$$

$$\hat{L}_z|klm\rangle = m\hbar|klm\rangle \tag{6.5.13}$$

称 $|klm\rangle$ 为本征矢的 l 分波。

在球坐标系中,本征矢 $|klm\rangle$ 的具体形式是

$$|klm\rangle = r^{-1}u_{kl}(r)\mathrm{Y}_{lm}(\theta,\varphi) \tag{6.5.14}$$

其中,$u_{kl}(r)$ 满足径向方程

$$\left[-\frac{\hbar^2}{2\mu}\frac{\mathrm{d}^2}{\mathrm{d}r^2}+\frac{l(l+1)\hbar^2}{2\mu r^2}+V(r)\right]u_{kl}(r)=\frac{k^2\hbar^2}{2\mu}u_{kl}(r) \tag{6.5.15}$$

和零点条件

$$u_{kl}(0)=0 \tag{6.5.16}$$

下面讨论体系的状态在无穷远处的渐进形式。

1. $u_{kl}(r)$ 的渐进形式

当 $r\to\infty$ 时,由于 $V(r)\to 0$,故方程(6.5.15)简化为

$$-\frac{\hbar^2}{2\mu}\frac{\mathrm{d}^2}{\mathrm{d}r^2}u_{kl}(r)=\frac{k^2\hbar^2}{2\mu}u_{kl}(r) \tag{6.5.17}$$

由上式可以求出 $u_{kl}(r)$ 的渐进形式为

$$u_{kl}(r)\underset{r\to\infty}{\longrightarrow}a_{kl}\sin(kr-l\pi/2+\delta_l) \tag{6.5.18}$$

式中,a_{kl} 为归一化常数;δ_l 为 l **分波相移**。

2. $|klm\rangle$ 的渐进形式

将式(6.5.18)代入式(6.5.14),得到 $r\to\infty$ 时 $|klm\rangle$ 的渐近形式

$$|klm\rangle\underset{r\to\infty}{\longrightarrow}A_{kl}(kr)^{-1}\sin(kr-l\pi/2+\delta_l)\mathrm{Y}_{lm}(\theta,\varphi) \tag{6.5.19}$$

式中的 $A_{kl}=ka_{kl}$。

3. $\psi(\boldsymbol{r})$ 的渐进形式

体系的任意状态 $\psi(\boldsymbol{r})$ 的一般形式应该是 $|klm\rangle$ 的组合,即

$$\psi(\boldsymbol{r})=\int_0^\infty\mathrm{d}k\sum_{l=0}^\infty\sum_{m=-l}^{l}c_{lm}(k)|klm\rangle \tag{6.5.20}$$

由于入射能量是确定的,并且入射方向为 z 轴的正方向($m=0$),$U(r)$ 相对 z 轴旋转不变,因此散射波亦满足 $m=0$ 的条件,于是上式可简化为

$$\psi(\boldsymbol{r})=\sum_{l=0}^\infty b_l|kl0\rangle \tag{6.5.21}$$

将式(6.5.19)中的 m 取为零后代入式(6.5.21),再利用球谐函数与勒让德多项式的关系

$$\mathrm{Y}_{l0}(\theta,\varphi)=[(2l+1)(4\pi)^{-1}]^{1/2}\mathrm{P}_l(\cos\theta) \tag{6.5.22}$$

可以得到 $r\to\infty$ 时的渐近波函数

$$\psi(\boldsymbol{r})\underset{r\to\infty}{\longrightarrow}\sum_{l=0}^\infty b_l|kl0\rangle=\sum_{l=0}^\infty c_l\mathrm{P}_l(\cos\theta)(kr)^{-1}\sin(kr-l\pi/2+\delta_l)=$$

$$\sum_{l=0}^{\infty} c_l \mathrm{P}_l(\cos\theta)(\mathrm{i}2kr)^{-1}\left[\mathrm{e}^{\mathrm{i}(kr-l\pi/2+\delta_l)} - \mathrm{e}^{-\mathrm{i}(kr-l\pi/2+\delta_l)}\right] \tag{6.5.23}$$

其中，$\mathrm{P}_l(\cos\theta)$ 为 l 阶勒让德多项式；$c_l = A_{kl} b_l[(2l+1)(4\pi)^{-1}]^{1/2}$ 是一个与 k，l 有关的常数，后面将确定它的具体取值。

6.5.3　无穷远处的边界条件

为了得到散射振幅，需要将无穷远处边界条件式(6.5.10)与渐近波函数表达式(6.5.23)做比较，由于式(6.5.23)的波函数是向勒让德多项式展开的，所以，下面分别将式(6.5.10)中的入射波和散射波也分别向勒让德多项式展开。

1. 入射波的展开式

对于入射波而言，沿 z 方向入射的平面波是能量与动量的本征函数，由于动量算符与角动量平方算符不对易，故其不是角动量算符的本征态，但是，可以将其向球面波展开，即[6.7]

$$\mathrm{e}^{\mathrm{i}kz} = \mathrm{e}^{\mathrm{i}kr\cos\theta} = \sum_{l=0}^{\infty} \mathrm{i}^l [4\pi(2l+1)]^{1/2} \mathrm{j}_l(kr) \mathrm{Y}_{l0}(\theta,\varphi) =$$

$$\sum_{l=0}^{\infty} (2l+1)\mathrm{e}^{\mathrm{i}l\pi/2} \mathrm{j}_l(kr) \mathrm{P}_l(\cos\theta) \tag{6.5.24}$$

其中用到式(6.5.22)及

$$\mathrm{i}^l = \cos(l\pi/2) + \mathrm{i}\sin(l\pi/2) = \mathrm{e}^{\mathrm{i}l\pi/2} \tag{6.5.25}$$

将球贝塞尔函数的渐近形式表达式(6.5.7)代入式(6.5.24)，得到入射波在无穷远处的渐近形式为

$$\mathrm{e}^{\mathrm{i}kz} \xrightarrow[r\to\infty]{} \sum_{l=0}^{\infty} (2l+1)(kr)^{-1} \sin(kr - l\pi/2) \mathrm{e}^{\mathrm{i}l\pi/2} \mathrm{P}_l(\cos\theta) =$$

$$\sum_{l=0}^{\infty} (2l+1)(\mathrm{i}2kr)^{-1}(\mathrm{e}^{\mathrm{i}kr-\mathrm{i}l\pi/2} - \mathrm{e}^{-\mathrm{i}kr+\mathrm{i}l\pi/2}) \mathrm{e}^{\mathrm{i}l\pi/2} \mathrm{P}_l(\cos\theta) =$$

$$\sum_{l=0}^{\infty} (2l+1) \mathrm{P}_l(\cos\theta)(\mathrm{i}2kr)^{-1}(\mathrm{e}^{\mathrm{i}kr} - \mathrm{e}^{-\mathrm{i}kr}\mathrm{e}^{\mathrm{i}l\pi}) \tag{6.5.26}$$

2. 散射波的展开式

由于散射波是由散射振幅与散射球面波构成的，为了将其与式(6.5.26)比较，故需将散射振幅向勒让德多项式展开，有

$$f(\theta) = \sum_{l=0}^{\infty} \tilde{d}_l \mathrm{P}_l(\cos\theta) = \sum_{l=0}^{\infty} d_l (\mathrm{i}2k)^{-1} \mathrm{P}_l(\cos\theta) \tag{6.5.27}$$

其中，$\tilde{d}_l$ 是散射振幅向勒让德多项式展开的展开系数，$d_l = \mathrm{i}2k\tilde{d}_l$ 是一个与 k，l 有关的常数，若求出了 d_l，则相当于得到了散射振幅。

将式(6.5.27)代入式(6.1.11)，立即得到散射波的展开式

$$f(\theta)r^{-1}\mathrm{e}^{\mathrm{i}kr}=\sum_{l=0}^{\infty}d_l(\mathrm{i}2kr)^{-1}\mathrm{P}_l(\cos\theta)\mathrm{e}^{\mathrm{i}kr} \tag{6.5.28}$$

3. 边界条件的展开式

将式(6.5.26)和式(6.5.28)代入式(6.5.10),整理后得到

$$\psi(\boldsymbol{r})\underset{r\to\infty}{\longrightarrow}\mathrm{e}^{\mathrm{i}kz}+f(\theta)r^{-1}\mathrm{e}^{\mathrm{i}kr}=\sum_{l=0}^{\infty}\mathrm{P}_l(\cos\theta)(\mathrm{i}2kr)^{-1}[(2l+1+d_l)\mathrm{e}^{\mathrm{i}kr}-(2l+1)\mathrm{e}^{\mathrm{i}l\pi}\mathrm{e}^{-\mathrm{i}kr}] \tag{6.5.29}$$

此即无穷远处边界条件的展开式。

6.5.4 散射振幅与散射截面

1. 展开系数 d_l

将式(6.5.29)与式(6.5.23)比较可知,c_l 和 d_l满足如下联立方程[6.9]

$$\begin{cases}c_l\mathrm{e}^{\mathrm{i}(-l\pi/2+\delta_l)}=2l+1+d_l\\ c_l\mathrm{e}^{-\mathrm{i}(-l\pi/2+\delta_l)}=(2l+1)\mathrm{e}^{\mathrm{i}l\pi}\end{cases} \tag{6.5.30}$$

求解上述方程,得到

$$\begin{aligned}c_l&=(2l+1)\mathrm{e}^{\mathrm{i}l\pi/2}\mathrm{e}^{\mathrm{i}\delta_l}\\ d_l&=(2l+1)(\mathrm{e}^{\mathrm{i}2\delta_l}-1)\end{aligned} \tag{6.5.31}$$

2. 散射振幅$f(\theta)$

将式(6.5.31)中的 d_l 代入散射振幅表达式(6.5.27)中,立即得到散射振幅的表达式

$$\begin{aligned}f(\theta)=&\sum_{l=0}^{\infty}(2l+1)(\mathrm{e}^{\mathrm{i}2\delta_l}-1)(\mathrm{i}2k)^{-1}\mathrm{P}_l(\cos\theta)=\\ &k^{-1}\sum_{l=0}^{\infty}(2l+1)\mathrm{P}_l(\cos\theta)(\mathrm{e}^{\mathrm{i}\delta_l}-\mathrm{e}^{-\mathrm{i}\delta_l})(\mathrm{i}2)^{-1}\mathrm{e}^{\mathrm{i}\delta_l}=\\ &k^{-1}\sum_{l=0}^{\infty}(2l+1)\mathrm{P}_l(\cos\theta)\sin\delta_l\mathrm{e}^{\mathrm{i}\delta_l}\end{aligned} \tag{6.5.32}$$

3. 微分散射截面 $\sigma(\theta)$

将式(6.5.32)代入式(6.1.17),立即得到微分散射截面

$$\sigma(\theta)=|f(\theta)|^2=k^{-2}\left|\sum_{l=0}^{\infty}(2l+1)\mathrm{P}_l(\cos\theta)\sin\delta_l\mathrm{e}^{\mathrm{i}\delta_l}\right|^2 \tag{6.5.33}$$

由上式可知,只要求出了所有分波的相移,就可以得到严格的微分散射截面。

4. 积分散射截面 σ_t

将式(6.5.33)代入式(6.1.3),得到积分散射截面

$$\sigma_t = \int \mathrm{d}\Omega \sigma(\theta) = k^{-2} \int \mathrm{d}\Omega \left| \sum_{l=0}^{\infty} (2l+1) \mathrm{P}_l(\cos\theta) \sin\delta_l \mathrm{e}^{\mathrm{i}\delta_l} \right|^2 \tag{6.5.34}$$

利用勒让德多项式的性质

$$\int \mathrm{d}\Omega \mathrm{P}_l(\cos\theta) \mathrm{P}_{l'}(\cos\theta) = 4\pi(2l+1)^{-1}\delta_{l,l'} \tag{6.5.35}$$

可以将式(6.5.34)中的积分做出,进而得到[6.10]

$$\sigma_t = 4\pi k^{-2} \sum_{l=0}^{\infty} (2l+1) \sin^2\delta_l \tag{6.5.36}$$

此即积分散射截面表达式。

若定义

$$(\sigma_t)_l = 4\pi k^{-2} (2l+1) \sin^2\delta_l \tag{6.5.37}$$

为 l 波的**分截面**,则积分散射截面可以写成分截面之和,即

$$\sigma_t = \sum_{l=0}^{\infty} (\sigma_t)_l \tag{6.5.38}$$

综上所述,计算散射截面的关键是求出 l 分波的相移 δ_l,若能求出全部分波的相移,则能得到精确的散射截面,把这种计算散射截面的方法称之为**分波法**。在理论上分波法是一种严格的方法,而实际上并不可能求出所有分波的相移,通常只计算较低级的几个分波的相移,例如,s($l=0$)分波的相移,p($l=1$)分波的相移等。

6.5.5　利用分波法证明光学定理

由于分波法在理论上是一种严格的方法,故也可以利用它来证明光学定理。

将式(6.5.32)两端取虚部,利用 $\mathrm{e}^{\mathrm{i}\alpha} = \cos\alpha + \mathrm{i}\sin\alpha$ 得到

$$\mathrm{Im}f(\theta) = \mathrm{Im}\left[k^{-1} \sum_{l=0}^{\infty} (2l+1) \mathrm{P}_l(\cos\theta) \sin\delta_l \mathrm{e}^{\mathrm{i}\delta_l}\right] =$$

$$k^{-1} \sum_{l=0}^{\infty} (2l+1) \mathrm{P}_l(\cos\theta) \sin^2\delta_l \tag{6.5.39}$$

若再取 $\theta = 0$,则 $\mathrm{P}_l(\cos 0) = 1$,于是上式变成

$$\mathrm{Im}f(0) = k^{-1} \sum_{l=0}^{\infty} (2l+1) \sin^2\delta_l \tag{6.5.40}$$

将其与积分截面的表达式(6.5.36)比较,立即得到积分截面的表达式

$$\sigma_t = 4\pi k^{-1} \mathrm{Im}f(0) \tag{6.5.41}$$

上式与光学定理的数学表达式(6.3.20)完全相同,至此光学定理证毕。

显然,上述上述的证明过程要比原始的方法简捷得多,出现这种情况的原因是,它已经把诸多的推导过程转嫁到分波法的证明中了。

6.6　球方位势散射

作为分波法的应用实例,本节讨论了球方势阱和球方势垒的散射问题。

6.6.1　球方势阱散射

设有一个约化质量为μ、能量为E的粒子被如下一个半径为a的有限深球方势阱散射

$$V(r)=\begin{cases}-V_0 & (r<a)\\ 0 & (r\geqslant a)\end{cases}\tag{6.6.1}$$

其中常数$V_0>0$。在6.4节已经用玻恩近似得到了它的散射截面,下面利用分波法计算其s($l=0$)分波的散射截面。

1. s分波的径向方程

体系满足的径向方程已由式(6.5.15)给出,即

$$\left[-\frac{\hbar^2}{2\mu}\frac{\mathrm{d}^2}{\mathrm{d}r^2}+\frac{l(l+1)\hbar^2}{2\mu r^2}+V(r)\right]u_{kl}(r)=\frac{k^2\hbar^2}{2\mu}u_{kl}(r)\tag{6.6.2}$$

对于s分波而言,由于$l=0$,故上式简化为

$$u''(r)+\left[k^2-U(r)\right]u(r)=0\tag{6.6.3}$$

其中

$$\begin{aligned}k^2&=2\mu E\hbar^{-2}>0\\ U(r)&=2\mu\hbar^{-2}V(r)\end{aligned}\tag{6.6.4}$$

为简捷计,略去了径向波函数的下标。

2. 径向方程的通解

以a为界,将位势分为两个区域,相应的微分方程分别为

$$\begin{aligned}u''_1(r)+\alpha^2u_1(r)=0\quad(r<a)\\ u''_2(r)+k^2u_2(r)=0\quad(r\geqslant a)\end{aligned}\tag{6.6.5}$$

其中

$$\alpha=\left[2\mu(E+V_0)\hbar^{-2}\right]^{1/2}>0\tag{6.6.6}$$

容易得到式(6.6.5)的解

$$\begin{aligned}u_1(r)&=A\sin(\alpha r+\gamma)\\ u_2(r)&=B\sin(kr+\delta)\end{aligned}\tag{6.6.7}$$

由径向波函数应满足的零点条件$u_1(0)=0$可知,$\gamma=n\pi(n=0,1,2,\cdots)$,于是,上式变成

$$u_1(r) = (-1)^n A\sin(\alpha r) = \tilde{A}\sin(\alpha r)$$
$$u_2(r) = B\sin(kr + \delta) \tag{6.6.8}$$

这时，δ 就是散射波的 s 分波相移 δ_0。

3. 利用边界条件求相移

由波函数在 $r = a$ 处的连接条件可知

$$\tilde{A}\sin(\alpha a) = B\sin(ka + \delta_0)$$
$$\tilde{A}\alpha\cos(\alpha a) = Bk\cos(ka + \delta_0) \tag{6.6.9}$$

将上式中的两式相除，得到

$$\tan(\alpha a) = \alpha k^{-1}\tan(ka + \delta_0) \tag{6.6.10}$$

对上式两端取正切的反函数，立即得到 s 分波的相移

$$\delta_0 = n\pi + \arctan[\alpha^{-1}k\tan(\alpha a)] - ka \tag{6.6.11}$$

4. 利用相移计算散射截面

利用式(6.5.33) 与式(6.5.36)，可以求出 s 分波的微分散射截面和积分散射截面分别为

$$\sigma_0 = k^{-2}\sin^2\delta_0 \tag{6.6.12}$$
$$(\sigma_t)_0 = 4\pi k^{-2}\sin^2\delta_0 \tag{6.6.13}$$

式中的相移 δ_0 已由式(6.6.11) 给出。由于散射截面中出现 $\sin^2\delta_0$，式(6.6.11) 中的 $n\pi$ 对计算结果无贡献，故可以将其去掉。

5. 散射截面的低能近似

对于低能散射而言，特别是当 $k \to 0$ 时，相移表达式(6.6.11) 可以近似写为

$$\delta_0 \approx \alpha^{-1}k\tan(\alpha a) - ka \tag{6.6.14}$$

进而可知，近似的积分散射截面为

$$(\sigma_t)_0 \approx 4\pi k^{-2}\delta_0^2 = 4\pi a^2[(\alpha a)^{-1}\tan(\alpha a) - 1]^2 \tag{6.6.15}$$

6. 与玻恩近似结果比较

为了与玻恩近似的积分截面进行比较，利用正切函数的级数展开式

$$\tan(x) = x + x^3/3 + 5x^5/12 + \cdots \quad (|x| < \pi/2) \tag{6.6.16}$$

如果只取其前两项，则式(6.6.15) 可以改写成

$$(\sigma_t)_0 \approx 4\pi a^2[1 + (\alpha a)^2/3 - 1]^2 = 4\pi a^6\alpha^4/9 \tag{6.6.17}$$

将 α 的表达式(6.6.6) 代入上式，顾及到 $k \to 0$，于是有

$$(\sigma_t)_0 = 16\pi\mu^2(E + V_0)^2 a^6\hbar^{-4}/9 \approx 16\pi\mu^2 V_0^2 a^6\hbar^{-4}/9 \tag{6.6.18}$$

此结果与由玻恩近似得到的积分散射截面表达式(6.4.31) 完全一致。

6.6.2　球方势垒散射

设入射粒子被如下的球方势垒散射

$$V(r)=\begin{cases}V_0 & (r<a)\\ 0 & (r\geqslant a)\end{cases} \tag{6.6.19}$$

计算其 s 分波的散射截面,其中常数 $V_0>0$。

当 $E>V_0$ 时,令 $\beta=[2\mu(E-V_0)\hbar^{-2}]^{1/2}>0$,重复6.5.1中的推导过程,得到与球方势阱类似的结果,只不过将 α 用 β 替换而已。下面计算 $E<V_0$ 时的散射截面。

1. 径向方程的通解

当 $E<V_0$时,以 a 为界,将位势分为两个区域,s 分波的径向方程分别为

$$\begin{aligned}u''_1(r)-\beta^2u_1(r)=0\\ u''_2(r)+k^2u_2(r)=0\end{aligned} \tag{6.6.20}$$

其中 k 的定义仍然为式(6.6.4),而 β 的定义为

$$\beta=[2\mu(V_0-E)\hbar^{-2}]^{1/2}>0 \tag{6.6.21}$$

方程(6.6.20) 的通解为

$$\begin{aligned}u_1(r)=A\mathrm{e}^{\beta r}+B\mathrm{e}^{-\beta r}\\ u_2(r)=C\sin(kr+\delta)\end{aligned} \tag{6.6.22}$$

δ 就是散射波的 s 分波相移 δ_0。

由 $u_1(0)=0$ 知,$A=-B$,于是,上式可以简化为

$$\begin{aligned}u_1(r)=A(\mathrm{e}^{\beta r}-\mathrm{e}^{-\beta r})=2A\mathrm{sh}(\beta r)\\ u_2(r)=C\sin(kr+\delta_0)\end{aligned} \tag{6.6.23}$$

2. 利用边界条件求相移

用与前面类似的方法,由波函数在 $r=a$ 处的连接条件可知

$$\mathrm{th}(\beta a)=\beta k^{-1}\tan(ka+\delta_0) \tag{6.6.24}$$

于是 s 分波的相移为

$$\delta_0=n\pi+\arctan[\beta^{-1}k\mathrm{th}(\beta a)]-ka \tag{6.6.25}$$

进而,利用式(6.6.12) 和式(6.6.13),可以求出 s 分波的微分散射截面和积分散射截面。

3. 散射截面的低能近似

当 $k\to 0$ 时,相移可以近似写为

$$\delta_0\approx\beta^{-1}k\mathrm{th}(\beta a)-ka \tag{6.6.26}$$

于是,得到近似的积分散射截面

$$(\sigma_t)_0\approx 4\pi k^{-2}\delta_0^2=4\pi a^2[(\beta a)^{-1}\mathrm{th}(\beta a)-1]^2 \tag{6.6.27}$$

4. 势垒高度对散射截面的影响

下面讨论两种极端的情况。

(1) 势垒非常高

当势垒非常高时,即 $V_0\to\infty$,有 $\beta\to\infty$ 和 $\beta a\to\infty$,于是

$$\mathrm{th}(\beta a)=\frac{\exp(\beta a)-\exp(-\beta a)}{\exp(\beta a)+\exp(-\beta a)}\to 1 \tag{6.6.28}$$

积分散射截面近似为

$$(\sigma_t)_0\approx 4\pi a^2(\beta^{-1}a^{-1}-1)^2\approx 4\pi a^2 \tag{6.6.29}$$

(2) 势垒非常低

当势垒非常低时,即 $\beta a\ll 1$,利用双曲正切函数的级数展开式

$$\mathrm{th}\,x=x-x^3/3+2x^5/15-\cdots\quad(|x|<\pi/2) \tag{6.6.30}$$

得到

$$(\beta a)^{-1}\mathrm{th}(\beta a)\approx 1-(\beta a)^2/3 \tag{6.6.31}$$

进而得到积分散射截面近似为

$$(\sigma_t)_0\approx 4\pi a^6\beta^4/9=16\pi\mu^2a^6(V_0-E)^2\hbar^{-4}/9 \tag{6.6.32}$$

由于入射能量非常低,即 $E\to 0$,故有

$$(\sigma_t)_0\approx 16\pi\mu^2V_0^2a^6\hbar^{-4}/9 \tag{6.6.33}$$

此结果也与由玻恩近似得到的积分散射截面表达式(6.4.31)完全一致。

本章结束语:通常情况下,理论公式的成立都是有条件的,例如,库仑势散射就不能使用玻恩近似,而库仑势散射的截面是实验上可以观测到的,理论的不完善是出现这种局面的原因。为了摆脱这种困境,必须另辟蹊径,即先用汤川势计算散射截面,再对屏蔽参数取极限,最后得到库仑势的散射截面。这种做法与格林函数方法中的绝热近似有异曲同工之妙。

习　题　6

习题 6.1　证明零级格林算符 $\hat{g}_0^{(\pm)}(E_k)$ 在坐标表象中的矩阵元为

$$\langle \boldsymbol{r}|\hat{g}_0^{(\pm)}(E_k)|\boldsymbol{r}'\rangle=2\mu\hbar^{-2}G_k^{(\pm)}(\boldsymbol{r}-\boldsymbol{r}')$$

其中

$$G_k^{(\pm)}(\boldsymbol{r}-\boldsymbol{r}')=(2\pi)^{-3}\int \mathrm{d}^3k'[k^2-(k')^2\pm\mathrm{i}\varepsilon]^{-1}\mathrm{e}^{\mathrm{i}\boldsymbol{k}'\cdot(\boldsymbol{r}-\boldsymbol{r}')}$$

$$\hat{g}_0^{(\pm)}(E_k)=(E_k-\hat{H}_0\pm\mathrm{i}\varepsilon)^{-1}$$

习题 6.2　证明

$$G_k^{(\pm)}(\boldsymbol{r}-\boldsymbol{r}')=[\mathrm{i}R(2\pi)^2]^{-1}\int_{-\infty}^{\infty}\mathrm{d}k'[\boldsymbol{k}^2-(\boldsymbol{k}')^2\pm\mathrm{i}\varepsilon]^{-1}k'\mathrm{e}^{\mathrm{i}Rk'}$$

其中

$$R=|\boldsymbol{r}-\boldsymbol{r}'|$$

习题 6.3　证明 $G_k^{(\pm)}(\boldsymbol{r}-\boldsymbol{r}')$ 满足有点源的波动方程

$$(\nabla^2+k^2)G_k^{(\pm)}(\boldsymbol{r}-\boldsymbol{r}')=\delta^3(\boldsymbol{r}-\boldsymbol{r}')$$

习题 6.4 利用格林函数方法导出势散射的积分方程，即

$$\psi_{\boldsymbol{k}}^{(\pm)}(\boldsymbol{r})=\mathrm{e}^{\mathrm{i}\boldsymbol{k}\cdot\boldsymbol{r}}-(4\pi)^{-1}\int\mathrm{d}\tau' R^{-1}\mathrm{e}^{\mathrm{i}kR}U(\boldsymbol{r}')\psi_{\boldsymbol{k}}^{(\pm)}(\boldsymbol{r}')$$

习题 6.5 证明跃迁算符 $\hat{T}^{(\pm)}$ 与位势算符 $\hat{V}$ 满足下列关系

$$\hat{g}_0^{(\pm)}\hat{T}^{(\pm)}=\hat{g}^{(\pm)}\hat{V}$$

$$\hat{T}^{(\pm)}\hat{g}_0^{(\pm)}=\hat{V}\hat{g}^{(\pm)}$$

$$\hat{g}^{(\pm)}=\hat{g}_0^{(\pm)}+\hat{g}_0^{(\pm)}\hat{T}^{(\pm)}\hat{g}_0^{(\pm)}$$

习题 6.6 证明摩勒算符 $\hat{\Omega}^{(\pm)}$ 与哈密顿算符 $\hat{H}=\hat{H}_0+\hat{V}$ 满足下列关系

$$\hat{H}\hat{\Omega}^{(\pm)}=\hat{\Omega}^{(\pm)}\hat{H}_0$$

$$(\hat{\Omega}^{(\pm)})^{\dagger}\hat{H}=\hat{H}_0\,(\hat{\Omega}^{(\pm)})^{\dagger}$$

习题 6.7 导出 $r\to\infty$ 时平面波的展开公式

$$\mathrm{e}^{\mathrm{i}kz}\underset{r\to\infty}{\longrightarrow}(kr)^{-1}\sum_{l=0}^{\infty}[4\pi(2l+1)]^{1/2}\mathrm{i}^l\mathrm{j}_l(kr)\mathrm{Y}_{l0}(\theta)$$

习题 6.8 利用 $r\to\infty$ 时的公式

$$\mathrm{e}^{\mathrm{i}kz}\underset{r\to\infty}{\longrightarrow}\sum_{l=0}^{\infty}(2l+1)(kr)^{-1}\sin(kr-l\pi/2)\mathrm{e}^{\mathrm{i}l\pi/2}\mathrm{P}_l(\cos\theta)$$

$$f(\theta)r^{-1}\mathrm{e}^{\mathrm{i}kr}=\sum_{l=0}^{\infty}d_l(\mathrm{i}2kr)^{-1}\mathrm{P}_l(\cos\theta)\mathrm{e}^{\mathrm{i}kr}$$

导出

$$\psi(\boldsymbol{r})\underset{r\to\infty}{\longrightarrow}\mathrm{e}^{\mathrm{i}kz}+f(\theta,\varphi)r^{-1}\mathrm{e}^{\mathrm{i}kr}=$$

$$\sum_{l=0}^{\infty}\mathrm{P}_l(\cos\theta)(\mathrm{i}2kr)^{-1}[(2l+1+d_l)\mathrm{e}^{\mathrm{i}kr}-(2l+1)\mathrm{e}^{\mathrm{i}l\pi}\mathrm{e}^{-\mathrm{i}kr}]$$

习题 6.9 利用

$$\psi(\boldsymbol{r})\underset{r\to\infty}{\longrightarrow}\sum_{l=0}^{\infty}c_l\mathrm{P}_l(\cos\theta)(\mathrm{i}2kr)^{-1}[\mathrm{e}^{\mathrm{i}(kr-l\pi/2+\delta_l)}-\mathrm{e}^{-\mathrm{i}(kr-l\pi/2+\delta_l)}]$$

$$\psi(\boldsymbol{r})\underset{r\to\infty}{\longrightarrow}\sum_{l=0}^{\infty}\mathrm{P}_l(\cos\theta)(\mathrm{i}2kr)^{-1}[(2l+1+d_l)\mathrm{e}^{\mathrm{i}kr}-(2l+1)\mathrm{e}^{\mathrm{i}l\pi}\mathrm{e}^{-\mathrm{i}kr}]$$

导出 c_l 与 d_l 满足的方程，进而求出它们的表达式。

习题 6.10 利用

$$\sigma_t=k^{-2}\int\mathrm{d}\Omega\left|\sum_{l=0}^{\infty}(2l+1)\sin\delta_l\mathrm{P}_l(\cos\theta)\mathrm{e}^{\mathrm{i}\delta_l}\right|^2$$

证明

$$\sigma_t = 4\pi k^{-2} \sum_{l=0}^{\infty} (2l+1)\sin^2\delta_l$$

习题 6.11　在玻恩近似下，证明波函数满足的积分方程为

$$\psi(\boldsymbol{r}) = e^{ikz} - (4\pi)^{-1}\int d\tau' \, |\boldsymbol{r}-\boldsymbol{r}'|^{-1} e^{ik|\boldsymbol{r}-\boldsymbol{r}'|} U(\boldsymbol{r}')\psi(\boldsymbol{r}')$$

进而导出玻恩近似的波函数一级修正为

$$\psi^{(1)}(\boldsymbol{r}) = -(4\pi)^{-1}\int d\tau' \, |\boldsymbol{r}-\boldsymbol{r}'|^{-1} e^{ik|\boldsymbol{r}-\boldsymbol{r}'|} U(\boldsymbol{r}') e^{ikz'}$$

习题 6.12　当位势为

$$V(r) = \begin{cases} b/r & (r < r_0) \\ 0 & (r \geqslant r_0) \end{cases}$$

时，利用玻恩近似计算其微分散射截面。并给出 $Kr_0 \ll 1$ 情况下的近似结果，进而求出积分散射截面。

习题 6.13　当位势为

$$V(r) = \begin{cases} V_0 & (r < a) \\ V_0 a/r & (a < r < b) \\ 0 & (r \geqslant b) \end{cases}$$

时，利用玻恩近似计算其微分散射截面。并给出 $Ka \ll 1, Kb \ll 1$ 情况下的近似结果，进而求出积分散射截面。

习题 6.14　证明汤川势散射的微分散射截面为

$$\sigma(\theta) = 4\mu^2 Z_1^2 Z_2^2 e^4 \hbar^{-4} K^{-4} (1 + K^{-2}a^{-2})^{-2}$$

习题 6.15　利用汤川势散射公式导出库仑势散射公式，进而证明库仑散射公式与卢瑟福散射公式是等价的。

习题 6.16　约化质量为 μ 的粒子被位势

$$V(r) = V_0 \delta(r-a)$$

所散射，当 $Ka \ll 1$ 时，利用玻恩近似计算散射振幅与微分散射截面。

习题 6.17　利用质心坐标系中的散射角度 θ 与实验室坐标系中的散射角度 θ' 之间的关系

$$\tan\theta' = \frac{m_2 \sin\theta}{m_1 + m_2\cos\theta}$$

将微分散射截面公式由质心坐标系变换到实验室坐标系。式中 m_1 与 m_2 分别为两个粒子的质量。

第7章　相对论性量子力学

在量子力学中，薛定谔方程是作为一个基本原理引入的，由于它没有顾及到相对论效应，所以只适用于粒子数守恒的低能量子体系。在高能领域，通常会涉及到粒子的产生与湮没，粒子数守恒被破坏，将会遇到真正不同粒子数的问题，这已经超出了薛定谔方程的使用范围。严格地讲，这样的问题应该用量子场论的方法来处理，量子场论是高等量子力学的后续课程。

在介于低能和高能之间的中能领域，在粒子数守恒仍然成立的条件下，基于相对论的理论架构，1926 年导出的克莱因(Klein)－戈尔登(Gordon)方程，解决了自旋为零粒子的问题，1928 年给出的狄拉克方程，解决了自旋为 $\hbar/2$ 粒子的问题。本章将给出这两个相对论性量子力学方程的建立过程，进而，应用狄拉克方程讨论自由电子问题与氢原子的束缚定态问题。

7.1　克莱因－戈尔登方程

本节的主要内容包括：克莱因－戈尔登方程；负能量与负概率问题；克莱因－戈尔登方程的非相对论极限；电磁场中的克莱因－戈尔登方程。

7.1.1　克莱因－戈尔登方程的建立

1. 薛定谔方程建立过程的回顾

为了建立相对论性的克莱因－戈尔登方程，让我们先回顾薛定谔方程的建立过程。

首先，从静止质量为 m_0 的自由粒子的能量动量关系

$$E=(2m_0)^{-1}\boldsymbol{p}^2 \tag{7.1.1}$$

出发，将能量与动量算符化，即

$$E\rightarrow \mathrm{i}\hbar\frac{\partial}{\partial t},\quad \boldsymbol{p}\rightarrow -\mathrm{i}\hbar\nabla \tag{7.1.2}$$

其次，按德布罗意物质波假说，具有确定动量与能量的自由粒子相应的物质波为

$$\Psi(\boldsymbol{r},t)=(2\pi)^{-3/2}\mathrm{e}^{\mathrm{i}(\boldsymbol{k}\cdot\boldsymbol{r}-\omega t)} \tag{7.1.3}$$

然后，将算符化后的能量动量关系作用于上式，得到自由粒子满足的薛定谔方程

$$i\hbar\frac{\partial}{\partial t}\Psi(\boldsymbol{r},t)=-\frac{\hbar^2}{2m_0}\nabla^2\Psi(\boldsymbol{r},t) \tag{7.1.4}$$

最后,若粒子在势场 $V(\boldsymbol{r},t)$ 中运动,类比自由粒子的情况,可以得到势场中的粒子满足的薛定谔方程

$$i\hbar\frac{\partial}{\partial t}\Psi(\boldsymbol{r},t)=\hat{H}(\boldsymbol{r},t)\Psi(\boldsymbol{r},t) \tag{7.1.5}$$

式中的 $\hat{H}(\boldsymbol{r},t)=-(2m_0)^{-1}\hbar^2\nabla^2+V(\boldsymbol{r},t)$ 为哈密顿算符。由于粒子在势场 $V(\boldsymbol{r},t)$ 中运动时,相应的物质波并不一定满足式(7.1.3)的要求,所以上述的类比只能是一种假设,这就是薛定谔方程作为量子力学的一个基本原理的引入的原因。

从薛定谔方程出发,可以导出概率守恒的微分表达式(连续性方程)

$$\frac{\partial\rho}{\partial t}+\nabla\cdot\boldsymbol{j}=0 \tag{7.1.6}$$

其中

$$\rho=|\Psi(\boldsymbol{r},t)|^2=\Psi^*(\boldsymbol{r},t)\Psi(\boldsymbol{r},t)\geqslant 0 \tag{7.1.7}$$

$$\boldsymbol{j}=i(2m_0)^{-1}\hbar[\Psi(\boldsymbol{r},t)\nabla\Psi^*(\boldsymbol{r},t)-\Psi^*(\boldsymbol{r},t)\nabla\Psi(\boldsymbol{r},t)] \tag{7.1.8}$$

式中,ρ 为概率密度;$\boldsymbol{j}$ 为概率流密度。显然,概率密度 ρ 不能为负数。

2. 克莱因 - 戈尔登方程的建立

克莱因和戈尔登将以上做法推广到相对论的情况,建立了自由粒子满足的克莱因 - 戈尔登方程。按照狭义相对论,自由粒子的能量动量关系为

$$E^2=\boldsymbol{p}^2c^2+m_0^2c^4 \tag{7.1.9}$$

式中的 c 为真空中的光速。

利用式(7.1.2),将式(7.1.9)两端的力学量算符化,并作用到波函数 $\Psi(\boldsymbol{r},t)$ 上,立即得到自由粒子的**克莱因 - 戈尔登方程**(简称 **KG 方程**)

$$-\hbar^2\frac{\partial^2}{\partial t^2}\Psi(\boldsymbol{r},t)=[-\hbar^2c^2\nabla^2+m_0^2c^4]\Psi(\boldsymbol{r},t) \tag{7.1.10}$$

上式是一个关于时间的二阶偏微分方程。

可以证明,单色平面波和波包都满足 KG 方程[7.3],也可以将式(7.1.10)推广到有位势的情况。

7.1.2　负能量和负概率问题

KG 方程隐含着两个问题,即负能量和负概率的问题,下面来具体说明之。

1. 负能量问题

利用德布罗意关系式

$$E=\hbar\omega,\quad \boldsymbol{p}=\hbar\boldsymbol{k} \tag{7.1.11}$$

将式(7.1.9)改写成

$$\hbar^2\omega^2 = \hbar^2\boldsymbol{k}^2c^2 + m_0^2c^4 \tag{7.1.12}$$

将上式两端开平方,得到粒子的能量为

$$E = \hbar\omega = \pm(\hbar^2\boldsymbol{k}^2c^2 + m_0^2c^4)^{1/2} \tag{7.1.13}$$

由于能量可以取正负两个值,所以出现了负能量的问题。

实际上,负能量问题在经典力学中也是存在的,但由于粒子的能量是连续变化的,而粒子的正能量 m_0c^2 和负能量 $-m_0c^2$ 之间相差 $2m_0c^2$,所以,只要设粒子初始能量是正的,那么,以后任意时刻粒子的能量总保持为正的。但是,在量子力学中,由于粒子可以在两个状态之间跃迁,故负能量的问题需要认真研究,具体的处理方法见后面关于空穴理论的论述。

2. 负概率问题

与负能量问题紧密相连的是负概率问题。用类似于非相对论的方法,也可以导出连续性方程式(7.1.6),但是,其中的概率密度 ρ 可能取负值,此即所谓的负概率问题。

具体的做法如下:

首先,用 $(\hbar c)^{-2}\Psi^*(\boldsymbol{r},t)$ 左乘式(7.1.10)两端,得到

$$\frac{1}{c^2}\Psi^*(\boldsymbol{r},t)\frac{\partial^2\Psi(\boldsymbol{r},t)}{\partial t^2} = \Psi^*(\boldsymbol{r},t)\ \nabla^2\Psi(\boldsymbol{r},t) - \frac{m_0^2c^2}{\hbar^2}\Psi^*(\boldsymbol{r},t)\Psi(\boldsymbol{r},t) \tag{7.1.14}$$

其次,将式(7.1.10)两端取复数共轭,再用 $(\hbar c)^{-2}\Psi(\boldsymbol{r},t)$ 左乘之,得到

$$\frac{1}{c^2}\Psi(\boldsymbol{r},t)\frac{\partial^2\Psi^*(\boldsymbol{r},t)}{\partial t^2} = \Psi(\boldsymbol{r},t)\ \nabla^2\Psi^*(\boldsymbol{r},t) - \frac{m_0^2c^2}{\hbar^2}\Psi(\boldsymbol{r},t)\Psi^*(\boldsymbol{r},t) \tag{7.1.15}$$

然后,将式(7.1.14)与式(7.1.15)相减,简化后的结果为

$$\frac{1}{c^2}\frac{\partial}{\partial t}\left[\Psi^*(\boldsymbol{r},t)\frac{\partial\Psi(\boldsymbol{r},t)}{\partial t^2} - \Psi(\boldsymbol{r},t)\frac{\partial\Psi^*(\boldsymbol{r},t)}{\partial t^2}\right] =$$

$$\nabla\cdot[\Psi^*(\boldsymbol{r},t)\ \nabla\Psi(\boldsymbol{r},t) - \Psi(\boldsymbol{r},t)\ \nabla\Psi^*(\boldsymbol{r},t)] \tag{7.1.16}$$

最后,用 $\mathrm{i}(2m_0)^{-1}\hbar$ 乘上式两端,若令

$$\rho = \mathrm{i}(2m_0c^2)^{-1}\hbar\left[\Psi^*(\boldsymbol{r},t)\frac{\partial\Psi(\boldsymbol{r},t)}{\partial t} - \Psi(\boldsymbol{r},t)\frac{\partial\Psi^*(\boldsymbol{r},t)}{\partial t}\right]$$

$$\boldsymbol{j} = \mathrm{i}(2m_0)^{-1}\hbar[\Psi(\boldsymbol{r},t)\ \nabla\Psi^*(\boldsymbol{r},t) - \Psi^*(\boldsymbol{r},t)\ \nabla\Psi(\boldsymbol{r},t)] \tag{7.1.17}$$

则式(7.1.16)简化成连续性方程

$$\frac{\partial\rho}{\partial t} + \nabla\cdot\boldsymbol{j} = 0 \tag{7.1.18}$$

其中,概率流密度 $\boldsymbol{j}$ 的定义与式(7.1.8)完全相同,而这时的 ρ 不是正定的,如果将其视为概率密度,必将遇到负概率的困难,这个问题的出现是因为 KG 方程是时间的二阶微分方

程。正因为如此，在长达 7 年的时间内 KG 方程无法使用，直到泡利将其解释为场方程才引起人们的重视。

3. 克莱因 - 戈尔登方程的二次量子化

为了解决上述的两个困难，泡利将 KG 方程视为一个场方程，对其进行二次量子化，即将 $\Psi(\boldsymbol{r},t)$ 看作粒子数表象中的**场算符**

$$\hat{\Psi}(\boldsymbol{r},t) = \sum_k (2\omega_k V)^{-1/2}\left[\hat{a}_k(t)\mathrm{e}^{\mathrm{i}\boldsymbol{k}\cdot\boldsymbol{r}} + \hat{b}_k^+(t)\mathrm{e}^{-\mathrm{i}\boldsymbol{k}\cdot\boldsymbol{r}}\right] \tag{7.1.19}$$

其中，V 是体积；$\boldsymbol{k}=\boldsymbol{p}/\hbar$ 是粒子的波矢量；$\hbar\omega_k = (m_0^2c^4 + \hbar^2\boldsymbol{k}^2c^2)^{1/2}$；$\hat{a}_k(t)$ 与 $\hat{b}_k^+(t)$ 分别是正粒子的湮没算符和反粒子的产生算符，关于反粒子的概念将在后面介绍。在无外场时

$$\begin{aligned}\hat{a}_k(t) &= \hat{a}_k(0)\mathrm{e}^{-\mathrm{i}\omega_k t}\\ \hat{b}_k^+(t) &= \hat{b}_k^+(0)\mathrm{e}^{\mathrm{i}\omega_k t}\end{aligned} \tag{7.1.20}$$

当存在相互作用时，严格求出 $\hat{a}_k(t)$ 和 $\hat{b}_k^+(t)$ 是很困难的，通常只能近似求解。

7.1.3　克莱因 - 戈尔登方程的非相对论极限

在非相对论极限下，KG 方程应该退化为薛定谔方程，下面来讨论之。

在粒子的运动速率 $v \ll c$ 的情况下，自由粒子的正能量可以近似写成

$$E \approx m_0c^2 + (2m_0)^{-1}\boldsymbol{p}^2 \tag{7.1.21}$$

式中，第 1 项是粒子静止质量所对应的能量；第 2 项为动能。

为了去掉不变的静止质量项，设

$$\Psi(\boldsymbol{r},t) = \Phi(\boldsymbol{r},t)\mathrm{e}^{-\mathrm{i}\hbar^{-1}m_0c^2t} \tag{7.1.22}$$

首先，将上式两端乘以 $\mathrm{i}\hbar$ 后，再对时间 t 求偏导，得到

$$\mathrm{i}\hbar\frac{\partial\Psi(\boldsymbol{r},t)}{\partial t} = \left[\mathrm{i}\hbar\frac{\partial\Phi(\boldsymbol{r},t)}{\partial t} + m_0c^2\Phi(\boldsymbol{r},t)\right]\mathrm{e}^{-\mathrm{i}\hbar^{-1}m_0c^2t} \tag{7.1.23}$$

其次，将上式两端再对时间 t 求偏导

$$\begin{aligned}\mathrm{i}\hbar\frac{\partial^2}{\partial t^2}\Psi(\boldsymbol{r},t) = &\left[\mathrm{i}\hbar\frac{\partial^2\Phi(\boldsymbol{r},t)}{\partial t^2} + m_0c^2\frac{\partial\Phi(\boldsymbol{r},t)}{\partial t}\right]\mathrm{e}^{-\mathrm{i}\hbar^{-1}m_0c^2t} - \\ &\frac{\mathrm{i}}{\hbar}m_0c^2\left[\mathrm{i}\hbar\frac{\partial\Phi(\boldsymbol{r},t)}{\partial t} + m_0c^2\Phi(\boldsymbol{r},t)\right]\mathrm{e}^{-\mathrm{i}\hbar^{-1}m_0c^2t} = \\ &\left[\mathrm{i}\hbar\frac{\partial^2\Phi(\boldsymbol{r},t)}{\partial t^2} + 2m_0c^2\frac{\partial\Phi(\boldsymbol{r},t)}{\partial t} - \frac{\mathrm{i}}{\hbar}m_0^2c^4\Phi(\boldsymbol{r},t)\right]\mathrm{e}^{-\mathrm{i}\hbar^{-1}m_0c^2t} \approx \\ &\left[2m_0c^2\frac{\partial\Phi(\boldsymbol{r},t)}{\partial t} - \frac{\mathrm{i}}{\hbar}m_0^2c^4\Phi(\boldsymbol{r},t)\right]\mathrm{e}^{-\mathrm{i}\hbar^{-1}m_0c^2t}\end{aligned} \tag{7.1.24}$$

其中最后一步用到

$$\mathrm{i}\hbar\frac{\partial}{\partial t}\sim E_t\ll m_0c^2$$

$$\mathrm{i}\hbar\frac{\partial^2\Phi(\boldsymbol{r},t)}{\partial t^2}\ll 2m_0c^2\frac{\partial\Phi(\boldsymbol{r},t)}{\partial t} \tag{7.1.25}$$

然后,用 $\mathrm{i}\hbar$ 乘式(7.1.24) 两端,得到

$$-\hbar^2\frac{\partial^2\Psi(\boldsymbol{r},t)}{\partial t^2}=\left[\mathrm{i}\hbar 2m_0c^2\frac{\partial\Phi(\boldsymbol{r},t)}{\partial t}+m_0^2c^4\Phi(\boldsymbol{r},t)\right]\mathrm{e}^{-\mathrm{i}\hbar^{-1}m_0c^2t} \tag{7.1.26}$$

最后,将上式与 KG 方程式(7.1.10) 比较,得到

$$\mathrm{i}\hbar 2m_0c^2\frac{\partial\Phi(\boldsymbol{r},t)}{\partial t}\mathrm{e}^{-\mathrm{i}\hbar^{-1}m_0c^2t}=-\hbar^2c^2\nabla^2\Phi(\boldsymbol{r},t)\mathrm{e}^{-\mathrm{i}\hbar^{-1}m_0c^2t} \tag{7.1.27}$$

去掉等式两端的共同因子,立即得到

$$\mathrm{i}\hbar\frac{\partial}{\partial t}\Phi(\boldsymbol{r},t)=-\frac{\hbar^2}{2m_0}\nabla^2\Phi(\boldsymbol{r},t) \tag{7.1.28}$$

上式刚好是自由粒子满足的薛定谔方程(7.1.4),只不过波函数所用的符号不同而已。

将式(7.1.22) 代入式(7.1.18),可以得到非相对论的概率密度公式(7.1.7)[7.5]。

7.1.4　电磁场中的克莱因 - 戈尔登方程

1. 电磁场中的 KG 方程

设带电荷 q 的粒子在电磁场$(\boldsymbol{A},\Phi)$ 中运动,其中 $\boldsymbol{A}$ 为矢势,Φ 为标势。类似于非相对论的情况,对动量算符和能量算符做如下代换

$$\hat{\boldsymbol{p}}\to\hat{\boldsymbol{p}}-\frac{q}{c}\boldsymbol{A}$$

$$\mathrm{i}\hbar\frac{\partial}{\partial t}\to\mathrm{i}\hbar\frac{\partial}{\partial t}-q\Phi \tag{7.1.29}$$

这时 KG 方程(7.1.10) 变为

$$\left(\mathrm{i}\hbar\frac{\partial}{\partial t}-q\Phi\right)^2\Psi(\boldsymbol{r},t)=\left[\left(\hat{\boldsymbol{p}}-\frac{q}{c}\boldsymbol{A}\right)^2c^2+m_0^2c^4\right]\Psi(\boldsymbol{r},t) \tag{7.1.30}$$

上式即电磁场中的 KG 方程。

2. KG 方程的协变形式

为了清楚地看出 KG 方程的相对论不变性,常常将其写成协变的形式。若令

$$x_\mu=(\boldsymbol{x},\mathrm{i}ct),\quad A_\mu=(\boldsymbol{A},\mathrm{i}\Phi/c),\quad p_\mu=(\boldsymbol{p},\mathrm{i}E/c),\quad j_\mu=(\boldsymbol{j},\mathrm{i}c\rho) \tag{7.1.31}$$

则自由粒子的 KG 方程(7.1.10) 的协变形式为

$$\frac{\partial}{\partial x_\mu}\frac{\partial}{\partial x_\mu}\Psi(x_\mu)=\frac{m_0^2c^2}{\hbar^2}\Psi(x_\mu) \tag{7.1.32}$$

连续性方程(7.1.18) 的协变形式为

$$\frac{\partial}{\partial x_\mu} j_\mu = 0 \tag{7.1.33}$$

而电磁场中的 KG 方程(7.1.30) 的协变形式为

$$\left(\frac{\partial}{\partial x_\mu} - \frac{\mathrm{i}q}{\hbar c} A_\mu\right)^2 \Psi(x_\mu) = \frac{m_0^2 c^2}{\hbar^2} \Psi(x_\mu) \tag{7.1.34}$$

7.2　狄拉克方程

本节从自由粒子能量动量关系式出发建立狄拉克方程，主要内容包括：狄拉克方程；$\hat{\boldsymbol{\alpha}}$ 和 $\hat{\beta}$ 的矩阵形式；连续性方程；狄拉克粒子的自旋。

7.2.1　狄拉克方程

KG 方程存在负概率的困难，人们认为它是由于对时间的二阶偏导引起的。为了解决这个问题，狄拉克从自由粒子的能量动量关系

$$E = (\boldsymbol{p}^2 c^2 + m_0^2 c^4)^{1/2} \tag{7.2.1}$$

出发，然后将其算符化，期望将对时间的二阶偏导规避掉，但是，上式含有非线性的开方运算，并不满足线性算符的要求。狄拉克凭借其深厚的数学造诣，在形式上给出了这个开方的结果

$$\hat{E} = c\hat{\boldsymbol{\alpha}} \cdot \hat{\boldsymbol{p}} + m_0 c^2 \hat{\beta} \tag{7.2.2}$$

其中的 $\hat{\boldsymbol{\alpha}}$ 和 $\hat{\beta}$ 不可能是普通的常数，分别为矢量算符与标量算符。显然，由式(7.2.2) 定义的能量算符 $\hat{E}$ 是一个线性算符。

利用算符化规则的表达式(7.1.2)，由式(7.2.2) 立刻得到自由粒子满足的**狄拉克方程**

$$\mathrm{i}\hbar \frac{\partial}{\partial t} \Psi(\boldsymbol{r}, t) = \hat{H} \Psi(\boldsymbol{r}, t) \tag{7.2.3}$$

式中的哈密顿算符为

$$\hat{H} = c\hat{\boldsymbol{\alpha}} \cdot \hat{\boldsymbol{p}} + m_0 c^2 \hat{\beta} \tag{7.2.4}$$

类似于薛定谔方程的建立过程中所做的假设，认为即使粒子处于势场 $\hat{V}$ 中，狄拉克方程也是成立的，只不过其中的哈密顿算符变成

$$\hat{H} = c\hat{\boldsymbol{\alpha}} \cdot \hat{\boldsymbol{p}} + m_0 c^2 \hat{\beta} + \hat{V} \tag{7.2.5}$$

这时的狄拉克方程为势场中粒子满足的狄拉克方程。

狄拉克方程是一个关于时间的一阶偏微分方程，由于它在形式上与薛定谔方程类似，所以，它有可能克服负概率的困难。通常将满足狄拉克方程的粒子称之为**狄拉克粒子**。

7.2.2 $\hat{\boldsymbol{\alpha}}$和$\hat{\beta}$的矩阵形式

若要求解上述的狄拉克方程,必须给出其中的算符$\hat{\boldsymbol{\alpha}}$和$\hat{\beta}$的具体形式。下面先讨论算符$\hat{\boldsymbol{\alpha}}$和$\hat{\beta}$应满足的条件和所具有的性质,然后导出它们在$\beta$表象下的具体形式。

1. $\hat{\boldsymbol{\alpha}}$与$\hat{\beta}$应满足的条件

由式(7.2.2)可知,$\hat{\boldsymbol{\alpha}}$和$\hat{\beta}$的量纲皆为1,并且两者都与时间和坐标无关,即它们都与坐标和动量算符对易。

为了导出$\hat{\boldsymbol{\alpha}}$和$\hat{\beta}$应满足的条件,可按如下步骤进行操作。

首先,对式(7.2.2)两端取平方

$$\hat{E}^2 = (c\hat{\boldsymbol{\alpha}}\cdot\hat{\boldsymbol{p}} + m_0c^2\hat{\beta})(c\hat{\boldsymbol{\alpha}}\cdot\hat{\boldsymbol{p}} + m_0c^2\hat{\beta}) =$$
$$\left(c\sum_i \hat{\alpha}_i\hat{p}_i + m_0c^2\hat{\beta}\right)\left(c\sum_j \hat{\alpha}_j\hat{p}_j + m_0c^2\hat{\beta}\right) =$$
$$2^{-1}c^2\left[\sum_{i,j}(\hat{\alpha}_i\hat{\alpha}_j + \hat{\alpha}_j\hat{\alpha}_i)\hat{p}_i\hat{p}_j\right] + m_0c^3\sum_i(\hat{\alpha}_i\hat{\beta} + \hat{\beta}\hat{\alpha}_i)\hat{p}_i + m_0^2c^4\hat{\beta}^2 \tag{7.2.6}$$

式中,$\hat{\alpha}_i$是矢量算符$\hat{\boldsymbol{\alpha}}$在直角坐标系下的$i$分量算符,$i$与$j$皆可取$x$,$y$和$z$(下同)。

然后,再将相对论粒子的能量动量关系式(7.1.9)算符化

$$\hat{E}^2 = \hat{\boldsymbol{p}}^2c^2 + m_0^2c^4 = c^2\sum_{i,j}\hat{p}_i\hat{p}_j\delta_{i,j} + m_0^2c^4 \tag{7.2.7}$$

最后,比较式(7.2.6)与式(7.2.7)的右端,得到算符$\hat{\alpha}_i$与$\hat{\beta}$应满足的条件

$$\begin{cases}\hat{\alpha}_i\hat{\alpha}_j + \hat{\alpha}_j\hat{\alpha}_i = 2\delta_{i,j}\hat{I}\\ \hat{\alpha}_i\hat{\beta} + \hat{\beta}\hat{\alpha}_i = \hat{O}\\ \hat{\beta}^2 = \hat{I}\end{cases} \tag{7.2.8}$$

式中,$\hat{I}$为单位算符;$\hat{O}$为零算符。

上式表明,对$\hat{\alpha}_x,\hat{\alpha}_y,\hat{\alpha}_z,\hat{\beta}$这4个算符而言,每一个算符的平方都是单位算符,任意两个算符之间都满足反对易关系。

2. $\hat{\boldsymbol{\alpha}}$与$\hat{\beta}$的性质

在直角坐标系中,由于$\hat{\alpha}_x,\hat{\alpha}_y,\hat{\alpha}_z,\hat{\beta}$算符的平方都是单位算符,所以它们的本征值皆为$\pm1$。在自身表象下,它们都是实的对称矩阵,因为表象变换不影响矩阵的性质,所以在任意表象下它们都既是厄米矩阵也是幺正矩阵,即

$$\begin{aligned}&\hat{\alpha}_i^\dagger = \hat{\alpha}_i,\quad \hat{\beta}^\dagger = \hat{\beta}\\ &\hat{\alpha}_i^\dagger = \hat{\alpha}_i^{-1},\quad \hat{\beta}^\dagger = \hat{\beta}^{-1}\end{aligned} \tag{7.2.9}$$

用$\hat{\beta}$右乘式(7.2.8)中的第2式,由$\hat{\beta}^2 = \hat{I}$,$\hat{\beta} = \beta^\dagger = \hat{\beta}^{-1}$可知

$$\hat{\alpha}_i = -\hat{\beta}\hat{\alpha}_i\hat{\beta} = -\hat{\beta}\hat{\alpha}_i\hat{\beta}^{-1} \tag{7.2.10}$$

对上式两端取阵迹,由阵迹的性质[2.1]可知

$$\mathrm{Tr}\,(\hat{\alpha}_i) = -\,\mathrm{Tr}\,(\hat{\beta}\hat{\alpha}_i\hat{\beta}^{-1}) = -\,\mathrm{Tr}\,(\hat{\alpha}_i) \tag{7.2.11}$$

上式表明,$\hat{\alpha}_i$ 的阵迹为零。同理可知 $\hat{\beta}$ 的阵迹亦为零。

总之,算符 $\hat{\alpha}_x,\hat{\alpha}_y,\hat{\alpha}_z,\hat{\beta}$ 皆为厄米算符,其本征值皆为 ± 1,并且阵迹皆为零。

3. $\hat{\alpha}$ 与 $\hat{\beta}$ 的矩阵形式

由矩阵理论可知,如果一个算符的本征值为 ± 1,并且阵迹为零,那么,这个算符对应的矩阵一定是偶数阶的方阵。

最低的偶数阶矩阵是2阶方阵,而熟知的泡利矩阵正是2阶方阵,在β表象下,泡利矩阵确实能满足条件 $\hat{\sigma}_i\hat{\sigma}_j + \hat{\sigma}_j\hat{\sigma}_i = 2\delta_{i,j}\hat{I}$,但是,由于 $\hat{\sigma}_z$ 与 $\hat{\beta}$ 相等,故两者之间不满足反对易关系 $\hat{\sigma}_z\hat{\beta} + \hat{\beta}\hat{\sigma}_z = \hat{O}$,由此看来,满足式(7.2.8)条件的4个算符对应的矩阵至少是4阶方阵。

在β表象下,由于算符$\hat{\beta}$的的本征值为 ± 1,故其4阶方阵的形式为

$$\hat{\beta} = \begin{pmatrix} \hat{I} & \hat{O} \\ \hat{O} & -\hat{I} \end{pmatrix} \tag{7.2.12}$$

式中,$\hat{I}$ 为2阶单位矩阵;$\hat{O}$ 为2阶零矩阵。

在β表象下,设算符 $\hat{\alpha}_i$ 的4阶方阵为

$$\hat{\alpha}_i = \begin{pmatrix} \hat{a}_i & \hat{b}_i \\ \hat{c}_i & \hat{d}_i \end{pmatrix} \tag{7.2.13}$$

式中,$\hat{a}_i,\hat{b}_i,\hat{c}_i,\hat{d}_i$ 皆为2阶方阵。

由式(7.2.8)中的第2式可知

$$\begin{pmatrix} \hat{a}_i & \hat{b}_i \\ \hat{c}_i & \hat{d}_i \end{pmatrix}\begin{pmatrix} \hat{I} & \hat{O} \\ \hat{O} & -\hat{I} \end{pmatrix} = -\begin{pmatrix} \hat{I} & \hat{O} \\ \hat{O} & -\hat{I} \end{pmatrix}\begin{pmatrix} \hat{a}_i & \hat{b}_i \\ \hat{c}_i & \hat{d}_i \end{pmatrix} \tag{7.2.14}$$

上式可以简化成

$$\begin{pmatrix} \hat{a}_i & -\hat{b}_i \\ \hat{c}_i & -\hat{d}_i \end{pmatrix} = \begin{pmatrix} -\hat{a}_i & -\hat{b}_i \\ \hat{c}_i & \hat{d}_i \end{pmatrix} \tag{7.2.15}$$

由上式可知,$\hat{a}_i = \hat{d}_i = \hat{O}$,于是,算符 $\hat{\alpha}_i$ 相应的矩阵又简化为

$$\hat{\alpha}_i = \begin{pmatrix} \hat{O} & \hat{b}_i \\ \hat{c}_i & \hat{O} \end{pmatrix} \tag{7.2.16}$$

由算符 $\hat{\alpha}_i$ 的厄米性质可知 $\hat{c}_i = \hat{b}_i^{\dagger}$,于是,上式变成

$$\hat{\alpha}_i = \begin{pmatrix} \hat{O} & \hat{b}_i \\ \hat{b}_i^{\dagger} & \hat{O} \end{pmatrix} \tag{7.2.17}$$

若将上式中的 $\hat{b}_i$ 取为泡利矩阵 $\hat{\sigma}_i$,则算符 $\hat{\boldsymbol{\alpha}}$ 的3个分量算符的矩阵形式为

$$\hat{\alpha}_x = \begin{pmatrix} \hat{O} & \hat{\sigma}_x \\ \hat{\sigma}_x & \hat{O} \end{pmatrix},\hat{\alpha}_y = \begin{pmatrix} \hat{O} & \hat{\sigma}_y \\ \hat{\sigma}_y & \hat{O} \end{pmatrix},\hat{\alpha}_z = \begin{pmatrix} \hat{O} & \hat{\sigma}_z \\ \hat{\sigma}_z & \hat{O} \end{pmatrix} \tag{7.2.18}$$

进而可以得到它们的矢量形式

$$\hat{\boldsymbol{\alpha}} = \begin{pmatrix} \hat{0} & \hat{\boldsymbol{\sigma}} \\ \hat{\boldsymbol{\sigma}} & \hat{0} \end{pmatrix} \tag{7.2.19}$$

此即算符 $\hat{\boldsymbol{\alpha}}$ 在 β 表象下的矩阵表示。

4. $\hat{\alpha}$ 的物理含义

在自由粒子的哈密顿算符中，由于只有动量算符 $\hat{\boldsymbol{p}}$ 与坐标 x 相关，故坐标 x 满足的运动方程为

$$\frac{\mathrm{d}}{\mathrm{d}t}x = \frac{1}{\mathrm{i}\hbar}[x,\hat{H}] = \frac{1}{\mathrm{i}\hbar}[x, c\hat{\boldsymbol{\alpha}}\cdot\hat{\boldsymbol{p}} + \hat{\beta}m_0c^2] = \frac{1}{\mathrm{i}\hbar}c\hat{\alpha}_x[x,\hat{p}_x] = c\hat{\alpha}_x \tag{7.2.20}$$

将上式推广到 3 维情况，立即得到

$$\frac{\mathrm{d}}{\mathrm{d}t}\boldsymbol{r} = c\hat{\boldsymbol{\alpha}} \tag{7.2.21}$$

上式表明，在平均值的意义下，$c\boldsymbol{\alpha}$ 具有运动速度的含意。

在经典物理学中，动量 $\boldsymbol{p}$ 与速度 $\boldsymbol{v}$ 仅相差一个静止质量 m_0，那么，为什么量子力学中只用到动量算符而不存在速度算符呢？其原因在于，量子力学不能回答在 t 时刻粒子所处的具体位置 $\boldsymbol{r}$，只能知道粒子出现在 $\boldsymbol{r}$ 处的概率，也就谈不上粒子在 $\boldsymbol{r}$ 处的速度了。如果从运动的微客体具有波粒二象性考虑，由德布罗意关系可知，反映波动性的波矢量 $\boldsymbol{k}$ 与反映粒子性的动量 $\boldsymbol{p}$ 通过普朗克常数联系起来，所以在量子力学中动量算符是有意义的。

7.2.3 连续性方程

利用类似于由薛定谔方程导出连续性方程的方法，下面由含位势的狄拉克方程导出连续性方程。为简捷起见，略去波函数中的自变量。

首先，用 Ψ^* 左乘狄拉克方程(7.2.3) 两端，得到

$$\mathrm{i}\hbar\Psi^*\frac{\partial\Psi}{\partial t} = -\mathrm{i}\hbar c\Psi^*\sum_i\hat{\alpha}_i\frac{\partial\Psi}{\partial i} + m_0c^2\Psi^*\hat{\beta}\Psi + \Psi^*\hat{V}\Psi \tag{7.2.22}$$

其中 $i = x,y,z$。

其次，对式(7.2.3) 两端取厄米共轭，再用 Ψ 右乘其两端，得到

$$-\mathrm{i}\hbar\frac{\partial\Psi^*}{\partial t}\Psi = \mathrm{i}\hbar c\sum_i\frac{\partial\Psi^*}{\partial i}\hat{\alpha}_i^\dagger\Psi + m_0c^2\Psi^*\hat{\beta}^\dagger\Psi + \Psi^*\hat{V}^\dagger\Psi \tag{7.2.23}$$

利用算符 $\hat{\boldsymbol{\alpha}}$、$\hat{\beta}$ 与 $\hat{V}$ 的厄米性质，上式可以改写成

$$-\mathrm{i}\hbar\frac{\partial\Psi^*}{\partial t}\Psi = \mathrm{i}\hbar c\sum_i\frac{\partial\Psi^*}{\partial i}\hat{\alpha}_i\Psi + m_0c^2\Psi^*\hat{\beta}\Psi + \Psi^*\hat{V}\Psi \tag{7.2.24}$$

最后，用式(7.2.22) 减去式(7.2.24)，得到

$$\mathrm{i}\hbar\left(\Psi^*\frac{\partial\Psi}{\partial t} + \frac{\partial\Psi^*}{\partial t}\Psi\right) = -\mathrm{i}\hbar c[\Psi^*\hat{\boldsymbol{\alpha}}\cdot(\nabla\Psi) + (\nabla\Psi^*)\cdot\hat{\boldsymbol{\alpha}}\Psi] \tag{7.2.25}$$

上式可以简化为

$$\frac{\partial}{\partial t}(\Psi^*\Psi) + c\ \nabla\cdot(\Psi^*\hat{\alpha}\Psi) = 0 \tag{7.2.26}$$

若令概率密度 ρ 与概率流密度 $\boldsymbol{j}$ 分别为

$$\begin{aligned} \rho &= |\Psi|^2 = \Psi^*\Psi \\ \boldsymbol{j} &= c\Psi^*\hat{\boldsymbol{\alpha}}\Psi \end{aligned} \tag{7.2.27}$$

则得到连续性方程

$$\frac{\partial\rho}{\partial t} + \nabla\cdot\boldsymbol{j} = 0 \tag{7.2.28}$$

由概率密度 ρ 的定义可知,狄拉克方程不存在负概率的问题。

7.2.4　狄拉克粒子的自旋

下面从自由粒子的狄拉克方程出发,证明狄拉克粒子应该具有 $\hbar/2$ 的自旋。

1. 狄拉克粒子应该具有自旋

由算符的运动方程可知,自由的狄拉克粒子轨道角动量 x 分量算符 $\hat{l}_x$ 随时间的变化为

$$\begin{aligned} \frac{\mathrm{d}}{\mathrm{d}t}\hat{l}_x &= \frac{1}{\mathrm{i}\hbar}[\hat{l}_x,\hat{H}] = \frac{1}{\mathrm{i}\hbar}[\hat{l}_x, c\hat{\boldsymbol{\alpha}}\cdot\hat{\boldsymbol{p}} + m_0c^2\hat{\beta}] = \frac{c}{\mathrm{i}\hbar}[\hat{l}_x, \hat{\alpha}_x\hat{p}_x + \hat{\alpha}_y\hat{p}_y + \hat{\alpha}_z\hat{p}_z] = \\ &-\mathrm{i}c\hbar^{-1}\{\hat{\alpha}_x[\hat{l}_x,\hat{p}_x] + \hat{\alpha}_y[\hat{l}_x,\hat{p}_y] + \hat{\alpha}_z[\hat{l}_x,\hat{p}_z]\} = \\ &c(\hat{\alpha}_y\hat{p}_z - \hat{\alpha}_z\hat{p}_y) = c(\hat{\boldsymbol{\alpha}}\times\hat{\boldsymbol{p}})_x \end{aligned} \tag{7.2.29}$$

进而可知,轨道角动量算符 $\hat{\boldsymbol{l}}$ 随时间的变化为

$$\frac{\mathrm{d}}{\mathrm{d}t}\hat{\boldsymbol{l}} = c(\hat{\boldsymbol{\alpha}}\times\hat{\boldsymbol{p}}) \tag{7.2.30}$$

上式表明,自由的狄拉克粒子的轨道角动量并非守恒量。

实际上,对于自由的狄拉克粒子而言,空间是各向同性的,角动量应该是一个守恒量,由此可以推断,自由的狄拉克粒子除了轨道角动量之外,还应该具有一个固有的角动量(自旋)。

2. 狄拉克粒子具有 $\hbar/2$ 的自旋

那么,狄拉克粒子具有什么样的自旋才能使得它的总角动量为守恒量呢? 下面来回答这个问题。

首先,引入一个由泡利算符 $\hat{\boldsymbol{\sigma}}$ 定义的矢量算符

$$\hat{\boldsymbol{\Sigma}} = \begin{pmatrix} \hat{\boldsymbol{\sigma}} & \hat{0} \\ \hat{0} & \hat{\boldsymbol{\sigma}} \end{pmatrix} = \hat{\boldsymbol{\sigma}}\hat{I} \tag{7.2.31}$$

在直角坐标系中,其分量形式为

$$\hat{\Sigma}_i = \begin{pmatrix} \hat{\sigma}_i & \hat{O} \\ \hat{O} & \hat{\sigma}_i \end{pmatrix} \quad (i = x, y, z) \tag{7.2.32}$$

其次,计算 $\hat{\Sigma}_x$ 与哈密顿算符的对易关系[7.9]

$$[\hat{\Sigma}_x, \hat{H}] = [\hat{\Sigma}_x, c\hat{\boldsymbol{\alpha}} \cdot \hat{\boldsymbol{p}}] = c[\hat{\Sigma}_x, \hat{\alpha}_y \hat{p}_y + \hat{\alpha}_z \hat{p}_z] \tag{7.2.33}$$

然后,利用$[\hat{\sigma}_x, \hat{\sigma}_y] = \mathrm{i}2\hat{\sigma}_z$ 计算 $\hat{\Sigma}_x$ 与 $\hat{\alpha}_y$ 的对易关系

$$[\hat{\Sigma}_x, \hat{\alpha}_y] = \begin{pmatrix} \hat{\sigma}_x & \hat{O} \\ \hat{O} & \hat{\sigma}_x \end{pmatrix} \begin{pmatrix} \hat{O} & \hat{\sigma}_y \\ \hat{\sigma}_y & \hat{O} \end{pmatrix} - \begin{pmatrix} \hat{O} & \hat{\sigma}_y \\ \hat{\sigma}_y & \hat{O} \end{pmatrix} \begin{pmatrix} \hat{\sigma}_x & \hat{O} \\ \hat{O} & \hat{\sigma}_x \end{pmatrix} =$$

$$\begin{pmatrix} \hat{O} & \hat{\sigma}_x\hat{\sigma}_y \\ \hat{\sigma}_x\hat{\sigma}_y & \hat{O} \end{pmatrix} - \begin{pmatrix} \hat{O} & \hat{\sigma}_y\hat{\sigma}_x \\ \hat{\sigma}_y\hat{\sigma}_x & \hat{O} \end{pmatrix} = \begin{pmatrix} \hat{O} & \mathrm{i}2\hat{\sigma}_z \\ \mathrm{i}2\hat{\sigma}_z & \hat{O} \end{pmatrix} = \mathrm{i}2\hat{\alpha}_z \tag{7.2.34}$$

同理可知

$$[\hat{\Sigma}_x, \hat{\alpha}_z] = -\mathrm{i}2\hat{\alpha}_y \tag{7.2.35}$$

最后,将上述两式代入式(7.2.33),得到

$$[\hat{\Sigma}_x, \hat{H}] = \mathrm{i}2c(\hat{\alpha}_z\hat{p}_y - \hat{\alpha}_y\hat{p}_z) = -\mathrm{i}2c(\hat{\boldsymbol{\alpha}} \times \hat{\boldsymbol{p}})_x \tag{7.2.36}$$

进而可知

$$\frac{\mathrm{d}}{\mathrm{d}t}\left(\frac{\hbar}{2}\hat{\boldsymbol{\Sigma}}\right) = \frac{\hbar}{2}\frac{1}{\mathrm{i}\hbar}[\hat{\boldsymbol{\Sigma}}, \hat{H}] = -c(\hat{\boldsymbol{\alpha}} \times \hat{\boldsymbol{p}}) \tag{7.2.37}$$

将上式与式(7.2.30)相加,得到

$$\frac{\mathrm{d}}{\mathrm{d}t}\left(\hat{\boldsymbol{l}} + \frac{\hbar}{2}\hat{\boldsymbol{\Sigma}}\right) = 0 \tag{7.2.38}$$

显然,若定义总角动量算符

$$\hat{\boldsymbol{j}} = \hat{\boldsymbol{l}} + \hbar\hat{\boldsymbol{\Sigma}}/2 \tag{7.2.39}$$

则总角动量 $\boldsymbol{j}$ 是守恒量。

将

$$\hat{\boldsymbol{s}} = \hbar\hat{\boldsymbol{\Sigma}}/2 \tag{7.2.40}$$

称之为狄拉克粒子的**自旋算符**。

实际上,所有的自旋为 $\hbar/2$ 的粒子都满足狄拉克方程,例如,电子、质子、中子等,它们都是狄拉克粒子。

综上所述,满足狄拉克方程的粒子必须具有 $\hbar/2$ 自旋,从而打破了非相对论量子力学人为引入自旋的尴尬局面,这是狄拉克的伟大历史功绩之一。

7.3　自由狄拉克粒子的能量本征解

如前所述,当顾及到相对论效应时,自旋为 $\hbar/2$ 的粒子应满足狄拉克方程,接下来的问题是如何求出狄拉克方程的本征解。自由的狄拉克粒子问题是最简单的,为了说话方

便,本节就以自由电子为例来完成这个求解的全过程。

7.3.1　自由电子的狄拉克方程

由上一节可知,自由电子满足的狄拉克方程为

$$\mathrm{i}\hbar\frac{\partial}{\partial t}\Psi(\boldsymbol{r},t)=\hat{H}\Psi(\boldsymbol{r},t)\tag{7.3.1}$$

其中

$$\hat{H}=c\hat{\boldsymbol{\alpha}}\cdot\hat{\boldsymbol{p}}+m_0c^2\hat{\beta}\tag{7.3.2}$$

$$\hat{\boldsymbol{\alpha}}=\begin{pmatrix}\hat{O}&\hat{\boldsymbol{\sigma}}\\\hat{\boldsymbol{\sigma}}&\hat{O}\end{pmatrix},\quad\hat{\beta}=\begin{pmatrix}\hat{I}&\hat{O}\\\hat{O}&-\hat{I}\end{pmatrix}\tag{7.3.3}$$

式中,m_0 为电子的静止约化质量;$\hat{I}$ 为 2 阶单位矩阵;$\hat{O}$ 为 2 阶零矩阵;$\hat{\boldsymbol{\sigma}}$ 为泡利矩阵。

对于自由电子而言,由于动量算符 $\hat{\boldsymbol{p}}$ 与哈密顿算符 $\hat{H}$ 对易,动量 $\boldsymbol{p}$ 是守恒量,故动量算符与哈密顿算符有共同完备本征函数系。

因为上述哈密顿算符与时间无关,故狄拉克方程可以利用分离变数法求解,其特解可以写成

$$\Psi_{E,\boldsymbol{p}}(\boldsymbol{r},t)=u_{\boldsymbol{p}}(\boldsymbol{r})\mathrm{e}^{\mathrm{i}\hbar^{-1}(\boldsymbol{p}\cdot\boldsymbol{r}-Et)}\tag{7.3.4}$$

其中,$u_{\boldsymbol{p}}(\boldsymbol{r})$ 满足自由电子的定态狄拉克方程

$$(c\hat{\boldsymbol{\alpha}}\cdot\hat{\boldsymbol{p}}+m_0c^2\hat{\beta})u_{\boldsymbol{p}}(\boldsymbol{r})=Eu_{\boldsymbol{p}}(\boldsymbol{r})\tag{7.3.5}$$

至此可知,求解式(7.3.1) 的基本步骤是,先求出满足式(7.3.5) 的能量本征值 E 与相应的本征波函数 $u_{\boldsymbol{p}}(\boldsymbol{r})$,然后利用式(7.3.4) 得到一个特解,再由特解的线性组合得到通解,最后,利用波函数的初始条件定解,整个过程与求解薛定谔方程相同。

7.3.2　自由电子的能量本征值

为了得到自由电子的能量本征值,下面让我们来求解定态狄拉克方程(7.3.5)。

1. 定态狄拉克方程的矩阵形式

为简捷起见,取电子动量方向为 z 轴正方向,即 $\hat{\boldsymbol{p}}=\hat{p}_z\boldsymbol{k}$($\boldsymbol{k}$ 为 z 轴单位矢量),将动量的大小 p_z 简记为 p。

由算符 $\hat{\boldsymbol{\alpha}}$ 的矩阵表达式(7.3.3) 可知

$$(\hat{\boldsymbol{\alpha}}\cdot\hat{\boldsymbol{p}})\,|u_{\boldsymbol{p}}\rangle=\begin{pmatrix}\hat{O}&\hat{\sigma}_z\hat{p}_z\\\hat{\sigma}_z\hat{p}_z&\hat{O}\end{pmatrix}|u_{p_z}\rangle=\begin{pmatrix}\hat{O}&\hat{\sigma}_zp\\\hat{\sigma}_zp&\hat{O}\end{pmatrix}|u_{\boldsymbol{p}}\rangle\tag{7.3.6}$$

由于 $\hat{\boldsymbol{\alpha}}$ 和 $\hat{\beta}$ 皆为 4 阶矩阵,故 $|u_{\boldsymbol{p}}\rangle$ 应该写成 4 行的列矩阵

$$|u_{\boldsymbol{p}}\rangle=\begin{pmatrix}u_1\\u_2\\u_3\\u_4\end{pmatrix}\tag{7.3.7}$$

再将 $\hat{\beta}$ 与 $\hat{\sigma}_z$ 的矩阵形式及上述两式代入式(7.3.5),立即得到

$$\begin{pmatrix} 0 & 0 & cp & 0 \\ 0 & 0 & 0 & -cp \\ cp & 0 & 0 & 0 \\ 0 & -cp & 0 & 0 \end{pmatrix}\begin{pmatrix} u_1 \\ u_2 \\ u_3 \\ u_4 \end{pmatrix} + m_0c^2\begin{pmatrix} 1 & 0 & 0 & 0 \\ 0 & 1 & 0 & 0 \\ 0 & 0 & -1 & 0 \\ 0 & 0 & 0 & -1 \end{pmatrix}\begin{pmatrix} u_1 \\ u_2 \\ u_3 \\ u_4 \end{pmatrix} = E\begin{pmatrix} u_1 \\ u_2 \\ u_3 \\ u_4 \end{pmatrix} \quad (7.3.8)$$

此即自由电子满足的定态狄拉克方程的矩阵形式。

2. 定态狄拉克方程的能量本征值

矩阵形式的定态狄拉克方程式(7.3.8) 可以化为由如下 4 个方程构成的联立方程组

$$cpu_3 + (m_0c^2 - E)u_1 = 0 \quad (7.3.9)$$

$$-cpu_4 + (m_0c^2 - E)u_2 = 0 \quad (7.3.10)$$

$$cpu_1 - (m_0c^2 + E)u_3 = 0 \quad (7.3.11)$$

$$-cpu_2 - (m_0c^2 + E)u_4 = 0 \quad (7.3.12)$$

在上述4式中,式(7.3.9) 和式(7.3.11) 是关于 u_1 和 u_3 的联立方程组,它们所满足的久期方程为

$$\begin{vmatrix} m_0c^2 - E & cp \\ cp & -(m_0c^2 + E) \end{vmatrix} = 0 \quad (7.3.13)$$

由上式解出的两个能量本征值为

$$E^{(\pm)} = \pm(m_0^2c^4 + p^2c^2)^{1/2} \quad (7.3.14)$$

而式(7.3.10) 和式(7.3.12) 是关于 u_2 和 u_4 的联立方程组,由于它们所满足的久期方程与式(7.3.13) 相同,所以相应的两个能量本征值与式(7.3.14) 相同,进而可知,$E^{(+)}$ 和 $E^{(-)}$ 都是2 度简并的。

由此可见,虽然狄拉克方程解决了负概率的问题,但是负能量的问题仍然存在,后面将利用空穴理论来解释它。

7.3.3 自由电子的能量本征波函数

下面分别求出正能量与负能量对应的本征波函数。

1. 正能量相应的本征波函数

(1) 正能量本征值简并,本征波函数不能惟一确定

将 $E = E^{(+)}$ 分别代入式(7.3.11) 和式(7.3.12),得到

$$u_3 = \frac{cp}{m_0c^2 + E^{(+)}}u_1$$

$$u_4 = \frac{-cp}{m_0c^2 + E^{(+)}}u_2 \quad (7.3.15)$$

在上式中,4 个未知数满足两个方程,即使顾及到归一化条件,也不能把解完全确定下来。出现这种情况的原因是,正能量 $E^{(+)}$ 是 2 度简并的,为了消除简并,需要寻找一个与动量和哈密顿量都对易的力学量,才能构成力学量的完全集。

(2) 选 $\{p,H,j_z\}$ 为力学量完全集

由于已经假定电子沿 z 轴运动,即

$$\hat{p}_x=\hat{p}_y=0 \tag{7.3.16}$$

于是可知

$$\hat{l}_z=x\hat{p}_y-y\hat{p}_x=0 \tag{7.3.17}$$

$$\hat{j}_z=\hat{l}_z+\hat{s}_z=\hbar\hat{\Sigma}_z/2 \tag{7.3.18}$$

所以,选 $\{p,H,j_z\}$ 作为力学量完全集。从物理上讲,这意味着只有顾及电子的自旋自由度才可能将相应的本征波函数完全确定。

(3) 求出 $\hat{\Sigma}_z$ 的本征解

已知 $\hat{\Sigma}_z$ 的矩阵形式为

$$\hat{\Sigma}_z=\begin{pmatrix}\hat{\sigma}_z & 0\\ 0 & \hat{\sigma}_z\end{pmatrix}=\begin{pmatrix}1&0&0&0\\0&-1&0&0\\0&0&1&0\\0&0&0&-1\end{pmatrix} \tag{7.3.19}$$

如果 $\{u_i\}$ 是 $\hat{\Sigma}_z$ 的本征函数系,这时,$\{u_i\}$ 必须满足本征方程

$$\begin{pmatrix}1&0&0&0\\0&-1&0&0\\0&0&1&0\\0&0&0&-1\end{pmatrix}\begin{pmatrix}u_1\\u_2\\u_3\\u_4\end{pmatrix}=\lambda\begin{pmatrix}u_1\\u_2\\u_3\\u_4\end{pmatrix} \tag{7.3.20}$$

求解相应的久期方程,得到本征值为

$$\lambda=\pm 1 \tag{7.3.21}$$

当 $\lambda=1$ 时,$s_z=\hbar/2$,且 $u_2=u_4=0$,而当 $\lambda=-1$ 时,$s_z=-\hbar/2$,且 $u_1=u_3=0$。

(4) 确定正能量的本征波函数

利用式(7.3.15),可求出正能量 $E^{(+)}$ 对应的两个本征波函数

$$u_{p,1}^{(+)}=N\begin{pmatrix}1\\0\\ \dfrac{cp}{m_0c^2+E^{(+)}}\\0\end{pmatrix},\quad u_{p,-1}^{(+)}=N\begin{pmatrix}0\\1\\0\\ \dfrac{-cp}{m_0c^2+E^{(+)}}\end{pmatrix} \tag{7.3.22}$$

式中,N 为归一化常数。利用归一化条件可以求出其表达式为

$$N = \left[1 + \frac{p^2c^2}{(m_0c^2 + E^{(+)})^2}\right]^{-1/2} = \left[\frac{(m_0c^2 + E^{(+)})^2}{p^2c^2 + (m_0c^2 + E^{(+)})^2}\right]^{1/2} =$$

$$\left[\frac{(m_0c^2 + E^{(+)})^2}{p^2c^2 + m_0^2c^4 + 2m_0c^2E^{(+)} + (E^{(+)})^2}\right]^{1/2} =$$

$$\left[\frac{(m_0c^2 + E^{(+)})^2}{(E^{(+)})^2 + 2m_0c^2E^{(+)} + (E^{(+)})^2}\right]^{1/2} = \left[\frac{(m_0c^2 + E^{(+)})^2}{2E^{(+)}(m_0c^2 + E^{(+)})}\right]^{1/2} =$$

$$\left[\frac{m_0c^2 + E^{(+)}}{2E^{(+)}}\right]^{1/2} \tag{7.3.23}$$

2. 负能量相应的本征波函数

用类似的方法可以求出负能量 $E^{(-)}$ 对应的两个本征波函数[7.10]

$$u_{p,1}^{(-)} = N\begin{pmatrix} \dfrac{-cp}{m_0c^2 - E^{(-)}} \\ 0 \\ 1 \\ 0 \end{pmatrix},\quad u_{p,-1}^{(-)} = N\begin{pmatrix} 0 \\ \dfrac{cp}{m_0c^2 - E^{(-)}} \\ 0 \\ 1 \end{pmatrix} \tag{7.3.24}$$

式中的归一化常数亦由(7.3.23)定义。

7.3.4　空穴理论

虽然狄拉克方程克服了相对论方程中的负概率困难,但是,负能量的问题仍然存在。负能量问题是相对论性量子力学中普遍存在的问题,只有把波动方程解释为场方程并进行量子化(即采用量子场论的方法),问题才能真正得到解决。

在当时情况下,为了解决跃迁到负能态的问题,狄拉克曾提出过所谓的**空穴理论**:假定在真空状态之下,所有负能级都被电子填满,形成所谓的**费米海**。费米海只起一个背景的作用,费米海中的电子的能量和动量是不能观测的。如果费米海中缺失了一个或几个电子,称之为出现一个或几个**空穴**,这时将出现可观测的效应。

对于费米海中空穴的产生过程,可以用两种不同的物理机制来解释。一种直观的解释是,在某种作用下使得费米海中的一个带负能量的电子跃迁到一个正能级上,从而在费米海中留下一个空穴。由于它涉及到负能级向正能级的跃迁,所以这种解释不能解决负能量的问题。另外一种解释是,让一个带有正能量的粒子跳进费米海中,使其湮没一个带有负能量的电子,从而在费米海中形成一个空穴。

实际上,并非随便一个粒子都可以湮没费米海中的电子,那么,到底一个什么样的粒子可以湮没费米海中的电子呢?下面来具体讨论之。

从能量的角度看,由于空穴的存在,使得费米海中缺失了一个具有负能量的电子,为了保证费米海的不可观测性,这相当于此空穴具有与上述负能量对应的正能量,或者说,只有把一个具有正能量的粒子填入费米海,才有可能得到这个空穴。

从电荷的角度看,由于空穴的存在,使得费米海中缺失了一个负电荷,为了保证费米海的不可观测性,这相当于此空穴带有一个正电荷,或者说,只有把带有一个正电荷的粒子填入费米海,才有可能得到这个空穴。

总之,费米海中的电子空穴相当于满足如下条件的粒子,该粒子质量与电子相同、具有正能量、带有正电荷,狄拉克将其称之为**正电子**,它是电子的**反粒子**。

将上述思想扩展到所有自旋为 $\hbar/2$ 的粒子,它们的反粒子是质量与该粒子相同、具有正能量、电荷与该粒子相反的粒子。狄拉克认为,每一种粒子都有相应的反粒子。如果一个粒子与其相应的反粒子相同,则称其为**中性粒子**。

按着狄拉克的空穴理论,由粒子与空穴构成的体系就可以视为由粒子与反粒子构成的体系,而粒子与反粒子皆具有正能量,于是,负能量的问题得以解决。

实验结果是理论的出发点和归宿,空穴理论预言了反粒子的存在,它的正确性还需要用实验来检验。1932 年,安德森(Anderson)在宇宙射线中观测到了正电子,从而证实了狄拉克的预言。后来,美国费米国家实验室通过高能质子的实验发现了反质子,从而表明空穴理论是正确的。空穴理论对反粒子的预言是狄拉克的又一伟大的历史功绩。

由反粒子构成的物质称之为**反物质**,反物质在能源领域具有巨大的潜在应用价值。例如,通常的核反应只能把大约 2% 的物质转变成能量,而正反粒子的湮灭几乎可以把全部的物质转化为能量。人们期望反物质成为未来的理想能源。

为了深化对空穴理论的认识,不由得使人想起昔日安庆迎江寺的一付楹联,即“空即是色色即空空空色色庄严妙相呈因果,果必有因因有果果果因因大千世界归色空”,让我们借用它来诠释空穴理论。如果将空穴(反粒子)视为“空”,把粒子看作“色”,则两者皆为构成物质世界的基本元素,此即“空即是色色即空”,且“大千世界归色空”;如果将初态视为“因”,把末态看作“果”,则“果必有因因有果”,且“空”与“色”随时间的变化需要满足因果关系(量子力学方程),此即“庄严妙相呈因果”。

7.4　中心力场中的狄拉克方程

本节将讨论中心力场中的狄拉克方程,并导出其径向方程,主要内容包括:中心力场中的守恒量算符 $\hbar\hat{K}$;守恒量算符 $\hbar\hat{K}$ 的本征值;中心力场中的径向方程。

7.4.1　中心力场中的守恒量算符

1. 中心力场中的狄拉克方程

前面已经求出了自由狄拉克粒子的本征解,实际上,自由粒子只是一种理想化的模型,通常情况下,粒子总是处在势场之中的。如果粒子处于中心力场 $V(r)$ 中(例如,在库

仑场 $V(r)=-e^2/r$ 中运动的电子)，用类似处理薛定谔方程的方法，可以得到中心力场下的定态狄拉克方程

$$[c\hat{\boldsymbol{\alpha}}\cdot\hat{\boldsymbol{p}}+m_0c^2\hat{\beta}+V(r)]\psi(\boldsymbol{r})=E\psi(\boldsymbol{r}) \tag{7.4.1}$$

式中方括号中的算符即粒子的哈密顿算符。

2. 算符 $\hbar\hat{K}$ 的引入

设狄拉克粒子的总角动量为

$$\boldsymbol{j}=\boldsymbol{l}+\hbar\boldsymbol{\Sigma}/2 \tag{7.4.2}$$

与自由电子的情况相似，哈密顿量 H 是守恒量，总角动量 $\boldsymbol{j}$ 也是守恒量，而轨道角动量 $\boldsymbol{l}$ 和自旋 $\boldsymbol{s}=\hbar\boldsymbol{\Sigma}/2$ 都不是守恒量。

由于轨道角动量算符 $\hat{\boldsymbol{l}}$ 与自旋算符 $\hat{\boldsymbol{s}}$ 是对易的，故总角动量平方算符为

$$\begin{aligned}\hat{\boldsymbol{j}}^2=(\hat{\boldsymbol{l}}+\hbar\hat{\boldsymbol{\Sigma}}/2)^2&=\hat{\boldsymbol{l}}^2+\hbar\hat{\boldsymbol{l}}\cdot\hat{\boldsymbol{\Sigma}}+4^{-1}\hbar^2\hat{\boldsymbol{\sigma}}^2=\\&\hat{\boldsymbol{l}}^2+\hbar\hat{\boldsymbol{l}}\cdot\hat{\boldsymbol{\Sigma}}+4^{-1}\hbar^2(\hat{\sigma}_x^2+\hat{\sigma}_y^2+\hat{\sigma}_z^2)=\\&\hat{\boldsymbol{l}}^2+\hbar\hat{\boldsymbol{l}}\cdot\hat{\boldsymbol{\Sigma}}+3\hbar^2/4\end{aligned} \tag{7.4.3}$$

显然，$\hbar\boldsymbol{l}\cdot\boldsymbol{\Sigma}$ 也不是守恒量。

引入一个标量算符

$$\hbar\hat{K}=\hat{\beta}(\hat{\boldsymbol{l}}\cdot\hat{\boldsymbol{\Sigma}}+\hbar) \tag{7.4.4}$$

若 $\hbar K$ 是一个守恒量，则其应与哈密顿算符对易，下面来证明之。

3. $\hbar\hat{K}$ 是守恒量算符

证明 $\hbar\hat{K}$ 是守恒量算符的具体步骤如下。

(1) 导出对易关系 $[\hbar\hat{K},\hat{H}]$ 的表达式

因为算符 $\hat{\boldsymbol{\Sigma}}$ 和 $\hat{\boldsymbol{l}}$ 皆与 $\hat{\beta}$ 和 $V(r)$ 对易，所以有

$$\begin{aligned}[\hbar\hat{K},\hat{H}]&=[\hbar\hat{K},c\hat{\boldsymbol{\alpha}}\cdot\hat{\boldsymbol{p}}+m_0c^2\hat{\beta}+V(r)]=\\&c[\hbar\hat{K},\hat{\boldsymbol{\alpha}}\cdot\hat{\boldsymbol{p}}]=c[\hat{\beta}(\hat{\boldsymbol{l}}\cdot\hat{\boldsymbol{\Sigma}}+\hbar),\hat{\boldsymbol{\alpha}}\cdot\hat{\boldsymbol{p}}]=\\&c[\hat{\beta}\hat{\boldsymbol{\Sigma}}\cdot\hat{\boldsymbol{l}},\hat{\boldsymbol{\alpha}}\cdot\hat{\boldsymbol{p}}]+c\hbar[\hat{\beta},\hat{\boldsymbol{\alpha}}\cdot\hat{\boldsymbol{p}}]\end{aligned} \tag{7.4.5}$$

利用 $\hat{\beta}\hat{\alpha}_i=-\hat{\alpha}_i\hat{\beta}$ 将上式改写成

$$\begin{aligned}[\hbar\hat{K},\hat{H}]&=c\hat{\beta}\hat{\boldsymbol{\Sigma}}\cdot\hat{\boldsymbol{l}}\hat{\boldsymbol{\alpha}}\cdot\hat{\boldsymbol{p}}-c\hat{\boldsymbol{\alpha}}\cdot\hat{\boldsymbol{p}}\hat{\beta}\hat{\boldsymbol{\Sigma}}\cdot\hat{\boldsymbol{l}}+c\hbar\hat{\beta}\hat{\boldsymbol{\alpha}}\cdot\hat{\boldsymbol{p}}-c\hbar\hat{\boldsymbol{\alpha}}\cdot\hat{\boldsymbol{p}}\hat{\beta}=\\&c\hat{\beta}\hat{\boldsymbol{\Sigma}}\cdot\hat{\boldsymbol{l}}\hat{\boldsymbol{\alpha}}\cdot\hat{\boldsymbol{p}}+c\hat{\beta}\hat{\boldsymbol{\alpha}}\cdot\hat{\boldsymbol{p}}\hat{\boldsymbol{\Sigma}}\cdot\hat{\boldsymbol{l}}+c\hbar\hat{\beta}\hat{\boldsymbol{\alpha}}\cdot\hat{\boldsymbol{p}}+c\hbar\hat{\beta}\hat{\boldsymbol{\alpha}}\cdot\hat{\boldsymbol{p}}=\\&c\hat{\beta}\{\hat{\boldsymbol{\Sigma}}\cdot\hat{\boldsymbol{l}},\hat{\boldsymbol{\alpha}}\cdot\hat{\boldsymbol{p}}\}+2c\hbar\hat{\beta}\hat{\boldsymbol{\alpha}}\cdot\hat{\boldsymbol{p}}\end{aligned} \tag{7.4.6}$$

显然，如果上式右端的两项之和为零，则 $\hbar K$ 为守恒量。

(2) 导出反对易关系 $\{\hat{\boldsymbol{\Sigma}}\cdot\hat{\boldsymbol{l}},\hat{\boldsymbol{\alpha}}\cdot\hat{\boldsymbol{p}}\}$ 的表达式

为了计算反对易关系 $\{\hat{\boldsymbol{\Sigma}}\cdot\hat{\boldsymbol{l}},\hat{\boldsymbol{\alpha}}\cdot\hat{\boldsymbol{p}}\}$，需要先导出 $(\hat{\boldsymbol{\Sigma}}\cdot\hat{\boldsymbol{l}})(\hat{\boldsymbol{\alpha}}\cdot\hat{\boldsymbol{p}})$ 的表达式。

当矢量算符 $\hat{\boldsymbol{A}},\hat{\boldsymbol{B}}$ 皆与矢量算符 $\hat{\boldsymbol{\Sigma}},\hat{\boldsymbol{\alpha}}$ 对易时，由关系式[7.12]

$$(\hat{\boldsymbol{\Sigma}}\cdot\hat{\boldsymbol{A}})(\hat{\boldsymbol{\alpha}}\cdot\hat{\boldsymbol{B}})=-\hat{\gamma}_5(\hat{\boldsymbol{A}}\cdot\hat{\boldsymbol{B}})+\mathrm{i}\hat{\boldsymbol{\alpha}}\cdot(\hat{\boldsymbol{A}}\times\hat{\boldsymbol{B}})$$

$$\hat{\gamma}_5 = \begin{pmatrix} \hat{O} & -\hat{I} \\ -\hat{I} & \hat{O} \end{pmatrix} \tag{7.4.7}$$

可知

$$(\hat{\boldsymbol{\Sigma}} \cdot \hat{\boldsymbol{l}})(\hat{\boldsymbol{\alpha}} \cdot \hat{\boldsymbol{p}}) = -\hat{\gamma}_5(\hat{\boldsymbol{l}} \cdot \hat{\boldsymbol{p}}) + \mathrm{i}\hat{\boldsymbol{\alpha}} \cdot (\hat{\boldsymbol{l}} \times \hat{\boldsymbol{p}}) \tag{7.4.8}$$

(3) 简化$(\hat{\boldsymbol{\Sigma}} \cdot \hat{\boldsymbol{l}})(\hat{\boldsymbol{\alpha}} \cdot \hat{\boldsymbol{p}})$的表达式

由于

$$\hat{\boldsymbol{l}} \cdot \hat{\boldsymbol{p}} = \hat{l}_x\hat{p}_x + \hat{l}_y\hat{p}_y + \hat{l}_z\hat{p}_z = (y\hat{p}_z - z\hat{p}_y)\hat{p}_x + (z\hat{p}_x - x\hat{p}_z)\hat{p}_y + (x\hat{p}_y - y\hat{p}_x)\hat{p}_z = \\ y\hat{p}_z\hat{p}_x - z\hat{p}_y\hat{p}_x + z\hat{p}_x\hat{p}_y - x\hat{p}_z\hat{p}_y + x\hat{p}_y\hat{p}_z - y\hat{p}_x\hat{p}_z = 0 \tag{7.4.9}$$

故式(7.4.8)可以简化成

$$(\hat{\boldsymbol{\Sigma}} \cdot \hat{\boldsymbol{l}})(\hat{\boldsymbol{\alpha}} \cdot \hat{\boldsymbol{p}}) = \mathrm{i}\hat{\boldsymbol{\alpha}} \cdot (\hat{\boldsymbol{l}} \times \hat{\boldsymbol{p}}) \tag{7.4.10}$$

同理可知

$$(\hat{\boldsymbol{\alpha}} \cdot \hat{\boldsymbol{p}})(\hat{\boldsymbol{\Sigma}} \cdot \hat{\boldsymbol{l}}) = \mathrm{i}\hat{\boldsymbol{\alpha}} \cdot (\hat{\boldsymbol{p}} \times \hat{\boldsymbol{l}}) \tag{7.4.11}$$

于是,式(7.4.6)右端的第一项(反对易关系)简化成

$$\{\hat{\boldsymbol{\Sigma}} \cdot \hat{\boldsymbol{l}}, \hat{\boldsymbol{\alpha}} \cdot \hat{\boldsymbol{p}}\} = \mathrm{i}\hat{\boldsymbol{\alpha}} \cdot (\hat{\boldsymbol{l}} \times \hat{\boldsymbol{p}} + \hat{\boldsymbol{p}} \times \hat{\boldsymbol{l}}) \tag{7.4.12}$$

(4) 简化反对易关系$\{\hat{\boldsymbol{\Sigma}} \cdot \hat{\boldsymbol{l}}, \hat{\boldsymbol{\alpha}} \cdot \hat{\boldsymbol{p}}\}$

可以证明如下关系式[7.14]

$$\hat{\boldsymbol{l}} \times \hat{\boldsymbol{p}} = (\boldsymbol{r} \cdot \hat{\boldsymbol{p}})\hat{\boldsymbol{p}} - \boldsymbol{r}\hat{\boldsymbol{p}}^2 \tag{7.4.13}$$

$$\hat{\boldsymbol{p}} \times \hat{\boldsymbol{l}} = \boldsymbol{r}\hat{\boldsymbol{p}}^2 - (\boldsymbol{r} \cdot \hat{\boldsymbol{p}})\hat{\boldsymbol{p}} + \mathrm{i}2\hbar\hat{\boldsymbol{p}} \tag{7.4.14}$$

将上述两式代入式(7.4.12),得到

$$\{\hat{\boldsymbol{\Sigma}} \cdot \hat{\boldsymbol{l}}, \hat{\boldsymbol{\alpha}} \cdot \hat{\boldsymbol{p}}\} = -2\hbar\hat{\boldsymbol{\alpha}} \cdot \hat{\boldsymbol{p}} \tag{7.4.15}$$

(5) 证明 $\hbar K$ 是守恒量

将式(7.4.15)代入式(7.4.6),立即得到

$$[\hbar\hat{K}, \hat{H}] = 0 \tag{7.4.16}$$

上式表明 $\hbar K$ 也是中心力场中电子的守恒量。总之,H 和 $\hbar K$ 构成力学量的完全集。

7.4.2　守恒量算符的本征值

若要求出 $\hbar\hat{K}$ 的本征值,可按如下步骤进行操作。

1. 导出 $\hbar^2\hat{K}^2$ 的表达式

利用算符 $\hbar\hat{K}$ 的定义与$[\hat{\beta}, \hat{\Sigma}] = 0$,$[\hat{\beta}, \hat{\boldsymbol{l}}] = 0$,$\hat{\beta}^2 = 1$,可求出

$$\hbar^2\hat{K}^2 = [\hat{\beta}(\hat{\boldsymbol{\Sigma}} \cdot \hat{\boldsymbol{l}} + \hbar)]^2 = \hat{\beta}(\hat{\boldsymbol{\Sigma}} \cdot \hat{\boldsymbol{l}} + \hbar)\hat{\beta}(\hat{\boldsymbol{\Sigma}} \cdot \hat{\boldsymbol{l}} + \hbar) = \\ \hat{\beta}^2(\hat{\boldsymbol{\Sigma}} \cdot \hat{\boldsymbol{l}} + \hbar)^2 = (\hat{\boldsymbol{\Sigma}} \cdot \hat{\boldsymbol{l}})^2 + 2\hbar\hat{\boldsymbol{\Sigma}} \cdot \hat{\boldsymbol{l}} + \hbar^2 \tag{7.4.17}$$

2. 导出$(\hat{\boldsymbol{\Sigma}} \cdot \hat{\boldsymbol{l}})^2$的表达式

当矢量算符 $\hat{\boldsymbol{A}}, \hat{\boldsymbol{B}}$ 皆与泡利算符 $\hat{\boldsymbol{\sigma}}$ 对易时,式$(\hat{\boldsymbol{\sigma}} \cdot \hat{\boldsymbol{A}})(\hat{\boldsymbol{\sigma}} \cdot \hat{\boldsymbol{B}}) = \hat{\boldsymbol{A}} \cdot \hat{\boldsymbol{B}} + \mathrm{i}\hat{\boldsymbol{\sigma}} \cdot (\hat{\boldsymbol{A}} \times \hat{\boldsymbol{B}})$

成立[1.19],利用上式计算式(7.4.17)右端的第1项,即

$$(\hat{\boldsymbol{\Sigma}}\cdot\hat{\boldsymbol{l}})^2=(\hat{\boldsymbol{\Sigma}}\cdot\hat{\boldsymbol{l}})(\hat{\boldsymbol{\Sigma}}\cdot\hat{\boldsymbol{l}})=\hat{\boldsymbol{l}}^2+\mathrm{i}\hat{\boldsymbol{\Sigma}}\cdot(\hat{\boldsymbol{l}}\times\hat{\boldsymbol{l}})=$$
$$\hat{\boldsymbol{l}}^2+\mathrm{i}\hat{\boldsymbol{\Sigma}}\cdot[(\hat{l}_y\hat{l}_z-\hat{l}_z\hat{l}_y)\boldsymbol{i}+(\hat{l}_z\hat{l}_x-\hat{l}_x\hat{l}_z)\boldsymbol{j}+(\hat{l}_x\hat{l}_y-\hat{l}_y\hat{l}_x)\boldsymbol{k}]=$$
$$\hat{\boldsymbol{l}}^2+\mathrm{i}\hat{\boldsymbol{\Sigma}}\cdot\mathrm{i}\hbar(\hat{l}_x\boldsymbol{i}+\hat{l}_y\boldsymbol{j}+\hat{l}_z\boldsymbol{k})=\hat{\boldsymbol{l}}^2-\hbar\hat{\boldsymbol{\Sigma}}\cdot\hat{\boldsymbol{l}}\tag{7.4.18}$$

需要特别说明的是,在通常的数学运算中,同一个矢量叉乘的结果一定为零,但是,对矢量算符来说这个结论并不总是成立的。例如,虽然 $\boldsymbol{r}\times\boldsymbol{r}=0$, $\hat{\boldsymbol{p}}\times\hat{\boldsymbol{p}}=0$,但是

$$\hat{\boldsymbol{l}}\times\hat{\boldsymbol{l}}=\mathrm{i}\hbar\hat{\boldsymbol{l}}\neq 0$$

3. 导出 $\hbar^2\hat{K}^2$ 与 $\hat{\boldsymbol{j}}^2$ 的关系式

将式(7.4.18)代入式(7.4.17),利用式(7.4.3)得到

$$\hbar^2\hat{K}^2=\hat{\boldsymbol{l}}^2+\hbar\hat{\boldsymbol{\Sigma}}\cdot\hat{\boldsymbol{l}}+\hbar^2=\hat{\boldsymbol{j}}^2+\hbar^2/4\tag{7.4.19}$$

4. 确定量子数 K 的可能取值

因为 $\hat{\boldsymbol{j}}^2$ 的本征值为 $j(j+1)\hbar^2$,其中 $j=1/2,3/2,5/2,\cdots$,所以 $\hbar^2\hat{K}^2$ 的本征值由下式决定

$$\hbar^2K^2=[j(j+1)+1/4]\hbar^2=(j+1/2)^2\hbar^2\tag{7.4.20}$$

于是有

$$K^2=(j+1/2)^2\tag{7.4.21}$$

进而得到量子数 K 的取值为

$$K=\pm(j+1/2)\tag{7.4.22}$$

量子数 K 的值是由总角动量量子数 j 决定的,由于,$j=1/2,3/2,5/2,\cdots$,所以,$K=\pm1$, ±2, $\pm3,\cdots$。对于一个确定的 j 值,K 可以取正和负两个整数值,对应两种不同的宇称状态。由此可见,算符 $\hat{K}$ 同时起到了总角动量算符和宇称算符的作用。

7.4.3 中心力场中的径向方程

1. 径向方程的导出

由于 $\hbar K$ 是守恒量,且与角度有关,故希望将 $\hat{H}$ 中与角度相关的 $\hat{\boldsymbol{\alpha}}\cdot\hat{\boldsymbol{p}}$ 用 $\hbar\hat{K}$ 来表示。

当矢量算符 $\hat{\boldsymbol{A}}$,$\hat{\boldsymbol{B}}$ 皆与矢量算符 $\hat{\boldsymbol{\Sigma}}$,$\hat{\boldsymbol{\alpha}}$ 对易时,下式成立[7.7]

$$(\hat{\boldsymbol{\alpha}}\cdot\hat{\boldsymbol{A}})(\hat{\boldsymbol{\alpha}}\cdot\hat{\boldsymbol{B}})=\hat{\boldsymbol{A}}\cdot\hat{\boldsymbol{B}}+\mathrm{i}\hat{\boldsymbol{\Sigma}}\cdot(\hat{\boldsymbol{A}}\times\hat{\boldsymbol{B}})\tag{7.4.23}$$

利用上式可以得到

$$(\hat{\boldsymbol{\alpha}}\cdot\boldsymbol{r})(\hat{\boldsymbol{\alpha}}\cdot\boldsymbol{r})=\boldsymbol{r}^2\tag{7.4.24}$$

$$r^{-1}(\hat{\boldsymbol{\alpha}}\cdot\boldsymbol{r})(\hat{\boldsymbol{\alpha}}\cdot\hat{\boldsymbol{p}})=r^{-1}(\boldsymbol{r}\cdot\hat{\boldsymbol{p}})+\mathrm{i}r^{-1}\hat{\boldsymbol{\Sigma}}\cdot(\boldsymbol{r}\times\hat{\boldsymbol{p}})=$$
$$\boldsymbol{r}_0\cdot\hat{\boldsymbol{p}}+\mathrm{i}r^{-1}\hat{\boldsymbol{\Sigma}}\cdot\hat{\boldsymbol{l}}=-\mathrm{i}\hbar\frac{\partial}{\partial r}+\mathrm{i}r^{-1}\hat{\boldsymbol{\Sigma}}\cdot\hat{\boldsymbol{l}}\tag{7.4.25}$$

利用式(7.4.24)与式(7.4.25),并顾及到坐标与算符 $\hat{\boldsymbol{\alpha}}$ 是对易的,可以将 $\hat{\boldsymbol{\alpha}}\cdot\hat{\boldsymbol{p}}$ 改写成

$$\hat{\boldsymbol{\alpha}}\cdot\hat{\boldsymbol{p}}=r^{-2}(\hat{\boldsymbol{\alpha}}\cdot\boldsymbol{r})(\hat{\boldsymbol{\alpha}}\cdot\boldsymbol{r})(\hat{\boldsymbol{\alpha}}\cdot\hat{\boldsymbol{p}})=r^{-1}(\hat{\boldsymbol{\alpha}}\cdot\boldsymbol{r})r^{-1}(\hat{\boldsymbol{\alpha}}\cdot\boldsymbol{r})(\hat{\boldsymbol{\alpha}}\cdot\hat{\boldsymbol{p}})=$$

$$r^{-1}(\hat{\boldsymbol{\alpha}} \cdot \boldsymbol{r})\left(-\mathrm{i}\hbar \frac{\partial}{\partial r} + \mathrm{i}r^{-1}\hat{\boldsymbol{\Sigma}} \cdot \hat{\boldsymbol{l}}\right) \tag{7.4.26}$$

若令 $\hat{\boldsymbol{\alpha}}$ 在 $\boldsymbol{r}$ 方向的分量算符为

$$\hat{\alpha}_r = r^{-1}(\hat{\boldsymbol{\alpha}} \cdot \boldsymbol{r}) \tag{7.4.27}$$

则式(7.4.26) 变为

$$\hat{\boldsymbol{\alpha}} \cdot \hat{\boldsymbol{p}} = \hat{\alpha}_r\left(-\mathrm{i}\hbar \frac{\partial}{\partial r} + \frac{\mathrm{i}}{r}\hat{\boldsymbol{\Sigma}} \cdot \hat{\boldsymbol{l}}\right) \tag{7.4.28}$$

由 $\hbar\hat{K}$ 的定义式(7.4.4) 及 $\hat{\beta}^2 = 1$ 可知

$$\hat{\boldsymbol{\Sigma}} \cdot \hat{\boldsymbol{l}} = \hat{\beta}\hbar\hat{K} - \hbar \tag{7.4.29}$$

将上式代入式(7.4.28)，得到 $\hat{\boldsymbol{\alpha}} \cdot \hat{\boldsymbol{p}}$ 与 $\hbar\hat{K}$ 的关系式

$$\begin{aligned}\hat{\boldsymbol{\alpha}} \cdot \hat{\boldsymbol{p}} &= \hat{\alpha}_r\left[-\mathrm{i}\hbar \frac{\partial}{\partial r} + \frac{\mathrm{i}}{r}(\hat{\beta}\hbar\hat{K} - \hbar)\right] = \\ &\hat{\alpha}_r\left(-\mathrm{i}\hbar \frac{\partial}{\partial r} - \mathrm{i}\hbar r^{-1} + \mathrm{i}\hbar r^{-1}\hat{\beta}\hat{K}\right) = \\ &\hat{\alpha}_r(\hat{p}_r + \mathrm{i}\hbar r^{-1}\hat{\beta}\hat{K})\end{aligned} \tag{7.4.30}$$

式中的

$$\hat{p}_r = -\mathrm{i}\hbar\left(\frac{\partial}{\partial r} + \frac{1}{r}\right) \tag{7.4.31}$$

只与径向坐标有关，称之为**径向动量算符**。可以证明[7.17]

$$\hat{p}_r^{\dagger} = \hat{p}_r, \quad [r, \hat{p}_r] = \mathrm{i}\hbar \tag{7.4.32}$$

上式表明，径向动量算符 $\hat{p}_r$ 是一个厄米算符，它和 r 之间的对易关系与 $\hat{p}_x$ 和 x 之间的对易关系相同。虽然，径向动量算符是一个厄米算符，但是，并无可观测量与之对应。

最后，将式(7.4.30) 代入中心力场的定态狄拉克方程式(7.4.1)，得到

$$[c\hat{\alpha}_r\hat{p}_r + \mathrm{i}\hbar c r^{-1}\hat{\alpha}_r\hat{\beta}\hat{K} + m_0c^2\hat{\beta} + V(r)]\psi(\boldsymbol{r}) = E\psi(\boldsymbol{r}) \tag{7.4.33}$$

若波函数 $\psi(\boldsymbol{r})$ 是 $\hat{K}$ 的本征态，则算符 $\hat{K}$ 可以用相应的量子数 K 代替。这样一来，上式中的所有算符皆与角度无关，于是可以将波函数的径向部分与角度部分进行分离变量。为了求出能量本征值 E，只需求解径向波函数 $R(r)$ 满足的方程

$$[c\hat{\alpha}_r\hat{p}_r + \mathrm{i}\hbar cKr^{-1}\hat{\alpha}_r\hat{\beta} + m_0c^2\hat{\beta} + V(r)]R(r) = ER(r) \tag{7.4.34}$$

上式即**中心力场中的径向方程**，式中，$K = \pm(j + 1/2)$。由于本征能量 E 与磁量子数 m_j 无关，所以，能级是 $2j + 1$ 度简并的。

2. 径向方程的分量形式

在径向方程(7.4.34) 中，在算符中只有 $\hat{\beta}$ 和 $\hat{\alpha}_r$ 为矩阵形式，而且，它们满足关系式

$$\hat{\beta}^2 = 1, \quad \hat{\alpha}_r^2 = 1, \quad \hat{\alpha}_r\hat{\beta} = -\hat{\beta}\hat{\alpha}_r \tag{7.4.35}$$

如前所述，由于算符 $\hat{\beta}$ 和 $\hat{\alpha}_r$ 的本征值皆为 ±1，且它们的阵迹皆为零，所以它们对应的矩阵的阶数为 2，在 β 表象中，通常将其选为

$$\hat{\beta}=\begin{pmatrix}1 & 0\\ 0 & -1\end{pmatrix},\hat{\alpha}_r=\begin{pmatrix}0 & -\mathrm{i}\\ \mathrm{i} & 0\end{pmatrix},-\mathrm{i}\hat{\alpha}_r\hat{\beta}=\begin{pmatrix}0 & 1\\ 1 & 0\end{pmatrix} \tag{7.4.36}$$

将上述3个矩阵代入式(7.4.34)，于是得到径向方程的矩阵形式为

$$\left[c\hat{p}_r\begin{pmatrix}0 & -\mathrm{i}\\ \mathrm{i} & 0\end{pmatrix}-\frac{\hbar cK}{r}\begin{pmatrix}0 & 1\\ 1 & 0\end{pmatrix}+m_0c^2\begin{pmatrix}1 & 0\\ 0 & -1\end{pmatrix}\right]R(r)=[E-V(r)]R(r) \tag{7.4.37}$$

由于上式中的算符为2阶矩阵，故径向波函数 $R(r)$ 应为2分量波函数，设其为

$$R(r)=\begin{pmatrix}r^{-1}F(r)\\ r^{-1}G(r)\end{pmatrix} \tag{7.4.38}$$

将其代入式(7.4.37)，得到

$$\left[c\hat{p}_r\begin{pmatrix}0 & -\mathrm{i}\\ \mathrm{i} & 0\end{pmatrix}-\frac{\hbar cK}{r}\begin{pmatrix}0 & 1\\ 1 & 0\end{pmatrix}+m_0c^2\begin{pmatrix}1 & 0\\ 0 & -1\end{pmatrix}\right]\begin{pmatrix}r^{-1}F(r)\\ r^{-1}G(r)\end{pmatrix}=[E-V(r)]\begin{pmatrix}r^{-1}F(r)\\ r^{-1}G(r)\end{pmatrix} \tag{7.4.39}$$

上式可以化成如下的联立方程

$$\begin{cases}-\mathrm{i}c\hat{p}_r\dfrac{G(r)}{r}-\dfrac{\hbar cK}{r}\dfrac{G(r)}{r}+m_0c^2\dfrac{F(r)}{r}=[E-V(r)]\dfrac{F(r)}{r}\\ \mathrm{i}c\hat{p}_r\dfrac{F(r)}{r}-\dfrac{\hbar cK}{r}\dfrac{F(r)}{r}-m_0c^2\dfrac{G(r)}{r}=[E-V(r)]\dfrac{G(r)}{r}\end{cases} \tag{7.4.40}$$

由径向动量算符 $\hat{p}_r$ 的定义式(7.4.31)可知

$$\hat{p}_r\frac{F(r)}{r}=-\mathrm{i}\hbar\left(\frac{\partial}{\partial r}+\frac{1}{r}\right)\frac{F(r)}{r}=-\mathrm{i}\hbar\frac{\partial}{\partial r}\frac{F(r)}{r}-\mathrm{i}\hbar\frac{F(r)}{r^2}=$$
$$\mathrm{i}\hbar\frac{F(r)}{r^2}-\mathrm{i}\hbar\frac{1}{r}\frac{\mathrm{d}F(r)}{\mathrm{d}r}-\mathrm{i}\hbar\frac{F(r)}{r^2}=-\mathrm{i}\hbar\frac{1}{r}\frac{\mathrm{d}F(r)}{\mathrm{d}r} \tag{7.4.41}$$

同理可知

$$\hat{p}_r\frac{G(r)}{r}=-\mathrm{i}\hbar\frac{1}{r}\frac{\mathrm{d}G(r)}{\mathrm{d}r} \tag{7.4.42}$$

将上述两式代入式(7.4.40)，得到

$$\begin{cases}-\mathrm{i}c\left[-\mathrm{i}\hbar\dfrac{1}{r}\dfrac{\mathrm{d}G(r)}{\mathrm{d}r}\right]-\dfrac{\hbar cK}{r}\dfrac{G(r)}{r}+m_0c^2\dfrac{F(r)}{r}=[E-V(r)]\dfrac{F(r)}{r}\\ \mathrm{i}c\left[-\mathrm{i}\hbar\dfrac{1}{r}\dfrac{\mathrm{d}F(r)}{\mathrm{d}r}\right]-\dfrac{\hbar cK}{r}\dfrac{F(r)}{r}-m_0c^2\dfrac{G(r)}{r}=[E-V(r)]\dfrac{G(r)}{r}\end{cases} \tag{7.4.43}$$

将上式整理后得到

$$\begin{cases}-\hbar c\dfrac{\mathrm{d}}{\mathrm{d}r}G(r)-\dfrac{\hbar cK}{r}G(r)+m_0c^2F(r)=[E-V(r)]F(r)\\ \hbar c\dfrac{\mathrm{d}}{\mathrm{d}r}F(r)-\dfrac{\hbar cK}{r}F(r)-m_0c^2G(r)=[E-V(r)]G(r)\end{cases} \tag{7.4.44}$$

此式即中心力场中狄拉克方程的**径向方程的分量形式**，下一节将利用它来求解氢原子的能谱。

7.5　相对论性氢原子的能谱

氢原子中的电子处于库仑场中，库仑场属于中心力场，本节利用前面导出的中心力场中狄拉克径向方程的分量形式，求出氢原子的能谱，并将其与非相对论的结果比较。

7.5.1　库仑场中的径向方程

1. 库仑场中的径向方程

氢原子中的电子处于库仑场中，即

$$V(r) = -e^2/r \tag{7.5.1}$$

由于库仑场属于中心力场，故可以将其代入中心力场满足的径向方程式(7.4.44)，从而得到库仑场下径向方程的分量形式

$$\begin{cases} \left(E - m_0c^2 + \dfrac{e^2}{r}\right)F(r) + \dfrac{\hbar cK}{r}G(r) + \hbar c\dfrac{\mathrm{d}}{\mathrm{d}r}G(r) = 0 \\ \left(E + m_0c^2 + \dfrac{e^2}{r}\right)G(r) + \dfrac{\hbar cK}{r}F(r) - \hbar c\dfrac{\mathrm{d}}{\mathrm{d}r}F(r) = 0 \end{cases} \tag{7.5.2}$$

若将上式两端除以 $\hbar c$，则其可以改写成

$$\begin{cases} \left(\dfrac{E - m_0c^2}{\hbar c} + \dfrac{\alpha}{r}\right)F(r) + \left(\dfrac{K}{r} + \dfrac{\mathrm{d}}{\mathrm{d}r}\right)G(r) = 0 \\ \left(\dfrac{E + m_0c^2}{\hbar c} + \dfrac{\alpha}{r}\right)G(r) + \left(\dfrac{K}{r} - \dfrac{\mathrm{d}}{\mathrm{d}r}\right)F(r) = 0 \end{cases} \tag{7.5.3}$$

式中

$$\alpha = e^2\hbar^{-1}c^{-1} \approx 1/137 \tag{7.5.4}$$

是**精细结构常数**。它是一个同时与相对论的标志性常数 c 和量子论标志性常数 $\hbar$ 相关的常数。

2. 径向方程的简化形式

为了简化表示，令

$$\begin{aligned} &c_1 = (m_0c^2 + E)(\hbar c)^{-1}, c_2 = (m_0c^2 - E)(\hbar c)^{-1}, c_1 - c_2 = 2E(\hbar c)^{-1} \\ &a = (c_1c_2)^{1/2} = (m_0^2c^4 - E^2)^{1/2}(\hbar c)^{-1} \end{aligned} \tag{7.5.5}$$

于是，式(7.5.3) 可以改写成

$$\begin{cases}\left(-c_2+\dfrac{\alpha}{r}\right)F(r)+\left(\dfrac{K}{r}+\dfrac{\mathrm{d}}{\mathrm{d}r}\right)G(r)=0\\[2ex]\left(c_1+\dfrac{\alpha}{r}\right)G(r)+\left(\dfrac{K}{r}-\dfrac{\mathrm{d}}{\mathrm{d}r}\right)F(r)=0\end{cases}\tag{7.5.6}$$

再用 a 除以上式两端，且令 $\rho=a\,r$，立即得到

$$\begin{cases}\left(-\dfrac{c_2}{a}+\dfrac{\alpha}{\rho}\right)F(\rho)+\left(\dfrac{K}{\rho}+\dfrac{\mathrm{d}}{\mathrm{d}\rho}\right)G(\rho)=0\\[2ex]\left(\dfrac{c_1}{a}+\dfrac{\alpha}{\rho}\right)G(\rho)+\left(\dfrac{K}{\rho}-\dfrac{\mathrm{d}}{\mathrm{d}\rho}\right)F(\rho)=0\end{cases}\tag{7.5.7}$$

此即氢原子中的电子满足的相对运动径向方程的分量形式，它是一个 $F(\rho)$ 与 $G(\rho)$ 的联立微分方程。

3. 径向方程的边界条件

对于氢原子的束缚定态问题，上述径向方程应该满足如下无穷远处的边界条件

$$F(\rho)\underset{\rho\to\infty}{\longrightarrow}0,\quad G(\rho)\underset{\rho\to\infty}{\longrightarrow}0\tag{7.5.8}$$

和零点条件

$$F(\rho)\underset{\rho\to 0}{\longrightarrow}0,\quad G(\rho)\underset{\rho\to 0}{\longrightarrow}0\tag{7.5.9}$$

7.5.2　氢原子的束缚态能谱

下面利用类似于处理非相对论氢原子问题的级数解法求解上述径向方程。

1. 本征解在无穷远处的渐近形式

当 $\rho\to\infty$ 时，联立方程式(7.5.7)变成

$$\begin{cases}\dfrac{\mathrm{d}}{\mathrm{d}\rho}G(\rho)=\dfrac{c_2}{a}F(\rho)\\[2ex]\dfrac{\mathrm{d}}{\mathrm{d}\rho}F(\rho)=\dfrac{c_1}{a}G(\rho)\end{cases}\tag{7.5.10}$$

为了求解上述联立方程，将其中的第 2 式再对 ρ 求导，然后利用第 1 式和 $a^2=c_1c_2$，得到 $F(\rho)$ 满足的 2 阶微分方程

$$\frac{\mathrm{d}^2}{\mathrm{d}\rho^2}F(\rho)=\frac{c_1}{a}\frac{\mathrm{d}}{\mathrm{d}\rho}G(\rho)=\frac{c_1c_2}{a^2}F(\rho)=F(\rho)\tag{7.5.11}$$

解之得

$$F(\rho)=C\mathrm{e}^{\pm\rho}\tag{7.5.12}$$

由于其中取正号的解不满足无穷远边界条件(7.5.8)，故应将其舍去。

$G(\rho)$ 的解可用类似方法得到，因此，满足要求的渐近解的形式为

$$F(\rho)=C\mathrm{e}^{-\rho},\quad G(\rho)=\tilde{C}\mathrm{e}^{-\rho}\tag{7.5.13}$$

2. 本征解满足的径向方程

顾及到 $F(\rho)$ 与 $G(\rho)$ 的渐进形式,可令径向波函数的一般形式为

$$F(\rho)=\mathrm{e}^{-\rho}f(\rho),\quad G(\rho)=\mathrm{e}^{-\rho}g(\rho) \tag{7.5.14}$$

将其代入径向方程式(7.5.7),得到

$$\begin{cases}\left(-\dfrac{c_2}{a}+\dfrac{\alpha}{\rho}\right)[\mathrm{e}^{-\rho}f(\rho)]+\left(\dfrac{K}{\rho}+\dfrac{\mathrm{d}}{\mathrm{d}\rho}\right)[\mathrm{e}^{-\rho}g(\rho)]=0\\ \left(\dfrac{c_1}{a}+\dfrac{\alpha}{\rho}\right)[\mathrm{e}^{-\rho}g(\rho)]+\left(\dfrac{K}{\rho}-\dfrac{\mathrm{d}}{\mathrm{d}\rho}\right)[\mathrm{e}^{-\rho}f(\rho)]=0\end{cases} \tag{7.5.15}$$

将求导的结果

$$\frac{\mathrm{d}}{\mathrm{d}\rho}[\mathrm{e}^{-\rho}f(\rho)]=\mathrm{e}^{-\rho}\left(\frac{\mathrm{d}}{\mathrm{d}\rho}-1\right)f(\rho) \tag{7.5.16}$$

代入式(7.5.15),去掉共同的部分 $\mathrm{e}^{-\rho}$ 后,于是,式(7.5.15) 变成

$$\begin{cases}\left(-\dfrac{c_2}{a}+\dfrac{\alpha}{\rho}\right)f(\rho)+\left(\dfrac{K}{\rho}+\dfrac{\mathrm{d}}{\mathrm{d}\rho}-1\right)g(\rho)=0\\ \left(\dfrac{c_1}{a}+\dfrac{\alpha}{\rho}\right)g(\rho)+\left(\dfrac{K}{\rho}-\dfrac{\mathrm{d}}{\mathrm{d}\rho}+1\right)f(\rho)=0\end{cases} \tag{7.5.17}$$

此即 $f(\rho)$ 与 $g(\rho)$ 满足的联立方程。

3. 用级数解法求出能量本征值

所谓级数解法就是设 $f(\rho)$ 与 $g(\rho)$ 可以展开为 ρ 的级数形式,即

$$f(\rho)=\rho^s\sum_{i=0}^{\infty}b_i\rho^i,\quad g(\rho)=\rho^s\sum_{i=0}^{\infty}d_i\rho^i \tag{7.5.18}$$

式中的 s 为待定参数。

(1) 利用在 $\rho\sim 0$ 的邻域内的径向方程来确定 s

在 $\rho\sim 0$ 的邻域内,式(7.5.17) 可以近似写为

$$\begin{cases}\dfrac{\alpha}{\rho}f(\rho)+\left(\dfrac{K}{\rho}+\dfrac{\mathrm{d}}{\mathrm{d}\rho}\right)g(\rho)=0\\ \dfrac{\alpha}{\rho}g(\rho)+\left(\dfrac{K}{\rho}-\dfrac{\mathrm{d}}{\mathrm{d}\rho}\right)f(\rho)=0\end{cases} \tag{7.5.19}$$

为了确定式(7.5.18) 中的待定参数 s,只取 $i=0$ 的项,然后将其代入式(7.5.19),消去共同的 ρ^{s-1} 项后,得到

$$\begin{cases}\alpha\, b_0+(K+s)d_0=0\\ (K-s)b_0+\alpha\, d_0=0\end{cases} \tag{7.5.20}$$

这是一个关于 b_0 和 d_0 的线性齐次方程组,有非零解的条件为

$$\begin{vmatrix}\alpha & K+s\\ K-s & \alpha\end{vmatrix}=0 \tag{7.5.21}$$

解之得

$$s = (K^2 - \alpha^2)^{1/2} \tag{7.5.22}$$

其中，$s<0$ 的解不满足零点条件(7.5.9)，已经弃之。将解出的 s 代入式(7.5.20) 可以确定 b_0 与 d_0 之间的关系。

(2) 说明 $f(\rho)$ 与 $g(\rho)$ 并不满足无穷远处的边界条件

将式(7.5.18) 代入式(7.5.17)，有

$$\begin{cases} \left(-\dfrac{c_2}{a} + \dfrac{\alpha}{\rho}\right) \displaystyle\sum_{i=0}^{\infty} b_i \rho^{s+i} + \left(\dfrac{K}{\rho} + \dfrac{\mathrm{d}}{\mathrm{d}\rho} - 1\right) \displaystyle\sum_{i=0}^{\infty} d_i \rho^{s+i} = 0 \\ \left(\dfrac{c_1}{a} + \dfrac{\alpha}{\rho}\right) \displaystyle\sum_{i=0}^{\infty} d_i \rho^{s+i} + \left(\dfrac{K}{\rho} - \dfrac{\mathrm{d}}{\mathrm{d}\rho} + 1\right) \displaystyle\sum_{i=0}^{\infty} b_i \rho^{s+i} = 0 \end{cases} \tag{7.5.23}$$

完成式中的微分后，上式化为

$$\begin{cases} \left(-\dfrac{c_2}{a} + \dfrac{\alpha}{\rho}\right) \displaystyle\sum_{i=0}^{\infty} b_i \rho^{s+i} + \left(\dfrac{K}{\rho} - 1\right) \displaystyle\sum_{i=0}^{\infty} d_i \rho^{s+i} + \displaystyle\sum_{i=0}^{\infty} (s+i) d_i \rho^{s+i-1} = 0 \\ \left(\dfrac{c_1}{a} + \dfrac{\alpha}{\rho}\right) \displaystyle\sum_{i=0}^{\infty} d_i \rho^{s+i} + \left(\dfrac{K}{\rho} + 1\right) \displaystyle\sum_{i=0}^{\infty} b_i \rho^{s+i} - \displaystyle\sum_{i=0}^{\infty} (s+i) b_i \rho^{s+i-1} = 0 \end{cases} \tag{7.5.24}$$

比较等式两端与 ρ^{s+i-1} 相关项的系数，得到

$$\begin{cases} -c_2 a^{-1} b_{i-1} + \alpha\, b_i + K d_i - d_{i-1} + (s+i) d_i = 0 \\ c_1 a^{-1} d_{i-1} + \alpha\, d_i + K b_i + b_{i-1} - (s+i) b_i = 0 \end{cases} \tag{7.5.25}$$

为了消去上式中的 b_{i-1} 和 d_{i-1}，将上式中第 2 式两端乘以 $c_2 a^{-1}$，再与第 1 式相加，利用 $c_1 c_2 = a^2$，可以得到 b_i 与 d_i 的关系式

$$[c_2 a^{-1}(K - s - i) + \alpha] b_i + [(K + s + i) + c_2 a^{-1} \alpha] d_i = 0 \tag{7.5.26}$$

若想了解一个无穷级数的性质，需要知道两个相邻展开系数的关系，下面从式(7.5.26) 出发来找到它。

当 $i \gg 1$ 时，由式(7.5.26) 可知

$$b_i / d_i = a / c_2 \tag{7.5.27}$$

将其代入(7.5.25) 中第 1 式，得到 d_{i-1} 与 d_i 的关系式

$$-d_{i-1} + \alpha a\, d_i c_2^{-1} + (K + s + i) d_i - d_{i-1} = 0 \tag{7.5.28}$$

所以，当 $i \gg 1$ 时

$$d_i / d_{i-1} = 2/i \tag{7.5.29}$$

类似地，可以得到

$$b_i / b_{i-1} = 2/i \tag{7.5.30}$$

由于，$\mathrm{e}^{2\rho}$ 的展开式为

$$\mathrm{e}^{2\rho} = \sum_{i=0}^{\infty} 2^i \rho^i / i! \tag{7.5.31}$$

式中，ρ^i 与 ρ^{i-1} 的系数之比亦为 $2/i$，故

$$\begin{aligned} f(\rho) \underset{\rho\to\infty}{\longrightarrow} \mathrm{e}^{2\rho}, \quad F(\rho) \underset{\rho\to\infty}{\longrightarrow} \mathrm{e}^{-\rho}f(\rho) \underset{\rho\to\infty}{\longrightarrow} \mathrm{e}^{\rho} \\ g(\rho) \underset{\rho\to\infty}{\longrightarrow} \mathrm{e}^{2\rho}, \quad G(\rho) \underset{\rho\to\infty}{\longrightarrow} \mathrm{e}^{-\rho}g(\rho) \underset{\rho\to\infty}{\longrightarrow} \mathrm{e}^{\rho} \end{aligned} \tag{7.5.32}$$

显然，这样的级数解并不满足无穷远边界条件(7.5.8)。

(3) 将无穷级数截断为有限项求和，求出能量本征值

假设在 $i = k(k = 0,1,2,\cdots)$ 处将级数截断，即使得

$$b_{k+1} = d_{k+1} = b_{k+2} = d_{k+2} = \cdots = 0 \tag{7.5.33}$$

在(7.5.25)中第1式中，若令 $i = k + 1$，则有

$$-c_2a^{-1}b_k = d_k \tag{7.5.34}$$

在式(7.5.26)中，若令 $i = k$，则有

$$[c_2a^{-1}(K - s - k) + \alpha]b_k + [(K + s + k) + c_2a^{-1}\alpha]d_k = 0 \tag{7.5.35}$$

将式(7.5.34)代入上式，得到

$$c_2a^{-1}(K - s - k) + \alpha - c_2(K + s + k + c_2a^{-1}\alpha)a^{-1} = 0 \tag{7.5.36}$$

整理之后，得到

$$2a^{-1}c_2(s + k) = \alpha(1 - c_2c_1^{-1}) \tag{7.5.37}$$

用 c_1 乘以上式两端，并利用式(7.5.5)，可得

$$2(m_0^2c^4 - E^2)^{1/2}(c\hbar)^{-1}(s + k) = 2\alpha E(c\hbar)^{-1} \tag{7.5.38}$$

将上式两端的共同因子消去后再取平方，得到能量本征值 E 满足的一元二次方程

$$\alpha^2E^2 = (m_0^2c^4 - E^2)(s + k)^2 \tag{7.5.39}$$

解之得

$$E^2 = \frac{m_0^2c^4(s + k)^2}{\alpha^2 + (s + k)^2} = \frac{m_0^2c^4}{1 + \alpha^2(s + k)^{-2}} \tag{7.5.40}$$

正能量解为

$$E = m_0c^2[1 + \alpha^2(s + k)^{-2}]^{-1/2} \tag{7.5.41}$$

再将 s 的表达式(7.5.22)代入上式，最后得到

$$E_{kK} = m_0c^2\{1 + \alpha^2[(K^2 - \alpha^2)^{1/2} + k]^{-2}\}^{-1/2} \tag{7.5.42}$$

此即由狄拉克方程得到的氢原子能量本征值的表达式。能量本征值 E_{kK} 与量子数 k 和 K 相关，其中 k 为整数，$K = \pm(j + 1/2)$，$j = 1/2, 3/2, 5/2, \cdots$。

7.5.3　氢原子能谱的精细结构

1. 对 $[(K^2 - \alpha^2)^{1/2} + k]^{-2}$ 取近似

在氢原子的能量本征值的表达式(7.5.42)中，精细结构常数 $\alpha \approx 1/137$ 为一个小量，为了便于与非相对论结果比较，利用近似公式

$$(1-x)^{1/2} \approx 1 - x/2$$
$$(1 \pm x)^{-2} \approx 1 \mp 2x \tag{7.5.43}$$

将能量本征值 E_{kK} 中的 $[(K^2-\alpha^2)^{1/2}+k]^{-2}$ 对 α 做展开，得到

$$[(K^2-\alpha^2)^{1/2}+k]^{-2} = [\,|K|(1-\alpha^2K^{-2})^{1/2}+k]^{-2} \approx$$
$$[\,|K|(1-\alpha^2K^{-2}/2)+k]^{-2} = [(|K|+k) - \alpha^2|K|^{-1}/2]^{-2} =$$
$$\frac{1}{(|K|+k)^2}\left[1-\frac{1}{2}\frac{\alpha^2}{|K|(|K|+k)}\right]^{-2} \approx \frac{1}{(|K|+k)^2}\left[1+\frac{\alpha^2}{|K|(|K|+k)}\right] \tag{7.5.44}$$

将上式代入式(7.5.42)，得到近似的能量本征值

$$E_{kK} \approx m_0c^2\left\{1+\frac{\alpha^2}{(|K|+k)^2}\left[1+\frac{\alpha^2}{|K|(|K|+k)}\right]\right\}^{-1/2} \tag{7.5.45}$$

2. 对 $(1+x)^{-1/2}$ 取近似

再利用级数公式

$$(1+x)^{-1/2} = 1 - \frac{1}{2}x + \frac{1\cdot 3}{2\cdot 4}x^2 - \cdots \tag{7.5.46}$$

对式(7.5.45)做展开，若只顾及到 α^4 项，则近似的能量本征值为

$$E_{kK} \approx m_0c^2\left\{1+\left[\frac{\alpha^2}{(|K|+k)^2}+\frac{\alpha^4}{|K|(|K|+k)^3}\right]\right\}^{-1/2} \approx$$
$$m_0c^2\left[1-\frac{\alpha^2}{2(|K|+k)^2}-\frac{\alpha^4}{2|K|(|K|+k)^3}+\frac{3}{8}\frac{\alpha^4}{(|K|+k)^4}\right] =$$
$$m_0c^2\left[1-\frac{\alpha^2}{2(|K|+k)^2}-\frac{\alpha^4}{2(|K|+k)^4}\left(\frac{|K|+k}{|K|}-\frac{3}{4}\right)\right] \tag{7.5.47}$$

若定义**主量子数**为

$$n = |K| + k \tag{7.5.48}$$

则相对论性氢原子束缚态的近似能量本征值为

$$E_{nK} \approx m_0c^2\left[1-\frac{\alpha^2}{2n^2}-\frac{\alpha^4}{2n^4}\left(\frac{n}{|K|}-\frac{3}{4}\right)\right] \tag{7.5.49}$$

式中量子数的取值范围如下

$$n = 1,2,3,\cdots$$
$$K = \pm(j+1/2) = \pm 1,\ \pm 2,\ \pm 3,\cdots,\ \pm n \tag{7.5.50}$$

由式(7.5.49)可知，在顾及到相对论效应后，氢原子的第 n 条能级会劈裂成 n 条间隔非常小的能级。此即氢原子能谱的**精细结构**，而这种能级的劈裂已经被实验所证实。

3. 与非相对论结果比较

由于 α 是一个小量，故式(7.5.49)中右端第 3 项远小于第 2 项，略去第 3 项后，能量只与主量子数 n 有关，即

$$E_n \approx m_0c^2\left(1-\frac{\alpha^2}{2n^2}\right)=m_0c^2-\frac{m_0c^2}{2n^2}\left(\frac{e^2}{\hbar c}\right)^2=m_0c^2-\frac{m_0e^4}{2\hbar^2n^2} \tag{7.5.51}$$

上式与非相对论的氢原子的能量本征值表达式

$$E_n=-\frac{m_0e^4}{2\hbar^2n^2} \tag{7.5.52}$$

只相差一个电子的静止能量 m_0c^2。这意味着非相对论的氢原子的结果是相对论性氢原子的最低级近似。

如果将相对论效应作为微扰项,对非相对论氢原子的能量本征值进行微扰论一级近似计算,所得到的结果[7.2] 与式(7.5.49) 是完全相同的。

本章结束语:当普朗克常数趋于零时,量子理论退化为经典理论,当粒子的运动速率远小于光速时,克莱因 - 戈尔登方程退化为薛定谔方程,当对相对论性氢原子的能量本征值取最低级近似时,它退化为非相对论氢原子的能量本征值,上述事实表明,一个高级的理论应该包容低级的理论,此即所谓"有容乃大"。

相对论量子力学遇到了负概率和负能量的困难,狄拉克方程虽然解决了负概率的问题,但是负能量的问题依然存在,从而使得相对论量子力学到了"山重水复疑无路"的境地。为了解决负能量的问题,狄拉克大胆地预言了反粒子的存在,并得到了实验的证实,从而将相对论量子力学带到了"柳暗花明又一村",充分地体现了理论对实验的指导作用。

习　题　7

习题 7.1　若顾及到相对论效应,一个在对数位势中运动的粒子的哈密顿量可以写成

$$H=(p^2c^2+m_0^2c^4)^{1/2}+k\ln(r/r_0)\quad (k>0)$$

利用不确定关系估算该粒子的基态能量。式中,m_0 是粒子的静止质量,k 与 r_0 为常数。

习题 7.2　若顾及相对论的质能关系的影响,导出哈密顿算符的近似形式,并用微扰论计算线谐振子与类氢离子的能量修正。

习题 7.3　验证单色平面波满足 KG 方程。

习题 7.4　利用 KG 方程导出概率守恒公式。

习题 7.5　利用

$$\Psi(\boldsymbol r,t)=\Phi(\boldsymbol r,t)\mathrm e^{-\mathrm i\hbar^{-1}m_0c^2t}$$

$$\rho=\frac{\mathrm i\hbar}{2m_0c^2}\left[\Psi^*(\boldsymbol r,t)\frac{\partial}{\partial t}\Psi(\boldsymbol r,t)-\Psi(\boldsymbol r,t)\frac{\partial}{\partial t}\Psi^*(\boldsymbol r,t)\right]$$

导出非相对论的概率密度表达式。

习题 7.6　验证

$$\hat{\alpha}_i = \begin{pmatrix} \hat{O} & \hat{\sigma}_i \\ \hat{\sigma}_i & \hat{O} \end{pmatrix};\quad \hat{\beta} = \begin{pmatrix} \hat{I} & \hat{O} \\ \hat{O} & -\hat{I} \end{pmatrix}$$

满足

$$\hat{\beta}^2 = \begin{pmatrix} \hat{I} & \hat{O} \\ \hat{O} & \hat{I} \end{pmatrix}$$

$$\hat{\alpha}_i\hat{\beta} + \hat{\beta}\hat{\alpha}_i = \hat{O}$$

$$\hat{\alpha}_i\hat{\alpha}_j + \hat{\alpha}_j\hat{\alpha}_i = 2\delta_{i,j}\begin{pmatrix} \hat{I} & \hat{O} \\ \hat{O} & \hat{I} \end{pmatrix}$$

其中，$\hat{I}$ 为二阶单位矩阵；$\hat{O}$ 为二阶零矩阵；$\hat{\sigma}_i$ 为泡利算符的 $i = x, y, z$ 分量算符。

习题 7.7　证明

$$(\hat{\boldsymbol{\alpha}} \cdot \hat{\boldsymbol{A}})(\hat{\boldsymbol{\alpha}} \cdot \hat{\boldsymbol{B}}) = (\hat{\boldsymbol{\sigma}} \cdot \hat{\boldsymbol{A}})(\hat{\boldsymbol{\sigma}} \cdot \hat{\boldsymbol{B}})$$

$$(\hat{\boldsymbol{\alpha}} \cdot \hat{\boldsymbol{A}})(1 + \hat{\beta})(\hat{\boldsymbol{\alpha}} \cdot \hat{\boldsymbol{B}}) = (\hat{\boldsymbol{\sigma}} \cdot \hat{\boldsymbol{A}})(\hat{\boldsymbol{\sigma}} \cdot \hat{\boldsymbol{B}})(1 - \hat{\beta})$$

$$\mathrm{Tr}\,(\hat{\beta}) = 0;\quad \mathrm{Tr}\,(\hat{\alpha}_i\hat{\beta}) = 0;\quad \mathrm{Tr}\,(\hat{\alpha}_i\hat{\alpha}_j\hat{\beta}) = 0;\quad \mathrm{Tr}\,(\hat{\alpha}_i\hat{\alpha}_j\hat{\alpha}_k\hat{\beta}) = 0$$

其中，$\hat{\boldsymbol{A}}, \hat{\boldsymbol{B}}$ 是两个与泡利算符 $\hat{\boldsymbol{\sigma}}$ 对易的矢量算符。

习题 7.8　定义 $\hat{\gamma}_\mu(\mu = 1,2,3,4)$ 算符满足

$$\hat{\gamma}_i = -\mathrm{i}\hat{\beta}\hat{\alpha}_i \quad (i = 1,2,3)$$

$$\hat{\gamma}_4 = \hat{\beta}$$

$$\hat{\gamma}_5 = \hat{\gamma}_1\hat{\gamma}_2\hat{\gamma}_3\hat{\gamma}_4$$

证明当 $\mu, \nu = 1,2,3,4$ 时，下列各式成立

$$\hat{\gamma}_\mu^2 = \hat{I}$$

$$\hat{\gamma}_\mu\hat{\gamma}_\nu + \hat{\gamma}_\nu\hat{\gamma}_\mu = 2\delta_{\mu,\nu}\hat{O}$$

$$\hat{\gamma}_\mu\hat{\gamma}_5 + \hat{\gamma}_5\hat{\gamma}_\mu = \hat{O}$$

习题 7.9　证明

$$[\hat{\Sigma}_x, \hat{\alpha}_y] = \mathrm{i}2\hat{\alpha}_z$$

$$[\hat{\Sigma}_x, \hat{\alpha}_z] = -\mathrm{i}2\hat{\alpha}_y$$

$$\hat{\boldsymbol{\Sigma}}^2 = 3$$

其中

$$\hat{\Sigma}_x = \begin{pmatrix} \hat{\sigma}_x & \hat{O} \\ \hat{O} & \hat{\sigma}_x \end{pmatrix};\quad \hat{\alpha}_y = \begin{pmatrix} \hat{O} & \hat{\sigma}_y \\ \hat{\sigma}_y & \hat{O} \end{pmatrix};\quad \hat{\alpha}_z = \begin{pmatrix} \hat{O} & \hat{\sigma}_z \\ \hat{\sigma}_z & \hat{O} \end{pmatrix}$$

习题 7.10　求出自由电子狄拉克方程负能解的两个本征矢。

习题 7.11　证明在非相对论极限下，电磁场中的狄拉克方程的一级近似为泡利方

程，即

$$\mathrm{i}\hbar\frac{\partial}{\partial t}\Psi(\boldsymbol{r},t)=\left\{\frac{1}{2m_0}\left(\hat{\boldsymbol{p}}+\frac{e}{c}\boldsymbol{A}\right)^2-e\Phi-\hat{\boldsymbol{\mu}}\cdot\boldsymbol{B}\right\}\Psi(\boldsymbol{r},t)$$

其中，$\boldsymbol{A}$，Φ 分别为电磁场的矢势与标势；$\boldsymbol{B}=\nabla\times\boldsymbol{A}$ 是磁场；$\hat{\boldsymbol{\mu}}=-(2m_0c)^{-1}e\hbar\hat{\boldsymbol{\sigma}}$ 是电子的固有磁矩算符。

习题 7.12　证明

$$(\hat{\boldsymbol{\Sigma}}\cdot\hat{\boldsymbol{l}})(\hat{\boldsymbol{\alpha}}\cdot\hat{\boldsymbol{p}})=-\hat{\gamma}_5(\hat{\boldsymbol{l}}\cdot\hat{\boldsymbol{p}})+\mathrm{i}\hat{\boldsymbol{\alpha}}\cdot(\hat{\boldsymbol{l}}\times\hat{\boldsymbol{p}})$$

其中

$$\hat{\gamma}_5=\begin{pmatrix}\hat{O} & -\hat{I}\\ -\hat{I} & \hat{O}\end{pmatrix}$$

习题 7.13　若矢量算符 $\hat{\boldsymbol{A}}=\boldsymbol{r},\hat{\boldsymbol{p}},\hat{\boldsymbol{l}}$，证明

$$\hat{\boldsymbol{A}}\cdot\hat{\boldsymbol{l}}=\hat{\boldsymbol{l}}\cdot\hat{\boldsymbol{A}}=\hat{l}\delta_{\hat{A},\hat{l}}$$

$$\hat{\boldsymbol{A}}\times\hat{\boldsymbol{l}}+\hat{\boldsymbol{l}}\times\hat{\boldsymbol{A}}=2\mathrm{i}\hbar\hat{\boldsymbol{A}}$$

习题 7.14　证明

$$\hat{\boldsymbol{l}}\times\hat{\boldsymbol{p}}=(\boldsymbol{r}\cdot\hat{\boldsymbol{p}})\hat{\boldsymbol{p}}-\boldsymbol{r}\hat{p}^2$$

$$\hat{\boldsymbol{p}}\times\hat{\boldsymbol{l}}=\boldsymbol{r}\hat{p}^2-(\boldsymbol{r}\cdot\hat{\boldsymbol{p}})\hat{\boldsymbol{p}}+\mathrm{i}2\hbar\hat{\boldsymbol{p}}$$

习题 7.15　证明

$$(\hat{\boldsymbol{\Sigma}}\cdot\hat{\boldsymbol{l}})(\hat{\boldsymbol{\Sigma}}\cdot\hat{\boldsymbol{l}})=\hat{l}^2-\hbar\hat{\boldsymbol{\Sigma}}\cdot\hat{\boldsymbol{l}}$$

习题 7.16　证明

$$(\hat{\boldsymbol{\alpha}}\cdot\boldsymbol{r})(\hat{\boldsymbol{\alpha}}\cdot\boldsymbol{r})=r^2$$

$$\frac{1}{r}(\hat{\boldsymbol{\alpha}}\cdot\boldsymbol{r})(\hat{\boldsymbol{\alpha}}\cdot\hat{\boldsymbol{p}})=-\mathrm{i}\hbar\frac{\partial}{\partial r}+\frac{\mathrm{i}}{r}\hat{\boldsymbol{\Sigma}}\cdot\hat{\boldsymbol{l}}$$

习题 7.17　定义径向动量算符

$$\hat{p}_r=\frac{1}{2}\left(\frac{\boldsymbol{r}}{r}\cdot\hat{\boldsymbol{p}}+\hat{\boldsymbol{p}}\cdot\frac{\boldsymbol{r}}{r}\right)$$

试导出其在球坐标系中的表达式，求出 $\hat{p}_r^2$ 及 $[r,\hat{p}_r]$，并证明算符 $\hat{p}_r$ 是厄米算符。

习题 7.18　径向动量算符

$$\hat{p}_r=-\mathrm{i}\hbar\left(\frac{\partial}{\partial r}+\frac{1}{r}\right)$$

虽然是厄米算符，也满足对易关系 $[r,\hat{p}_r]=\mathrm{i}\hbar$，证明其并不对应一个可观测量。

习题 7.19　定义径向波函数为

$$R(r)=\begin{pmatrix}r^{-1}F(r)\\ r^{-1}G(r)\end{pmatrix}$$

导出狄拉克径向方程的分量形式。

习题 7.20　定义

$$c_1 = (m_0c^2 + E)(\hbar c)^{-1}, c_2 = (m_0c^2 - E)(\hbar c)^{-1}, c_1 - c_2 = 2E(\hbar c)^{-1}$$

$$a = (c_1c_2)^{1/2} = (m_0^2c^4 - E^2)^{1/2}(\hbar c)^{-1}, \rho = ar$$

简化库仑场中的狄拉克方程

$$\begin{cases} \left(\dfrac{E - mc^2}{\hbar c} + \dfrac{\alpha}{r}\right) F(r) + \left(\dfrac{K}{r} + \dfrac{\mathrm{d}}{\mathrm{d}r}\right) G(r) = 0 \\ \left(\dfrac{E + mc^2}{\hbar c} + \dfrac{\alpha}{r}\right) G(r) + \left(\dfrac{K}{r} - \dfrac{\mathrm{d}}{\mathrm{d}r}\right) F(r) = 0 \end{cases}$$

习题 7.21　由相对论性氢原子的能量本征值

$$E_{kK} = m_0c^2\{1 + \alpha^2[(K^2 - \alpha^2)^{1/2} + k]^{-2}\}^{-1/2}$$

求出氢原子能谱的精细结构。

第 8 章* 量子信息学基础

众所周知,生命、信息和材料科学是本世纪的三大热门领域,对它们的深入研究都离不开量子理论。将量子理论引入经典信息学便形成了一个新兴的学科,即量子信息学。量子信息学的任务是,利用量子计算机实现对量子信息的存储、转换、传输和测量。量子信息学包含量子计算、量子搜索、量子对策、量子通信、量子密码等诸多内容,它们都富有巨大的潜在应用价值。由于量子信息学所涉及的学科门类非常广泛,且具有很强的专业性,所以本章只能做一般性的介绍,为试图进入此领域的读者起到一个引路的作用。

8.1 信息学简介

本节介绍经典信息学的基本概念,并对量子信息学的基本内容做了概述。

8.1.1 经典信息学

1. 信　息

当今世界正处于信息的时代,"信息"已经成为使用频率很高的词汇,诸如"科技信息"、"经济信息"、"信息服务"等,每时每刻都会出现在媒体和日常的交流之中。可以毫不夸张地说,无论对个人、集体和国家,信息都具有重要的价值。

信息是什么?按照现代汉语字典的解释,**信息**是用符号传送的报道,报道的内容是接收符号者预先不知道的。换句话说,接收者有可能从信息中获取新的知识。

如果接收者得到的报道内容是其已经知道的,则接收者并未从中获得新的知识,那么,对于该接收者而言,这个报道就不是信息,只能称之为**消息**。换一个角度来看,如果传送报道的符号是接收者所不能识别的,则接收者也无法了解该报道的真实内容,对于该接收者来说,此报道也不能成为信息。总之,一个报道能否成为信息,不仅与报道的内容有关,而且与接收者的能力及知识状况有关。

信息是需要用符号来传递的,这里的符号泛指声音、文字、图像、表格等。实际上,符号是以声、光、电与磁等作为载体的,通常把信息的这种物质载体称之为**信号**。信号是信息的物化形式,信息是信号中隐含的具体内容。

初看起来,人们之所以需要信息,是为了获取新知识,从更深的层次来看,因为事物发展的结果通常存在着多种可能性(不确定性),足够多的信息将有助于对事物发展的结果做出正确判断。换言之,信息可以消除事物发展结果的某些不确定性,例如,在股票交易中,足够多的正确信息对股票涨跌的判断是大有益处的。

2. 信息量

(1) 信息量的含意

从一般的意义上讲,既然信息可以消除事物发展结果的某些不确定性,那么,信息量指的就是它消除不确定性的大小的度量。

为了理解信息量的确切含意,让我们来考察如下两条信息所包含的信息量。

信息 1　骰子落地后 2 点的面朝上;

信息 2　硬币落地后正面朝上。

在上面两条信息中,哪一条信息包含的信息量大呢? 众所周知,骰子有 6 个面,每个面分别用其具有的点数来标识,硬币只有正、反两个面。信息 1 排除了 5 种可能性,而信息 2 只排除了 1 种可能性,显然,信息 1 包含的信息量比信息 2 更多。

(2) 信息量的定义

上面的例子只是定性的说明了信息量的大小,为了定量的给出信息量的定义,让我们用数学的语言重新审视这个例子:信息 1 给出的事件发生的概率为 1/6,而信息 2 给出的事件发生的概率为 1/2。上述例子表明,信息量与事件发生的概率有关,概率越小信息量越大,概率越大信息量越小。据此可以给出**信息量**的定义:一个报道所含的信息量是该报道所表述事件发生概率的对数的负值,即

$$I(x_i) = -\log p(x_i) \tag{8.1.1}$$

式中,x_i 表示第 i 个事件;$p(x_i)$ 是事件 x_i 发生的概率。对数可以取不同的底,从而得到不同的信息量。在量子信息学中,通常取以 2 为底的对数,这时,信息量的单位称之为**比特**(bit)。以下的信息量均以比特为单位。

(3) 信息量的取值

由上述信息量的定义式(8.1.1)可知:

当事件 x_i 发生的概率 $p(x_i)=1$ 时,信息量 $I(x_i)=0$,也就是说,如果一个报道所描述的事件必然发生,则它的信息量为零。例如,如果有人对你说“明天的太阳会从东方升起”,则相当于他没有对你提供任何有价值的信息,也就是说这个报道的信息量等于零。

当事件 x_i 发生的概率 $p(x_i)=0$ 时,这相当于报道所描述的事件完全不可能发生,式(8.1.1)变得无意义,在信息学中规定其信息量为零。例如,如果有人对你说“明天的太阳会从西方升起”,则相当于他也没有对你提供任何有价值的信息,换句话说,这个报道的信息量等于零。进而可知,任何一条虚假的信息的信息量都是零。

由于任何事件 x_i 发生的概率 $p(x_i)$ 总是满足 $0 \leqslant p(x_i) \leqslant 1$,故其信息量 $I(x_i) \geqslant 0$,也就是说,信息量是一个非负的实数。

(4) 举例

例题 8.1 设有一个二值体系(0,1),如果取其中任何一个值的概率皆为 1/2,求此体系取值为 0 或 1 的信息量。

解 由式(8.1.1)可知,此体系取值为 0 或 1 的信息量皆为

$$I = -\log_2(1/2) = 1 \tag{8.1.2}$$

例题 8.2 计算一个确定的 m 位二进制数的信息量。

解 由于 m 位二进制数共有 2^m 个,每一个出现的概率都是相同的,所以,一个确定的 m 位二进制数的信息量为

$$I = -\log_2(1/2^m) = m \tag{8.1.3}$$

例题 8.3 设教室内的座位共有 9 排 6 列,已知下面 3 条信息

(1) 张三坐在第 6 排;

(2) 张三坐在第 4 列;

(3) 张三坐在第 6 排第 4 列。

分别求出它们的信息量。

解 若分别用 I_1、I_2、I_3 来表示上述 3 条信息的信息量,则

$$I_1 = -\log_2(1/9) \tag{8.1.4}$$

$$I_2 = -\log_2(1/6) \tag{8.1.5}$$

显然,前两条信息是相互独立的,第 3 条信息是由它们构成的复合信息,3 条信息的概率之间满足

$$p_3 = p_1 p_2 \tag{8.1.6}$$

于是得到第 3 条信息的信息量为

$$I_3 = -\log_2(p_1 p_2) = -\log_2(1/9) - \log_2(1/6) = I_1 + I_2 \tag{8.1.7}$$

上式表明,两个相互独立的信息构成的复合信息的信息量等于这两个独立信息的信息量之和,这一性质被称为信息量的**可加性**。

3. 信息熵

前面定义的信息量是一个事件的信息量,也称为**自信息量**。下面讨论多个事件的信息量。

设 $X = \{x_1, x_2, \cdots, x_i, \cdots, x_m\}$ 是 m 个相互独立事件的集合,第 i 个事件 x_i 出现的概率为 $p_i = p(x_i)$,并且满足

$$0 \leqslant p_i \leqslant 1, \quad \sum_{i=1}^{m} p_i = 1 \tag{8.1.8}$$

集合 X 的**信息熵** $H(X)$ 为各事件自信息量的统计平均值,即

$$H(X) = \sum_{i=1}^{m} p_i I(x_i) = -\sum_{i=1}^{m} p_i \log_2 p_i \tag{8.1.9}$$

由上述定义可知,信息熵描述的是集合中一个事件信息量的平均值。显然,信息熵是所有事件的发生概率的函数,即

$$H(X)=H(p_1,p_2,\cdots,p_m)=H(\boldsymbol{p}) \tag{8.1.10}$$

式中,$\boldsymbol{p}$ 可以视为具有 m 个分量的一个矢量,称之为**概率矢量**;p_i 是概率矢量的第 i 个分量;$\{p_i\}$ 是概率矢量的分量的集合。应该指出的是,两个概率矢量之和不再是概率矢量。

可以证明信息熵具有如下性质:

(1) 信息熵为非负实数;

(2) 当所有事件的概率皆相等时,即 $p_i=1/m(i=1,2,3,\cdots,m)$,信息熵达到最大值 $\log_2 m$[8.1]。

8.1.2 量子信息学

1. 量子信息学

如果将量子理论引入经典信息学,则形成了一个新的研究领域,即**量子信息学**。量子信息学是利用量子计算机对量子信息进行处理的科学,它包含量子计算、量子搜索、量子对策、量子博弈、量子通信、量子密码等诸多内容。量子信息是用量子态编码的信息,由于量子态具有经典物理态所不具备的特殊性质,所以量子信息具有许多不同于经典信息的新特点。

2. 量子计算机

早在1982年著名物理学家费恩曼就指出:"对于解决某些问题而言,按着量子力学原则建造的新型计算机可能比常规计算机更有效",费恩曼所说的新型计算机就是**量子计算机**,顾名思义,量子计算机就是处理量子信息的机器,它可以完成对信息的存储、转换、传输和测量。

在费恩曼预言的鼓舞之下,人们为量子计算机的研制投入了大量的精力与物力,也不断有新的研究成果问世。在2007年已有关于28位量子计算机的报导,但是其实用性仍受到质疑,尽管如此,人们研制具有实用价值量子计算机的热情仍然高涨。

3. 量子算法

在量子计算机的研制尚未取得重大突破之前,量子算法的研究工作已经获得许多令人鼓舞的成果。1985年德茨(Deutsch)提出,利用量子态的相干叠加性可以实现并行的量子计算,从而能极大地提高计算机存储量;1994年肖尔(Shor)给出大数因子分解的量子算法,用它可以在瞬间破译现行的最复杂的密码;1996年格罗维尔(Grover)针对数据库搜索问题提出了相应的量子算法,极大地提高了搜索速度。随着新成果的不断出现,更激发了人们研究量子算法的热情,如今,在几乎所有的发达国家的一些大学与研究机构,甚至IBM、富士通、东芝和NEC等大公司也都纷纷加入了研究量子算法的行列。

量子信息学的研究内容与方法可以概括为:信息存储在量子计算机的量子位中,信息

的演化遵循薛定谔方程;利用量子门对量子位的操作实现信息的幺正变换;对量子体系实施量子测量可以获取需要的信息。

8.2 量子计算机的构成

众所周知,经典的计算机主要是由存储器、运算器和外围设备 3 个部分构成的。存储器是存放指令和数据的地方,运算器是按照程序指令对数据进行操作的机器,外围设备是用于输入和输出数据的仪器。

在量子计算机中,信息保存在量子位(存储器)中,对信息的处理是通过量子门(运算器)来实现的,运算的结果可由测量仪器(外围设备)得到。量子位和量子门类似于量子力学中的态矢和幺正变换算符。

8.2.1 量子位

在经典计算机中,信息单元是用二进制的一个位来表示,它不是处于 0 的状态,就是处于 1 的状态,上述的两个状态通常可以用电流的“断”与“通”来实现。利用位的概念可以方便地表示任何一个数,例如,用 0 表示数 0,用 1 表示数 1,用 10 表示数 2,用 11 表示数 3,用 100 表示数 4 等等。上述表示数的方式称为**二进制**。

在二进制量子计算机中,存储信息的单元称为**量子位**或者**量子比特**,它类似于量子力学中描述状态的态矢。按照量子位数的多少可以将其分为单量子位、双量子位及多量子位。

1. 单量子位

两个最简单的**单量子位**分别用 $|0\rangle$ 与 $|1\rangle$ 表示之,也将其称之为单量子位的**基本态**。与经典计算机不同的是,由量子力学的状态叠加原理可知,除了两个基本态之外,体系还可以处于两个基本态的叠加态上,或者说,由两个基本态的线性组合可以得到任意的单量子位 $|\psi^{(1)}\rangle$,即

$$|\psi^{(1)}\rangle = a_0|0\rangle + a_1|1\rangle \tag{8.2.1}$$

式中,a_0 与 a_1 是任意的两个复常数,要求它们之间满足归一化条件

$$|a_0|^2 + |a_1|^2 = 1 \tag{8.2.2}$$

实际上,满足上述关系式的 a_0 与 a_1 有无穷多对,因此叠加态 $|\psi^{(1)}\rangle$ 有无穷多个。在 $|\psi^{(1)}\rangle$ 上测得 $|0\rangle$ 态的概率为 $|a_0|^2$,由于测量对 $|\psi^{(1)}\rangle$ 将产生干扰,所以测量之后 $|\psi^{(1)}\rangle$ 将坍缩为 $|0\rangle$ 态;在 $|\psi^{(1)}\rangle$ 上测得 $|1\rangle$ 态的概率为 $|a_1|^2$,测量之后 $|\psi^{(1)}\rangle$ 坍缩为 $|1\rangle$ 态。此即量子位与经典位的根本区别之所在。

任何一个两态的量子体系都可以用来实现单量子位,例如,氢原子中电子的基态和第 1 激发态,质子自旋在任意方向的两个分量,圆偏振光的左旋与右旋等。

在 2 维的希尔伯特空间中，两个基本态可以写成列矩阵的形式

$$|0\rangle = \begin{pmatrix}1\\0\end{pmatrix},\ |1\rangle = \begin{pmatrix}0\\1\end{pmatrix} \tag{8.2.3}$$

它们的厄米共轭态为相应的行矩阵

$$\langle 0| = (1\quad 0),\langle 1| = (0\quad 1) \tag{8.2.4}$$

两个基本态的内积是一个数，满足正交归一化条件

$$\langle i|j\rangle = \delta_{i,j}\quad (i,j = 0,1) \tag{8.2.5}$$

两个基本态的外积是一个算符，也称为投影算符，即

$$\begin{aligned}|0\rangle\langle 0| &= \begin{pmatrix}1&0\\0&0\end{pmatrix},\quad |0\rangle\langle 1| = \begin{pmatrix}0&1\\0&0\end{pmatrix}\\ |1\rangle\langle 0| &= \begin{pmatrix}0&0\\1&0\end{pmatrix},\quad |1\rangle\langle 1| = \begin{pmatrix}0&0\\0&1\end{pmatrix}\end{aligned} \tag{8.2.6}$$

进而可知，两个基本态满足封闭关系

$$\sum_{i=0}^{1}|i\rangle\langle i| = \begin{pmatrix}1&0\\0&1\end{pmatrix} \tag{8.2.7}$$

总之，单量子位的两个基本态构成一个 2 维空间的正交归一完备基底。

2. 双量子位

正如量子力学中的二体态矢可以由两个单体态矢构成一样，双量子位的基本态也可以由两个单量子位的基本态构成。

前面已经讨论了单量子位两个基本态的内积与外积，除此而外，还存在两个基本态的直积（张量积），将其记为 $|ij\rangle = |i\rangle\otimes|j\rangle$，称之为**双量子位**的基本态，其中 $|i\rangle$ 与 $|j\rangle$ 分别为第 1 和第 2 个单量子位的基本态。由于 i 与 j 都只能取 0 或者 1，所以双量子位的基本态有 4 个，分别为 $|00\rangle$，$|01\rangle$，$|10\rangle$，$|11\rangle$。

任意一个双量子位 $|\psi^{(2)}\rangle$ 可以用其基本态的线性组合来表示，即

$$|\psi^{(2)}\rangle = a_{00}|00\rangle + a_{01}|01\rangle + a_{10}|10\rangle + a_{11}|11\rangle \tag{8.2.8}$$

类似于单量子位的情况，如果 $|\psi^{(2)}\rangle$ 已经归一化，即满足

$$|a_{00}|^2 + |a_{01}|^2 + |a_{10}|^2 + |a_{11}|^2 = 1 \tag{8.2.9}$$

则在 $|\psi^{(2)}\rangle$ 上测量双量子位的结果是，$|00\rangle$，$|01\rangle$，$|10\rangle$，$|11\rangle$ 出现的概率分别为 $|a_{00}|^2$，$|a_{01}|^2$，$|a_{10}|^2$，$|a_{11}|^2$。

实际上，也可以在 $|\psi^{(2)}\rangle$ 上只测量某一个单量子位，例如，测量第 1 个单量子位，测量结果为 $|i=0\rangle$ 的概率为 $|a_{00}|^2 + |a_{01}|^2$，测量后的状态变成

$$|\psi_0^{(2)}\rangle = (|a_{00}|^2 + |a_{01}|^2)^{-1/2}[a_{00}|00\rangle + a_{01}|01\rangle] \tag{8.2.10}$$

而测量结果为 $|i=1\rangle$ 的概率为 $|a_{10}|^2 + |a_{11}|^2$，测量后的状态变成

$$|\psi_1^{(2)}\rangle = (|a_{10}|^2 + |a_{11}|^2)^{-1/2}[a_{10}|10\rangle + a_{11}|11\rangle] \tag{8.2.11}$$

用类似的方法还可以讨论对第2个单量子位的测量结果。

在希尔伯特空间中，由直积的定义可知，双量子位的4个基本态的矩阵形式分别为

$$|00\rangle = |0\rangle \otimes |0\rangle = \begin{pmatrix} 1\,|0\rangle \\ 0\,|0\rangle \end{pmatrix} = \begin{pmatrix} 1\begin{pmatrix}1\\0\end{pmatrix} \\ 0\begin{pmatrix}1\\0\end{pmatrix} \end{pmatrix} = \begin{pmatrix}1\\0\\0\\0\end{pmatrix} \tag{8.2.12}$$

$$|01\rangle = |0\rangle \otimes |1\rangle = \begin{pmatrix} 1\,|1\rangle \\ 0\,|1\rangle \end{pmatrix} = \begin{pmatrix} 1\begin{pmatrix}0\\1\end{pmatrix} \\ 0\begin{pmatrix}0\\1\end{pmatrix} \end{pmatrix} = \begin{pmatrix}0\\1\\0\\0\end{pmatrix} \tag{8.2.13}$$

$$|10\rangle = |1\rangle \otimes |0\rangle = \begin{pmatrix} 0\,|0\rangle \\ 1\,|0\rangle \end{pmatrix} = \begin{pmatrix} 0\begin{pmatrix}1\\0\end{pmatrix} \\ 1\begin{pmatrix}1\\0\end{pmatrix} \end{pmatrix} = \begin{pmatrix}0\\0\\1\\0\end{pmatrix} \tag{8.2.14}$$

$$|11\rangle = |1\rangle \otimes |1\rangle = \begin{pmatrix} 0\,|1\rangle \\ 1\,|1\rangle \end{pmatrix} = \begin{pmatrix} 0\begin{pmatrix}0\\1\end{pmatrix} \\ 1\begin{pmatrix}0\\1\end{pmatrix} \end{pmatrix} = \begin{pmatrix}0\\0\\0\\1\end{pmatrix} \tag{8.2.15}$$

用类似于单量子位的方法，也可以得到双量子位的内积、外积与正交归一完备关系。

3. 多量子位

类似于双量子位，还可以引入**多量子位**的概念。例如，N 量子位的基本态可以记为 $|i_1 i_2 \cdots i_N\rangle = |i_1\rangle \otimes |i_2\rangle \otimes \cdots \otimes |i_N\rangle$，其中 $i_1, i_2, \cdots, i_N$ 皆可取0或者1。

在希尔伯特空间中，单量子位的基本态是2个2维的列矩阵，双量子位的基本态是4个4维的列矩阵，N 量子位基本态是 2^N 个 2^N 维的列矩阵。显然，两个量子位的直积会使其维数变大。

从存储器的角度看，量子计算机与经典计算机的差别表现为：

(1) 一个 N 位的经典存储器一次只能存储一个 N 位的数；而一个单量子位可以存储两个信息，N 量子位可以存储 2^N 个信息，显然，量子计算机的信息存储量会远远大于经典计算机。

(2) 经典存储器不受测量的影响，而若量子位处于叠加态，则对其进行测量后，该叠加态将会坍缩。

(3) 量子计算机需要两个量子存储器，即输入存储器和输出存储器，而且两个存储器中的量子态处于一种特殊的量子关联态，即后面将要介绍的量子纠缠态。

8.2.2　量子门

既然量子位是用来保存量子信息的，那么对量子信息的处理就相当于对量子位进行幺正变换，这种对量子位进行的幺正变换就称之为**量子门**，它相当于经典计算机中的运算器。实质上，量子门就是可以实现对量子位做幺正变换的算符。

对量子位做最基本的幺正变换的量子门称为**逻辑门**。如果一个幺正变换可以使单量子位的两个基本态分别演化为

$$|0\rangle \to |0\rangle, \quad |1\rangle \to e^{i\theta}|1\rangle \tag{8.2.16}$$

那么，这个幺正变换就是一个一位逻辑门。其中 θ 为任意无量纲实常数。

在希尔伯特空间中，逻辑门的矩阵形式为

$$\hat{P}(\theta) = \begin{pmatrix} 1 & 0 \\ 0 & e^{i\theta} \end{pmatrix} \tag{8.2.17}$$

容易验证

$$\hat{P}(\theta)|0\rangle = |0\rangle, \quad \hat{P}(\theta)|1\rangle = e^{i\theta}|1\rangle \tag{8.2.18}$$

由于逻辑门的作用只是改变两个基本态的相对相位，所以也将此门称之为**相位门**。

按照被变换的量子位的位数的不同，逻辑门除了一位门外，还有二位门与三位门等，下面分别讨论之。

1. 一位门

(1) 单位门

定义 $\hat{I}$ 算符为

$$\hat{I} = |0\rangle\langle 0| + |1\rangle\langle 1| = \begin{pmatrix} 1 & 0 \\ 0 & 1 \end{pmatrix} \tag{8.2.19}$$

显然，上述算符对应一个单位矩阵，称之为**单位门**。单位门作用到任意单量子位上的结果仍然是原来的单量子位，它相应于量子力学中的封闭关系。实际上，当 $\theta = 0$ 时，由式(8.2.17)表示的逻辑门即单位门。

(2) 非门

定义 $\hat{X}$ 算符为

$$\hat{X} = |0\rangle\langle 1| + |1\rangle\langle 0| = \begin{pmatrix} 0 & 1 \\ 1 & 0 \end{pmatrix} \tag{8.2.20}$$

它的矩阵形式与泡利矩阵的 x 分量 $\hat{\sigma}_x$ 相同，它的作用为

$$\hat{X}|0\rangle = |1\rangle, \quad \hat{X}|1\rangle = |0\rangle \tag{8.2.21}$$

将 $\hat{X}$ 称之为**非门**。非门的作用是将任意一个基本态变成另外一个基本态，它与经典逻辑非门的作用相同。

(3) Z 门

定义 $\hat{Z}$ 算符为

$$\hat{Z} = \hat{P}(\pi) \tag{8.2.22}$$

由式(8.2.17) 可知

$$\hat{Z} = \begin{pmatrix} 1 & 0 \\ 0 & -1 \end{pmatrix} \tag{8.2.23}$$

上式正是泡利矩阵的 z 分量 $\hat{\sigma}_z$,称之为 Z 门。它的作用是改变基本态的相对相位。

(4) Y 门

定义 $\hat{Y}$ 算符为

$$\hat{Y} = \hat{Z}\hat{X} \tag{8.2.24}$$

注意到

$$\hat{Z}\hat{X} = \begin{pmatrix} 1 & 0 \\ 0 & -1 \end{pmatrix}\begin{pmatrix} 0 & 1 \\ 1 & 0 \end{pmatrix} = \begin{pmatrix} 0 & 1 \\ -1 & 0 \end{pmatrix} = \mathrm{i}\begin{pmatrix} 0 & -\mathrm{i} \\ \mathrm{i} & 0 \end{pmatrix} = \mathrm{i}\hat{\sigma}_y \tag{8.2.25}$$

Y 门与泡利矩阵的 y 分量 $\hat{\sigma}_y$ 只相差一个虚数单位。

(5) 哈达玛德门

哈达玛德(Hadamard) 门 $\hat{H}$ **的定义为**

$$\hat{H} = 2^{-1/2}\{[\,|0\rangle + |1\rangle]\langle 0| + [\,|0\rangle - |1\rangle]\langle 1|\} \tag{8.2.26}$$

它对基本态的作用是

$$\hat{H}|0\rangle = 2^{-1/2}[\,|0\rangle + |1\rangle], \quad \hat{H}|1\rangle = 2^{-1/2}[\,|0\rangle - |1\rangle] \tag{8.2.27}$$

将式(8.2.6) 代入式(8.2.26),立即得到哈达玛德门的矩阵形式为

$$\hat{H} = \frac{1}{\sqrt{2}}\begin{pmatrix} 1 & 1 \\ 1 & -1 \end{pmatrix} \tag{8.2.28}$$

实际上,$\hat{H}$ 是从 σ_z 表象到 σ_x 表象的幺正变换矩阵。

2. 二位门

在对式(8.2.8) 表示的双量子位的所有可能操作中,最有意义的子集是

$$|0\rangle\langle 0| \otimes \hat{I} + |1\rangle\langle 1| \otimes \hat{U} = \begin{pmatrix} \hat{I} & \hat{O} \\ \hat{O} & \hat{O} \end{pmatrix} + \begin{pmatrix} \hat{O} & \hat{O} \\ \hat{O} & \hat{U} \end{pmatrix} = \begin{pmatrix} \hat{I} & \hat{O} \\ \hat{O} & \hat{U} \end{pmatrix} \tag{8.2.29}$$

式中,$\hat{I}$ 是单位门;$\hat{O}$ 是零矩阵;$\hat{U}$ 是另外一个一位门。上述的二位门称为**控制 - U 门**,第 1 个量子位称为**控制位**,第 2 个量子位称为**靶位**。

例如,当 $\hat{U} = \hat{X}$ 时,控制 - 非门的矩阵形式为[8.2]

$$\hat{C}_{\mathrm{NOT}} = \begin{pmatrix} 1 & 0 & 0 & 0 \\ 0 & 1 & 0 & 0 \\ 0 & 0 & 0 & 1 \\ 0 & 0 & 1 & 0 \end{pmatrix} \tag{8.2.30}$$

控制 - 非门对双量子位的 4 个基本态的作用结果为

$$|00\rangle \to |00\rangle,\ |01\rangle \to |01\rangle,\ |10\rangle \to |11\rangle,\ |11\rangle \to |10\rangle \tag{8.2.31}$$

显然,控制 - U 门的作用是,当且仅当第 1 量子位处于 $|1\rangle$ 态时,才对第 2 量子位进行 $\hat{U}$ 操作。

3. 三位门

类似于二位门,在三位门中,最重要的一个是三位**控制 - 控制 - U 门**,即当第 1、2 位都处于 $|1\rangle$ 态时,才对第 3 量子位执行 $\hat{U}$ 变换。

特别是,当 $\hat{U}$ 为逻辑非门时,这个门的矩阵形式为

$$\hat{T}_{\text{NOT}} = \begin{pmatrix} 1 & 0 & 0 & 0 & 0 & 0 & 0 & 0 \\ 0 & 1 & 0 & 0 & 0 & 0 & 0 & 0 \\ 0 & 0 & 1 & 0 & 0 & 0 & 0 & 0 \\ 0 & 0 & 0 & 1 & 0 & 0 & 0 & 0 \\ 0 & 0 & 0 & 0 & 1 & 0 & 0 & 0 \\ 0 & 0 & 0 & 0 & 0 & 1 & 0 & 0 \\ 0 & 0 & 0 & 0 & 0 & 0 & 0 & 1 \\ 0 & 0 & 0 & 0 & 0 & 0 & 1 & 0 \end{pmatrix} \tag{8.2.32}$$

三位控制 - 控制 - 非门对三量子位基本态的作用是

$$\begin{aligned} &|000\rangle \to |000\rangle,\ |001\rangle \to |001\rangle \\ &|010\rangle \to |010\rangle,\ |011\rangle \to |011\rangle \\ &|100\rangle \to |100\rangle,\ |101\rangle \to |101\rangle \\ &|110\rangle \to |111\rangle,\ |111\rangle \to |110\rangle \end{aligned} \tag{8.2.33}$$

8.2.3　量子并行运算

若 N 位的量子存储器的初始状态为 $|000\cdots0\rangle$,那么,如何得到等权重的叠加态呢?这可以利用哈达玛德门的直积来实现。

例如,当 $N = 2$ 时,由直积的定义可知,两个哈达玛德门的直积为

$$\hat{H} \otimes \hat{H} = \frac{1}{\sqrt{2}}\begin{pmatrix} \hat{H} & \hat{H} \\ \hat{H} & -\hat{H} \end{pmatrix} = \frac{1}{2}\begin{pmatrix} 1 & 1 & 1 & 1 \\ 1 & -1 & 1 & -1 \\ 1 & 1 & -1 & -1 \\ 1 & -1 & -1 & 1 \end{pmatrix} \tag{8.2.34}$$

于是有

$$\hat{H} \otimes \hat{H}\,|00\rangle = \frac{1}{2}\begin{pmatrix} 1 & 1 & 1 & 1 \\ 1 & -1 & 1 & -1 \\ 1 & 1 & -1 & -1 \\ 1 & -1 & -1 & 1 \end{pmatrix}\begin{pmatrix} 1 \\ 0 \\ 0 \\ 0 \end{pmatrix} = \frac{1}{2}\begin{pmatrix} 1 \\ 1 \\ 1 \\ 1 \end{pmatrix} =$$

$$\frac{1}{\sqrt{2^2}}[\,|00\rangle + |01\rangle + |10\rangle + |11\rangle\,] \tag{8.2.35}$$

进而可知,若 N 位的量子存储器初始状态处于 $|000\cdots0\rangle$ 态上,对其进行 N 次哈达玛德门的操作,则状态变为

$$|\psi\rangle = \hat{H}\otimes\hat{H}\otimes\cdots\otimes\hat{H}\,|000\cdots0\rangle =$$
$$2^{-N/2}[\,|000\cdots0\rangle + |000\cdots01\rangle + |000\cdots10\rangle + \cdots + |111\cdots11\rangle\,] \tag{8.2.36}$$

于是,在存储器中制备了 2^N 个等权重的叠加态。

从存储器的角度看,对一个 N 位的量子存储器而言,它可以存储 2^N 个信息单元,而经典的存储器只能存储 N 个信息单元。

从对信息的操作看,量子计算机的最本质特征是量子位的叠加性和相干性,它对每一个量子位的变换相当于一种经典计算,一次量子门的操作将实现全部量子位的叠加,也就是说,一次操作就可以同时完成对 2^N 个信息的处理,此即德茨所谓的**量子并行运算**。显然,量子并行运算可以大大提高运算速度。由于,量子并行运算是对一台计算机存储器中的各个量子位自动同时进行的,而经典并行运算是将若干台计算机联起来所做的并行运算,所以,两者有本质的区别。

8.3 量子纠缠态

量子纠缠是量子力学的一个特有的现象,由于它是不同于经典物理的最奇特、最不可思议的现象之一,所以它一直是人们争论的焦点,两大学派最著名的论战当属薛定谔猫态与 EPR 佯谬。在量子信息学中,量子纠缠态扮演着极为重要的角色。

8.3.1 复合体系纯态的施密特分解

如果体系是由两个或两个以上的子体系构成的,则称之为**复合体系**。当复合体系由两个部分构成时,每一部分就可视为一个**子系**。当复合体系由两个以上的部分构成时,这个复合体系也总可以划分为两个子系。当然,对于多个部分构成的复合体系,子系的划分具有一定的任意性。

处于纯态的复合体系的分解满足如下的定理。

定理 8.1 当由两个子系构成的复合体系处于归一化的纯态 $|\psi\rangle$ 时,$|\psi\rangle$ 可以展开成

$$|\psi\rangle = \sum_m \rho_m^{1/2} e^{i\alpha_m} |\varphi_m^{(1)}\rangle |\varphi_m^{(2)}\rangle \tag{8.3.1}$$

其中,$\hat{\rho} = |\psi\rangle\langle\psi|$ 为复合体系的密度算符;子系 1 与子系 2 的密度算符分别为 $\hat{\rho}^{(1)} = \mathrm{Tr}^{(2)}\hat{\rho}$ 与 $\hat{\rho}^{(2)} = \mathrm{Tr}^{(1)}\hat{\rho}$,它们具有相同的本征值谱 $\{\rho_m\}$,相应的正交归一化本征矢分别为 $|\varphi_m^{(1)}\rangle$

与 $|\varphi_m^{(2)}\rangle$；α_m 是与 m 相关的实常数。

证明　设子系 1 的密度算符 $\hat{\rho}^{(1)}$ 满足本征方程

$$\hat{\rho}^{(1)}|\varphi_m^{(1)}\rangle = \rho_m|\varphi_m^{(1)}\rangle \tag{8.3.2}$$

其中，$|\varphi_m^{(1)}\rangle$ 是本征值 ρ_m 相应的正交归一化的本征矢。

若 $\{|u_n^{(2)}\rangle\}$ 是子系 2 的一组正交归一化基矢，则复合体系的正交归一化基矢为

$$|\psi_{mn}\rangle = |\varphi_m^{(1)}\rangle|u_n^{(2)}\rangle \tag{8.3.3}$$

于是，复合体系的一个纯态 $|\psi\rangle$ 可以向其展开

$$|\psi\rangle = \sum_{m,n} C_{mn}|\varphi_m^{(1)}\rangle|u_n^{(2)}\rangle = \sum_m\left[\sum_n C_{mn}|u_n^{(2)}\rangle\right]|\varphi_m^{(1)}\rangle \tag{8.3.4}$$

设 $|\varphi_m^{(2)}\rangle$ 是子系 2 的一个归一化态矢，若令

$$B_m|\varphi_m^{(2)}\rangle = \sum_n C_{mn}|u_n^{(2)}\rangle \tag{8.3.5}$$

则式(8.3.4) 变成

$$|\psi\rangle = \sum_m B_m|\varphi_m^{(1)}\rangle|\varphi_m^{(2)}\rangle \tag{8.3.6}$$

由式(8.3.5) 的归一化条件可知

$$|B_m|^2 = \sum_n |C_{mn}|^2 \tag{8.3.7}$$

首先，证明 $\{|\varphi_m^{(2)}\rangle\}$ 是正交归一化的本征函数系。

由式(8.3.5) 知[8.3]

$$\langle\varphi_m^{(2)}|\varphi_{m'}^{(2)}\rangle = (B_m^* B_{m'})^{-1}\sum_n C_{mn}^* C_{m'n} \tag{8.3.8}$$

而由式(8.3.4) 可知

$$C_{mn} = \langle\varphi_m^{(1)}|\langle u_n^{(2)}|\psi\rangle \tag{8.3.9}$$

于是得到

$$\sum_n C_{mn}C_{m'n}^* = \langle\varphi_m^{(1)}|\sum_n\langle u_n^{(2)}|\psi\rangle\langle\psi|u_n^{(2)}\rangle|\varphi_{m'}^{(1)}\rangle =$$
$$\langle\varphi_m^{(1)}|\sum_n\langle u_n^{(2)}|\hat{\rho}|u_n^{(2)}\rangle|\varphi_{m'}^{(1)}\rangle = \langle\varphi_m^{(1)}|\hat{\rho}^{(1)}|\varphi_{m'}^{(1)}\rangle \tag{8.3.10}$$

再利用式(8.3.2)，上式可以简化成

$$\sum_n C_{mn}C_{m'n}^* = \rho_m\delta_{m,m'} \tag{8.3.11}$$

将式(8.3.11) 代入式(8.3.7)，得到

$$|B_m|^2 = \rho_m \tag{8.3.12}$$

再将上式与式(8.3.11) 代入式(8.3.8)，得到

$$\langle\varphi_m^{(2)}|\varphi_{m'}^{(2)}\rangle = (B_m^* B_{m'})^{-1}\rho_m\delta_{m,m'} = \delta_{m,m'} \tag{8.3.13}$$

上式表明，当 $|\varphi_m^{(1)}\rangle$ 是 $\hat{\rho}^{(1)}$ 的正交归一化本征矢时，$|\varphi_m^{(2)}\rangle$ 也是正交归一化的。

其次，求出 $|\psi\rangle$ 向 $|\varphi_m^{(1)}\rangle|\varphi_m^{(2)}\rangle$ 展开的系数 B_m。

由式(8.3.12)可知

$$B_m = \rho_m^{1/2} e^{i\alpha_m} \tag{8.3.14}$$

其中，α_m 是一个与 m 相关的实常数。将式(8.3.14)代入式(8.3.6)，立即得到欲证之式

$$|\psi\rangle = \sum_m \rho_m^{1/2} e^{i\alpha_m} |\varphi_m^{(1)}\rangle|\varphi_m^{(2)}\rangle \tag{8.3.15}$$

由于即使是已经归一化的态矢，也允许相差一个相因子，所以通常将相因子 $e^{i\alpha_m}$ 放入子系的态矢中，于是，上式变成更简洁的形式

$$|\psi\rangle = \sum_m \rho_m^{1/2} |\varphi_m^{(1)}\rangle|\varphi_m^{(2)}\rangle \tag{8.3.16}$$

最后，证明 $\{\rho_m\}$ 也是子系 2 密度算符 $\hat{\rho}^{(2)}$ 的本征值谱，相应的本征函数系为 $\{|\varphi_m^{(2)}\rangle\}$。

密度算符 $\hat{\rho}^{(2)}$ 的定义为

$$\hat{\rho}^{(2)} = \mathrm{Tr}^{(1)}\hat{\rho} = \sum_m \langle\varphi_m^{(1)}|\hat{\rho}|\varphi_m^{(1)}\rangle = \sum_m \langle\varphi_m^{(1)}|\psi\rangle\langle\psi|\varphi_m^{(1)}\rangle \tag{8.3.17}$$

将式(8.3.16)中的 $|\psi\rangle$ 代入上式，并注意到 $|\varphi_m^{(1)}\rangle$ 的正交归一化性质，得到[8.4]

$$\begin{aligned}
\hat{\rho}^{(2)} = &\sum_k \langle\varphi_k^{(1)}|\psi\rangle\langle\psi|\varphi_k^{(1)}\rangle = \\
&\sum_k \langle\varphi_k^{(1)}|\sum_m \rho_m^{1/2}|\varphi_m^{(1)}\rangle|\varphi_m^{(2)}\rangle \sum_n \rho_n^{1/2}\langle\varphi_n^{(2)}|\langle\varphi_n^{(1)}|\varphi_k^{(1)}\rangle = \\
&\sum_m \rho_m^{1/2}|\varphi_m^{(2)}\rangle \sum_n \rho_n^{1/2}\langle\varphi_n^{(2)}|\langle\varphi_n^{(1)}|\varphi_m^{(1)}\rangle = \\
&\sum_m \rho_m |\varphi_m^{(2)}\rangle\langle\varphi_m^{(2)}|
\end{aligned} \tag{8.3.18}$$

如果用 $|\varphi_n^{(2)}\rangle$ 右乘上式两端，立即得到子系 2 密度算符 $\hat{\rho}^{(2)}$ 满足的本征方程

$$\hat{\rho}^{(2)}|\varphi_n^{(2)}\rangle = \rho_n|\varphi_n^{(2)}\rangle \tag{8.3.19}$$

上式表明，$|\varphi_n^{(2)}\rangle$ 是 $\hat{\rho}^{(2)}$ 的本征矢，相应的本征值为 ρ_n。

上述过程称为复合体系纯态的**施密特(Schmidt)分解**。

8.3.2 量子纠缠态

在施密特分解的表达式(8.3.16)中，$|\varphi_m^{(1)}\rangle$ 与 $|\varphi_m^{(2)}\rangle$ 分别是子系1和2密度算符属于同一本征值 ρ_m 的本征矢，展开系数就是它们共同本征值的平方根。当展开式中包含两项或更多项时，由量子力学的测量理论可知，对处于纯态 $|\psi\rangle$ 的复合体系的一个子系的测量将使其坍缩到其中的一项上，从而，对一个子系测量的结果瞬间决定了另一个子系的状态，此即所谓**量子纠缠现象**。

当两个子系构成的复合体系处于纯态 $|\psi\rangle$ 时，如果其展开式中多于一项，或者说，描述子系的密度算符有多于一个的非零本征值，则称 $|\psi\rangle$ 为**量子纠缠态**，简称**纠缠态**。若

展开式只有一项,即 $|\psi\rangle=|\varphi^{(1)}\rangle|\varphi^{(2)}\rangle$,则称其为**非纠缠态**。显然,非纠缠态是两个子系纯态的直积态,也称之为可分离态。反之,也可以将纠缠态定义为,如果复合体系的一个纯态不能写成两个子系纯态的直积态,则此纯态就是一个纠缠态。

例如,考虑双量子位复合体系的一个纯态

$$|\psi\rangle=a|0^{(1)}\rangle|0^{(2)}\rangle+b|1^{(1)}\rangle|1^{(2)}\rangle \tag{8.3.20}$$

式中

$$|a|^2+|b|^2=1 \tag{8.3.21}$$

实际上,式(8.3.20)是纯态 $|\psi\rangle$ 的一个施密特分解,由于项数为2,故其为一个纠缠态。

上述复合体系纯态 $|\psi\rangle$ 相应的密度算符为 $\hat{\rho}=|\psi\rangle\langle\psi|$,当复合体系处于 $\hat{\rho}$ 描述的状态时,子系1的密度算符为

$$\hat{\rho}^{(1)}=\mathrm{Tr}^{(2)}\hat{\rho}=\langle 0^{(2)}|\psi\rangle\langle\psi|0^{(2)}\rangle+\langle 1^{(2)}|\psi\rangle\langle\psi|1^{(2)}\rangle=$$
$$|a|^2|0^{(1)}\rangle\langle 0^{(1)}|+|b|^2|1^{(1)}\rangle\langle 1^{(1)}| \tag{8.3.22}$$

显然,$\hat{\rho}^{(1)}$ 有两个非零本征值

$$\rho_1=|a|^2,\quad \rho_2=|b|^2 \tag{8.3.23}$$

相应的本征矢分别为 $|0^{(1)}\rangle$ 与 $|1^{(1)}\rangle$。在此纠缠态中,子系2的密度算符与 $\hat{\rho}^{(1)}$ 完全相同,因此,两个子系有相同的本征值谱,并且

$$\mathrm{Tr}\,\hat{\rho}^{(1)}=\mathrm{Tr}\,\hat{\rho}^{(2)}=1 \tag{8.3.24}$$

若取 $a=b=\pm 2^{-1/2}$,则

$$\hat{\rho}^{(1)}=\frac{1}{2}|0^{(1)}\rangle\langle 0^{(1)}|+\frac{1}{2}|1^{(1)}\rangle\langle 1^{(1)}|=\frac{1}{2}\left\{\begin{pmatrix}1\\0\end{pmatrix}(1\quad 0)+\begin{pmatrix}0\\1\end{pmatrix}(0\quad 1)\right\}=$$
$$\frac{1}{2}\left\{\begin{pmatrix}1&0\\0&0\end{pmatrix}+\begin{pmatrix}0&0\\0&1\end{pmatrix}\right\}=\frac{1}{2}\hat{I} \tag{8.3.25}$$

其中,$\hat{I}$ 为2阶单位算符。同理可知

$$\hat{\rho}^{(2)}=\hat{I}/2 \tag{8.3.26}$$

在复合体系处于纯态时,若各子系均处于密度矩阵为单位矩阵的倍数的状态时,则称此纯态为所有子系的**最大纠缠态**。由上述讨论可知,纯态

$$|\psi\rangle=\pm 2^{-1/2}|0^{(1)}\rangle|0^{(2)}\rangle\ \pm 2^{-1/2}|1^{(1)}\rangle|1^{(2)}\rangle \tag{8.3.27}$$

是两个量子位复合体系的最大纠缠态。

上述定义是对纯态而言的,也可以将其推广到混合态的情况。由两个子系构成的复合体系的混合态,当且仅当它所对应的密度算符不能表示成

$$\hat{\rho}(A,B)=\sum_i|\psi_i(A,B)\rangle p_i\langle\psi_i(A,B)| \tag{8.3.28}$$

其中

$$p_i\geqslant 0,\quad \sum_i p_i=1 \tag{8.3.29}$$

并且,每一个参与态 $|\psi_i(A,B)\rangle$ 都是非纠缠态,称此混合态为纠缠态,否则,此混合态为非纠缠态。

8.3.3 薛定谔猫态

自量子力学建立之日起,关于它的争论就从来没有间断过,其主要表现为以爱因斯坦为代表的经典物理学派与以玻尔为代表的哥本哈根学派之间的交锋。自从 1927 年在第 5 届索尔维(Solvay)会议上爆发的两位科学巨人的第一次论战开始,到爱因斯坦逝世前的 30 年间,爱因斯坦学派不断地给量子力学挑毛病,其中最为引人注目的是,1935 年薛定谔提出的猫态与爱因斯坦、潘多尔斯基(Podolsky)和罗森(Rosen)的 EPR 佯谬,它们是对量子力学最为著名的质疑。

所谓**薛定谔猫态**是一个假想的实验,一只可怜的猫被关在一个地狱般的密闭小屋中,屋内有一台盖革(Geiger)计数器,一个放射性原子和一个装有剧毒氰化钾的小瓶。假设该原子的半衰期为 T,即原子经过时间 T 之后,发生衰变的概率为 1/2。当原子衰变时,所发出的射线会被盖革计数器记录并放大,然后,启动一个小锤击破装有氰化钾的小瓶,导致毒药溢出,最后,猫会被氰化钾毒死。如果原子没有衰变,则猫会安然无恙的活着。

当实验结束时,在密闭的小屋中的猫所处的状态既非死亦非活,它与原子衰变前后的状态纠缠在一起。若原子衰变前后的状态分别为 $|0\rangle$ 与 $|1\rangle$,相应的猫的状态分别为 $|活\rangle$ 与 $|死\rangle$,则猫和原子的纠缠态为

$$|\psi\rangle = 2^{-1/2}[\,|活\rangle|0\rangle + |死\rangle|1\rangle\,] \tag{8.3.30}$$

按照量子力学的解释,实验结束后,猫活着或者死掉的概率皆为二分之一,即猫处于半死不活的状态。如果不打开屋门你永远不能知道猫到底是死还是活,可是一旦打开了屋门就会发现,不是四脚朝天的死猫就是活蹦乱跳的活猫。原因在于打开屋门相当于对于体系进行了测量,测量的结果必将导致体系的状态坍缩到某一个分量上。可是,日常的经验告诉我们,当实验结束时,猫的死活已成定局,而且这个结果根本与是否打开小屋无关。据此,薛定谔认为量子力学的解释与事实不符。

实验的结果倾向于哥本哈根学派,1996 年,蒙诺尔(Monroe)等人在介观的尺度上实现了类似于上述薛定谔猫态的实验,当然,还不是宏观尺度的猫态。那么,为什么至今尚不能观测到宏观尺度的猫态呢?下面将从量子态的相干性及退相干来说明之。

8.3.4 相干性与退相干

由于微客体具有明显的波粒二象性,所以干涉现象是量子力学的最基本的特征,下面讨论量子态相干性的表现形式及退相干的过程。

1. 纯态的相干性

让我们用一个简单的例子来说明纯态的相干性。

设 $|\psi_1\rangle$ 与 $|\psi_2\rangle$ 为两个正交归一化的纯态,由它们的线性叠加构成的纯态为

$$|\psi\rangle = a_1|\psi_1\rangle + a_2|\psi_2\rangle \tag{8.3.31}$$

其中,a_1,a_2 为任意满足归一化条件 $|a_1|^2 + |a_2|^2 = 1$ 的复常数。

在纯态 $|\psi\rangle$ 下,密度算符的矩阵形式已由式(2.4.11)给出,即

$$\hat{\rho} = \begin{pmatrix} a_1a_1^* & a_1a_2^* \\ a_2a_1^* & a_2a_2^* \end{pmatrix} \tag{8.3.32}$$

其中的对角元 $|a_i|^2$ 为测得 $|\psi_i\rangle$ 态的概率,而非对角元即所谓的相干项,正是因为相干项的存在才能体现出量子效应。当密度矩阵中的非对角元远小于对角元的数值时,相干效应会减弱,称之为**退(消)相干**,如果非对角元变成零,则根本不存在相干效应,称之为**完全的退相干**,其结果会使量子效应不再显现,即退化为经典结果。

2. 混合态无相干性

那么,在什么情况下会出现消相干呢?下面让我们来讨论混合态的密度算符。设有如下的混合态

$$|\psi\rangle = \begin{cases} |\psi_1\rangle, & p_1 \\ |\psi_2\rangle, & p_2 \end{cases} \tag{8.3.33}$$

其中,两个参与态的概率之和 $p_1 + p_2 = 1$。由混合态密度算符的定义

$$\hat{\rho} = \sum_{i=1}^{2} |\psi_i\rangle p_i \langle\psi_i| \tag{8.3.34}$$

可知,它的矩阵形式已由式(2.4.17)给出,即

$$\hat{\rho} = \begin{pmatrix} p_1 & 0 \\ 0 & p_2 \end{pmatrix} \tag{8.3.35}$$

上式中的非对角元皆为零,说明混合态之间无相干效应。

3. 子系密度算符的时间演化

在理论上,量子力学只讨论所关心的封闭微观体系 A,并未顾及到外界环境 B 对它的影响。实际上,任何微观体系都处于宏观的环境中,不可能完全排除环境(例如,宏观的测量仪器)对它的影响,因此,应该研究由子系 A 与 B 构成的复合体系。

设子系 A 与 B 的哈密顿算符 $\hat{H}_A$ 与 $\hat{H}_B$ 分别满足本征方程

$$\begin{aligned} \hat{H}_A|a\rangle &= \varepsilon_a|a\rangle \\ \hat{H}_B|b\rangle &= \varepsilon_b|b\rangle \end{aligned} \tag{8.3.36}$$

由于 $\hat{H}_A$ 与 $\hat{H}_B$ 分属两个不同的子系,两者对易,故有共同本征函数系。

在初始时刻 $t=0$,子系 A 与 B 之间无相互作用,故复合体系的哈密顿算符为

$$\hat{H}_0 = \hat{H}_A + \hat{H}_B \tag{8.3.37}$$

在 $t>0$ 时刻,两个子系之间存在相互作用 $\hat{H}_{AB}$,其哈密顿算符为

$$\hat{H} = \hat{H}_0 + \hat{H}_{AB} \tag{8.3.38}$$

在薛定谔绘景下，复合体系的密度算符满足的运动方程已由式(2.4.37)给出，即

$$i\hbar\frac{\partial}{\partial t}\hat{\rho}(t) = [\hat{H},\hat{\rho}(t)] \tag{8.3.39}$$

当哈密顿算符与时间无关时，上式等价于式(2.4.39)，即

$$\hat{\rho}(t) = \hat{U}(t,0)\hat{\rho}(0)\hat{U}^\dagger(t,0) \tag{8.3.40}$$

式中

$$\hat{U}(t,0) = e^{-i\hbar^{-1}\hat{H}t} \tag{8.3.41}$$

为时间演化算符，$\hat{\rho}(0)$ 为复合体系在 $t=0$ 时刻的密度算符。

由于在 $t=0$ 时刻两个子系尚不存在相互作用，所以 $\hat{\rho}(0)$ 可以表示为两个子系的密度算符的直积，即

$$\hat{\rho}(0) = \hat{\rho}_A(0) \otimes \hat{\rho}_B(0) = |\psi_A\rangle\langle\psi_A| \otimes |\varphi_B\rangle\langle\varphi_B| \tag{8.3.42}$$

其中，$|\psi_A\rangle$，$|\psi_B\rangle$ 分别为子系 A 与 B 的初态。

在 $t>0$ 时刻，由式(8.3.40)可知，复合体系的密度算符变成

$$\hat{\rho}(t) = \hat{U}(t,0)\hat{\rho}_A(0) \otimes |\varphi_B\rangle\langle\varphi_B|\hat{U}^\dagger(t,0) \tag{8.3.43}$$

进而可知，子系 A 的约化密度算符为

$$\hat{\rho}_A(t) = \mathrm{Tr}^{(B)}[\hat{\rho}(t)] = \sum_b \langle b|\hat{U}(t,0)\hat{\rho}_A(0) \otimes |\varphi_B\rangle\langle\varphi_B|\hat{U}^\dagger(t,0)|b\rangle =$$

$$\sum_b \langle b|\hat{U}(t,0)|\varphi_B\rangle\hat{\rho}_A(0)\langle\varphi_B|\hat{U}^\dagger(t,0)|b\rangle \tag{8.3.44}$$

若令

$$\hat{M}_b(t) = \langle b|\hat{U}(t,0)|\varphi_B\rangle \tag{8.3.45}$$

则式(8.3.44)可以简化为

$$\hat{\rho}_A(t) = \sum_b \hat{M}_b(t)\hat{\rho}_A(0)\hat{M}_b^\dagger(t) \tag{8.3.46}$$

此即子系 A 的密度算符的时间演化表达式，其中，$\hat{M}_b(t)$ 称之为**克拉乌斯(Kraus)算子**。

由于时间演化算符是幺正的，所以 $\hat{M}_b(t)$ 满足

$$\sum_b \hat{M}_b^\dagger(t)\hat{M}_b(t) = \sum_b \langle\varphi_B|\hat{U}^\dagger(t,0)|b\rangle\langle b|\hat{U}(t,0)|\varphi_B\rangle =$$

$$\langle\varphi_B|\hat{U}^\dagger(t,0)\hat{U}(t,0)|\varphi_B\rangle = 1 \tag{8.3.47}$$

4. 子系 A 由纯态到混合态的时间演化

设子系 A 与 B 的初态 $|\psi_A\rangle$，$|\psi_B\rangle$ 皆为纯态，在 $t>0$ 时刻，复合体系的态矢为

$$|\Psi_{AB}(t)\rangle = \hat{U}(t,0)|\psi_A\rangle|\varphi_B\rangle \tag{8.3.48}$$

利用子系 B 的基矢的封闭关系及式(8.3.45)，上式可以改写成

$$|\Psi_{AB}(t)\rangle = \sum_b |b\rangle\langle b|\hat{U}(t,0)|\psi_A\rangle|\varphi_B\rangle = \sum_b \hat{M}_b(t)|\psi_A\rangle|b\rangle \tag{8.3.49}$$

若令

$$|\Psi_A^{(b)}(t)\rangle = \hat{M}_b(t)\,|\Psi_A\rangle \tag{8.3.50}$$

则式(8.3.49)简化成

$$|\Psi_{AB}(t)\rangle = \sum_b |\Psi_A^{(b)}(t)\rangle\,|b\rangle \tag{8.3.51}$$

上式表明,在 $|\Psi_{AB}(t)\rangle$ 状态下对子系 B 的基矢 $|b\rangle$ 进行测量,得到 $|b\rangle$ 态的概率为

$$\rho_b^{(B)} = \left|\,|\Psi_A^{(b)}(t)\rangle\,\right|^2 \tag{8.3.52}$$

对子系 A 的态矢 $|\Psi_A^{(b)}(t)\rangle$ 做归一化处理,即

$$|\Psi_A^{(b)}(t)\rangle = \sqrt{\rho_b^{(B)}(t)}\,e^{i\alpha_b}\,|\tilde{\Psi}_A^{(b)}(t)\rangle \tag{8.3.53}$$

其中,α_b 为任意实常数,$|\tilde{\Psi}_A^{(b)}(t)\rangle$ 为已经归一化的子系 A 的态矢。将上式代入式(8.3.51),得到

$$|\Psi_{AB}(t)\rangle = \sum_b \sqrt{\rho_b^{(B)}(t)}\,e^{i\alpha_b}\,|\tilde{\Psi}_A^{(b)}(t)\rangle\,|b\rangle \tag{8.3.54}$$

上式表明,在 $|\Psi_{AB}(t)\rangle$ 状态下对子系A的基矢 $|\tilde{\Psi}_A^{(b)}(t)\rangle$ 进行测量,得到 $|\tilde{\Psi}_A^{(b)}(t)\rangle$ 态的概率亦为 $\rho_b^{(B)}(t)$,显然,上式正是复合体系的许密特分解,并且项数大于1,故其为纠缠态。

利用式(8.3.51)可以导出子系 A 的约化密度算符为

$$\begin{aligned}
\hat{\rho}_A(t) = &\sum_b \langle b|\Psi_{AB}(t)\rangle\langle\Psi_{AB}(t)|b\rangle = \\
&\sum_{bb'b''} \langle b|\sqrt{\rho_{b'}^{(B)}(t)}\,e^{i\alpha_{b'}}\,|\tilde{\Psi}_A^{(b')}(t)\rangle\,|b'\rangle\langle b''|\,\langle\tilde{\Psi}_A^{(b'')}(t)|\,\sqrt{\rho_{b''}^{(B)}(t)}\,e^{i\alpha_{b''}}\,|b\rangle = \\
&\sum_b \sqrt{\rho_b^{(B)}(t)}\,e^{i\alpha_b}\,|\tilde{\Psi}_A^{(b)}(t)\rangle\langle\tilde{\Psi}_A^{(b)}(t)|\,\sqrt{\rho_b^{(B)}(t)}\,e^{-i\alpha_b} = \\
&\sum_b |\tilde{\Psi}_A^{(b)}(t)\rangle\rho_b^{(B)}(t)\langle\tilde{\Psi}_A^{(b)}(t)|
\end{aligned} \tag{8.3.55}$$

上式表明,在 $t>0$ 时刻,子系A的状态已由初始时刻的纯态演化为混合态,从而使得相干性消失。

总之,如果顾及到体系与环境的相互作用,则复合体系的幺正演化导致初始的直积态变成为两个子系的纠缠态,子系A的状态由初始时刻的纯态演化为混合态,此即时间演化引发的退相干效应。

在量子力学中,最难于理解的莫过于测量的概念了,它的意思是,测量将使得波包坍缩。实际上,一个测量仪器可以视为上述的环境B,它与量子体系 A 构成复合体系,而复合体系的时间演化的结果会使得量子体系 A 的相干效应消失,变成一个由以一定概率出现的参与态构成的混合态,由混合态的定义可知,这时对A的测量结果一定是参与态中的一个,从而回避了那个难于理解的坍缩。

如果从量子信息学的角度看,退相干可以在多种情况下出现,例如,量子位的退极化、

量子位的相对位相和量子位的自发衰变等都将引发退相干。由于量子信息的存储和传输都是依赖于量子相干性,而退相干的结果会使相干性减弱或消失,这必将影响到量子计算的结果。因此,解决退相干的问题是建造量子计算机的难点之一。

8.3.5 EPR 佯谬与非定域性

1. 非定域性

设有两个全同电子构成的体系,如果不顾及它们之间的相互作用,其总自旋为零的纯态为

$$|\psi\rangle = 2^{-1/2}[\,|+\rangle^{(1)}\,|-\rangle^{(2)} - |-\rangle^{(1)}\,|+\rangle^{(2)}\,] \tag{8.3.56}$$

式中,$|+\rangle^{(i)}$ 与 $|-\rangle^{(i)}$ 分别表示第 $i=1,2$ 个电子的自旋向上和向下的状态,$|\psi\rangle$ 就是两个电子的自旋最大纠缠态。

在上述状态上,测量电子 1 的自旋,得到其自旋向上与自旋向下的概率皆为 1/2。如果测得电子 1 的自旋向上,则纯态 $|\psi\rangle$ 坍缩为 $|\tilde{\psi}\rangle = |+\rangle^{(1)}\,|-\rangle^{(2)}$,于是,电子 2 的自旋无可选择地处于自旋向下的状态。反之,若测得电子 1 的自旋向下,则电子 2 的自旋只能向上。

上述结果表明,在复合体系的一个纯态上,对一个子系进行测量将影响另一个子系所处的状态,纠缠态的这种特殊性质也称为**量子不可分离性**。更值得注意的是,上述讨论中并没有限定两个电子所处的相对位置,也就是说,两个电子可以在空间中相距很远。例如,此复合体系中的一个电子在北京,另一个电子在南京,如果测得北京的电子自旋向上,那么,南京的电子的自旋必然向下。在这个意义上讲,量子不可分离性也称为量子体系的**非定域性**。如果要追寻出现这种非定域性的根源,则应该是由微观粒子具有波粒二象性造成的。

2. EPR 佯谬

量子纠缠的非定域性是量子体系特有的性质,在经典物理中没有可以与之类比的现象。据此,爱因斯坦、潘多尔斯基和罗森发表了题为"能认为量子力学对物理实在的描述是完备的吗?"的论文,对量子力学提出质疑,此即著名的 EPR **佯谬**。

EPR 认为,在对体系没有干扰的情况下,如果能确定地预言一个物理量的值,那么此物理量就必定是客观实在,对应着一个物理实在元素;一个完备的物理理论应当包括所有的物理实在元素。对于两个分离开的并没有相互作用的体系,对其中一个的测量必定不能修改关于另一个的描述,也就是说,自然界不存在超距的相互作用,上述观点被称为**定域实在论**。

利用定域实在论,EPR 分析了由两个粒子组成的一维体系,他们认为,虽然每个粒子的坐标与动量算符不对易,但是两个粒子坐标算符之差 $\hat{x}_1 - \hat{x}_2$ 和动量算符之和 $\hat{p}_1 + \hat{p}_2$ 却是对易的,因此,可以存在一个两粒子态 $|\psi\rangle$ 是算符 $\hat{x}_1 - \hat{x}_2$ 与 $\hat{p}_1 + \hat{p}_2$ 的共同本征态,

即[8.9]

$$(\hat{x}_1 - \hat{x}_2)\,|\psi\rangle = a\,|\psi\rangle$$
$$(\hat{p}_1 + \hat{p}_2)\,|\psi\rangle = 0 \qquad (8.3.57)$$

在状态 $|\psi\rangle$ 上，若测得粒子1的坐标为 x，则粒子2的坐标就是 $x-a$；同样，若测得粒子1的动量为 p，则粒子2的动量就是 $-p$。特别是，当 a 的数值足够大时，对粒子1的测量必然不会干扰粒子2的状态。按着EPR的观点，这两个粒子的体系可以有4个独立的物理实在元素。而由量子力学可知，由于 $\hat{x}_1$ 与 $\hat{p}_1$ 及 $\hat{x}_2$ 与 $\hat{p}_2$ 都不对易，这个体系只能有两个独立的物理实在元素，所以EPR得出结论，在承认定域实在论的前提之下，量子力学的描述是不完备的，此即所谓的EPR佯谬的基本思想。

玻尔曾用一篇题目与EPR完全相同的文章对EPR的观点进行了反击，两个学派之间的争论历经几十年而不衰。争论的内容已经不局限于物理学的范畴，甚至涉及到哲学的概念。

人们不禁要问，爱因斯坦为什么会对其参与创建的量子理论发难呢？最恰当的回答莫过于爱因斯坦本人的一句名言："我不能相信上帝是在掷骰子"，充分反映出他对经典决定论的钟爱和对量子概率论的疑惑。

8.3.6 隐变量理论与贝尔不等式

1. 隐变量理论

为了给纠缠态以理论解释，1952年，博姆提出了一个**隐变量理论**，希望将量子力学中不能对某些观测量做出精确预言的事实归结为还不能确切知道的隐变量。而一旦确定了这些隐变量，就可以精确地给出任何可观测量。作为一个有价值的隐变量理论，其结果必须在一定条件之下回到量子力学给出的结果，同时又能预言某些与量子力学不同的结果，这样才能通过新的实验来检验其正确性。遗憾的是到目前为止，尽管人们提出了一个又一个的隐变量理论，但是，只有决定论的隐变量理论可以达到上述的要求。

2. 贝尔不等式

为了研究隐变量理论能否解释量子力学结果，1965年，贝尔(Bell)从隐变量理论和定域实在论出发，导出了两个分离子系相互关联程度必须满足的一个不等式，即著名的贝尔不等式。

定理 8.2 若设 $\boldsymbol{e}^{(1)}$、$\boldsymbol{e}^{(2)}$、$\boldsymbol{e}'^{(1)}$、$\boldsymbol{e}'^{(2)}$ 分别为空间任意4个方向的单位矢量，$p(\boldsymbol{e}^{(1)},\boldsymbol{e}^{(2)})$ 是电子1在 $\boldsymbol{e}^{(1)}$ 方向的自旋分量 $\boldsymbol{\sigma}^{(1)}\cdot\boldsymbol{e}^{(1)}$ 与电子2在 $\boldsymbol{e}^{(2)}$ 方向的自旋分量 $\boldsymbol{\sigma}^{(2)}\cdot\boldsymbol{e}^{(2)}$ 的关联函数，则关联函数之间满足如下的贝尔不等式

$$|p(\boldsymbol{e}^{(1)},\boldsymbol{e}^{(2)}) - p(\boldsymbol{e}^{(1)},\boldsymbol{e}'^{(2)})| \leqslant 2 \pm [p(\boldsymbol{e}'^{(1)},\boldsymbol{e}'^{(2)}) + p(\boldsymbol{e}'^{(1)},\boldsymbol{e}^{(2)})] \qquad (8.3.58)$$

证明 $\boldsymbol{e}^{(1)}$、$\boldsymbol{e}^{(2)}$ 是沿空间任意两个方向的单位矢量，测量电子1沿 $\boldsymbol{e}^{(1)}$ 方向的自旋分

量 $\boldsymbol{\sigma}^{(1)}\cdot\boldsymbol{e}^{(1)}$，得到的值记为 $A(\boldsymbol{e}^{(1)})$，测量电子 2 沿 $\boldsymbol{e}^{(2)}$ 方向的自旋分量 $\boldsymbol{\sigma}^{(2)}\cdot\boldsymbol{e}^{(2)}$，得到的值记为 $B(\boldsymbol{e}^{(2)})$。由于，泡利矩阵在任意方向上的分量的本征值皆为 ±1，故由隐变量理论可知，$A(\boldsymbol{e}^{(1)})$ 与 $B(\boldsymbol{e}^{(2)})$ 应由隐变量 $\boldsymbol{\lambda}$ 来决定，即

$$\begin{aligned} A(\boldsymbol{e}^{(1)},\boldsymbol{\lambda}) &= \pm 1 \\ B(\boldsymbol{e}^{(2)},\boldsymbol{\lambda}) &= \pm 1 \end{aligned} \tag{8.3.59}$$

由定域实在论可知，不存在超距作用，这两个方程应当是相互独立的，即对电子 1 沿 $\boldsymbol{e}^{(1)}$ 方向的测量结果 $A(\boldsymbol{e}^{(1)},\boldsymbol{\lambda})$ 应与 $\boldsymbol{e}^{(2)}$ 无关，同样，对电子 2 沿 $\boldsymbol{e}^{(2)}$ 方向的测量结果 $B(\boldsymbol{e}^{(2)},\boldsymbol{\lambda})$ 应与 $\boldsymbol{e}^{(1)}$ 无关。

设 $\rho(\boldsymbol{\lambda})$ 是关于隐变量 $\boldsymbol{\lambda}$ 的归一化的概率分布函数，根据隐变量理论，电子 1 在 $\boldsymbol{e}^{(1)}$ 方向的自旋分量 $\boldsymbol{\sigma}^{(1)}\cdot\boldsymbol{e}^{(1)}$ 与电子 2 在 $\boldsymbol{e}^{(2)}$ 方向的自旋分量 $\boldsymbol{\sigma}^{(2)}\cdot\boldsymbol{e}^{(2)}$ 的关联函数为

$$p(\boldsymbol{e}^{(1)},\boldsymbol{e}^{(2)}) = \int \mathrm{d}\boldsymbol{\lambda}\rho(\boldsymbol{\lambda})A(\boldsymbol{e}^{(1)},\boldsymbol{\lambda})B(\boldsymbol{e}^{(2)},\boldsymbol{\lambda}) \tag{8.3.60}$$

如果 $\boldsymbol{e}'^{(1)}$ 与 $\boldsymbol{e}'^{(2)}$ 分别是沿空间另外任意两个方向的单位矢量，则[8.10]

$$\begin{aligned} &|p(\boldsymbol{e}^{(1)},\boldsymbol{e}^{(2)}) - p(\boldsymbol{e}^{(1)},\boldsymbol{e}'^{(2)})| = \\ &|\int \mathrm{d}\boldsymbol{\lambda}\rho(\boldsymbol{\lambda})A(\boldsymbol{e}^{(1)},\boldsymbol{\lambda})B(\boldsymbol{e}^{(2)},\boldsymbol{\lambda}) - \int \mathrm{d}\boldsymbol{\lambda}\rho(\boldsymbol{\lambda})A(\boldsymbol{e}^{(1)},\boldsymbol{\lambda})B(\boldsymbol{e}'^{(2)},\boldsymbol{\lambda})| = \\ &|\int \mathrm{d}\boldsymbol{\lambda}\rho(\boldsymbol{\lambda})A(\boldsymbol{e}^{(1)},\boldsymbol{\lambda})B(\boldsymbol{e}^{(2)},\boldsymbol{\lambda})[1 \pm A(\boldsymbol{e}'^{(1)},\boldsymbol{\lambda})B(\boldsymbol{e}'^{(2)},\boldsymbol{\lambda})] - \\ &\int \mathrm{d}\boldsymbol{\lambda}\rho(\boldsymbol{\lambda})A(\boldsymbol{e}^{(1)},\boldsymbol{\lambda})B(\boldsymbol{e}'^{(2)},\boldsymbol{\lambda})[1 \pm A(\boldsymbol{e}'^{(1)},\boldsymbol{\lambda})B(\boldsymbol{e}^{(2)},\boldsymbol{\lambda})]| \end{aligned} \tag{8.3.61}$$

需要说明的是，在上式的第 2 个等号之后共有 4 项，其中第 2 项与第 4 项只相差一个负号，两者相消之后，由于剩下的两项与第 1 个等号后的两项完全相同，故上式成立。

由式(8.3.59) 可知

$$\begin{aligned} A(\boldsymbol{e}^{(1)},\boldsymbol{\lambda})B(\boldsymbol{e}^{(2)},\boldsymbol{\lambda}) &\leqslant 1 \\ A(\boldsymbol{e}^{(1)},\boldsymbol{\lambda})B(\boldsymbol{e}'^{(2)},\boldsymbol{\lambda}) &\geqslant -1 \end{aligned} \tag{8.3.62}$$

于是，式(8.3.61) 可改写为

$$\begin{aligned} &|p(\boldsymbol{e}^{(1)},\boldsymbol{e}^{(2)}) - p(\boldsymbol{e}^{(1)},\boldsymbol{e}'^{(2)})| \leqslant \\ &|\int \mathrm{d}\boldsymbol{\lambda}\rho(\boldsymbol{\lambda})[1 \pm A(\boldsymbol{e}'^{(1)},\boldsymbol{\lambda})B(\boldsymbol{e}'^{(2)},\boldsymbol{\lambda})] + \\ &\int \mathrm{d}\boldsymbol{\lambda}\rho(\boldsymbol{\lambda})[1 \pm A(\boldsymbol{e}'^{(1)},\boldsymbol{\lambda})B(\boldsymbol{e}^{(2)},\boldsymbol{\lambda})]| \end{aligned} \tag{8.3.63}$$

注意到 $\rho(\boldsymbol{\lambda})$ 是对 $\boldsymbol{\lambda}$ 归一化的概率分布函数，利用关联函数的定义式(8.3.60)，式(8.3.63) 可以改写为

$$|p(\boldsymbol{e}^{(1)},\boldsymbol{e}^{(2)}) - p(\boldsymbol{e}^{(1)},\boldsymbol{e}'^{(2)})| \leqslant 2 \pm [p(\boldsymbol{e}'^{(1)},\boldsymbol{e}'^{(2)}) + p(\boldsymbol{e}'^{(1)},\boldsymbol{e}^{(2)})] \tag{8.3.64}$$

此即一般形式的贝尔不等式，定理证毕。

3. 贝尔不等式与量子力学

对于两个全同的电子体系而言,设电子 1 和电子 2 处于总自旋为零的纯态,即

$$|\psi\rangle = 2^{-1/2}[\,|+\rangle^{(1)}|-\rangle^{(2)} - |-\rangle^{(1)}|+\rangle^{(2)}\,] \tag{8.3.65}$$

在此纯态下,贝尔不等式和量子力学给出的结果会有什么差别呢?下面来讨论之。

(1) 改写贝尔不等式

由泡利不相容原理可知,这两个电子沿同一方向的自旋总是相反的,即对任意方向 $\boldsymbol{e}^{(1)}$,恒有

$$A(\boldsymbol{e}^{(1)},\boldsymbol{\lambda}) = -B(\boldsymbol{e}^{(1)},\boldsymbol{\lambda}) \tag{8.3.66}$$

再利用式(8.3.60),并注意到 $\rho(\boldsymbol{\lambda})$ 是归一化的,得到

$$p(\boldsymbol{e}^{(1)},\boldsymbol{e}^{(1)}) = -1 \tag{8.3.67}$$

上式表明,处于单态的两个电子是百分之百的负关联。

令 $\boldsymbol{e}'^{(1)} = \boldsymbol{e}'^{(2)}$,利用式(8.3.67),可以将贝尔不等式进一步改写为

$$|p(\boldsymbol{e}^{(1)},\boldsymbol{e}^{(2)}) - p(\boldsymbol{e}^{(1)},\boldsymbol{e}'^{(2)})| \leqslant 1 + p(\boldsymbol{e}'^{(2)},\boldsymbol{e}^{(2)}) \tag{8.3.68}$$

上式是贝尔最初给出的不等式的形式。

(2) 量子力学的结果

在量子力学中,当两个电子处于式(8.3.65)表示的自旋单态 $|\psi\rangle$ 时,必有

$$(\hat{\boldsymbol{\sigma}}^{(1)} + \hat{\boldsymbol{\sigma}}^{(2)})|\psi\rangle = 0 \tag{8.3.69}$$

从而,两个电子的相关函数为

$$p(\boldsymbol{e}^{(1)},\boldsymbol{e}^{(2)}) = \langle\psi|[\hat{\boldsymbol{\sigma}}^{(1)}\cdot\boldsymbol{e}^{(1)}][\hat{\boldsymbol{\sigma}}^{(2)}\cdot\boldsymbol{e}^{(2)}]|\psi\rangle \tag{8.3.70}$$

由式(8.3.69)可知,上式中的 $\hat{\boldsymbol{\sigma}}^{(2)}$ 可以用 $-\hat{\boldsymbol{\sigma}}^{(1)}$ 代替,于是得到

$$\begin{aligned} p(\boldsymbol{e}^{(1)},\boldsymbol{e}^{(2)}) = & -\langle\psi|[\hat{\boldsymbol{\sigma}}^{(1)}\cdot\boldsymbol{e}^{(1)}][\hat{\boldsymbol{\sigma}}^{(1)}\cdot\boldsymbol{e}^{(2)}]|\psi\rangle = \\ & -\sum_{i,j}\langle\psi|[\hat{\sigma}_i^{(1)}e_i^{(1)}][\hat{\sigma}_j^{(1)}e_j^{(2)}]|\psi\rangle = -\sum_{i,j}e_i^{(1)}e_j^{(2)}\langle\psi|\hat{\sigma}_i^{(1)}\hat{\sigma}_j^{(1)}|\psi\rangle = \\ & -\sum_{i,j}e_i^{(1)}e_j^{(2)}\delta_{i,j} = -\sum_i e_i^{(1)}e_i^{(2)} = -\boldsymbol{e}^{(1)}\cdot\boldsymbol{e}^{(2)} = -\cos(\boldsymbol{e}^{(1)},\boldsymbol{e}^{(2)}) \end{aligned} \tag{8.3.71}$$

特别是,当 $\boldsymbol{e}^{(1)} = \boldsymbol{e}^{(2)}$ 时,上式变成

$$p(\boldsymbol{e}^{(1)},\boldsymbol{e}^{(1)}) = -1 \tag{8.3.72}$$

与式(8.3.67)完全一样。

(3) 隐变量理论的结果

将式(8.3.71)代入贝尔不等式(8.3.68),得到

$$|\cos(\boldsymbol{e}^{(1)},\boldsymbol{e}^{(2)}) - \cos(\boldsymbol{e}^{(1)},\boldsymbol{e}'^{(2)})| \leqslant 1 - \cos(\boldsymbol{e}'^{(2)},\boldsymbol{e}^{(2)}) \tag{8.3.73}$$

实际上,上式并不是总能被满足。例如,取 $\boldsymbol{e}^{(1)} \perp \boldsymbol{e}^{(2)}$,此时,$(\boldsymbol{e}^{(1)},\boldsymbol{e}'^{(2)})$ 与 $(\boldsymbol{e}^{(2)},\boldsymbol{e}'^{(2)})$ 互为余角,式(8.3.73)可以简化为

$$|\sin\theta| \leqslant 1 - \cos\theta \tag{8.3.74}$$

显然,上式并不是对所有的角度都成立的,这表明隐变量理论是与量子力学不相容的。

(4) 实验结果倾向于量子力学

那么,到底哪一个理论是正确的呢? 为了回答这个问题,人们曾经做过许多实验。最著名的是1982年阿斯普克特(Aspect)的实验,对两光子偏振态实施的测量证实了它们的相关程度,确实超出了贝尔不等式容许的范围,表明量子非局域纠缠确实是存在的。总之,隐变量理论是一把精心打造的双刃利剑,当贝尔将它挥向量子理论时,却剑走偏锋伤及了自己。

8.4 大数的因子分解

密码是当今人们保护其重要信息的主要手段之一。现在所用的计算机网络的加密系统,多数是建立在大数不易因子分解基础上的。本节介绍大数因子分解的经典算法与肖尔的量子算法。

8.4.1 大数的因子分解

在数学中,将只有1和本身为其因数的大于1的整数称之为**素数**。在计算机上做两个素数的乘法是一件非常简单的事情,例如,计算127 × 129 =?,瞬间即可得到29 083这个结果。反之,若问$x \times y = 29\ 083$中的两个素数x与y的值是多少? 事情就不是那么简单了。在一般的情况下,若已知两个素数之积为N,如何求出这两个未知的素数,此即所谓的**因子分解**问题。显然,N越大,分解起来会越困难。

在1994年,有人动用1600个工作站协同计算,足足花费了8个月的时间,才完成了一个129位数的因子分解。如果在同样条件下对一个250位数进行因子分解,估计大约需要80万年的时间。而在同样运算速度的量子计算机上,上述问题可在瞬间解决。由此可见,在量子计算机面前,现行的加密系统已经无密可保。

8.4.2 因子分解的经典算法

1977年,雷维斯特(Rivest)、沙米尔(Shamir)和阿德尔曼(Adleman)利用两个大的素数之积难以分解这个事实,根据数论的研究成果发明了现在经典计算机上使用的RSA公共加密系统。

RSA公共加密系统使用三个不对称的钥匙,其中两个为公钥,另一个是私钥。任何人都可以使用公钥加密,但是,解密时需要使用保密的私钥。

例如,张三与李四之间需要进行秘密通信,张三欲接收李四发来的加密信息,则张三随意选取两个大的素数p和q,此外,还要选取两个大数d和e,使得$(de-1)$可被$(p-1)(q-1)$整除,张三将p和q的乘积N和e作为公钥公布,把d作为私钥秘而不宣。设李四将要发送给张三的信息用数m表示,利用张三公示的公钥N和e将m编为密码

$c=m^e(\bmod N)$，上式的意思是 c 为 m^e 被 N 除所得的余数，然后，李四把 c 发给张三。张三收到 c 后，利用私钥 d 解密，得到李四的信息 $m=c^d(\bmod N)$。对于其他人来说，若要获取李四的信息，必须知道张三的私钥 d，由 $(de-1)$ 可被 $(p-1)(q-1)$ 除尽这一条件可知，只要得到 p 或 q 的具体数值即可，这样一来，问题就归结为如何由一个大数 N 求出构成它的两个素数 p 与 q。

为了对上述过程有一个更感性的认识，让我们用一些较小的数来演示这个过程。张三选取公钥 $N=15$，(即 $p=3,q=5$)，$e=3$，私钥 $d=3$。它们满足 $(de-1)=8$，$(p-1)(q-1)=8$，显然 $(de-1)$ 可被 $(p-1)(q-1)$ 整除。然后，张三公布公钥 $N=15$ 和 $e=3$。设李四欲将信息 $m=7$ 发送给张三，先将 $m=7$ 换算成密码 $c=7^3(\bmod 15)=13$，然后，李四将 13 发给张三。张三接到 13 后，利用自己的私钥将其解密，得到 $m=13^3(\bmod 15)=7$。上述过程就达到了李四向张三秘密传递信息的目的[8.11]。

实质上，上述问题是一个大数因子化的问题，它可以简单地理解为，若要求出大数 N 的因子，等于寻找 N 的最小因子 r，使得 $a^r(\bmod N)=1$，其中，a 是一个与 N 互质的数(即除了 1 以外，a 与 N 没有公约数)，换句话说，我们需要确定函数 $a^r(\bmod N)$ 的周期。

在上面的例子中，首先，选择 $a=2$，显然，a 与 $N=15$ 互为质数。其次，再来找出函数 $a^r(\bmod N)$ 的周期，结果列表如下

$$
\begin{array}{lll}
r=0 & a^r=2^0 & a^r(\bmod N)=1 \\
r=1 & a^r=2^1 & a^r(\bmod N)=2 \\
r=2 & a^r=2^2 & a^r(\bmod N)=4 \\
r=3 & a^r=2^3 & a^r(\bmod N)=8 \\
r=4 & a^r=2^4 & a^r(\bmod N)=1 \\
r=5 & a^r=2^5 & a^r(\bmod N)=2 \\
r=6 & a^r=2^6 & a^r(\bmod N)=4 \\
r=7 & a^r=2^7 & a^r(\bmod N)=8 \\
\vdots & \vdots & \vdots \\
r=12 & a^r=2^{12} & a^r(\bmod N)=1 \\
r=13 & a^r=2^{13} & a^r(\bmod N)=2 \\
r=14 & a^r=2^{14} & a^r(\bmod N)=4 \\
r=15 & a^r=2^{15} & a^r(\bmod N)=8
\end{array}
\tag{8.4.1}
$$

由上述表格可以看出，函数 $a^r(\bmod N)$ 的周期 $r=4$，它满足 $2^4(\bmod 15)=1$ 的条件。最后，通过计算 $a^{r/2}\pm 1$ 可知构成 15 的两个素数分别为 3 与 5。

由上述的讨论可知，若 N 越是难于分解，则私钥就越安全，通常实际使用的 N 是一个非常大的数。1997 年，伦敦股票交易所使用的 RSA 公共加密系统的 N 是一个 155 位数，即使用当今运算速度最快的计算机，也无法在短时间内求出构成它的两个素数。

8.4.3 因子分解的量子算法

大数因子分解的量子算法是美国 AT&T 公司的研究者肖尔提出的,它的出现为量子信息学注入了活力,引发了量子计算机与量子算法研究的新的热潮。

肖尔的量子算法的基本步骤可以简述如下。

第 1 步,若要分解大数 N,需先制备两个具有 $k \approx \log_2 N$ 个量子位的量子存储器,并使第 1 个存储器处于从 0 到 $2^k - 1$ 连续自然数的等权重的叠加态中,而第 2 个存储器处于 0 态,即

$$|\psi\rangle = |\psi_1\rangle|\psi_2\rangle = 2^{-k/2}\sum_{n=0}^{2^k-1}|n\rangle|0\rangle \tag{8.4.2}$$

第 2 步,在第 2 个存储器中计算函数 $a^n(\bmod N)$,结果为

$$|\psi\rangle = 2^{-k/2}\sum_{n=0}^{2^k-1}|n\rangle|a^n(\bmod N)\rangle \tag{8.4.3}$$

此时两个存储器处于纠缠态。

第 3 步,对第 2 个存储器做投影测量,即用投影算符

$$|a^l(\bmod N)\rangle\langle a^l(\bmod N)| \tag{8.4.4}$$

作用式(8.4.3)两端。作用之后,第 2 个存储器的状态坍缩为 $|a^l(\bmod N)\rangle$,若 $|a^l(\bmod N)\rangle$ 的周期为 r,则有

$$|a^l(\bmod N)\rangle = |a^{jr+l}(\bmod N)\rangle \tag{8.4.5}$$

其中,$j = 0,1,2,\cdots,A$,而 A 是小于 $(2^k - l)r^{-1}$ 的最大整数。

由于两个存储器处于纠缠态,故第2个存储器的状态坍缩将导致第1个存储器的状态变成

$$|\psi_1\rangle = (A+1)^{-1/2}\sum_{j=0}^{A}|jr+l\rangle \tag{8.4.6}$$

显然,它是以 r 为周期的一组状态的线性叠加。如果 2^k 是 r 的整数倍,令 $A = 2^k/r - 1$,则式(8.4.6)变成

$$|\psi_1\rangle = (2^{-k}r)^{1/2}\sum_{j=0}^{2^k/r-1}|jr+l\rangle \tag{8.4.7}$$

对于前面提到的 $N = 15$,$a = 2$ 的例子而言,有 $k = 4$。对第2个存储器进行一次测量,可以得到 1、2、4、8 这 4 个数中的一个。若测得的值为 4,根据量子测量理论可知,测量之后第 2 个存储器处于状态 $|4\rangle$,而第 1 个存储器的状态变成

$$|\psi_1\rangle = 4^{-1/2}\sum_{j=0}^{3}|4j+2\rangle = 2^{-1}[\,|2\rangle + |6\rangle + |10\rangle + |14\rangle\,] \tag{8.4.8}$$

在以下的步骤中第 2 个存储器不再使用,可以略去不写。

第 4 步，为了提取在第 1 个存储器中包含的周期 r，需要对其进行分立的傅里叶变换(DFT)

$$u_{\mathrm{DFT}}\,|jr+l\rangle = 2^{-k}\sum_{y=0}^{2^k-1} \mathrm{e}^{\mathrm{i}2\pi 2^{-k}(jr+l)y}\,|y\rangle \tag{8.4.9}$$

由正交条件可知，仅当 $y = mM(m = 0,1,2,\cdots)$ 时，有

$$\sum_{j=0}^{M-1} \mathrm{e}^{\mathrm{i}2\pi jy/M} = M \tag{8.4.10}$$

否则为零。当 $M = 2^k/r$ 为整数时，第 1 个存储器的终态变成

$$|\psi_1\rangle = r^{-1/2}\sum_{m=0}^{r-1} \mathrm{e}^{\mathrm{i}2\pi lm/r}\,|2^k m/r\rangle \tag{8.4.11}$$

当 $2^k/r$ 不是整数时，需要进行更仔细的分析，尽管如此，DFT 仍然保留了上述特定情形中的特征。

第 5 步，在 $y = 2^k m/r$ 基底上进行测量，其中 m 是一个整数。一旦获得了特定的 y，必须解方程 $m/r = 2^{-k}y$。假定 m 与 r 没有公约数，通过把 $2^{-k}y$ 约化到一个不可约分数得到 r，于是，根据因子化方法推断出 N 的因子。如果 m 与 r 有公因子，那么算法失败，必须重新再来。

最后，需要指出，肖尔的量子算法是概率性的，这意味着并不是每次得到的计算结果都是正确的，但是，验算结果是否正确是一件很容易的事情，如果结果不正确，可以重新再做，直至得到正确的结果。

8.5 数据库的搜索

在计算机科学中，从数据库中众多的数据里找出所需要的数据，称为**数据库搜索问题**。本节将介绍格罗维尔搜索的量子算法，它可以将搜索次数的数量级从经典算法的 N 缩小到 $N^{1/2}$，从而大大提高了搜索的效率。

8.5.1 未加整理的数据库搜索

在一个数据库文件中，往往包含许多记录，每个**记录**由关键字的值和相应的内容构成。一般情况下，关键字的不同取值对应着不同的记录。例如，电话簿、英汉词典等都可以看作是数据库文件。电话簿中的姓名为关键字的值，姓名后面电话号码为记录的内容；而英汉词典中的英文单词是关键字的值，相应的汉语注释是记录的内容。在电话簿文件中，一个姓名与相应的电话号码构成了一个记录；在英汉词典文件中，一个英文单词与相应的汉语注释构成了一个记录。

为了便于查找，在通常的数据库文件中，总是按着关键字的值进行分类和排序，例如，上述两个数据库文件通常都是按着字母的顺序排列的，因此，使用起来很方便。这种数据库称为**经过整理的数据库**。

在经过整理的数据库中，设其总共有 2^N 个记录，即使没有任何其他的索引，也可以在 n 次访问中找到某一个特定的记录。例如，在英汉词典文件中查找一个单词"word"，首先，找出处于中间位置 $2^{N-1}-1$ 的那个单词，并将其与"word" 比较，如果它就是欲寻找的单词"word"，则问题就解决了，如果它不是欲寻找的单词，则需要根据单词的排列顺序判断"word" 是在它的前面还是后面，如果"word" 排在它的前面，则需要再找出处于前一半中间位置的那个单词，并重复上面的步骤，直到找出单词"word" 为止。由于，每次查找都会将候选者的数目减少一半，所以，最多经过 $n=\log_2 N$ 次就可以把这个单词找出来。

如果一个数据库文件是未加整理的，也就是说，记录的关键字的值是随机排列的，那么，上面的方法就不再适用了。作为例子，设有一个以无序排列的电话号码作为关键字的值的电话簿，那么，如何才能在电话簿上找出拥有某个电话号码的人的姓名呢？显然，这是一个比较复杂的问题。若电话簿上总共有 N 个电话号码，则在一次查找中，找到任意一个号码 j 的概率都是相等的，即

$$p_j = 1/N \tag{8.5.1}$$

于是，查到一个指定的电话号码 k 所需的平均次数为

$$\overline{N}_k = \sum_{j=1}^{N} j p_j = N^{-1}\sum_{j=1}^{N} j = N(N+1)/(2N) \approx N/2 \tag{8.5.2}$$

相当于全部记录数目的一半左右。特别是当 N 很大时，要从这样的数据库中找出一个特定的记录，如同大海捞针一般的困难。

8.5.2 格罗维尔量子搜索

格罗维尔提出的量子搜索方法，能使得上述电话号码的搜索次数缩减为大约 $N^{1/2}$ 次，并能以非常接近 1 的概率把某个用户的姓名找出来。

为了制备具有 $N=2^n$ 个记录的数据库，对 n 个量子位的初态 $|000\cdots0\rangle$ 实施逻辑门 $\hat{H}^{(n)}=\hat{H}\otimes\hat{H}\otimes\cdots\otimes\hat{H}$ 操作，得到所有基底的等权重的叠加态

$$|s\rangle = \hat{H}^{(n)}|000\cdots0\rangle = 2^{-n/2}\sum_{x=0}^{2^n-1}|x\rangle = N^{-1/2}\sum_{x=0}^{N-1}|x\rangle \tag{8.5.3}$$

其中，$|s\rangle$ 是归一化的态矢，它是 N 个 $|x\rangle$ 态矢的线性组合，虽然不知道态矢 $|x\rangle$ 的值，但是，它是一个完备的基底却是毫无疑问的。所以，对任意的一个态矢 $|x\rangle$ 总有

$$\langle x|s\rangle = 1/\sqrt{N} \tag{8.5.4}$$

上式表明，在态矢 $|s\rangle$ 上进行测量，测得任意一个态矢 $|x\rangle$ 的概率皆为 $1/N$。

格罗维尔算法的基本思路是，如果要寻找的态矢为 $|a\rangle$，就通过反复迭代的方法，放

大要寻找态矢 $|a\rangle$ 的概率幅,同时,抑制其他态矢 $|x\neq a\rangle$ 的概率幅,以达到找出态矢 $|a\rangle$ 的目的。算法的基本操作步骤如下。

1. 确定态矢 $|s\rangle$ 与态矢 $|a\rangle$ 之间的关系

在由 $|a\rangle$ 与 $|s\rangle$ 构成的超平面上,设态矢 $|a\rangle$ 为横轴,与 $|a\rangle$ 垂直的态矢 $|a^{\perp}\rangle$ 为纵轴。如果 $|s\rangle$ 处于第 2 象限,则由式(8.5.4) 可知

$$\langle a|s\rangle = 1/\sqrt{N} = \sin\theta \tag{8.5.5}$$

上式表明,态矢 $|s\rangle$ 可视为与态矢 $|a\rangle$ 垂直的态矢 $|a^{\perp}\rangle$ 再转过 θ 角度,或者说,态矢 $|s\rangle$ 与态矢 $|a^{\perp}\rangle$ 的夹角为 θ。

2. 引入变换算符 $\hat{U}=\hat{U}_s\hat{U}_a$

首先,定义一个将态矢 $|a\rangle$ 反转的投影算符

$$\hat{U}_a = 1 - 2|a\rangle\langle a| \tag{8.5.6}$$

它对任意态矢 $|x\rangle$ 的作用是,保持它在 $|a^{\perp}\rangle$ 方向的分量不变,而将与 $|a\rangle$ 方向相同的分量改变一个负号。

其次,由于态矢 $|s\rangle$ 已知,故可以构造一个态矢 $|s\rangle$ 的反转正交态投影算符

$$\hat{U}_s = 2|s\rangle\langle s| - 1 \tag{8.5.7}$$

它对任意态矢 $|x\rangle$ 的作用是,保持其在态矢 $|s\rangle$ 上的分量不变,而将其在与态矢 $|s\rangle$ 正交的态矢上的分量改变一个负号。

最后,利用 $\hat{U}_s$ 与 $\hat{U}_a$ 构造一个新的幺正算符

$$\hat{U} = \hat{U}_s\hat{U}_a \tag{8.5.8}$$

3. 变换算符 $\hat{U}$ 对任意态矢 $|x\rangle$ 的作用

由式(8.5.8) 可知,算符 $\hat{U}$ 对任意态矢量 $|x\rangle$ 的作用的过程为,首先,对初态矢 $|x\rangle$ 做变换 $|x'\rangle=\hat{U}_a|x\rangle$,即相对态矢 $|a\rangle$ 将态矢 $|x\rangle$ 变成中间态矢 $|x'\rangle$,然后,再对态矢 $|x'\rangle$ 做变换 $|x''\rangle=\hat{U}_s|x'\rangle$,即相对态矢 $|s\rangle$ 将中间态矢 $|x'\rangle$ 变成终态矢 $|x''\rangle$。

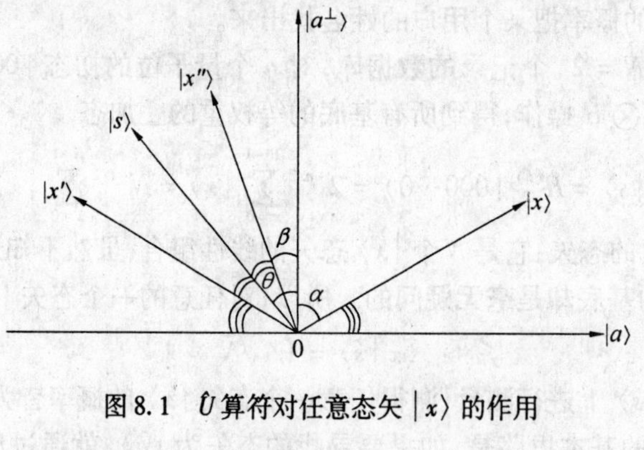

图 8.1　$\hat{U}$ 算符对任意态矢 $|x\rangle$ 的作用

如图8.1所示,若设处于第1象限的初态矢 $|x\rangle$ 与 $|a^{\perp}\rangle$ 的夹角为 α,处于第2象限的终态矢 $|x''\rangle$ 与 $|a^{\perp}\rangle$ 的夹角为 β,则态矢 $|x''\rangle$ 与态矢 $|x\rangle$ 的夹角为 $\alpha+\beta$。如果能求出 $\alpha+\beta$ 与 θ 的关系,则相当于知道了终态矢 $|x''\rangle$ 的位置。

下面导出 $\alpha+\beta$ 与 θ 的关系。

由 $|x'\rangle=\hat{U}_a|x\rangle$ 可知,态矢 $|x'\rangle$ 所处的位置是,以 $|a^{\perp}\rangle$ 为对称轴的态矢 $|x\rangle$ 的镜像,态矢 $|x'\rangle$ 与态矢 $|a^{\perp}\rangle$ 的夹角为 α。由 $|x''\rangle=\hat{U}_s|x'\rangle$ 可知,态矢 $|x''\rangle$ 所处的位置是,以 $|s\rangle$ 为对称轴的态矢 $|x'\rangle$ 的镜像,态矢 $|x'\rangle$ 和态矢 $|x''\rangle$ 与态矢 $|s\rangle$ 的夹角相等。由于,态矢 $|x'\rangle$ 和态矢 $|x''\rangle$ 的夹角加上 β 等于 α,所以,态矢 $|x'\rangle$ 和态矢 $|x''\rangle$ 的夹角为 $\alpha-\beta$,进而可知,态矢 $|x''\rangle$ 与态矢 $|s\rangle$ 的夹角为 $(\alpha-\beta)/2$。再利用态矢 $|s\rangle$ 与态矢 $|a^{\perp}\rangle$ 的夹角为 θ,得到

$$(\alpha-\beta)/2+\beta=\theta \tag{8.5.9}$$

于是,有

$$\alpha+\beta=2\theta \tag{8.5.10}$$

说明算符 $\hat{U}$ 的作用是,将 $|a\rangle$、$|s\rangle$ 张开的平面上的任意态矢量 $|x\rangle$ 转过 2θ 角度。由于 $|s\rangle$ 是 $|x\rangle$ 的线性组合,所以算符 $\hat{U}$ 对 $|s\rangle$ 的作用也是使其转过 2θ 角度。

8.5.3 格罗维尔量子搜索举例

为了说明格罗维尔量子搜索的使用过程,仅举如下两个例子。

1. 从 4 中寻 1

利用格罗维尔量子搜索方法,从仅有 4 个记录的数据库中,找出一个特定的记录 $|a\rangle$。

已知 $N=4$,由式(8.5.8)可知

$$\sin\theta=1/\sqrt{4}=1/2 \tag{8.5.11}$$

进而得到

$$\theta=30^\circ,\quad 2\theta=60^\circ \tag{8.5.12}$$

按着格罗维尔量子搜索的步骤,设态矢 $|a\rangle$ 为横轴,则与 $|a\rangle$ 垂直的态矢 $|a^{\perp}\rangle$ 为纵轴,而态矢 $|s\rangle$ 与 $|a^{\perp}\rangle$ 的夹角为30°,于是 $|s\rangle$ 与 $|a\rangle$ 的夹角为120°。经过一次 $\hat{U}$ 变换之后,$|s\rangle$ 再转过 $2\theta=60^\circ$ 角,变成横轴的负方向,此时进行测量将肯定得到 $|a\rangle$ 状态。这样一来,只要进行一次格罗维尔量子搜索就能得到所要的结果,而对经典的搜索而言,在最坏的情况下需要 3 次才能做到。

2. 从 N 中寻 1

对于更一般的情况,从有 N 个记录的数据库中,找出一个特定的记录 $|a\rangle$,需要经过多少次迭代,才能以接近 1 的概率将其找出来。

由于,格罗维尔迭代算法是在 $|a\rangle$、$|s\rangle$ 张开的平面上的转动,输入态 $|s\rangle$ 经过 T 次转

动之后,将被转到与 $|a^{\perp}\rangle$ 轴成 $\theta + 2T\theta$ 角的位置上,为了在最后测量时以高的概率得到 $|a\rangle$ 态,这个角度应当接近 90°,即

$$(2T+1)\theta \approx \pi/2 \tag{8.5.13}$$

进而迭代次数满足

$$T \approx 2^{-1}[\pi/(2\theta) - 1] \tag{8.5.14}$$

当 N 足够大时,有

$$\sin\theta = 1/\sqrt{N} \approx \theta \tag{8.5.15}$$

将上式代入式(8.5.14),得到

$$T \approx \pi\sqrt{N}/4 \tag{8.5.16}$$

经过 T 次测量之后,测得 $|a\rangle$ 态的概率为

$$W(a) = |\langle a|s\rangle|^2 \approx \sin^2[(2T+1)\theta] = \sin^2[\pi/2 + 1/\sqrt{N}] = 1 - O(1/N) \tag{8.5.17}$$

总之,对于一个有 N 个记录的未加整理的数据库而言,格罗维尔的量子算法可以通过大约 $T \approx \pi N^{1/2}/4$ 次测量找出特定的某个记录,而经典算法大约需要 $T \approx N/2$ 次搜索。当 N 很大时,量子算法的优越性是十分明显的。

8.6 量子对策论

本节以翻硬币游戏、猜硬币游戏和囚徒怪圈为例,分别介绍了经典对策与量子对策,表明使用量子对策的一方可以获取最大收益。

8.6.1 对策论

在自然界和人类社会中,具有对抗或竞争的现象比比皆是。作为运筹学的一个分支,**对策论(博弈论)**就是研究具有对抗性或竞争性问题的数学理论。

在两千多年前,我国就已经有了"田忌赛马"这样关于对策研究的例子。但是,将对策研究形成一个理论,还是 20 世纪初的事情,对策论的奠基之作就是纽曼和毛根斯特恩(Morgenstern)合著的《博弈论与经济行为》。由于对策论所研究的现象与政治、经济、军事活动以及生物进化、生态竞争等有着密切的联系,所以越来越引起人们的关注。

从抽象的意义上讲,对策论研究的是对抗或竞争各方采取某些策略,以达到最小化或最大化某些特定函数的目标。

目前,被广泛应用的对策论是建立在经典概率论基础上的,此即**经典的对策论**。受到量子信息论中其他领域(如量子计算、量子密码等)的启发,物理学家试图将经典的对策论进行量子化,以期建立**量子对策论**。它的建立可能有助于对类似于分子层次上的基因

竞争、通信各方与窃听者之间的对抗等研究的进展。

下面将介绍几个典型的例子,通过它们来了解量子对策论的内容、方法及结果。

8.6.2 二人翻硬币游戏

1. 二人翻硬币游戏

张三与李四二人玩如下的一个游戏。

首先,张三将一枚硬币正面朝上放入一个盒子中,然后,按着李四、张三、李四、张三、… 的次序去操作(翻或者不翻)硬币,但是,在操作的过程中,不能通过看或者摸来了解这枚硬币所处的状态(正面朝上还是朝下)。当最后打开盒子时,如果硬币正面朝上,则李四赢,否则张三赢。

2. 经典对策

这是一个两人对抗的游戏,两个人的输赢与其所选择的策略有关。为了看起来方便,假设从张三算起只操作 4 次,将他们所采用的策略与收益列表如下

李四 / 张三	NN	NF	FN	FF
N	-1	1	1	-1
F	1	-1	-1	1

在上表中,两行表示张三所采用的两种策略,四列表示李四所采用的 4 种策略。其中,字母 F 表示翻,N 表示不翻,数字表示张三的收益,1 为赢,-1 为输。

例如,张三和李四分别选择第1种和第4种策略,即张三总是不翻,而李四总是翻。如果用符号 H 表示硬币正面朝上,T 表示其正面朝下,则硬币的状态依次为 H、T、T、H,这一局李四赢。

由上例可知,无论哪一方使用一个确定的策略(称为**单纯策略**),另一方总可以采用相应的策略使其必输无疑。例如,若张三选单纯策略 N,则李四可以用 NN 或 FF 策略使自己获胜,反之亦然。但是,若双方采用**混合策略**,例如,张三以 1/2 的概率选用 N,F 策略,李四以1/4的概率选用 NN,NF,FN,FF 策略,则在进行多次游戏之后,一定存在平衡解,即双方收益的期望值皆为零。甚至只要一方采用混合策略,另一方也无法通过改变策略来提高其收益的期望值。从这个意义上讲,这个游戏是公平的。

3. 量子对策

假设李四不采用经典的混合对策,而使用如下的量子对策,那么,结果会如何呢?

在经典的情况之下,硬币的状态集为{H,T},李四采用混合策略,执行如下操作

$$\frac{1}{2}\begin{pmatrix}1 & 1\\1 & 1\end{pmatrix}\begin{pmatrix}H\\T\end{pmatrix} \tag{8.6.1}$$

即无论硬币是处于 H 还是处于 T 的状态，都以 1/2 的概率翻或者不翻。

在量子的情况下，硬币的状态集为$\{|\mathrm{H}\rangle, |\mathrm{T}\rangle\}$，其中

$$|\mathrm{H}\rangle = \begin{pmatrix}1\\0\end{pmatrix}, |\mathrm{T}\rangle = \begin{pmatrix}0\\1\end{pmatrix} \tag{8.6.2}$$

于是，李四就可以使用量子策略，将上述两种状态叠加起来，即对初始状态$|\mathrm{H}\rangle = \begin{pmatrix}1\\0\end{pmatrix}$执行如下操作

$$\frac{1}{\sqrt{2}}\begin{pmatrix}1 & 1\\1 & -1\end{pmatrix}\begin{pmatrix}1\\0\end{pmatrix} = \frac{1}{\sqrt{2}}\begin{pmatrix}1\\1\end{pmatrix} \tag{8.6.3}$$

结果把硬币的初始状态变成叠加态

$$2^{-1/2}[|\mathrm{H}\rangle + |\mathrm{T}\rangle] \tag{8.6.4}$$

在这种情况下，无论张三是翻还是不翻，硬币将仍然保持这一叠加态不变。然后，李四再对上述叠加态执行一次同样的操作，即

$$\frac{1}{\sqrt{2}}\begin{pmatrix}1 & 1\\1 & -1\end{pmatrix}\frac{1}{\sqrt{2}}\begin{pmatrix}1\\1\end{pmatrix} = \frac{1}{2}\begin{pmatrix}2\\0\end{pmatrix} = \begin{pmatrix}1\\0\end{pmatrix} = |H\rangle \tag{8.6.5}$$

显然，结果回到初始的状态，所以无论张三采用何种策略，李四的量子对策都必赢无疑。

8.6.3　量子博弈

两人博弈实质上是一个对抗问题，它可以简化为这样一个游戏，设有两个盒子，张三随机地往其中的一个盒子中放一枚硬币，李四选中其中的一个盒子，如果该盒子中有硬币，则李四赢（一枚硬币），否则，李四输（一枚硬币）。

在经典情况下，李四不易判断张三是否按等概率往盒子中放硬币，特别是在对奕次数较少的时候。

在量子的情况下，戈尔登博格（Goldenberg）提出了一个量子对策，它的基本思路为，张三有两个盒子 A 与 B 用来放一个粒子。粒子在 A 盒或 B 盒的状态分别用$|a\rangle$及$|b\rangle$来表示。张三将粒子制备到某个状态上，然后，将盒子 B 发送给李四。

两人约定，在下列两种情况下李四赢：

(1) 李四发现粒子在盒子 B 中，张三经检查后确信粒子不在 A 盒子中，便要付给李四一个硬币；

(2) 李四要求张三把 A 盒子发送过来，若检验后发现张三最初制备的状态不是$|\psi_0\rangle = 2^{-1/2}[|a\rangle + |b\rangle]$，则张三就要付给李四 R 个硬币，其中，惩罚常数 R 是两人事先约定的一个数值。

如果不属于上述两种情况，则张三赢李四一个硬币。

张三的策略是，将粒子制备到$|\psi_0\rangle = 2^{-1/2}[|a\rangle + |b\rangle]$的状态上，即粒子以相等的

概率处于两个盒子中的叠加态上。然后,测量粒子处于两个盒子中的概率,结果应该是相等的,于是,可以保证其收益的期望值不小于零。当然,张三也可以将状态制备到偏离 $|\psi_0\rangle$ 的状态 $|\psi_1\rangle=\alpha|a\rangle+\beta|b\rangle$ 上,但是,这样做就有可能被李四发现,从而因受罚反而损失 R 个硬币。

李四的策略是,收到B盒子后,并不急于测量粒子是否在里面,而是先做一个变换

$$|b\rangle=(1-r)^{1/2}|b\rangle+r^{1/2}|b'\rangle \tag{8.6.6}$$

其中,$|b'\rangle$ 是与 $|b\rangle$ 正交的态矢。上述变换相当于将粒子处于B盒子中的状态无破坏地分成了两个状态,而分裂常数 r 与惩罚常数 R 有关。接下来,李四做 $|b\rangle$ 态的投影测量,即查看B盒子中有无张三放置的粒子,如果发现有粒子存在,则李四赢一个硬币,否则,李四再向张三索要A盒子。然后,用A盒子与前面测量留下来的 $|b'\rangle$ 做联合测量,即判断粒子是否处于 $|a\rangle+r^{1/2}|b'\rangle$ 态(忽略归一化因子)上,就能以一定的概率判断张三是否作弊。

如果用一般的粒子,很难完成上述实验,国内已经有人利用光子来进行这方面的研究。他们的实验方案是,利用光子经过分束器的路径来代表A与B两个盒子,由光子的偏振来区别状态 $|b'\rangle$ 与 $|b\rangle$,而且,式(8.6.6)中的变换就是光子偏振的旋转。由于光子偏振或路径态的测量比较容易实现,故上述方案是可行的。

8.6.4 量子囚徒怪圈

囚徒怪圈是一个古老的竞争问题,它的基本内容是,张三与李四是两个罪犯,他们都掌握着对方的犯罪证据,当他们被缉拿归案之后,这两个囚徒同时都面临着所判刑期长短的问题。根据当地的法律条文规定,如果两个囚徒相互合作,即都不向司法部门提供对方的犯罪证据,则法院会由于证据较少而各判他们3年的徒刑;如果两个囚徒相互对抗,即各自向司法部门提供对方的犯罪证据,则法院会由于证据较充分而各判他们5年的徒刑;若一方提供了对方的证据,而另一方没有提供对方的证据,则提供证据者会因有立功表现只判1年徒刑,那么另一方将被重判为7年徒刑。

如果以双方相互合作时所判刑期的年数为其收益起点,那么,双方各自在采用不同策略时的收益可以列表如下。

李四 / 张三	C(合作)	D(对抗)
C(合作)	(−3, −3)	(−7, −1)
D(对抗)	(−1, −7)	(−5, −5)

在上表中,括号中的第1个数字是张三的收益,第2个数字是李四的收益,由于罪犯是一定要服刑的,所以他们的收益为刑期的负值,显然,刑期越短收益越大。从上表可以看

出，对任何一个囚徒来说，无论对方采用什么策略，自己使用对抗(D)策略总比合作(C)要好，即主动提供对方的犯罪证据对自己有利。这样一来，双方在各自追求自身最大收益的情况下，将会同时采取对抗的策略，都被判 5 年徒刑。实际上，上述情况并不是二人的最好的下场，如果他们都采取合作的策略，只需要各自服刑 3 年就行了。此即所谓的**囚徒怪圈**。

下面将囚徒怪圈问题量子化。

首先，将策略 C 与 D 用量子位 $|C\rangle$ 与 $|D\rangle$ 来表示，设初态为

$$|\psi_0\rangle = \hat{J}|CC\rangle \tag{8.6.7}$$

式中，$\hat{J}$ 是一个特定的幺正变换算符。接着，张三和李四分别对自己的那部分态矢做局域幺正变换 $\hat{U}_A$ 与 $\hat{U}_B$，然后，再对体系的状态做一次反变换 $\hat{J}^{-1}$，于是得到末态

$$|\psi_f\rangle = \hat{J}^{-1}\hat{U}_A\hat{U}_B\hat{J}|CC\rangle \tag{8.6.8}$$

最后，对末态 $|\psi_f\rangle$ 做 $|C\rangle$ 与 $|D\rangle$ 的正交测量，收益取决于测量结果。例如，张三的收益期望值为

$$\overline{N}_A = a_{CC}p_{CC} + a_{DD}p_{DD} + a_{CD}p_{CD} + a_{DC}p_{DC} \tag{8.6.9}$$

式中，p_{CD} 为测量得到 $|CD\rangle$ 状态的概率，其他下标的含意可类推。

已经有人证明了，当张三与李四的幺正变换矩阵选为

$$\hat{U}(\theta,\varphi) = \begin{pmatrix} e^{i\varphi}\cos(\theta/2) & \sin(\theta/2) \\ -\sin(\theta/2) & e^{-i\varphi} \end{pmatrix} \tag{8.6.10}$$

形式时，双方存在平衡策略，即 $\hat{U}(0,\pi/2)$。若双方均采用平衡策略，则收益均为 -3。即使双方都用混合策略，他们的收益期望值也比经典对策平衡点处的收益(-5, -5)高。

8.7 量子通信

报道需要由发布者传输给接收者，使接收者获得信息，从而实现信息的价值，通常将此过程称之为**通信**。通信是由通信系统来完成的。

量子信息是用量子态来编码的信息，将此编码由一处传递到另一处的过程就是**量子通信**。与经典通信相比，它具有保密性能强、容量大和速度快等优点。

8.7.1 经典通信模型

通信系统可以用下图来描述

噪声

↓

信源	→	编码	→	信道	→	译码	→	信宿

为了对通信的概念有一些初步的了解,下面对表中的名词给予解释。

信源 产生消息的源泉。信源是一个物理系统,其形态随空间坐标或时间变化。如果系统随时间改变其形态,它就可能产生在空间传输的信号(如各种波源),称之为**空间信源**。如果系统空间各部分有不随时间变化的不同分布,则它可能引起信号在时间中传输(如各种记录装置),称之为**时间信源**。空间信源与时间信源是可以相互转化的,例如,把发射机发出的电信号记录下来后就变成了时间信源,而当读出这些被记录下来的电信号时,它又变成了空间信源。

编码 一般情况下,信源产生的信号态可能不适合信道的有效传输,故需要对其进行处理。将这种为了提高信息传输的有效性与可靠性而对其进行的处理称为编码。实质上,编码是从信源物理态到信道物理态的一对一映射。

信道 传输信息的媒介称为信道。信道总是物质的,要么通过编码的物态传输来实现消息在空间的传播,例如,空间中的声波、水下的超声波、空间中的电磁波、光纤中的光波等;要么保持记录有消息的物态不变,实现消息在时间中的传输,比如,书籍、档案、磁盘等。

噪声 在传输的过程中,外界的干扰将使得编码的物理态发生畸变,通常将引起编码物理态畸变的各种因素称之为噪声。噪声的存在会影响信息传输的可靠性。

译码 把由物理态恢复为信源输出的信息的过程称为译码。译码是编码的逆过程。

信宿 消息传输的目的地或归宿称为信宿,即接收消息的人或仪器。

8.7.2 量子通信模型

量子通信是一个新兴的研究领域,包含有非常丰富的内容,这里不可能一一进行介绍,只能重点突出地说明它的优越性。

1. 信源编码

前面讨论了量子位的定义与性质,如何利用它来传送一条信息呢?这就需要将表示信息的符号与量子位联系起来。

设信源输出符号集 $S=\{s_1,s_2,\cdots,s_q\}$ 共有 q 个符号。若使用的编码符号集为 $X=\{x_1,x_2,\cdots,x_m\}$,则 X 就是信道符号,并将信道符号 x_i 称之为**码元**。

欲将符号集编码,需要由码元组成码元符号序列

$$\omega_i=(x_{i_1},x_{i_2},\cdots,x_{i_l})\quad(x_{i_k}\in X)\tag{8.7.1}$$

式中,ω_i 称为**码字**;l 是码字 ω_i 中包含的码元的个数,称为**码字长**。所有码字的集合 $C=\{\omega_1,\omega_2,\cdots,\omega_q\}$ 称为**码**。所谓**编码**就是建立信源符号集与码中码字的一一对应关系。

假设信源输出符号集S为8个字符A、B、C、D、E、F、G、H,最简单的编码方法就是用三位二进制数对应一个字符,即

$$
\begin{aligned}
&A \to |000\rangle, B \to |001\rangle, C \to |010\rangle, D \to |011\rangle \\
&E \to |100\rangle, F \to |101\rangle, G \to |110\rangle, H \to |111\rangle
\end{aligned} \tag{8.7.2}
$$

在实际应用中,为了减小平均码长度,经常采用一些另外的编码方法,例如,霍夫曼(Huffman)编码法、费诺(Fano)编码法与桑侬(Shannon)编码法等。

2. 纽曼熵

如前所述,量子位是量子信息的基本单位。量子信道就是由许多量子位构成的一个量子体系。若用Q标记一个量子体系,则信道就是由可能数目极大的K个Q的拷贝构成的,记为Q^K,它张开一个2^K维的希尔伯特空间。

与经典信道不同,量子信道不但可以传输经典信息,而且还可以传输量子信息。这两个问题都与纽曼熵有关,下面来介绍纽曼熵的概念。

能够制备并发送不同量子信号态的物理装置称为**量子信源**。假设信源X以概率p_i产生信号态$|a_i\rangle$,这些信号态不必是相互正交的态,描述此信源的可能信号态系综的密度算符为

$$
\hat{\rho} = \sum_i |a_i\rangle p_i \langle a_i| \tag{8.7.3}
$$

这个信源的**纽曼熵**定义为

$$
S(\hat{\rho}) = -\operatorname{Tr}(\hat{\rho} \log_2 \hat{\rho}) \tag{8.7.4}
$$

虽然,纽曼熵与经典熵的定义是类似的,但是,两者具有明显的差别。仅在信号态$|a_i\rangle$是相互正交的情况下,信号态才是密度算符$\hat{\rho}$的本征态,p_i才是$\hat{\rho}$的相应的本征值,纽曼熵与经典熵才相等。

在量子信息论中,纽曼熵是一个重要的物理量,可以证明,信源的纽曼熵定量地表示了量子信源的性质,即其为用理想的编码方式忠实传输信源态所需要的信道量子位的平均最小数目。

3. 量子无噪声编码定理

设有一个纽曼熵为式(8.7.2)的量子信号源X,如何将此信号源的信号通过量子信道C忠实地传输给接收者呢?

为了完成上述任务,首先,需要用信道量子态来表示源的量子态。设量子信道是由K个量子位构成的系统,编码的操作就是用量子信道C的2^K维希尔伯特空间中不同的态矢量表示信源发出的不同消息,这可以通过信源和信道组成的联合系统的一个幺正变换$\hat{U}$得到,即

$$
\hat{U}|a_i, 0_c\rangle = |0_i, b_c\rangle \tag{8.7.5}
$$

式中已假设编码态$|b_c\rangle$与信源态$|a_i\rangle$有相同的内积。接收者可以使用$\hat{U}^{-1}$操作将信道

解码,使其恢复到信源态

$$\hat{U}^{-1}|0_i,b_c\rangle=|a_i,0_c\rangle \tag{8.7.6}$$

显然,只有当无信道噪声时,上式才可能成立。当有信道噪声存在时,编码与解码的过程可以表示为

$$X\xrightarrow{\hat{U}}C\xrightarrow{\hat{U}^{-1}}X' \tag{8.7.7}$$

也就是说,由于信道噪声以及编码解码的原因,接收者得到的信息 X' 有可能并不完全与信源态 X 相同。为了能够定量地描述两者偏离的程度,下面引入忠实度的概念。

设信源信号态由式(8.7.3) 定义的密度算符 $\hat{\rho}$ 来描述,经过编码与解码的操作之后,所得到的量子态由密度算符 $\hat{\rho}'$ 来描述,在一般情况下,$\hat{\rho}'$ 对应的是混合态

$$\hat{\rho}'=\sum_j|b_j\rangle p'_j\langle b_j| \tag{8.7.8}$$

定义编码 - 解码操作的忠实度

$$F=\sum_i p_i\langle a_i|\hat{\rho}'|a_i\rangle=\sum_{i,j}p_ip'_j|\langle a_i|b_j\rangle|^2 \tag{8.7.9}$$

如果 $|a_i\rangle$ 与 $|b_j\rangle$ 皆为纯态,则上式简化为

$$F=|\langle b_j|a_i\rangle|^2 \tag{8.7.10}$$

如果信源的希尔伯特空间是 2^n 维的,则用 n 个量子位就可以完全忠实地编码每个信源态。但是,如果使用分组编码的方法,并允许较小的出错率,则可以使用 $k<n$ 个量子位进行编码,并且随着每组中的信源符号数目的增大,出错的概率可以任意地小。

薛玛确(Schumacher)量子无噪声编码定理 假设量子信道无噪声,对于纽曼熵为 $S(\rho)$ 的量子信源,若给定任意小数 ε 和 δ,有

(1) 如果对每个信号态有 $S(\rho)+\delta$ 个量子位可以利用,则对足够大的 N 在有编码方法,用这些量子位编码 N 长信号串,忠实度 $F>1-\varepsilon$;

(2) 如果对每个信号态有 $S(\rho)-\delta$ 个量子位可以利用,则对于任何编码方法,编码 N 长信号串的忠实度 $F<\varepsilon$。

上述定理表明,把信源的每个字符压缩到 $S(\rho)$ 个量子位是可能做到的最佳压缩,也就是说,纽曼熵表征了量子编码每个信源符号所需要的最小量子位数目。

4. 量子信道的经典信息容量

为了利用量子信道传输经典信息,发送者必须把经典信息用量子信道中的不同量子态来表示,而接收者还必须通过"测量"信号态来解读出发送者传送过来的信息。首先,如果传输过来的信号态不是相互正交的,由量子力学测量原理可知,没有一种测量方法可以完全正确地将收到的信息解码。其次,由于量子信道是一个量子系统,环境必然要对其产生或多或少的影响,这种影响将使信号由纯态变为混合态,这样的信道称为**有噪声信道**。接收者需要使用最佳测量,才能从信道信号中得到最大的经典信息量。

本章结束语:量子理论自诞生之日起就处于争论之中,两大派系之间的论战从来就没有停止过,由于实验结果更倾向于正统的哥本哈根学派,致使量子理论得到承认。在此基础上,量子理论迅速扩展到自然科学的许多领域,例如,量子力学、量子电动力学、量子统计力学、量子光学、量子场论、量子化学、量子生物学,直至量子信息学。进而,量子理论在核能、激光、材料及生命等领域的应用大大改善了人类的生活质量。由此可见,一个正确的理论的建立不仅仅是加深了对物质世界的认识,而且具有巨大的应用价值。

纵观全书,细心的读者会发现,以狄拉克冠名者比比皆是,并且,它们都为量子力学的发展做出了举足轻重的贡献。例如,狄拉克 δ 函数解决了连续谱本征矢的问题;狄拉克符号简化了理论推导的过程;狄拉克绘景解决了含时微扰论的问题;路径积分方法成为了量子力学的一种新的形式理论;狄拉克方程解决了负概率、人为引入自旋和氢原子能谱的精细结构的问题;空穴理论解决了负能量的问题,并且预言了反粒子的存在。总之,狄拉克虽然没有机会参与量子力学的初创工作,但是他对量子力学的发展做出了无与伦比的贡献,这正是本书将其肖像作为封面的原因。

习　题　8

习题 8.1　证明当 $p_i = 1/m(i = 1,2,3,\cdots,m)$ 时,熵达到最大值 $\log_2 m$,即

$$H(\boldsymbol{p}) \leqslant \log_2 m$$

习题 8.2　证明二位控制 - 非门的作用是

$$|00\rangle \rightarrow |00\rangle$$
$$|01\rangle \rightarrow |01\rangle$$
$$|10\rangle \rightarrow |11\rangle$$
$$|11\rangle \rightarrow |10\rangle$$

习题 8.3　证明

$$\langle \varphi_m^{(2)} | \varphi_{m'}^{(2)} \rangle = (B_m^* B_{m'})^{-1} \sum_n C_{mn}^* C_{m'n}$$

其中

$$B_m | \varphi_m^{(2)} \rangle = \sum_n C_{mn} | u_n^{(2)} \rangle$$

$| u_n^{(2)} \rangle$ 是第 2 个子系的正交归一化基矢。

习题 8.4　证明算符

$$\hat{\rho}^{(2)} = \sum_m \rho_m | \varphi_m^{(2)} \rangle \langle \varphi_m^{(2)} |$$

并求出它的本征值与相应的本征矢。

习题 8.5　若多粒子体系分别处于状态

$$|\psi_1\rangle = \sin(\theta/2)\,|0\rangle + \cos(\theta/2)\mathrm{e}^{\mathrm{i}\varphi}\,|1\rangle$$
$$|\psi_2\rangle = \sin(\theta/2)\,|0\rangle + \cos(\theta/2)\,|1\rangle$$

试用密度算符证明这两个态矢描述的并非同一个状态。式中的 θ,φ 是两个常数分布的随机变数。

习题 8.6 设有任意的二维的纯态与混合态

$$|\psi\rangle = \sin(\theta/2)\,|0\rangle + \cos(\theta/2)\mathrm{e}^{\mathrm{i}\varphi}\,|1\rangle$$
$$\hat{\rho}_2 = 2^{-1}[\,|0\rangle\langle 0| + |1\rangle\langle 1| + (x+\mathrm{i}y)\,|0\rangle\langle 1| + (x-\mathrm{i}y)\,|1\rangle\langle 0|\,]$$

证明它们对应的密度算符分别可以写成

$$\hat{\rho}_1 = (1 + \boldsymbol{n}\cdot\hat{\boldsymbol{\sigma}})/2$$
$$\hat{\rho}_2 = (1 + \hat{\boldsymbol{p}}\cdot\hat{\boldsymbol{\sigma}})/2$$

称之为布洛赫(Bloch)球表示。其中,$\hat{\boldsymbol{\sigma}}$ 是泡利矩阵;$\boldsymbol{n}$ 是单位球面上某一点的矢径;$\boldsymbol{p}$ 是 $x-y$ 平面上的一个矢量,即

$$\boldsymbol{n} = \sin\theta\cos\varphi\boldsymbol{i} - \sin\theta\sin\varphi\boldsymbol{j} + \cos\theta\boldsymbol{k}$$
$$\boldsymbol{p} = x\boldsymbol{i} + y\boldsymbol{j}$$

习题 8.7 设有两个二维的纯态的布洛赫球表示分别为

$$\hat{\rho}_1 = (1 + \boldsymbol{n}_1\cdot\hat{\boldsymbol{\sigma}})/2$$
$$\hat{\rho}_2 = (1 + \boldsymbol{n}_2\cdot\hat{\boldsymbol{\sigma}})/2$$

证明

$$\mathrm{Tr}\,(\hat{\rho}_1\hat{\rho}_2) = (1 + \boldsymbol{n}_1\cdot\boldsymbol{n}_2)/2$$

习题 8.8 已知两个粒子构成的复合体系处于纯态

$$|\psi\rangle = \frac{1}{\sqrt{2}}|+\rangle^{(1)}\left[\frac{1}{2}|+\rangle^{(2)} + \frac{\sqrt{3}}{2}|-\rangle^{(2)}\right] + \frac{1}{\sqrt{2}}|-\rangle^{(1)}\left[\frac{\sqrt{3}}{2}|+\rangle^{(2)} + \frac{1}{2}|-\rangle^{(2)}\right]$$

计算 $\hat{\rho}^{(1)} = \mathrm{Tr}^{(2)}\hat{\rho} = \mathrm{Tr}^{(2)}\,|\psi\rangle\langle\psi|$ 与 $\hat{\rho}^{(2)} = \mathrm{Tr}^{(1)}\hat{\rho} = \mathrm{Tr}^{(1)}\,|\psi\rangle\langle\psi|$,进而求出 $|\psi\rangle$ 的施密特分解。

习题 8.9 证明两个粒子坐标算符之差 $\hat{x}_1 - \hat{x}_2$ 和动量算符之和 $\hat{p}_1 + \hat{p}_2$ 是对易的,并且,可以存在一个两粒子态 $|\psi\rangle$ 是算符 $\hat{x}_1 - \hat{x}_2$ 与 $\hat{p}_1 + \hat{p}_2$ 的共同本征态,即

$$(\hat{x}_1 - \hat{x}_2)\,|\psi\rangle = a\,|\psi\rangle$$
$$(\hat{p}_1 + \hat{p}_2)\,|\psi\rangle = 0$$

习题 8.10 证明

$$|p(\boldsymbol{e}^{(1)},\boldsymbol{e}^{(2)}) - p(\boldsymbol{e}^{(1)},\boldsymbol{e}'^{(2)})| =$$
$$\left|\int \mathrm{d}\lambda\rho(\lambda)A(\boldsymbol{e}^{(1)},\lambda)B(\boldsymbol{e}^{(2)},\lambda)[1 \pm A(\boldsymbol{e}'^{(1)},\lambda)B(\boldsymbol{e}'^{(2)},\lambda)] - \right.$$
$$\left.\int \mathrm{d}\lambda\rho(\lambda)A(\boldsymbol{e}^{(1)},\lambda)B(\boldsymbol{e}'^{(2)},\lambda)[1 \pm A(\boldsymbol{e}'^{(1)},\lambda)B(\boldsymbol{e}^{(2)},\lambda)]\right|$$

习题 8.11　假设张三与李四之间需要进行秘密通信，张三随意选取两个大的素数 $p = 5$ 和 $q = 7$，此外，还要选取两个大数 $d = 5$ 和 $e = 5$，使得 $(de - 1) = 24$ 可以被 $(p - 1)(q - 1) = 24$ 除尽，张三将 p 和 q 的乘积 $N = 35$ 和 $e = 5$ 作为公钥公布，把 d 作为私钥秘而不宣。若李四欲将 $m = 3$ 发送给张三，应该如何操作。

习题 8.12　对量子位 $|jr + l\rangle$ 做分立傅里叶变换。

参考文献

[1] 喀兴林.高等量子力学[M].2版.北京:高等教育出版社,2009.

[2] 倪光炯,陈苏卿.高等量子力学[M].上海:复旦大学出版社,2000.

[3] 余寿绵.高等量子力学[M].济南:山东科学技术出版社,1985.

[4] 杨泽森.高等量子力学[M].北京:北京大学出版社,1995.

[5] 徐在新.高等量子力学[M].上海:华东师范大学出版社,1994.

[6] 白铭复,陈键华,田成林.高等量子力学[M].长沙:国防科技大学出版社,1994.

[7] 熊钰庆,何宝鹏.群论与高等量子力学导论[M].广州:广东科技出版社,1991.

[8] 钱诚德.高等量子力学[M].上海:上海交通大学出版社,1998.

[9] 李承祖,黄明球,陈平形,等.量子通信与量子计算[M].长沙:国防科技大学出版社,2000.

[10] 赵国权,井孝功,姚玉洁,等.Wigner公式的递推形式和数值计算[J].吉林大学自然科学学报,1992(特刊):28-32.

[11] 井孝功,赵国权,姚玉洁.无简并微扰公式的递推形式在Lipkin模型中的应用[J].大学物理,1993(9):30-31.

[12] 井孝功,赵国权.Lipkin模型下最陡下降法的理论计算[J].原子与分子物理学报,1993(10):2921-2927.

[13] 刘曼芬,赵国权,井孝功.无退化微扰公式递推形式在非简谐振子近似计算中的应用[J].吉林大学自然科学学报,1994(1):67-71.

[14] 井孝功,赵国权,姚玉洁.无简并微扰论公式的研究[J].原子与分子物理学报,1994(11):211-216.

[15] 井孝功,赵国权,吴连坳,等.简并微扰论的递推形式[J].吉林大学自然科学学报,1994(2):65-69.

[16] 井孝功,陈庶,赵国权.非简谐振子的最陡下降理论计算[J].吉林大学自然科学学报,1994(2):51-54.

[17] 赵国权,曾国模,刘曼芬,等.特殊函数的级数表达式在矩阵元计算中的应用[J].大学物理,1995(10):12-13.

[18] 赵国权,井孝功,吴连坳,等.简并微扰论递推公式的一个应用实例[J].大学物理,1996(6):1-3.

[19] 赵永芳,井孝功. 利用透射系数研究周期势的能带结构[J]. 大学物理,2000 (9):4-6.

[20] 井孝功,赵永芳. 一维位势透射系数的计算与谐振隧穿现象的研究[J]. 计算物理,2000 (16):649-654.

[21] 井孝功,赵永芳. 递推与迭代在量子力学近似计算中的应用[J]. 大学物理,2001 (9):11-14.

[22] 井孝功,张玉军,赵永芳. 氢原子基下径向矩阵元的递推关系[J]. 原子与分子物理学报,2001 (18):445-446.

[23] 井孝功,赵永芳,千正男. 常用基底下径向矩阵元的递推关系[J]. 大学物理,2003 (3):3-4.

[24] 井孝功,陈硕,赵永芳. 方形势与 δ 势解的关系[J]. 大学物理,2004 (12):18-20.

[25] 井孝功,张国华,赵永芳. 一维多量子阱的能级[J]. 大学物理,2005 (7):7-9.

[26] 井孝功,苏春艳,赵永芳. 无穷级数求和的一种量子力学解法[J]. 大学物理,2005 (8):5-8.

[27] 井孝功,赵永芳. 量子物理学中的常用算法与程序[M]. 哈尔滨:哈尔滨工业大学出版社,2009.

[28] BIN YANG, JIE ZHANG, YONGFANG ZHAO, et al. The theoretical research on I-V curve in Multi-quantum of semiconductors[J]. International Journal of modern physics C,2006,17(4):561-570.

[29] 井孝功. 原子核多体理论 - 费恩曼图表示与格林函数方法[M]. 哈尔滨:哈尔滨工业大学出版社,2011.

[30] 徐玲玲,赵永芳,井孝功. 狄拉克 δ 函数[J]. 大学物理,2010 (8):15-16.

[31] 张永德. 高等量子力学[M]. 2 版. 北京:科学出版社,2010.

[32] 郑仰东,王冬梅,井孝功. 含时量子体系的对称性与守恒量[J]. 大学物理,2012 (3):11-12.

[33] 郑仰东,王冬梅,井孝功. 受迫振子的对称性与守恒量[J]. 大学物理,2012 (5):19-20.

[34] 王克协,井孝功,吴洪柱,等. $A = 15$ 和 17 原子核的单粒能谱与核力势[J]. 高能物理与核物理,1982(4):525-528.

[35] 杨善德,井孝功,王克协,等. $A = 15$ 和 17 原子核的单粒能谱的理论计算[J]. 高能物理与核物理,1982(4):480-490.

[36] 井孝功,李承祖,杨善德,等. 区域原子核的单粒子和单空穴谱[J]. 高能物理与核物理,1986(6):744-751.

索　　引

（按中文拼音排序）

T

W

X

Y

Z